开关电源理论及设计

（第2版）

周洁敏　陶思钰　编著

北京航空航天大学出版社

内容简介

本书在实用和理论兼顾的情况下介绍了开关电源的理论和设计方法，是专门为从事开关电源技术、电力电子技术的科研人员及工程技术人员编写的书籍。书中系统地介绍了开关电源的基础理论知识、基本概念与原理，内容包括开关电源设计的一般考虑、拓扑的应用选择、常用元器件的选择、磁性元件的设计、辅助电路设计、闭环设计、损耗与散热设计、开关电源安全考虑和开关电源EMI控制。附录中有关于磁性元件和电容器的设计数据，便于学习和使用本书。本书是再版书，相比旧版，本书对部分内容进行了修改。

本书可以供从事开关电源的研发设计人员，以及从事电气工程自动化的设备制造与维修的工程技术人员和工程管理人员阅读和参考。

图书在版编目(CIP)数据

开关电源理论及设计 / 周洁敏，陶思钰编著. -- 2版. -- 北京 ：北京航空航天大学出版社，2019.5

ISBN 978-7-5124-2993-2

Ⅰ. ①开… Ⅱ. ①周… ②陶… Ⅲ. ①开关电源—理论②开关电源—设计 Ⅳ. ①TN86

中国版本图书馆 CIP 数据核字(2019)第 071775 号

开关电源理论及设计(第 2 版)

周洁敏　陶思钰　编著

责任编辑　胡晓柏　张　楠

*

北京航空航天大学出版社出版发行

北京市海淀区学院路 37 号(邮编 100191)　http://www.buaapress.com.cn

发行部电话：(010)82317024　传真：(010)82328026

读者信箱：emsbook@buaacm.com.cn　邮购电话：(010)82316936

涿州市新华印刷有限公司印装　各地书店经销

*

开本：710×1 000　1/16　印张：28.75　字数：647 千字

2019 年 5 月第 2 版　2019 年 5 月第 1 次印刷　印数：3 000 册

ISBN 978-7-5124-2993-2　定价：89.00 元

序　言

随着电力电子技术的高速发展，电力电子设备与人们工作、生活的关系日益密切，而几乎所有电力电子设备都离不开可靠的电源。开关电源技术的出现极大地提高了电源转换效率，带来了电源行业的大变革。20 世纪 70 年代末，几位搞计算机电源的前辈将开关电源技术引进我国后，开关电源技术像雨后春笋般在神州大地普及开来。

全球大部分电源都产自中国，很多大的电源公司也都将研发中心转移到了中国，中国迫切需要研究开关电源的人才。开关电源是一门理论和实践要求都比较高的技术，但是，长期以来我们的大学教育并没有专门开设开关电源专业。近几年有的学校在这方面有所加强，并在研究生阶段开设了这个研究方向，但是从人才培养上来说还是远远不能满足产业需求的。

电源网从 2002 年开设电源技术论坛以来，现已成为中国最大的电源技术在线交流平台。很多年轻一代的电源工程师都是伴随着网站的成长而成长的，但是网络上的交流毕竟是碎片化的，很难从中系统、深入、完整地学习这门技术。

南京航空航天大学一直以来在开关电源领域的研究都是比较领先的，我和南京航空航天大学的多位电源泰斗都有很好的私交。在和周老师熟识的这些年，一直感受到她对于技术的精益求精，教学上更是与时俱进。这本《开关电源理论及设计》凝聚了她多年的智慧与汗水，是一本不可多得的技术书籍。我相信这本书的出版，对大家学习开关电源技术会有很大的帮助，对推动中国开关电源人才培养也将有非常积极的意义。

我们在网站的论坛（bbs. dianyuan. com）上公布了本书的大纲后，引起了网友们的热议。网友们普遍反映本书中提到的技术要点非常贴近实际，大家也都非常期待这本书的出版。

《开关电源理论及设计》需要我们仔细地研读，对书中的一些技术问题也欢迎大家去电源网的 BBS 论坛讨论，我们也会请周老师定期去论坛和大家交流。

在这里我们祝愿大家学习愉快。

电源网（www. dianyuan. com）总经理　兰波

2012 年 2 月于深圳

前　言

电能具有清洁、安静、容易实现自动控制等特点，随着利用电能工作的设备越来越多，不仅在所有的军用、工业和一般的民用电子设备上需要电能，而且在许多场合，如焊接、冶炼、电解、电镀、热处理、环保除尘等设备中也需要各种特殊规格的电能，把这种供给用电设备工作的装置称为电源。目前，只要用电的地方都有电源的存在。

水力发电、火力发电、光伏发电、风能发电及核电等各种发电形式构成的电网所提供的电能是不能直接用来给电子设备上的电子元件供电的，因为电子元件的技术要求与电网提供的技术指标不同。电网上的电也称为“粗电”；用电设备所需要的电是根据具体设备要求提出的，也称为“精电”。如何将电网上的“粗电”转变成电子设备所需的“精电”，这个变换装置常称为二次电源，或直流变换装置，也可以直接称为电源。现在用得最多的是开关电源，对组成开关电源的各个部分进行理论分析设计，重点器材选型就是本书要讨论的问题。

电源就如新鲜的“血液”一样通过电流向用电设备输送优质的电能，所以电源性能的好坏直接影响到整个用电设备的运行质量。

用电设备就如饭店的顾客，有不同的胃口；电源的技术指标就如同菜谱，必须遵守各种食品安全等法律、法规。接入电网的电源设备必须遵守各种安规标准。

从事电源技术研究与产品开发的人员，必须有十分宽广的知识面，因为电源涉及到多门学科的知识，例如磁性材料、电子元器件、集成电路、计算机技术、发热与冷却等工程应用知识。除此之外，电源本身是自成一体的闭环系统，只有闭环负反馈系统才能提高电源品质，但是功率处理开关工作在非线性状态，所以形成的闭环系统是一个典型的非线性系统。

电源中要用到许多磁性材料，磁性材料是非线性的且会饱和的，磁导率不是无穷大，磁性元件周围总有漏磁存在；电路中寄生的电感和电容到处存在，工作频率改变，相应地，性能参数立即发生变化。磁性元件设计时总是要经过多次校验和优化。磁性元件不易集成，即使磁集成技术也只是相对而言，也无法进行标准化、机械化流水线生产，它是劳动力相对密集的产业。即使是经过充分试验的电源产品，要进行批量生产，还需大量的调试试验，因为元器件的参数有离散性，随温度变化离散性还会加剧。要交付使用的电源要进行许多接入电网的试验，还要考虑用电设备对电源的影响。

由于电源的刚性需求及产品生产研发的特点，需要的技术人员多，而且培养一名电源技术人员，经济成本和时间成本较高。研制电源必须建立在足够的试验基础上，研发电源具有“只有更好没有最好”的特点，永无止境。

电源还受到用电设备技术发展的激励，例如，CPU 的频率高了；用电设备体积小了，比如超薄电视、笔记本电脑、掌上电脑产品的出现，电源设计也要进行相应的改变。因此，电源问题的解决起着关键作用。

电源的可靠性和生命力应摆在首位，一个系统如果没有正常电源，就无法工作，即使是最优秀的设计也无法展现，就如人断了食物一样。

国内的开关电源经历了30多年的发展，有相当的成就。本书收集了各种文献资料，并对长期的电源教学、科研实践进行了总结、归纳和提炼。

作为电源工程师的培训教学用书，以讲解电源的基本原理和组成结构为主，不可能穷尽电源的各种形式原理，本书希望培养读者"渔"的能力，而不是赠予"鱼"。书中的分析例子选自常用电源的部分线路图，以说明工作原理。学习者掌握了基本原理，就应着力培养举一反三和融会贯通的能力。

考虑到读者已经具备工科的数理基础，并且已具备电路分析基础、数字电路、模拟电路、自动控制原理、电气原理、磁场理论及电力电子技术等基础和专业知识，所以涉及的有关定理、公式推导与证明，本书不再详述，只对物理概念作了简略讲述。在编著体系和叙述方法上除考虑教学要求外，还顾及到自学的需要，便于读者掌握和运用所讲述的内容，编入了各种电路图例及分析。

磁性元件不像其他电路器件那样是选用的，在开关电源设计中是需要由研究人员专门设计的，电路器件可以根据要求直接查阅生产厂家的产品手册选用。因此，在附录中提供了构成变压器的常用的导线、磁芯、绝缘材料等产品参数与规格，尽管想更详尽地告诉读者，但篇幅有限，磁芯材料的厂家与种类太多不能穷尽，只列出使用频度高些的数据，供使用者参考。

另外，电容也是储能元件之一，电容品种繁多、结构参数差异较大，应用场合不同，电容的选取也不一样，所以提供了一些开关电源中使用的电容，供读者选用参考。

书中所选的内容适用于科研和生产部门的电源技术人员及相关科技人员参考，也可作为电源技术专业、电力电子专业、电气自动化专业本科生和研究生的专业课教学参考书。

书中涉及的一些电气和电子方面的名词术语、计量单位，力求与国际计量委员会、国家技术监督局颁发的文件相符。

本书部分内容是作者科研工作的总结，在编写过程中得到南京航空航天大学赵修科教授的指导，赵老师提供了相当多的原始素材。书中有些资料来自杂志上公开发表的论文、各种相关的博士和硕士学位论文。在编写过程中，东南大学电气学院陶思钰博士进行了部分内容的修订，作者的研究生殷成彬、杜泽霖、朱紫菡、吴中豪、李涛等进行了详细的文字校对与编排，作者的同事宫淑丽和郑罡给予了各方面的帮助。南京航空航天大学严仰光教授为全文审稿，并在审稿过程中提出了非常宝贵的有建设性的建议，以及对作者在编写过程中给予不断的鼓励和支持。本书出版过程中得到了北京航空航天大学出版社的鼎力支持，编辑为本书的顺利出版做了大量的工作，作者在此一并向他们表示衷心感谢。

本书内容适用教学学时数为60～80学时，如果条件允许，还可以开设相应的试验和观摩试验，以缩小书本理论学习与工程应用实践方面的差距。

由于作者经验和水平的局限，书中难免还有不足之处，恳请读者批评指正。

周洁敏

2019年5月

于南京航空航天大学

目　录

第 1 章

开关电源设计的一般考虑

1.1 概　述

20 世纪下半叶，电力电子技术得到突飞猛进的发展。其中，尤以 DC/DC 变换器或电网交流整流后再接 DC/DC 变换器为中心的开关电源得到极其广泛的应用，几乎在所有用电的领域都有开关电源的身影。它可以是终端产品，但更多情况下是针对不同设备要求，为适应负载条件设计的。例如，一种计算机要求的电源与另一种计算机的电源经常是不相同的，电源必须根据服务的计算机要求来设计；又如，同样是 48 V 充电机，给铅酸电池与镍镉电池的充电机技术条件是不同的。据称标准化开关电源产品只占总量的 30%，因此，从事开关电源研发和生产的人员是一个非常庞大的队伍。

开关电源通常是指以功率器件工作在开关方式的 DC/DC 或 AC/DC，再经 DC/DC 变换器为核心，有负反馈闭环控制和完善保护，且满足负载使用要求的电源系统。以通信电源充电模块为例，其电路组成框图如图 1.1.1 所示。

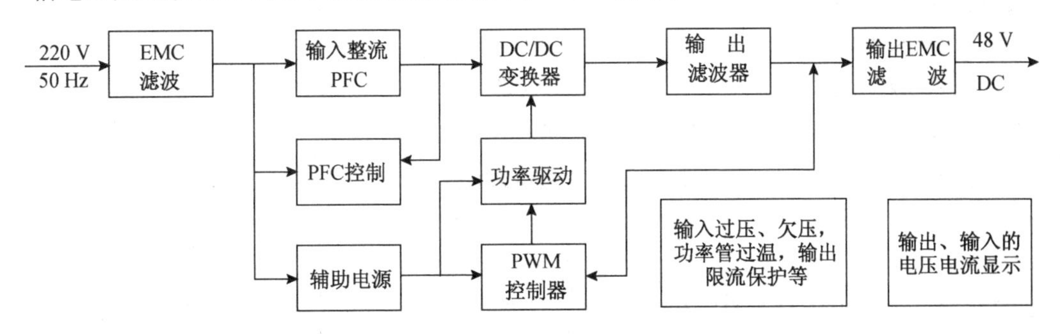

图 1.1.1　开关电源方框图

输入交流电经整流成为单向脉动直流，送到功率因数校正电路，将脉动直流通过控制和输出滤波变换成稳定的直流电压，同时使交流输入电流跟踪输入电压，达到输入功率因数为 1。功率因数校正电路的输出送到主 DC/DC 功率变换器，经控制和输出滤波达到要求的电压和电流。同时满足电磁兼容和各种保护（输入过压和欠压、输出限流、启动电流冲击和过温和显示）等。另外，由单独的辅助电源给控制和驱动电路供电。

不同用途的开关电源的组成也不同。在小功率电源中，输入部分没有 PFC 级，仅仅是整流加电容滤波；装在其他印刷电路板上的电源只有 DC/DC 变换一级，甚至没有独立的辅助电源和外壳。

开关电源不只是一个变换器、一个电路，它是一个系统，是一个产品。不仅有电路问题,很多情况下,还有可靠性、成本、工艺、结构等问题。对于开关电源来说,变换器拓扑是非常重要的,但对于电源产品,成本、工艺、结构和可靠性或许更重要。

以下列出一个某开关电源模块的技术规范,推向市场的产品必须有一定的技术规范。这也是技术协议书,研发人员在产品研发、设计和生产中,应努力实现这些规范。

1.2 开关电源的技术指标

以某通信电源模块为例,介绍有关电源的电气性能指标,如表1.2.1所列。

表1.2.1 通信电源的电气性能指标

序 号	名 称	技术指标	序 号	名 称	技术指标
1	额定电压/V	54.9	5	调压范围1/V	52.55～52.75
2	输出电流/A	28	6	调压范围2/V	45.7～45.9
3	限流范围/I_{max}	110%	7	效率/%	>87
4	过压范围/V	58.8～61.2			

注:所有参数是在输入电压为220 V、交流为50 Hz以及环境温度为25 ℃下测试和规定的。

1. 开关电源的电气性能指标

开关电源的电气性能指标可分为输入、输出、保护、显示和指示功能、系统功能、电气绝缘和电磁兼容等。

1) 输入指标

输入指标是描述开关电源输入级及电源某些整体工作特性的一些技术指标,表1.2.2是开关电源的输入指标,共有8项。

表1.2.2 开关电源的输入指标

序 号	名称及单位	定 义
1	电压/V	单相交流额定电压有效值为220×(1±10%)
2	频率范围/Hz	45～65
3	电流/A	满载,输入220 V,小于8 A;264 V时,冲击电流不大于18 A
4	效率	负载由50%～100%,为表1.2.1值
5	功率因数	0～50%负载,大于0.90;50%～100%负载,大于0.95
6	谐波失真	符合IEC 1000－3－2要求
7	启动延迟	在接通电源3 s内输出达到它的额定电压
8	保持时间/ms	输入176 V有效值,满载,大于10 ms

2) 输出指标

输出指标是描述开关电源输出级的一些技术指标,它们的数值是用户设备选择的依据。表1.2.3是开关电源的输出技术指标。

表 1.2.3　开关电源的输出指标

序　号	名　称	定　义
1	电压/V	54.9×(1±0.2%)
2	输出电流/A	0～28 A,过流保护开始时是恒流,当电压降低到一定值时,电流截止
3	输入电流/A	满载运行时,输入 220 V,小于 8 A;在 264 V 时,冲击电流不大于 18 A
4	稳压特性	负载变化由零变到 100%,输入电压由 176 V 变到 264 V,最坏情况下输出电压变化不超过 200 mV
5	瞬态响应	在没有电池连接到输出端时,负载由 10%变化到 100%,或由满载变化到 10%,恢复时间应当在 2 ms 之内,最大输出电压偏摆应当小于 1 V
6	静态漏电流	当模块关断时,最大反向泄漏电流小于 5 mA
7	温度系数	模块在整个工作温度范围内(小于或等于)±0.015%
8	温升漂移	在起初 30 s 内,温度漂移小于±0.1%
9	输出噪声	输出噪声满足通信电源标准,衡重杂音小于 2 mV

3）保　护

开关电源必须有完备的保护措施,常有的保护是过流保护、短路保护、过压保护、防反接的极性保护和过热保护等,表 1.2.4 是开关电源的保护指标。

表 1.2.4　开关电源的保护指标

序　号	名　称	定　义
1	输入过流	输入端保险丝定额为 13 A
2	输出过压	按表 1.2.1 设置过压跳闸电压,输出电压超过这个电平时,将使模块锁定在跳闸状态,通过断开交流输入电源使模块复位
3	输出过流	过流特性按表 1.2.1 的给定值示于图 1.1.1,过流时,恒流到 60%电压,然后电流电压转折下降(最后将残留与短路相同的状态)
4	输出反接	在输入反接时,在外电路设置了一个保险丝烧断(<32 A/55 V)
5	过热	内部温度检测器禁止模块在过热下工作,一旦温度减小到正常值以下,自动复位

4）显示和指示功能

开关电源必须具有对重要参数的显示功能,以便判断设备是否正常工作,具体指标如表 1.2.5所列。

表 1.2.5　开关电源的显示和指示

序　号	名　称	定　义	备　注
1	输入监视	输入电压正常显示	
2	输出监视	输出电压正常显示	过压情况关断
3	限流指示	限流工作状态显示	
4	负载指示	负载大于低限电流显示	
5	继电器工作指示	输出和输入正常,同时显示	
6	输出电流监视	负载从 10%到 100%,指示精度为±5%	
7	遥控调节	提供遥控调节窗口	

5）系统功能

开关电源还设置一些系统指标，以适应某些输入/输出装置的特性，或具备某些特殊功能，如表1.2.6所列。

表1.2.6 开关电源的系统功能

序号	名称	定义
1	电压微调	为适应电池温度特性，可对模块的输出电压采取温度补偿
2	负载降落	为适应并联均流要求，应能够调节外特性。典型电压下降0.5%，使得负载从零增加到100%，输出电压下降250 mV
3	遥控关机	可实现遥控关机

6）电气绝缘

开关电源的电气绝缘是安全指标中的重要内容，出厂的开关电源必须经过电气绝缘试验，才能投入运行，具体指标如表1.2.7所列。

表1.2.7 开关电源的电气绝缘指标

序号	名称	定义	备注
1	电网绝缘	火线(L)和中线(N)之间及其他端子试验直流电压为6 kV	
2	输出端对地绝缘	所有输出端和L、N、地之间试验直流电压为2.5 kV	输出和地之间的绝缘
3	地连续性	以25 A，1 min检查，确认安全接地的阻抗小于0.1 Ω	

7）电磁兼容

电磁兼容应符合部颁通信电源规范，有关电磁兼容的理论知识请参考第9章。

2. 开关电源的机械规范

开关电源的机械规范除质量、尺寸外，还有：

① 安装方向：模块设计安装方向是面板垂直放置，使空气垂直通过模块。

② 通风和冷却：模块的顶部和底部都有通风槽，使空气流通过模块，经过散热器。因此在系统中应当没有阻碍对流冷却模块，并应强迫冷却装置使冷却空气经过模块自由流通。

3. 环境条件

开关电源的运行与存储的温度如表1.2.8所列。

表1.2.8 开关电源的主要环境条件指标

序号	名称	定义
1	环境温度	在0～55 ℃温度范围内，满功率工作，在模块下50 mm处模块的入口测量温度
2	存储温度	－40～85 ℃
3	湿度	5%～80%，不结冰
4	高度	－60～2000 m

4. 可靠性

MTBF大于100000 h。

“开关电源的电气性能指标”中的输入、输出、保护、电气绝缘和电磁兼容是电源的基本要求，显示和指示功能、系统功能是通信的特殊要求。在一般电源规范中，还有电源工作的环境条件、结构尺寸和质量等，由此决定电源的冷却和结构设计以及元器件的选择。

电源设计者必须充分研究以上的技术条件，设计过程自始至终贯彻技术规范，并且充分考虑研制的电源的生产成本和制造方法，所设计的电源才能获得成功。因此，产品设计不同于理论研究，这里电路先进是远远不够的。产品应当采用成熟的先进电路技术，最低的生产成本，包括器件、制造、结构、劳动力、设备等，直至维护成本，同时要达到最高的可靠性。这样的产品才能够生存。

1.3　国内外的工频电网

要安全使用国外购进的电子电气设备，应当知道国外电网电源的种类和相关标准。如果设计的产品是提供出口，就必须了解该地区的电网相关标准。

国际上工频主电网的交流电源频率有两种，即美国是60 Hz，中国和欧洲是50 Hz。实际上，频率也有一定的变化范围，电网负荷重的时候，50 Hz可能降低到47 Hz；如果负荷很轻时，60 Hz可能上升到63 Hz。这是因为带动发电机的发动机转速不可能是没有调节公差的恒速运行。50 Hz供电的电源必须使用比60 Hz供电更大的滤波元件，供电工频变压器铁芯更大或线圈匝数更多。

电源电压在不同地区也不同。在中国，家用电器和小功率电气设备由单相交流220 V供电，供电功率大的场合如工业用电是三相380 V。在美国，民用电源为110 V（有时是120 V），家用电器，如洗衣机电源是208 V；工业用电是480 V，但是照明却是277 V，也有用120 V的。在欧洲为230 V，而在澳大利亚却是240 V。在设计电源产品时，一定要了解使用方的供电电压和频率。

电网随负荷变化时产生较大波动，20世纪末我国电网改造前，电网电压波动范围高达30%以上。后来建立大量电厂，供电量充足，同时经过电网改造，合理输配电，供电质量明显提高，一般电网电压波动范围在10%以内，即在198～242 V之间；但在铁道系统或边远地段，变化范围仍可能达到30%。因此，开关电源设计时应考虑即使遇到极端情况，也能够安全运行。有时电网也可能丢失几个周波，要求有些电源能够不间断（保持时间）地工作，这就要求较大的输出电容或足够大容量的并联电池。

电网还存在过压情况，雷击和闪电在2 Ω阻抗上，产生的线与线电压和共模干扰电压可高达6000 V电压。闪电可能是短脉冲，上升时间小于1.2 μs，衰减时间小于50 μs；也可能是高能量信号，衰减时间大于1 ms。电网还有瞬态电压，峰值达750 V，持续半个电网周期，这主要是大功率负载的接入或断开造成的，或高压线跌落引起电网的瞬变。

电网面临的问题远不止这些,如电网受电磁污染环境。电源应能够在电网中工作,还要满足国际和各地区安全标准要求。

1.4 蓄电池

在航空、通信、电站及交通要求不间断供电的地方,电池为不可缺少的储能后备能源。大量移动通讯站和手机、电动汽车、助力电瓶车都依靠电池提供能量。小型风力发电和太阳能发电也用电池作为后备能源。但电池涉及到电化学和冶金学知识,已超出一般电气工程师的知识范畴,这里介绍电池使用的基本知识。

蓄电池是一种化学电源,是化学能和电能互相转换的装置。放电时,它把化学能转化为电能,向用电设备供电;充电时,它又把电能转化为化学能储存起来。

蓄电池是直流电源系统的应急电源,它的主要用途是:当电网不能供电时,向维持通信所必需的用电设备应急供电一定的时间。

按电解质的性质不同,分为酸性蓄电池和碱性蓄电池两类。酸性蓄电池有铅蓄电池,其电解质是硫酸。碱性蓄电池有银锌蓄电池和镍镉蓄电池,它们的电解质都是氢氧化钾。

我国蓄电池的型号采用汉语拼音字母和阿拉伯数字表示。例如 12××28 Ah,数字"12"表示 12 节单体电池串联,后面的数字表示容量 28 Ah,"××"代表蓄电池的应用场合,可以是地面、航空等场合。地面通信基站设备使用的蓄电池大多为密封免维护的铅蓄电池。

铅蓄电池具有电势高、内阻小、能适应高放电率(放电率即单位时间内放出的电量)放电以及成本较低等优点,所以应用广泛;其缺点是质量大、自放电大、寿命较短以及使用维护不够简便等。

1.4.1 铅蓄电池的工作原理

铅蓄电池主要由正、负极板和电解液组成。正极板的活性物质(参加化学反应的物质)是二氧化铅(PbO_2),负极板上的活性物质是铅(Pb),电解液是硫酸(H_2SO_4 占 30%)加蒸馏水(H_2O 占 70%)配置而成的稀硫酸。

当正、负极板浸入电解液后,两极板之间即产生电动势。为了了解电动势是怎样产生的,首先介绍一下电极电位。

1. 双电层和电极电位

当金属电极与电解液接触时,两者之间要发生电荷的定向转移,使金属电极和电解液分别带有等量而异性的电荷,形成电位差,这个电位差叫做电极电位。

电解液是电解质和水的混合液,电解质的分子在水中能电离成正、负离子,并在溶液中做不规则的运动。正、负离子分别带有等量而异性的电荷,整个电解液则呈中性。例如,硫酸在水中电离成带正电的氢离子(H^+)和带负电的硫酸根离子(SO_4^{2-});氢氧化钾在水中电离成带正电的钾离子(K^+)和带负电的氢氧根离子(OH^-)。上述电离过

程是可逆的，即在电离的同时，有些正、负离子由于碰撞而重新组成分子。当分子电离的速度与离子组成分子的速度相等时，电离处于动平衡状态。

当金属电极与电解液接触时，由于金属受到水这种极性分子的吸引，金属变成相应的离子溶解到电解液中去，而将电子留在电极上，于是电极带负电，电解液带正电。此时电极对电解液中的正离子有吸引作用，使它紧靠在电极表面，形成双电层，产生电位差。双电层中电位差的出现，一方面阻碍金属离子向电解液中继续转移，另一方面又促使电解液中金属离子逐渐减少，而返回到电极上的速度逐渐增大，最后达到动态平衡，在电极与电解液界面间形成一定的电位差，使电极具有一定的电极电位。

当金属电极和含有该金属离子的电解液接触时，如果金属离子在金属表面的电位能比在电解液里低，则电解液中的金属离子会沉积在电极表面，形成电极带正电、电解液带负电的双电层，使电极也具有一定的电位。

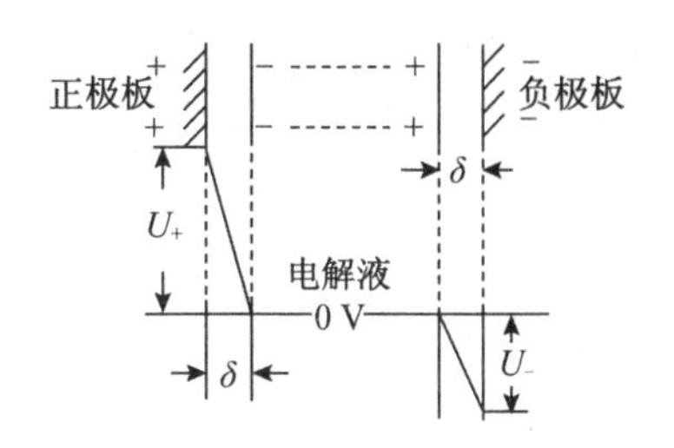

图 1.4.1　双电层和电极电位

在双电层的范围内，电位的数值是逐渐变化的。双电层中电位分布的情形如图 1.4.1 所示。把双电层以外的溶液的电位算作零电位，那么双电层两端的电位差 U 就是电极电位。如果电极带正电，则电极电位取正值 U_+；反之，电极电位取负值 U_-。

开路时，从电池的负极板到正极板，电位升高的数值就等于电池的电动势。设开路时，电池的正极电位为 U_+，负极电位为 U_-，则这两个电极电位的差值就等于电池的电动势。即

$$E=U_+-U_- \tag{1.4.1}$$

2. 铅蓄电池电动势的产生

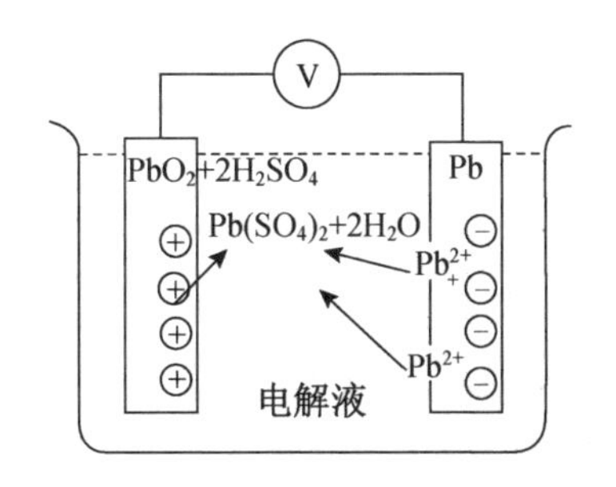

图 1.4.2　铅蓄电池电动势的产生

铅蓄电池电动势的产生情况如图 1.4.2 所示，当正、负极板与电解液接触后，分别产生电极电位。

在负极，负极板的活性物质是铅，在水分子的作用下，部分铅的正离子 Pb^{2+} 溶解于电解液，电子则留在极板上，形成双电层：

$$Pb \rightarrow Pb^{2+}+2e \tag{1.4.2}$$

于是，电极带负电，电位低于电解液，电极电位取负值，单体电池约为 -0.13 V。

在正极，有部分二氧化铅分子溶于电解液，这些二氧化铅分子首先与硫酸作用，生成高价硫酸铅：

$$PbO_2+2H_2SO_4 \rightarrow Pb(SO_4)_2+2H_2O \tag{1.4.3}$$

高价硫酸铅能电离成高价铅正离子和硫酸根负离子：

$$Pb(SO_4)_2 \rightarrow Pb^{4+}+2SO_4{}^{2-} \tag{1.4.4}$$

而后,电解液高价铅正离子就沉积到正极板上,硫酸根负离子则留在电解液中,两者之间形成双电层。于是,电极带正电,电位高于电解液,电极电位取正值,单体电池约为+2 V。因此,单体电池的电动势约为

$$E=2\text{ V}-(-0.13\text{ V})=2.13\text{ V} \quad (1.4.5)$$

1.4.2 铅蓄电池的放电原理

放电时,在电动势的作用下,电路中就有电流流通。在外电路,电子从负极流向正极;在电解液中,正离子移向正极,负离子移向负极,形成离子电流。整个放电过程,正、负极同时发生如下化学反应:

在负极,电子流走时,双电层减弱,铅离子与硫酸根离子化合,生成硫酸铅分子,并沉积于极板表面:

$$Pb^{2+}+SO_4{}^{2-}\rightarrow PbSO_4 \quad (1.4.6)$$

在正极,高价铅离子得到两个电子时,成为二价铅离子:

$$Pb^{4+}+2e\rightarrow Pb^{2+} \quad (1.4.7)$$

于是双电层减弱,二价铅离子 Pb^{2+} 进入电解液,并与硫酸根离子化合,生成硫酸铅分子,沉积于极板表面

$$Pb^{2+}+SO_4{}^{2-}\rightarrow PbSO_4 \quad (1.4.8)$$

在正、负极板双电层减弱的同时,内电场减弱,负极继续有铅离子电离,正极继续有二氧化铅分子溶解、电离。于是,双电层和电动势都处于动平衡状态,放电过程得以持续进行,放电过程总的化学反应方程式为:

$$PbO_2+Pb+2H_2SO_4\rightarrow 2PbSO_4+2H_2O \quad (1.4.9)$$

铅蓄电池放电过程的特点是:

① 正极板的二氧化铅和负极板的铅逐渐变成硫酸铅;

② 电解液中的硫酸不断被消耗,水却不断增加,因此电解液的密度不断减小;

③ 电动势逐渐降低。

1.4.3 铅蓄电池的充电原理

蓄电池放电以后,将充电机的正、负极分别接在蓄电池的正、负极上,可进行充电。

充电机也是一种直流开关电源,其端电压应能调节,使之略高于蓄电池的电动势。接充电机时应特别注意极性,防止串联短路,如果极性接反则造成永久性损坏。

放电后的蓄电池,正、负极板上的硫酸铅分子能溶解于电解液中,并发生电离:

$$PbSO_4\rightarrow Pb^{2+}+SO_4{}^{2-} \quad (1.4.10)$$

当接通充电机的电路时,充电电流从正极经过蓄电池内部流向负极,于是正极的铅离子失去两个电子,成为高价铅离子:

$$Pb^{2+}-2e\rightarrow Pb^{4+} \quad (1.4.11)$$

高价铅离子与电解液作用,生成高价硫酸铅:

$$Pb^{2+}+2SO_4{}^{2-}\rightarrow Pb(SO_4)_2 \quad (1.4.12)$$

而后

$$Pb(SO_4)_2 + 2H_2O \rightarrow PbO_2 + 2H_2SO_4 \qquad (1.4.13)$$

生成的二氧化铅即沉积在正极板上，负极的铅离子在电极上获得两个电子，还原成铅，并沉积在负极板上：

$$Pb^{2+} + 2e \rightarrow Pb \qquad (1.4.14)$$

充电过程总的化学反应方程式为

$$2PbSO_4 + 2H_2O \leftarrow PbO_2 + 2H_2SO_4 + Pb \qquad (1.4.15)$$

铅蓄电池充电过程的特点是：

① 正、负极板上的硫酸铅逐步生成二氧化铅和铅；

② 电解液中的水不断减少，硫酸则不断增加，电解液密度逐渐增大；

③ 电动势逐渐升高。

把铅蓄电池放电过程总的化学反应方程式(1.4.9)与充电过程总的化学反应方程式(1.4.15)加以比较，可以看出它们是一对可逆的化学反应方程式。通常将充、放电过程的化学反应方程式写成如下的综合式：

$$PbO_2 + Pb + 2H_2SO_4 \underset{放}{\overset{充}{\Leftrightarrow}} 2PbSO_4 + 2H_2O + 电能 \qquad (1.4.16)$$

1.4.4 铅蓄电池的放电特性

蓄电池的放电特性，主要是指放电过程中蓄电池的电动势、内电阻、端电压和容量的变化规律，研究蓄电池的放电特性对正确使用蓄电池至关重要。

1. 电动势

铅蓄电池电动势的大小，主要取决于电解液的密度，而与极板上的活性物质的多少无关。当电解液的温度为 15 ℃、密度在 1.05～1.30 g/cm³ 范围内变化时，单体电池的电动势与电解液密度呈线性关系，如图 1.4.3 所示。在上述范围内，电动势的数值还可以由下面的经验公式确定

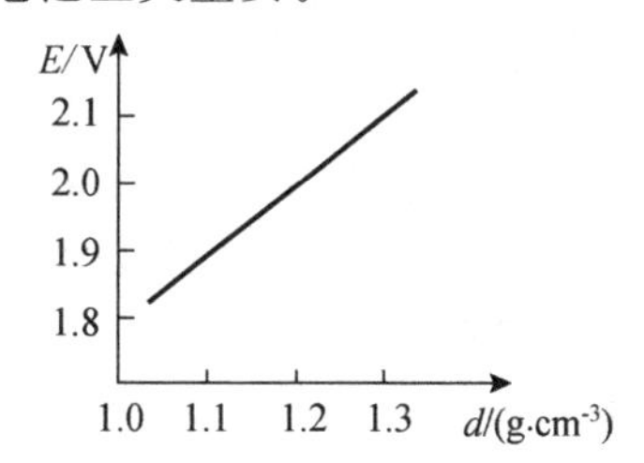

图 1.4.3 单体电动势与电解液密度的关系

$$E = 0.84 + d \qquad (1.4.17)$$

式中：d 为电解液的密度(g/cm³)。

因为充足电的蓄电池，电解液的密度一般为 1.285 g/cm³，所以单体电池的电动势约为 2.1 V。12××28 Ah 型蓄电池由 12 个单体电池串联而成，其电动势约为 25 V。

铅蓄电池放电时，随着电解液密度的减小，它的电动势是逐渐下降的，相反，充电时它的电动势是逐渐上升的。

值得注意的是，铅蓄电池在充电、放电过程中，化学反应主要在极板的孔隙内进行，孔隙内、外电解液密度往往并不完全相同。放电时，孔隙内电解液的密度比外面要小，充电时则相反。决定蓄电池电动势数值的应该是孔隙内电解液的密度。因此，在应用

经验公式时,只有当充、放电结束,并放置一段时间后再测出的密度,才比较准确。

2. 内电阻

铅蓄电池的内电阻由三部分组成,包括极板电阻、电解液电阻以及极板与电解液之间的接触电阻。

极板电阻:极板电阻值在放电开始时很小,在放电过程中随着导电性能很差的硫酸铅的产生,极板电阻值逐渐增大;当表面覆盖着有大颗粒的硫酸铅出现,它的导电性更差,而极板电阻值大为增加。

电解液电阻:电解液电阻值与温度和密度有关,温度升高电阻值减小;在放电过程中,密度总是逐渐下降,其电阻值随之增大;特别是当密度减小到 1.15 g/cm^3 以下时,电解液的电阻值将迅速增大。

接触电阻:极板与电解液的接触电阻,由其接触面积的大小决定。片数多、孔隙多,接触电阻值就小。在放电过程中,极板表面逐渐被硫酸铅覆盖,特别是大颗粒结晶出现时,接触电阻明显增加。

由此可见,铅蓄电池在放电过程中,内电阻是逐渐增大的,充电时相反。充足的单体电池,内电阻值在 0.01~0.001 Ω 之间。与其他化学电源相比,铅蓄电池的内阻是比较小的。内电阻小,工作时发热损耗就小,效率就高,这是铅蓄电池的可贵之处。

3. 放电特性

蓄电池的放电特性,是指在一定放电电流时,端电压随时间的变化规律。这种规律用图 1.4.4的曲线表示,曲线是在电解液温度为 20 ℃时,以额定电流(2.8 A)放电时测得的。可以将放电分为四个阶段:放电初期、放电中期、放电后期及放电终了。

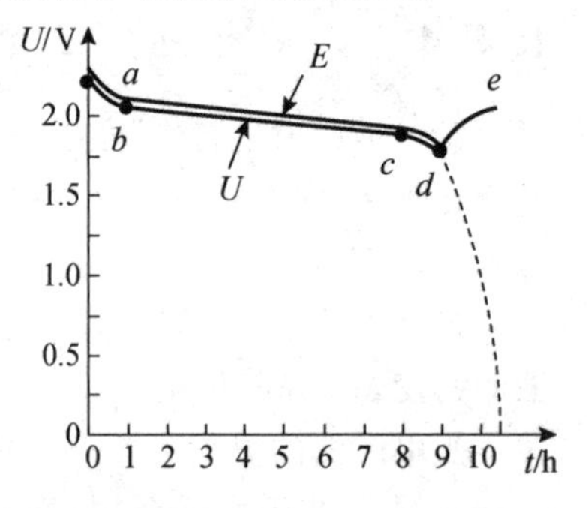

图 1.4.4 单体蓄电池的放电特性

放电初期(*ab* 段):极板孔隙内、外的电解液密度差很小,扩散速度慢,孔隙内的硫酸消耗得多,补充得少,密度下降得快,电动势和端电压也就迅速下降。

放电中期(*bc* 段):极板孔隙内、外的电解液浓度差已经很大,扩散速度加快,孔隙内硫酸的消耗与补充基本相等,其电解液密度随整个电池里电解液浓度缓慢减小而减小。因此,电动势和端电压下降很慢。

放电后期(*cd* 段):化学反应逐渐向极板内部深入,硫酸扩散路程长,同时极板表面沉积的硫酸铅增加,孔隙入口减小使扩散通道变窄,甚至部分孔隙被堵塞。孔隙里的硫酸得不到相应的补充,浓度迅速减小,电动势下降很快。另外,电解液密度已低于 1.1 g/cm^3,内电阻引起的内压降迅速增大,所以端电压下降更为迅速。

放电到图 1.4.4 中 *d* 点时,如果继续放电,端电压将迅速下降到零,如 *d* 点以后的虚线所示。实际上,*d* 点以后蓄电池已失去放电能力,故 *d* 点电压称为放电终了电压。铅蓄电池以额定电压放电时,单体电池的放电终了电压为 1.7 V。蓄电池放电到了终了电压时,如果继续放电则称为过量放电。过量放电会降低蓄电池的寿命,故应禁止。

如果放电到了终了电压就停止放电,并且硫酸的扩散作用仍将继续进行,使极板孔

隙内电解液浓度又缓慢上升，这时电动势也会缓慢上升到 1.99 V 左右。

铅蓄电池的放电特性与放电电流及电解液的温度有关。例如，放电电流大，则放电时间短，电池电压低，终了电压也低。这是因为化学反应剧烈，电压降到以额定电流放电的终了电压值时，还有不少活性物质可以参加化学反应。

电解液温度高时，内阻变小，放电电压升高，但温度太高，会缩短极板寿命。电解液温度低时，电解液的黏度大，扩散困难，极板孔隙里的硫酸得不到相应的补充，密度迅速减小；再加上化学反应主要在容易获得硫酸的极板表面进行，极板表面生成的硫酸铅迅速增多，扩散通道迅速变窄，使孔隙里的电解液密度减小加快。因此，电动势和端电压下降的很快。电解液的温度越低，端电压下降越快，到放电终了电压所需的时间越短。

1.4.5　容　量

蓄电池从充足电状态放电到终了电压时输出的总电量称为容量。容量的单位是安培小时(Ah)。如果放电电流恒定，则容量(Q)等于放电电流(I)与放电时间(t)的乘积，公式如下：

$$Q=It \tag{1.4.18}$$

1. 影响蓄电池容量的因素

由蓄电池的放电原理可知，当一个二氧化铅分子、一个铅分子与两个硫酸分子发生化学反应时，就有两个电子通过外电路。因此，蓄电池的容量由参加化学反应的活性物质的多少决定。

已经做好的蓄电池，其容量与放电条件和维护的好坏有关。低温、大电流和连续放电的情况下，到终了电压的时间显著缩短，因此容量也减小；反之容量增大。如果维护使用不当，使蓄电池过早出现极板硬化、活性物质脱落以及自放电严重等现象，都会造成参加化学反应的活性物质减少，容量相应下降。不过，接近寿命期的蓄电池，难免出现上述现象，其容量势必减小。

2. 额定容量和实有容量

蓄电池的额定容量是制造厂标定的标准容量。不同型号的蓄电池，额定容量是不相同的。蓄电池在不同的放电条件下，所能放出的容量差别很大。为了比较蓄电池的容量，规定了一个标准的放电条件。铅蓄电池标准的放电条件是：电解液温度为 20 ℃，放电电流为额定值，放电方式为连续放电。

实有容量是指蓄电池充足电后，在标准条件下放电到终了电压所能放出的电量。习惯上蓄电池的实有容量用相对值表示，即

$$\text{实有容量(相对值)}=\frac{\text{实有容量}}{\text{额定容量}}\times 100\% \tag{1.4.19}$$

为了使蓄电池能够发挥其作用，规定实有容量低于 40%的蓄电池不得继续使用。

1.4.6　铅蓄电池的充电特性和充电方法

1. 充电特性

铅蓄电池的充电特性主要是指充电电压的变化规律。充电电压(U)等于电动势

(E)和内压降(Ir)之和,即:

$$U=E+Ir \tag{1.4.20}$$

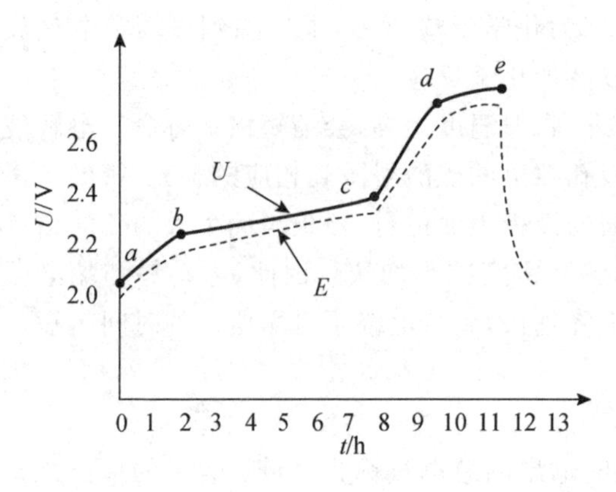

图 1.4.5　单体铅蓄电池的充电电压特性

充电电流恒定时,充电电压的变化主要取决于电动势的变化,即取决于电解液的扩散速度。一个单体电池,在电解液温度为 20 ℃、以恒定电流充电时,电压变化情况如图 1.4.5 实线所示。从充电特性曲线可见,充电电压也具有明显的阶段性。

充电初期(ab 段),化学反应先在极板孔隙内进行,硫酸铅还原为铅、二氧化铅和硫酸,此时电解液扩散速度慢,孔隙内电解液密度增加快,因此电动势和电压上升就快。

充电中期(bc 段),扩散速度加快,孔隙内外电解液密度一起缓慢增加,电动势和电压也就缓慢上升。

充电后期(cd 段),剩下的硫酸铅已经不多,而且一般都难以还原,输入的电能逐步用来电解水,正极产生氧气,负极产生氢气,有的附着在极板上,有的形成气泡逸出。当氢、氧气体附着在极板上时,产生气体电极电位,形成附加电动势,使电压又迅速上升,此后,当电流全部用于电解水时,电动势和电压不再升高,充电过程就结束了。充电完毕,断开充电电路,一方面由于附加电动势消失,一方面由于硫酸的继续扩散,电动势逐渐下降,最后趋于稳定。

充电终了的特征主要有以下三点:

① 充电电压持续两小时不再上升;

② 电解液密度达到规定值不再增加;

③ 电解液大量而连续地冒气泡,类似沸腾。

2. 充电方法

充电方法按充电电流或电压的数值变化情况不同,可分为恒流充电、恒压充电和分段充电三种,其中以分段充电较为合理。按充电目的不同,又可分为初次充电、正常充电、补充充电和校验性充电等多种。

分段充电的方法:开始以一定的电流进行第一阶段充电,直到单体电池电压升高到 2.35～2.40 V,并开始出现大量气泡时,再将电流减小一半进行第二阶段充电,直到充足为止。这种充电方法比较合理,因为输入的电能适合蓄电池化学反应的需要。第一阶段有大量的硫酸铅需要还原,为了缩短充电时间,应该用较大的电流充电;到了充电后期,剩下的硫酸铅已经不多,而且大都难以还原,所以应该用较小的电流充电。若用恒流充电,当电流选择较小时,充电时间会延长;当电流选择较大时,充电后期电解液会过早出现沸腾现象,容易造成极板上的活性物质脱落。

若用等压充电，当电压选择较低时，充电后期电流太小，不易充足；当电压选择较高时，充电一开始就有部分电能用于电解水，甚至形成电解液沸腾现象，温度升高也过快，影响蓄电池的寿命。在接通蓄电池的瞬间，会出现十几甚至几十安的充电电流，随后由于蓄电池的电动势迅速升高，充电电流将迅速减小并趋于零。

如果有几个蓄电池需要同时充电时，可以采用串联、并联或复联的方法进行。但要求额定电压相等、容量相等，放电程度差不多的蓄电池才能并联。额定容量相等，放电程度近似，而额定电压不同的蓄电池只能串联。

1.4.7　铅蓄电池的主要故障

蓄电池常见的故障有自放电、极板硬化和活性物质脱落等几种，每一个要装机的蓄电池必须进行严格的测试，因为蓄电池作为应急电源使用，关系到电源系统主电源失效时能否应急供电。

1. 自放电

放置不用的蓄电池，其容量和电压自动下降的现象称为自放电。引起自放电的主要原因是极板上或电解液中存在杂质。例如，当极板上有铜（Cu）的微粒时，铜和铅在电解液中便形成一个短路状态的微电池，如图 1.4.6 所示。在电解液中，铜的电极电位比铅的电极电位高，因此短路电流由铜流向铅，再经电解液到铜。结果铅与电解液进行化学反应，生成硫酸铅和氢气，活性物质减少，电解液密度下降，使电压降低，容量减小。蓄电池表面有灰尘、水分和电解液存在，正、负极之间形成导电通路，也会造成自放电。

绝对纯净的东西是没有的，极板上和电解液中，总会有一些杂质存在，电池表面也不会绝对干净，因此自放电是不可避免的。通常每昼夜自放电损失电量为额定容量的 1%左右。如果维护不当，自放电加剧，即形成故障。自放电故障严重的蓄电池，可以使容量在几小时内放完。为了防止自放电加剧，在维护中首先要防止杂质进入蓄电池，如配制电解液时，一定要用纯硫酸和蒸馏水，并防止尘土进入，其次要保持蓄电池表面清洁。

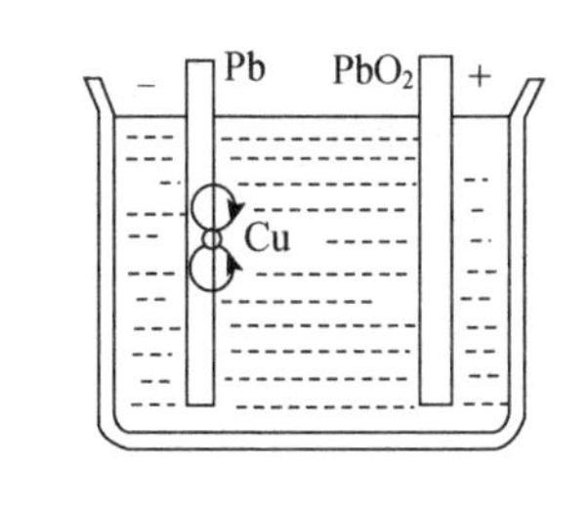

图 1.4.6　杂质形成的微电池

2. 极板硬化

一般情况下，铅蓄电池放电时生成的硫酸铅是小颗粒结晶体，并与活性物质相混杂，在充电时容易还原成相应的活性物质。在一定条件下，这种小颗粒的硫酸铅会变成大颗粒的硫酸铅结晶体，覆盖在极板表面，充电时难以还原，这就叫做极板硬化。

极板硬化程度较轻时，只有一些局部区域覆盖着大颗粒硫酸铅结晶体，显出一些微白色的斑点。这种轻度的硬化，对蓄电池的性能影响较小。硬化严重时，极板表面覆盖着大片白色的大颗粒硫酸铅结晶体，堵塞极板的许多空隙，严重影响电解液的扩散。放电时，不仅自身不能参加化学反应，还使极板深处的许多活性物质不能参加化学反应。因此，容量显著减小，放电电压下降也快。

消除极板硬化的方法是进行过量充电，即在进行正常充电后，再以较小的电流继续充电，为了防止温度过高，可做3～5次的间断充电，使硬化的硫酸铅慢慢还原为活性物质。但是要彻底消除极板硬化是十分困难的，许多蓄电池提前到达寿命期，往往是极板硬化所致，因此，要正确使用和维护蓄电池，防止极板硬化故障的发生。

3. 活性物质脱落

电解液温度过高，经常以大电流充、放电，以及蓄电池受到猛烈的撞击和震动等，都会造成极板上的活性物质脱落，使蓄电池的容量减少。如果活性物质脱落太多，沉积到外壳的底部以后，会造成正、负极板的短路故障。

各种不同组成材料的电池，如铅酸电池、锂电池、镍镉电池、银锌电池和镍氢电池，每种电池都具有自身的特性，可以查阅生产厂家的手册做更细致的研究。

1.5 负　载

开关电源设计者必须了解负载特性，才能做好符合要求的电源。前面讨论了蓄电池一般特性，如果开关电源作为充电器对电池充电，则开关电源必须具有恒流充电和浮充能力，这里不再讨论。下面以计算机电源为例简要说明负载对开关电源的要求。

1.5.1 计算机电源

计算机电源要在计算机切换功能时不能跌落太多而导致数据发生错误，或者噪声使计算机处理数据发生错误、误触发、误翻转等，因此有下列特点。

1. 快速性

现代计算机要求电源高速切换。例如，许多计算机电源为3.3 V，从数据库调出数据，要求电源能适应30 A/μs负载跃变。假定负载从零变化到8 A，需要的时间小于1 μs。如果开关电源的带宽为20 kHz，要变化到新的负载水平时间为1/(20 kHz)=50 μs，假设电流上升是线性的，在50 μs到来前提供8 A除了线性增长的那部分电荷外，尚缺少的电荷量是(8 A/2)×50 μs=200 μC，如果允许3.3 V电压波动是66 mV，假定瞬态能量由电容提供，则需要200 μC/66 mV=3.03 mF才能避免电压跌落超过允许值。

值得注意的是不能用一个3300 μF电容达到这个目的，而是应当用许多值小些的电容并联。这是因为母线上电压跌落并不是变换器的带宽限制，而是电容的等效串联电阻R_{esr}造成的。那么需要最大R_{esr}为66 mV/8 A=8.25 mΩ的电容。如果每个电容的R_{esr}近似为90 mΩ，需要11个电容并联，最好选择300 μF的钽电容，或者选择更小R_{esr}的多层陶瓷叠片电容。当然这种计算是假定变换器输出到负载连线是无电感和无电阻的，如果引线长，则还需要考虑长线电感，就需要更高性能的电源。

从以上的例子看到，为使变换器体积减小，实质上是要变换器具有较宽带宽和高速放大器。推动开关电源有更高开关频率(带宽一般是开关频率的1/4～1/5，不会超过开关频率的一半)的主要原因，某些变换器的工作频率现在已达2 MHz，带宽100 kHz以上。

2. 低噪声要求

各种负载对噪声的要求是不同的。例如,蜂窝电话电源中射频功率放大器要求低噪声。变换器电源提供放大器栅极和漏极(放大器由场效应晶体管 FET 构成)电压,如果电源上有变换器开关频率的纹波,那么放大器输出也就有纹波,因为输出功率由栅极和漏极电压决定,通过改变这些电压来控制输出功率大小。而放大器输出是射频,纹波是载波频率的边带。由于纹波被接收机作为信号解调产生的边带,所以很容易看到不需要的纹波。

产品研制时要与提出要求的工程师研究,是否一定有很高的噪声要求,因为噪声要求越高,代价越大。

要满足低噪声的要求,应当考虑电感电流在输出电容 R_{esr} 上产生的峰峰值纹波和二极管及晶体管转换产生的开关噪声造成的纹波。想用足够大的滤波电感和多个电容并联并不能满足低噪声要求,一般在变换器输出加后续线性调节器或外加滤波环节。

后续线性调节器绝不是好的选择,因为效率低。一般的办法在主滤波器后面增加一级 LC 滤波器,如图 1.5.1 所示。如果反馈从原来输出电容端取回,则主反馈保持原来的稳定性,而与外加滤波无关。但外加的 LC 滤波器是不可控制的,当阶跃负载时将引起振铃现象,这违背了引入附加滤波器的目的。

如果反馈包含外加滤波器,这将引入两个额外的极点,这两个极点要是处于低频段,将引起变换器工作的不稳定。一般取外加滤波器的谐振频率为变换器带宽的 10 倍,仅需要很小的相位补偿处理(将在 6.4 节讨论),同时仍然能给开关频率适当地衰减。一般电感取值较小,电容较大,以减少变换器的输出阻抗。串联电感在数百 mH 到几个 μH,一般不用铁氧体磁珠,磁珠不能抗直流磁化,而采用 MPP(坡莫合金磁粉芯)磁珠或铁硅铝磁芯,载流导体可以直接穿过磁环。

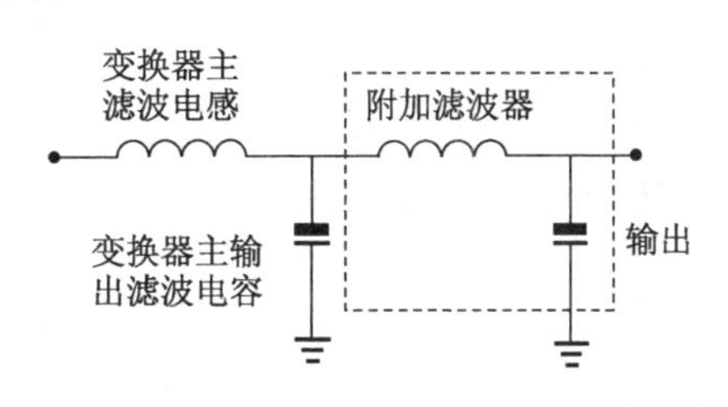

图 1.5.1 附加 LC 滤波获得低噪声输出

1.5.2 电话电源

电话大约在 100 多年前出现的,基站通过几百米,甚至几千米长线到达每个电话用户的。电话有 3 种工作模式,即既不通话又没有振铃、通话中和等待通话中。这 3 种状态具有不同的特性,每种工作模式在每个国家也是不同的。

在振铃状态供电就很困难,电话看起来像一个电感和电容串联并用一个低频正弦波电源驱动。此正弦波在电话端电压最小有效值为 40 V (美国)或 35 V(德国)。实际上,由于电源输出在达到电话之前经过不同阻抗分压,需要的驱动电源电压要高得多。美国近似 7 kΩ 电阻器与 8 μF 电容器串联,驱动电源是 20 Hz 正弦波。而德国似乎是 3.4 kΩ 电阻器与 850 nF 电容器串联,频率用 25 Hz 驱动。法国电话是大于 2 kΩ 和小于 2.2 μF,频率可以用 25 Hz 或50 Hz驱动,取决于是差动(平衡)还是不对称驱动。电话机本身作为负载品种多，阻抗为6～60 kΩ，或更高。

1.5.3 LED照明电源

照明消耗能源占有相当大的比重，很多国家的公共场所照明，禁止使用发光效率低的白炽灯，而是大量使用节能灯，并大力开发发光效率更高的发光二极管LED灯具。

发光二极管是半导体器件，具有单向导电性。当正向电流流过时，二极管发出亮光，并随正向电流增大，发光强度增大。LED正向电压一般为2～3 V。过大的电流会造成LED发热损坏。由于LED相似特性，同时具有离散性，因此供电电源应当采用恒流供电。同时目前单体LED功率只能做到数瓦，要发出更大的光通量需要更多单体LED阵列。

1.5.4 荧光灯电源

荧光灯是另一种特殊负载，用称为镇流器的电源驱动。灯管有很多种类，如不同长度的直行灯管、环形灯管、冷阴极大台灯和广场照明的钠灯等。荧光灯具有不同发光和电气特性，但在它们之间主要的不同是是否具有加热灯丝。不需要灯丝的，仅需要两根导线的称为直接启动灯管；如果有加热灯丝，还需要增加两根加热灯丝导线的则称为快速启动灯管。因其他特性相同，这里仅讨论有灯丝的荧光灯。

荧光灯管是充气的，例如，充有氩气和一滴水银液体，水银在工作时蒸发成气体。玻璃管内壁涂敷荧光物质。工作时电压通过气体加在灯管两端，灯管实际上有一个阴极和一个阳极，但加在灯管上是交流电，不必要区分正负极，用交流可减少电极的电蚀。

必须有足够的启动电压才能使灯管内的气体电离，也就是说电离形成等离子。等离子发出紫外线光，紫外线光激发了涂敷在管内壁的荧光物质转变成可见光。如果灯管工作频率在20 kHz以上，它比利用高温加热发光的白炽灯发光效率高很多。

灯管内的水银是剧毒物质，请不要随意打破灯管，以免污染环境。当灯管关断时，因为水银是液体，它呈现高阻抗，需要高压启动。冷阴极型(即没有灯丝)就需要一定时间高压然后导通它。带有灯丝的需要加热灯丝，应用数百毫秒时间加高压，预热故障大大地降低了灯管的寿命。由于早先电子镇流器忽视这个问题，所以电子镇流器业发展较慢。

在灯丝预热加上高压以后，灯管导通。一旦灯管导通，灯管近似像一个稳压管，如流过灯管的电流加倍，但灯管端电压可能变化了10%。管子通过加倍的电流，当然亮度也加倍，寿命也因此降低。因此需要一个镇流器，保持灯管亮度，同时使电压、电流保持在灯管厂家规定的允许工作范围之内。

在导通状态，灯丝仍然发热，但已远小于预热时的功率。灯丝是电阻丝，可减少灯丝电压减小发热，而延长灯管寿命。

电焊机电源必须研究电弧特性和工作状况，超声清洗电源必须了解压电陶瓷换能器的电器特性，不研究负载特性去做电源是不可能做好的。

1.6　开关电源设计准备

1.6.1　拓扑选择

仔细分析要研制的开关电源规范以后,设计的第 1 步就是选择功率电路拓扑结构。有经验的设计师通常采用自己最熟悉的电路拓扑,决不轻易采用新的拓扑。如果是初学者,应当多找一些最新技术或大量应用的开关电源(不是实验室研究成果),尤其是输出电压和输入电压相近的电源产品,分析它们的特点,所用的功率元器件是否容易采购等,作为选择拓扑的参考。

1.6.2　工作频率选择

开关频率不是电源指标,但对电源的性能有很大影响。开关频率越高,磁性元件和电容体积越小;变换器的带宽越宽,动态响应速度更快。频率越高,元件损耗和功率器件开关损耗越大,降低了变换效率,损耗大则要求更大散热器,损耗限制了频率的提高。小功率低压电源损耗小,散热容易,可以采用很高的开关频率。大功率电源中器件高压下开关大电流,损耗很大,限制了频率的提高。

工作频率与所用器件和功率等级有关,如果采用 MOSFET,最常用的电压定额在 500 V 以下,市场上也能采购到电压定额达 1000 V 的 MOSFET,但导通电阻较大。开关频率随着功率增加而降低。400 V 输入,功率 2 kW 以下,开关频率可达 200 kHz 以上。如果是输入、输出电压低的小功率电源(<100 W),开关频率可以达到 400 kHz。

如果采用 IGBT 作为功率管,其电压定额一般在 500 V 以上,适宜于高电压大功率应用,开关频率一般在 30 kHz 以下。

1.6.3　效率与损耗分配

设计开始时,要充分考虑电源中各种损耗,再根据经验确定效率 η。对于输出为低压电源,二极管压降是影响效率的主要因素。次级峰值电压在 60 V 以上,通常采用快恢复二极管;在 60 V 以下,采用肖特基二极管,如效率规定严格,或输出电压小于 5 V 的开关电源,通常采用同步整流。在低输出电压电源中,应特别注意二极管的选择。

对于低输入电压,功率开关的压降和开关损耗对效率有较大的影响,还应考虑输入整流、主变压器、滤波元件,包括平滑滤波和 EMC 滤波损耗。在低功率电源中,辅助电源损耗也占比较大的百分比。

一般低输入低输出电压小功率电源效率较低,例如做到效率为 80%要花很大代价。而较高输出电压和输入电压(50～500 V),一般可以达到较高的效率(>85%)。在选择了效率之后,就可以根据输出功率得到电源的总损耗

$$\Delta P = P_i - P_o = P_o/\eta - P_o \tag{1.6.1}$$

有了总损耗 ΔP 之后,应将损耗分配到具体的单元电路或器件:

$$\Delta P = P_{sw} + P_{rec} + P_T + P_f + P_{av} + P_{PFC} + \cdots \tag{1.6.2}$$

式中:P_{sw}为功率开关损耗;P_{rec}为输出整流损耗;P_T 为变压器损耗;P_f 为滤波电路损耗(包括 EMI 电路);P_{av}为辅助电源损耗;P_{PFC}为 PFC 损耗。

选择恰当的器件和电路来保证电源中的元器件损耗不超过分配值,才能达到所希望的效率。只有按照分配的损耗计算的元器件电流、电压定额才有实际意义。

第2章 拓扑的应用选择

2.1 引　言

所谓电路拓扑就是功率器件和电磁元件在电路中的连接方式，而磁性元件设计、闭环补偿电路设计及其他所有电路元件设计都取决于拓扑。在设计前，应仔细分析电源技术指标和规范，以及制造工艺成本等。大多数电源的拓扑根据应用场合来选择。

电力电子技术和开关电源书籍中只是概要地介绍几种最基本的拓扑，分别说明这些拓扑的基本工作原理，以及各种拓扑的优缺点和应用场合。各种讨论拓扑结构的文献非常多，单就准谐振变换器拓扑就有数百种，能经常在产品中得到广泛应用的拓扑只有十余种。

实际应用和理论研究差距如此巨大，一个很重要的因素是电源作为民用商品，成本和质量作为设计的第一目标。选择的电路拓扑在满足电气性能的前提下，应当考虑到电路的复杂性和成熟程度，电路拓扑使用的元器件定额是否易购和价廉，对人员素质，以及特殊的测试设备和元器件等都有要求。拓扑选择应当从产品效率、成本、体积、质量以及技术条件和规范等综合因素考虑。研究人员为了提高电源效率，减小体积，研究减少开关损耗和提高开关频率的方法。有些拓扑和专利在理论上是有价值的，在某一方面提出了解决开关损耗和提高可靠性新的途径和方法，并存在应用的可能性。但相当多的拓扑结构也会带来某些方面的不足，理论上先进，未必能做出最优秀的电源。理论研究始终是探索性的，而产品是该领域研究最充分、经过若干因素折中和最优化的实践产物。这也是专利与形成生产力之间的距离，专利是否能转变为产品还需要很多的试验和实践的检验。如果为了将效率提高1%，使得成本提高10%，这是任何厂商不愿意做的。因此将专利转变为可生产的产品的数量不多就不足为奇了。但是对体积、质量要求严格且批量小的军品和特殊要求的产品则另当别论。

2.2 开关电源常用拓扑

最基本的拓扑是Buck（降压式）、Boost（升压式）和Buck/Boost（升/降压），单端反激（隔离反激）、正激、推挽、半桥和全桥变换器。Buck/Boost有负电压输出和正电压输出两种，隔离单端正激和反激中还引出了双端和双端交错电路拓扑等。此外，有源钳位正激和不对称半桥在中小功率模块电源中有较为广泛的应用，移相全桥谐振拓扑和谐振变换器主要用于大功率高输入电压场合。

2.2.1 Buck 电路

1. 基本原理

Buck电路也称为降压(step-down)变换器。它由斩波开关VT和为了达到平滑直流输出的LC滤波电路组成,如图2.2.1(a)所示,特点是:在功率开关导通时电源向负载传递能量,即所谓正激型(forward),它是正激类变换器最简单的拓扑。它有两个不同的工作时间,即串联的功率开关导通和截止。当功率开关导通时,输入电压加到电感的输入端,电感另一端接输出电压,续流二极管VD承受反向偏压截止。当功率开关截止时,电感电流迫使二极管导通续流。

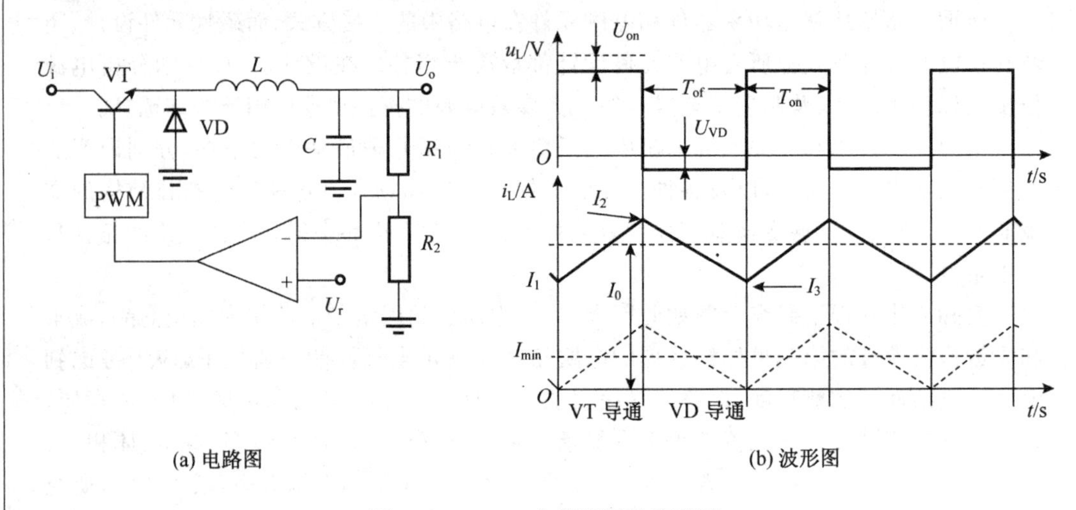

(a) 电路图　　(b) 波形图

图 2.2.1 Buck 电路原理及波形图

如图2.2.1(b)所示,如果输出电压已经稳定,并假定元器件为理想的,当功率开关导通时,电感中电流由 I_1 线性上升到 I_2,导通期间 T_{on} 最大电流变化量为

$$I_2-I_1=\Delta i_{Lon}=(U_i-U_o)T_{on}/L \tag{2.2.1}$$

在开关导通期间,能量从电源流向负载,并将一部分能量存储在电感中。当输出电压高于某值时功率开关关断,电感上感应电势迫使续流二极管VD导通,维持输出负载电流。电感输入端接地,电感释放储能,电感电流从 I_2 线性下降到 I_3。在截止期间(T_{of})内电流最大变化量为

$$I_3-I_2=-\Delta i_{Lof}=-U_oT_{of}/L \tag{2.2.2}$$

稳态时,导通期间电感电流变化量 Δi_{Lon} 应当等于截止期间变化量 Δi_{Lof},即 $\Delta i_{Lon}=-\Delta i_{Lof}=\Delta i$,可得

$$U_o=DU_i \tag{2.2.3}$$

式中:$D=T_{on}/(T_{on}+T_{of})=T_{on}/T$,定义为占空比,调节占空比保证输入电压和负载变化不影响输出电压的大小,所以称为稳压源。

当输入电压和负载变化时如果要求稳定输出电压,则应采用负反馈控制。图2.2.1(a)中利用 R_1 和 R_2 对输出电压 U_o 采样,采样电压与基准 U_r 比较,经误差放

大器放大后控制 PWM 的输出脉冲宽度，即改变占空比 D 达到调节输出的目的。输出电压与基准电压的关系为

$$U_o=(1+R_1/R_2)U_r \tag{2.2.4}$$

一般分压器 R_1 和 R_2 选择温度漂移较小的同质材料电阻。电源电压静态精度和温度稳定性主要由基准电压源 U_r 的精度决定，如果想提高电源的精度，基准源的选择十分重要，用得较多的基准电压源是 TL431，内部集成了稳压基准和比较器等，外围电路十分简单，可以查阅公司手册指导使用。此外，图 2.2.1(a)中的误差放大器的静态特性和动态特性也直接影响开关电源，将在 6.4 节讨论。

如图 2.2.1(b)所示，实线是电感电流连续模式(Current Constant Model，CCM)时电感电流波形，整个周期内都有电流流通。如果输入电压和输出电压都不变，当负载电流减少时，电流上升和下降的斜率及幅度不变；当负载电流下降到临界连续电流 I_G 时，即

$$I_G=I_{omin}=\frac{U_oT_{of}}{2L}=\frac{U_iD(1-D)}{2Lf}=4I_{Gmax}D(1-D) \tag{2.2.5}$$

$D=0.5$ 时，$I_{Gmax}=U_i/(8fL)$。

I_G 随占空比 D 二次方变化。

如图 2.2.1(b)中虚线所示，当负载电流减小到小于临界连续电流 I_G 时，闭环调节占空比减小，导通期间峰值电流下降，在截止时间内电感电流下降到零，电感电流进入断续状态，输出电流与占空比的关系为

$$I_o=\frac{(U_i-U_o)U_iD^2}{2fLU_o}=4I_{Gmax}D^2\ \frac{(U_i-U_o)}{U_o} \tag{2.2.6}$$

输出电压与输入电压的关系为

$$U_o=\frac{U_i}{1+I_o/(4D^2I_{Gmax})} \tag{2.2.7}$$

用式(2.2.3)、式(2.2.5)和式(2.2.7)画出 Buck 标幺外特性，如图 2.2.2 所示，图中虚线为临界连续，右侧是连续模式区(CCM)，输出电压与负载电流无关；左侧为断续模式区(DCM)，输出电压与负载成非线性关系。断续模式时负载电流减少，占空比变化十分剧烈。闭环情况下，电感电流进入断续状态以后，往往引起低频振荡，造成变换器输出纹波增加，这是这类变换器容易出现的问题。

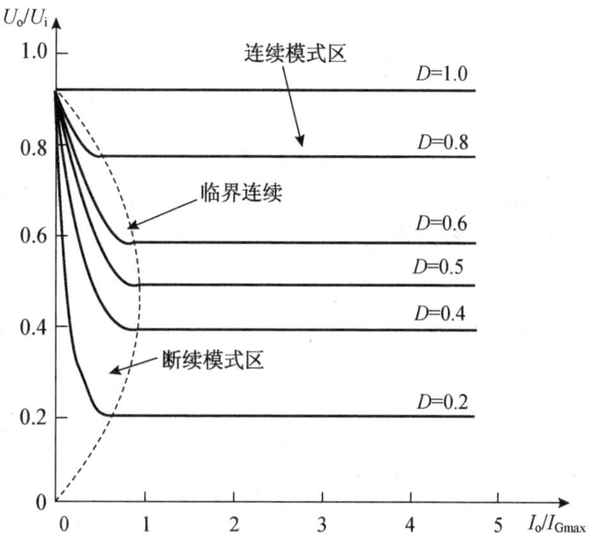

图 2.2.2　Buck 电路标幺外特性

2. 滤波电感与电容

1) 滤波电感

如果负载变化范围大,要保证在任何情况下电感电流连续,ΔI越小,最小平均电流(临界连续电流I_G)也越小,要求电感量L越大,在一定纹波电压要求的情况下,输出电容可以减小。功率管和二极管峰值电流小,即采用大电感和小电容作为滤波电路;反之,如果最小连续电流大,则采用小电感和大电容作为滤波电路。这两种情况都会造成滤波器体积增大和成本升高。折中考虑体积、质量和成本等因素,工程上通常选取$\Delta I=0.2I_o$,由式(2.2.5)得到电感量L为

$$L\geqslant\frac{U_iD(1-D)}{2fI_{omin}}=\frac{U_o(1-D)}{2fI_{omin}}=\frac{U_o(1-D)}{0.2fI_o} \tag{2.2.8}$$

为保证最坏情况下电流连续,D为最高输入电压时的最小占空比。最小电流越小,需要的最小电感就越大。如果最小负载电流为零,为保证电感电流连续,电感应为无穷大。

2) 滤波电容

电感的纹波电流流入输出滤波电容和负载,引起输出电压纹波。输出滤波电容量与它的等效串联电阻R_{esr}的乘积满足$CR_{esr}\geqslant T/2$,T为开关周期,输出纹波主要由电容的R_{esr}决定。若输出电压纹波峰峰值为ΔU_{pp},根据第3章中介绍的电解电容特性,低压铝电解电容容量C与R_{esr}的经验关系为$CR_{esr}=65\times10^{-6}$ s,纹波电流为ΔI,求得要求的电容值

$$C\geqslant65\times\Delta I\times10^{-6}/\Delta U_{pp} \tag{2.2.9}$$

电容量与允许纹波电流ΔI成正比,R_{esr}有很大离散性,应根据实际R_{esr}修正电容量。

【例题2.2.1】 一个Buck电路输出平均电流$I_o=20$ A,工作频率$f=50$ kHz,输出电流的脉动分量$\Delta I=20\%I_o$,允许输出纹波$\Delta U_{pp}=100$ mV,输出电压$U_o=48$ V,占空比$D=0.5$,求需要的电容量C。

【解】 假定输出电压的纹波是由脉动电流对输出电容充放电引起的,在半个开关周期内,电容上电荷变化量为

$$\Delta Q=\Delta I\times T/2=(0.2\times20\times20\times10^{-6}/2)\text{C}=40\ \mu\text{C}$$

需要的电容量为

$$C=\frac{\Delta Q}{\Delta U}=\frac{40\times10^{-6}\ \text{C}}{100\times10^{-3}\ \text{V}}=400\ \mu\text{F}$$

如果考虑电容的R_{esr},根据公式$CR_{esr}=65\times10^{-6}$ s,400 μF电解电容的$R_{esr}\approx0.16\ \Omega$,而由$R_{esr}$引起的纹波电压为

$$\Delta U=\Delta I\times R_{esr} \tag{2.2.10}$$

将有关数据代入得

$$\Delta U=\Delta I\times R_{esr}=4\ \text{A}\times0.16\ \Omega=0.64\ \text{V}\geqslant0.1\ \text{V}$$

输出纹波主要是由电解电容的R_{esr}引起的。应根据纹波电压和式(2.2.9)选取输

出滤波电容为

$$C=\frac{65\times20\%\times I_o\times10^{-6}}{\Delta U_{pp}}=\frac{13\times20\times10^{-6}}{0.1}\ \text{F}=2\,600\ \mu\text{F}$$

充放电引起的电容电压变化量为

$$\Delta U_c=\Delta Q/C=\frac{40\times10^{-6}}{2\,600\times10^{-6}}\ \text{V}=0.015\ \text{V}$$

假设纹波电流为正弦波，充放电和 R_{esr} 引起的纹波电压相位滞后电流相位 90°，则总的纹波电压为

$$\Delta U=\sqrt{\Delta U_c^2+\Delta U_{esr}^2}=\sqrt{0.015^2+0.1^2}\ \text{V}=0.101\ \text{V}$$

R_{esr} 是决定输出纹波的主要因素，所以应按照式(2.2.9)选择输出滤波电容，如果有厂家的手册，可以根据 R_{esr} 选择电解电容。$CR_{esr}=65\times10^{-6}$ s 中参数是常温 25 ℃时测得的值。温度降低时，R_{esr} 变大，容量下降。如果滤波电路要在低温下工作，应当选择下限温度低的电解电容。

3. 假负载与非线性电感

如果按式(2.2.8)和式(2.2.9)选择电感和电容，那么变换器在轻载或空载时存在振荡的可能，需要经常在电路的输出端接一些假负载。下面介绍假负载的处理方法。

1）假负载

为了解决电流断续问题，通常接入一个固定负载(即假负载)，当负载电流小于临界电流时，维持电感电流连续。假负载是负载的一部分，工作时要损耗功率。为此小功率、高输出电压变换器常采用图 2.2.3 假负载自动断开电路。图中 U_2 为变换器的输出端电压。滤波后连接由 R_1、R_2、R_s、VT 和 R_f 组成的假负载，自动断开电路，其中 R_f 为假负载。

空载时电流检测电阻 R_s 上没有压降，设置 R_2 上电压为 0.7 V 时晶体管导通，提供假负载 R_f 电流；当负载电流加大时，R_s 上电压使得晶体管 VT 的 BE 结偏置下降而截止，假负载断开。一般 R_s 上大约有 0.3 V 电压就可以断开假负载。

2）非线性电感

虽然假负载解决轻载电流连续问题，而在真负载加大，电路进入连续后，假负载毫无用处。图 2.2.3 电路不适合电流较大的场合，假负载的切断还与工作温度有关。

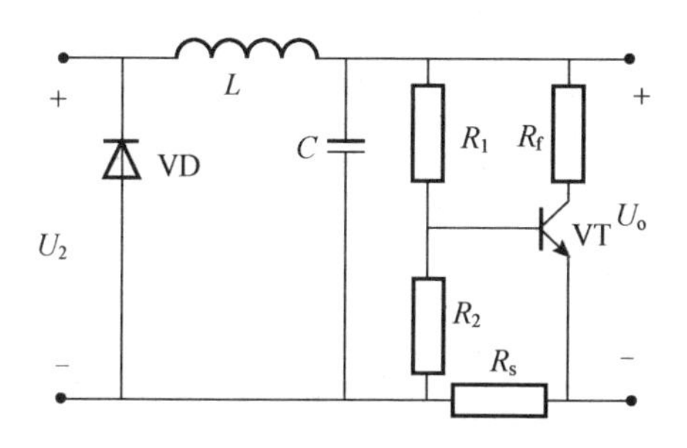

图 2.2.3　假负载自动断开电路

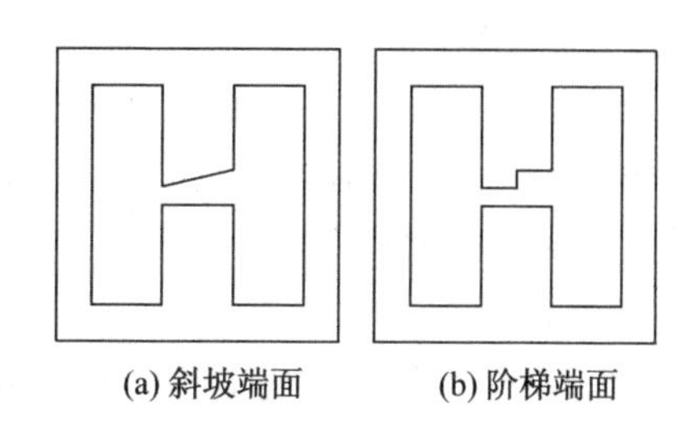

图 2.2.4　不均匀气隙磁芯获得非线性电感

由于电路中还有输出电压检测电路、显示电路和保护电路等负载，在轻载时，需要

电感量也不是无穷大。也有将电压检测电路作为假负载和使用其他电流检测方法实现最小电流限制的。

输出空载时电感并非完全没有电流,如果在轻载时,具有较大电感量,而在负载电流加大以后回到正常值,即滤波电感是一个非线性电感,如图2.2.4所示是不均匀气隙磁芯获得非线性电感磁芯。随着直流偏置电流增加,电感量降低。符合这一要求的磁芯是磁导率随直流偏置变化的铁铝硅一类的磁粉芯。随着直流磁场增加,磁导率μ_r下降,即电感量随电流增加而减少。在最小负载时,得到较大的电感量,保持较小电流下连续;而在最大负载时,仍然具有足够的电感,而体积又不太大,但允许纹波电流随着负载电流增加而增加,在最大纹波电流时选择电容量,与一般线性电感没有区别,以至于不必设计大电感维持最小负载电流。如果采用带气隙的铁氧体磁芯,可以采用不均匀气隙,如斜坡端面或阶梯端面。在直流偏置较小时,端面凸出部分不饱和,气隙小,电感大;电流大时,凸出部分开始饱和,等效气隙加大,电感量下降。但如果磁通脉动分量较大,凸出部分损耗严重,应当考虑热传输问题。在确定闭环的补偿参数时,应当考虑最大电感和最小电感引起传递函数的频率特性变化,确保系统在任何情况下稳定。

4. 电感电流连续与断续

正激类变换器的次级到输出部分与Buck电路功率管到输出负载部分是相同的,电感电流可以工作在连续和断续模式。为了减少滤波电感,在小功率时采用断续模式。但工作在断续时,相同的输出功率下,功率管峰值电流至少是电流连续时的一倍。虽然续流二极管没有反向恢复问题,但是由于功率管和二极管峰值电流成倍加大,功率管关断损耗大大增加。除了器件电流定额和电流应力加大和成本增加外,导通压降损耗也增加;滤波电感磁芯工作在正激变压器状态,磁芯和线圈高频损耗也将大大增加。同样输出纹波要求下,需要的输出滤波电容加大,一般用在100 W以下小功率变换器上,如果效率和纹波要求不严格的场合才允许采用断续模式。

5. 功率器件定额

1) 功率管

功率管导通时电流幅值等于导通期间电感电流幅值,纹波电流是输出电流的20%,峰值电流为输出电流的1.1倍,并考虑到有一定的余量,功率管的集电极电流定额应满足$I_{CM} \geqslant (1.5 \sim 2) I_o$。功率管截止时,续流二极管VD导通,将功率管VT的发射极接地,功率管应承受最高输入电压满足$U_{(BR)CER} \geqslant (1.2 \sim 1.5) U_{imax}$。

在输入电压较低时,为保证变换器的效率,如输入电压在10 V以下,功率管压降U_{ce}可以选择和二极管相同的压降。如果按导通电阻选择功率管,那么功率管电流定额总能满足最大工作电流要求。

2) 续流二极管

续流二极管VD的电流i_{VD}等于晶体管VT截止期间的电感电流。当输入电压最高时,占空比最小,截止时间最长,因纹波电流较小,二极管电流作为矩形波处理,其电流有效值为

$$I = I_o \sqrt{1 - D_{min}} \tag{2.2.11}$$

则二极管的电流定额为

$$I_{VD}=I/1.57 \tag{2.2.12}$$

功率管导通时，二极管截止，反向承受输入电压，故二极管的反向电压定额应满足下式：

$$U_{VDR}\geqslant(1.2\sim1.5)U_{imax}$$

由 PN 结失效的理论知，引起失效的原因是 PN 结超过允许结温损坏，因此 PN 结过压击穿是可以再恢复的。其理由是对于很小很窄的尖峰电压信号，击穿二极管功率很小，击穿后引起二极管的温升不足以使 PN 结损坏，表现出功率二极管的可恢复特性。

二极管引起 PN 结温升的原因是正向压降引起的损耗和反向恢复期间的损耗之和。由半导体理论可知，高的反向击穿电压，必然伴随着高的正向压降和较长的反向恢复时间，因此二极管反向电压定额不宜选择超过电路峰值电压的 2 倍。

二极管的反向恢复时间最长不超过功率管上升时间的 3 倍。如果没有符合要求的二极管，可以用恢复时间短的低压二极管串联获得高压。当然串联的二极管需要均压。如果还做不到，只有降低开关频率，在低电压时可采用肖特基二极管或同步整流的方法。

6. Buck 电路的特点

Buck 电路只有一个电感，没有变压器，输入与输出不能隔离。这就存在一个危险，一旦功率开关损坏短路，输入电压将直接加到负载电路，将导致用电设备的过压损坏，故必须在输出端加响应速度极快的负载过压保护电路。Buck 电路一般只用于前级已经与电网隔离的电路板电源。

因为占空比 $D<1$，所以 Buck 电路仅能降低输入电压，变换器不能得到高于输入的输出电压，一般取 $U_i/U_o<5$。Buck 电路仅有一路输出，如果输出电压为 5 V，还需要 3.3 V 时，则要加后继调节器，Buck 电路在多路输出时是这样应用的。

Buck 电路可工作在电感电流连续和断续两种模式，输入电流总是断续的，晶体管截止期间输入电流下降到零，使得输入 EMI 滤波器比其他拓扑体积大，输出纹波较小。

Buck 电路的功率管驱动一般需要隔离驱动，与线性调节器比较，Buck 电路具有高效率，输出与输入电压差大，但动态响应差。

2.2.2 反激变换器

1. Boost 变换器

1）基本电路

功率开关导通时间将能量存储在电感中，在功率开关截止时间将能量传输到负载的变换器称为反激变换器。最基本的反激变换器是 Boost（升压）变换器，分两种工作情况，即电感电流连续与电感电流断续。如图 2.2.5 所示是 Boost 变换器的原理电路、波形和标幺外特性图。

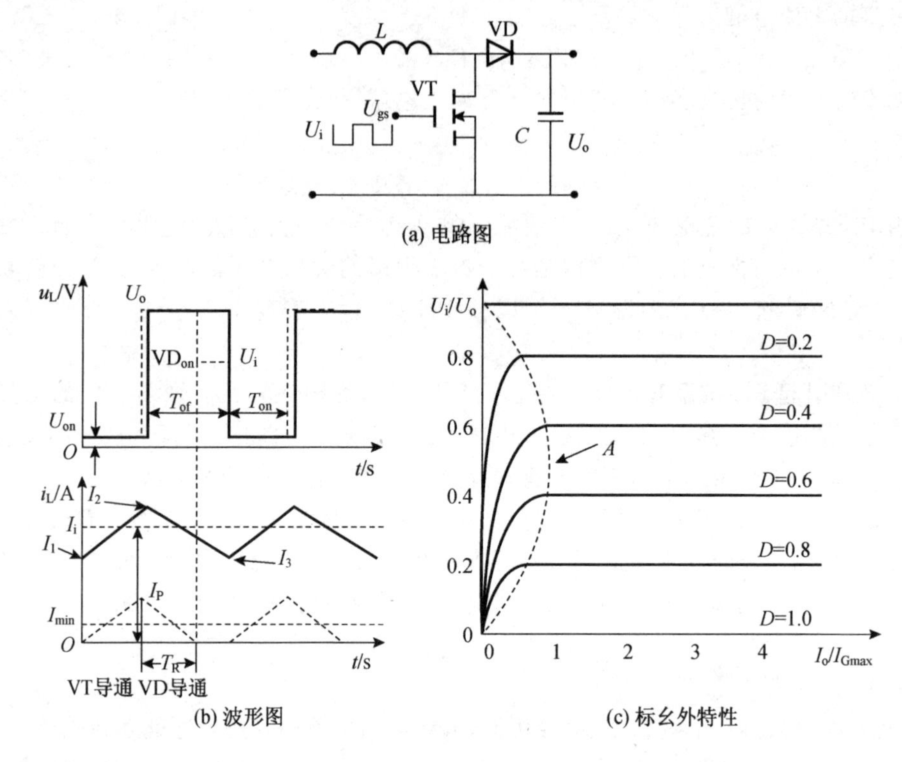

图 2.2.5　Boost 变换器原理电路、波形和标幺外特性

(1) 电感电流连续

根据功率开关的导通和截止,变换器工作在电感电流连续时可分为两个不同的时间间隔。电流连续时,如果电路进入稳态,并假设所有元器件是理想的,则当功率开关 VT 导通时,输入电压 U_i 直接加到电感上,电感电流从 I_1 线性上升到 I_2,导通时间电感电流的变化量为

$$I_2-I_1=\Delta i=U_i T_{on}/L \tag{2.2.13}$$

开关截止后,释放存储在电感中的能量,应当有

$$I_3-I_2=\Delta i_{Lof}=(U_i-U_o)T_{of}/L \tag{2.2.14}$$

式中:T_{on}为晶体管导通时间;T_{of}为晶体管截止时间;U_o 为输出电压。

稳态时,$I_1=I_3$,导通与截止期间电流变化量相等,即 $\Delta i_{Lon}=\Delta i_{Lof}$,令 $D=T_{on}/T$,忽略功率开关压降,得到输出与输入电压的关系为

$$U_o=U_i/(1-D) \tag{2.2.15}$$

因为 $D\leqslant1$,所以输出电压 U_o 大于输入电压 U_i,故为升压变换器。

(2) 电感电流断续

如图 2.2.5(b)中虚线所示,当电流小于电流脉动值的一半时,电感电流断续,每个开关周期的导通期间内,电流由零上升到最大值 I_p;在开关截止时,电感电流在下次导通前就提前下降到零。如不考虑电路损耗,根据导通与截止期间 T_R 的伏秒面积相等

的原理，得到 $U_i T_{on}=(U_i-U_o)T_R$，即截止期间 $T_R=U_i T_{on}/(U_i-U_o)$。临界连续时，临界输出电流为

$$I_G=\frac{U_i T_{on}}{2L}\times\frac{T_{of}}{T}=\frac{U_i D(1-D)}{2Lf}=4I_{Gmax}D(1-D) \tag{2.2.16}$$

式中：$I_{Gmax}=U_i/8Lf$；$U_i T_{on}/L=I_p$。

输出电流为

$$I_o=\frac{T_R I_p}{2T}=\frac{U_i T_{on}}{2T(U_o-U_i)}\times\frac{U_i T_{on}}{L}=4D^2 I_{Gmax}\frac{U_i}{U_o-U_i}$$

则输出电压为

$$U_o=U_i[1+4(I_{Gmax}D^2)/I_o] \tag{2.2.17}$$

输出电压与输入电压成非线性关系，当电路工作于断续模式，输入电流纹波加大。

由式(2.2.15)、式(2.2.16)和式(2.2.17)画出 $U_i/U_o=f(I_o/I_{Gmax})$ 关系，如图2.2.5(c)所示，图中虚线 A 为临界连续，A 的右边为连续工作模式，左边为断续工作模式。

2）元器件的选择

功率开关和二极管电压定额由输出电压决定，一般比输出电压的最大值高20%以上，但不要过高，否则导通压降太大。而高耐压二极管反向恢复时间比低耐压二极管恢复时间长。功率开关电流定额一般是输入电流峰值的1.5～2倍。二极管电流定额选择方法与Buck相似，只是将式中 I_o 换成 I_i 就可以了。连续时，以输入电流的脉动分量是直流分量的20%决定电感量 L，相似于式(2.2.7)，只是将 U_o 换成 U_i。临界连续时，最小输出电流为

$$I_{omin}=\frac{\Delta i}{2}(1-D)=\frac{U_i D(1-D)}{2Lf} \tag{2.2.18}$$

为保证连续，电感量应满足 $L\geqslant U_i D(1-D)/(2fI_{omin})$，一般取 $I_{omin}=0.1I_o$，于是

$$L\geqslant U_i D(1-D)/(0.2fI_o) \tag{2.2.19}$$

由于占空比 D 在最低输入电压时最大，由式(2.2.19)可以看出，占空比对电感量的影响是二次方关系，所以应在输入电压最低时决定电感量。

电流断续时，保证在任何时刻都断续，应当在最低输入电压和最大负载电流时接近临界连续，则电感量为

$$L<U_{imin}D(1-D)/(2fI_{omax}) \tag{2.2.20}$$

电感电流连续与断续在闭环调节时稳定性差别很大，设计的电流断续变换器不能让它工作在连续模式，否则将会产生电路的振荡。必须保证功率管截止时的电流持续时间 $T_R<T_{of}=T-T_{on}$，即复位占空比 $D_R<1-D$。由式(2.2.20)可知，应当在最高占空比的输入电压(即最低输入电压)、最小复位占空比求得所需电感量。

输出滤波电容根据式(2.2.9)决定电容量，这里 ΔI 为输出电流峰值，就是输入电流峰值 I_p，可见比LC滤波器中电容值要大得多。由于反激截止期间全部电流交流分量流入输出电容，电容交流分量有效值 I_{ac} 在电流连续时为

$$I_{ac} \approx I_i \sqrt{D(1-D)} \tag{2.2.21}$$

在电流断续时，电流有效值为

$$I_{ac} = I_p \sqrt{D_R/3 - D_R^2/4} \tag{2.2.22}$$

式中：I_i 为电感电流连续时波形的中值；$D_R = T_R/T$，为截止期间电流持续占空比；I_p 为输入电流峰值。

根据式(2.2.21)和式(2.2.22)计算的交流有效值，选择电解电容，检查电容在该工作频率的交流有效值是否大于计算值。如果不满足，选择允许更大纹波电流的电解电容，或用多个电解电容并联来满足交流纹波电流要求。

3) Boost 变换器的特点

Boost 与 Buck 一样，输出与输入共地，电路上没有隔离。但是在功率管发生短路或开路故障时，Buck 电路对负载没有危险。即使功率开关开路，输出电压最多等于输入电压。

由于在截止时，Boost 电路输出电压等于输入电压和电感感应电势之和，故输出电压高于输入电压，是一个升压器。如果输出空载且同时闭环失去控制成为开环状态，致使输出电容只充电不放电，输出电压过高，则将造成灾难性后果。

电感电流有连续和断续两种模式。大功率场合常采用连续模式，小功率场合允许采用断续模式和临界连续模式，临界连续模式一般是变频工作的。

由于电感串联在输入电路中，电路工作在连续模式时，输入纹波很小，对电磁兼容有利，但输出纹波大，尤其工作在断续模式输出纹波更大。

不管电感电流是连续还是断续，输出纹波与输入电流峰值均有关。同样的输出功率和纹波要求，由式(2.2.9)知断续需要更大输出电容。应当注意，电感电流连续时，公式中的 ΔI 就是输入电感电流峰值，即输入平均电流加上脉动分量的一半。电感电流断续时，就是输入电流的脉动分量 ΔI。但是，这时决定电容容量的可能不是 R_{esr}，而是电解电容容许的交流分量电流。按 3.2 节计算交流分量有效值，然后检查所选单个电容的允许交流电流是否满足电路要求，否则应多个电容并联。

在低输入电压时，升压倍数受到升压电感内阻和功率器件内阻的限制。电感电流连续时，例如当负载电流加大时，输出电压下降，占空比加大，输出电流却减小($I_o = I_i(1-D)$)，即闭环右半平面零点问题。通常闭环带宽很窄，动态响应差。

由于输出电压比输入电压高，所以在低功率中，将单体电池低压变换成需要的高电压电路板电源。还有从计算机逻辑电源 5 V 要得到运放电源 12 V 或 15 V 时，使用 Boost 变换器。在大功率系统中，由于 Boost 变换器的输入电流纹波小，在交流电网输入电源中，常用 Boost 变换器作为功率因数校正(APFC)预调级，使得输入功率因数达到 IEC 1003—2 标准，功率从几十瓦到数千瓦。

2. 非隔离反激变换器——Buck/Boost 变换器

图 2.2.6 所示是非隔离反激变换器的两种电路，通常称为 Buck/Boost 变换器。以图(a)电路为例，电路进入稳态，如果电路工作在电流连续模式，则当晶体管 VT 导通时，电感电流线性增长，公式如下：

$$\Delta i_{Lon}=U_i T_{on}/L \tag{2.2.23}$$

当晶体管截止时，上负下正的感应电势迫使二极管导通，公式如下：

$$\Delta i_{Lof}=-U_o T_{of}/L \tag{2.2.24}$$

由于 $\Delta i_{Lon}=\Delta i_{Lof}$，联解式(2.2.23)和式(2.2.24)得到

$$U_o=-DU_i/(1-D) \tag{2.2.25}$$

式中：$D=T_{on}/T$，输出一个与输入共地且电压可升可降的负电压。

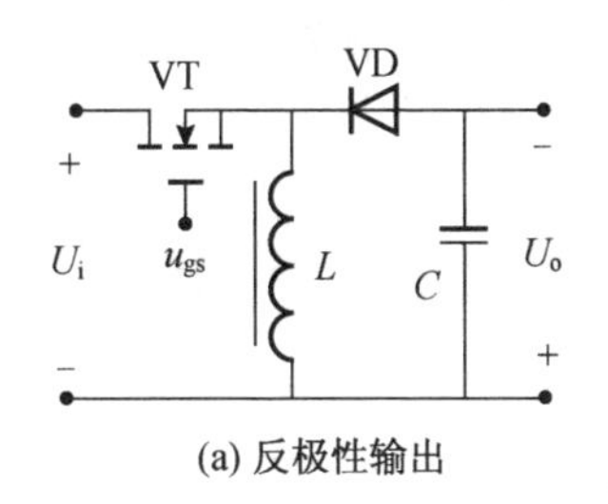

(a) 反极性输出

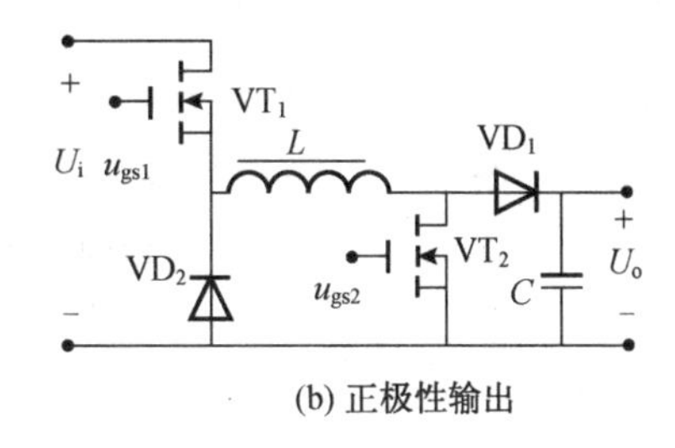

(b) 正极性输出

图 2.2.6　非隔离式反激变换器

电流断续时，在晶体管每次导通前，电感电流已经为零，因此，输入功率为

$$P_i=LI_p^2 f/2=P_o/\eta \tag{2.2.26}$$

因为 $I_p=U_i T_{on}/L=U_i D/(Lf)$，于是

$$U_o=-\frac{(U_i D)^2\eta}{2fLI_o} \tag{2.2.27}$$

如图 2.2.6 所示，输出电压可以高于或低于输入电压。如果希望得到正输出电压，则采用图(b)电路。图中两个功率开关 VT_1 和 VT_2 同时导通或截止，电流连续时输出与输入的关系与图(a)相同，但输出电压为正。

Boost/Buck 变换器输出可以高于或低于输入电压，如，宽输入电压 8～36 V 要获得15 V的非隔离电源，既不能使用 Buck，也不能使用 Boost，如果允许输出负电压，则采用图 2.2.6(a)；如果要求输出共地正电压，可以采用图 2.2.6(b)。如果要达到高效率，图 2.2.6(b)中二极管采用同步整流，同步整流 MOSFET 代替 VD_1 和 VD_2，其驱动芯片可以用一个桥式驱动电路集成芯片。

Buck 电路输出电流纹波小，而 Boost 电路输入电流纹波小。但 Buck/Boost 变换器输入和输出电流纹波都大，输出滤波电容与 Boost 相似。与相同功率的 Buck，Boost 比较，图 2.2.6(a)功率器件峰值电压为输入电压与输出电压之和。而图 2.2.6(b)中 VT_1 和 VD_1 承受输入电压，而 VT_2 和 VD_2 承受输出电压，这两个电路也只有一个输出。其他不隔离的单管拓扑还有 C′uk 变换器、Zita 变换器和 Sepic 变换器，因实际应用较少，这里不作介绍。

3. 隔离式反激变换器

采用变压器隔离以后，输出与输入电气隔离，可以多路输出。变压器隔离也带来一些新的问题，成本、体积和质量增加，同时增加了磁芯损耗和线圈损耗，磁芯还存在磁偏饱和的危险。单端拓扑的变压器磁芯复位以及漏感引起的尖峰会引起相应的损耗。

1）断续模式反激变换器

(1) 基本原理

图2.2.7(a)是一个隔离的反激变换器。在功率管VT导通期间，输入电压U_i加在变压器T初级，同名端“·”相对非同名端为正，次级二极管VD_2反偏截止，变压器作为电感运行。当功率管VT关断时，变压器每个线圈感应电势“·”端为负，次级二极管VD_2正偏导通，磁芯磁通不能突变，激磁磁势不变，满足$i_{2p}/i_{1p}=N_1/N_2$关系，作为变压器运行。将导通期间存储在磁场能量传输到负载，即在整个负载和输入电压范围内，在截止时间内次级电流下降到零。

(2) 基本关系

当功率管VT饱和导通时，设初级电感L_1为常数，忽略开关压降，初级电流线性增长。因工作在断续模式，初级电流从零增长，即

$$di_1/dt=U_i/L_1=I_{1p}/T_{on}$$

或

$$I_{1p}=U_iT_{on}/L_1=U_iD/(L_1f) \tag{2.2.28}$$

式中：$D=T_{on}/T$，为占空比。在导通时间T_{on}内，存储在变压器的初级电感中的能量为

$$W=L_1I_{1p}^2/2 \tag{2.2.29}$$

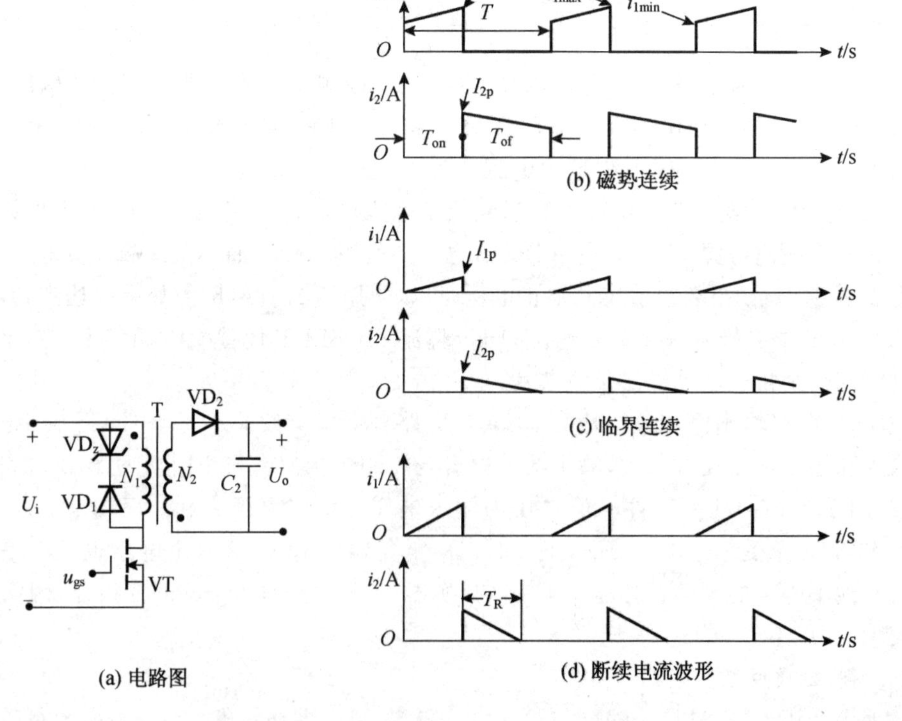

图2.2.7　反激变换器原理电路图及波形图

当功率管VT关断时，次级二极管VD_2正向偏置导通，将存储在电感中的能量释

放,如果输出电容 C_2 足够大,则输出电压 U_o 在充电与放电时间内基本不变。忽略二极管 VD_2 的压降,如果次级电感为 L_2,次级电流在 $T_R < T_{of}$ 时间内下降到零,应当有

$$di_2/dt = U_o/L_2 = I_{2p}/T_R$$

则

$$I_{2p} = U_o T_R / L_2 = U_o D_R / (L_2 f) \tag{2.2.30}$$

式中:$D_R = T_R/T$。

当晶体管由导通向截止转换时,根据变压器安匝连续关系,则

$$I_{1p} N_1 = I_{2p} N_2 \tag{2.2.31}$$

式中:N_1 为初级线圈匝数;N_2 为次级线圈匝数。

电路的输出功率与输入功率关系为

$$P_i = P_o / \eta \tag{2.2.32}$$

由式(2.2.28)、式(2.2.29)和式(2.2.32),得到

$$P_o = (U_i D)^2 \eta / (2 f L_1) \tag{2.2.33}$$

或

$$U_o = (U_i D)^2 \eta / (2 I_o f L_1) \tag{2.2.34}$$

式中:$f = 1/T$,为开关频率;I_o 为输出电流;$D = T_{on}/T$,为占空比。

式(2.2.30)~式(2.2.34)是变压器初级与次级之间的电流、电压关系。作为变换器,如果功率开关和二极管都有压降,尤其在低电压时不能忽略,则公式中的 U_i 用U_i'代替,$U_i' = U_i - U_{ds} - i_1 R_{N1}$;还可以用 U_o'代替 U_o,$U_o' = U_o + U_{VD_1} + i_2 R_{N2}$。其中,$R_{N1}$ 和 R_{N2} 分别是变压器原次级绕组的等效电阻;U_{ds}是功率管 VT 的 DS 间的导通压降。这样输出与输入关系就相当复杂。当输入电压 U_i 或负载电流 $I_o(U_o)$ 改变时,可以通过改变占空比 D 保持输出电压(电流)的稳定。

(3) 电路特点

在小功率电网输入变换器中,电路拓扑主要是工作在电流(磁势)断续模式反激变换器,反激变换器是隔离变换器中电路最简单的变换器。输出滤波器仅为滤波电容,不需要电感,因此成本较低。尤其在高压输出时(例如≤5 000 V,15 W),避免高压滤波电感和高压续流二极管,输入电压可以在很宽的范围内变化,可以适应 110~220 V 交流输入;输出电流可以在很宽的范围内变化,不需要假负载。功率晶体管零电流开通,开通损耗小,而二极管零电流关断,可以使用反向恢复较慢的二极管,并且输出仅用一个二极管。因为有变压器,输出与输入隔离,可以多路输出,同时输出间互相跟踪。

从图 2.2.7(c)可看到,输入电流 i_1 是三角波,其平均值 I_i 是其峰值电流 I_p 的 $D/2$。如果 $D = 0.5$,则 $I_i = I_p/4$。有很高的初级峰值电流 I_p,因此要选择比连续模式至少大一倍以上的电流定额功率管,只有在比较高的输入电压(>100 V)和较小输出功率(<300 W)时才采用反激电流(磁势)断续模式,且关断损耗很大,漏感对效率影响大。从图 2.2.7(c)还可看到,输出电流 i_2 也是三角波,其平均电流是次级峰值电流的 $D_R/2$。当纹波电压较小时,高的峰值电流需要很大的滤波电容,同时要检查电容的交流有效值是否满足电路要求。为了减少输出纹波,这样极高的电流脉冲需要许多铝或

钽电容并联，关断时初级峰值电流向次级转换，大的阶跃次级峰值电流流入电容，在电容的 R_{esr}、L_{esL} 上引起很窄的尖刺。

通常电源规范仅规定输出电压纹波有效值或脉动峰峰值，这样高的窄尖峰有效值很低，而且如果选足够大的输出滤波电容，电源很容易满足有效值纹波规范，但可能具有非常高的窄尖峰。如果要求更低的峰值纹波电压，通常在反激主储能输出电容之后加一个小的LC滤波，滤除窄尖峰信号。如果LC滤波器设置在反馈环外，那么在负载突变时会引起很大的瞬变电压。不加此额外LC滤波器时，断续反激模式闭环为单极点，稳定设计很容易，动态响应好。如果将LC滤波器包围在反馈环中，就会增加两个极点，引起闭环稳定问题。一般将LC滤波器谐振频率设计在高频段，选择较小的电感值和大的电容值。反激变换器输出故障大部分是由于电容失效引起的。

在低压大功率时，如果输入电压 U_i 为10 V，输出为5 V/10 A，工作频率 f 为200 kHz，初级电流最大占空比 D 为0.5，效率 η 为75%，则由式(2.2.33)得到初级电感为

$$L_1=\frac{(U_iD)^2\eta}{2fP_o}=\frac{(10\times0.5)^2\times0.75}{2\times2\times10^5\times50}\ \text{H}=0.94\ \mu\text{H}$$

初、次级电感都很小，分布参数和漏感有可能超过初、次级电感。这样小的电感变压器线圈在生产线上很难稳定生产，准确测试比较困难。因此一般最好在2 μH以上，但输出功率将减少；除此之外，还可以降低开关频率，但体积加大，并且输出功率受到限制。

由于一般反激变压器存在气隙，磁路中有较大集中磁阻，线圈相对于气隙位置不同匝链磁通也不同，初级与次级间、次级与次级间存在相互不耦合磁通——漏磁，即使采用交错排列绕组，漏感仍然比一般变压器大，这样会产生下列问题：

① 多路输出交叉调节问题。理论上反激变换器没有输出滤波电感，只有输出电容，相当于电压源，只要一路稳定，多路输出的其余各路基本(除二极管压降)按匝比稳定输出，但由于漏感的存在，会产生严重交叉调节问题。

② 漏感降低了效率。如图2.2.8所示，为了在功率管关断时让漏感能量能够释放，通常在变压器初级并联稳压管或RCD电路，用于吸收漏感能量。以稳压管钳位电路为例来说明漏感对损耗的影响。

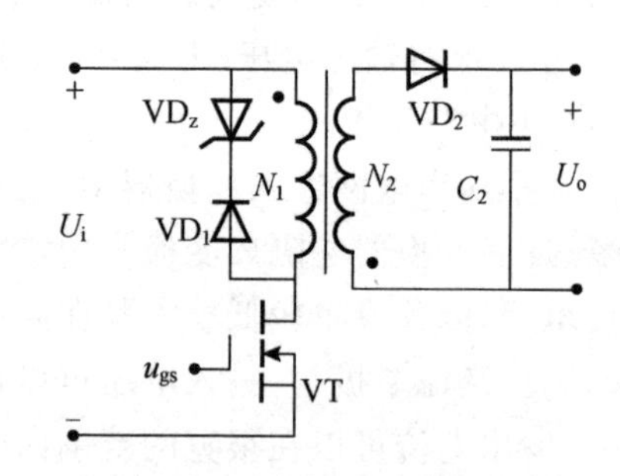

图2.2.8 带稳压管钳位的单端反激电路

当功率管VT关断时，初级绕组电流趋向减小，初级感应电势阻碍初级电流减小，次级二极管 VD_2 导通，其同名端“·”处为负，由于漏感 L_s 存在，初级线圈两端电压为

$$L_s\mathrm{d}i_1/\mathrm{d}t+U_1'=U_{VD_z} \tag{2.2.35}$$

式中：$U_1'=nU_o'=n(U_o+U_{VD_2})$，为次级反射到初级的电压，$n$ 为变比；U_o 为输出电压；U_{VD_z} 为稳压管击穿电压；U_{VD_2} 为二极管压降及输出回路电阻压降。

初级电流从 I_{1p} 下降到零的时间为

$$t_s = L_s I_{1p} / (U_{VD_z} - U_1')$$

稳压管在 t_s 期间损耗功率为

$$P_{VD_z} = \frac{1}{2} I_{1p} U_{VD_z} \times \frac{t_s}{T} = \frac{L_s I_{1p}^2 f}{2} \times \frac{U_{VD_z}}{U_{VD_z} - U_1'} \tag{2.2.36}$$

损失的功率包含两部分，即存储在电感 L_1 中的一部分能量和存储在漏感中的全部能量。

$$P_1' = \frac{1}{2} I_{1p} U_1' \times \frac{t_s}{T} = \frac{L_s I_{1p}^2 f}{2} \times \frac{U_1'}{U_{VD_z} - U_1'}$$

$$P_s = \frac{1}{2} L_s I_{1p}^2 f \tag{2.2.37}$$

从式(2.2.37)可以看到，损失的功率 P_s 与漏感 L_s、工作频率 f 以及初级峰值电流 I_{1p}^2 成正比。如果稳压管稳压值 U_{VD_z} 比次级反射电压高得越多，那么 t_s 值就越小，损耗也越小。应当在损耗和器件定额之间优化来选择稳压管耐压值。

断续工作模式中由于变压器输出作为恒流源，输出电容和负载是一阶电路，环路相移仅 90°，故闭环不容易振荡。由于校正环节完全不同，有可能引起振荡，故设计在断续模式稳定的反激电路不能进入连续模式。

(4) 电路参数选择

① 确定初级与次级匝比

以实际加在变压器初级和次级电势来确定变压器变比。最低输入电压 U_{imin} 加在初级的电压为 U_{imin}'(扣除功率管压降，初级线圈电阻压降)，根据式(2.2.33)，变压器初级输入功率为

$$P_i' = (U_{imin}' D_{max})^2 / (2fL_1) = P_o' / \eta_T \tag{2.2.38}$$

变压器效率 η_T 不仅要考虑变压器本身的损耗(即线圈损耗和磁芯损耗)，还要考虑因漏感引起的损耗，如式(2.2.36)和式(2.2.37)所示，而且是最主要的损耗，如果钳位电压 U_{VD_z} 与反射电压 U_i' 之比为 α，漏感是初级电感的 $\gamma\%$，则漏感引起的损耗近似为初级输入功率的 $\alpha \times \gamma\%$。例如，$\gamma\% = 5\%$，电压比 $\alpha = 2$，变压器本身效率为 $\eta = 98\%$，则变换器效率近似为 $0.98 \times (1 - 2 \times 5\%) = 0.882$。

变压器次级输出功率为

$$P_o' = (U_{imin}' D_{max})^2 \eta_T / (2fL_1) \tag{2.2.39}$$

在实际电路中，若忽略漏感引起的损耗，则功率级效率 η 包含三个主要部分：输入效率 η_i、变压器效率 η_T 和输出级效率 η_o。公式如下：

$$\eta_i = \frac{P_i'}{P_i} = \frac{(U_i - U_{R_1}) I_i}{U_i I_i} = \frac{U_i'}{U_i} \tag{2.2.40}$$

$$\eta_T = \frac{P_o'}{P_i'} = \frac{U_o' I_o}{P_i'} \tag{2.2.41}$$

$$\eta_o = \frac{P_o}{P_o'} = \frac{U_o I_o}{U_o' I_o} = \frac{U_o}{U_o'} \tag{2.2.42}$$

式中：

$$U'_{\text{imin}}=U_{\text{imin}}-U_{\text{VT}}-I_{\text{i}}R_1 \tag{2.2.43}$$

$$U'_{\text{o}}=U_{\text{o}}+U_{\text{VD}_2}+I_{\text{o}}R_2 \tag{2.2.44}$$

其中，U_{VT}为开关管导通压降；U_{VD2}为输出整流二极管正向压降；R_1为包括变压器初级的输入回路所有电阻；R_2为包括变压器初级的输出回路除负载以外所有电阻。

要满足电流断续，如图2.2.7(d)所示，必须在功率管再次导通前，次级电流下降到零，即复位时间$T_{\text{R}}<T_{\text{of}}=T-T_{\text{on}}=T(1-D)$，输出平均电流为

$$I_{\text{o}}=\frac{I_{2\text{p}}}{2T}T_{\text{R}}=\frac{I_{2\text{p}}D_{\text{R}}}{2} \tag{2.2.45}$$

如果考虑了次级压降，可选$D_{\max}+D_{\text{R}}=0.9\sim1$，其中$D_{\max}$为最低输入电压时的占空比，输出电路有$U'_{\text{o}}=L_2I_{2\text{p}}/T_{\text{R}}=L_2I_{2\text{p}}f/D_{\text{R}}$。

这里U'_{o}包含实际输出电压U_{o}、输出二极管压降和电流采样电阻压降等，变压器输出功率为

$$P'_{\text{o}}=W_{\text{o}}f=(U'_{\text{o}}D_{\text{Rmax}})^2/(2L_2f) \tag{2.2.46}$$

式(2.2.39)与式(2.2.46)右边相等，设变压器没有漏感，经化简可得到

$$n^2=\frac{L_1}{L_2}=\frac{(U'_{\text{imin}}D_{\max})^2\eta_{\text{T}}}{(U'_{\text{o}}D_{\text{Rmax}})^2} \tag{2.2.47}$$

或匝比

$$n=\frac{N_1}{N_2}=\frac{U'_{\text{imin}}D_{\max}}{U'_{\text{o}}D_{\text{Rmax}}}\sqrt{\eta_{\text{T}}} \tag{2.2.48}$$

考虑到式(2.2.40)～式(2.2.44)，有

$$n=\frac{N_1}{N_2}=\frac{U'_{\text{imin}}D_{\max}}{U'_{\text{o}}D_{\text{Rmax}}}\sqrt{\eta_{\text{T}}}=\frac{U_{\text{imin}}D_{\max}}{U_{\text{o}}D_{\text{R}}}\eta_{\text{i}}\eta_{\text{o}}\sqrt{\eta_{\text{T}}} \tag{2.2.49}$$

在式(2.2.49)中考虑了输入开关管等压降(η_{i})、输出二极管等压降(η_{o})以及变压器损耗(η_{T})，因此可以选择D_{Rmax}略小于$1-D_{\max}$以保证断续，这样就可以选择匝比。

② 求初级电感量

由式(2.2.38)可得初级电感为

$$L_1=(U'_{\text{imin}}D_{\max})^2\eta_{\text{T}}/(2fP'_{\text{o}}) \tag{2.2.50}$$

式中：$P'_{\text{o}}=U'_{\text{o}}I_{\text{o}}$。

③ 功率开关峰值电流和最大电流应力

由式(2.2.28)得到初级峰值电流为

$$I_{1\text{p}}=U'_{\text{imin}}D_{\max}/(L_1f) \tag{2.2.51}$$

如果是双极型晶体管，电流定额$I_{\text{CM}}>1.6I_{\text{p}}$，并应当具有足够的电流放大倍数。如果是MOSFET，输入是全电网电压(高压)，电流定额是由式(2.2.51)确定的4～5倍，以使得产生较低导通压降的导通电阻。如果输入电压低，则晶体管的电流定额$I_{\text{CM}}>1.2I_{\text{p}}$。

④ 功率开关电压定额

如图2.2.8所示，MOSFET功率开关在截止器件承受的电压U_{ds1}与钳位电压U_{VD_z}

或缓冲电路有关，如果采用电阻、电容及二极管构成的钳位电路或稳压管 VD_1 钳位，则功率开关承受的电压为

$$U_{ds1}=U_{imax}+U_{VD_z} \tag{2.2.52}$$

所以选择

$$U_{ds1R}\geqslant(1.2\sim1.5)(U_{imax}+U_{VD_z}) \tag{2.2.53}$$

⑤ 输出整流器定额

次级电流有效值为 $I_2=I_{1p}n\sqrt{D_R/3}$；二极管的电流定额为 $I_F\geqslant 2I_2/\pi$；二极管的反向耐压定额为 $U_{VDR}\geqslant(1.2\sim1.5)(U_{imax}/n+U_o)$。

⑥ 输出滤波电容

如果要求输出纹波电压为 ΔU_p，根据式(2.2.9)得到

$$C\geqslant 65I_{2p}/\Delta U_p \tag{2.2.54}$$

【例题 2.2.2】 设计满足以下技术指标的反激变换器：$U_o=5.0$ V，$P_{omax}=50$ W，$I_{omax}=10$ A，$I_{omin}=1$ A，$U_{imax}=60$ V，$U_{imin}=38$ V，开关频率 $f=50$ kHz。功率管采用 MOSFET，整流管采用肖特基二极管。

【解】 (1) 选择 $D_{max}=0.5$，$D_R=0.45$，功率开关压降为 1 V，二极管和电流采样电阻压降为 1.1 V，变压器漏感和磁芯损耗为传输功率的 4%，钳位电压是反射电压的 2 倍。

(2) 计算变比

$$\eta_i=U'_i/U_i=\frac{38-1}{38}\qquad \eta_o=U_o/U'_o=\frac{5}{5+1.1}$$

根据式(2.2.49)得到

$$n=\frac{U_{imin}D_{max}}{U_oD_R}\eta_i\eta_o\sqrt{\eta_T}=\frac{38\times0.5}{5\times0.45}\times\frac{37}{38}\times\frac{5}{6.1}\times\sqrt{0.92}=6.4$$

(3) 变压器初级电感量。由式(2.2.50)得到初级电感量

$$L_1=\frac{(U'_{imin}D_{max})^2\eta_T}{2fP'_o}=\frac{(37\times0.5)^2\times0.92}{2\times50\times10^3\times6.1\times10}\ \text{H}\approx51.6\ \mu\text{H}$$

(4) 功率管采用 MOSFET，选择电流定额和电压定额。由式(2.2.51)得到初级峰值电流

$$I_{1p}=\frac{U'_{imin}D_{max}}{L_1f}=\frac{37\times0.5}{50\times10^{-6}\times50\times10^3}\ \text{A}=7.4\ \text{A}$$

初级电流有效值为

$$I_1=I_{1p}\sqrt{D_{max}/3}=7.4\sqrt{0.5/3}\ \text{A}=3\ \text{A}$$

如果给定功率管允许损耗为 0.8 W，功率管导通损耗为 0.6 W，其余为开关损耗，则导通电阻为 $R_{on}\leqslant P_{on}/I_1^2=0.6/3^2=0.066\ \Omega$，满足导通电阻要求，也满足电流定额，电压定额为

$$U_{ds}\geqslant(1.2\sim1.5)(U_{imax}+U_{VD_z})=$$
$$(1.2\sim1.5)\times(60+6.1\times6.4\times2)\text{V}=(1.2\sim1.5)\times138\ \text{V}$$

可以选择 200 V。

(5) 整流管选择。复位占空比 $D_R=0.45$,次级三角波电流有效值 I_2 为

$$I_2=I_{1p}n\sqrt{D_R/3}=(7.4\times6.4\times\sqrt{0.45/3})\text{A}=18.34\text{ A}$$

肖特基的电流定额为 $I_F\geqslant 2I_2/\pi=(2\times18.34/\pi)\text{A}=11.7\text{ A}$,选择 20 A。电压定额为 $U_{VDR}\geqslant(60/6.4+5)\text{V}=14.37\text{ V}$,一般只用到电压定额的 70%,选择大于 25 V/20 A 的二极管。

(6) 选择输出滤波电容。根据输出允许纹波电压选择输出滤波电容。如果电压降(纹波)ΔU 为 0.1 V,根据式(2.2.9)有

$$C=\frac{I_{2p}\times65}{\Delta U}=\frac{7.4\times6.4\times65}{0.1}\ \mu\text{F}=30\,784\ \mu\text{F}$$

可选择 2 个 20 000 μF 并联,并检查电容的电流有效值 $I_{2ac}=\sqrt{I_2^2-I_o^2}=\sqrt{18.34^2-10^2}\text{ A}=15.4\text{ A}$,每个电容电流有效值应大于 7.4 A,电容电压大于 6 V。

需要电容量大和输出纹波峰值处有尖刺是反激拓扑的普遍问题,通常的解决办法是选择一个更大的电解电容(因为 R_{esr} 反比于电容量),或再加一个 LC 滤波抑制尖峰。

(7) 变压器的设计参数。根据输出功率的大小,选择拓扑结构为反激断续工作模式,具体参数为:$P_{omax}=50\text{ W}$,$I_{omax}=10\text{ A}$,$I_{omin}=1\text{ A}$,$U_{imax}=60\text{ V}$,$U_{imin}=38\text{ V}$,开关频率 $f=50\text{ kHz}$,变压器变比 $n=6.4$。

变压器设计中由于变压器匝数取整,可能变比有变化,应选取较小值。如果预计效率比实际高得多,这样需要输入更大功率,占空比加大,可能进入连续而振荡,只有减少初级电感才能电流断续。关于变压器的具体设计可以参阅第 4 章。

2) 连续模式反激变换器

如图 2.2.9 所示,如果输出负载电阻减小,即输出电流加大,输出电压下降,为保证输出电压稳定,导通时间加长,图(a)中所示 I_{1p} 由实线移向虚线。由于输入电流上升率 $di/dt=U_i/L_1$ 不变,输入峰值电流 I_{1p} 加大,次级峰值电流也随之加大,输出电流 I_o 加大,输出电压上升。导通时间加长,复位时间 T_R 加长,都使得死区时间 T_d 缩短,当输出电压回到额定输出时,次级电流下降率也不变,复位时间也增加。当负载电流加大到某一数值时,使死区时间为零,复位时间等于截止时间,图(b)所示进入临界连续模式,即次级电流刚好下降到零,功率开关立即导通,开始下一个周期。

如果继续加大负载,输出电压下降,反馈使得导通时间进一步增加,由于周期恒定,复位时间(截止时间)不但不能增加,而且还要减少,因此在截止时间结束,次级电流没有下降到零,仍有能量存储在磁场中。当功率开关再次导通时,初级电流不再从零开始,由于次级电流不为零,初级电流开始有一个电流阶跃(如图 2.2.9(c)所示),然后斜坡上升。由于上升斜坡没有改变,初级峰值电流也相应增加,如图 2.2.9(c)中的虚线所示,次级电流相应增加,如此工作几个周期以后,直到输出电压达到稳定值,次级输出(平均)电流达到相应值。次级电流不再是锯齿波,而是梯形波,如图 2.2.9(d)所示。

(1) 输出与输入关系

当电感电流连续进入稳态时,晶体管导通,有 $U_i=N_1\text{d}\Phi/\text{d}t=N_1\Delta\Phi_{on}/T_{on}$;当晶体

管关断时，有 $U_o = N_2 d\Phi/dt = N_2 \Delta\Phi_{of}/T_{of}$。

稳态时，磁化磁通变化量应当等于复位磁通变化量 $\Delta\Phi_{on} = \Phi_{of} = \Delta\Phi$，联解以上两式得到

$$U_o = N_2 \frac{U_i T_{on}}{T_{of} N_1} = \frac{DU_i}{n(1-D)} \tag{2.2.55}$$

式中：D 为占空比，$D = T_{on}/T$；T_{of} 为截止时间，$T_{of} = T - T_{on}$；n 为变化，$n = N_1/N_2$。

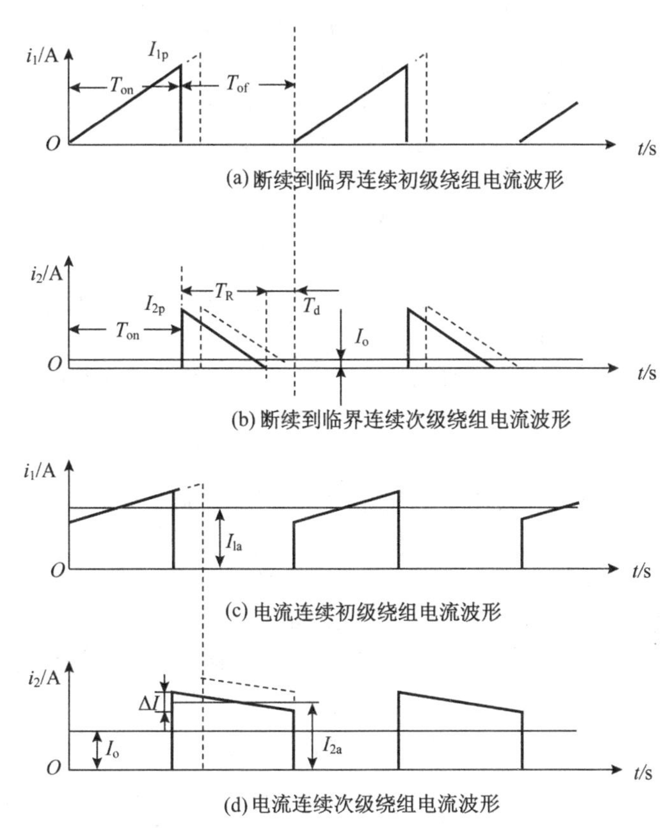

(a) 断续到临界连续初级绕组电流波形

(b) 断续到临界连续次级绕组电流波形

(c) 电流连续初级绕组电流波形

(d) 电流连续次级绕组电流波形

图 2.2.9　反激变换器从断续模式过渡到连续模式

(2) 输入与输出电流计算

图 2.2.9(d)所示的输出电流均值为

$$I_o = I_{2a}(1-D) \tag{2.2.56}$$

次级峰值电流为

$$I_{2p} = I_{2a} + \Delta I_2/2 \tag{2.2.57}$$

初级峰值电流为

$$I_{1p} = nI_{2p}$$

输入电流如图 2.2.9(c)所示，

$$I_1 = P_i/U_i = P_o/(\eta U_i) = I_{1a}D \tag{2.2.58}$$

上述式中，下标第一位“1”表示初级，“2”表示次级；第二位“p”表示峰值，“a”表示波

形的中心值(均值)。

(3)初级与次级电感要求

如果磁芯有气隙且不饱和,有效磁导率为常数,根据电感定义,则

$$L_2=\frac{N_2\Delta\Phi}{\Delta I_2}=\frac{N_2\Phi}{I_{2a}} \quad 或 \quad \frac{\Delta\Phi}{\Phi}=\frac{\Delta I_2}{I_{2a}}=\frac{\Delta B}{B}=\frac{\Delta I_1}{I_{1a}}$$

一般选取 $\Delta B/B=0.2$。为保证在工作范围内磁势连续,次级电感量应满足

$$L_2=U_o'(1-D)/(\Delta I_2 f) \tag{2.2.59}$$

式中:$\Delta I_2=0.2I_{2a}=0.2I_o/(1-D)$,于是

$$L_2=\frac{U_o'(1-D)}{\Delta I_2 f}=\frac{U_o'(1-D)^2}{0.2I_o f} \tag{2.2.60}$$

考虑到式(2.2.55),初级电感为

$$L_1=\frac{U_i'D(1-D)}{0.2I_o fn} \tag{2.2.61}$$

也可以由输入功率与输出功率的关系,并考虑到式(2.2.55)得到初级电感为

$$L_1\geqslant\frac{U_i'D}{\Delta I_1 f}=\frac{U_i'D}{0.2I_{1a}f}=\frac{U_i'D^2}{0.2I_i f}=\frac{(U_i'D)^2}{0.2P_i f}=\frac{\eta(U_i'D)^2}{0.2P_o f} \tag{2.2.62}$$

根据以上参数设计变压器。

(4) 功率器件定额

功率开关电流按两倍初级中值 I_{1a} 进行选择,功率管截止期间承受的电压为

$$U_{ds}=U_{imax}+nU_o'=U_{imax}+n\frac{DU_{imax}}{n(1-D)}=\frac{U_{imax}}{1-D} \tag{2.2.63}$$

在开关导通时,输出整流二极管承受的反向电压为 $U_{VDR}=U_o+U_{imax}/n$。

反激连续模式与断续模式相同,输出仅用一个二极管和一个滤波电容,成本低,输出与输入隔离,可多路输出;输出电流变化范围宽,输入电压变化范围也宽;与断续反激比较,相同纹波要求滤波电容小一半,二极管和功率管峰值电流也小一半;应采用比断续模式快的反向恢复时间,一般二极管反向恢复时间是功率开关上升时间的 3 倍;变压器大于反激断续模式的变压器;闭环存在右半平面零点问题。

3) 临界连续反激变换器

在宽输入电压小功率充电器和适配器中,为了降低成本,不用控制芯片,常采用自激临界模式反激变换器,称这种变换器为 RCC(Ringing Chock Converter)。电路工作时,次级电流正好下降到零,下个周期导通开始,初级电流从零增加。工作频率随输入电压和负载变化,原理电路如图 2.2.10 所示。

(1) 工作原理

接通电源后,输入电压经 R_1 给功率开关 VT_2 提供开通基极电流 i_{b2}(VT_1 截止),经放大得到晶体管集电极电流 $i_{c2}=\beta i_{b2}$,由于变压器初级绕组 N_1 中电流不能突变,初始电流很小,因此 VT_2 饱和导通。输入电压 U_i 加在初级绕组 N_1 上,初级绕组的电感量为 L_1,初级电流从零上升。在初级绕组 N_1 上感应电势近似等于输入电压 U_i,"·"端为正,次级二极管 VD_2 反向偏置截止,正反馈线圈 N_3 感应电势为 VT_2 提供更大的

基极电流，保证 VT_2 在逐渐增长的集电极电流的情况下仍饱和。初级电感电流 $i_{N1}=i_{c2}\approx U_i t/L_1$。

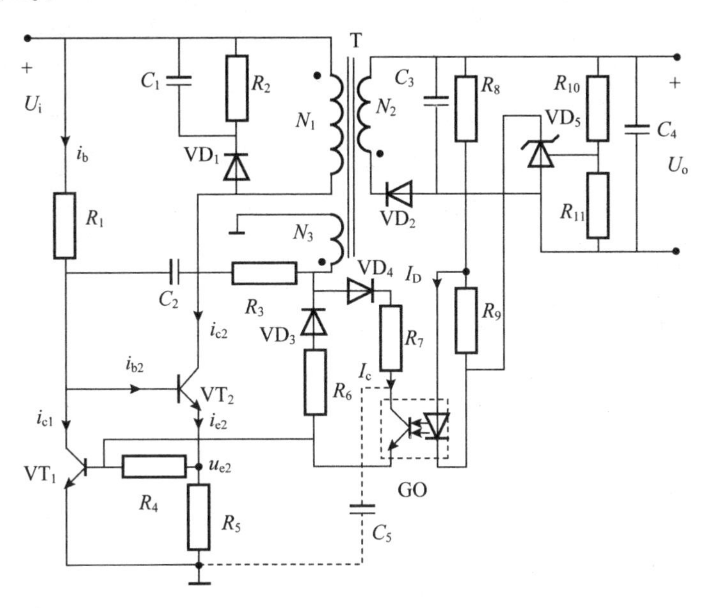

图 2.2.10 RCC 电路原理图

由于输出电压没有建立，尚未进入闭环调节，晶体管 VT_1 处于截止状态，晶体管 VT_2 发射极电阻上 R_5 除了流过线性增长的集电极电流 i_{c2} 外，还流过基极电流，在发射极电阻上的压降为 $U_{e2}=i_{e2}R_5$，随发射极电流的增加而增加。如 N_3 感应电势为 U_3，并忽略电容电压降，此时基极电流 i_{b2} 为

$$i_{b2}=\frac{U_3-U_{be2}-(i_{c2}+i_{b2}+I_b)R_5}{R_3}+I_b \tag{2.2.64}$$

i_{b2} 随时间增加而减少(式中 $I_b\approx U_i/R_1$)。当 $U_{e2}=i_{e2}R_5>0.6$ V 时，晶体管 VT_1 开始有基极电流，经电流放大的集电极电流 i_{c1} 对功率开关的基极电流 i_{b2} 分流，使得 VT_2 的基极电流进一步减小，当基极电流减小到

$$i_{b2}=\frac{U_3-I_{1p}R_5-U_{c2}}{R_3}\leqslant\frac{I_{1p\max}}{\beta} \tag{2.2.65}$$

时，VT_2 开始退出饱和。集电极电流由停止上升(存储时间结束)到开始减小。一旦集电极电流停止上升到减小，变压器 T 上所有线圈感应电势由零到极性反向("·"端为负)，反馈线圈电压为零并变为负，从提供导通电流变为抽走基极电流，使得 VT_2 迅速关断，最大导通时间结束。次级二极管 VD_2 导通，将存储在初级的能量开始由次级向输出电容和负载放电，同时反馈线圈电压为 N_2 所钳位。

输出整流二极管导通期间，输出电容电压上升，次级电流下降。当次级电流达到零时，最大截止时间结束。反馈线圈上反向电压为零。新的自激周期开始，重复以上过程。只要初级导通期间储能大于次级在截止期间放出的能量，则输出电容电压逐步上升到规定输出电压。

当输出端接近给定输出电压时,输出电压采样电路用R_{10}和R_{11}串联,在电阻R_{11}上的分压达到2.5 V时,流过VD_5(TL431)电流增大,与之串联的光耦初级二极管电流增大。在导通期间,反馈线圈N_3通过VD_4、R_7对光耦GO的次级晶体管供电,次级晶体管发射极电流也增加。此电流流入VT_1的基极,其集电极电流i_{c1}将VT_2基极电流分流,使得初级峰值电流在比启动峰值电流小时关断,当满足以下关系时,输出电压稳定:

$$I_{1p}=\sqrt{2P_o/\eta fL_1}=U_iD/fL_1 \tag{2.2.66}$$

式中:P_o为输出功率;f为开关频率;L_1为初级电感量;η为变换器效率;$D=T_{on}/T$。

(2) 电路设计(以双极型晶体管为例)

临界连续模式是连续模式和断续模式的特例,电路的各种基本关系既可利用连续模式,也可利用断续模式。确定变压器变比$n=U_i'D/[(U_o'(1-D)]=N_1/N_2$,RCC电路的占空比$D$值选取与断续模式的方法相同,RCC电路中一般选取的D值较小,当负载固定时,输入电压变化引起的频率变化较小。负载固定,宽电压范围采用较小D值。D值越大,负载变化引起频率变化就越小。宽负载范围,电压范围小采用D值较大。如果两者范围都较宽,一般在最低输入电压时取$D_{max}=0.5$,因此

$$n=U'_{imin}/U'_{omax}=N_1/N_2 \tag{2.2.67}$$

式中:U'_{imin}是指输入电压扣除输入电路中所有压降后,加在初级绕组的净电压或感应电势;U'_{omax}是次级线圈感应电势,等于输出电压加上次级回路所有压降。例如,整流二极管压降、电流采样电阻压降、长输出线补偿电压等。计算出的变比并不能达到计算频率工作,原因是变压器漏感引起的损耗较大,初级存储能量的一部分消耗在钳位电路中,每次开关,次级得不到希望的能量,开关频率增高,应当减少匝比。

功率开关采用双极型晶体管,最低工作频率为20~50 kHz;MOSFET选择30~70 kHz。输出电压低时,一般先根据式(2.2.60)计算次级电感

$$L_2=\frac{[U_o'(1-D_{max})]^2}{2P_o'f} \tag{2.2.68}$$

如果初级电压低,根据式(2.2.61),初级电感量为

$$L_1=\frac{(U'_{imin}D_{max})^2\eta_T}{2fP_o'}$$

式中:$P_o'=U_o'I_o$;η_T为变压器效率。一般选取较小电感量,实际频率可能要升高或输出功率加大。根据电感量、输出功率和频率等就可以设计变压器。先从低电压侧选择匝数,因为较少匝数取整影响线圈损耗较大。

(3) 电路设计其他问题

① 接通电源时,输出电压尚未建立,功率开关VT_2关断,由$U_{e2}=I_{e2}R_5\approx0.6$ V引起的初级电流达到最大值,$I_{1pmax}=I_{e2}=0.6$ V$/R_5$。此峰值电流必须大于最低输入电压时的稳态峰值电流,否则不能启动,即

$$I_{1p}=\sqrt{2P_o'/(fL\eta_T)}\leqslant I_{1pmax}=0.6/R_5 \tag{2.2.69}$$

为满足以上关系,R_5应选择较小数值,但也不能选得太小(即I_{1pmax}会太大),并应保证变压器磁芯在这种条件下不饱和。

② 根据电磁感应定律，磁芯中的磁感应强度最大值为

$$\Delta B_{max} = L_1 I_{1pmax}/(N_1 A_e) < B_{s(100\ ℃)} \tag{2.2.70}$$

I_{1pmax}越大，要求磁感应强度摆幅越大，或变压器体积越大。一般使用铁氧体气隙磁芯，大多数铁氧体材料在高温 100 ℃时饱和磁感应强度 $B_{s(100\ ℃)}$ 在 0.3T 左右。因为有气隙，所以不考虑剩磁感应强度 B_r。如果启动时不满足式(2.2.70)，则可能损坏功率管 VT_2。

③ 启动时功率管的基极电流只是提供功率管初始导通，一般约零点几 mA，尽可能小。如果输入是全电压，尤其是贴片电阻，耐压低，受到电阻耐压限制，R_1 可能用几个电阻串联，每个电阻阻值在 1 MΩ 以下。

④ 功率管截止时，N_3 上电压被 N_2 钳位，N_3 上电压不能大于功率管 B－E 反向击穿电压，即 $U'_o N_3/N_2 < U_{(BR)EBO}$，以此决定 N_3 的匝比。

电路一旦启动，功率管 VT_2 导通时，主要由正反馈线圈提供基极电流，正反馈线圈电压为 $U_3 = U'_{imin} N_3/N_1$。高压功率管的电流放大倍数一般较低(即为 $\beta = 10 \sim 30$)，为保证低温下启动，晶体管放大倍数取 10，则反馈线圈在最低输入电压时应提供最大基极电流为 $I_{bmax} = I_{1pmax}/10$，以此选择反馈线圈串联电阻

$$R_3 = U_3/I_{bmax} \tag{2.2.71}$$

⑤ 当输出空载时，输出电压升高，电压反馈使得光耦导通电流增加到最大。VT_1 几乎抽走全部反馈电流。如果光耦传输比 $\alpha = I_c/I_D = I_{bmax}/I_D$，则 $I_D = I_{bmax}/\alpha$ 就是空载电流。由于光耦的传输比一般为正温度系数，因此 R_8 不能选得太大，要保证在最低温度也能满足以上条件，否则输出电压在空载时易失控。为避免输出失控，在输出端并联一个稳压值稍高于输出电压的稳压管。

⑥ 稳态时，光耦处于线性状态，使得 VT_1 也处于放大状态，其集电极电流将正反馈提供功率开关的基极电流分流。如果光耦电源是直流源，当输出电流为零时因 VT_1 分流，VT_2 不能立即启动，要等到输出电压下降到低于给定电压，电压负反馈使得光耦截止，VT_1 截止，才能开始下一周期，电路工作模式改变为打嗝模式，输出纹波加大。实际电路由正反馈线圈供电，VD_4 整流，只有在导通期间，才有电源提供光耦输出电流，截止期间 VD_4 截止，光耦次级无电源，VT_1 截止，经 R_1 的电流不被分流。但是，只要正反馈一有电源 VT_1 就分流，启动困难，所以希望 VT_1 供电延迟，避免竞争，确保 VT_2 的启动。为此在光耦输出晶体管的集电极到输入地之间接入一个不大的电容 C_5，当正反馈线圈有正电压时，由于电容电压 C_5 不能突变，有一个小的延迟，因而保证成功启动。

⑦ 如果输出导线很长且有压降，电压反馈在机盒内，随着负载电流的增加，长输出线的负载端电压下降，为补偿输出导线电阻压降，可以接入负载补偿，如图 2.2.11 所示是输出导线电阻的补偿电路。

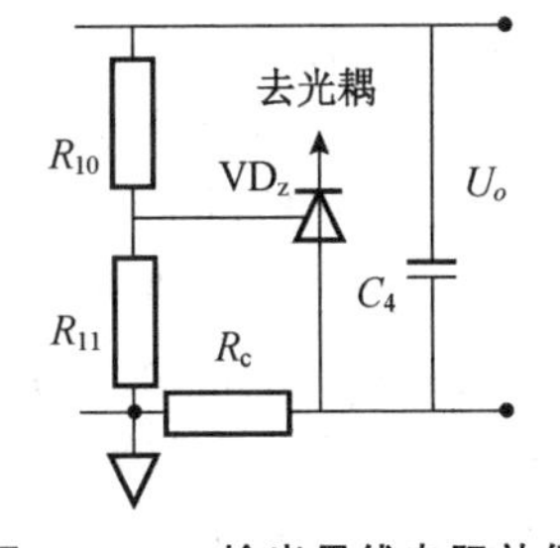

图 2.2.11　输出导线电阻补偿

输出电流流过补偿电阻 R_c，使得电压基准提高，$\Delta U_R = R_c I_o$，采样电路电阻两端电压，即机内电压提高 $(1 + R_{10}/R_{11})$倍。若导线电阻为 R_o，输出电流为 I_o，则需

要补偿电压为 $\Delta U=R_oI_o$。为使长线远端电压不随负载变化,有

$$\Delta U+\Delta U_R=(1+R_{10}/R_{11})\Delta U_R$$

则

$$R_c=R_{11}\times R_o/R_{10} \tag{2.2.72}$$

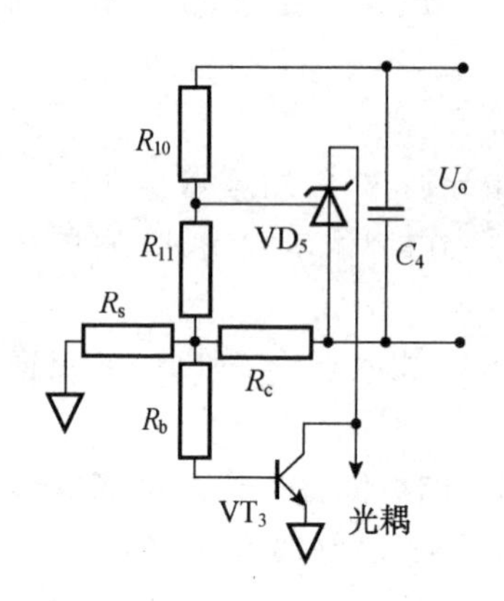

图 2.2.12 限流检测电路

⑧ 在充电器中,通常需要恒流或限流。可以采用图 2.2.12 所示电路,电路中 R_s 为电流检测电阻。当负载电流在检测电阻上压降 $U_s(=I_oR_s=U_{be})$ 大于 0.6 V 时,VT_3 导通,光耦初级二极管电流加大,次级晶体管发射极电流加大,主功率管 VT_2 提前关断,输出功率减少,输出电压下降。输出电流恒定在 $I_o=0.6/R_s$。由于 U_{be} 温度系数约为 −2 mV/ ℃,所以会造成不同温度恒流值不同。为补偿温度变化,R_s 应随温度升高而减少。假设温度变化 50 ℃,U_{be} 变化 $\Delta U_{be}=-100$ mV,$\Delta R_s=-\Delta U_{be}/I_o$,应采用负温度系数 NTC 电阻。但单个 NTC 的温度系数太大,一般采用一个 NTC 与一个线性电阻串联,再与一个线性电阻并联。在温度范围不大时,可采用两点拟合;若温度变化范围大,最好采用三点拟合,实验与计算相结合确定电路参数。也可用另一个晶体管 BE 结补偿 VT_3 的 BE 结温度变化。

反激变换器的电网输入级有电容滤波,接通电源时,冲击电流很大,可能损坏整流管。为限制冲击电流,小功率变换器一般在整流器输出与滤波电容之间串联限流功率电阻,每次启动时,限制电容从零电压充电到输入交流电压峰值的冲击电流。如果不频繁接通,只要 1~2 次,使用 NTC 是最好的选择;如果要求连续插拔多次(例如大于 5 次),不能使用 NTC,因为几次插拔后,NTC 损耗发热,等效电阻变小,不再有保护功能。也不能使用 PTC,几次插拔以后电阻变大,最低输入电压时,不能获得输出功率,下限电压抬高。如果要求多次插拔,最好使用线绕电阻,但要处理成无感电阻。

⑨ 如果光耦输入二极管电源接在输出电源正端,当输出短路时,则会因光耦初级二极管电流不足而不能限流,甚至会烧毁功率器件。如果在变压器上多绕一个次级给 TL431 供电,就可以避免。

(4) 双端反激变换器与交错反激变换器

例如,当三相整流输入时,整流后最高输入可能电压达 600 V 以上,功率器件耐压超过 1 000 V 以上。选择这样高的电压定额功率管较困难,同时导通电阻大。通常采用双端电路,如图 2.2.13 所示。由于两个二极管导通钳位作用,所以两个晶体管仅承受最大输入电源电压,但需要两个晶

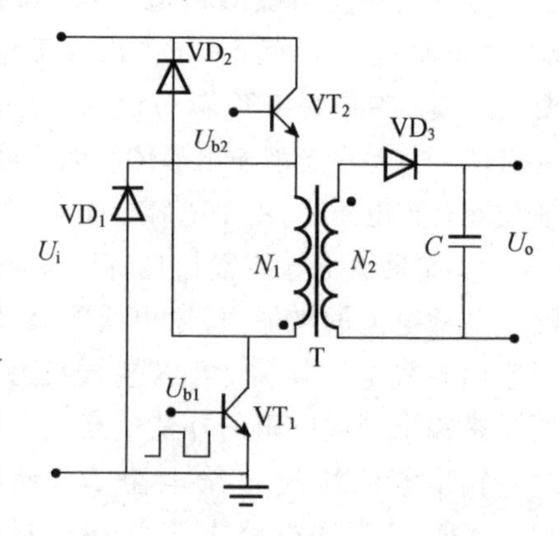

图 2.2.13 双端反激变换器原理电路

体管 VT_1、VT_2 和两个钳位二极管 VD_1、VD_2。

图 2.2.13 中两个功率开关同时导通和截止，导通时与单端电路一样，输入电源加在初级电感上，"·"端为负，次级 VD_3 反偏截止，没有次级电流流通，因此初级绕组作为电感运行，电流以斜率 $di_1/dt=U_i/(L_1+L_s)$ 线性增长，电源向电感输入能量，其中 L_1 为初级激磁电感，L_s 为漏感。当晶体管 VT_1、VT_2 同时关断时，所有初级和次级线圈端电压改变极性，带"·"端相对另一端为正，VD_3 正偏导通。但漏感的作用使得初级电流 i_1 不能瞬间下降到零，漏感 L_s 的感应电势（$L_s di_1/dt$）加上次级反射电压 $n(U_o+U_{VD_3})$ 迫使 VD_1 和 VD_2 导通，将漏感能量返回电源，效率提高。VD_1 和 VD_2 的导通，将功率开关 VT_1、VT_2 集-射电极电压钳位于输入电压。当初级电流下降到零时，次级电流达到最大，存储在磁场的能量（$L_1 i_1^2/2$）传输到负载。如果输出电容足够大，输出电压为常数，则次级电流以斜率 $di_2/dt=-U_o/L_2$ 下降，其中 $L_2=L_1/n^2$。

由于漏感能量返回给电源以及功率管的电压定额比单端降低一半，因此效率提高较多。但多了一个功率开关，需要加隔离驱动，电路就复杂了。设计方法虽然与单端基本相似，但变比一般选择较小，保证反射电压比输入电压低得多，提高传输效率。

输出功率大于 150 W 时，单端电路初级和次级峰值电流都比较大。如果出于如成本的原因，可以采用交错双端反激拓扑，次级整流后并联，两组反激变换器功率管交替导通。由于反激变换器输出是电流源，均流特性好，每个双端反激仅输出一半功率，峰值电流下降一半，输出电容纹波频率是单路开关频率的一倍。工作在连续模式，与单端电路一样，存在右半平面零点问题；工作在断续模式，环路频带较宽，稳定好。

2.2.3 正激变换器

晶体管导通时，将能量传递给负载，截止时靠输出级 LC 电路维持的变换器称为正激变换器。有单端正激和双端正激变换器等派生出来的多种形式，下面进一步介绍。

1. 单端正激变换器

如图 2.2.14 所示，晶体管导通时，输入电压加在变压器初级，输出二极管正偏导通，当晶体管截止时，必须采取适当的措施使激磁电流下降到零，磁芯复位，图中 N_3 和 VD_3 组成的电路是常用的磁芯复位电路。

当晶体管 VT_1 饱和导通时，输入电压 U_i 加在变压器初级 N_1 上，"·"端为正，使得输出整流管 VD_1 正偏导通，变压器次级电压加在输出 LC 滤波器的输入端，N_3 上感应电势将 VD_3 反偏，N_3 不参与能量传输。

当晶体管 VT_1 截止时，变压器各线圈感应电势"·"端为负，次级整流二极管截止，为维持输出滤波电感电流流通，二极管 VD_2 导通续流，VD_1 导通，将导通期间存储在磁芯中的激磁能量返回输入电源，使得变压器磁芯复位。

1）基本关系

当电路进入稳态闭环工作时，假设所有器件是理想元器件，无损耗和电压降，输出滤波电感工作在电流连续模式。

如图 2.2.14(b)所示，在 $t<t_0$ 前，功率开关 VT_1 截止，输出整流管 VD_1 截止，续流

二极管 VD_2 导通续流。当 $t=t_0$ 时,晶体管 VT_1 饱和导通;在 $T_{on}=t_1-t_0$ 期间,输入直流电压加在 T 初级 N_1 上,初级感应电势为

$$U_i=N_1\Delta\Phi/T_{on}=L_m I_m/T_{on} \tag{2.2.73}$$

式中:$\Delta\Phi$ 为磁芯磁通变化量;L_m 为初级激磁电感;I_m 为初级激磁电流最大值(图中虚线);T_{on} 为导通时间。

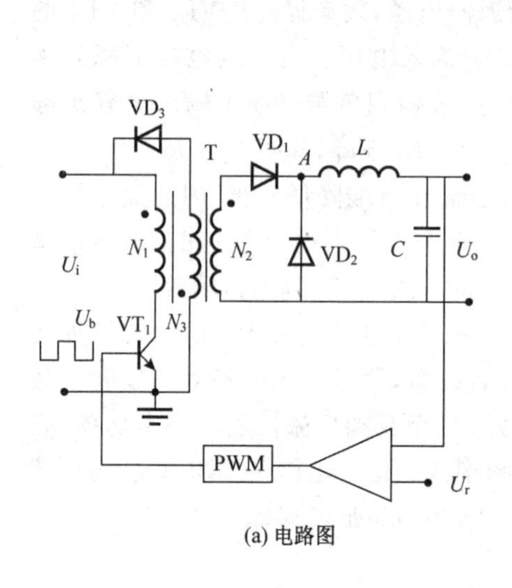

(a) 电路图

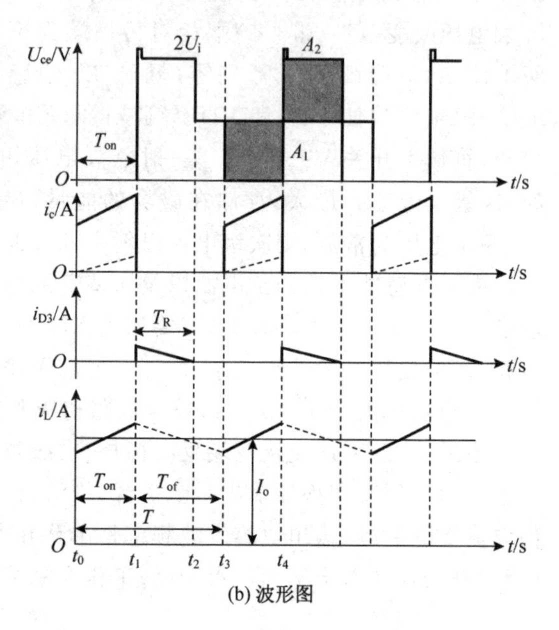

(b) 波形图

图 2.2.14 基本的单端正激电路及其波形图

变压器上所有线圈感应电势"·"端为正,VD_3 反偏截止,VD_1 导通,VD_2 截止,A 点电压为

$$U_A=U_2=U_iN_2/N_1=U_i/n \tag{2.2.74}$$

式中:$n=N_1/N_2$,为变压器变比。次级电压为矩形波,与 Buck 电路的 LC 滤波输入一样,电感电流 i_L 线性上升,图 2.2.14(b)所示为 $t_0\sim t_1$ 期间电流 i_L 波形。初级峰值电流为

$$I_{1p}=\frac{N_2I_{2p}}{N_1}+I_m=\frac{N_2I_{Lp}}{N_1}+I_m=I_{cp} \tag{2.2.75}$$

式中:I_{1p} 为初级峰值电流;I_{2p} 为次级峰值电流;I_{Lp} 为滤波电感电流峰值;I_m 为初级激磁电流;I_{cp} 为功率管集电极电流峰值。

当 $t=t_1$ 时,晶体管 VT_1 关断,为维持导通期间的磁化电流不变,变压器所有线圈感应电势反号,"·"端为负,VD_1 截止,VD_2 导通使滤波电感电流续流。同时 VD_3 导通,将导通期间存储在激磁电感中的能量返回电源,磁芯复位。在 N_3 上感应电势为

$$U_3=U_i=N_3\Delta\Phi/T_R \tag{2.2.76}$$

磁芯必须在截止期间内复位,磁化期间磁通变化量等于复位期间磁通变化量,有

$$T_R=N_3T_{on}/N_1 \tag{2.2.77}$$

一般取 $N_3=N_1$，则 $T_R=T_{on}$。因为 $T=T_{on}+T_{of}$，$T_R\leqslant T_{of}$，所以 $T_{onmax}\leqslant T/2$，由于功率管有关断延迟，为保证可靠复位，总是使 $T_{onmax}<T/2$，即占空比 $D<0.5$。

类似 Buck 电路电流连续时关系 $U_o=DU_2$，则正激变换器电压为

$$U_o=DU_i \tag{2.2.78}$$

实际变换器要考虑开关管压降 U_{ce}、初级和次级线圈电阻压降以及整流二极管（包括续流管）压降 U_{VD}，在输入电压最低时为最大占空比，变压器的变比为

$$n=\frac{D_{max}(U_{imin}-U_{ce})}{U_o+U_{VD}} \tag{2.2.79}$$

2）元器件的选择

输出滤波电感、电容和续流二极管选择与 Buck 电路相同，只要考虑整流二极管、功率开关管和变压器的要求。

（1）变压器

在最低输入电压下，假设在复位线圈 $N_3=N_1$ 时最大占空比 $D_{max}\leqslant 0.5$，由于受到控制芯片最大极限占空比限制，一般取 0.45 左右。用公式（2.2.79）确定变压器的变比。在选择磁芯之后，根据工作频率 f、额定 U_{imin} 和 D_{max} 决定线圈匝数。具体设计参见第 6 章。

（2）二极管

整流二极管电流定额：

$$I_F>I_o\sqrt{D}/1.57$$

电压定额：

$$U_{DR}\geqslant(1.5\sim2)N_2U_{imax}/N_1$$

续流二极管电流定额：

$$I_F>I_o\sqrt{1-D}/1.57$$

电压定额：

$$U_{DR}\geqslant(1.5\sim2)N_2U_{imax}/N_3$$

（3）功率晶体管

电流定额：

$$I_{CM}>(1.6\sim1.2)I_o/n$$

电压定额：

$$U_{(BR)CEX}\geqslant(1.3\sim1.5)(U_{imax}+U_{imax}N_1/N_3) \tag{2.2.80}$$

电压定额一般需考虑漏感尖峰电压的幅值。

（4）滤波电感

与 Buck 电路输出滤波电感一样，通常选择纹波电流 ΔI 等于负载电流 I_o 的 1/5，因此需要电感量为

$$L=\frac{U_{imin}/T_{onmax}}{n\Delta I}=\frac{U_{imin}/T_{onmax}}{0.2nI_o} \tag{2.2.81}$$

(5)滤波电容

输出电压的纹波电压 ΔU_{pp} 要求,根据纹波电流按照电容的 R_{esr} 选择需要的电容量

$$C \geqslant \frac{\Delta I \times 65 \times 10^{-6}}{\Delta U_{pp}} = \frac{I_o \times 13 \times 10^{-6}}{\Delta U_{pp}} \tag{2.2.82}$$

3) 电路的特点

(1)磁芯工作在第1象限

磁芯工作在第1象限,导通期间磁感应变化量必须等于截止期间内磁感应变化量;否则磁芯饱和,造成功率开关损坏,因此电路必须有复位措施。

(2)磁复位

采用 N_3 复位,选 $N_1=N_3$,$T_R=T_{on}$,考虑到功率开关的延时,为保证可靠复位,则最大占空比 $D_{max}<0.5$。如果 $N_3<N_1$,D 可以大于0.5,但需要更高电压定额的功率器件。如果$N_3>N_1$,复位时间加长,允许导通时间缩短,变比 n 减小,初级峰值电流加大($I_{1p}=I_{2p}/n$),需要更大电流定额的功率开关。使用时总是选择 $N_1=N_3$;在最低输入电压时最大占空比 D_{max} 取0.45左右。在动态过程中,例如突加负载,反馈电路将占空比拉到极限并且小于0.5,磁芯也不应当饱和。

(3)对功率管的要求

当 $N_1=N_3$ 时,功率开关要承受两倍以上输入电源电压。对于220 V交流输入,要求功率管承受1000 V电压,双极型晶体管和MOSFET能达到这样定额的器件较少且价格高,同时变压器仅在小于1/2周期内传输功率,峰值初级电流较大,输出功率受到限制。比较好的选择是采用以后将要介绍的双端正激拓扑或交错双端正激拓扑。

(4)磁感应强度的选择

磁芯工作在单向磁化状态,磁感应强度最大变化量 $\Delta B=B_s-B_r$。为扩大 ΔB,磁芯常带有一个很小的气隙(<50 μm),以降低 B_r。由于单方向磁化,所以磁芯利用不如双向磁化。但在工作频率100 kHz以上,决定磁感应强度变化量的是在各工作频率下的磁芯损耗,这时允许的磁感应强度变化量远小于 B_s-B_r。

(5)多路输出情况

如图2.2.15所示的多路输出情况,每一路有各自的输出滤波电感和电容,只有一路有闭环调节,每一路都有电感电流连续和断续模式。当输入电压变化时,各路有相同的对输入电压调节。但是如果主输出(U_{o1})负载变化,主要是整流二极管压降 U_{VD1} 变化和漏感影响造成输出电压变化,那么反馈将调整占空比维持输出电压稳定。占空比变化使得没有

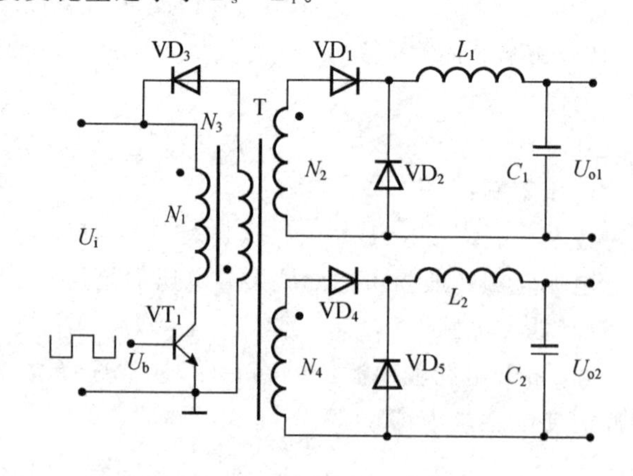

图2.2.15 多路输出正激变换器

闭环的输出 U_{o2} 发生变化，这就是交叉调节。如果各路负载都在最小连续电流以上，同时主输出次级 N_2 与从输出次级 N_4 耦合良好，那么输出大致稳定在±5%～±8%。这对于运算放大器电源、继电器电源以及风扇电源稳压精度是足够的。

如果闭环的输出电流小于电感允许的最小电流，那么电感电流断续。为稳定输出电压，闭环调节使得占空比很小。在这样小的占空比下，如果其余各路处于满载，则输出电压大大降低；反之，如果闭环那路满载，闭环调节到最大占空比，而且其余各路小于最小连续电流，则各路输出电压增高。开环的各路最大可能有 300%的变化范围。为了减少调节，可以采用耦合电感，即 L_1 和 L_2 共用一个磁芯，L_1 和 L_2 匝比等于 N_2/N_4，且良好耦合，在输出端可以得到较小的调整率(<5%)的电源。

输出电压绝对数值是不准确的，它取决于主输出工作模态、匝比、二极管压降和漏感，同时还受到匝数取整的影响。“从输出”电压绝对数值很重要，通常设计高于需要值，然后带一个线性或开关调节器降压到希望的精确值。因为“从输出”是仅对电网变化调节的，使用线性调节器损耗太大。在这种情况下，“从输出”电压绝对值设计成输入最低电压时高于希望精确输出电压的 2.5～3 V 就可以了。

与反激变换器比较，输出纹波和噪声要低，但成本比反激变换器高，多路输出交叉调节严重，与推挽类拓扑比较，电路简单，但变压器利用率低。

2. 双端正激变换器

如图 2.2.16 所示是双端正激变换器拓扑，有两个晶体管（VT_1 和 VT_2）和两个二极管（VD_1 和 VD_2），没有复位电路。两个功率管同时导通同时截止，导通时与单端一样，输入电源向负载传递能量；截止时，初级磁化电流减少，所有线圈感应电势反号，迫使二极管 VD_1 和 VD_2 导通，将初级电压钳位于输入电压。

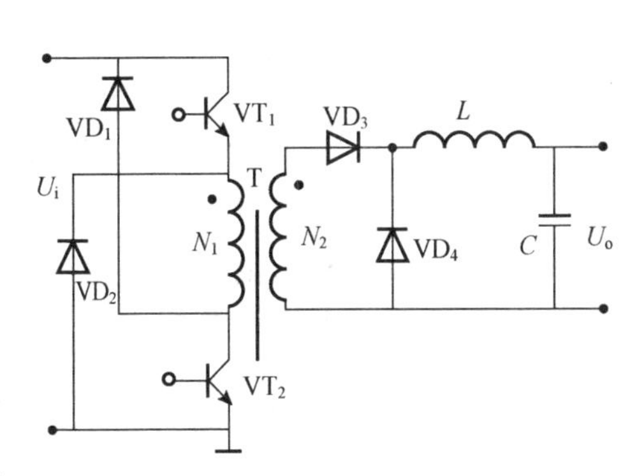

图 2.2.16　双端正激变换器

VD_1 和 VD_2 的导通，将 VT_1 的发射极通过 VD_2 接到电源负端，VT_2 的集电极通过 VD_1 接到电源正端，两个晶体管两端电压被输入电压钳位，仅承受直流输入电压而不是单端变换器两倍电源电压，还要加上在截止时漏感尖峰。这里不仅将磁化能量返回电源，同时漏感能量不是消耗掉，而是返回电源，提高了效率。

单端正激变换器在输入电压为 120 V 的交流输入时，截止期间晶体管可能承受高于 550 V 的耐压，其中 15%为瞬态电压，10%为稳态额定输入电压，30%为漏感尖峰。虽然有许多双极型晶体管具有击穿电压 $U_{(BV)CER}$ 定额高达 650～850 V 可以承受以上电压，但是采用一半电压应力的双端正激变换器就更可靠，因为长期运行成本低的电源是可靠性高的电源。

我国和欧洲市场的设备常采用双端正激，半桥和全桥变换器拓扑是非常合适的。

从图 2.2.16 中可以看到，变压器的初级线圈在截止期间充当单端正激复位线圈

N_3(见图 2.2.14),所以磁芯的复位时间总是等于导通时间。最大导通时间和单端正激($N_1=N_3$)同样小于 $0.5T$,通常在最低输入电压时取最大占空比为 0.45 左右。

双端正激也称为非对称桥,由两个功率管与两个二极管组成电桥,但只有功率管可控导通,变压器单向磁化,没有桥式电路的桥臂直通问题,因此抗干扰能力强。

磁芯的利用率,无论是单端还是双端都比较低。单端复位线圈仅在晶体管截止期间流过很小的磁化电流,双端没有复位线圈不会增加窗口面积,输出更大功率。

晶体管电压应力不超过输入直流电压,输出功率可以达到 500 W 以上,并很容易得到需要的电流和电压及适合放大倍数和低价格的晶体管。在通信电源、电力操作电源模块中,功率容量可达数 kW。

3. 交错双管正激变换器

如图 2.2.17 所示是交错双管正激变换器,两路具有完全相同的初级电路结构,每个次级有各自整流二极管(VD_5 和 VD_6),整流后并联在一起,共用续流二极管 VD_7,以及输出 LC 滤波电路,每路交替工作半个周期。这样滤波器的输入频率为每路变换器工作频率的一倍,减小滤波器的体积。

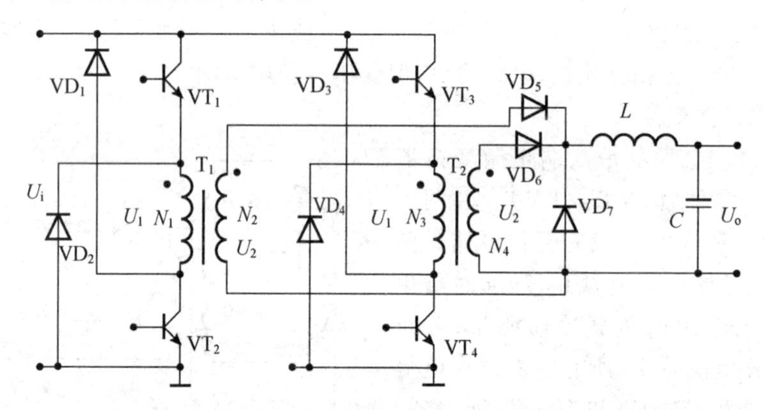

图 2.2.17 交错双管正激变换器

初级交错工作,次级并联后输出功率增加了一倍,即每路承担输出功率的一半。滤波器在一个开关周期内有两个脉冲,输出电压为 $U_o=2DU_1/n$,可获得相同的输出电压,变比($n=N_1/N_2$)是单路输出功率的 2 倍。二极管承受的电压下降一半,这样可以选择正向压降更小和恢复特性更快的二极管;峰值电流较小,电磁干扰比单路更小,没有功率管并联的麻烦。此外,与双端反激一样,漏感能量返回电源,很好地抑制尖峰并具有较低的损耗,有时只需要简单缓冲电路。尤其在较低负载下,仍然有较高效率。

但是,图 2.2.17 中需要两个较小的变压器,在输出相同功率的情况下,两个变压器总和比单个变压器大,需要更高的成本和更大空间。尽管如此,由于具有较高的可靠性,工作频率在 100 kHz 以上,决定变压器磁感应强度大小的是损耗,两个变压器并不比一个大许多,所以在 1~10 kW 通信电源中广泛采用双管正激和交错双管正激拓扑。

4. 有源钳位正激变换器

在小功率体积、纹波、效率要求较高的电源中,有源钳位正激谐振拓扑由于其独特

的特性，是小功率电源最有吸引力的拓扑。

1）电路组成

如图2.2.18所示是有源正激DC/DC变换器电路图及其关键点波形图。由功率开关VT_1、变压器T、整流二极管VD_1、续流二极管VD_2、滤波器LC_3组成基本正激变换器，VT_2和C_2组成有源钳位电路。VD_{ds1}和C_{ds1}是场效应管VT_1的体二极管和输出电容，VD_{ds2}和C_{ds2}为VT_2的体二极管和输出电容。

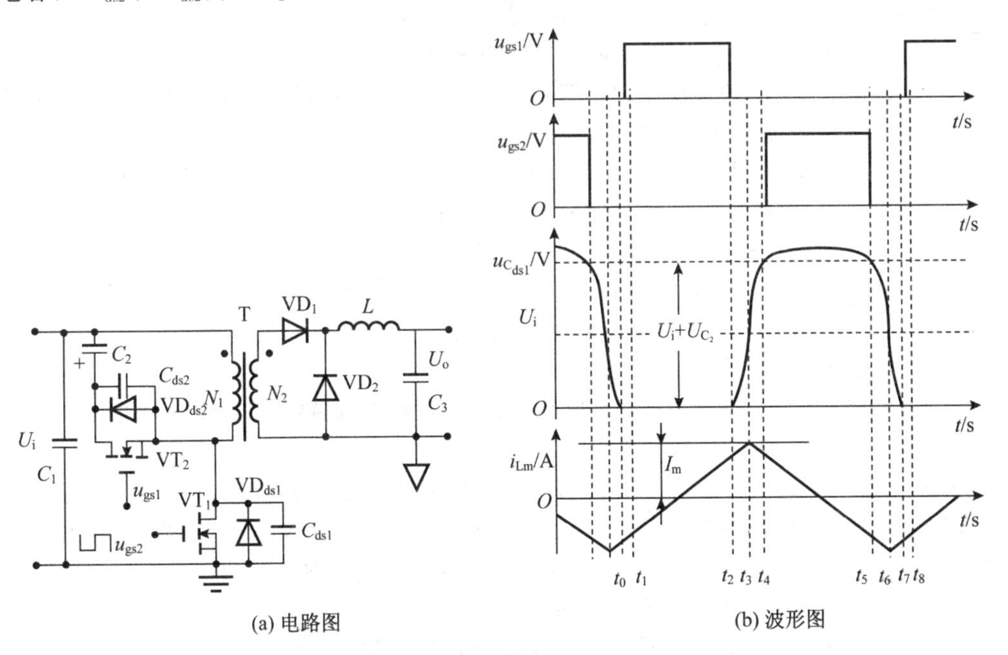

(a) 电路图　　(b) 波形图

图2.2.18　有源正激DC/DC变换器

2）电路的工作原理

假设变压器漏感为零，不考虑输出二极管VD_1的恢复时间，同时假定钳位电容C_2足够大，充电和放电期间端电压为常数。

电路进入稳态工作，$t=t_0$时刻，钳位电容C_2电压极性为下正上负，在VT_1开通前，电压$U_{C_2}=DU_i/(1-D)$，$D=T_{on}/T$。VT_2截止，VD_{ds2}反向偏置而截止，钳位电容C_2电流为零；同时，VD_{ds1}导通，变压器初级磁化电流由初级N_1返回电源，初级电压为电源电压。

在$t=t_1$时刻，VT_1开通，由于VD_{ds1}导通，VT_1零电压开通。当VT_1导通后，次级VD_1导通，VD_2截止，初级电流为$i_1=i_2'+(-i_m)$，其中$i_2'=i_2/n$为次级反射到初级的电流，能量由输入端经变压器、VD_1和L传递到负载。随后磁化电流继续由负向正增长。

在$t=t_2$时刻，VT_1关断，导通时间结束，VT_2和VD_{ds2}仍截止，初级电流对VT_1的输出电容C_{ds1}(C_{ds2}由$U_i+U_{C_2}$放电)充电，$U_{C_{ds1}}$线性上升，初级电压下降。由于C_{ds1}上的电压不能突变，所以VT_1为零电压关断。

在$t=t_3$时刻，$U_{VD_{ds1}}=U_i$，变压器初级电压为零，磁化电流i_m达到正向峰值I_m。次级VD_1关断，VD_2导通续流。反射电流为零，初级电流为I_m，激磁电流继续对C_{ds1}(C_{ds2}

放电)谐振充电。电流下降,变压器初级感应电势极性反号,$U_1=U_i-U_{C_{ds1}}$,磁芯开始复位。

在$t=t_4$时刻,变压器初级电压$U_1 \geqslant U_{C_2}$时,VD_{ds2}导通,将VD_{ds1}钳位于$U_i+U_{C_2}$。磁芯在U_{C_2}作用下继续复位,变压器磁化电流减少并朝反向增加。如果在磁化电流到零之前开通VT_2,则VT_2为零电压开通。

在VT_1开通前,磁化电流已经反向。关断$VT_2(t=t_5)$,由于C_{ds2}存在,VT_2为零电压关断,所以C_{ds1}(C_{ds2}充电)与激磁电感谐振放电。

在$t=t_6$时刻,$U_{VD_{ds1}}=U_i$,反向磁化电流达到最大值$-I_m$,C_{ds1}(C_{ds2}充电)继续放电,变压器初级感应电动势反号,"·"端为正,次级二极管VD_1导通,VD_2关断。次级反向电流与激磁电流继续对C_{ds1}(C_{ds2}充电)放电。

在$t=t_7$时刻,回到$t=t_0$时刻状态,C_{ds1}放电到零,反向电流尚未为零,VD_{s1}导通,为此后VT_1谐振导通提供条件,完成一个开关周期,$t=t_8$又一个周期开始。

在VT_1导通期间,磁芯磁通变化为U_iDT,其截止时间承受$U_{C_2}(1-D)T$伏秒积,两者应当相等,所以$U_{C_2}=U_iD/(1-D)$。电路的特点总结如下:

① 占空比可以在很大范围内变化,但是功率开关承受的电压为$U_{VD_{ds1}\max}=U_{i\max}/(1-D_{\max})$,因此适用于低输入电压。

② MOSFET输出电容(C_{ds1})离散性大。为减少C_{ds1}离散性影响,一般再并联一个大于C_{ds1}的电容C,通常取$C>(3\sim5)C_{ds1}$。

③ 为保证VT_1零电压开关,变压器激磁电感(初级电感)不能太大,并应当有一定的漏感,使得满载时漏感能量大于C_{ds1}上存储的能量,保证在VT_1开通前将C_{ds1}上电荷全部抽走。当变压器有漏感时,在转换过渡期间,就存在次级VD_1和VD_2共同导通时间间隔,存在占空比丢失,漏感越大,丢失时间越长。

④ 变压器磁芯双向磁化,按工作频率允许损耗选择磁感应强度。同时要验证在最大占空比(最小复位时间)时,磁芯不饱和。有源钳位正激变换器常常因负载突变时损坏功率器件。

⑤ 控制芯片UC3580是为有源正激变换器控制设计的。

⑥ 由于功率器件谐振,在高频时具有较高效率。如果输出低电压,整流二极管可以采用MOSFET同步整流,比较适合的功率范围为50～500 W。

2.2.4 推挽变换器

如果将图2.2.14所示的正激变换器的复位二极管VD_3用功率开关VT_2代替,这就是基本推挽变换器。所谓推挽就是两个功率开关交替导通与截止。基本推挽变换器初级电路并联,功率管也可以串联,那就是半桥和全桥变换器。所有这些变换器都通过变压器将功率传输到负载,输出电压与输入回路隔离,并有多个输出次级,实现多路输出。

1. 基本推挽变换器拓扑

图2.2.19所示是基本推挽变换器电路及波形图,由两个功率开关VT_1和VT_2接在初级有中心抽头($N_{11}=N_{12}=N_1$)变压器T上,次级绕组带有中心抽头且$N_{21}=N_{22}=N_2$,与二极管VD_3和VD_4构成全波整流,LC为滤波电路。每个次级输出一对相位,相差180°,幅值由变比决定方波电压。次级相似于一个Buck电路,这里电感L同

样有连续和断续两种工作模式，输出电压 U_o 由变比和反馈控制回路决定。

假定电路已经进入稳态，所有元件是理想的，即没有电压降落，没有开关时间。两个功率开关的驱动如图 2.2.19 中 u_{b1} 和 u_{b2} 所示。

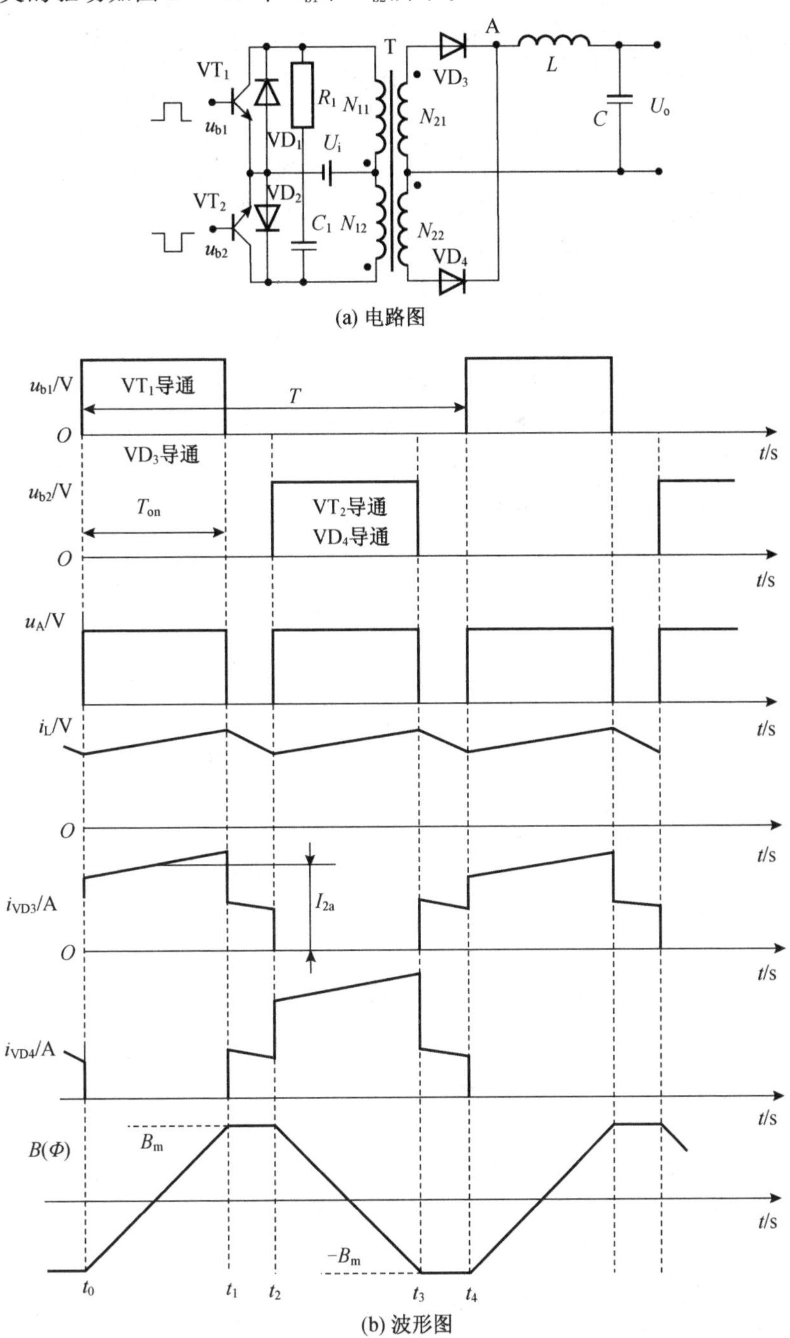

图 2.2.19　基本推挽变换器

当u_{b1}为高电平(u_{b2}为低电平)时,VT_1饱和导通、VT_2截止($t\geqslant t_0$),输入电压通过VT_1加在变压器初级N_{11}上,在变压器线圈产生感应电势,“·”端为正。次级线圈N_{21}中“·”端相对中心抽头也为正,次级电压$U_2=U_iN_{21}/N_{11}$,二极管VD_3正偏导通,VD_4截止。二极管VD_3流过电感电流,电流线性上升,次级电流等于电感电流($i_{21}=i_L$),初级电流等于次级反射电流($i_2'=i_LN_2/N_1$)与磁化电流之和:$i_1=i_2'+i_m$,将输入功率传递到负载,磁芯由$-B_m$向$+B_m$磁化。

当u_{b1}变为低电平(u_{b2}仍为低电平)时,VT_1关断(VT_2仍关断,$t=t_1$),切断电源向次级能量传输。次级输出滤波电感续流,迫使次级整流管VD_3和VD_4同时导通,每个整流管流过一半负载电流,因此将变压器短路,保持磁芯磁感应强度B_m不变,即保持正向最大磁化安匝

$$I_{1m}N_1=2I_{2m}N_2\qquad(N_{21}=N_{22}=N_2)$$

式中:I_{1m}为初级磁化电流的幅值;I_{2m}为次级绕组的磁化电流。

当u_{b2}为高电平(u_{b1}为低电平)时,VT_2饱和导通;VT_1截止时($t\geqslant t_2$),输入电压通过VT_2加在变压器初级N_{12}上,磁芯由$+B_m$向$-B_m$磁化,新的半周期开始。与正半周期相似,变量的下标由“1”替换为“2”。

基本关系

假定满载时,功率开关压降和整流二极管压降均为1 V,电感电流连续,输出电压为

$$U_o=\frac{U_AT_{on}}{T/2}=\frac{2(U_2-1)T_{on}}{T}=D\left(\frac{U_i-1}{n}-1\right)\tag{2.2.83}$$

式中:$n=N_1/N_2$,为变比;$D=2T_{on}/T$,为占空比。由此得到变压器变比

$$n=\frac{U_i-1}{U_o/D+1}=\frac{N_1}{N_2}\tag{2.2.84}$$

输出采用LC滤波,一般不用续流二极管,输出滤波电感电流i_L波形如图2.2.19所示。当VT_1关断时,为保证激磁电流流通,同时次级输出滤波电感续流,次级整流二极管VD_3和VD_4同时导通,将变压器短路,磁化电流达到最大值I_{1m},并由初级转换到次级,仍由“·”端流入,在两管都截止期间保持近似常数,$I_{2m}=I_{1m}N_1/(2N_2)$,在VT_2导通前应当有

$$i_{VD_3}+i_{VD_4}=i_L\tag{2.2.85}$$

$$i_{VD_4}-i_{VD_3}=2I_{2m}\tag{2.2.86}$$

联解式(2.2.85)和式(2.2.86)得到

$$i_{VD_4}=0.5i_L+I_{2m}\tag{2.2.87}$$

$$i_{VD_3}=0.5i_L-I_{2m}\tag{2.2.88}$$

电感平均电流$I_L=I_o=P_o/U_o$,次级电流斜坡中值$I_{2a}=I_L=I_o$,如果变压器次级是全波整流,次级电流如图2.2.19中i_{VD_3}所示,则总有效值为

$$I_2=I_{2a}\sqrt{\frac{D}{2}+\frac{1/2-D/2}{2}}=\frac{I_{2a}}{2}\sqrt{1+D}\tag{2.2.89}$$

次级平均电流为

$$I_{2dc}=I_{2a}[D/2+(1/2-D/2)]=I_{2a}/2 \tag{2.2.90}$$

次级交流电流分量有效值为

$$I_{2ac}=\sqrt{I_2^2-I_{2dc}^2}=\sqrt{\frac{I_{2a}^2(1+D)}{4}-\frac{I_{2a}^2}{4}}=\frac{I_{2a}\sqrt{D}}{2} \tag{2.2.91}$$

式中：$D=2T_{on}/T$。

如果次级采用桥式整流，那么变压器次级线圈电流有效值为

$$I_2=I_{2a}\sqrt{D} \tag{2.2.92}$$

初级电流（即输入平均电流）为

$$I_i=P_o/(\eta U_i) \tag{2.2.93}$$

式中：P_o 为输出功率。

初级（N_{11} 或 N_{12}）线圈中电流有效值为

$$I_1=I_{1a}\sqrt{D/2}=I_i\sqrt{D/2}/D=I_i\times\sqrt{2/D} \tag{2.2.94}$$

式中：$I_{1a}=I_i/D$，为初级线圈电流斜坡中值；η 为效率。

根据以上关系可以选择功率管、二极管、变压器和电感设计，根据输出纹波电压要求选择输出滤波电容，设计步骤参照正激变换器。

2. 多路输出推挽变换器

图 2.2.20 所示是多路输出推挽变换器电路图，与多路正激变换器一样，输出只有一路（主输出 U_{o1}）闭环稳定输出，其余开环，同样存在交叉调节问题。为了减少交叉调节，同样可以采用耦合滤波电感，如图 2.2.20 中虚线所示，但要求两个电感匝数比等于相应变压器次级线圈匝比。

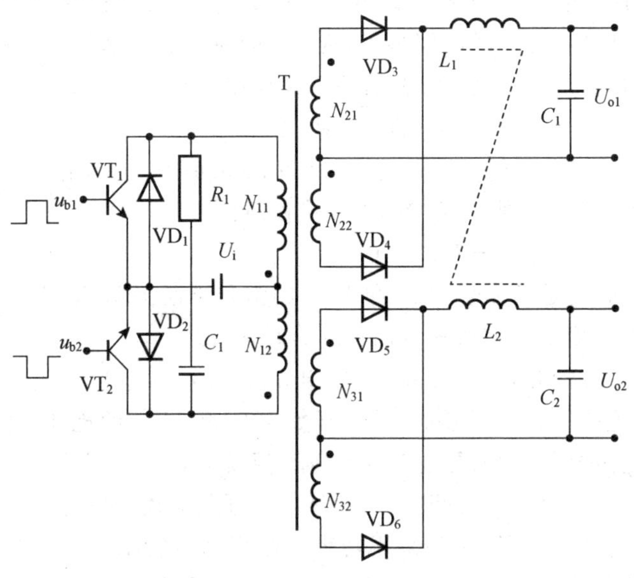

图 2.2.20 多路输出推挽变换器

1) 推挽拓扑的特点

推挽变换器是变换器中最早应用的拓扑，而且目前还在广泛应用于DC/DC变换器和DC/AC逆变器。

(1) 与正激变换器一样，由于有输出变压器，所以用多个次级线圈获得多路输出。

输出可以高于或低于输入直流电压。闭环的主输出在电网和负载变化时都可以维持输出稳定；从输出可以很好地对电网变化进行调节，并在负载变化时，只要输出电感不进入断续，都会稳定在5%以内。

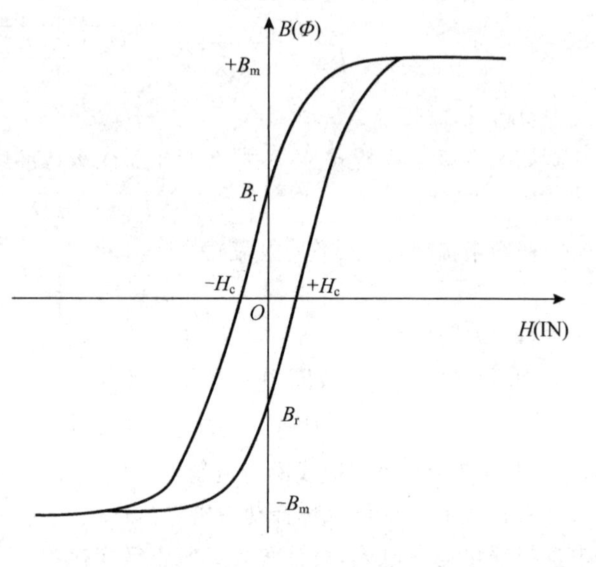

图 2.2.21 磁芯磁化曲线

(2) 变压器磁芯双向磁化。图2.2.21所示是推挽变压器磁化特性曲线。从图中$B(\Phi)$知，一个周期内磁感应强度从$-B_m$变化到$+B_m$，再由$+B_m$变化到$-B_m$，在工作频率较低(<50 kHz)时，选取磁感应强度受饱和限制，推挽磁感应强度的摆幅比单端变换器大一倍，在一个周期内，有两次传输功率，相同的磁芯可以输出更大功率，体积小。当高频时，磁感应强度由允许的磁芯损耗决定。

(3) 两功率管共地，控制电路可以直接驱动功率管，驱动电路方便。

虽然推挽式变换器已广泛应用多年，然而不明原因的功率晶体管失效也经常发生，限制了这种拓扑广泛应用，研究发现，其原因是存在磁通不平衡即直流偏磁问题。VT_1导通(VT_2截止)期间加在初级N_{11}的伏秒面积为

$$(U_i-U_{ces1}-I_iR_{11})T_{on1}=N_{11}\Delta\Phi_m=2N_{11}A_eB_{11m} \tag{2.2.95}$$

当VT_1截止，VT_2导通，加在N_{12}上的伏秒面积为

$$(U_i-U_{ces2}-I_iR_{12})T_{on2}=2N_{12}A_eB_{12m} \tag{2.2.96}$$

式中:U_{ces1}和U_{ces2}分别是晶体管VT_1和VT_2的饱和导通压降；R_{11}和R_{12}分别是变压器绕组N_{11}和N_{12}与电源和功率管构成回路的等效电阻。

只有当式(2.2.95)和式(2.2.96)右边相等，磁芯的磁感应强度稳定在$\pm B_m$间摆动。这就要求无论是冷态还是热态，功率开关VT_1和VT_2的饱和压降U_{ces1}和U_{ces2}相等，线圈对称且电阻相等，同时导通时间相等。但是电路完全对称是很难达到的，即要求功率管精确配对，同时开关时间一致，而且功率开关温度特性相同，这几乎是不可能的。即使在一定条件下对称，例如采用功率双极型晶体管BJT，饱和压降在常温下相等，但U_{ces}是负温度系数，因温度升高而下降，同时存储时间也增加，只要两管稍稍有一点差别，伏秒面积大的一边电流加大，温度升高而压降减少，伏秒面积差进一步加大而

导致磁芯饱和。这就是偏磁现象,偏磁结果导致功率管损坏。为避免偏磁,除 VT_1 和 VT_2 配对外,还可以采取以下措施。

① 功率管选用 MOSFET。因为 MOSFET 的导通电阻是正温度系数,当偏磁出现时,流过 MOSFET 的电流加大,导致管压降加大,减小了施加在初级的电压,减少了伏秒,使得不平衡减少。

② 串联固定电阻。串联电阻一般由实验决定,压降大于或接近功率管压降,电阻一般不大于 0.25 Ω。

③ 磁芯采用软饱和磁化曲线磁材料,即慢慢接近饱和。当偏磁时,电流加大明显,在线圈电阻上压降补偿功率开关饱和压降的变化。变压器当然不能采用矩形磁滞回线的环形磁芯。

④ 变压器设计时,初级线圈对称,同时 B 值选取较低。磁芯加适当气隙,使得磁化曲线倾斜。通常只要加 0.05～0.1 mm 气隙即可。采用峰值电流型控制技术。当因偏磁电流峰值加大时,开关提前关断,使得正负伏秒平衡。

(4) 功率管耐压取值大。当 VT_1 导通时,VT_2 承受输入电压与 N_{12} 上感应电压之和:

$$U_{ce}=2U_{imax} \tag{2.2.97}$$

由上面分析可知,N_{11} 与 N_{12} 不可能完全耦合,总存在一些漏感,在转换时引起电压尖峰。实际选取晶体管的 $U_{(BR)ceo}$ 比式(2.2.97)确定值要大 1.5 倍。从可靠性和成本考虑,推挽电路一般适用于低输入电压场合。

(5) 功率管采用双极型晶体管(BJT)。输出轻载时,负载电流小于 $i_{2m}=i_{1m}N_1/(2N_2)$,为折算的次级的磁化电流,当功率开关关断(例如 VT_1 关断)时,次级两个二极管 VD_3 和 VD_4 不能同时导通,磁化电流从关断的一边(N_{11})转换到另一边(N_{12}),只能反向通过高阻功率管(VT_2)的集射极,造成很高的感应电压,损坏了 BJT。为此,一般与每个功率管分别反并联一个二极管 VD_1 和 VD_2,提供磁化电流通路。

(6) 需要带中心抽头的变压器。由于推挽变换器需要一个初级中心抽头的变压器,输出电压在 50 V 以下时,二极管压降对效率影响较大,次级因采用全波整流,也需要用中心抽头。

每一半线圈只流过初级(次级)电流的一半,线圈导线有效截面积按电流有效值决定。这样初级导线和次级导线铜截面积比单线圈初级和次级增加 40%。输出相同功率时推挽变压器磁芯比单线圈磁芯体积质量小,磁芯的利用率要高。同时整流二极管要承受两倍以上次级峰值电压;如果输出电压在 100 V 以上,可以采用桥式整流,变压器次级只有一个线圈,变压器体积减小,二极管承受仅为次级峰值电压,比全波整流高压管较小的反向恢复时间。不管是桥式整流还是全波整流,整流管的电流波形是否相同,电流定额也是一样的。

(7) 初次级耦合应良好。由于变压器为多线圈,要求次级与初级以及初级间紧耦合,否则存在较大漏感。当晶体管关断时,漏感与分布电容产生振铃现象,尖峰电压大。为此在变压器的初级两个功率管的集电极之间接一个 R_1C_1 吸收电路。根据经验选择电阻,一般为 $R_1=2U_i/I_i$,电阻损耗为输出功率的 95%来选择,即 $P=(1-5\%)P_o$,需

要的电容量 $C_1=P/(fU^2)$。

(8) 功率管共同导通的问题。如果两功率管同时导通,就将输入电源加到变压器初级,即将变压器短接,输入回路电流急剧上升,导致功率开关损坏,驱动信号必须设置死区,避免关断与开通时间交叠。

(9) 输出电压脉冲频率与变压器工作频率的关系。输出电压脉冲频率是变压器工作频率的2倍,如果每个功率管180°导通,整流以后只要很小的滤波器滤除开关转换死区缺口,推挽拓扑可用在多路输出复合变换器中。

2) 变换器的设计要点

推挽变换器设计主要工作是选择功率器件和设计变压器。由于功率管定额限制,如果输入电压在150 V以下,则可以选择推挽拓扑。当输入和输出电压很低时,功率器件导通压降对整机效率影响很大。同时输出功率较大(>500 W)时,开关频率受到最少(1匝)匝数限制。同时输入电流大,推挽初级线圈绕制困难,限制推挽拓扑的应用。现用一个例子说明设计步骤。

【例题2.2.3】 设计原始参数为输入 $U_i=10.6\sim15$ V,输出电压 $U_o=390\times(1\pm2\%)$V,输出功率 $P_o=330$ W,开关频率 $f=50$ kHz,效率 $\eta=0.90$,最大占空比 $D_{lim}=0.97$。拓扑电路选用推挽电路,请选择功率晶体管、功率二极管以及设计变压器的主要参数。

【解】 (1) 选择功率晶体管。因为输入电压低,一般采用推挽拓扑,如图2.2.22所示。为减少磁偏,功率器件采用MOSFET,低电压定额MOSFET导通电阻很小,可以提高变换器效率。

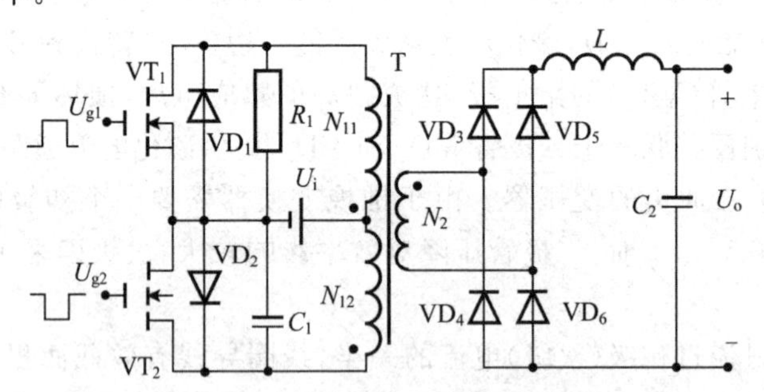

图2.2.22 推挽变换器功率电路设计

最大输入电流为

$$I_{imax}=\frac{P_o}{\eta U_{imin}}=\frac{330}{0.90\times10.6}\ \text{A}=34.6\ \text{A}$$

在最低输入电压时,选择最大占空比小于极限占空比,$D_{max}=0.9$。

初级绕组 N_{11} 和 N_{12} 电流中值为

$$I_{1a}=I_{2a}=\frac{I_i}{2D}=\frac{34.6}{2\times0.9}\ \text{A}=19.2\ \text{A}$$

初级绕组电流有效值为

$$I_{N_{11}}=I_{N_{12}}=I_{1a}\sqrt{D/2}=(19.2\times\sqrt{0.9/2})\text{A}=12.9\ \text{A}$$

假设最低电压，最大输入电流时，导通电阻压降为 0.5 V，线圈电阻压降为 0.1 V。要求 MOSFET 导通电阻为 $R_{on(25℃)}=(0.5/19.2)\Omega=26\ m\Omega$，假设结温为 125 ℃，冷态（25 ℃）导通电阻为

$$R_{on(125℃)}=\frac{R_{on(25℃)}}{1.007^{\Delta T}}=\frac{26\ m\Omega}{1.007^{100}}=13\ m\Omega$$

选择 MOSFET 电压定额 $U_{(BR)DS}>(3\times15)V=45\ V$，导通电阻满足以上要求，电流一般总能满足要求，电流 $I_{DM}>1.6I_{1a}=31\ A$。工作频率不高，对开关时间没有特殊要求，例如选择型号为 IRL3705N，主要参数如表 2.2.1 所列。

表 2.2.1　IRL3705N 主要参数表

型　号	$U_{(BR)DSS}$/V	$R_{DS(on)}$/mΩ (10 V)	I_D/A (25 ℃)	I_D/A (100 ℃)	封　装
IRL3705N	55	10	77	54	TO－220AB

（2）选择功率二极管。输出电流为

$$I_o=P_o/U_o=(330/390)A=0.846\ A$$

二极管电流定额为

$$I_F=I_o/(1.57\sqrt{D_{max}/2})=[0.846/(1.57\times\sqrt{0.97/2})]A=0.8\ A$$

例如，选择 HER206 快恢复二极管，具体主要参数如表 2.2.2 所列。

表 2.2.2　HER206 主要参数表

型　号	U_{RRM}/V	I_o/A	I_{FSM}/A	U_{FM}/V (I_F=2 A)	t_{rr}/ns	I_{RM}/μA (T_A=25 ℃，100 ℃)
HER206	600	2	60	1.3	75	5.0/100

（3）功率变压器的设计。开关频率 $f=50$ kHz；最低输入电压 $U'_{imin}=10$ V，额定电压 12 V；输出电压 $U'_o=394$ V；输出功率 $P'_o=(0.846\times394)W=333.3$ W；输入功率 $P'_i=(330/0.9)W=366.7$ W；功率管导通损耗 $P_{on}=(0.5\times34.6)W=17.3$ W，因为开关频率不高，假设开关损耗12.3 W，共损耗 $P_s=29.6$ W。

要求变压器效率为

$$\eta_T=\frac{P'_o}{P_i-P_s}=\frac{333.3\ W}{366.7\ W-29.6\ W}\times100\%\approx98.8\%$$

变压器损耗不能大于

$$P_T=P_i-P'_o-P_s=366.7\ W-333.32\ W-30\ W=3.38\ W$$

初级绕组电流有效值 $I_{N_{11}}=12.9$ A，初级绕组电流中值 $I_{1a}=19.2$ A。

变压器变比为

$$n=\frac{U'_o}{U'_{imin}}=\frac{U_o+2U_D}{U_{imin}-0.6}=\frac{390+2}{10.6-0.6}=\frac{392}{10}=39.2$$

变压器详细设计参见第 4 章。

2.2.5 半桥式功率电路

图2.2.23所示是半桥功率变换器电路图,电路中2个功率管串联为一个桥柱,并连接到电源电压U_i输入端。假设C_1和C_2足够大,电容上的电压变化可以忽略不计,且电容C_1和C_2串联分压获得$U_i/2$电压。输出级一般采用变压器隔离输出。将变压器的初级接在晶体管连接点与电容连接点之间。半桥功率电路也称为单相逆变器,与推挽变换器一样,感性负载时,晶体管由导通转为截止时,VD_1、VD_2可将变压器中的磁场能量返回给电源。

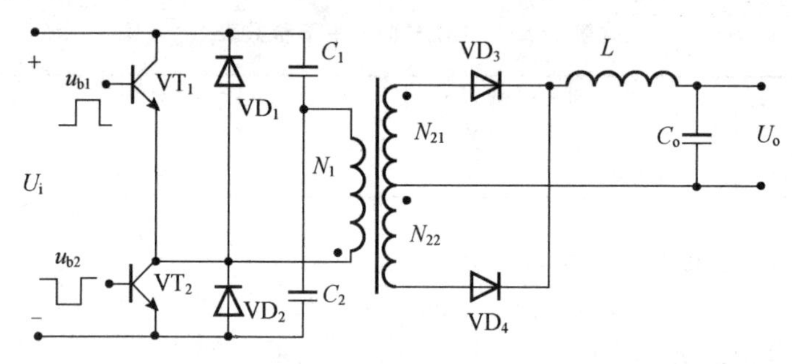

图2.2.23 半桥变换器电路图

1. 工作原理

两个功率晶体管以相同于推挽的工作方式交替驱动,同样不能同时导通,否则将电源短路,造成晶体管过流损坏。设变压器变比为$n=N_1/N_{21}=N_1/N_{22}=N_1/N_2$,正半周时$VT_1$饱和导通;$VT_2$截止时,电源电压的正端经过$VT_1$加到变压器初级绕组的"·"端,并通过$C_2$回到电源的负端,或电容$C_1$通过$VT_1$与变压器初级绕组$N_1$并联,电容$C_1$放电,$C_2$充电。电容$C_2$上的电压$U_{C_2}$等于输入电压的一半,一般电容$C_1$和$C_2$足够大,其上电压波动不大,在开关周期内近似认为不变,正半周变压器初级感应电势U_{1+}为

$$U_{1+}=U_i-U_{C_2}=U_i-U_i/2=U_i/2 \tag{2.2.98}$$

当VT_2饱和导通,VT_1截止时,电源电压的正端经过C_1加到变压器初级非"·"端,经过初级线圈,并通过VT_2回到电源负端,电容C_2放电,C_1充电。电容C_2通过VT_2与变压器初级并联,负半周变压器初级感应电势U_{1-}为

$$U_{1-}=U_i-U_{C_1}=U_i-U_i/2=U_i/2 \tag{2.2.99}$$

如果以相同导通时间交替驱动功率开关VT_1和VT_2,在变压器初级施加幅值相等,脉冲宽度相同的矩形波。如果变压器变比$n=N_1/N_2$,次级电压幅值为

$$U_{2+}=(U_i-U_i/2)/n=U_i/(2n) \tag{2.2.100}$$

次级电压经过全桥整流和LC滤波,设整流二极管正向压降为1 V,输出电压为

$$U_o=D(U_2-U_D)\approx D(U_2-1) \tag{2.2.101}$$

整流后滤波器前的矩形电压脉冲频率是变压器工作频率一倍,占空比$D=T_{on}/(T/2)$,次级整流二极管的电流波形与推挽变换器完全相同。

应当注意到，半桥变换器的变压器初级绕组电压仅为输入电压的一半，如果与推挽相同输出功率，初级电流比推挽大一倍，则需要更大电流定额的功率管。半桥变换器适用于输入电压较高且中等输出功率的场合，因为功率管上的电压定额理想时是输入直流电压。

2. 半桥变换器特点

半桥变换器的特点归纳如下：

1）半桥变换器可以输出交流

当半桥变换器用作直流变换器时，可采用变压器隔离，可以实现多路电压输出。半桥变换器的变压器是在磁化曲线的Ⅰ象限和Ⅲ象限双向磁化的。在输出功率相同的情况下，变压器的体积和质量比正激变压器小。与相同功率的推挽电路相比，初级只有一个线圈，流过全波电流，变压器会更小些。此外双极型功率管晶体管需要反并续流二极管，用以将功率管由导通向截止过渡时，将储存在变压器电感中的能量反馈给电源。

2）分压电容两端电压基本不变

因为两个分压电容的端电压，在上下两个晶体管导通和截止时间内总是一个充电，电容的端电压增加，另一个电容放电，其端电压下降。两个电容电压的波动幅度较小，设一般不大于平均电压的 $\gamma\%$。如果输出功率为 P_o，效率为 η，初级中值电流为 $I_{1a}=2P_o/(U_iD\eta)$，初级电流为 $I_1=P_i/(U_i/2)=2P_o/(U_i\eta)$，电容充放电电流为初级电流的 1/2，那么导通时间内电容上电压变化量为

$$\Delta U=\frac{I_1}{2}\times\frac{T_{on}/2}{C}=\frac{P_o}{2\eta CU_i/2}\cdot\frac{T_{on}}{2}=\frac{P_oD}{2\eta fU_iC}\leqslant\frac{\gamma}{100}\times\frac{U_i}{2}$$

即

$$C\geqslant\frac{100DP_o}{\eta f\gamma U_i^2} \tag{2.2.102}$$

式中：$f=1/T$，为变换器工作频率。

实际上，由式(2.2.102)决定的电容是受允许流过电容电流有效值的限制。电容电流为初级电流的一半，则电容电流有效值为

$$I_{C_1}=I_{C_2}=P_o/(U_i\eta\sqrt{D}) \tag{2.2.103}$$

或直接由电流有效值选择电容量。

3）漏感对功率管的影响

在半桥电路中，如果两管交叠导通，或由于干扰造成截止管误导通，将造成功率回路直通损坏功率管，直接将电源短路。

4）半桥电路中功率管承受的电压和电流

半桥电路中管子截止时承受的电压是输入电压 U_i，但初级电流比相同功率推挽变换器大一倍，因此半桥变换器适用于输入电压较高的场合，如图 2.2.24 所示，交流输入 u_i 可以是 220 V，也可以是 110 V 交流。220 V 输入时，开关 K 打开，电容 C_1 和 C_2 既作为输入整流滤波电容，又作为半桥分压电容。当 110 V 输入时，开关 K 合上，输入整

流作为倍压整流，只有输入整流桥左边两个二极管工作。输入正半周对 C_1 充电，负半周对 C_2 充电，得到与 220 V 输入相近的直流电压，这种电路适应性广。

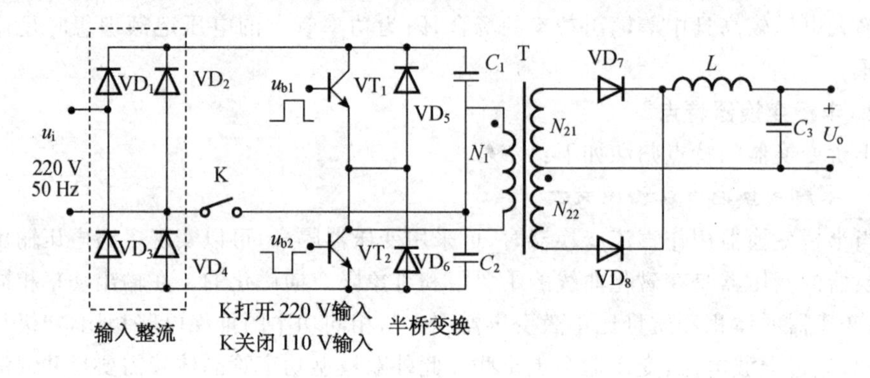

图 2.2.24　无工频变压器电源

半桥变换器使用电容分压，如果有磁通不平衡，例如当 VT_1 导通时，伏秒大于 VT_2 导通时的伏秒，这样对 C_2 充电电流大于 C_1 充电电流。U_{C_2} 将升高，U_{C_1} 下降，会导致在 VT_1 导通期间加在初级的电压下降，自动调整不平衡。这里不能使用电流型控制，因为电流型控制造成电容分压不平衡。半桥变压器漏感能量返回电源，例如当 VT_1 由导通转向关断时，次级整流二极管全部导通，将变压器短路，存储在变压器漏感中的能量保持初级电流由 VT_1 转到 VD_2 继续流通，将漏感能量传递到 C_2 上，将漏感电压尖峰钳位于 U_{C_2}。半桥变换器的应用特点如表 2.2.3 所列。

表 2.2.3　半桥变换器的应用特点

序　号	优　点	缺　点
1	可用隔离电容纠正磁通不平衡	需要两个分压电容
2	漏感和磁化电感能量注入输入和输出电容而提高效率	功率开关存储时间误差引起工作磁通不平衡，功率电路有两个小信号极点
3	变压器利用比正激好	不能使用电流型控制

2.2.6　全桥功率电路

全桥功率变换器适用于大功率、高电压场合，下面对其工作原理进行分析。

如图 2.2.25 所示为一个单相全桥变换器电路图，与半桥变换器的电路比较，两个电容由两个晶体管代替，同样每个功率管反并联一个二极管。两个桥臂 VT_1 和 VT_3 的中点 A 与 VT_2 和 VT_4 的中点 B 之间的电压作为桥的输出，A 和 B 之间可直接连接负载或变压器。如果要输出直流电压，通常在 AB 端接变压器的初级。

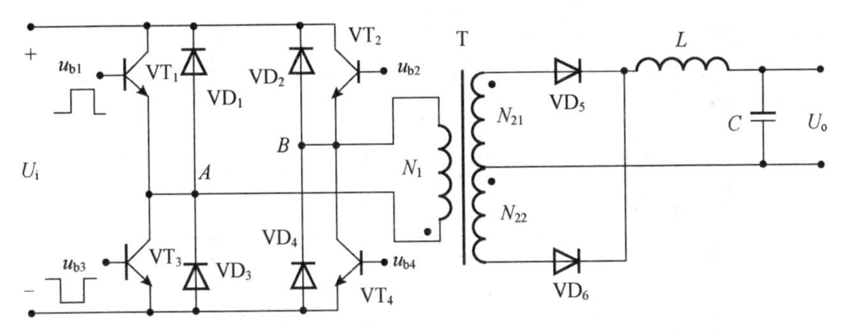

图 2.2.25 单相全桥变换器电路图

同一桥柱两个晶体管不能同时导通，否则将电源短路。只有对角两个晶体管同时导通，电源才能加在变压器的初级。如果 $VT_1 \sim VT_4$ 截止，或者 VT_1 和 VT_2 截止，或者 VT_3 和 VT_4 截止，则变压器初级电压为零。只要遵循这一原则驱动晶体管，就可以控制输出电压的大小，不同的驱动策略可得到相同的输出电压，控制策略介绍如下：

① 如图 2.2.26(a)所示，如果用互为 180°宽度的 PWM 脉冲分别驱动 VT_1(VT_4)和 VT_3(VT_2)，这时输出波形与推挽输出波形一样，输出 PWM 波形。

② 如图 2.2.26(b)所示，用互为反相宽度为 180°的矩形波分别驱动 VT_1 和 VT_3，而用互为反相的 PWM 驱动 VT_4 和 VT_3，保持 VT_1 和 VT_4(VT_2 和 VT_3 交替)导通原则，则输出仍为 PWM 波。

③ 如图 2.2.26(c)所示，如果用互为 180°，宽度也为 180°的矩形脉冲分别驱动 VT_1(VT_3)和 VT_4(VT_2)，但 VT_4，VT_2 的驱动脉冲相对 VT_1 和 VT_3 移相 α，则仍可以输出 PWM 波，这就是移相工作模式。

④ VT_1 和 VT_2 驱动脉宽为 180°，VT_3 和 VT_4 以 PWM 驱动，或 VT_3 和 VT_4 驱动脉宽为 180°，VT_1 和 VT_2 以 PWM 驱动，这种方式应用极少。

理想情况下，桥臂输出 AB 间电压波形如图 2.2.26(d)所示。输出 LC 滤波，如无续流二极管，不管是桥式还是全波整流，输出相关电路电流波形与推挽次级电路图 2.2.19(b)相似，输出电压与输入电压的关系为

$$U_o = DU_i/n \tag{2.2.104}$$

式中：$D=2T_{on}/T$，为占空比；$n=N_1/N_2$，为变压器变比。

功率开关承受的电压定额与半桥电路相同都是 U_i，变压器存在偏磁问题。因为变压器初级电压为 U_i，输出相同功率，初级电流是半桥的一半。

如果功率管采用 MOSFET，可以利用其输出电容或外加电容(避免功率管输出电容离散性)，移相全桥电路可以工作在谐振状态。

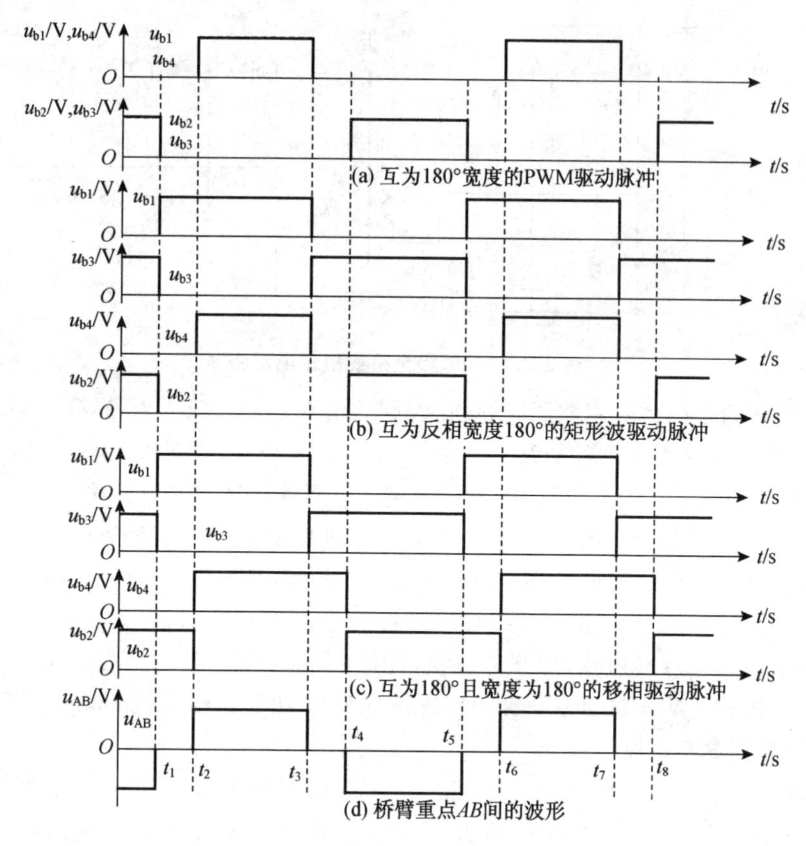

图 2.2.26　全桥变换器控制决策波形图

2.3　有源功率因数校正

2.3.1　功率因数的概念

开关电源是目前电子设备中应用最为广泛的一种电源装置，具有体积小、高效率等优点。但是传统的开关电源存在一个致命的弱点，即功率因数较低，输入电流中含有大量高次谐波，这些谐波的存在严重影响到电网的供电质量和用户的安全使用。而功率因数校正(Power Factor Correction，PFC)技术的发展和推广，正是为了解决这一问题，从而使得电力电子产品更绿色、更环保。

小功率开关电源为了减少体积和成本，通常采用由电网直接整流，如图 2.3.1 所示，然后经电容滤波获得直流电压，再经 DC/DC 变换器变成需要的直流输出。如图 2.3.2所示是二极管的非线性特性引起的电流波形畸变，只有电网交流电压的瞬时幅值大于输出滤波电容上的电压时，整流管才导通，电网才有电流流通，电网电流波形畸变严重，造成输入功率因数降低，一般为 0.6～0.7。同时畸变的输入电流包含有丰富的谐波，这些谐波电流对电网造成严重的干扰。为此国际电工技术学会制定了限制用电设备输入谐波电流的相关标准 IEC 1003—2。从 1996 年起，欧美国家开始执行这个标准。为了减少谐波电流和提高功率因数，国际上从 20 世纪 80 年代就开始了这一领域的研究。

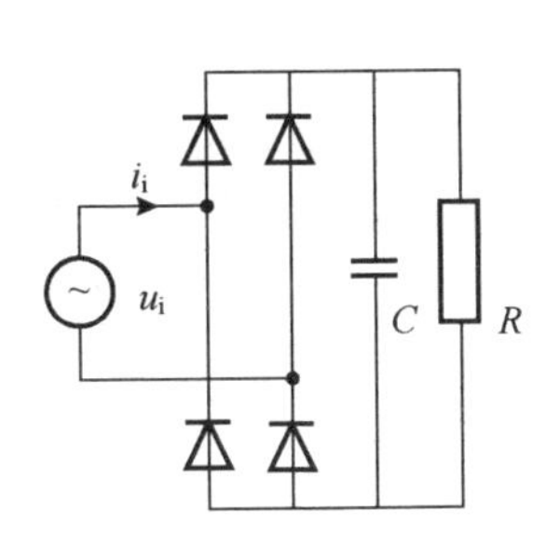

图 2.3.1　输入整流电路

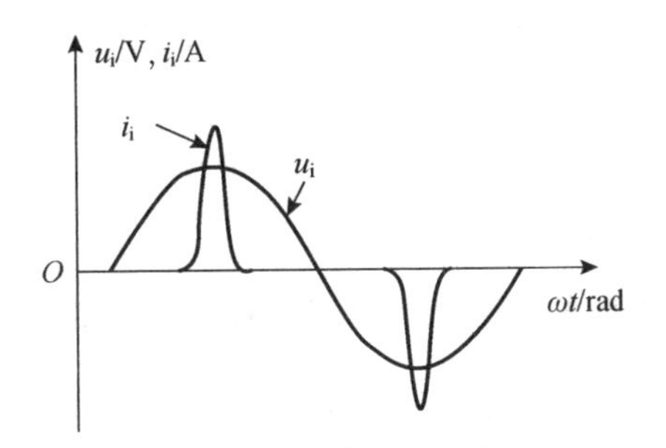

图 2.3.2　二极管的非线性特性引起的电流波形畸变

总谐波畸变（Total Harmonics Distortion，THD）用来衡量电流谐波含量的丰富程度，即

$$\mathrm{THD}=\frac{\sqrt{\sum_{n=2}^{\infty}I_n^2}}{I_1}\times 100\% \tag{2.3.1}$$

式中：I_n 为输入电流各次谐波有效值；I_1 为输入电流基波有效值。

功率因数 PF（Power Factor）是有功功率 P 与视在功率 S 的比值，即

$$\mathrm{PF}=\frac{P}{S}=\frac{U_i I_1}{U_i I_i}\cos\varphi=\frac{1}{\sqrt{1+\mathrm{THD}^2}}\cos\varphi=k_d k_\varphi \tag{2.3.2}$$

式中：U_i 为输入电压有效值；I_i 为输入电流有效值；φ 为正弦电压超前电流的角度；k_d 为畸变因数，$k_d=1/\sqrt{1+\mathrm{THD}^2}$；$k_\varphi$ 为相位移因数，$k_\varphi=\cos\varphi$。

当 $\varphi=0$，即 $k_\varphi=1$ 时，此时

$$\mathrm{PF}=\frac{1}{\sqrt{1+\mathrm{THD}^2}}=k_d$$

2.3.2　功率因数校正目的与意义

电流波形的畸变被认为是一种“电力公害”，其危害主要表现在以下几个方面。

1）对电网造成污染

谐波电流的“二次效应”，即电流流过线路阻抗造成谐波压降，反过来使电网电压波形（若原来是正弦波）也发生畸变。

2）引起故障并且损坏设备

例如，谐波电流会使发电机、电动机、变压器和输电线路产生附加的损耗和过热，使无功补偿电容器组发生谐振，导致电力电容器因过电压或过负荷而损坏。谐波电流可能使供电系统发生谐振，回路中会产生过压和过流现象，如果没有安全措施，将会损坏

电容和其他供用电设备。当谐波电流及其产生的谐波电压达到一定值时,很可能对控制信号产生干扰或引起仪表的误动作,特别是引起依赖数据采样或过零检测的继电器的误动作。在三相四线制供电系统中,谐波电流会使中线电流增加,致使中线超负载,有可能引起火灾,损坏电气设备,造成重大经济损失。谐波电流导致线路功率因数过低,影响交流电源的利用率,造成电能的浪费。

3) 高次谐波干扰通信系统

在射频频段上,高次谐波噪声将对附近的通信线路产生相当大的干扰,影响信号的传输质量,甚至使通信系统不能正常工作。

2.3.3 功率因数校正技术及其实用电路

根据是否使用有源器件分为无源功率因数校正(Passive Power Factor Correction, PPFC)技术和有源功率因数校正(Active Power Factor Correction, APFC)两大类。

1. 无源功率因数校正技术

无源功率因数校正采用电感、电容和二极管等元器件来实现 PFC 功率因数校正。其校正的方法是在 AC/DC 变换器的输出端增加无源元件,以补偿滤波电容的输入电流,限制输入电流的上升率,延长导通时间,功率因数为 0.7～0.8。典型的无源功率因数校正电路如图 2.3.3 所示。

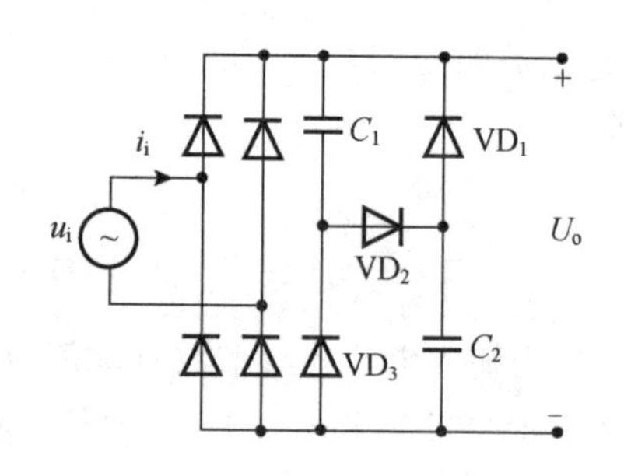

图 2.3.3 典型的无源功率因数校正电路

典型的 PPFC 电路就是利用电容与二极管组成的填谷式 PFC 整流电路。当输入电压高于电容 C_1 与 C_2 两端的电压时,两个电容处于串联充电状态;当输入电压低于电容 C_1 与 C_2 两端的电压时,两个电容处于并联向负载放电状态。由于电容与二极管网络的串并联特性,这种结构增大了二极管的导通角,从而使输入电流的波形得到改善。

PPFC 电路的优点是电路结构简单且成本低,但功率因数校正效果受负载影响很大,并且所需的滤波电容器和滤波电感器的取值较大,导致体积和质量都比较大,而且对输入电流中谐波电流的抑制效果并不是很理想。

2. 有源功率因数校正技术

有源功率因数校正是采用电流跟踪电压的方法,在桥式整流器和输出电容滤波器之间加入功率变换电路,将输入电流校正成与输入电压同相位且不失真的正弦波,实现功率因数校正。有源功率因数校正 APFC 电路可以分为单级 PFC 电路和两级 PFC 电路。

1) 单级有源功率因数校正技术

单级 APFC 有源功率因数校正电路是把 PFC 功率因数校正级和后级 DC/DC 直流变换器级组合在一起,只用一个开关管和一套控制电路,同时实现输入电流整形和输出电压的快速调节。其原理框图如图 2.3.4(a)所示。

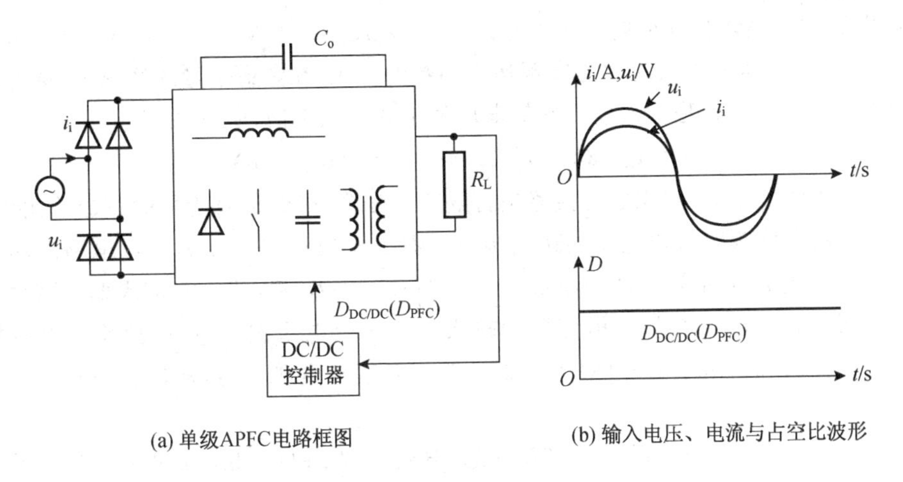

(a) 单级APFC电路框图　　　(b) 输入电压、电流与占空比波形

图 2.3.4　单级有源功率因数校正电路及波形

储能电容 C_o 用来平衡 PFC 级和 DC/DC 级之间瞬时能量的存储，控制电路只对输出电压进行快速调节。因此单级 PFC 功率因数校正变换器工作在稳定状态时，半个交流周期里占空比基本不变，在固定占空比下，要求电感能够自动实现输入电流整形。

单级 PFC 的性能比无源方案要好，功率因数变换器里的控制器只调节输出电压，不调节储能电容上的电压，所以电容上的电压不是一个恒定值，电压变化范围大，影响了变换器的性能，同时为了满足保持时间的要求，需要大容量和高耐压的电解电容。

2）两级有源功率因数校正技术

图 2.3.5(a)所示是两级有源功率因数校正电路，由 PFC 功率因数校正级和 DC/DC 变换器构成。其突出优点是具有较高的功率因数，适用于中、大功率场合。

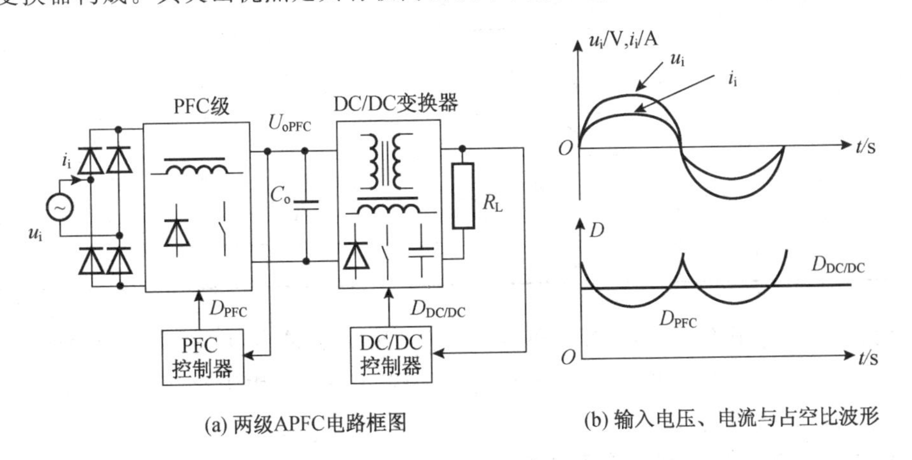

(a) 两级APFC电路框图　　　(b) 输入电压、电流与占空比波形

图 2.3.5　两级 APFC 电路及波形

前级 PFC 通常采用电感电流工作在连续模式下的 Boost 变换器实现功率因数校正，其输出电压为储能电容 C_o 上的电压为 U_{oPFC}，U_{oPFC} 的变化范围一般为 380～400 V，这个值是这样计算出来的，假设电网电压为 220×(1±20%)V，频率为 50 Hz，采用的

Boost 电路中的晶体管峰值电压为 $U_{pmax}=(220\times1.2\times\sqrt{2})$ V=373.35 V,当输出电压高于输入最高电压的峰值时才能实现功率因数的校正,在考虑余量的情况下,选择校正级的输出电压为 U_{oPFC} 是输入最高峰值电压的 1.05~1.1 倍,所以

$$U_{oPFC}=(1.05\sim1.1)U_{pmax}=380\sim400\ \text{V}$$

U_{oPFC} 再通过后级 DC/DC 变换器进行隔离和变换,得到负载所需的直流输出电压,DC/DC 变换器实现对输出电压的快速调节。图 2.3.5(b)是两级 APFC 电路的输入电压 u_i、输入电流 i_i 与占空比 D 的波形。PFC 的占空比 D_{PFC} 在半个交流周期内随输入电压变化,最大可接近 1,使输入电流跟随输入交流正弦电压波形,从而使输入电流接近正弦。稳态工作时,由于 DC/DC 变换器的输入和输出电压恒定,所以占空比 $D_{DC/DC}$ 是恒定的。

两级 APFC 电路的校正效果比较理想,其优点是:THD 低,PF 值高,PFC 级输出电压恒定,保持时间久,输入电压范围宽,适于各种功率应用范围等。缺点是:至少需要两个开关管和两套控制电路,成本增加了,电路复杂,体积大。

3. 功率因数校正技术的对比

表 2.3.1 所列是三种 PFC 功率因数校正电路性能比较。

表 2.3.1　三种 PFC 功率因数校正电路性能比较

比较内容	无源 PFC	单级 APFC	两级 APFC
总谐波含量	高	中	低
功率因数	低	中	高
效率	低	高	中
体积	大	小	中
质量	重	轻	较轻
储能电容电压	变化	变化	恒定
控制电路	简单	中	复杂
器件数量	少	中	多
功率范围	小于 300 W	小于 300 W	不限
设计难度	简单	中	难

无源 PFC 适用于成本低、对体积没太大限制的小功率应用场合;有源单级适用于对体积、效率有要求的中低功率场合,而有源两级 APFC 适用于对性能要求高、价格不敏感、中大功率应用场合。

4. 功率因数校正技术的发展状况

随着功率半导体器件的发展,开关变换器突飞猛进。20 世纪 80 年代,现代有源功率因数校正技术应运而生,它是在整流电路与滤波电路之间增加一个功率变换电路,从而将整流器输入电流校正成与电网电压同相的正弦波,消除谐波和无功电流,从而将电网功率因数提高到近似为 1,20 世纪 80 年代是现代 APFC 技术发展的初级阶段。

20 世纪 90 年代以来，APFC 取得了长足的发展。1992 年以前的电力电子专家会议(Power Electronics Specialists Conference，PESC)上有关 PFC 技术的报道很少。自 1992 年起，PESC 设立了单相 PFC 专题，这被看做是单相 APFC 技术发展的里程碑。这次会议上，有关电压跟随型 PFC 技术的报道占了几乎一半，有关谐振 PFC 技术也是这个专题的一项主要内容。1994—1995 年，PESC 上有关 PFC 技术报道的一个主要内容是把谐振控制技术和通常的 PFC 技术相结合，以提高 PFC 电路的性能。PFC 技术研究的热点问题主要集中在以下几个方面：

① 基于已有拓扑结构或新原理提出新拓扑结构；

② 将 DC/DC 变换器中的新技术(如谐振控制技术)应用于 PFC 电路中；

③ 基于已有拓扑结构的新的控制方法以及基于新拓扑的特殊控制方法的研究。

目前控制技术的研究比较复杂，广泛使用的中小功率用电设备难以承受随之带来的成本增加。因此，对中小功率电器设备来说，控制简单的低成本 PFC 电源是比较受欢迎的，而大功率电器设备则需要采用优良的控制技术构成高性能的 PFC 电源。另外，基于 DSP、CPLD 和 FPGA 的数字化控制方法也取得了飞速发展。

(1)单级 PFC 电路与两级 PFC 电路的研究

单级 PFC 电路主要考虑变换器的稳定性能，两级 PFC 电路需要考虑变换器的成本、体积以及效率等。

(2)PFC/PWM 复合控制芯片的推广和发展

PFC/PWM 组合 IC 将功率因数校正与脉宽调制控制器集成到同一芯片上，可以大幅度减少电路元器件数量，有利于降低电路成本，提高电路的可靠性。

2.3.4　Boost 型 PFC 的工作原理与控制方法

原理上任何一种 DC/DC 变换器拓扑，如 Buck、Boost、Flyback、SEPIC 以及 Cuk 变换器都可用作 PFC 功率因数校正的主电路。由于 Boost 变换器的结构简单、功率因数 PF 高、失真度 THD 小、效率高等优点，被广泛应用于 PFC 电路中。

1. Boost 型升压变换器

1) 电路组成与工作原理

Boost 拓扑结构电路如图 2.3.6 所示，该电路由开关管 VT、电感 L、二极管 VD 及电容 C_o 组成，具有把输入直流电压 U_i 升压到 U_{oPFC} 的功能。

为了分析稳态特性，简化公式推导过程，特作以下几点假设：

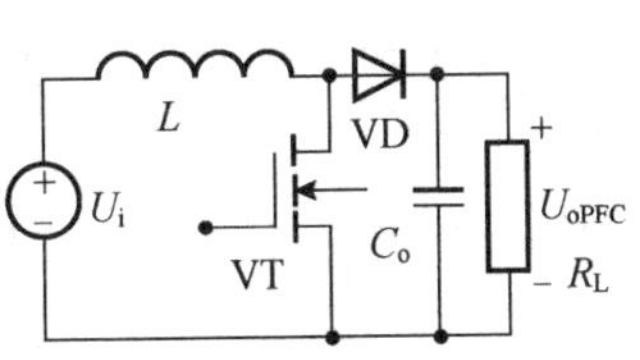

图 2.3.6　Boost 拓扑结构

① 开关管 VT 与二极管 VD 均为理想元件，

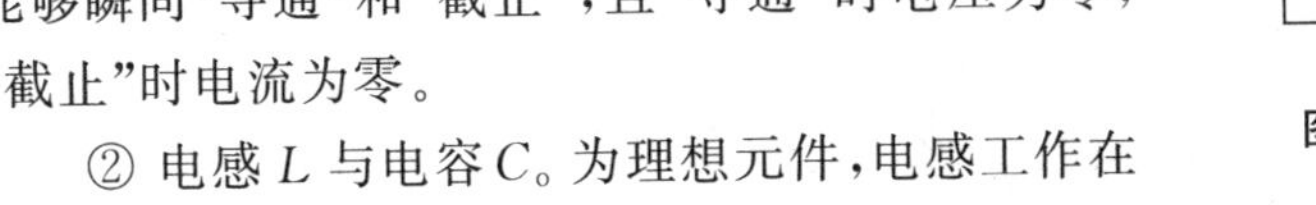
能够瞬间“导通”和“截止”，且“导通”时电压为零，“截止”时电流为零。

② 电感 L 与电容 C_o 为理想元件，电感工作在线性区而未饱和，且寄生电阻为零，电容的等效串联电阻为零。

③ 忽略输出电压中的纹波。

④ 定义 $D_1=T_{on}/T_s$,$D_2=T_{of}/T_s$,$D_3=T_R/T_s$。

当开关管 VT 导通时,电路如图 2.3.7(a)所示,电流 i_L 流过电感 L,电流线性增加,电能以磁能形式储存在电感线圈中,此时电容 C_o 放电,R_L 上流过电流 I_o,R_L 两端为输出电压 U_{oPFC},二极管 VD 截止。当开关管 VT 断开时,电路如图 2.3.7(b)所示,由于电感 L 中的磁场将改变电感两端的电压极性,以保持 i_L 不变,这样电感磁能转化成电压 u_L,并与输入电压 U_i 串联,以高于 U_{oPFC} 的电压向电容 C_o 和负载 R_L 供电。

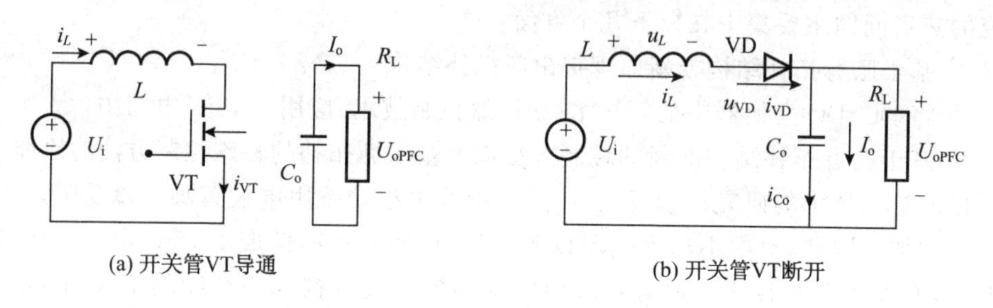

图 2.3.7　Boost 电路工作原理

2）电路波形

电感电流 i_L 在一个周期内可以全部大于零,这种模式称为连续工作模式(CCM),电感电流 i_L 有等于零的情况称为断续工作模式(DCM),波形如图 2.3.8 所示。

假设在 i_L 连续工作模态下,开关周期 T_s 最后时刻的电流值 I_a 就是下一个开关周期电流的开始值。但是,如果电感量太小,电流线性下降快,即在电感中能量释放完时,尚未达到晶体管重新导通的时刻,由于能量得不到及时补充,就会出现电流断续 DCM 模态。在要求相同功率输出时,开关管和二极管的最大瞬时电流比 CCM 模态下要大,同时输出直流电压的纹波也增加了。在电流连续 CCM 模态下,输入电流脉动较小,且纹波电流随电感 L 的增大而减小。在 DCM 模态下,输入电流 i_L 是脉动的,开关管输出电流 i_{VT},不管是在 CCM 模态还是 DCM 模态下都会有脉动,而且峰值电流比较大。另外,在 DCM 模态下,电流断续时间 D_3T_s 内,L 从输出端脱离,这时只有电容 C_o 向负载提供所需能量,因此比较大的电容 C_o 才能适应输出电压、电流纹波小的要求。

CCM 模态的纹波电流较小,开关管和二极管的最大瞬时电流也较小,而 DCM 模态纹波电流较大,开关管和电感中的峰值电流也较大。下面对 CCM 模态进行分析。

3）主要关系式

当电路工作于 CCM 模态时,作如下分析:

① 电压放大倍数 A_V 与电流放大倍数 A_I。根据理想条件,电感 L 端电压 u_L 的平均值为零,根据图 2.3.8(a)u_L 波形有如下关系:

$$U_iD_1T_s=(U_{oPFC}-U_i)D_2T_s$$

所以有:

$$A_V=U_{oPFC}/U_i=1/D_2 \tag{2.3.3}$$

由于晶体管截止时间与周期的比 $D_2=T_{of}/T_s<1$,Boost 电路的 $A_V>1$,理想条件下,变换电路内无损耗,即 $P_i=P_o$,$U_iI_i=U_{oPFC}I_o$。

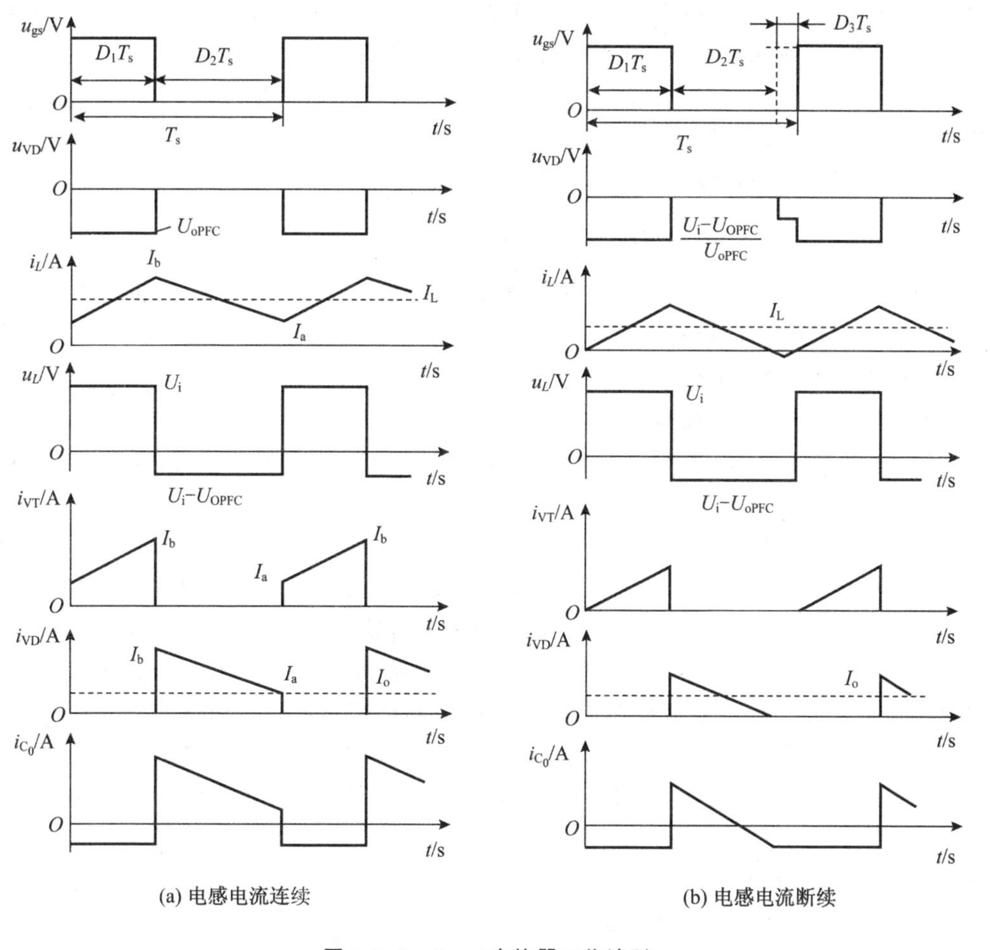

(a) 电感电流连续　　(b) 电感电流断续

图 2.3.8　Boost 变换器工作波形

② 所以有：

$$A_I = I_o / I_i = D_2 \tag{2.3.4}$$

式(2.3.4)表明 Boost 电路的 $A_I = I_o/I_i < 1$。

③ 输入电流脉动，公式如下：

$$I_b - I_a = \Delta I_L = U_i D_1 T_s / L \tag{2.3.5}$$

$$I_b + I_a = 2I_L \tag{2.3.6}$$

所以有：

$$\left.\begin{aligned} I_b &= I_L + \frac{1}{2}\Delta I_L = I_L + \frac{U_i D_1 T_s}{2L} \\ I_a &= I_L - \frac{1}{2}\Delta I_L = I_L - \frac{U_i D_1 T_s}{2L} \end{aligned}\right\} \tag{2.3.7}$$

式中：I_a 为电感电流 i_L 的最小值；I_b 为电感电流 i_L 的最大值。

式(2.3.5)表明，i_L 的脉动量与 L 成反比，并与占空比 D_1 的值有关。式(2.3.7)表明，I_a 与 I_L 和 ΔI_L 有关，由于 I_L 的减小和 ΔI_L 的增大，到一定程度时有 I_a 为0，此时输入电流 i_L 便处于临界电流 I_{LC} 状态。由式(2.3.7)可知：

$$I_L = I_{L1\_C} = U_i D_1 T_s/(2L) \tag{2.3.8}$$

式中：I_{L1_C} 是 i_L 的临界值。

由式(2.3.4)可知，输出电流 I_o 的连续临界值 I_{o_C} 可表示为

$$I_{o\_C} = I_{L1\_C}(1-D_1) = \frac{U_i T_s}{2L} D_1(1-D_1) = \frac{U_o T_s}{2L} D_1(1-D_1)^2 \tag{2.3.9}$$

由式(2.3.9)可知，当 D_1 在0～1/3之间变化时，随着 D_1 的增加，L 也增加；当 D_1 在1/3～1之间变化时，随着 D_1 的增加，L 却减小了。由此可知，应根据 D_1 的变化，设计合理的电感量，使之工作于CCM模态。

2. Boost型APFC的控制方法

Boost型有源功率因数校正有3种控制方式，即峰值电流控制法、滞环电流控制法和平均电流控制法。

1）Boost型APFC的控制方法

APFC的控制策略按照输入电感电流是否连续，分为电流连续模式CCM控制和电流断续模式DCM控制。DCM的控制可以采用恒频、变频、等面积等多种控制方式。CCM模式根据是否直接选取瞬态电感电流作为反馈和被控制量，有直接电流控制和间接电流控制之分。直接电流控制有峰值电流控制法(Peak Current Control Method，PCCM)、滞环电流控制法(Hysteretic Current Control Method，HCCM)和平均电流控制法(Average Current Control Method，ACCM)。下面介绍几种Boost型APFC的经典控制方式。

(1)峰值电流控制法

峰值电流控制法Boost型APFC的原理如图2.3.9(a)所示，由于开关管VT导通时的电流等于电感电流 i_L，因此图中采样 i_{VT} 用于峰值电流跟踪。图2.3.9(b)所示为半个工频周期内PWM高频调制信号和电感电流 i_L 波形，虚线为各开关周期电感电流峰值 i_{PK} 的包络线，每个开关周期的开始，VT导通，电流 i_{VT}(等于 i_L)上升，当 i_L 采样值达到峰值(基准电流)时，电流比较器输出信号，使VT关断，电感电流下降。电流基准波形取自整流桥后的电压 U_{dc} 与电压误差放大器的输出电压并通过乘法器运算得到，这个电流基准信号给逻辑控制电路后产生晶体管驱动信号。这样，基准信号就自然地与线电压同步并且大小成正比，这也是获得接近单位功率因数的基本条件。

变换器工作在CCM模态，这也就意味着功率器件承受的电流应力更小，而且由于输入连续的低频电流，整流桥的二极管也只需要低频器件，但是在另一个方面，续流二极管的硬关断增加了功率损耗和开关噪声，所以应该使用快恢复二极管或碳化硅SiC二极管。在半个工频周期内，占空比有时大于0.5，有时小于0.5，因此可能产生次谐波振荡，为了防止二次谐波振荡的出现，要进行斜坡补偿，以便在占空比大的变化范围内，PFC电路都能稳定工作。

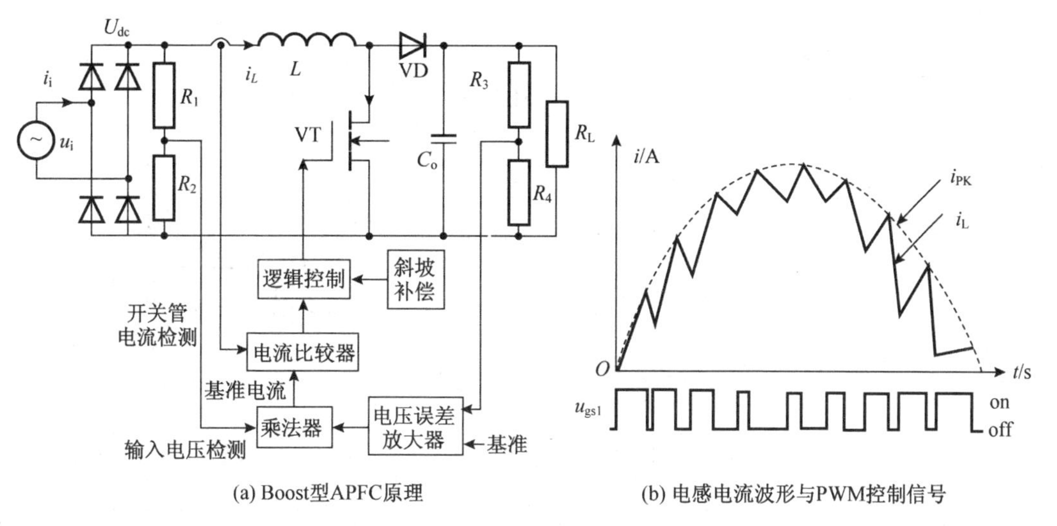

(a) Boost型APFC原理　　(b) 电感电流波形与PWM控制信号

图 2.3.9　峰值电流控制法

峰值电流控制方式主要特点如下：

① 开关频率恒定；

② 只需要采用电流互感器来对开关管的电流进行采样，避免电阻采样的损耗；

③ 不需要电流信号误差放大器以及相应的补偿网络；

④ 可以实现真正的开关管电流限制。

峰值电流控制方式存在 3 个方面的问题：

① 当占空比大于 0.5 时，会引起次谐波振荡，为此需要进行斜坡补偿；

② 在高输入电压或轻载情况下电流畸变严重，斜坡补偿的引入会变得更糟糕；

③ 控制结果易受到整流噪声的干扰。

(2)滞环电流控制法

图 2.3.10 所示是滞环电流控制法，图(a)中被检测的电流是电感电流 i_L，这种控制方法有两个正弦电流基准，大的基准电流 i_{max} 用来限制电感电流的峰值，小的基准电流 i_{min} 则是用来限制电感电流的谷值，而电流上限值与电流下限值构成了电流滞环带。当电感电流 i_L 达到较低 i_{min} 时开关管开通，当达到 i_{max} 时开关管关断。i_L 波形在 i_{max} 与 i_{min} 间变化，电流滞环宽度决定了电流纹波的大小。

滞环电流控制法有两个主要特点，即不需要斜坡补偿和输入电流谐波含量少。滞环电流控制法存在 3 个方面的问题：

① 开关频率不恒定；

② 必须对电感电流进行采样；

③ 易受到整流噪声的干扰。

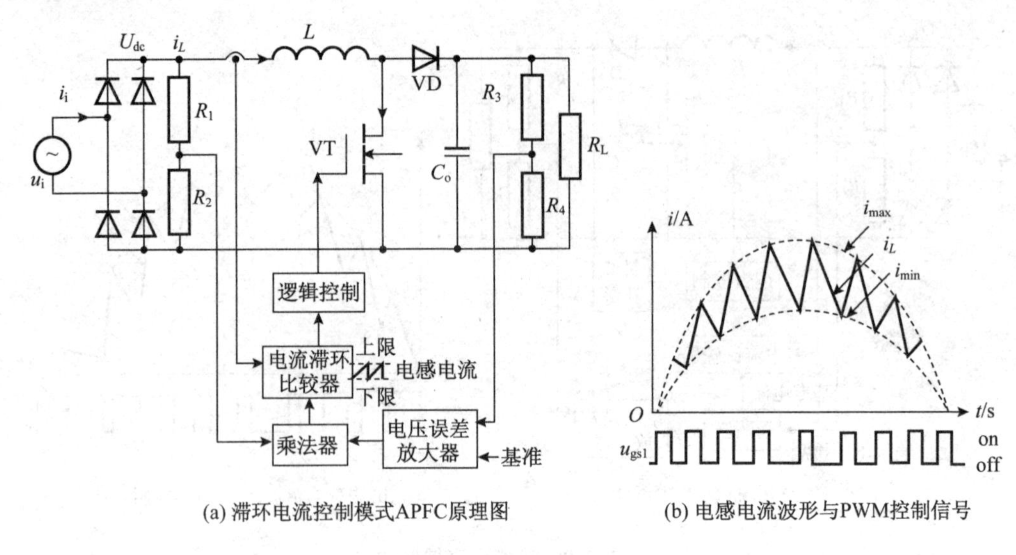

(a) 滞环电流控制模式APFC原理图　(b) 电感电流波形与PWM控制信号

图 2.3.10　滞环电流控制法

(3)平均电流控制法

图 2.3.11 所示是平均电流控制法,图(b)中实线为电感电流,虚线为平均电流。平均电流控制 ACCM 模式,原来是用在开关电源中形成电流环(内环)以调节输出电流的,现在将平均电流法应用于 PFC。ACCM 采用的是电流环与电压环的双环控制,其中电流环使输入电流更接近正弦波,电压环使 Boost 输出电压更稳定。输出电压经采样分压后与基准电压比较,经电压误差放大器得到电压误差信号,该信号与整流输出电压经乘法器相乘,其乘积送至电流误差放大器中,作为基准电流。因此,基准电流实时跟踪整流输出电压的变化。而经电流检测与变换获得的电感电流采样,与基准电流比较,并经补偿网络得到电流误差比较器的输出信号,该信号与锯齿电压相比较,产生控制开关管通断所需的 PWM 信号。电流误差放大器的输出直接控制了 PWM 调制器的占空比,强迫电感电流 i_L 迫近其平均值,可使流过升压电感的电流与工频正弦电压成正比且同相,从而实现 PFC。总之平均电流控制的 PFC 现在越来越流行,各 IC 厂商竞相推出了自己的平均电流控制 PFC 的芯片,例如 UC3854、UC3858 都是采用平均电流控制的 PFC 芯片。

平均电流控制方式有 4 个主要特点,即开关频率恒定;不需要斜坡补偿;由于电流经过滤波,这种控制方式对整流噪声的敏感性减弱;可以获得很好的输入电流波形,功率因数可以接近 1。

平均电流控制方式有两个方面的问题:

① 需要对电感电流进行采样;

② 需要一个电流误差放大器,它的补偿网络设计必须考虑到变换器在整个电压周期内不同的工作点。

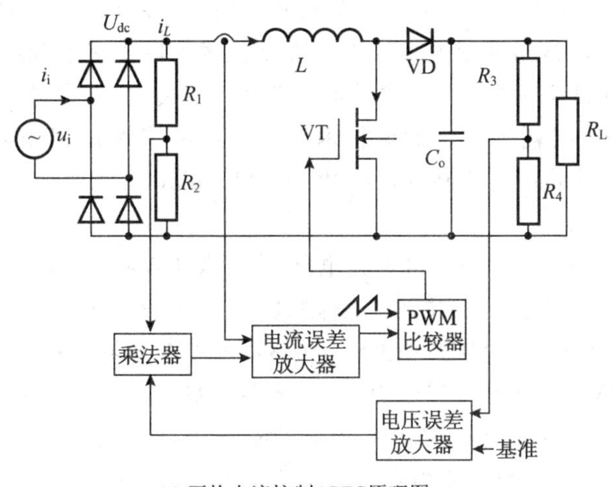

(a) 平均电流控制APFC原理图

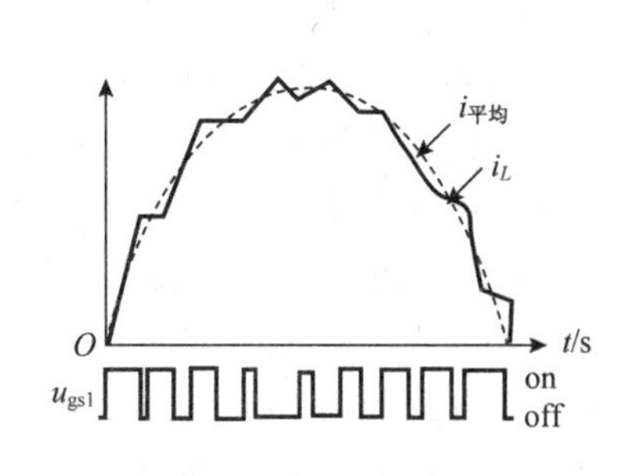

(b) 电感电流波形与PWM控制信号

图 2.3.11　平均电流控制法

2）3 种 APFC 有源功率因数校正控制方法的比较

对 3 种控制方法进行比较，比较结果如表 2.3.2 所列。

表 2.3.2　三种 APFC 控制方法比较

控制方法	检测电流	开关频率	对噪声	工作模式	适用电路	备　注
峰值电流	开关电流	恒定	敏感	CCM	Boost	需斜率补偿
滞环电流	电感电流	变频	敏感	CCM	Boost	需逻辑控制
平均电流	电感电流	恒定	不敏感	任意	任意	需电流误差放大器

由表 2.3.2 对比可知，峰值电流控制法和滞环电流控制法对噪声都比较敏感，只能工作在一种工作模态下。由于平均电流控制对噪声不敏感，开关频率恒定，故经常采用基于平均电流控制的 Boost 型 APFC 电路。

2.4　谐振变换器

由于 PWM 控制技术在处理功率变换时，变换器中功率管的电压和电流往往从零上升到最大值或从最大值跌落到零，这种高速阶跃变化的电压和电流含有丰富的谐波分量，给电网和负载带来了严重的电磁干扰。特别是当开关器件在很高的电压下开通时，存储在开关器件结电容中的能量将以电流的形式全部耗散在器件内，频率越高，开通电流尖峰越大，引起器件的过热损坏。当开关器件关断时，电路中感性元件感应出尖峰电压，这个电压与关断前夕开关管中流过的电流相关，开关频率越高，电流越大，感应电压越高，很容易造成器件过压击穿。另外，电路中的二极管由导通变为截止时，存在反向恢复期，开关管在此期间内的开通动作易产生很大的冲击电流。频率越高，冲击电流越大，会对器件的安全运行造成危害。

由于 du/dt、di/dt 在正弦波形中小于1,因而采用谐振控制,可获得接近正弦波的电压或电流的波形,并且可使高次谐波含量明显减少。谐振控制技术实际上是利用电感和电容谐振,使开关器件中的电压或电流按正弦规律变化。当电流过零时,使器件关断;当电压过零时,器件开通,使开关损耗为零。谐振技术包括脉冲频率调制(Pulse Frequency Modulation,PFM)方式、脉冲宽度调制(Pulse Width Modulation,PWM)方式和移相脉冲(Phase Shifted,PS)方式。

谐振电路的拓扑结构很多,大致有三类分别是准谐振电路、零开关 PWM 电路和零转换 PWM 电路。准谐振电路分为零电流开关准谐振电路(Zero Current Switching Quasi Resonant Converter,ZCS-QRCS)、零电压开关准谐振电路(Zero Voltage Switching Quasi Resonant Converter,ZVS-QRCS)、零电开关多谐振电路(Zero Voltage Switching Multi Resonant Converter,ZVS-MRCS)。在 ZCS-QRCS 中,流过晶体管的电流由谐振网络形成,因此,当流经晶体管的电流为零后再使之关断,则消除了关断损耗。然而,零电流开关变换器付出的代价是开关管内有较高的电流有效值和直流峰值,使功率管的电流应力过大。尽管 ZCS-QRCS 能够工作在相当高的频率下,但还存在一些限制因素。例如,由于分布电容使开通损耗增加,因而限制了最大开关频率,当变换器轻载时,频率下降很多,导致了低的变换频率和慢的瞬态响应,当工作频率不确定时,对频率敏感元件(磁性材料)的设计带来困难和不便。ZVS-QRCS 技术针对降低开通损耗而设计的,通过改变晶体管两端的电压波形,即让晶体管上的电压是先降到零后再开通,就可以使功率开关上的开通损耗为零。零开关 PWM 电路引入了辅助开关来控制谐振的开始时刻,使谐振发生在开关过程前后,零开关 PWM 分为 ZVSPWM 和 ZCSPWM,主要特点是电压和电流基本上是方波,只是上升沿和下降沿较慢,开关承受的电压明显降低,电路采用开关频率固定的 PWM 方式。零转换 PWM 电路,分为 ZVTPWM 零电压转换 PWM 和 ZCTPWM 零电流转换 PWM。零转换的特点是电路在很宽的输入电压范围内和负载在很宽的范围内都能工作在谐振状态。

谐振电路的拓扑形式非常多,限于篇幅,这里以半桥准谐振变换器、不对称半桥谐振变换器、LLC 谐振变换器为例介绍工作原理并推导有关公式。

2.4.1 半桥零电压准谐振变换器

图 2.4.1 所示是半桥 ZVS-QRCS 零电压准谐振变换器电路。

图 2.4.1 中谐振电容 C_3 和 C_4 包含了场效应管的输出电容;二极管 VD_1 和 VD_2 是功率开关的体内二极管(需要注意的是,一般体二极管的恢复特性不够好,实际使用中专门反并一个快恢复续流二极管),L_1 为总谐振电感,包含了变压器漏感和外加电感。为了简化分析,作以下假设:

① 输出滤波电感足够大,使之对负载来说是一个电流为 I_o 的电流源;

② 忽略半导体开关管的管压降;

③ 晶体管的开关时间为零;

④ 晶体管 VT_1 和 VT_2 是理想的,它们的等效 ds 间的结电容 $C_3=C_4=C$。

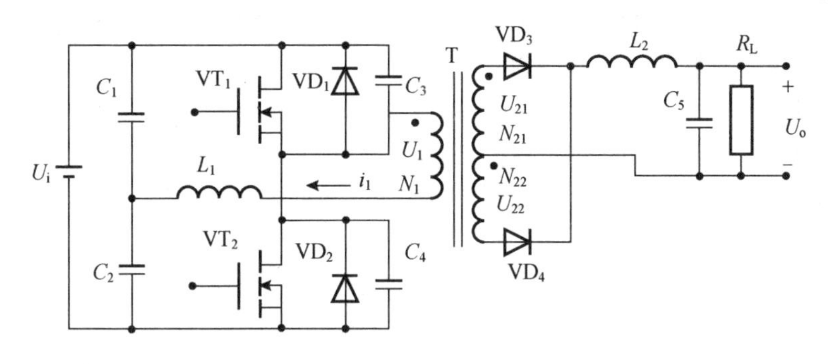

图 2.4.1　半桥 ZVS-QRCS 零电压准谐振变换器电路

图 2.4.2 所示是半桥 ZVC-QRCS 四个拓扑阶段的等值电路。图 2.4.3 是电路中有关波形。在 VT_1 导通结束时，加在电容 C_3 上的电压为零，加在 C_4 上的电压等于输入电源电压 U_i。流过整流二极管 VD_3 的电流 i_{VD3} 为输出电流 I_o，变压器初级绕组电流为 I_o/n，n 为变压器变比。

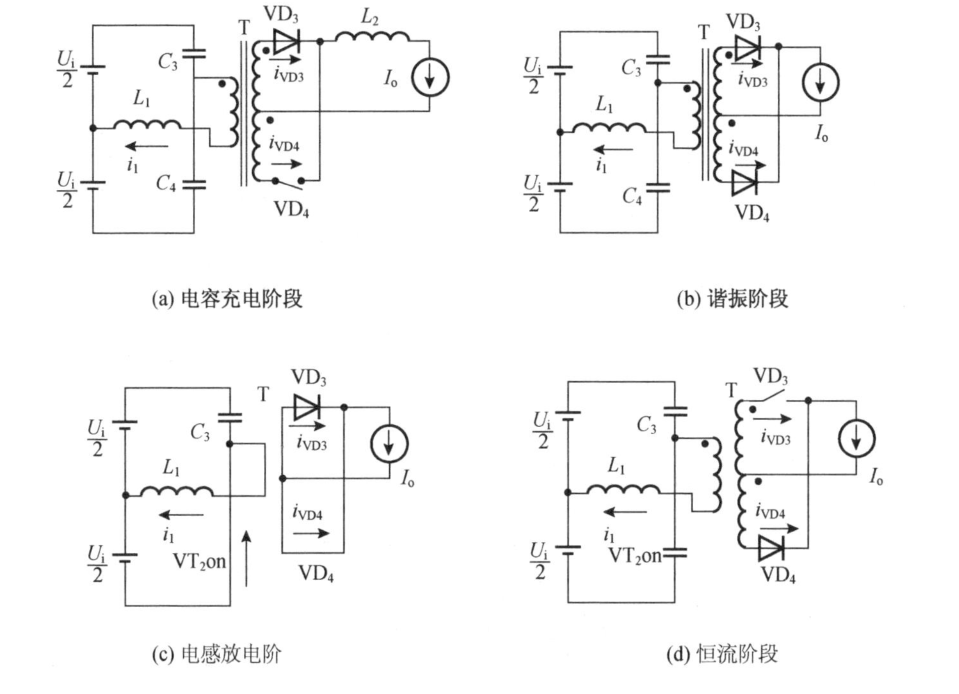

(a) 电容充电阶段　　(b) 谐振阶段

(c) 电感放电阶　　(d) 恒流阶段

图 2.4.2　半桥 ZVS-QCS 四个阶段的等值电路

1. 电容充电阶段($t_0 \sim t_1$)

如图 2.4.2(a)所示，当 $t=t_0$ 时，VT_1 由导通转为截止，VT_2 也截止，由于 VT_1 导通时，C_3 上的电压降为零，VT_1 截止后，电路对电容 C_3 进行充电。当 VT_1 关断后，先前流入 VT_1 的恒定电流 I_o/n 由 VT_1 转入对 C_3 的充电。因此 C_3 上的电压$u_{C3}(t)$线性增长，而 C_4 上的电压$u_{C4}(t)$以同样的速率下降，$u_{C3}(t)+u_{C4}(t)$正好等于输入电压 U_i。

此时总的负载电流 $i_{VD3}(t)$ 仍然流过 VD_3。这个阶段持续到 $u_{C_3}(t)=u_{C_4}(t)=U_i/2$，即 t_1 时刻结束，这个阶段的状态方程为

初始条件：　　$u_{C_3}(t_0)=0 \qquad u_{C_4}(t_0)=U_i$

状态方程为

$$\left.\begin{aligned} &C_3\frac{du_{C_3}(t)}{dt}+C_4\frac{du_{C_4}(t)}{dt}=\frac{I_o}{n}\\ &u_{C_3}(t_1)=\frac{I_o(t_1-t_0)}{n}=U_i/2\\ &u_{C_4}(t_1)=\frac{-I_o(t_1-t_0)}{n}+U_i=U_i/2 \end{aligned}\right\} \tag{2.4.1}$$

式中：$u_{C_3}(t)$ 和 $u_{C_4}(t)$ 分别为谐振电容 C_3 和 C_4 上的电压，如图 2.4.3 所示。

这个阶段的持续时间为

$$t_1-t_0=nU_i/(2I_o) \tag{2.4.2}$$

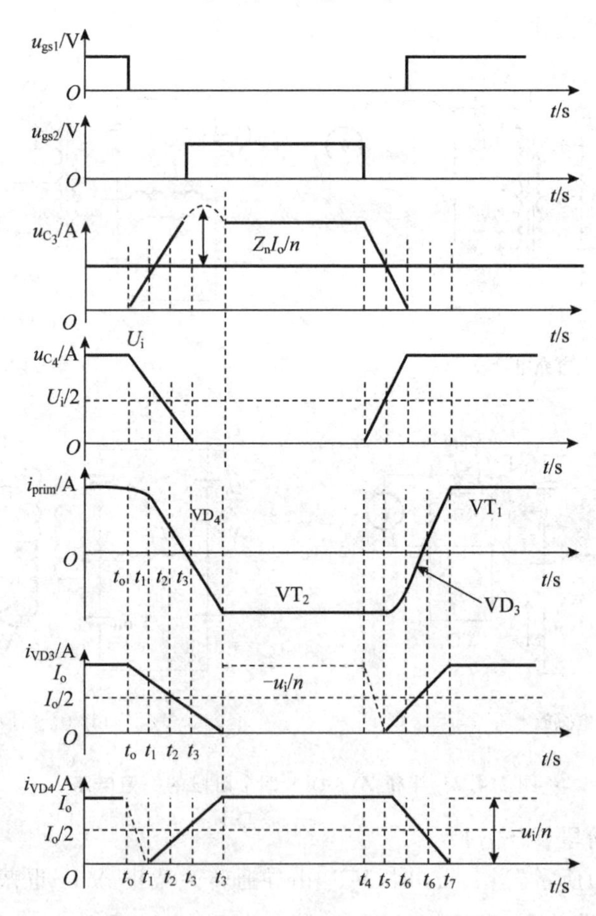

图 2.4.3　半桥 ZVS-QRCS 电路有关波形

2. 谐振阶段($t_1 \sim t_2$)

如图 2.4.2(b)所示，当 $t=t_1$ 时，两个功率管都截止，变压器初级绕组电流下降，电压极性变负，VD_3 仍然导通，VD_4 开始导通。此时 C_3、C_4 及 L_1 形成一个串联谐振电路，u_{C_4} 小于$U_i/2$，并以谐振方式减小。因此一个负电压加在 L_1 上，变压器中的电流 I_o/n开始下降。为了维持恒定的 I_o，整流二极管 VD_3 和 VD_4 同时导通，并且变压器的次级绕组被短接，如图 2.4.2(b)所示。推导这个阶段的状态方程为

初始条件：

$$u_{C_3}(t_1)=U_i/2 \qquad u_{C_4}(t_1)=U_i/2 \qquad i_1|_{t=t_1}=I_o/n$$

状态方程为

$$\left.\begin{aligned} &C_3\frac{du_{C_3}}{dt}-C_4\frac{du_{C_4}}{dt}=i_1\\ &u_{C_3}+u_{C_4}=U_i\\ &\frac{U_i}{2}-u_{C_3}=L_1\frac{di_1}{dt}\end{aligned}\right\} \tag{2.4.3}$$

式中：i_1 为变压器初级电流；$n=N_1/N_2$，为变压器匝数比。

求解上列方程组得下列表达式：

$$u_{C_3}(t)=(U_i/2)+(I_oZ_n/n)\sin\omega_r t \tag{2.4.4}$$

$$u_{C_4}(t)=(U_i/2)-(I_oZ_n/n)\sin\omega_r t \tag{2.4.5}$$

$$i_1(t)=(I_o/n)\cos\omega_r t \tag{2.4.6}$$

式中：$u_{C_3}(t)$和 $u_{C_4}(t)$均为谐振电容上的电压；ω_r 为谐振角频率，$\omega_r=\sqrt{1/(2LC)}$；Z_n 为特征阻抗，$Z_n=\sqrt{L/2C}$。

当 $u_{C_3}=U_i$ 和 $u_{C_4}=0$ 后，VT_2 达到无损开通。从式(2.4.5)可以看出，零电压开关的条件必须满足：$u_{C_4}(t)<0$，即 $I_oZ_n/n\geqslant U_i/2$，或用标幺值表示为 $I_{ON}=(2I_oZ_n)/(nU_i)$。

3. 电感放电阶段($t_2 \sim t_3$)

如图 2.4.2(c)所示，当 $t=t_2$ 且 u_{C4}变成零时，反并联二极管开始导通。一恒定电压$-U_i/2$加在 L_1 上，并且 I_o/n 线性下降。在 $t=t_3$ 且 I_o/n 开始反向时，VT_2 应该导通，当 i_1 变成$-I_o/n(t=t_3)$时谐振阶段结束。

4. 恒流阶段($t_3 \sim t_4$)

如图 2.4.2(d)所示，当 $t=t_3$ 时，VD_3 关断，流过 VD_4 的输出电流为 I_o。因此通过 VT_2 的 i_1 为 I_o/n，$u_{C_4}=0$，$u_{C_3}=U_i$。当 VT_2 关断时，此阶段结束，连续这种周期性的转换，等待 VT_1 的无损开通，直流电压转换分析表达式如下：

$$M=1-[f_s/(2\pi f_o)]\{(r/M)\arcsin(r/M)+(M/2r)[1+\sqrt{1-(r/M)^2}]^2\} \tag{2.4.7}$$

式中：f_s 为开关转换频率；f_r 为谐振频率；R_L 为负载阻抗；r 为标幺值负载阻抗，$r=n^2R_L/Z_n$；$M=\dfrac{U_o}{U_i/2n}$；U_o 为直流输出电压。

图 2.4.4 示出将 r 作为电路参数时直流电压转换比与转换频率之间的关系。由图可见,负载越重,变比越小,转换频率越低;反之,负载越轻,变比越大,转换频率越高。

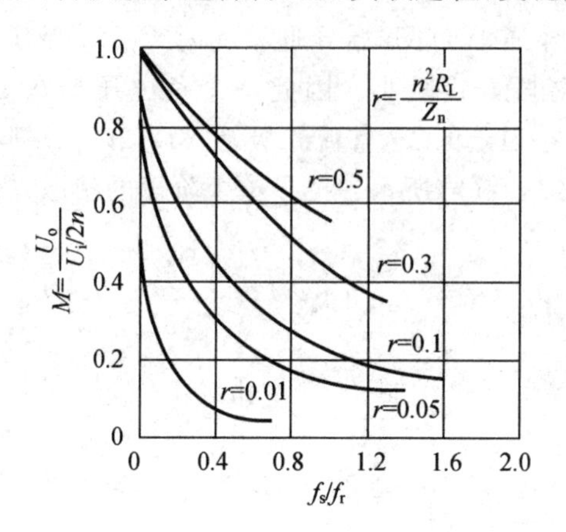

图 2.4.4 直流电压变换比与转换频率的关系

2.4.2 半桥零电流准谐振变换器

为了抑制电流突变引起的干扰,采用电流谐振控制技术,使电流波形接近于正弦波,高次谐波的含量明显减少。也就是说希望晶体管电流在关断前已经为零,那么在关断瞬间 di/dt 就会等于零了,从而大大降低了由于分布电感引起的各种损耗,抑制了对电网和负载产生严重的电磁干扰。以零电流谐振技术的半桥式变换器(Half Bridge ZCS-QRC)为例,对工作原理进行分析与推导。图 2.4.5 为半桥式零电流准谐振变换器原理图。

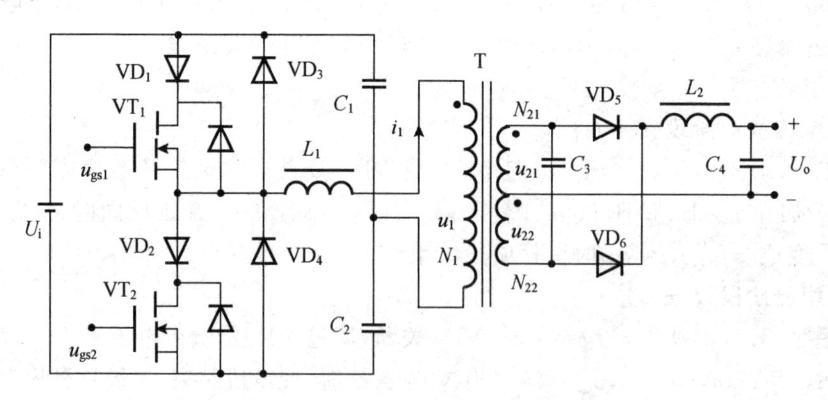

图 2.4.5 半桥零电流谐振变换器原理图

为了分析方便,设各元件均是理想的,L_1 为电路中的谐振电感,L_2 为输出滤波电感,且$L_2 \gg L_1$,从 L_2 输入端向输出端看,可把负载作为恒流源。为了分析方便起见把输入折算到输出端进行讨论,设电感 L 是 L_1 折算到次级的值和变压器漏感总和的一半。一个开关周期可用四个阶段来描述,各阶段的等值电路如图 2.4.6 所示。

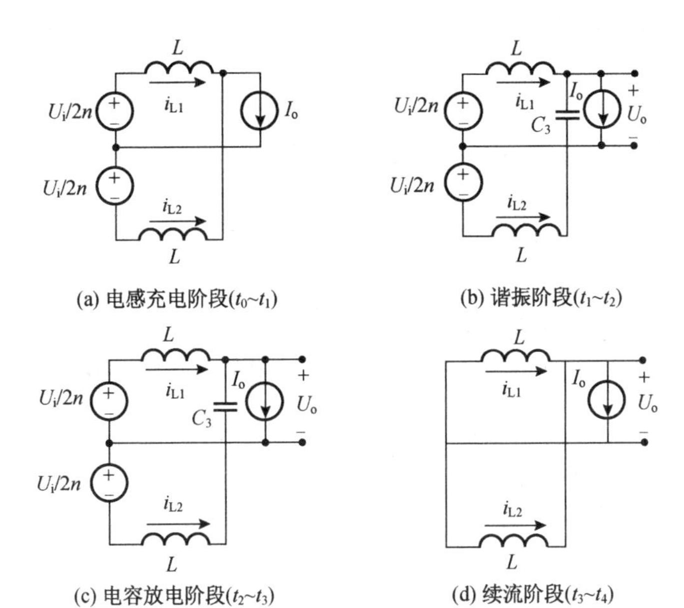

(a) 电感充电阶段($t_0 \sim t_1$)　(b) 谐振阶段($t_1 \sim t_2$)

(c) 电容放电阶段($t_2 \sim t_3$)　(d) 续流阶段($t_3 \sim t_4$)

图 2.4.6　各个阶段的等值电路

1. 电感充电阶段($t_0 \sim t_1$)

如图 2.4.6(a)所示，VT_1 导通前，VT_1 和 VT_2 均处于截止状态，由变压器次级绕组谐振储能续流，每边绕组分担 $I_o/2$。如图 2.4.7 所示，VT_1 导通后，谐振电感电流 i_{L1} 开始线性上升，而 i_{L2} 下降，当 $i_{L2}=0$ 时，整流管 VD_6 截止，$i_{L1}(t_1)=I_o$，这个阶段有

$$i_{L1}(t)=I_o/2+U_2 t/L \tag{2.4.8}$$

$$i_{L2}(t)=I_o/2-U_2 t/L \tag{2.4.9}$$

2. 谐振阶段($t_1 \sim t_2$)

如图 2.4.6(b)所示，在 $t=t_1$ 时电感电流上升到 I_o，L 与 C_3 谐振，输入电流继续增大，i_{L1} 除供给负载电流 I_o 外，还以 $i_{L1}-I_o$ 对电容 C_3 谐振充电。此阶段的状态方程有

$$C_3 \mathrm{d}u_{C_3}/\mathrm{d}t=i_{L1}-I_o \tag{2.4.10}$$

$$L\mathrm{d}i_{L1}/\mathrm{d}t=U_2-u_{C3}(t) \tag{2.4.11}$$

根据初始条件 $U_{C_3}(t_1)=0$ 和 $i_{L1}(t_1)=I_o$，解得

$$i_{L1}(t)=I_o+(2U_2/Z_n)\sin \omega_r t \tag{2.4.12}$$

$$i_{L2}(t)=-(2U_2/Z_n)\sin \omega_r t \tag{2.4.13}$$

$$u_C(t)=2U_2(1-\cos \omega_r t) \tag{2.4.14}$$

变压器的初级电流为

$$i_1(t)=[i_{L1}(t)-i_{L2}(t)]/n=[I_o+(4U_2/Z_n)\sin \omega_r t]/n \tag{2.4.15}$$

式中：I_o 为直流输出电流，$U_{21}=U_{22}=U_2=U_i/2n$；L 为 L_1 折算到次级的值和变压器漏感总和的一半；$i_{L1}(t)$和 $i_{L2}(t)$分别为谐振电流；$u_{C_3}(t)$为谐振电容上的电压；ω_r 为谐振角频率，$\omega_r=\sqrt{2LC}$；Z_n 为特征阻抗，$Z_n=\sqrt{2L/C}$；i_1 为变压器初级电流。

由于初级电路有两条,为了达到无损关断,驱动脉冲有必要设置死区。当反并二极管 VD_3 截止时,$i_1=0$,$i_{L1}=i_{L1}=I_o/2$。

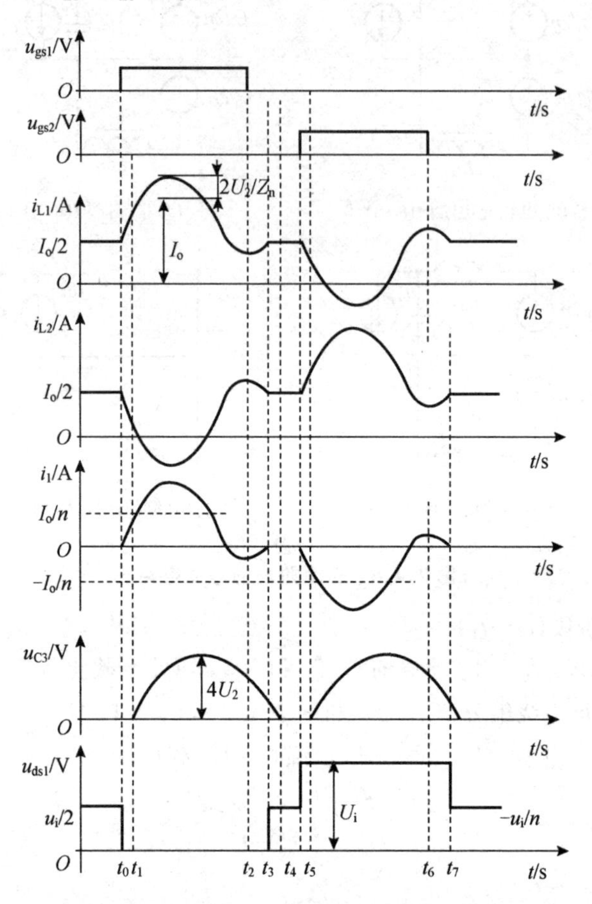

图 2.4.7 半桥 ZCS-QRC 模式全波理想波形

3. 电容放电阶段($t_2\sim t_3$)

如图 2.4.6(c)所示,在此阶段谐振电容以 $I_o/2$ 向负载放电,当谐振电容电压为零时放电结束,VD_6 开始导通。

4. 续流阶段($t_3\sim t_4$)

如图 2.4.6(d)所示,$U_{C3}=0$,输出整流管起续流作用,整流管各承担 $I_o/2$ 续流,直到 VT_2 的触发脉冲到来,重复前半个周期。各阶段的主要波形如图 2.4.7 所示。

图 2.4.8 示出了电压变换比与标幺频率和负载的关系,直流电压变换比只与标幺频率有关,与负载无关。

$$U_o/U_2=f_r/f_s \tag{2.4.16}$$

式中:f_r 为谐振频率,满载时 $I_{on}=1$,10%负载时 $I_{on}=0.1$。

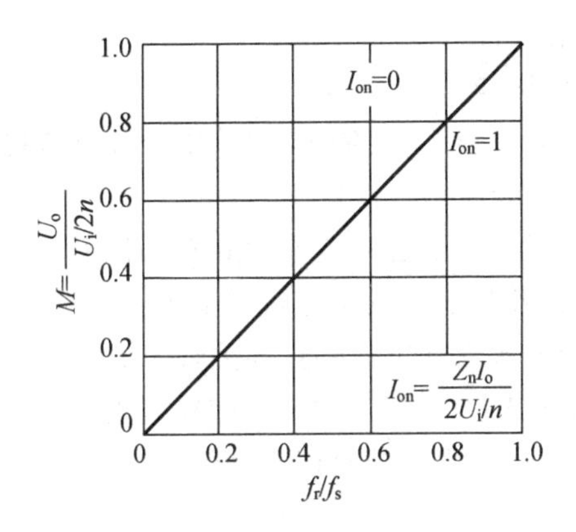

图 2.4.8 直流电压比与频率和负载的关系

2.4.3 不对称半桥谐振变换器

不对称半桥 DC/DC 谐振变换器由于其变压器初级隔直效果好而得到应用，下面介绍它的拓扑结构，分析变换器的工作原理、稳态情况下的主要关系式和不对称半桥的开关过程，推导出功率开关管零电压开关的条件。

1. 不对称半桥的拓扑结构

不对称半桥(Asymmetrical Half Bridge，AHB)变换器的主电路结构如图 2.4.9 所示。电路包括：两个互补控制的开关管 VT_1 与 VT_2，VT_1 和 VT_2 的占空比分别为 D 与 $1-D$，VD_1 与 VD_2 分别为 VT_1 与 VT_2 的体二极管，谐振电容 C_1 与 C_2 是 VT_1 与 VT_2 的结电容，隔直电容 C_b 作为开关管 VT_2 导通时的电压源，变压器 T 等效为理想变压器并联一个激磁电感 L_m，再串联一个漏感，如果漏感量不足，可以再串联一个电感，把漏感和串联电感合计为 L_1。变压器初级匝数为 N_1，次级匝数为 N_{21} 和 N_{22}，VD_3 与 VD_4 为输出整流二极管，L_2 和 C_3 为输出滤波电感和电容。

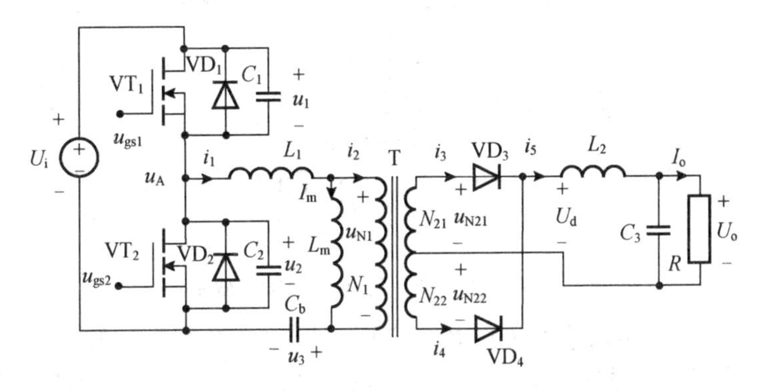

图 2.4.9 不对称半桥拓扑结构

2. 不对称半桥的工作原理

为了分析 AHB 变换器的稳态工作原理，作如下假设：

① 所有元件均为理想元件；

② 死区时间很小，可以忽略；

③ 隔直电容 C_b 与滤波电容 C_3 足够大，纹波电压和电流可忽略；

④ 占空比满足 $0<D<0.5$；

⑤ 输出滤波电感 L_2 工作于电感电流连续的CCM模式。

AHB不对称半桥变换器稳态时的工作过程如下：

如图2.4.10所示，当开关管 VT_1 导通，开关管 VT_2 关断时，变压器初级承受正向电压，次级 N_{21} 工作，二极管 VD_3 导通，二极管 VD_4 截止，二极管 VD_3 中的电流 i_3 等于输出滤波电感中的电流 i_5，且输出负载电流 $I_o=i_5$。

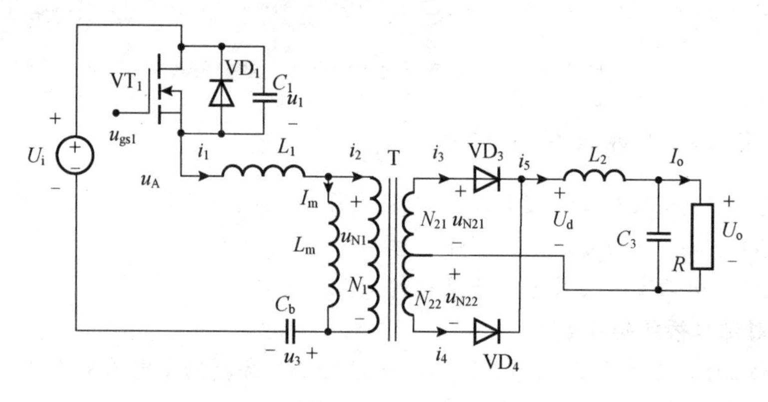

图2.4.10　开关管 VT_1 导通时的等效电路

图2.4.11所示是开关管 VT_2 导通时电路图。当开关 VT_2 导通时，隔直电容 C_b 上的电压 u_3 加在变压器初级，次级 N_{22} 工作，开关管 VT_1 关断，二极管 VD_3 截止，$I_o=i_5=i_4$。

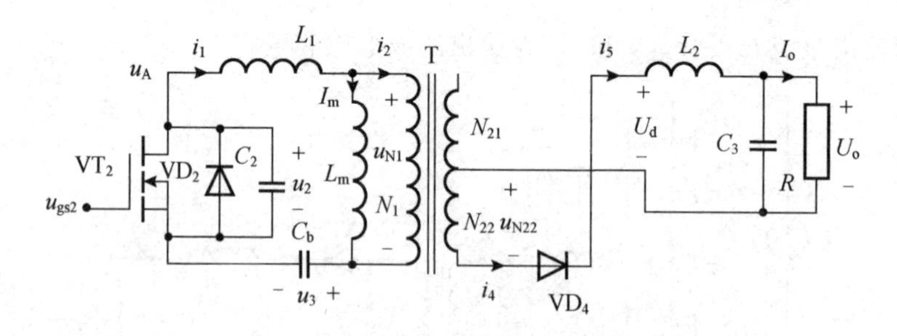

图2.4.11　开关管 VT_2 导通时的等效电路

图2.4.12所示是电路中各关键点的波形，u_{gs1} 与 u_{gs2} 分别为开关管 VT_1 和 VT_2 的驱动脉冲，u_A 为半桥桥臂中点对下开关管源极的电压，U_d 为变压器输出整流后对变压器中间抽头的电压，虚线 U_o 为变换器的输出电压，i_1 为变压器漏感电流，虚线 I_m 是激磁电流的直流分量，i_3 和 i_4 为二极管 VD_3 和 VD_4 的电流，n_1 和 n_2 为变压器匝比，t_a 和 t_b 是两个开关管的转换时间点。

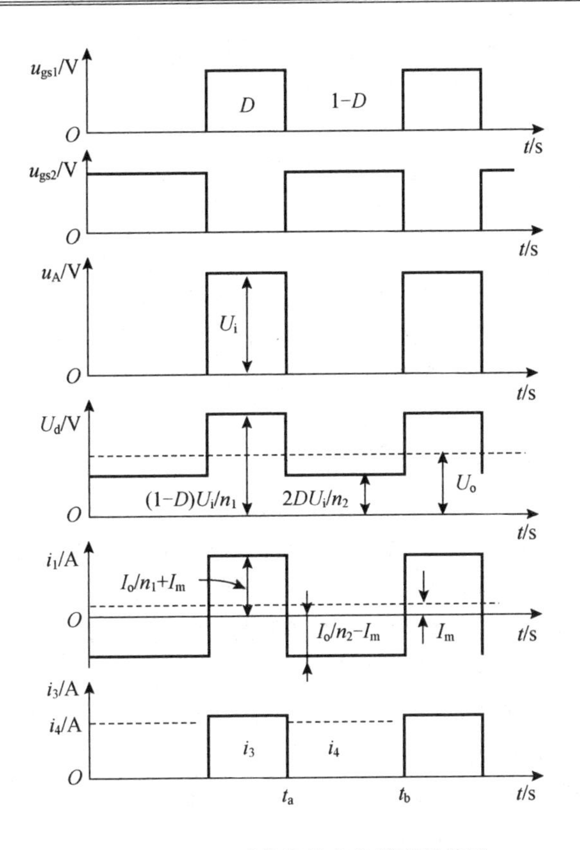

图 2.4.12　不对称半桥变换器理想波形

3. 不对称半桥的主要关系式

根据上述分析和假设条件，可推导出 AHB 变换器的几个主要关系式：隔直电容 C_b 上的电压 u_3（参考方向如图所示）、输出电压 U_o、占空比 D、激磁电流 I_m 和输出电流 I_o。

1）隔直电容电压

稳态工作时，根据变压器伏秒平衡原理，电压的直流分量都加在隔直电容上，则隔直电容 C_b 上的电压 U_3 为

$$U_3 = DU_i \tag{2.4.17}$$

2）输出电压 U_o

由滤波电感的伏秒平衡可得到

$$U_o = \frac{(U_i - U_3)D}{n_1} + \frac{U_3(1-D)}{n_2} \tag{2.4.18}$$

由此可以导出输出电压，即

$$U_o = \frac{U_i(1-D)D(n_1+n_2)}{n_1 n_2} \tag{2.4.19}$$

式中：n_1 和 n_2 分别是变压器初级与次级的匝数比，$n_1 = N_1/N_{21}$，$n_2 = N_1/N_{22}$。

3）占空比 D

由式(2.4.19)可推导出占空比，即

$$D=\frac{1}{2}\pm\frac{1}{2}\sqrt{1-\frac{4U_o n_1 n_2}{U_i(n_1+n_2)}} \tag{2.4.20}$$

4) 激磁电流 I_m 与输出电流 I_o

由于隔直电容上电流的直流分量为零,即

$$I_m+I_oD/n_1-I_o(1-D)/n_2=0 \tag{2.4.21}$$

所以激磁分量为

$$I_m=I_o(1-D)/n_2-I_oD/n_1 \tag{2.4.22}$$

式(2.4.22)中,如果等式右边不为零,表明变压器初级激磁电流有直流分量 I_m;如果等式右边等于零,表明变压器初级激磁电流无直流分量,即消除了变压器的直流偏磁,即 $(1-D)/n_2=D/n_1$。

4. 不对称半桥开关过程分析

为了使开关电源能够在高频下高效运行,提出了软开关技术。软开关应用谐振原理,当开关管的电流自然过零时,使开关关断;或开关管电压为零时,使开关开通,从而减小开关损耗,提高变换器效率。AHB 变换器正是运用了零电压开关(Zero Voltage Switching,ZVS)的软开关技术。AHB 变换器的 ZVS 是通过开关转换过程中的开关管的寄生电容和变压器的漏感发生谐振实现的。

假定电路能够工作在零电压 ZVS 状态,为了分析开关过程,做如下假设:

① 滤波电感 L_2 足够大,开关过程中,负载电流 I_o 可以视为恒流源;

② 变压器漏感 L_1 和激磁电感 L_m 归算到变压器初级;

③ 寄生电容 C_1 和 C_2 的电容值相等且均为 C;

④ 功率开关管 VT_1 和 VT_2 的开关时间为零;

⑤ 不计半导体元件管压降和二极管反向恢复电流。

图 2.4.13 是不对称半桥 AHB 变换器 ZVS 过程的波形图。其中,$t_0\sim t_4$ 区间是开关管 VT_1 的 ZVS 过程,$t_5\sim t_9$ 区间是开关管 VT_2 的 ZVS 过程。δ_a 和 δ_b 分别是两个开关管的驱动死区时间,t_a 和 t_b 是两个开关管的转换时间点。

图 2.4.14~图 2.4.21 表示在一个周期内各个阶段对应的等效电路图。在开关 VT_1 导通结束时,电容 C_1 的电压为零,电容 C_2 的电压为电源电压,即 $u_A=U_i$,流过整流二极管 VD_3 和滤波电感 L_2 的电流 $i_2=I_o$。$I_{10}\sim I_{19}$ 分别对应于 $t_0\sim t_9$ 时刻的漏感电流 I_1 有效值。

1) 工作模态 1($t_0\sim t_1$)

如图 2.4.13 所示,波形的时间范围 $t_0\sim t_1$ 的阶段称为工作模态 1。当 $t=t_0$ 时,开关管 VT_1 关断,电路进入电容充放电状态,等效电路如图 2.4.14 所示。变压器漏感电流 i_1 流过电容 C_1 和 C_2,电容 C_1 开始充电,电压 u_1 线性上升,而电容 C_2 放电,电压 u_2 线性下降。初级绕组 N_1 和漏感 L_1 上的电压下降,负载电流流过二极管 VD_3。至 t_1 时刻,工作模态 1 阶段结束,$u_A=u_2=u_3$。

状态方程为

$$2C\mathrm{d}u_A(t)/\mathrm{d}t=-I_{10} \tag{2.4.23}$$

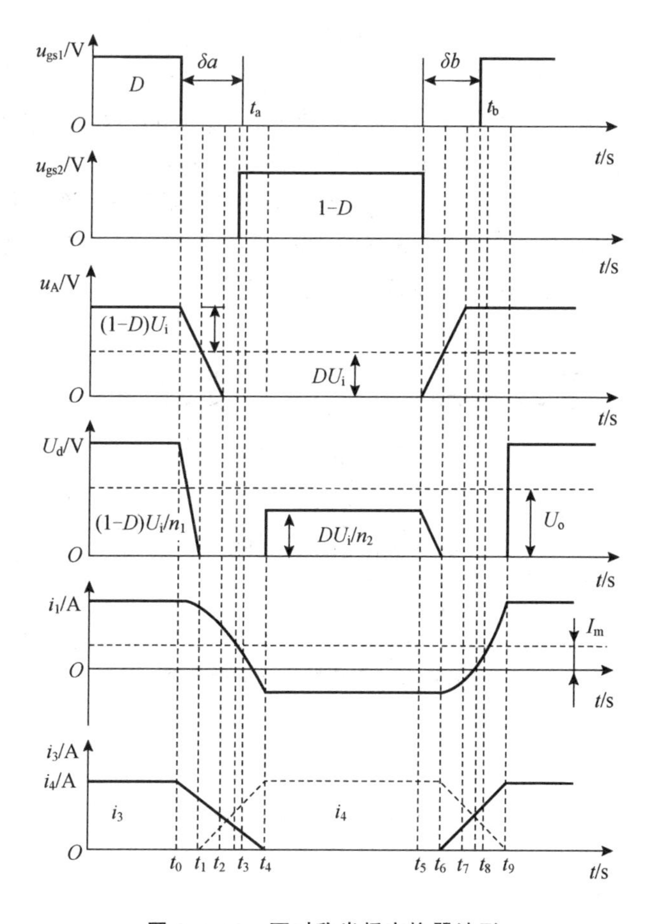

图 2.4.13　不对称半桥变换器波形

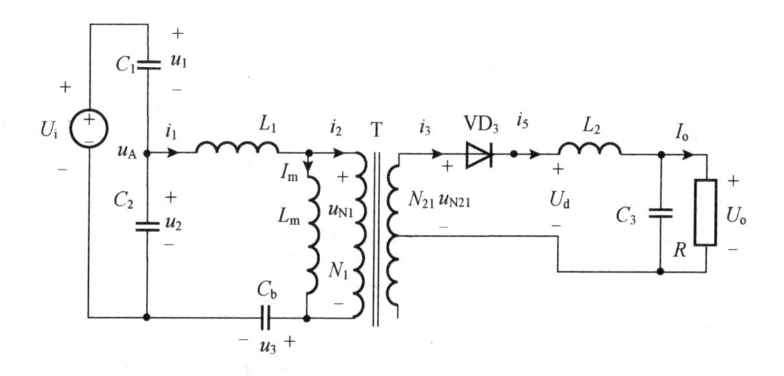

图 2.4.14　t_0～t_1 阶段等效电路

初值：$u_A(t_0)=U_i$，$I_{10}=I_o/n_1+I_m$；终值：$u_A(t_1)=u_3$。

所以有：

$$u_A(t_1)=-I_{10}(t-t_0)/2C+U_i \tag{2.4.24}$$

可得该过程的持续时间为

$$t_1-t_0=2C(U_i-u_3)/I_{10} \quad (2.4.25)$$

2）工作模态 2（t_1～t_2）

如图 2.4.15 所示，工作模态 2 的持续时间为 t_1～t_2，当 $t=t_1$ 时，绕组 N_1 和漏感 L_1 上的电压降到零，漏感电流 i_1 达到正向最大。t_1 时刻后，电容 C_1、C_2 并联与漏感 L_1 形成串联谐振，C_1 继续充电使电压上升，C_2 继续放电使电压下降。为了保持负载电流 I_o 不变，整流二极管 VD_3 和 VD_4 同时导通，i_3 减小，i_4 上升，U_d 为零。变压器一次绕组 N_1 电压为零，反向电压全部降落在漏感 L_1 上，i_1 开始减小。

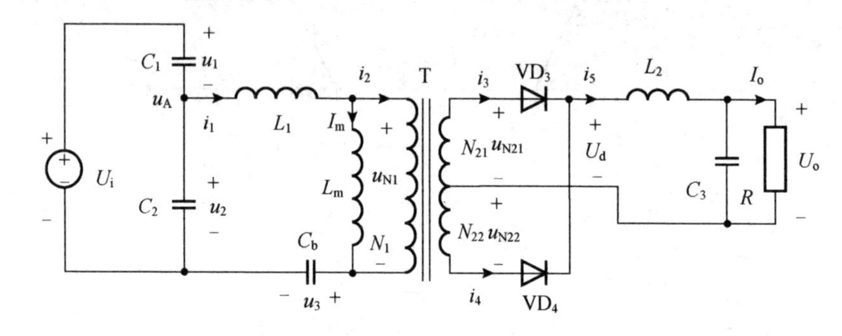

图 2.4.15　工作模态 2 等效电路

状态方程为

$$2C\mathrm{d}u_A(t)/\mathrm{d}t=-i_1 \quad (2.4.26)$$

$$L_1\mathrm{d}i_1(t)/\mathrm{d}t=u_A-u_3 \quad (2.4.27)$$

初值：　　$u_A(t_1)=u_3 \qquad i_1(t_1)=I_{11}\approx I_{10}$

可解出状态方程：

$$i_1(t)=I_{11}\cos[\omega_r(t-t_1)] \quad (2.4.28)$$

$$u_A(t)=u_3-I_{11}Z_n\sin[\omega_r(t-t_1)] \quad (2.4.29)$$

式中：ω_r 为谐振角频率，$\omega_r=\sqrt{1/(2CL_1)}$；$Z_n$ 为特征阻抗，$Z_n=\sqrt{L_1/(2C)}$。

当 $t=t_2$ 时，$u_A(t)=0$，开关管 VT_2 可以零电压开通。VT_2 零电压开通条件为

$$u_A(t|_{t>t_2})<0 \qquad Z_n>u_3/I_{11} \quad (2.4.30)$$

同时可得该阶段持续的时间为

$$t_2-t_1=[\arcsin(u_3/I_{11}Z_n)]/\omega_r \quad (2.4.31)$$

$$i_1(t|_{t=t_2})=I_{11}\cos\{\arcsin[u_3/(I_{11}Z_n)]\} \quad (2.4.32)$$

3）工作模态 3（t_2～t_4）

工作模态 3 的持续时间范围为 t_2～t_4。当 $t=t_2$ 时，C_1 上的电压上升到 U_i，C_2 上的电压 u_A 下降到零，二极管 VD_1 和 VD_2 维持导通，i_3 减小，i_4 上升。漏感 L_1 承受最大反向电压 $-u_3$，电流 i_1 线性下降，下降斜率达到最大。在 t_2～t_3 阶段，开关管 VT_2 的驱动信号 u_{gs2} 由零变为高电平，由于 VT_2 的漏源电压为零，VT_2 实现 ZVS 开通。过程电路如图 2.4.16 所示。至 t_3 时刻，变压器初级电流 i_1 过零，并反向增大，整流二极管 VD_3 与 VD_4 继续共同导通。

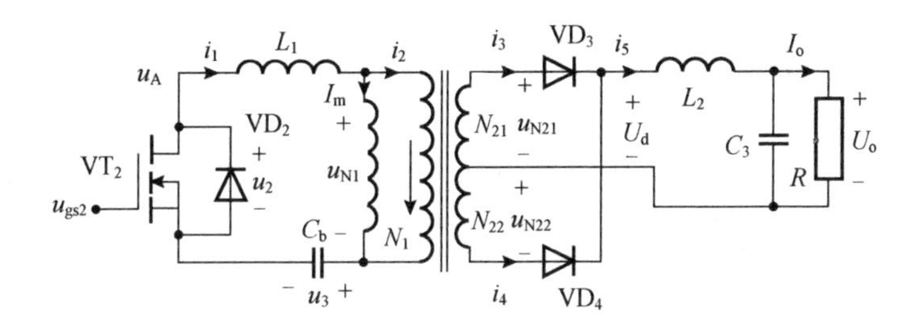

图 2.4.16　工作模态 3 等效电路图

工作模态 3 的状态方程为

$$L_1 \mathrm{d}i_1(t)/\mathrm{d}t=-u_3 \tag{2.4.33}$$

$$t_3-t_2=L_1 I_{12}/u_3 \tag{2.4.34}$$

在 t_2 到 t_3 之间，开关管 VT_2 应该导通，否则失去 ZVS 条件，所以必须保证开关管 VT_2 适当的开通时间 t_a 满足下式：

$$t_2<t_a<t_3 \tag{2.4.35}$$

死区时间有：

$$\delta_a=t_a-t_0 \quad (t_2-t_0<\delta_a<t_3-t_0) \tag{2.4.36}$$

忽略隔直电容 C_b 的电压纹波，则：

$$t_2-t_0=2C(U_i-u_3)/I_{10}+[\arcsin(u_3/I_{11}Z_n)]/\omega_r=$$

$$2C\frac{U_i n_1 n_2}{I_o(n_1+n_2)}+\frac{1}{\omega_r}\arcsin\left[\frac{U_i D n_1 n_2}{I_o Z_n(1-D)(n_1+n_2)}\right] \tag{2.4.37}$$

$$t_3-t_0=2C\frac{U_i-u_3}{I_{10}}+\frac{1}{\omega_r}\arcsin\left(\frac{u_3}{I_{11}Z_n}\right)+\frac{L_1}{u_3}I_{11}\cos\left[\arcsin\left(\frac{u_3}{I_{11}Z_n}\right)\right]=$$

$$(t_2-t_0)+L_1\sqrt{\left[\frac{I_o(1-D)(n_1+n_2)}{U_i D n_1 n_2}\right]^2-\frac{1}{Z_n^2}} \tag{2.4.38}$$

t_3 时刻后，L_1 仍承受电压 $-u_3$，i_1 继续下降，至 t_4 时刻，电流 i_1 达到反向最大 I_{14}，谐振过程结束，二极管 VD_3 截止，VD_4 导通，变压器结束短路状态。持续时间为

$$t_4-t_3=L_1 I_{14}/u_3 \tag{2.4.39}$$

式中：$I_{14}=(I_o/n_2-I_m)+(\lambda I_o/n_2-\Delta I_m)/2$，$\lambda$ 为电流纹波系数。

若不考虑激磁电感电流纹波 ΔI_m 和滤波电感电流纹波 ΔI_5 的影响，则有：

$$t_4-t_3=L_1 I_o(n_1+n_2)/(U_i n_1 n_2) \tag{2.4.40}$$

4）工作模态 4（$t_4 \sim t_5$）

工作模态 4 持续的时间范围为 $t_4 \sim t_5$，至 t_4 时刻，开关管 VT_2 完全导通，二极管 VD_3 关断，流过二极管 VD_4 的电流为 I_o，如图 2.4.17 所示。一次绕组 N_1 和漏感 L_1 共同承受反向电压 $-u_3$，$-u_A(t)$ 为 0。至 t_5 时刻，开关管 VT_2 关断，工作模态 4 结束。变压器漏感电流 i_1 线性增加不多，近似认为保持不变。

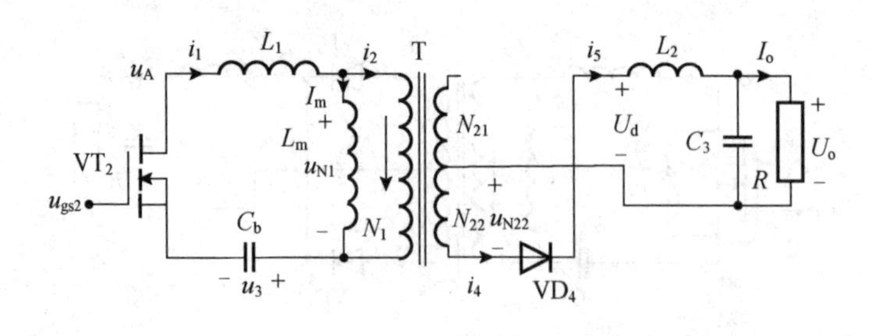

图 2.4.17　工作模态 4 等效电路图

5）工作模态 5(t_5～t_6)

工作模态 5 持续的时间范围为 t_5～t_6。至 t_5 时刻，开关管 VT_2 关断，如图 2.4.18 所示。变压器漏感电流 i_1 流过电容 C_1 和 C_2，电容 C_2 开始充电，电压线性上升，电容 C_1 放电，电压线性下降。绕组 N_1 和漏感 L_1 上的电压绝对值下降，U_d 下降，负载电流仍流过二极管 VD_4，至 t_6 时刻，工作模态 5 阶段结束。

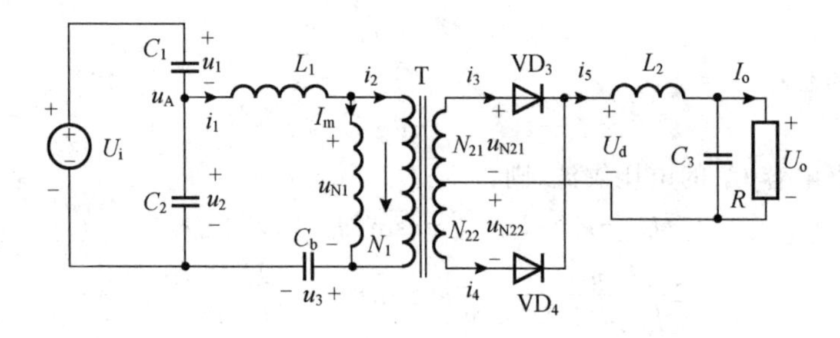

图 2.4.18　工作模态 5 等效电路图

状态方程：

$$2C\mathrm{d}u_A(t)/\mathrm{d}t=-i_1 \tag{2.4.41}$$

初始条件：

$$u_A(t_5)=0$$

终值：

$$u_A(t_6)=u_3 \qquad I_{15}=I_o/n_2-I_2 \tag{2.4.42}$$

这一阶段的时间：

$$t_6-t_5=2Cu_3n_1n_2/[I_o(n_1+n_2)] \tag{2.4.43}$$

6）工作模态 6(t_6～t_7)

图 2.4.19 所示是工作模态 6 的等效电路图，持续时间范围为 t_6～t_7。在 t_6 时刻，电容 C_1、C_2 并联和漏感 L_1 形成串联谐振，C_2 继续充电使电压上升，C_1 继续放电使电压下降。绕组 N_1 和漏感 L_1 开始承受正向电压，i_1 开始正向上升。

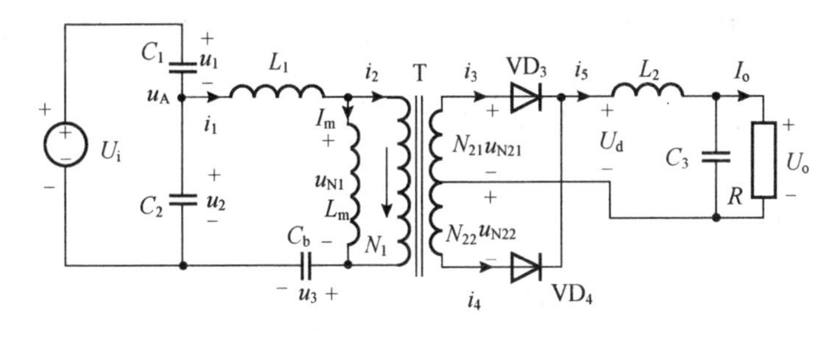

图 2.4.19　工作模态 6 等效电路图

为了保持 I_o 不变，整流二极管 VD_3 和 VD_4 同时导通，i_3 减小，i_4 上升，U_d 为零。一次绕组 N_1 电压为零，正电压全部降落在漏感 L_1 上，状态方程为

$$2C\mathrm{d}u_A(t)/\mathrm{d}t=-i_1 \tag{2.4.44}$$

$$L_1\mathrm{d}i_1(t)/\mathrm{d}t=u_A-u_3 \tag{2.4.45}$$

初值条件：

$$u_A(t_6)=u_3 \qquad i_1(t_6)=I_{16}\approx I_{15} \tag{2.4.46}$$

所以：

$$i_1(t)=-I_{16}\cos Z_n\omega_r(t-t_6) \tag{2.4.47}$$

$$u_A(t)=u_3+I_{16}Z_n\sin\omega_r(t-t_6) \tag{2.4.48}$$

当 $t=t_7$ 时，$u_A(t)=U_i$，开关管 VT_1 零电压开通。因而，VT_1 零电压开通条件为

$$u_A(t|_{t>t_7})>U_i \qquad Z_n>\frac{U_i-u_3}{I_{16}} \tag{2.4.49}$$

同时，可得工作模态 6 经历的时间为

$$t_7-t_6=\frac{\arcsin\dfrac{U_i-u_3}{I_{16}Z_n}}{\omega_r} \tag{2.4.50}$$

$$i_1(t|_{t=t_7})=I_{16}\cos\left(\arcsin\frac{U_i-u_3}{I_{16}Z_n}\right) \tag{2.4.51}$$

7）工作模态 7（$t_7\sim t_9$）

图 2.4.20 所示是工作模态 7 的等效电路图，这个模态的持续时间为 $t_7\sim t_9$。至 t_7 时刻，C_1 上的电压上升到 U_i，C_2 的电压下降到零，二极管 VD_1 和 VD_2 维持导通，i_4 减小，i_3 上升。漏感 L_1 承受最大正向电压，电流 i_1 继续正向上升，上升斜率达到最大。

在 $t_7\sim t_8$ 阶段，开关管 VT_1 的驱动信号 u_{gs1} 由零变为高电平，由于 VT_1 的漏极与源极间的电压 $u_{ds1}=0$，VT_1 实现 ZVS 开通。至 t_8 时刻，i_1 为零。

该阶段经历时间：

$$t_8-t_7=L_1I_{17}(U_i-u_3) \tag{2.4.52}$$

在 t_7 到 t_8 之间，开关管 VT_1 应该导通，否则失去 ZVS 条件，所以要保证开关管 ZVS 适当的开通时刻 t_b 即

$$t_7<t_b<t_8 \tag{2.4.53}$$

因此,死区时间有:

$$\delta_b = t_b - t_5 \quad (t_7 - t_5 < \delta_b < t_8 - t_5) \tag{2.4.54}$$

忽略隔直电容 C_b 的电压纹波,则

$$t_7 - t_5 = \frac{2Cu_3}{I_{15}} + \frac{\arcsin \frac{U_i - u_3}{I_{16} Z_n}}{\omega_r} \tag{2.4.55}$$

$$t_8 - t_5 = 2C\frac{U_i}{I_{15}} + \frac{1}{\omega_r}\arcsin\left(\frac{U_i - u_3}{I_{16}Z_n}\right) + \frac{L_1}{U_i - u_3} I_{16}\cos\left[\arcsin\left(\frac{U_i - u_3}{I_{16}Z_n}\right)\right] =$$

$$t_7 - t_5 + L_1\sqrt{\left[\frac{I_o D(n_1 + n_2)}{U_i(1-D)n_1 n_2}\right]^2 - \frac{1}{Z_n^2}} \tag{2.4.56}$$

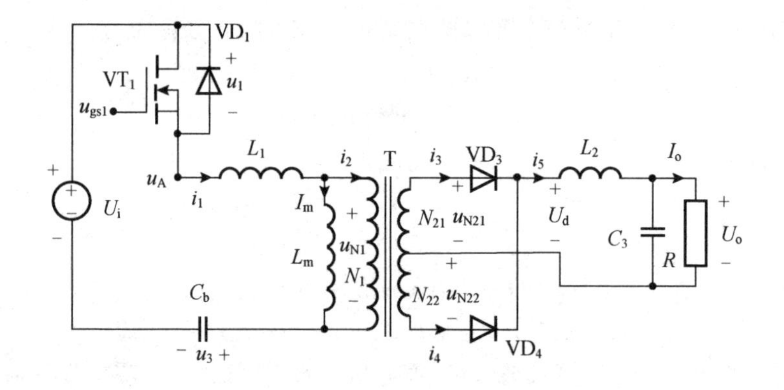

图 2.4.20　工作模态 7 等效电路图

至 t_8 时刻后,i_1 继续正向上升,至 t_9 时刻,i_4 减小到零,i_3 上升为 i_5,二极管 VD_4 关断,VD_3 继续导通,变压器结束短路状态,这个阶段持续的时间为

$$t_9 - t_8 = \frac{L_1 I_{19}}{U_i - u_3} \tag{2.4.57}$$

其中,$I_{19} = I_o/n_1 + I_m$。

若不考虑激磁电感电流纹波 ΔI_m 和滤波电感电流纹波 ΔI_5 的影响,则有:

$$t_9 - t_8 = \frac{L_1 I_o(n_1 + n_2)}{U_i n_1 n_2} \tag{2.4.58}$$

8) 工作模态 8

图 2.4.21 所示是工作模态 8 的等效电路图,它与工作模态 4 类似,不再赘述。

5. 功率开关管零电压谐振 ZVS 的条件

要实现开关管 ZVS,从工程应用的角度出发,必须考虑以下两方面:一是适当的特征阻抗;二是不对称半桥电路的上下两个开关管的驱动脉冲之间要有适当的死区时间。

1) 特征阻抗

通过前面的分析,在电路的谐振阶段,漏感电流 i_1、隔值电容 C_b 上的电压 u_3 和特征阻抗 Z_n 必须满足一定的条件,才能实现开关管的 ZVS。

开关管 VT_1：

$$Z_n>(U_i-u_3)/I_{16} \tag{2.4.59}$$

开关管 VT_2：

$$Z_n>u_3/I_{11} \tag{2.4.60}$$

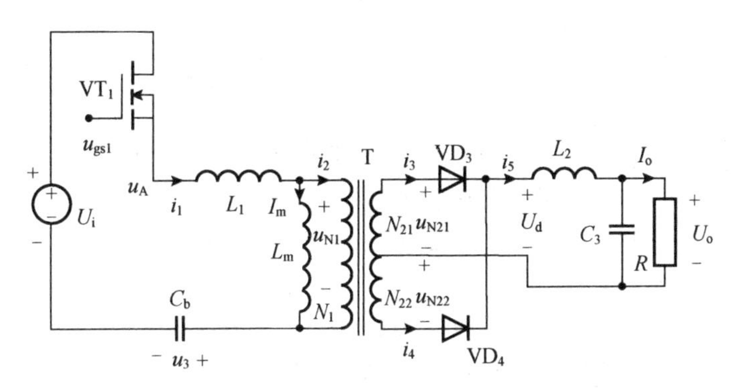

图 2.4.21　工作模态8等效电路图

忽略隔直电容 C_b 上的电压纹波，激磁电感电流纹波 ΔI_m 和滤波电感电流纹波 ΔI_5，联立稳态关系式(2.4.17)、式(2.4.19)、式(2.4.42)和式(2.4.46)可得到开关管 VT_1 的ZVS条件：

$$Z_n=\sqrt{\frac{L_1}{2C}}>\frac{U_o(n_1n_2)^2}{I_oD^2(n_1+n_2)^2}=\frac{U_i(1-D)n_1n_2}{I_o(1-D)(n_1+n_2)} \tag{2.4.61}$$

同理，可得开关管 VT_2 的ZVS条件：

$$Z_n=\sqrt{\frac{L_1}{2C}}>\frac{U_o(n_1n_2)^2}{I_o(1-D)^2(n_1+n_2)^2}=\frac{U_iDn_1n_2}{I_o(1-D)(n_1+n_2)} \tag{2.4.62}$$

由式(2.4.61)和式(2.4.62)可知，输入电压、输出电压、变压器匝数比、占空比等都会影响开关管的ZVS条件：

① 输入、输出电压低，负载电流大，变压器匝数比大，有助于实现ZVS。

② 增大漏感，减小谐振电容，有助于实现ZVS。

③ 当 $D<0.5$ 时，开关管 VT_2 比 VT_1 容易实现ZVS，且 D 越小，开关管 VT_2 越容易实现ZVS，而开关管 VT_1 越难实现。当 $D>0.5$ 时，情况就相反。所以，从占空比的角度来说，占空比 D 在0.5附近，两个开关管 VT_1 和 VT_2 都容易实现ZVS。

2）死区时间

死区时间即桥臂上的两个开关管导通的间隙时间，要实现两个开关管的ZVS，就必须留有足够的死区时间。若忽略激磁电感电流纹波 ΔI_m、滤波电感电流纹波 ΔI_5 和隔直电容 C_b 电压纹波的影响，则有：

$$VT_1:\quad t_7-t_5=2C\frac{U_in_1n_2}{I_o(n_1+n_2)}+\frac{1}{\omega_r}\arcsin\left[\frac{U_i(1-D)n_1n_2}{I_oZ_nD(n_1+n_2)}\right] \tag{2.4.63}$$

$$t_8-t_5=t_7-t_5+L_1\sqrt{\left[\frac{I_oD(n_1+n_2)}{U_i(1-D)n_1n_2}\right]^2-\frac{1}{Z_n^2}} \tag{2.4.64}$$

$$\mathrm{VT_2}:\quad t_2-t_o=2C\frac{U_i n_1 n_2}{I_o(n_1+n_2)}+\frac{1}{\omega_r}\arcsin\left[\frac{U_i D n_1 n_2}{I_o Z_n(1-D)(n_1+n_2)}\right] \tag{2.4.65}$$

$$t_3-t_0=t_2-t_0+L_1\sqrt{\left[\frac{I_o(1-D)(n_1+n_2)}{U_i D n_1 n_2}\right]^2-\frac{1}{Z_n^2}} \tag{2.4.66}$$

从上述表达式可以看出:

① 减小输入电压或增大输出电流有助于开关管 VT_1 和 VT_2 电压过零;$D<0.5$ 时,VT_2 的 ZVS 容易实现。

② 开关管 VT_1 和 VT_2 的 ZVS 过程中,电容充放电阶段时间与占空比无关,当输入电压减小或输出电流增加时,电容的充电时间减小。

③ 开关管 VT_1 和 VT_2 的 ZVS 过程中,谐振时间与占空比有关,且占空比 D 减小时,开关管 VT_2 的谐振时间增大。

对于特定的电路,即使确定了死区时间 δ_a 和 δ_b,由于运行的条件不同,将会出现 ZVS 开通时间的偏移,有可能使电路无法实现 ZVS。所以,要根据电路运行条件合理地选择死区时间 δ_a 和 δ_b,确保电路的 ZVS 工作。

2.4.4 LLC 谐振变换器

电子设备的发展对开关电源提出了如高频化、小型化、低噪声以及高功率密度等要求,因为谐振变换器具有高效、高开关频率和高功率密度的特点,正逐步成为研究的重点,对串联谐振变换器 SRC 和并联谐振变换器 PRC 的特点和工作方式已经进行了很多研究,存在如 SRC 在轻负载下设计输出电压的控制电路一直是个难题;对于 PRC,能量循环会损害线性度或降低轻负载时的效率,新型的 LLC 谐振变换器具有很多优点。

LLC 谐振变换器工作原理:图 2.4.22 所示是 LLC 谐振变换器,从零到满载范围内具有 ZVS 功能,MOSFET 关断电压低,因此变换器的关断损耗是非常低的;高输入电压下具有高效率,可以在正常工作条件下对变换器进行优化设计;变换器二次侧没有滤波电感,二次侧整流管电压应力低,其上电压可减少到输出电压的 1/2 倍;变换器的磁性元件很容易集成到一个磁芯上,变压器的漏感和励磁电感也能被利用。

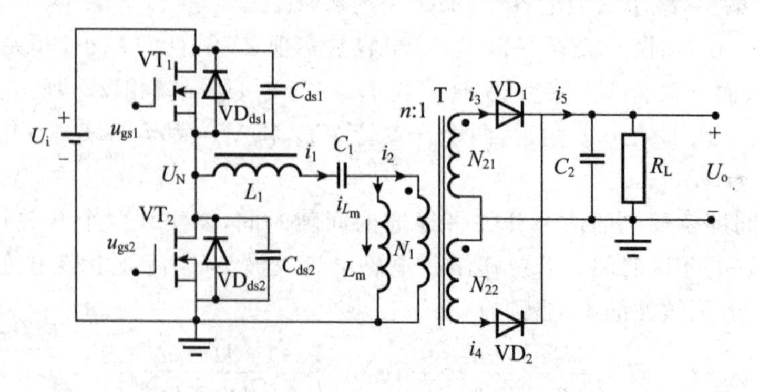

图 2.4.22 LLC 谐振变换器

LLC 谐振变换器电路有两个谐振频率,一个是谐振电感 L_1 和谐振电容 C_1 的谐振

频率 f_1，另一个是激磁电感 L_m 加上谐振电感 L_1 与谐振电容 C_1 的谐振频率 f_2。即

$$f_1 = \frac{1}{2\pi\sqrt{L_1C_1}} \qquad f_2 = \frac{1}{2\pi\sqrt{(L_1+L_m)C_1}}$$

图 2.4.23 所示是 LLC 谐振变换器工作在开关频率大于 f_2，小于 f_1 范围内的主要工作波形，LLC 谐振变换器主要工作在这个范围内。很多文献在讨论 LLC 谐振变换器的工作过程时，并未考虑实际工作中功率开关管的体二极管（VD_{ds1} 和 VD_{ds2}）、漏-源极间的寄生电容（C_{ds1} 和 C_{ds2}）及死区时间的影响，这里给出了 LLC 谐振变换器一周期内的全部工作模态和工作波形。包括两个功率 MOSFET 管（其占空比都为 0.5）的驱动电压 u_{gs1} 和 u_{gs2}，半桥中点电压 u_N 和谐振电容电压 u_{C_1}，串联谐振电感 L_1 的电流 i_1 和励磁电感 L_m 的电流 i_{L_m}，输出二极管电流 i_3 和 i_4 的工作波形，一个开关周期内的工作模态可分为以下 8 个工作模态。

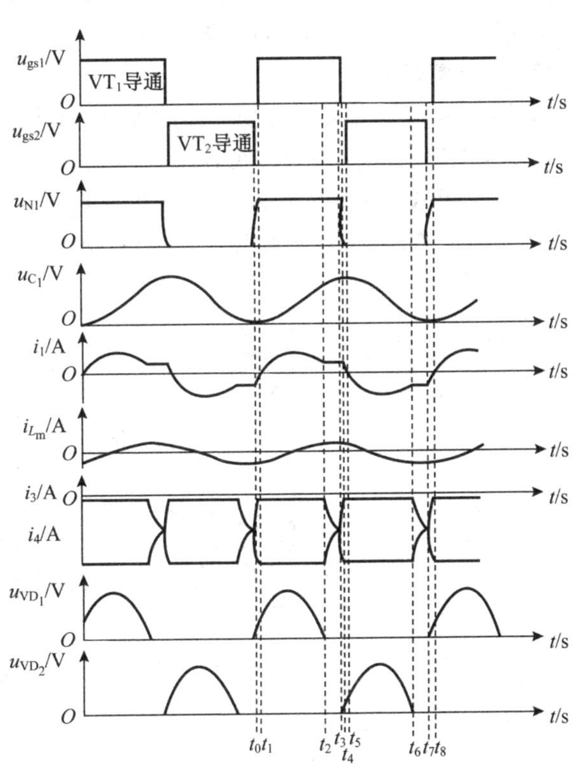

图 2.4.23　LLC 谐振变换器主要电路波形

1. 工作模态 1（t_0～t_1）

如图 2.4.24 所示，是 t_0 时刻工作模态 1 的等效电路图，VT_1 与 VT_2 关断，这时谐振电感 L_1 内的电流 i_1 为负，因此 VT_1 的内置二极管导通，为 VT_1 的零电压 ZVS 开通创造了条件，此阶段能量回馈至输入 U_i。

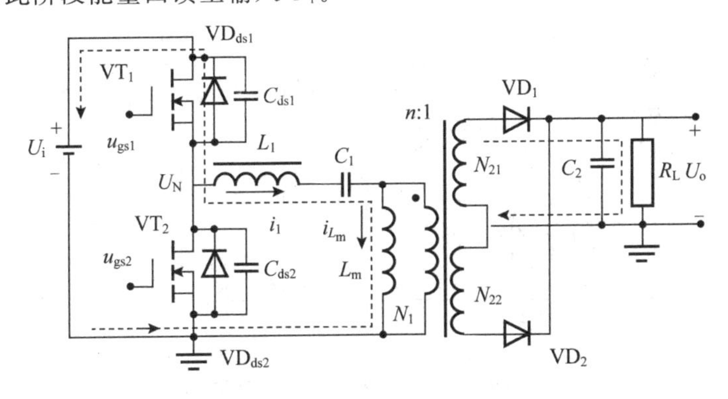

图 2.4.24　工作模态 1 等效电路图

当 VT_1 的体内二极管导通时，i_1 开始增加，变压器的极性为上正下负，迫使二次侧二极管 VD_1 导通，变压器开始在二次侧输出电压。L_m 上的电压为 nU_o，被输出电压钳位，因此，只有 L_1 和 C_1 参与谐振，L_m 在此过程中恒压充电。当谐振电流 i_1 上升至0时，工作模态1状态结束，VT_1 准备导通。

2. 工作模态2($t_1 \sim t_2$)

如图2.4.25所示是工作模态2的等效电路图，VT_1 在阶段1结束时加上门极开通信号，谐振电感电流 i_1 由负变正，因此在 t_2 时刻正向导通，此时输出整流管 VD_1 导通，变压器一次侧电压被钳位在 nU_o。L_m 在此电压下线性充电，不参与谐振。整个电路类似于一个带有谐振电感 L_1 和谐振电容 C_1 的串联谐振电路，能量由输入 U_i 传递到 U_o。

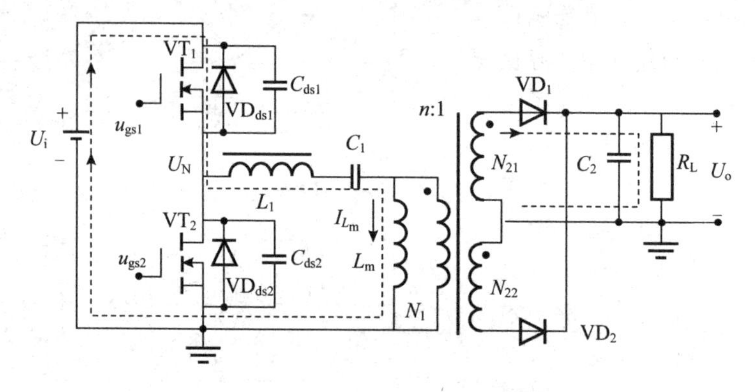

图2.4.25 工作模态2等效电路图

当 L_1 电流与 L_m 电流相同时，工作模态2结束，此时输出整流管 VD_1 的电流变为0。

3. 工作模态3($t_2 \sim t_3$)

图2.4.26所示是工作模态3的等效电路图，t_2 时刻，电感 L_1 的电流 i_1 与电感 L_m 的电流 i_{L_m} 相等，输出整流管 VD_1 和 VD_2 反偏截止，变压器二次侧电压小于输出电压，输出被变压器隔离，L_m 开始参与谐振，组成一个 L_m 与 L_1 和 C_1 串联的谐振回路。输出电容 C_2 放电给输出供电。t_3 时刻，VT_1 关断，工作模态3状态结束。

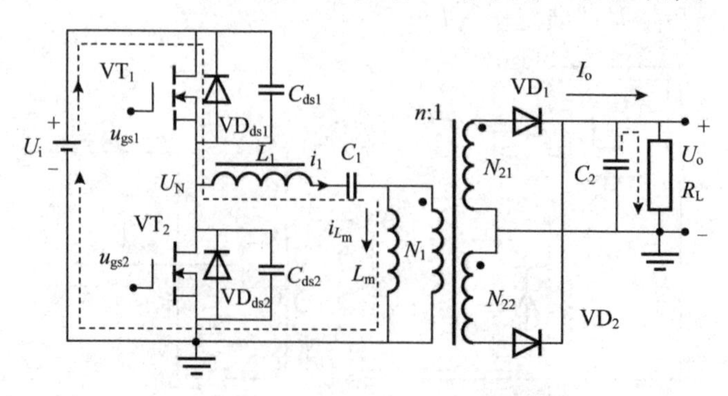

图2.4.26 工作模态3等效电路图

4. 工作模态 4($t_3 \sim t_4$)

图 2.4.27 所示是工作模态 4 的等效电路图，t_3 时刻 VT_1 和 VT_2 关断，进入死区时间。因为谐振电感 L_1 与激磁电感 L_m 电流相等，输出仍然被变压器隔离，所以 L_m 仍然与 L_1 和 C_1 一起谐振，谐振电流给 VT_1 的寄生电容 C_{ds1} 充电，同时为 VT_2 的寄生电容 C_{ds2} 放电(反向充电)，输出整流管 VD_1 和 VD_2 反偏截止，负载由 C_2 放电供给能量。当 C_{ds2} 放电结束时，VT_2 的内置二极管 VD_{ds2} 导通，工作模态 4 结束。

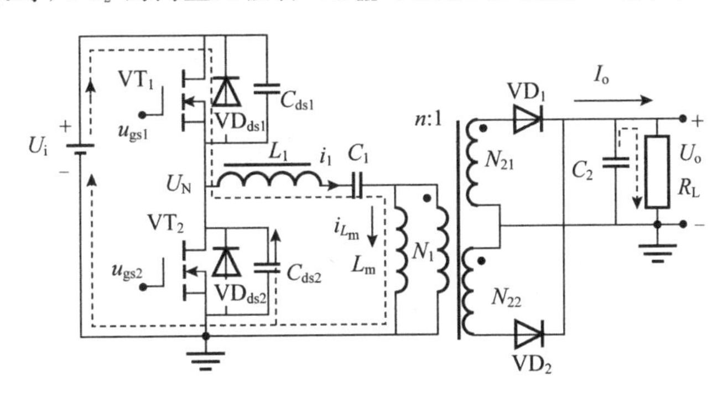

图 2.4.27　工作模态 4 等效电路图

5. 工作模态 5($t_4 \sim t_5$)

图 2.4.28 所示是工作模态 5 等效电路图，t_4 时刻，VT_1 仍然关断，VT_2 的内置二极管 VD_{ds2} 导通，为 VT_2 的零电压(ZVS)开通创造了条件。此时输出整流管 VD_2 导通，变压器一次侧电压被钳位在 $-nU_o$，极性为上负下正。L_m 在此电压下线性充电，不参与谐振，只有 L_1 和 C_1 参与谐振，谐振电流流经 L_m 和变压器一次侧及 VT_2 的体二极管，能量传递至输出 U_o。

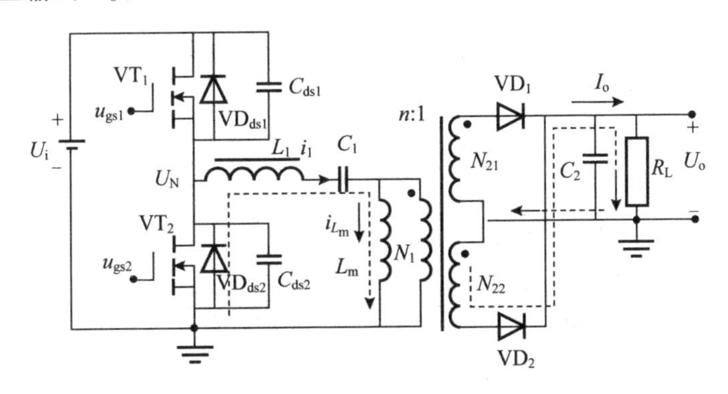

图 2.4.28　工作模态 5 等效电路图

6. 工作模态 6($t_5 \sim t_6$)

图 2.4.29 所示是工作模态 6 等效电路图，t_5 时刻 VT_1 关断，VT_2 导通。输出整流管 VD_2 导通，变压器一次侧电压被钳位在 $-nU_o$，上负下正。L_m 线性充电，不参与谐振。只有 L_1 和 C_1 参与谐振，谐振电流流经 L_m 和变压器一次侧，传递能量至输出 U_o。当 L_1 的电流与 L_m 电流相同时，工作模态 6 结束，输出二极管 VD_2 的电流变为 0。

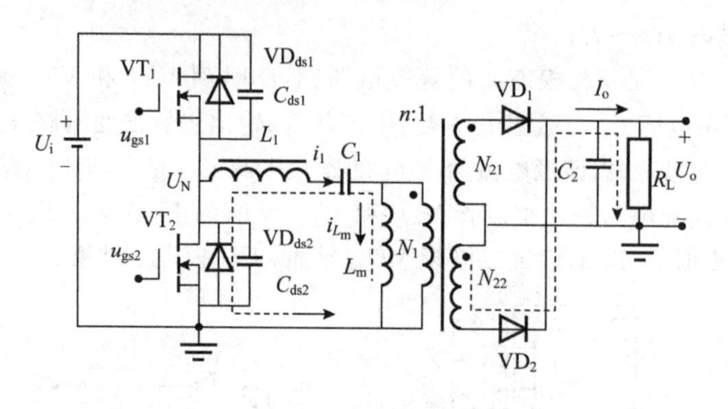

图 2.4.29 工作模态 6 等效电路图

7. 工作模态 7($t_6 \sim t_7$)

图 2.4.30 是工作模态 7 等效电路图,t_6 时刻电感 L_1 与 L_m 的电流相等,输出整流管 VD_1 和 VD_2 反偏截止,输出被变压器隔离,L_m 开始参与谐振。谐振电流在 VT_2 和谐振腔内循环流动。负载电流由电容 C_2 放电供电。t_7 时刻关断,工作模态 7 结束。

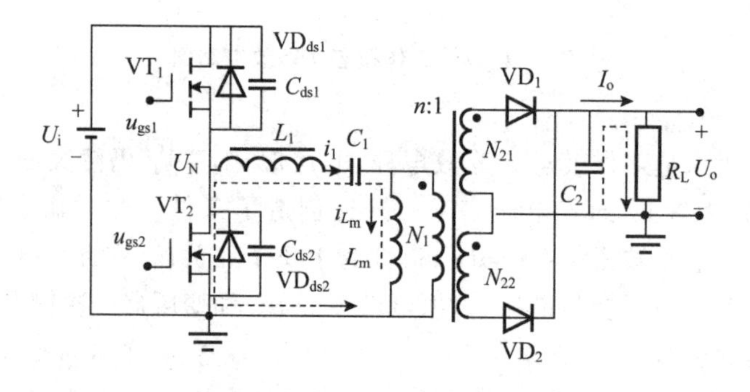

图 2.4.30 工作模态 7 等效电路图

8. 工作模态 8($t_7 \sim t_8$)

图 2.4.31 是工作模态 8 等效电路图,t_7 时刻,VT_1 和 VT_2 关断,进入死区时间。电感 L_1 与电感 L_m 电流相等,输出仍然被变压器隔离。因此 L_m 仍然与 L_1 和 C_1 一起谐振,谐振电流给 VT_2 的寄生电容 C_{ds2} 充电,同时为 VT_1 的寄生电容 C_{ds1} 电。输出整流管 VD_1 和 VD_2 反偏截止,输出由 U_o 由 C_2 放电,继续供给能量。t_8 时刻,VT_1 开始导通,电路进入下一个周期。

变换器在高输入电压下能达到很高的效率,因为二次侧没有滤波电感,并且 MOSFET 管工作在 ZVS 状态,变换器的开关损耗和导通损耗都比 PWM 变换器效率低。LLC 具有转换效率高及 EMI 小等诸多优点,更适合于开关电源的高频化和高效率要求。

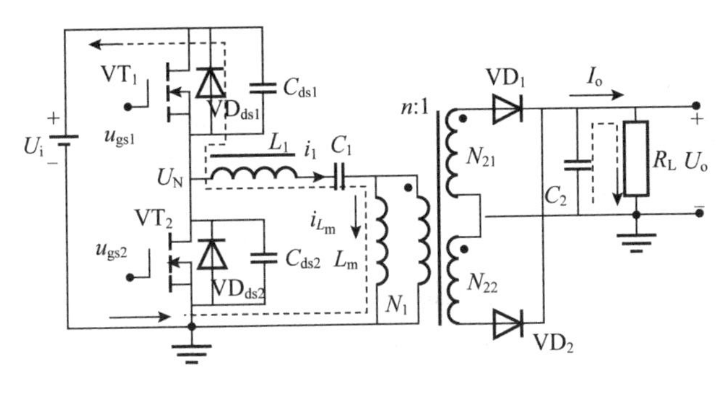

图 2.4.31　工作模态 8 等效电路图

2.5　开关电源的选择方法

电源设计工程师接到设计任务书以后，一般不急于选择拓扑，由于现在的电源产品太多，总可以找到电气性能相近的商品电源作为参照，然后作适当的修改来满足设计任务书的要求，这样做可以节省研发时间和成本，很少自己选择新的拓扑从头做起。

除了 Buck 和 Boost 分别只能降压和升压外，其余几乎所有变换器能将一种输入直流电压变换成另一种需要的任意电压。也就是说，可以任意选择拓扑。很多文献给出了各种拓扑适用的电压和功率范围作为拓扑选择指南。实际上，批量生产的电源，决定拓扑选择的最重要因素是成本和可靠性：包括元器件成本、元器件数量、结构、制造成本、设备成本和管理成本，这就是某些商品电源往往超出指南功率范围的缘由。如果要求小体积、高效率、低输出纹波、严格的电磁兼容和高功率因数等，那么当然以更高成本作为代价。

图 2.5.1 所示为一般民用电源适用的功率范围，功率器件对成本有很大影响，功率管的类型决定了开关频率、电压和电流定额。功率器件较经济的电压范围：IGBT 在 500 V 以上，BJT 在 1000 V 以下，MOSFET 在 500 V 以下。因此，在 110～220 V 交流 50/60 Hz 输入的开关电源，输出功率小于 100 W 的适配器、充电器以及多路输出辅助电源多采用断续或临界连续反激变换器拓扑；200～500 W 多采用半桥、单端正激和双端正激；500 W 以上采用移相全桥、半桥和交错双端正激。如果输入在 100 V 以下的蓄电池供电，通常采用单端正激、推挽和半桥。如果输入电压变化范围宽，又没有系统响应要求，也可以采用连续模式反激变换器。如果前级已经有与电网隔离的直流电源提供到印刷电路板，也可以选择没有隔离的 Buck、Boost 或 Buck/Boost 变换器作为板上电源。

高压电源一般采用谐振变换器，有源功率因数校正：APFC 一般采用 Boost 变换器，50 W 以下采用断续模式，50～500 W 一般采用临界连续模式，500 W 以上采用连续模式 Boost。如果希望输入纹波小，可以采用 Boost、C′uk 变换器；如果希望输出纹波小，应当选择 Buck 类变换器——正激、半桥全桥、推挽、不对称半桥拓扑形式。

在一种设计条件下，可能有多种拓扑选择，设计者选择的是其最熟悉且经验最多的拓扑，但不一定是价格最低、效率最高的拓扑。

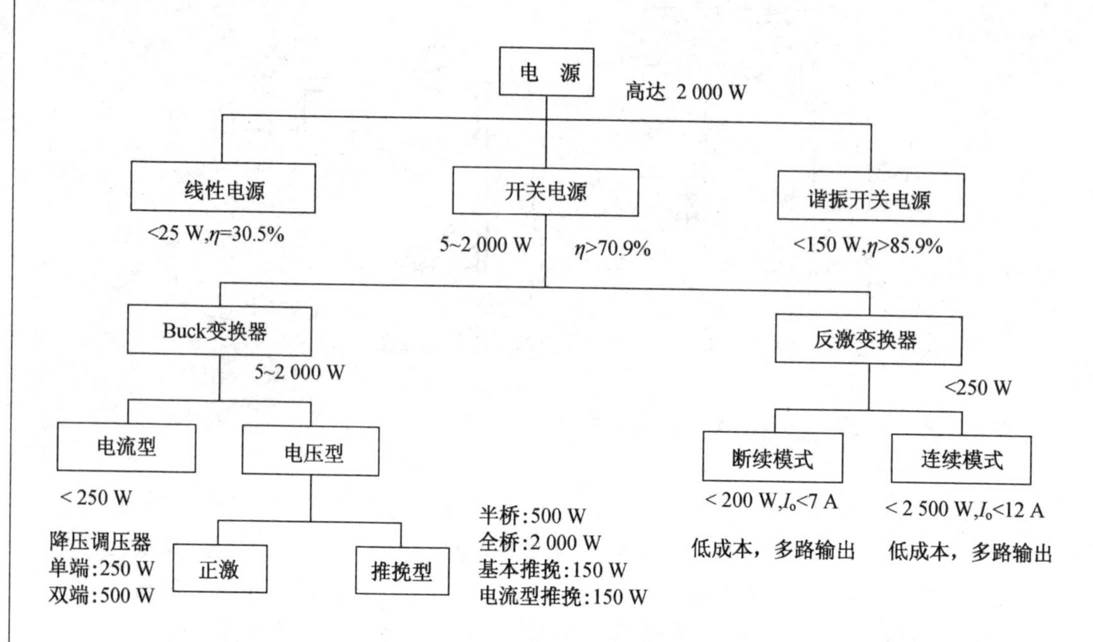

图 2.5.1 民用电源适用的范围

第3章 常用元器件的选择

开关电源在选定电路拓扑后，就要进行电路设计，根据技术规范计算电路参数，再根据电路参数选择电路元器件。正确选择元器件是整个电路设计重要的任务之一，而元器件有各自的属性，例如，它们的特性可能与电压、电流、功率以及时间参数有关。那么如何确定电路设计计算参数与元器件参数之间的关系？如何根据这些参数选择恰当的元器件？

在开关电源中有很多像这样的元件选择问题，处理这类问题一般是靠经验，也可以向有经验的人员求教，更重要的是应当查阅手册。这里介绍开关电源中除磁性元件以外常用元器件（如电阻、电容、功率器件、光电耦合器、运算放大器等）的选用问题，以供读者参考。

3.1 电　阻

电阻是开关电源中最常用的电子元件，但电阻所处的电路不同，选择的依据也要发生改变，电阻也有很多种类，精度等级也不相同，功率等级也需要计算选择。下面将介绍电阻使用中经常会遇到的应用问题。

3.1.1 电阻的类型

按电阻材料分，在电子电路中使用的电阻有碳质电阻、碳膜电阻、金属膜电阻、金属氧化膜电阻、线绕电阻等，特种电阻有压敏电阻、热敏电阻（PTC 为正温度系数电阻，NTC 为负温度系数电阻），普通电阻的一般特性如表 3.1.1 所列。

表 3.1.1　电阻阻值范围和温度特性

类　型	代　号	功率范围/W	阻值范围	误　差	温度系数×10⁻⁶/℃
固定碳膜电阻	RT	0.1～3	1 Ω～22 MΩ	±2%～5%	350～1350
精密金属膜电阻	RJ	0.1～3	1 Ω～5.1 MΩ	±0.5%～5%	25～100
精密金属氧化膜电阻	RY	0.25～10	0.1 Ω ～150 kΩ	±1%～5%	100～300
线绕电阻	RX	0.5～10	0.01 Ω～10 kΩ	±1%～10%	25～100
贴片电阻	0402	1/32	1 Ω～10 MΩ	±1%～5%	100～200
	0603	1/16			
	0805	1/10			
	1206	1/8			

续表 3.1.1

类　型	代　号	功率范围/W	阻值范围	误　差	温度系数×10^{-6}/℃
水泥线绕电阻	RX	2～40	0.01 Ω～150 kΩ	±1%～10%	20～300
功率线绕电阻	RX	10～1000	0.5 Ω～150 kΩ	±1%～10%	20～400
薄膜排电阻	—	0.25/4.14	10 Ω～2.2 MΩ	±1%～5%	100～250
零欧姆跳线	—	0.125～0.25	0 Ω	±1%～5%	
电位器	—	6、8、10	100 Ω～1 MΩ	20%	200

表 3.1.2 列出了主要电阻选择指南，各种电阻温度系数不同，采样电路不应当使用两种不同类型的电阻。

碳质电阻使用最早，它比功率等级相同的金属膜电阻体积大，还比金属膜电阻贵。金属膜电阻与碳质电阻具有相同的频率响应。金属氧化膜与金属膜电阻相似，但温度系数比较大。各种膜电阻是在瓷管表面喷镀电阻材料，为了增加阻值，通常将管表面喷镀的电阻材料刻成螺旋状。线绕电阻可以从体积较小的 1 W 电阻到 1 kW 的可变电阻。这些电阻之所以称为线绕电阻是因为它是用高阻值的电阻丝绕成的，通常绕在瓷管上，可以想象为一个螺管线圈，因此它具有较大的电感。它也可用两根并联、匝数相等、绕向相反的电阻丝构成，这种线绕电阻的电感量很小，通常称为无感电阻。线绕电阻能承受更大的脉冲功率，主要用于负载、电流采样和限流电阻。

表 3.1.2　主要电阻选择指南

电阻类型	可能应用场合
碳质	没有限制，可用金属膜电阻代替
金属膜	一般应用
线绕(有感，滑线电阻)	负载电阻
线绕(无感)	用于高频电流采样，如开关电流波形检测
分流器	用于大电流采样
PCB 线	当成本比精度更重要时用于电流采样

3.1.2　电阻值与公差

电路设计时，有时计算出的电阻值为 15.78 kΩ 或 87.5 Ω，这些电阻值有标称值吗？实际上，电阻的标称值是近似以十进制对数分布的，如 1 kΩ、10 kΩ、100 kΩ 等。根据公差不同，有不同的十进制电阻标称值(如 E6、E12、E24 和 E48 等)。

使用最多的是公差 5%(E24)的电阻，标称值如表 3.1.3 所列，例如标称值 1.2 系列，有 1.2 Ω、12 Ω、120 Ω、1.2 kΩ、12 kΩ、120 kΩ 和 1.2 MΩ 等。

表 3.1.3 公差为5%电阻标称值系列(E24)

序号	标称阻值	序号	标称阻值	序号	标称阻值	序号	标称阻值	序号	标称阻值
1	1.0	6	1.5	11	2.4	16	3.9	21	6.5
2	1.1	7	1.6	12	2.7	17	4.3	22	6.8
3	1.2	8	1.8	13	3.0	18	4.7	23	7.5
4	1.3	9	2.0	14	3.3	19	5.1	24	8.2
5	1.4	10	2.2	15	3.6	20	5.6	25	9.1

产品设计时，希望元器件品种越少越好，同一标称值元件越多，批量越大，成本就越低。在小功率控制与保护电路中，如果没有特殊要求而又对电路性能没有明显的影响时，应尽量采用相同的标称值，这样可降低电源成本。如果做一个分压器(即电阻比)，其中一个总可以采用10 kΩ电阻。一般以色环表示电阻的阻值、公差。有时还用色环表示可靠程度，表3.1.4为电阻色环定义。

表 3.1.4 电阻色环定义

颜色	黑色	棕色	红色	橙色	黄色	绿色	蓝色	紫色	灰色	白色
有效数字	0	1	2	3	4	5	6	7	8	9

用色环表示电阻值主要应用在圆柱形电阻器上，如：碳膜电阻、金属膜电阻、金属氧化膜电阻、线绕电阻等。一般当电阻的表面不足以用数字标示法时，就会用色环标示法来表示电阻的阻值、公差、规格，色环主要分为两部分，即阻值部分和精度部分。

第1部分靠近电阻前端的一组用来表示阻值。例如39 Ω、39 kΩ、39 MΩ等两位有效数的电阻值，用前三个色环来代表其阻值；又如69.8 Ω、698 Ω、69.8 kΩ等三位有效数的电阻值，用前四个色环来代表其阻值，一般用于精密电阻的表示。第2部分靠近电阻后端的一条色环用来代表公差精度。

第1部分的每一条色环都是等距的，自成一组，容易和第2部分的色环区分。四色环电阻的识别：第1、2环分别代表两位有效数的阻值，第3环代表倍率，第4环代表误差。五色环电阻的识别：第1、2、3环分别代表3位有效数的阻值；第4环代表倍率；第5环代表精度等级。如果第1条色环为黑色，一般用来表示为绕线电阻器，第5条色环如为白色，一般用来表示为保险丝电阻器。如果电阻体只有中间一条黑色的色环，则代表此电阻为零欧姆电阻。

表3.1.5为电阻色环与数量级定义，表3.1.6为电阻色环与公差的关系，表3.1.7为色环电阻的失效等级(1000小时损坏电阻的百分比)。

表 3.1.5 电阻色环与数量级定义

颜色	黑色	棕色	红色	橙色	黄色	绿色	蓝色	紫色	灰色	白色	金	银
数量级	10^0	10^1	10^2	10^3	10^4	10^5	10^6	10^7	10^8	10^9	10^{-1}	10^{-2}

表 3.1.6 电阻色环与公差的关系

颜色	金色	银色	棕色	红色	绿色	蓝色	紫色	白色	无色
允许公差	±5%	±10%	±1%	±2%	±0.5%	±0.25%	±0.1%	20%～50%	±20%

表 3.1.7 色环电阻的失效等级(1000 小时损坏电阻的百分比)

等级	1%	0.1%	0.01%	0.001%
颜色	棕色	红色	橙色	黄色

如图3.1.1(a)所示,是一个四色环电阻,第1环是十位数,第2环是个位数,第3环是应乘颜色代表的数字次幂,第4环是精度。阻值为

$$R=(12\times10^2\pm5\%)\Omega=1.2\times(1\pm5\%)\text{k}\Omega$$

图3.1.1(b)是一个五色环电阻,在进行电阻识别时,先从电阻的底端找出代表公差精度的色环,例如,金色代表±5%,银色代表±10%。再读后面的色环数值,即第1、2环红色表示数字2,第3环黑色表示数字0,第4环棕色表示10^1,第5环金色表示精度等级为±5%,则电阻值为

$$R=(220\times10^1\pm5\%)\Omega=2.2\times(1\pm5\%)\text{k}\Omega$$

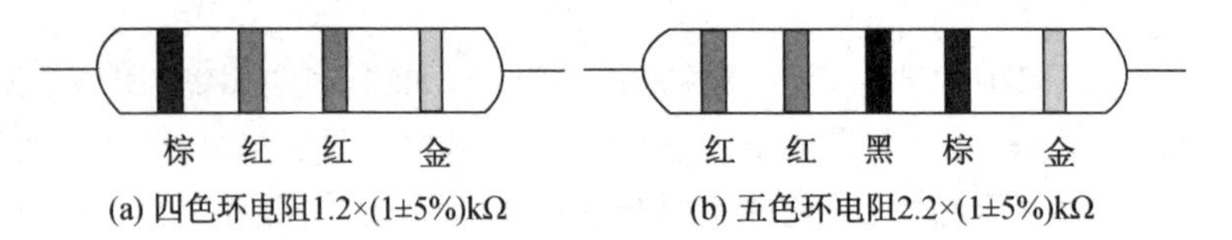

(a) 四色环电阻1.2×(1±5%)kΩ　(b) 五色环电阻2.2×(1±5%)kΩ

图 3.1.1 色环电阻举例

色环电阻是应用于各种电子设备最多的电阻类型,无论怎样安装,都能方便地读出其阻值,便于检测和更换。但在工程实践中发现,有些色环电阻的排列顺序不甚分明,往往容易读错,在识别时,可运用如下方法进行判断:

(1) 先找标志误差的色环,从而排定色环顺序。

最常用的表示电阻误差的颜色是:金、银、棕,尤其是金环和银环,一般绝少用于电阻色环的第1环,所以在电阻上只要有金环和银环,就可以基本认定这是色环电阻的最末一环。

(2) 棕色环是不是精度等级标志的判别。

棕色环既常用作误差环,又常作为有效数字环,且常常在第1环和最末一环中同时出现,很难识别是不是第一环。识别时可以按照色环之间的间隔加以判别。例如,一个5色环的电阻,第5环和第4环之间的间隔比第1环和第2环之间的间隔要宽一些,用这个方法就可以判定色环的排列顺序。

(3) 在仅靠色环间距还无法判定色环顺序的情况下,还可以利用电阻的生产序列值来加以判别。

例如,有一个电阻色环读序是:棕、黑、黑、黄、棕,那么其值为:$100\times10^4\ \Omega=1\ \text{M}\Omega$,误差为1%,属于正常的电阻系列值;若反顺序读:棕、黄、黑、黑、棕,那么其值为140 Ω,

误差为1%。显然按照后一种排序读出的电阻值，在电阻的生产系列中是没有的，故后一种色环顺序是不正确的。

在印刷电路板上最大可以应用多大电阻？实际上，最大阻值受印刷电路板两点之间的绝缘电阻限制。特别是表面贴装的元件，电阻引线端的距离很近，严重时，两端之间漏电阻可能达到等效1～10 MΩ。因而，如果要把100 MΩ电阻放到电路中，它与漏电阻并联，那么最终得到的是1～10 MΩ，而不是100 MΩ。例如运算放大器的反馈电阻就存在类似问题。所以除了特殊要求，一般避免使用1 MΩ以上电阻。如果一定要1 MΩ以上电阻（例如从输入电网取得偏置电流，又不希望电流太大）时，可以用多个1 MΩ电阻串联，以增加漏电距离。

3.1.3 最大电压

电阻有最大电压定额并不是功耗决定的，因为电阻上电压过高可能引起电弧。当采用表面贴装电阻时特别严重，因为电阻两端特别接近。如果电压大于100 V，应当检查连接到高压电路电阻的电压定额，当可靠性要求高时，只能用到电阻耐压的一半。

3.1.4 功率定额

为了增加电阻可靠性，不允许电阻损耗大于额定功率的一半，供给军用的电阻已经减额，例如，不会让军用电阻损耗功率超过军用电阻定额的70%，也即将1 W电阻标为0.5 W。军用型电阻（美国RN55或RN60），总是减额50%使用，即实际1/2 W的电阻标成1/4 W使用，可外观看起来像一个1/2 W电阻，使用时应仔细查看手册，确保安装在电路板上的电阻功率正确。

要是让1/4 W电阻损耗1/4 W，手册标明电阻能够处理这个功率，但实际使用时电阻会太热。像线绕电阻定额工作温度可能为270 ℃，这时高温度的电阻会发出难闻的气味，将会产生较大数值的漂移。

让1 W线绕电阻损耗1 W的功率，这种限制仅仅是稳态要求。对于短时间，线绕电阻可以处理的功率比额定功率大而不损坏，对于其他电阻类型并不如此。尽管短时间没有问题，还是应当严格遵循其最大功率定额，例如可以安全使用100 mW非线绕电阻，加100 mW功率损耗持续100 ms，但是多次冲击还是会造成电阻短路。

【例题3.1.1】 有一个幅值为40 V的持续100 ms的短脉冲加在一个10 Ω线绕电阻上。功率$P=(40^2/10)\text{W}=160\text{ W}$，问是不是需要200 W的电阻？

【解答】 表3.1.8所列是Dale Electronics提供的选择电阻的方法。可以计算加到电阻的能量，$E=P\times t=160\text{ W}\times 0.1\text{ s}=16\text{ J}$，然后能量除以电阻，$E/R=16\text{ J}/10\ \Omega=1.6\text{ J}/\Omega$。

从表3.1.8的第一栏找到J/Ω，大于计算值的项：第一个是2.46 J/Ω，向右找到大于10 Ω的电阻是10.11 Ω。再向上求得这可能是G-10电阻，它是10 W电阻，有较大富余的容量。Dale Electronic指出，这只对宽度为100 ms以下的脉冲且是线绕电阻有价值。长脉冲应根据“短时过载”定额，而无感（线绕）电阻取本表给出的脉冲定额的4倍。

表 3.1.8 能量电阻关系

单位电阻能量 (J/Ω或 Ws/Ω)	电阻值/Ω									
	EGS-1 RS1/4 G-1	EGS-2 RS1/2 G-2	EGS-3 RS-1A G-3	RS-1B	RH-5 ESS-2B RS-2B G-5	RS-2C	RH-10 PH-10 G-6 G-8	RH-25 EGS-10 RS-5 RS-5-69 G-10	RS-7 G-12	RH-50 ESS-10 RS-10 RS-10-38 G-15
13.9×10^{-6}	3480	4920	10.4k	15k	24.5k	32.3k	47.1k	90.90k	154k	265k
20.3×10^{-6}	2589	3659	7580	11.4k	18.69k	24.19k	31.79k	69.40k	1114.9k	197k
28.7×10^{-6}	1999	2829	5840	7960	14.19k	18.29k	26.99k	51.70k	8k	152k
39.5×10^{-6}	1549	2189	4630	6190	10.89k	13.69k	20.69k	40.40k	68.59k	111k
53.1×10^{-6}	1239	1749	3630	5280	8600	11.39k	16.69k	31.40k	54.39k	93.50k
70.0×10^{-6}		1414	2920	4280	6980	9250	13.59k	25.90k	44.19k	75.50k
90.6×10^{-6}	1000	1149	2740	3510	6550	7560	11.09k	24.50k	36.79k	71.50k
145×10^{-6}	670	947	1960	2870	4650	6260	8910	17.30k	29.50k	50.60k
221×10^{-6}	492	684	1420	2060	3370	4560	6570	12.70k	20.59k	37.40k
324×10^{-6}	355	502	1040	1510	2460	3270	4820	9220	15.69k	26.90k
460×10^{-6}	272	384	792	1160	1860	2480	3640	7000	11.89k	20.40k
632×10^{-6}	206	291	615	909	1340	1920	2840	5460	9240	15.70k
850×10^{-6}	167	236	487	713	1150	1530	2260	4310	7320	12.40k
1.12×10^{-3}	131	186	393	572	935	1201	1800	3850	5900	10.0k
2.07×10^{-3}	96.3	136	283	415	571	910	1250	2840	4260	7540
3.54×10^{-3}	65.1	92.0	192	255	454	601	875	1690	2870	4920
5.67×10^{-3}	45.7	64.5	134	196	313	424	617	1160	2030	3460
8.65×10^{-3}	33.2	47.0	97.7	142	227	307	444	843	1470	2510
12.7×10^{-3}	23.8	33.6	71.1	103	168	222	310	622	1073	1840
20.4×10^{-3}	17.9	25.3	51.8	75.8	122	163	237	447	777	1340
33.2×10^{-3}	12.2	17.2	36.1	52.8	85.5	113	165	320	544	932
56.7×10^{-3}	8.22	11.6	24.2	34.6	57.8	76.3	111	215	364	618
55.3×10^{-3}	6.06	8.566	16.9	25.6	42.1	55.5	70.3	156	263	451
90×10^{-3}	4.47	6.32	12.3	19.4	31.6	40.5	51.0	116	201	343
0.153	2.98	4.07	8.52	13.1	21.1	27.9	40.8	78.5	133	229
0.245	2.18	3.09	6.28	9.19	14.8	19.6	28.6	55.4	95.0	160
0.374	1.50	2.13	4.57	6.49	10.8	14.2	21.0	40.2	68.2	117
0.589	1.12	1.59	3.27	4.89	7.86	10.3	14.9	22.0	49.0	84.1
0.9443	0.780	1.10	2.31	3.13	5.46	7.22	10.6	20.0	34.4	59.3
1.52	0.542	0.773	1.61	2.35	3.80	5.13	7.40	14.1	24.2	41.5
2.46	0.383	0.538	1.13	1.67	2.69	3.56	5.47	10.11	17.2	29.4
3.76	0.271	0.394	0.829	1.22	1.99	2.61	3.81	7.36	12.4	21.4
5.89			0.591	0.861	1.41	1.84	2.15	5.24	8.87	15.1
9.77										11.29
6.57	0.178	0.280	0.423	0.644	0.999	1.36	2.00	3.52	5.49	7.09
16.6	0.105	0.121	0.210	0.366						

3.1.5　可变电阻

功率可变电阻的功率范围在数十瓦到1 kW之间，作为可变电阻，可以用滑动臂短接部分线圈电阻，如果短接电阻的一半，也只能损耗一半功率，例如，300 W的变阻器，一半电阻上损耗的功率不大于150 W的功率。实际上，应当根据变阻器功率和阻值计算出变阻器允许的电流，只要流过变阻器的电流不超过其电流限值，就大可不必担心调节负载时烧坏变阻器。但是，在调试中有时未必能注意到负载电流大小，仍有可能超过电阻功率限值，最好的解决办法是与变阻器串联一个计算好功率的固定电阻，这样即使可变电阻调到零，损耗也不会太大。

小功率可变电阻可用作电位计，有碳膜和线绕电位器。在电路中常常用作电流和电压调节。虽然调试方便，但需要人工调试，增加成本。其次，可变电阻有滑动部分，接触点的可靠性受环境（如潮湿、触头生锈、污染和振动）的影响。因此，如果希望高可靠性且低制造成本，一般采样电路最好不用电位计。因基准电压一般十分准确，设定固定电压（电流），总可以在标准阻值中找到需要的相应比例的阻值。如果在5%误差序列中找不到，则应该使用1%电阻，尽量不去使用电位计。

3.1.6　电阻的电感和电流检测电阻

线绕电阻是有电感的，即使是碳膜、金属膜或金属氧化膜等，为了增加阻值，通常也要刻成螺旋线增加电阻几何长度，同样具有电感量。小功率电阻一般用在小信号电路中，电感影响不大，一般不注意电阻的电感问题。普通线绕电阻具有较大的电感量，如果用电阻检测电流，不能正确反映电流波形和给出正确的电流读数。在典型开关频率，显得感抗相当大，感抗可能大于电阻值，特别是在电流跃变部分 di/dt 很大，引起很大的电压尖峰。图3.1.2所示是电流采样电阻 R_s 上的电流和电压波形。某些制造厂生产一种特殊的线绕无感电阻，具有很低的电感（虽然不为零），当然这种电阻价格稍高些。

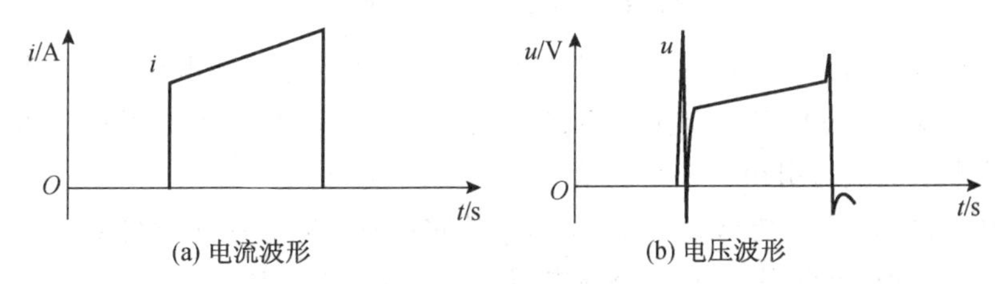

图3.1.2　电阻的电感对波形影响

测量大电流的电流表，电流大部分流过与表并联的小电阻，这个小电阻称为分流器。流过分流器的大电流引起发热，为稳定分流器端电压，分流器应当是一个温度系数几乎为零的金属条，通常为锰铜或康铜。分流器的尺寸按检测电流需要的电阻定，也具有电感，这就限制了它的应用。例如满载100 A的电流在分流器上产生100 mV的压降（英美标准满载电流电压是100 mV或50 mV，中国是75 mV），其电阻为100 mV/100 A=1 mΩ，分流器使用的金属长大约为2.5 cm，具有的电感为20 nH。这样器件的

传递函数在频率为 $f=R/(2\pi L)=1\ \mathrm{m\Omega}/(2\pi\times20\ \mathrm{nH})=8\ \mathrm{kHz}$ 时的增益为 0 dB。为减少电感的影响,可以加大检测电压(增加电阻值)或用多个金属条叠装并联来减少电感,在后面的章节中将介绍用差动放大消除分流器电感对信号的影响。

在大电流时,为减少检测电阻损耗,检测电阻比较小,连线电阻(或压降)可以和检测电阻比较,如果处理不好,则会大大影响测量精度,且不易控制。

图 3.1.3(a)所示是功率因数校正 PFC 电流检测电路。从接地端来说,控制芯片的地端与输入电压的负端同电位,如果从检测电流的 I_{s-} 直接连到"—",将使得 a 点到"—"的地线阻抗 R_g 包含在检测信号中;如果 I_{s+} 端不是连接到检测电阻 R_s 的 b 端,而是接到 c 点,那么检测信号中不仅包含输入电流,而且还包含了功率开关导通电流在 b 到 c 的电阻压降;如果连接到 d 点或 e 点,则包含了输出纹波电流在 b 到 e 的电路阻抗压降。图 3.1.3(b)所示为电流型控制的电流检测电路,直接将 I_{s-} 和 I_{s+} 连到 R_s 端。一般电流放大器输入电阻很大,为减少检测电阻电感和 MOSFET 输入电容在 MOFS-FET 开关开通与关断时在 R_s 上开始和终了的尖峰电压,通常需将 R_s 上的电压用 RC 低通滤波器进行滤波,通常选择滤波电阻 R 在 2 kΩ 以下,电容约 1000 pF。

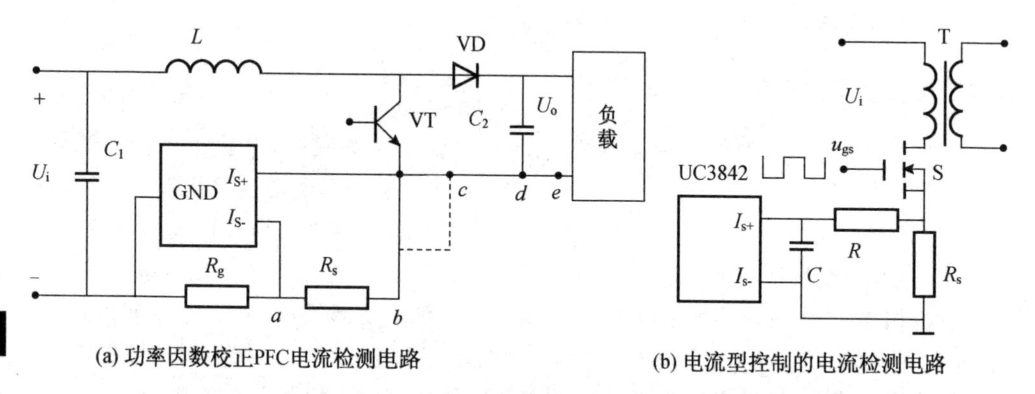

(a) 功率因数校正PFC电流检测电路　　(b) 电流型控制的电流检测电路

图 3.1.3　电流检测电阻的连接

减少连线电阻影响,检测电阻两端连线,决不能就近连接同电位点,应单独双线引到 I_{s-} 和 I_{s+} 端。为避免单线检测,利用分流器原理生产专用检测电阻——四端无感电阻,在检测电阻两端再引出两个检测信号线,提供信号输出。

印刷电路板 PCB 导电线是一段铜箔,当然它也有电阻。在测量精度要求不高的场合,例如过流保护,可以用 PCB 电路线电阻作为电流检测电阻。在这种情况下,既没有附加大的损耗,也不提高成本。

当然,电阻精度由 PCB 线的尺寸精度决定,还必须考虑到铜的温度系数为 $1.0039\Delta T$,温度升高检测电阻上的电压值会随温度增加而增加。如果铜皮厚度为 35 μm,室温(20 ℃)下铜皮线的电阻(mΩ)由下式决定

$$R=0.5l/d \tag{3.1.1}$$

式中:l 和 d 分别为 PCB 线长度和宽度(cm)。

如果铜皮厚度为 70 μm,式(3.1.1)中系数 0.5 可改为 0.25。

为了防止腐蚀，增加易焊性，或扩展电流容量，印刷电路板上铜皮镀金、银或焊锡，就不能按式(3.1.1)计算电阻。

开关电源中可能使用的金属电阻率如表3.1.9所列。

表3.1.9 用在开关电源中的金属电阻率(25 ℃)

金 属	铜	铜(镀金)	金	铅	银	银(镀金)	锡-铅	锡
电阻率/($10^{-6}\Omega\cdot cm$)	1.75	1.82	2.2	22.0	1.5	1.8	15	11

3.1.7 表面贴装元件

为降低成本、产品小型化，在产品中广泛采用表面贴装元件SMT。表面贴装元件外形尺寸标准化，如表3.1.10所列。表面贴装电阻规格与插件电阻相同，但电压定额较低。

表3.1.10 表面贴装元件尺寸表

尺寸代号	外形及尺寸		
	L/mm	W/mm	H/mm
0603	1.60	0.80	0.80
0805	2.00	1.25	1.25
0907	2.25	1.80	1.25
1006	2.50	1.60	1.50
1008	2.50	2.00	1.50
1206	3.20	1.60	1.27
1210	3.20	2.50	2.25
1805	4.50	1.25	1.25
1808	4.50	2.00	2.00
1812	4.50	3.20	2.25
2220	5.70	5.00	2.25
2225	5.70	6.30	2.25
3035	7.50	9.00	2.50
3225	8.00	6.30	2.50

3.1.8 压敏电阻

压敏电阻器是一种具有瞬态电压抑制功能的元件，一般用于电路浪涌和瞬变防护电路，可以用来代替瞬态抑制二极管、齐纳二极管和电容器的组合。压敏电阻器可以对集成电路等重要元件以及其他电路和设备进行保护，防止因静电放电、浪涌及其他瞬态电流(如雷击等)而造成对它们的损坏。使用时只需要将压敏电阻器并接于被保护的电路上，当电压瞬间高于某一数值时，压敏电阻器阻值迅速下降，导通大电流，阻止瞬间过压而起到保护作用,当电压低于压敏电阻器工作电压时,压敏电阻器阻值极高,近乎开路,所以不会影响器件或电气设备的正常工作。

压敏电阻器(Voltage Sensor Resistor,VSR)是一种新型过压保护元件。压敏电阻器是以氧化锌为主要材料而制成的金属-氧化物-半导体陶瓷元件,构成压敏电阻的核心材料为氧化锌,它包括氧化锌晶粒和晶粒周围的晶界层,氧化锌晶粒的电阻率很低,而晶界层电阻率很高,相接触的两个晶粒之间形成一个相当于齐纳二极管的势垒,成为一个压敏电阻单元,许多单元通过串联、并联组成压敏电阻器基体。压敏电阻器在工作时,每个压敏电阻单元都承担浪涌能量,而这些压敏电阻单元大体上均匀分布在整个电阻体内,整个电阻体都承担能量,而不像齐纳二极稳压管那样只是结区承担电功率,其电阻随端电压变化而变化。

1. 压敏电阻的结构特点和工作原理

压敏电阻器的主要特点是工作电压范围宽(6～3000 V,分若干档),对过压脉冲响应快(纳秒级),耐冲击电流的能力强(100～20000 A),漏电流小(微安级),电阻温度系数小,性优价廉,体积小,是一种理想的保护元件,可以构成过压保护电路、消噪电路、消火花电路、吸收回路。

压敏电阻内部结构和外形如图 3.1.4 所示。

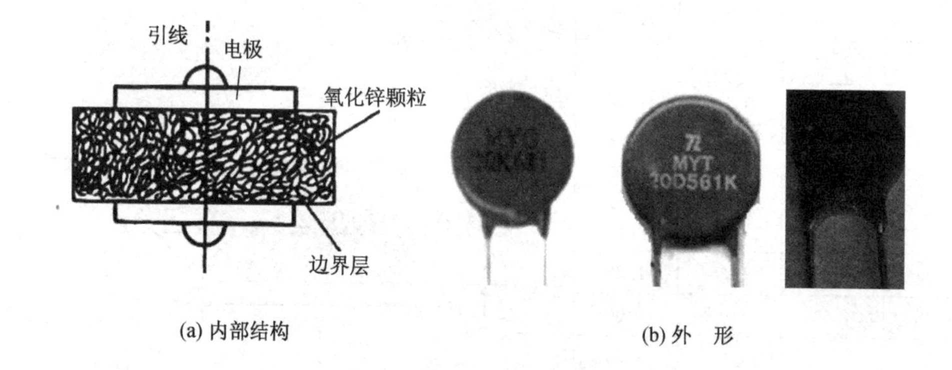

(a) 内部结构　　(b) 外　形

图 3.1.4　压敏电阻的内部结构和外形

图 3.1.5 所示是压敏电阻在电路中的工作波形,图(a)表示在供电网络叠加有过电压脉冲时,接压敏电阻后,过电压峰值波形削平,限制在一定的幅度内。图(b)表示在开启或关闭带有感性、容性的负载电路时,直流波形出现开关尖脉冲,压敏电阻在电路中能吸收这种反电动势,从而有效地保护开关电路不受损害。

常用的压敏电阻有碳化硅压敏电阻和氧化锌压敏电阻,其中氧化锌压敏电阻应用更为广泛。它是以氧化锌为主要原料,添加多种微量金属氧化物,经混合成型、烧结装配而成的一种新型理想的过压保护器件。它的导电值随施加电压的改变而呈非线性变化。人们称它为压敏电阻或浪涌吸收器。

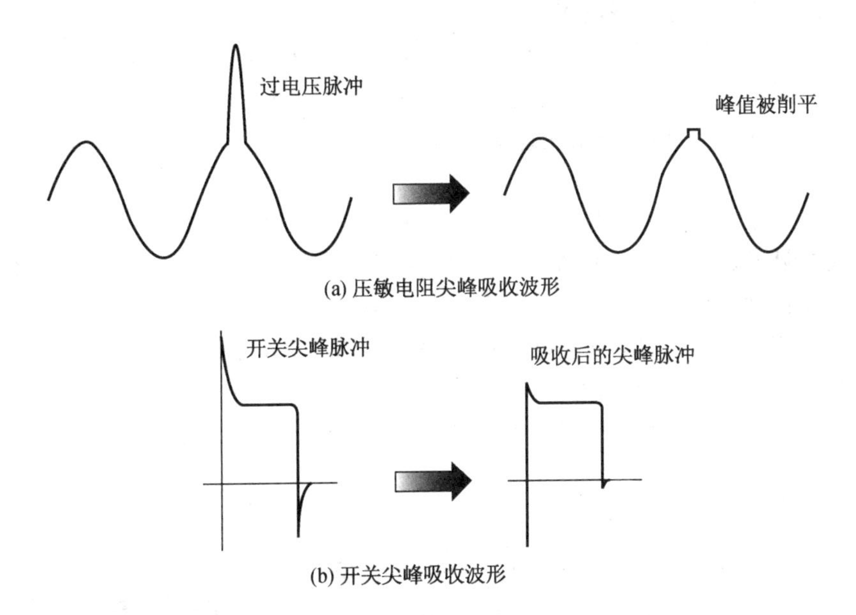

图 3.1.5 压敏电阻典型的工作波形

2. 压敏电阻的主要电参数术语

(1) 标称电压或压敏电压 U_{1mA}：在直流电压条件下，压敏电阻流过规定的电流时，压敏电阻的端电压称为压敏电阻的压敏电压。一般规定，当压敏电阻流过直流 1 mA 时的端电压称为压敏电压 U_{1mA}。对于直径 5 mm 或更小尺寸的压敏电阻，则以 0.1 mA 为标称电压测量点，对于低电压大直径产品，也有以 20 mA 来表示标称电压的。

(2) 测试电流 I_{1mA}：与压敏电压相对应的电流称为测试电流，通常测试电流规定为直流 1 mA。

(3) 电压比：压敏电阻流过规定大小的电流时产生的直流压降与压敏电压的比值称为电压比。

(4) 电压温度系数：在规定的温度范围内和规定的脉冲电流条件下，当压敏电阻体内温度改变 1 ℃时，电压相对变化百分比称为电压温度系数。

(5) 通流量：按规定的时间间隔和次数，在压敏电阻上施加规定的标准电流波形冲击后，压敏电阻的压敏电压变化率小于或等于技术条件中所规定的值时，通过的最大电流值称为浪涌通流容量，简称通流量。

在规定时间(8 μs/20 μs)内，允许通过脉冲电流的最大值。其中脉冲电流从最大值的 90%到最大值的时间为 8 μs，峰值持续时间为 20 μs。

(6) 电压变化率：压敏电阻在冲击试验前后，压敏电压相对变化的百分比称为电压变化率。公式如下：

$$电压变化率=[(U_1-U_2)/U_1]\times 100\%$$

式中：U_1、U_2 分别为试验前后的电压。

(7) 漏电流(μA)：当元件两端电压等于规定电流下两端电压的 75%时，压敏电阻上所通过的直流电流称为漏电流。

(8) 额定功率 P：在规定的环境温度下压敏电阻的负荷功率称为额定功率。

(9) 固有电容 C_0：存储在压敏电阻两极间的电荷和施加在其上的电压之比。

(10) 残压 U_c：当压敏电阻流过某一脉冲电流时，在压敏电阻两端显现的电压峰值称为残压。

(11) 残压比 η：压敏电阻的残压值与压敏电压 U_{1mA} 的比值。

压敏电阻不是一般意义上的电阻。它是由用绝缘膜隔离金属氧化物(如氧化锌)颗粒构成的，国外称为 MOV(Metal Oxide Varistor)。如图 3.1.6 所示是压敏电阻的特性及其应用，图(a)是它的电气特性，为 $i=kU^{\alpha}$，k 是常数，α 在 30～40 范围内。在低电压下具有很大电阻，很小的漏电流；当加高电压时，压敏电阻中绝缘膜变成导体，电压稍微增加，电流急剧增大，类似于稳压管击穿特性，可以承受很大的瞬时功率。

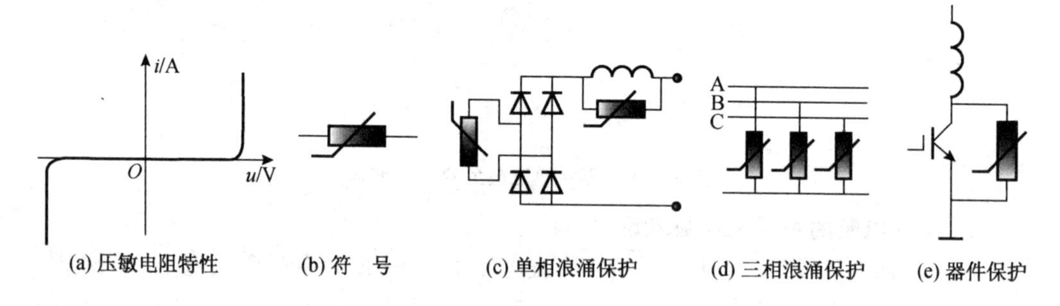

图 3.1.6　压敏电阻特性及其应用

压敏电阻经常并接在电源输入端的火线与火线、火线与中线之间，以及电感器件端作为浪涌和尖峰电压吸收元件。工作电压通常为击穿电压的一半即可。主要特性参数是击穿电压 U_B、残压比 η 和承受的损耗能量 W。

3.2　电容器

电容器是开关电源中不可缺少的电子元件，有各种规格、不同用途的电容器。以下将概要说明电容器的基本原理、规范和使用问题。

3.2.1　基本原理

导体上可以保留一定的电荷，即导体有存储电荷的能力。不过单独的导体存储电荷能力很弱，为了提高导体存储电荷的能力，需要将导体组成一定结构，这就是电容器。电容器的基本结构是由两块导电极板和中间隔离有不同的电介质(绝缘体)组成，如图 3.2.1所示。

如图 3.2.1 所示，如果将电容的两个导电极板接到一个电源上，则在电场力的作用下，正极板 A 的电子被电源吸走，留下正离子的正电荷，而向负极板 B 送入相应的自由电子的负电荷。移动电荷在电路中形成电流。两个极板上带有极性相反、数量相等的电荷,在极板间的介质中建立电场。电场方向由正极板指向负极板。这个电场阻止正极板正电荷增加和负极板负电荷增加,当极板间电位与电源电压相等时,电源停止向极板输送电荷,电路电流为零。电流流向正极板,外电源对电容做功,电容器存储了一定电场能量。如果将两个极板经过电阻短接,则极板上电荷会慢慢消失,电场能量释放转变为电阻发热。电容积累电荷建立电场的过程称为充电;释放电荷电场消失的过程称为放电。充好电的电容两个极板电压越高,存储的电荷越多,存储的能量就越大。

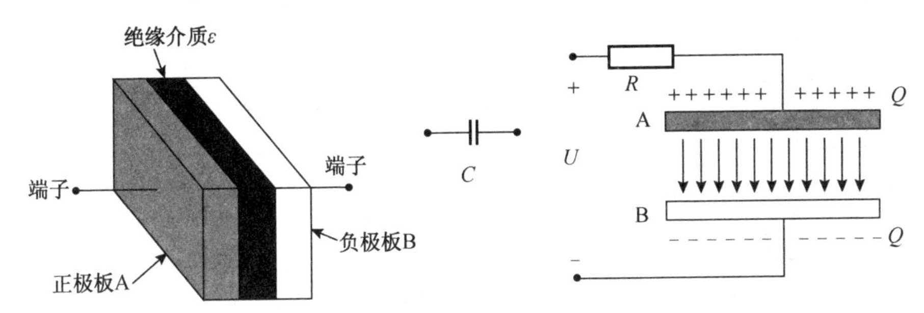

图 3.2.1　电容器结构示意图和符号

实验证明,对于固定结构的电容,极板所带电荷量与其端电压成正比。这个比值称为该电容器的电容量 C,即

$$Q=CU \tag{3.2.1}$$

则电容量

$$C=Q/U \tag{3.2.2}$$

如果 Q 为电荷量(C);U 为端电压(V),则电容的单位为法拉,等于 C/V,或秒/欧姆(s/Ω),简称法,用 F 表示。法拉太大,通常采用微法 μF($1\ \mu F=1\times10^{-6}$ F)、纳法 nF($1\ nF=1\times10^{-9}$ F)和皮法 pF($1\ pF=1\times10^{-12}$ F),而毫法(mF)使用较少。

一般电容器的电容量是常数,电荷量与电压成正比,这种电容称为线性电容。线性电容值的大小与电容器的形状、几何尺寸和介质性质有关,而与电荷量多少、电压高低无关。但有些介质受环境条件的影响,特别是温度影响,会发生变化,这是应当注意的。

在一般电路和设备中,很多地方存在着电容,例如,输电线之间、输电线与大地之间;变压器线圈之间、线圈层与层之间;晶体管三个电极之间,等等。这些通常称为分布电容,或寄生电容。这些寄生电容端电压发生变化跃变时,将产生很大的位移电流;或与分布电感产生谐振,可能引起很高频率的振荡与干扰。

3.2.2　电容量计算

如图 3.2.1 所示,是用一个绝缘体隔开两个电导体的电容器。如果两导体为相对平板,面积为 A(m²),隔开距离为 d(m),绝缘体介电常数 $\varepsilon=\varepsilon_0\varepsilon_r$,$\varepsilon_0=8.85\times10^{-12}$ F/m,为真空介电常数。绝缘介质的相对介电常数为 ε_r,则电容量为

$$C=\frac{\varepsilon A}{d}=\frac{\varepsilon_0\varepsilon_r A}{d}=\frac{\varepsilon_r A}{36\pi d}=8.85\,\frac{\varepsilon_r A}{d}\times10^{-6} \tag{3.2.3}$$

可见电容量与极板之间的介质有关,有些绝缘介质在电场中受电场影响产生极化作用,这些极化了的分子称为偶极子,这些偶极子顺着电场方向排列,加强了内部电场,相当于极板比真空多存储 ε_r 倍的电荷。这里的 ε 相似于磁性材料中的磁导率 μ,一些材料的相对介电常数如表 3.2.1 所列。

表 3.2.1 材料的相对介电常数

材料名称	相对介电常数 ε_r	材料名称	相对介电常数 ε_r
真空	1.0	橡胶	2.7
蒸馏水	8.0	云母	6~7.5
蜡纸	4.3	玻璃	5.5~8
聚丙烯	2.1	陶瓷	5.8
尼龙	3.55	氧化铝	7.5~10
聚酯薄膜	3.1	导热硅脂	3.9~4.3
人造云母	5.2	聚四氟乙烯	2.3~2.8

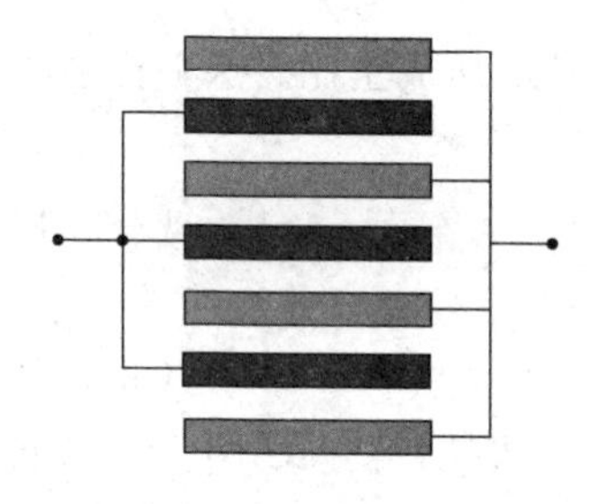

图 3.2.2 多极板电容

要增大容量应当增加极板面积 A 和减少绝缘厚度 d。为了增加面积 A,将极板叠成 n 块,如图 3.2.2 所示,这时电容量为

$$C=8.85(n-1)\frac{\varepsilon_r A}{d}\times 10^{-6} \tag{3.2.4}$$

减少极板之间的距离 d 可以增大电容量,极板之间充满介质,介质的厚薄和介电强度决定电容的电压定额。电容电压定额越高,电容介质厚度越大,体积也就越大,所以高耐压和电容量大,体积也越大。

【例题 3.2.1】 一高频变压器,初级和次级线圈都是铜箔,宽度为 4 cm,平均匝长为8 cm,次级 1 匝,初级 2 匝,初级分成两个 1 匝将次级夹在中间,初级与次级之间用蜡纸绝缘,纸厚度为 0.1 mm,求初级与次级之间的电容量。

【解】 蜡纸的相对介电常数 $\varepsilon_r=4.3$,极板面积 $A=4\times 8\ \text{cm}^2=32\ \text{cm}^2=3.2\times 10^{-3}\ \text{m}^2$,$n=3$,则初级与次级之间电容为

$$C=8.85(n-1)\frac{\varepsilon_r A}{d}\times 10^{-12}=\left(8.85\times 2\times\frac{4.3\times 32\times 10^{-4}}{0.1\times 10^{-3}}\times 10^{-12}\right)\text{F}=$$
$$2\,436\ \text{pF}=2.44\ \text{nF}$$

3.2.3 电路中的电容

如图 3.2.1 所示,当电容电压等于电源电压时,极板上电荷量的变化在电路中引起电流

$$i=\mathrm{d}Q/\mathrm{d}t \tag{3.2.5}$$

将式(3.2.1)代入式(3.2.5),得到

$$i = C\mathrm{d}U/\mathrm{d}t \tag{3.2.6}$$

电容上电压增加，电流流向电容正极板，给电容充电，建立电场能量；电容上的电压下降，电流由正极板流出，电容电荷减少，给电容放电。

电容上的电压不能突变，如果给一个电容加一个阶跃电压，$\mathrm{d}u/\mathrm{d}t=\infty$，那么充电电流 i 将会无穷大；如果把充好电的电容短路，那么放电电流也无穷大，但这是不可能的，没有瞬间功率为无穷大的源，也没有承受瞬间无穷大功率的负载，即建立电场和使电场消失都需要时间。事实上，电路中总存在寄生电阻和电感，限制了最大电流。这就是说，电容对阶跃电压一突加电压短路；当达到电源电压，电容电压不变时，电路电流为零，相当于开路；当电容放电时，电容上的电压不会突变为零，即电容上的电压变化瞬间，保持变化前状态的能力。如电容充电前电压为 0 V，当接通充电瞬间，仍保持 0 V，然后随着时间推移，电压慢慢增长；如原先为电压 10 V，当给它接通放电瞬间，它仍保持 10 V，然后随时间推移，电压逐渐下降，相当于电压源。

如果给电容用一个电流 i 充电，电容端电压为 u，则充入电容的能量为

$$W = \int_0^t ui\,\mathrm{d}t = \int_0^t uC\,\frac{\mathrm{d}u}{\mathrm{d}t}\mathrm{d}t = \int_0^U Cu\,\mathrm{d}u = \frac{1}{2}CU^2 \tag{3.2.7}$$

如果电容在 $t_1 \sim t_2$ 期间电压从 U_1 变化到 U_2，则电容能量变化为

$$\Delta W = \frac{C}{2}(U_2^2 - U_1^2) \tag{3.2.8}$$

如果按式(3.2.8)存储的能量，原电容电压为 U_1，放电到 $U_2=0$，则 $\Delta W = -\dfrac{CU_1^2}{2}$。由式(3.2.8)可见，电容存储的能量等于放出的能量，电容只存储能量，并不消耗能量。

如果将交流正弦波电压($u=\sqrt{2}U\sin\omega t$)加在电容上，则电容电流为

$$i = C\,\frac{\mathrm{d}u}{\mathrm{d}t} = \sqrt{2}C\omega U\cos\omega t = \frac{\sqrt{2}U}{1/\omega C}\cos\omega t = \frac{\sqrt{2}U}{X_C}\cos\omega t = I_m\sin(\omega t + \pi/2) \tag{3.2.9}$$

式中：$I_m=\sqrt{2}U/X_C$；$X_C=1/\omega C$ 为交流阻抗，即容抗。电流相位比电压超前 $\pi/2$，也即电容在 $0\sim\pi/2$ 期间，电流、电压都是正值，电源向电容输出能量，电容存储能量。而在 $\pi/2\sim\pi$ 期间，电压为正，电流为负，电容向电源返回能量，电容放电。充电能量等于放电能量，在一个周期内，平均能量为零，同样理想电容不消耗能量。

3.2.4 电容器的主要参数

在电容器的外壳上一般都标明电容器的主要参数：电容量、容量公差、额定电压和工作温度范围等。此外电容器还有损耗系数、纹波电流和 $\mathrm{d}u/\mathrm{d}t$ 能力等。

1. 容　量

电容量的误差较难控制，标称值比电阻少，如误差为 20% 的电容标称值有 1.0、1.5、2.2、3.3、4.7 和 6.8 等(E6)，误差为 10% 的电容标称值有 1.0、1.2、1.5、1.8、2.2、2.7、3.3、3.9、4.7、5.6、6.8 和 8.2 等(E12)。有些小型电容体积太小难标识，国外 1 μF 以下小型电容用纯数字表示，例如，1 μF 用 105 表示，681 表示 680 pF，473 表示

0.047 μF等。

由于电容规格比电阻少,而且价格贵,在计算时间常数或环路补偿时,先选择一个电容标称值,然后选择电阻达到需要的时间常数,这要比用几个电容合成一个特殊值电容方便得多。

电容器的误差有的用百分数表示,也有的用误差等级表示。允许误差分为±1%(00)级、±2%(0)级、±5%(Ⅰ)级、±10%(Ⅱ)级和±20%(Ⅲ)级等 5 级(不包括电解电容)。一般电解电容误差较大,如铝电解电容误差范围在-20%~+100%。色环电容的体积更小,容量与电阻色环代号一样,公差用英文字母表示,如表 3.2.2 所列。

表 3.2.2 色环电容误差值

F	G	C	D	J	K	M	Z
±1%	±2%	±0.25 pF	±0.5 pF	±5%	±10%	±20%	+80%~20%

印刷电路板上应用最小电容和最大电阻一样,也有限制。印刷电路板上两个靠得很近的导体之间的分布电容,可能会掩盖要接入的电容,所以除非特别小心处理,PCB上一般不要用小于22 pF的电容。

2. 电压定额

如果一个电容两端施加的电压达到某一定值,则电容器介质中的电场强度大于它的允许电场强度,这时绝缘介质中的电子被拉出来,产生雪崩效应,引起介质击穿。引起介质击穿的电压称为电容器的击穿电压。一般电容器击穿以后,它的介质从原来的绝缘体变成了导电体。也就是说介质不起绝缘作用,电容短路了,不再具有电容性质而损坏(金属膜电容和空气介质电容除外)。因此一般电容的外壳上都标有它最大工作温度下的额定工作电压。

电容的击穿电压与介电强度有关。介电强度是室温下电介质承受的最高峰值电压。它是按规定的额定电压倍数串联一个每伏 100 Ω 电阻限流,试验 1 min 来测试的。

电容器上标明的额定工作电压值一般有直流(DC 或符号"-"表示)和交流(AC 或符号"~"表示)之分。一般极性电容只允许工作在直流电路,纹波交流幅值相对于直流偏置很小;无极性电容既允许在直流电路工作,也允许在交流电路工作。但由于交流损耗限制,交流允许电压一般比直流电压低,并随工作频率增加而降低。

额定工作电压一般比击穿电压低。尽管如此,实际电路中最高直流电压不应当超过电容器额定电压的 80%。

3. R_{esr}与损耗系数 DF

任何电容都可等效为图 3.2.3 所示电路。图中 R_s 为漏电流等效电阻;R_{esr}(equivalent series resistance)为等效串联电阻;L_{esL} 为等效串联电感(equivalent series inductance);C 为电容本身的电容量。一般 R_s 很大,通常不予考虑,电容的等效阻抗为

$$Z=R_{esr}+j\omega L_{esL}-j\frac{1}{\omega C} \tag{3.2.10}$$

图 3.2.3 中的特性曲线对应式(3.2.10),低频时($f<f_c$),容抗远远大于 R_{esr} 和

L_{esL}；随着频率增高，容抗降低，当达到电容 C 与 L_{esL} 谐振时，等效阻抗最小，等于该频率下的 $R_{esr}(f=f_c)$；当频率进一步增加，容抗与 L_{esL} 的感抗比较可以忽略，阻抗随频率增加而增加($f>f_c$)。

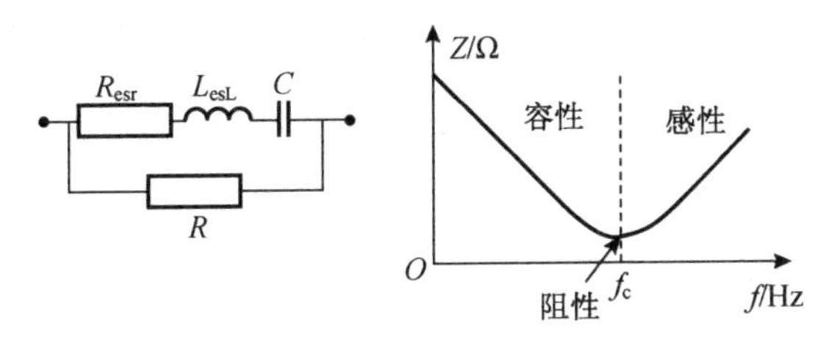

图 3.2.3　电容等效电路及特性图

R_{esr}是纯电阻，它包含引线焊接电阻、引线电阻以及极化损耗电阻。在电容手册中规定了给定频率下电容的等效串联电阻 R_{esr}，或者给出规定频率(例如 1 μF 以上测试频率为 120 Hz，1 μF 以下测试频率为 1 kHz)测试的损耗角 $\tan\delta=\omega CR_{esr}$，或损耗系数

$$\mathrm{DF}=\frac{2\pi fCR_{esr}}{10\,000}=2\pi fCR_{esr}\times 10^{-4} \tag{3.2.11}$$

式中：DF 为无量纲数，用百分数表示(%)；电容 C 单位为 μF；测试频率 f 单位为 Hz；R_{esr}单位为 Ω。

手册中测试频率为 50 Hz，$\mathrm{DF}=0.003\,14CR_{esr}$。如果测试频率为 60 Hz，$\mathrm{DF}=0.003\,77CR_{esr}$，或

$$R_{esr}=\left.\frac{314}{100C}\right|_{50\text{ Hz}} \quad 或 \quad R_{esr}=\left.\frac{377}{100C}\right|_{60\text{ Hz}} \tag{3.2.12}$$

4. 纹波电流和 $\mathrm{d}u/\mathrm{d}t$ 定额

电容温升是电阻损耗引起的，为了保证电容的寿命，像电解电容规定允许纹波电流值，而有些电容规定脉冲能力，即 $\mathrm{d}u/\mathrm{d}t$，一般用 V/μs 表示。各种型号的不同电压定额和容量允许的纹波电流和脉冲倍数都不一样，产品手册中可以查到。引起电容发热的纹波电流是有效值。如果电容发热或爆裂，而电压定额选择正确的，则肯定是纹波电流超过该电容的纹波电流允许值，所以要么选择较大允许电流的电容，要么用几个电容并联，减少每个电容的纹波电流。

谐振和缓冲吸收电路中，通常采用不同类型的金属化塑料电容，谐振电流在 R_{esr}上损耗很大，电容尺寸受到限制。某些薄膜电容、云母的 $\mathrm{d}u/\mathrm{d}t$ 定额，就是允许电流 $i=\mathrm{d}Q/\mathrm{d}t=C\mathrm{d}u/\mathrm{d}t$，为了证实电容定额是否恰当，需在电路中测量。不论是测量通过电容的电流，还是它的 $\mathrm{d}u/\mathrm{d}t$，需要宽带放大器精确测量 $\mathrm{d}u/\mathrm{d}t$，但必须注意测量电流回路不引入不必要电感。总之，要确认用的电容 $\mathrm{d}u/\mathrm{d}t$ 定额是正确的，否则电容可能自行损坏。

3.2.5　电容类型和应用场合

电容器使用的介质不同，电容的电气特性也不同。电容根据电介质不同来分类，有纸介电容、云母电容、陶瓷电容、铝电解电容、钽电解电容、有机薄膜电容和空气介质电

容等。有机薄膜电容又分聚乙烯电容、涤纶(聚酯)电容、聚丙烯电容、聚四氟乙烯电容和聚碳酸酯电容等。电解电容是极性电容,电容量较大,在极板之间有电解液,一个方向承受较高的直流电压,另一个方向承受电压很低,常用于直流电路。有机薄膜电容分为金属化和金属箔电容。金属化电容是在有机介质(纸、聚酯等)薄膜上喷涂金属(例如铝)膜层做成的极板,称为金属化电容;而金属箔电容是金属碾扎很薄的箔或膜,与介质交替叠层做成的电容。前者具有更小的体积,而后者具有更好的电气特性。国家标准规定电容型号的第一个字母用C表示电容,后面的字母表示介质材料、电容形状、结构和大小,字母的意义如表3.2.3所列。

表3.2.3 国产电容符号意义

类 别	名 称	字 母	类 别	名 称	字 母
介质材料	纸介	Z	介质材料	钽氧化膜	A
	电解	D		铌氧化膜	N
	云母	Y	结 构	密封	M
	瓷介	C		塑料壳	S
	聚四氟乙烯	F		金属化	J
	混合介质	H		交流	J
	聚酯(涤纶)	L	外 形	小型	X
	聚丙烯	B			

在电源中应用了相当多种类的电容,有输出和输入滤波电容、高频旁路电容、谐振缓冲电容、电磁兼容滤波电容以及振荡定时电容等,并且每种应用对电容要求都不同,使用的电容种类也不同,应根据要求选择电容。

1. 极性电容——电解电容

电解电容器是极性电容器,根据电解质不同又可分为铝电解电容、钽电解电容和铌电解电容。根据电解液状态不同分为液态电解电容和固态电解电容。一般没有特别指明的电解电容都是液态电解电容。在电源输出和输入端,直流滤波最普遍应用的且价廉的是铝电解电容,常说的电解电容就是指液态铝电解电容(CD)。

电解电容的结构形式主要有插脚引线型、轴向引线型、插入式焊接脚、螺柱型和表面贴装型(SMT)等。

电解电容有非常多的规格,并有所需要的电压定额和容量。电压定额越高电容量越大,体积尺寸越大。电解电容容量在1 μF以上,最低电压定额为6.3 V,低电压容量可以达到2.7 F。最高电压定额为550 V。现在的超级电容可达10 F以上,但电压很低。

1) 铝电解电容

在开关电源中输入和输出滤波,都使用铝电解电容,但对开关电源的可靠性指标(MTBF)影响最大的元件就是铝电解电容。

(1) 结　构

铝电解电容是极性电容，阳极与阴极之间可以承受较高的正向电压，而反向仅承受1 V以下的电压，否则会被击穿。除了小型表面安装技术(SMT)固态小电解电容外，铝电解电容还有卷绕的电容单体(Cell)，电极之间充满电解液，极板出头连接到引出接线端，并将电容单体密封在一个壳体内。单体是由多孔的表面阳极化绝缘的阳极铝箔，带有饱和电解液的隔离纸和阴极纯铝箔组成的。

实际上，电容出现在阳极箔膜和电解液之间。正极板是阳极箔，电介质是阳极箔上绝缘的氧化铝；负极板实际与液体电解液电气连通，而阴极箔仅作为连接电解液用。

铝电解电容的阳极和阴极使用的都是0.02～0.1 mm高纯度铝箔。为了增加极板面积和电容量，将铝箔腐蚀以产生数十亿穿透铝箔的通道来增加与电解液接触的表面。低压电容腐蚀形成的表面积比铝箔平面大100倍，而高压电容腐蚀形成的表面积比铝箔平面大20～25倍。阳极表面是氧化铝，是电容的良好的绝缘介质。通过加直流电压形成氧化铝(Al_2O_3)，氧化铝的厚度决定电容的电压定额，这就是所谓"化成"。一般化成电压是电容电压定额的135%～200%，这就是说，450 V耐压的电容，化成电压为600 V。

阳极铝箔、纸、阴极和纸交替间隔，卷绕成圆柱形，将极板出头焊接到端子上。纸隔离避免极板相碰或短路，并在隔离纸之间容纳电解液。电解液通常是一种溶剂和导电盐类。对于－20 ℃或－40 ℃电容的电解液溶剂是乙烯乙二醇(EG)；温度定额为－55 ℃电容是二甲基甲酰氨(DFM)或微克丁内酯(GBL)。水在电解液中起很大作用，增加电导率，减少电容的阻抗。但水降低了电解液的沸点，影响了电容的高温性能。容芯做好后，密封在壳体内，大多数外壳是铝材料。密封不严密，有安全阀，以防止内部压力过大而爆裂。

(2) 主要参数

① 工作温度和范围

工作温度是电容能保证给定电气性能的温度范围，是连续工作环境温度。高压电容允许较高的温度，但容量低。低温受电解液的低温电阻限制。低温比常温电阻(R_{esr})大10～100倍，而电容量大大减少。铝电解电容典型温度范围为－20～55 ℃、－25～85 ℃、－40～85 ℃、－55～85 ℃、－40～105 ℃、－55～105 ℃和－55～125 ℃等。

② 电容公差

电解电容公差较大，一般为±20%、－10%和＋50%。高压电容(150 V以上)误差小些，但不容易买到小于±10%的电解电容。电容量随温度和频率变化而变化。同时这种变化还与其额定电压和电容尺寸有关。从25 ℃到高温，限电容变化小于5%。当低于－40 ℃，容量值典型下降20%，而高压电容高达－40%。

③ 电容器频率特性

有效电容量随频率增加而减少。自谐振频率与电容量有关，在100 kHz以下。谐振时，电容表现为电阻性，而在谐振频率以上为电感性。不同引线端子(轴向引线型、插脚型、插针型、螺栓型)影响电感特性。典型轴向引线型电感小于20 nH，大电容的电感大些。图3.2.4为某电解电容频率特性，根据$Z=\sqrt{R_{esr}^2+(\omega L_{esr}-1/\omega C)^2}$和特性曲线可以看到，在频率约为30 kHz时，电容阻抗达到最小值。电容与等效串联电感谐振，阻抗为纯电阻性。低于谐振频率表现为容性；大于谐振频率表现为感性。

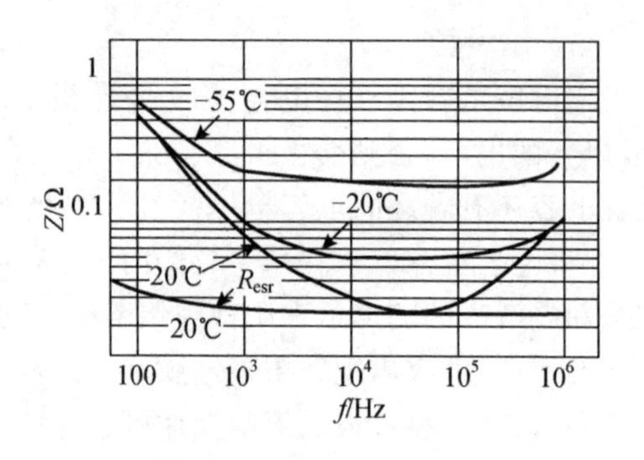

图 3.2.4 铝电解电容(16 V/2 200 μF)频率特性

④ 损耗系数 DF 和 R_{esr}

铝电解电容的损耗系数(Dissipation Factor,DF)是在 25 ℃、120 Hz、无直流偏置、最大交流正弦有效值电压小于 1 V 条件下的测试值。从常温到上限温度，损耗系数大约下降 50%；从常温到下限低温时，DF 大约增加 10 倍。而温度定额为－55 ℃的元件，在－40 ℃时 DF 增加小于 5 倍。DF 随频率升高而变化，可以表示为

$$DF = DF_{Lf} + 2\pi fCR_{esrHf}/10\ 000 \tag{3.2.13}$$

式中：DF 是总的损耗系数(百分比)；DF_{Lf}是低频损耗系数(百分比)；R_{esrHf}是高频时的 R_{esr}；f 是测试频率；C 为在测试频率时的电容量。

DF_{Lf}是由于氧化铝介质加电场时分子极化引起的功率损耗。R_{esrHf}是电容的连接端子(金属箔)、连接端子与电解液间、电解液以及电解液与绝缘端子垫间的电阻损耗。电解液与绝缘端子垫间电阻是主要部分，随频率变化很小。DF_{Lf}范围为 1.5%～3%。R_{esrHf}范围为 0.002～10 Ω，并随温度增加而减少。

R_{esr}和 DF 一样，也随频率变化。在低频时，R_{esr}随频率增加一直下降，在自谐振频率以上保持不变。自谐振频率一般在 100 kHz 以下。

如果频率不是 120 Hz 时需计算功率，需要知道新的频率下的 R_{esrf}。可以从每种电容纹波电流频率倍数推断 R_{esrf}值：

$$R_{esrf} = R_{esr120}/M_f^2 \tag{3.2.14}$$

式中：R_{esrf}为频率 f 时的 R_{esr}；R_{esr120}为 120 Hz 时的 R_{esr}；M_f 是该频率 R_{esr}倍数。一般说来频率高于 120 Hz，允许的电流加大，$M_f=1$ 是保守的选择方法。

还可以应用 R_{esr}频率特性计算新的 R_{esrf}，公式如下：

$$R_{esrf} = R_{esr120} - 39\ 800(f-120)/fC \tag{3.2.15}$$

R_{esrf}(mΩ)、f(Hz)、C(μF)还与温度有关，随电压定额的不同而不同，如表 3.2.4 所列。

表 3.2.4 电解电容 R_{esr}的温度系数

电压额定 U_{dc}/V	与 25 ℃时电容的 R_{esr}相比的百分值		
	45 ℃	65 ℃	85 ℃
150 以下	82%	77%	77%
200～300	75%	70%	70%
350～450	70%	60%	60%
500	61%	49%	45%

⑤ 额定直流电压和浪涌电压

额定直流电压一般标注在电容壳体上。它是最大峰值电压，即在整个温度范围内，连续加在电容两端的直流与纹波电压之和。只要外壳尺寸、DF 和 R_{esr} 兼容，高压电容就可以代替低压电容，但成本增加。

额定浪涌电压是最大直流过电压。在环境温度 25 ℃时电容可以经受短时间（不超过近似 30 s）、不连续发生且间隔不小于 5 min 的过压浪涌。

在形成阳极绝缘层时的电压称为化成电压，一般比电容的额定电压高 35%。选择电容额定电压时，一般不需要减额。例如 450 V 直流电路，工作在上限温度，可以选择额定电压为 450 V 的电容，即使减额，10%也就足够了。如果是高的工作温度和较大纹波电流，则减额 15%或 20%比较恰当。如果减额使用，则寿命将进一步增加，所以军用和空间应用只用额定电压的 50%。

例如：照相闪光灯电容不是连续工作的，在室温下，可以全电压使用。滤波电容因为连续工作可减额 10%。

⑥ 工作寿命

电解电容除了早期失效外，大多数电容由于电解液干涸，或由于其他原因使 R_{esr} 增加而开路失效。一般 R_{esr} 增加到初始值的 30%，或电容量减少到额定容量的 80%来判定电容寿命终止。电容失效的主要原因是纹波电流在 R_{esr} 上的损耗发热所致。

纹波电流在 R_{esr} 上损耗导致电容发热，如果发热使容芯温度超过允许温度，那么电容的寿命将缩短。根据功耗 P 和 ΔT 温升的关系得到

$$T_c - T_a = \Delta T = R_{th} P \tag{3.2.16}$$

式中：T_c 为容芯工作温度；T_a 为环境温度；R_{th} 为容芯到环境的热阻（℃/W）；P 为电容内部损耗功率（W）。

由此可见，一旦给定电解电容的上限温度，对于一定壳体表面，热阻 R_t 为确定值（单位热导为 0.93 mW/(℃ · cm^{-2})），因此这就决定了允许的损耗功率 P。电容的功率损耗是纹波电流在 R_{esr} 上的损耗

$$P = R_{esr} I^2 \tag{3.2.17}$$

式中：I 为纹波电流有效值。

工作电压对寿命有一定的影响。电容如果工作在上限温度以下，那么工作温度下降 10 ℃，工作寿命加倍，所谓的阿列纽斯（Arrhenius）定律，工作寿命（小时）可表示为

$$L_{op} = M_v L_b 2^{(T_m - T_a)/10} \tag{3.2.18}$$

式中：M_v 为电压减额倍数；L_b 为全额电压和温度时预期工作寿命（小时）；T_m 为内部最高允许工作温度；T_a 为电容内部实际工作温度。可见，电容温度越高，寿命越短。

通常应用此模型预计工作寿命，但是 M_v、L_b 和 T_m 与电容类型和工艺有关。对于外壳直径大于 25 mm，且大纹波电流的电容，要考虑电容单元的温度超过壳体温度，M_v 通常不考虑，而且随电容的尺寸不同而不同。小型电容 L_b 典型值为 1000～2000 h，插入型电容为2000～10000 h；大型螺旋端子电容为 2000～20000 h。要是没有纹波电流，L_b 是典型寿命而不是最小寿命，可能比额定工作寿命长。通常额定温度 85 ℃的电容 T_m

是 95 ℃;而 105 ℃电容内部温度范围是 108～110 ℃。

根据对美国典型 Cornell Dubilier 寿命测试,电压减额系数是

$$M_v = 4.3 - 3.3U_a/U_r$$

式中:U_a 为施加的电压;U_r 为额定电压。

当 $U_a/U_r > 0.9$ 和 $T_a/T_m > 0.9$ 时,电压减额倍数为

$$M_v = 4.3 - 3.3U_a/U_r - 1000(T_a/T_m - 0.9)^{1.65}(U_a/U_r - 0.9)^{1.65}$$

【例题 3.2.2】 用于开关电源输出滤波电容,输出电压为 15 V,环境温度高达 115 ℃,选用 CDE 电容 326 型,2 000 μF/16 V,温度范围为 −55～125 ℃,寿命 2 000 h(工作条件:额定电压及上限温度。附注:寿命终止标志是容量下降超过 ±10% 或 R_{esr} 超过 125%,直流漏电流 DCL 超过 100%),计算该电容工作寿命。

【解】

$$M_v = 4.3 - 3.3U_a/U_r - 1000(T_a/T_m - 0.9)^{1.65}(U_a/U_r - 0.9)^{1.65} =$$

$$4.3 - 3.3 \times \frac{15}{16} - 1000\left[\left(\frac{15}{16} - 0.9\right)\left(\frac{115}{125} - 0.9\right)\right]^{1.65} = 0.45625$$

此电容工作寿命为

$$L_{op} = M_v L_b 2^{\frac{T_m - T_a}{10}} = (0.45625 \times 2000 \times 2^{\frac{125-115}{10}})\text{h} = 1825\ \text{h}$$

在开关电源中,一般使用的温度总是低于电解电容的上限温度,电容的工作寿命增加。例如,85 ℃时寿命为 2 000 h 的电容,在平均温度 35 ℃时寿命为 2 000×25=64 000(约 8 年)。这里用的是平均温度,不是最大温度,也不是额定温度。

电解电容的寿命取决于其内部温度,因此它的设计和应用条件都会影响到开关电源的寿命。对应用者来讲,使用电压、纹波电流、开关频率、安装形式、散热方式等都会影响电解电容的寿命。

一些因素会引起电解电容失效,如极低的温度、电容温升(焊接温度、环境温度、交流纹波)、过高的电压、瞬时电压、甚高频或反偏压;其中温升是对电解电容工作寿命 LOP 影响最大的因素。

电容导电能力由电解液电离能力和黏度决定。温度降低时,电解液黏度增加,因而离子移动性和导电能力降低。电解液冷冻时,离子移动能力非常低,所以电阻非常高。相反,过多的热量将加速电解液蒸发,当电解液的量减少到一定极限时,电容寿命也就终止了。在环境温度很低的场合,需要加温才能保证电容正常工作。电容器在过压状态下容易被击穿,电解电容的电压选择一般进行二级降额,降到额定值的 80%使用较为合理。

除了非正常的失效,电解电容的寿命与温度有指数级的关系,因此使用非固态电解液。电解电容的寿命还取决于电解液的蒸发速度,由此导致电气性能降低。这些参数包括电容的容值、漏电流和等效串联电阻。影响电解电容寿命的几个直接因素是:纹波电流和等效串联电阻、环境温度及从热点传递到周围环境的总的热阻。电容内部温度最高的点叫热点温度,热点温度是影响寿命的主要因素。

⑦ 纹波电流

纹波电流是流过电容的交流电流有效值。之所以称为纹波电流是因为交流电压叠

加在直流偏置电压上，好像水上的波浪。纹波电流流过电容的 R_{esr} 使得电容发热，最大允许纹波电流引起发热使电容温度升高。还应保证在规范规定负载寿命的交流电流下使用电容。过高的温升将使容芯温度超过最大允许温度，并使其很快失效。工作温度接近容芯最大允许温度工作，将显著地缩短电容寿命。铝电解电容的容芯工作的最大允许温度规定负载寿命典型值为 1 000～10 000 h（即 6 周到 1.14 年），这对大多数应用来说是太短了。对于大多数使用铝电解电容的设备，铝电解电容是影响整个设备 MTBF的重要甚至主要因素。在额定温度下规定一个希望的温升来规定纹波电流定额。普通型 85 ℃电解电容允许 10 ℃温升，即容芯最大允许温度为 95 ℃。通常定额 105 ℃电容允许温升 5 ℃，则容芯温度为 110 ℃。实际容芯温度因制造厂和电容类型的不同而不同。

假定电容对流冷却，壳体与空气接触。对流系数 $D_v=0.93\ \mathrm{mW/(℃\cdot cm^{-2})}$，预计环境到壳体的温升，假定容芯温度与壳体温度相同，在这样的条件下规定纹波电流定额。例如：已知一个 4 700 μF、450 V 电容电流定额，其圆柱形外壳直径为 7.6 cm(3 in)、长为 14.3 cm(5.62 in)，则表面积 $A=432\ \mathrm{cm^2}$。在温度为 25 ℃、频率为 120 Hz 时的最大 R_{esr} 为 30 mΩ。壳面积除去端子面积为388 $\mathrm{cm^2}$（60.1 $\mathrm{in^2}$）。热导 $G_m=A\times D_v=0.36$ W/℃，温升 10 ℃外壳发散功率 3.6 W。所以30 mΩ允许纹波电流为 11 A。如果假定 R_{esr} 在温度为 85 ℃时下降 35%，那么最大允许纹波电流可能为 13.6 A。对于像例子中的大壳体电容，如果忽略外壳与容芯间的温升，则夸大了电容的纹波电流能力，实际使用时，应当留有温升余量。对于某些结构，每瓦纹波功率容芯比外壳高 3～5 ℃，所以对于额定纹波电流和最大 R_{esr}，总温升比预定的 10 ℃可能高 1 倍以上。但对直径小于 25 mm 的电容，可以假定容芯温度与外壳温度相同。

如果工作温度低于额定温度，则可以增加额定纹波电流。表 3.2.5 所列是 CDE381L 不同壳温纹波电流倍数，根据最大容芯温度（T_c）、额定温度（T_e）和环境温度（T_a）求得倍数：

$$\mathrm{MT}=[(T_c-T_a)/(T_c-T_e)]\times 0.5$$

一般壳温度低于 60 ℃，可以考虑乘以纹波电流倍数，但大于额定纹波电流 1.5 倍是危险的，高纹波电流可能缩短预期的寿命。

表 3.2.5　CDE381L 不同壳温纹波电流倍数

温度/℃	45	60	70	85	105
倍　数	2.7	2.6	2.5	2.1	1.0

纹波电流与频率有关。如果纹波电流频率不是 120 Hz（或 100 Hz），那么纹波电流可以增加。表 3.2.6 是手册中给出的随频率变化的关系表。一般根据预期的 R_{esr} 随频率的变化推导出倍数；但是如上讨论，R_{esr} 与温度、电容量、额定电压以及频率有复杂的函数关系，所以很难得到精确纹波电流-频率倍数表。在高纹波电流场合，要计算工作频率的 R_{esr} 和总功率损耗。

表 3.2.6　CDE381L 不同频率纹波电流倍数

电压定额	倍数频率					
	50 Hz	60 Hz	120 Hz	500 Hz	1 kHz	≥10 kHz
10～100 V	0.93	0.95	1.0	1.05	1.08	1.15
160～400 V	0.95	0.98	1.0	1.20	1.25	1.40

开关电源中纹波电流不是正弦波,通常是矩形波、三角波和锯齿波等。工程上,可按R_{esr}选择容量,然后根据电流波形计算出纹波电流的有效值,来确定电解电容的纹波电流定额是否比要求的大。如果单个电容纹波电流定额太小,则可以用多个电容并联解决。

纹波电流不仅有开关纹波(高频),而且还有低频(120 Hz)纹波电流 I_L,应当将高频纹波电流 I_H 除以高频电流倍数 M_f,总的纹波电流为

$$I=\sqrt{I_L^2+(I_H/M_f)^2} \tag{3.2.19}$$

以此来选择电容的纹波电流定额。开关电源工作频率一般高于 120 Hz,保守考虑,一般可以假定 $M_f=1$。

⑧ 电容引线电感

电容引线电感是等效串联电感。插针型电容有 10～30 nH 的电感,螺栓端子电容有 20～50 nH 的电感,轴向引线型电感低于 200 nH。对于 SMT 元件,某典型值在 2～8 nH。这些电感包括出头位置和固有电感、电介质连接接触几何形状等的电感。典型容芯电感小于 2 nH。在选择电容时,高频脉冲应特别注意选择较小等效串联电感 L_{esL} 的电容。

电容的等效电感使得普通电容不能有效地滤除高频噪声,因为电容引线电感造成电容谐振,对高频信号呈现较大的阻抗,削弱了对高频信号旁路的作用;导线之间的寄生电容使高频信号发生耦合,降低了滤波效果,所以引线电感的影响使电容根本起不到滤波器的作用了。例如,如果将导线长度缩短 1 in(25.4 mm),则电感的阻抗仅为 0.628 Ω,但滤波效果提高了 28%。

2) 钽电解电容

与铝电解电容一样,钽电解电容也是极性元件(反向最大电压为 1 V)。其输出端有正极和负极之分,不允许接反。钽电解电容有固态钽和液态钽两种,目前使用的主要是固态钽电解电容。钽电解电容比铝电解电容具有好得多的高频特性,但价格贵,而且电压限制在 100 V,容量限制在数百 μF 以下,失效模式常为极短路,易着火。中功率电源输入最好选择铝电解电容,而输出低压采用贴片钽电解电容,原因是贴片比插件的容量小且耐压低。

在额定电压下,钽电解电容工作温度范围为－55～＋85 ℃,电压定额线性减额到 2/3 可在 85～125 ℃工作。整个温度范围电容典型变化小于±5%,具有比铝电解电容更好的低温性。因为固态钽电解电容不易干涸(wear out),通常认为比铝电解电容更可靠。钽电解电容选择与铝电解电容相似,其容量仍以输出纹波电压和等效串联电阻 R_{esr} 为条件进行选择。

在开关电源中作为高频率滤波电容，固体钽电解电容和液体铝电解电容的容量会有不同程度的衰减，而用PA-Cap(Polymer Aluminium Cap)聚合物固体片式铝电解电容具有稳定的容量-频率特性，可以替代高容量的固体钽电解电容和更高容量的液体铝电解电容。它们的容量比较如表3.2.7所列。它们的标称容量相差较大，但再较高频下其容量基本相同，而随着工作频率的提高它们的差异会更加明显。

表3.2.7　几种电解电容容量衰减对比

电容类型	标称容量/μF	实际容量/μF	工作频率/kHz
PA-Cap铝电解电容	47	39.4	63
固体片式钽电解电容	220	28.2	63
液体铝电解电容	1 000	29.7	63

2. 无极性电容

1）有机介质电容

(1) 有机薄膜电容

薄膜电容有聚乙烯、聚酯(CL)、聚丙烯(CB)、聚四氟乙烯(CF)和聚碳酸脂(CLS)等薄膜电容。电极铝可以是铝箔(foil/film)，称为金属箔/膜电容，电容量小于0.01 μF；将铝喷涂在绝缘介质上的电容，称为金属化电容。薄膜电容的容量比较精密，很低的漏电流和很小的温度系数。特别适于交流应用，具有很低的损耗因数DF，允许高的交流电流，但体积、质量大。

薄膜电容电压定额是直流，用于交流时交流电压定额要下降。频率越高，允许交流电压越低。50 Hz时减额使用情况参见表3.2.8。

表3.2.8　薄膜电容交流电压定额与直流电压关系

直流定额/V	50	63	100	200	250	400	630
交流定额(50/60 Hz)/V	40	50	75	100	150	200	250

相同容量金属箔与金属化电容比较，前者体积较大，有较大的交流电流定额，可以承受很高的du/dt能力(可达60000 V/μs)以及很低的R_{esr}。常用于脉冲、交流高压、缓冲电路(snubber)和谐振电路。金属化电容在局部击穿时产生高温，金属箔蒸发不会短路，电容量减少情况极小，这种现象就是所谓的自愈能力。金属化电容体积小，价格低。这类电容除了一般应用以外，常用于电磁兼容的电网输入端的X电容和Y电容。

(2) 纸介电容(CZ)

早先还有纸介电容，有油浸和蜡浸等，也有金属箔和金属化纸介电容。这种电容成本低，但是介质损耗大，一般适合在低频工业应用。

2）无机介质电容

(1) 云母电容

云母电容是指云母片为介质，浸银后形成电极。电容量在数pF到1 μF；电压定额为50～2500 V,高压的云母电容可达15 kV。在整个工作温度范围−55～150 ℃内电容量漂移不超过0.5%,具有极好的温度稳定性;高频损耗系数低,能承受大的连续高频有效值电流和比有机介质箔电容更高的 du/dt 能力;但体积较大,成本较高,适合于定时、缓冲电路和高频交流电路使用。

(2) 瓷介电容

瓷介电容也称为陶瓷电容,其主要介质成分是钛酸盐、铌镁酸铅等。主要用于一般目的的滤波旁路、去耦等场合。因为价格低廉,特别适用于表面贴装(SMT)。在10 V以下低压领域,可以买到数百微法多层陶瓷电容,其 R_{esr} 比电解电容低得多。

陶瓷电容按介电常数和温度性能分成3类。第1类为高精度类,容量从1 pF到几个mF,具有较低的介质常数,损耗系数小,容量稳定性好,容量偏差小。第2类为独石电容,具有与1类相同的壳体,容量是第1类电容的20～70倍,但在温度−55～125 ℃范围内容量变化为±10%,最大变化为+15%～−25%;第3类电容的容量是第2类的约5倍,电容量随电压和温度变化较大,温度范围为−25～85 ℃,电容变化为120%～−65%。

陶瓷电容易碎并对热冲击敏感,所以在安装时,特别是大容量电容应注意避免碰裂。

第1类是瓷介电容,主要有钛酸盐组成,随温度线性可逆变化,具有多种温度系数组别。具有较低的介电常数,损耗角正切值小,容量稳定性好,容量偏差小。用于定时、谐振电路和需要补偿温度效应的电路,也适合要求低损耗和高绝缘电阻的一般电路中使用。在收音机、电视机、收录机等电子产品中要求容量稳定的交直流的脉冲电路中使用。

第1类瓷介电容中,独石瓷介电容体积小,容量大,损耗低,电容量稳定性高,适用于谐振电路,耦合电路。广泛用于厚膜电路、延迟线,以及计算机、交换机、通信、工业控制、仪表等电子设备中。第1类瓷介电容还有多层片装SMT陶瓷电容,成分与独石相似,容量1～22 nF。中高压瓷介电容耐压为1～3 kV DC,损耗低,电容量稳定性高。

第2类陶瓷电容,介质为钛酸钡,电容量大,外形尺寸小;电路中用于隔直流、旁路耦合、滤波和对损耗和容量稳定性要求不高的场合;耐压在63～500 V,容量为100 pF～47 nF。第2类独石电容容量为390 pF～2.2 μF以及多层片装陶瓷电容,用于SMT厚、薄膜,混合集成电路,最大达4.7 μF。

第1类和第2类陶瓷电容低温好于铝电解电容。第3类陶瓷电容在所有陶瓷电容中温度性能最差,其电容量约是第2类的5倍,电容量随电压和温度变化较大;温度范围为−25 ℃～85 ℃,电容变化为+20%～−65%,用在要求不高的场合,价格低廉。

3.2.6 开关电源中电容器选择和使用

1. 电容器的选择

图3.2.5是带有PFC和正激拓扑的开关电源,以此例说明电容选择方法。

图3.2.5中 C_1、C_4 和 C_2、C_3 是电磁兼容滤波电容,接于输入交流电网的火线和零

线之间。C_1 和 C_4 是差模滤波电容，在安全标准中称为 X 电容，采用聚丙烯金属化薄膜电容。如果 X 电容被击穿，则设备电源短路，至少使得设备停止工作。因此，电容既要符合安全要求（电压应力），也要符合电磁兼容要求（容量），并且安全要求优先于电磁兼容要求。要求这种电容能通过高强度电脉冲，很小的 L_{esL}，电容范围为 0.01～4.7 μF。

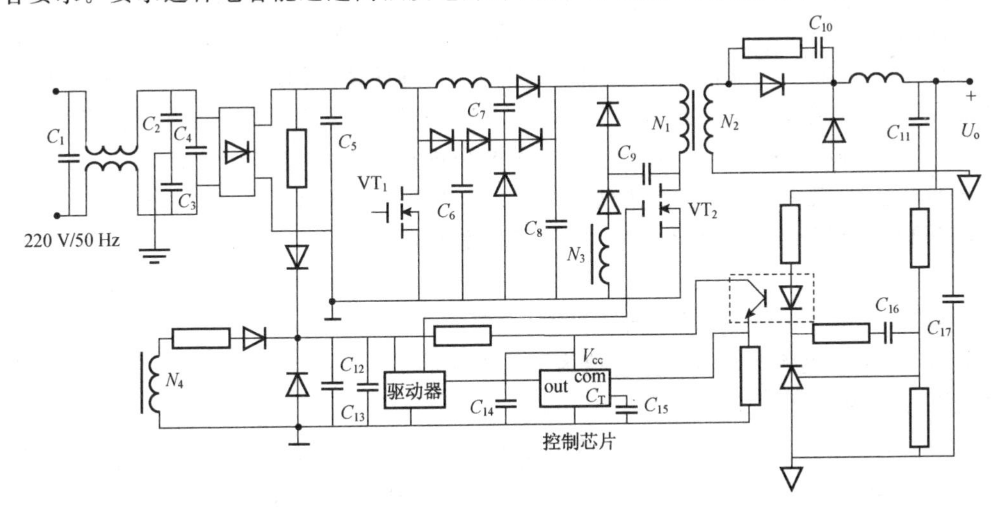

图 3.2.5　开关电源中的电容

C_2、C_3 属于安全规范中的 Y 电容，电磁兼容的共模滤波电容。也采用聚丙烯金属化薄膜电容或高压瓷介质电容。接在输入电网的火线 L、中线 N 与大地（机壳）之间。如果 Y 电容被击穿，则电容电流相当于泄漏电流。我国电容最大电流有效值为 0.35 mA。如果是工频220 V电网，则总的最大电容为

$$C=[0.35\times10^{-3}/(220\times2\pi\times50)]\text{F}=5\text{ nF}$$

C_5 为避免 PFC 级在输入电压过零时产生电磁干扰，保持 1～2 V 直流电压。小功率（几十瓦）选择 1 μF 左右；大功率（数千瓦）选择 2～4 μF。

C_6、C_7、C_9 和 C_{10} 是缓冲电容，通常称为缓冲电容，要求电容在很短的开关时间内通过电流，要求电容具有很高的 du/dt 能力，即能流过很大的电流脉冲 Cdu/dt，同时要求很低的 R_{esr} 和 L_{esL}。为减少连线分布电感，这些电容尽可能安装在功率器件附近，要求这些电容能承受高温能力，一般采用金属箔薄膜电容，或云母电容。

C_{13}、C_{14} 和 C_{17} 是去耦电容，C_8 是驱动芯片电源去耦电容。如果主功率管是 MOSFET，为了减少开关时间，除了尽量缩短驱动器输出到栅极的导线长度以外，还要减少驱动源内阻，在开通瞬间直接由去耦电容提供脉冲栅极电容充电电流，避免驱动源分布电感的影响。为避免干扰，采样电阻应当接在靠近误差放大器输入端，这样输出端到采样电阻之间线路较长，容易引起干扰，一般接 C_{17} 去耦。这些电容没有特殊要求，可采用第 3 类陶瓷电容，数值在数十 nF。

C_{15} 是定时电容，决定电路的开关频率，而 C_{17} 是闭环校正电容。它们都希望有较好的频率稳定性，应当采用在工作温度范围内温度稳定性好的电容。一般采用各种薄膜

电容、云母电容及Ⅰ类和Ⅱ类陶瓷电容。

C_{12}是储能和滤波电容。通常采用电解电容,将在第6章讨论。

C_8 和 C_{11}是滤波电容,一般采用铝电解电容。开关电源中,根据输出纹波电压 ΔU、纹波电流 ΔI 以及电容的 R_{esr} 来选择滤波电容量。在开关电源文献中,假设电容没有 R_{esr}或极小,以电容的充放电引起电压波动选取电容。事实上,电解电容的 R_{esr}不可能没有,而且在低温限时变得很大。常温时,开关电源输出纹波电压主要由纹波电流在电容的 R_{esr}上的压降决定。大多数电容器厂家的电解电容,在相当大的额定电压范围内,$R_{esr}C=(50\sim80)\times10^{-6}$ s。开关电源的国产和进口电解电容手册介绍,在工作频率20 kHz以上,发现 $R_{esr}C$ 与其他文献介绍的基本相符。对于开关电源,一般工作频率在20 kHz以上,在没有技术手册的情况下,可以按照下式取值:

$$R_{esr}C=65\times10^{-6}\ \text{s} \tag{3.2.20}$$

例如,图3.2.5中正激变换器 C_{11}可以这样选取。假设输出平均电流为20 A,工作频率为50 kHz,电流脉动分量峰峰值为平均电流的20%,允许输出纹波为100 mV,输出电压为48 V,假设占空比为 $D=0.45$。

如果不考虑 R_{esr},则按电容电压变化选取电容。因在一般开关周期内,电容上电荷变化 $\Delta Q=\Delta I\times T/2=(0.2\times20\times20\times10^{-6}/2)\mu\text{C}=40\ \mu\text{C}$,因此,需要的电容量为

$$C=\frac{\Delta Q}{\Delta U}=\frac{40\times10^{-6}}{100\times10^{-3}}\ \text{F}=400\ \mu\text{F}$$

如果考虑 R_{esr},由式(3.2.20)得400 μF的电解电容的阻值为 $R_{esr}\approx0.16\ \Omega$。而由 R_{esr}引起的纹波电压为

$$\Delta U=\Delta I\times R_{esr} \tag{3.2.21}$$

代入有关数据,$\Delta U=\Delta I\times R_{esr}=4\times0.16\ \text{V}=0.64\ \text{V}>0.1\ \text{V}$。输出纹波主要是由电解电容的 R_{esr}引起的,因此,应根据纹波电压和式(3.2.20)选取输出滤波电容,即

$$C=\frac{65\times10^{-6}}{R_{esr}}=\frac{\Delta I\times65\times10^{-6}}{\Delta U} \tag{3.2.22}$$

将本例参数代入式(3.2.22),得到

$$C=\frac{\Delta I\times65\times10^{-6}}{\Delta U}=\frac{4\times65\times10^{-6}}{0.1}\ \text{F}=2\,600\ \mu\text{F}$$

放电引起的电压变化为 $\Delta U_c=[40\times10^{-6}/(2\,600\times10^{-6})]\text{V}=0.015\ \text{V}$。假设纹波电流为正弦波,充放电电压和 R_{esr}引起的纹波电压相位相差90°,则总的纹波电压为

$$\Delta U_g=\sqrt{\Delta U_c^2+\Delta U_{esr}^2}=\sqrt{0.015^2+0.1^2}\ \text{V}=0.101\ \text{V}$$

由此可见,纹波主要是由 R_{esr}引起,可以按式(3.2.20)粗选电容值。如果有厂家的手册,可以根据式(3.2.21)中 R_{esr}的大小来选择所需要容量的电解电容。

对于 C_8,反激类输出滤波电容,也可以用类似方法求得滤波电容。但 ΔI 为截止期间峰值电流 I_p,则需要的电容量为

$$\Delta C=\frac{65\times10^{-6}}{R_{esr}}=\frac{I_p\times65\times10^{-6}}{\Delta U} \tag{3.2.23}$$

对于连续模式,一般脉动分量是直流分量的20%,Boost 的 I_p 是输入电流的1.1

倍。对于 Buck/Boost 和反激变换器，I_p 是 $I_o/(1-D)$ 的 1.1 倍；对于断续模式，I_p 就是截止期间的峰值电流。

如果要求保持时间 t_h，即输入断电后由电容单独提供负载电流 I，电容端电压跌落 ΔU 不超过允许值，电容量为

$$C \geqslant It_h/\Delta U$$

例如：离线反激变换器输出功率为 50 W，输入电压为 220 V/50 Hz，保持时间为 10 ms，允许直流电压跌落 30 V，求需要的整流滤波电容的容量。

假定变换器效率为 75%，220 V 整流后直流电压为 310 V，反激变换器输入电流为

$$I=\frac{P_o}{\eta U}=\frac{50}{0.75\times 310}\ \text{A}=0.215\ \text{A}$$

需要电容器容量

$$C \geqslant \frac{It_h}{\Delta U}=\frac{0.215\times 0.01}{30}\ \text{F}=71\ \mu\text{F}$$

可以选择 68 μF/400 V 电解电容。但应按以下的方法检查电容的纹波电流定额。

一般来说，连续模式的脉动电流小，电路纹波电流有效值没有超过电解电容的纹波电流能力。但在反激变换器中，尤其是断续模式，脉动电流的有效值很大，往往超过单个电容的有效值能力。应当按有效值电流选取电容量，或采用多个电容并联。

在小功率变换器中，交流输入桥式整流，为降低成本，采用电容滤波。只有在电源电压大于电容电压时整流管才导通，因此整流管电流波形如图 3.2.6 中的脉冲电流所示，整流管导通时间与电容大小有关。

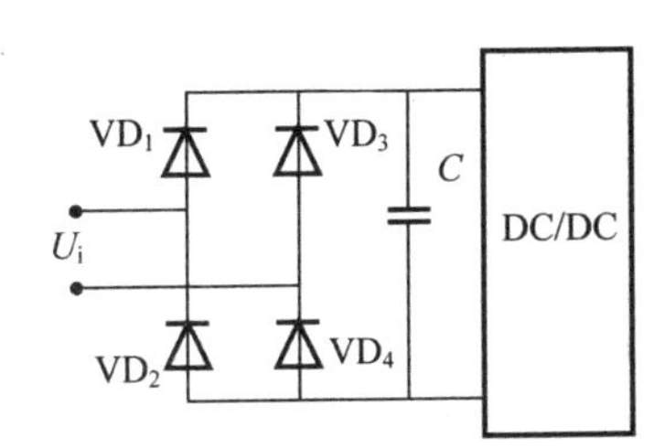

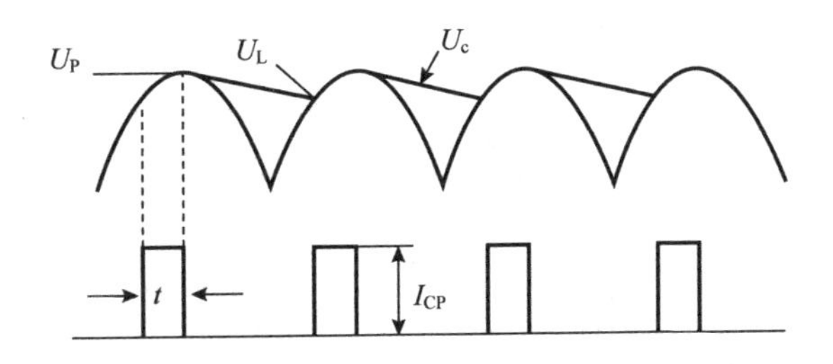

图 3.2.6　输入滤波电容选择

假设交流电网的输出电阻（包括整流器压降）为零，在导通期间电容上电压于输入电网电压完全相同，在达到交流电压峰值时整流器电流为零。根据能量守恒定律，在半周期内输出功率 P_o 等于电容从最低电压 U_L 充电到电网峰值电压 U_p 存储的能量为

$$P_o/(2f)=C(U_p^2-U_L^2)/2$$

式中：f 为电网频率，中国和欧洲为 50 Hz，美国为 60 Hz；C 为滤波电容量。即

$$C=\frac{P_o}{f(U_p^2-U_L^2)}=\frac{P_o}{fU_p^2(1-k^2)}=\frac{\alpha P_o}{U_{imin}^2} \tag{3.2.24}$$

式中：U_p 为交流输入电压峰值，$U_p=\sqrt{2}U_{imin}$；U_L 为电容上最低电压；$k=U_L/U_p$；$\alpha=\dfrac{1}{2f(1-k^2)}$，表 3.2.9 中不同的 k 对应不同的 α 值。

表 3.2.9 电容选择表

k		0.95	0.90	0.85	0.80	0.75	0.70	0.65
α	50 Hz	0.1026	0.0526	0.0360	0.0278	0.0229	0.0196	0.0173
	60 Hz	0.0855	0.0439	0.0300	0.0231	0.0190	0.0163	0.0144
β(1/s)	50 Hz	70	98.2	120	138	154	168	180
	60 Hz	84	118	144	165	186	201	216
γ	50 Hz	21.1	34.5	45.8	55.7	64.8	73.0	80.4
	60 Hz	25.3	41.4	55.0	66.0	77.8	87.6	96.5
δ		1.38	1.34	1.31	1.27	1.24	1.20	1.17

电容的交流分量有效值可以从以下关系得到。

假定电流脉冲为矩形波，电流脉冲在导通时间 t 内给电容补充的电荷应当等于电容电压从峰值 U_p 放电到最低电压 U_L 失去的电荷量

$$I_{cp}t=C(U_p-U_L)$$

则脉冲电流峰值为

$$I_{cp}=\frac{\sqrt{2}CU_{imin}(1-k)}{t}=\beta CU_{imin} \tag{3.2.25}$$

其中，$\beta=\dfrac{\sqrt{2}(1-k)}{t}$，而脉冲宽度 $t=\dfrac{\arccos k}{2\pi f}$。

电流占空比为

$$D=\frac{t}{T/2}=2ft=\frac{\arccos k}{\pi} \tag{3.2.26}$$

流过电容的交流有效值为

$$I_{ac}=I_{cp}\sqrt{2tf-(2tf)^2}=CU_{imin}\beta\sqrt{D-D^2}=\gamma CU_{imin} \tag{3.2.27}$$

$$\gamma=\beta\sqrt{D-D^2}$$

输出直流电压近似为

$$U_o\approx(U_p+U_L)/2=0.707(1+k)U_i=\delta U_i$$

式中：$\delta=(1+k)/\sqrt{2}$。

对于 50 Hz 和 60 Hz，以上式中 α、β、γ 和 δ 如表 3.2.9 所列。

【例题 3.2.3】 输出功率为 20 W，变换器效率为 85%，变换器由 220×(1±20%)V，50 Hz交流电源供电，经桥式整流，电容滤波，给 DC/DC 变换器供电，变换器允许输入纹波电压峰峰值为 35 V，选择输入滤波电容。

【解】 最小输入电压为 $U_{min}=(220\times0.8)\text{V}=176\ \text{V}$；

变换器的输入功率为 $P_i=P_o/\eta=(20/0.85)\text{W}=23.5\ \text{W}$；

最低输入电压峰值为 $U_{pmin}=(\sqrt{2}\times220\times0.8)\text{V}=249\ \text{V}$；

$$k=(U_p-35)/U_p=(249-35)/249=0.86$$

与0.85接近，从表3.2.9查得$\alpha=0.036$，根据式(3.2.24)得到

$$C=\frac{\alpha P_o}{U_{imin}^2}=\frac{0.036\times 20}{176^2}\ \text{F}=23\ \mu\text{F}$$

电容承受最高电压为$U_{max}=(\sqrt{2}\times 220\times 1.2)\ \text{V}=373\ \text{V}$，耐压为450 V。选择电容为30 μF/450 V。如果负载是恒定输出功率的变换器，当最高输入电压时的电流有效值不会增大，仍可按表3.2.9参数计算。

从表3.2.9看到$\alpha=0.036$，取$\gamma=45.8$，电容电流有效值为

$$I_{ac}=\gamma C U_{imin}=(45.8\times 30\times 10^{-6}\times 176)\ \text{A}\approx 0.24\ \text{A}$$

在开关电源中，输入滤波电容后接开关电源，开关电源的高频输入电流就是输入滤波电容的放电电流。如果高频变换器的输入电流有效值为I_{sw}，电容的总交流有效值应当为

$$I_{AC}=\sqrt{I_{ac}^2+I_{sw}^2} \tag{3.2.28}$$

检查所选择的30 μF/400 V铝电解电容，同时检查选择的电解电容的交流纹波电流是否大于上式计算值。

由表查的$k=0.85$时，$\delta=1.31$，直流输出电压为$U_o\approx\delta U_i=(1.31\times 176)\ \text{V}=230\ \text{V}$。

2. 纹波电流计算

开关电源中，电容充电与放电电流波形有下列几种，有效值计算如下：

1）输入纹波电流

(1) 除Boost以外的反激变换器工作于电感电流连续模式，输入电流波形如图3.2.7(a)所示，设$\Delta I<0.3I_a$。

电流平均值：

$$I_{dc}=DI_a=I_i$$

电流总有效值：

$$I\approx I_a\sqrt{D}$$

电流交流分量有效值：

$$I_{ac}=I_a\sqrt{D(1-D)} \tag{3.2.29}$$

(2) 除Boost以外的反激变换器的滤波电感工作在断续模式，输入电流波形如图3.2.7(b)所示。

电流平均值：

$$I_{dc}=0.5DI_p$$

电流总有效值：

$$I=0.58I_p\sqrt{D}$$

电流交流分量有效值：

$$I_{ac}=0.289I_p\sqrt{4D-3D^2} \tag{3.2.30}$$

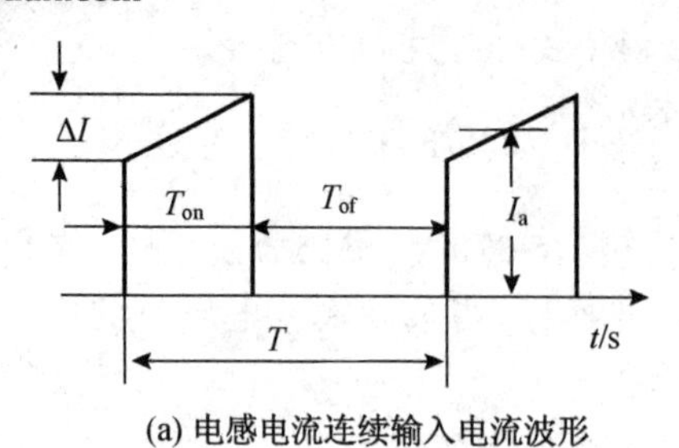

(a) 电感电流连续输入电流波形

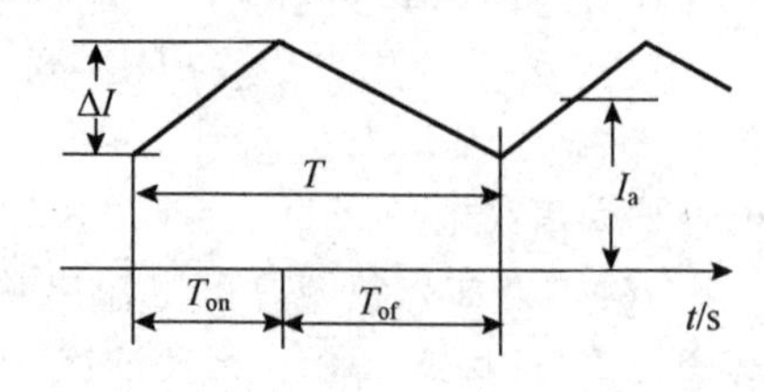

(b) 电感电流连续Boost输入电流

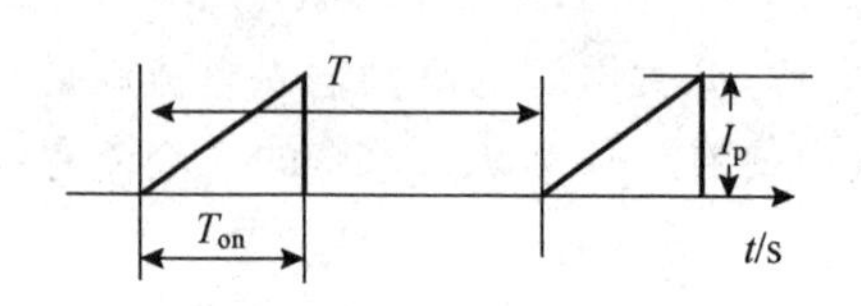

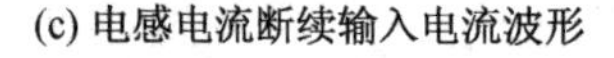
(c) 电感电流断续输入电流波形

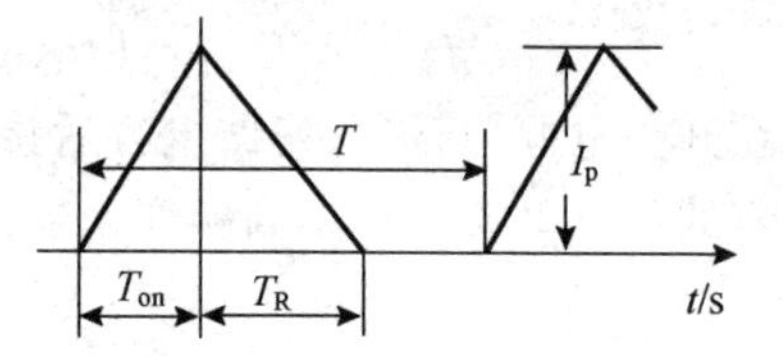

(d) 电感电流断续Boost输入电流

图 3.2.7　变换器输入电流波形

(3) Boost 变换器电感电流连续输入电流波形，如图 3.2.7(c)所示。

电流平均值：

$$I_{dc}=I_a$$

电流总有效值：

$$I\approx I_o$$

电流交流分量有效值：

$$I_{ac}=0.289\Delta I$$

(4) Boost 变换器电感电流断续输入电流波形，如图 3.2.7(d)所示。

电流平均值：

$$I_{dc}=0.5(D+D_R)I_p$$

电流总有效值：

$$I=0.58I_p\sqrt{D+D_R}$$

电流交流分量有效值：

$$I_{ac}=0.289I_p\sqrt{4(D+D_R)-3(D+D_R)^2} \tag{3.2.31}$$

2) 输出纹波电流

输出滤波电容的纹波电流与输入纹波电流相似。

(1) 正激类拓扑的输出 LC 滤波(正激、推挽、半桥和全桥)器

电感电流连续时(波形与图 3.2.7(c)相似)：

电流平均值：

$$I_L=I_a=I_o$$

电流总有效值：

$$I=I_o$$

电流交流分量有效值：

$$I_{ac}=0.289\Delta I$$

电感电流断续(波形与图 3.2.7(d)相似)：

电流平均值：

$$I_L=0.5(D+D_R)I_p=I_o$$

电流总有效值：

$$I=0.58I_p(D+D_R)$$

电流交流分量有效值：

$$I=0.289I_p\sqrt{4(D+D_R)-3(D+D_R)^2} \tag{3.2.32}$$

(2) 反激类变换器输出电流波形

图 3.2.8(a)所示是电感电流连续模式波形，波形的电流三个值只是将图 3.2.7(a)的导通时间改为截止时间。

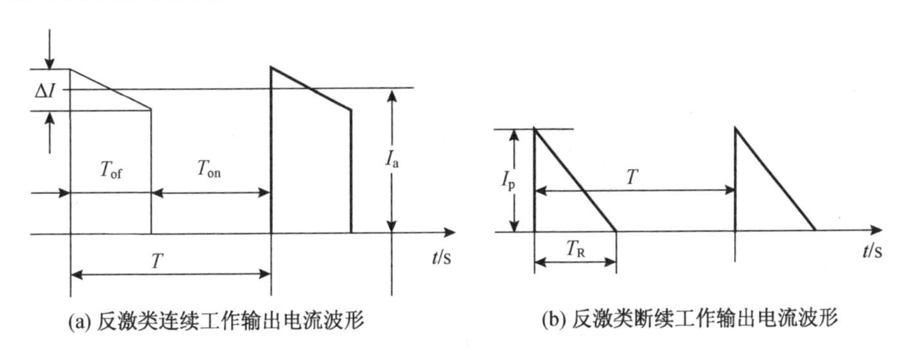

(a) 反激类连续工作输出电流波形　　(b) 反激类断续工作输出电流波形

图 3.2.8　反激类输出电流波形

电流平均值：

$$I_{dc}=(1-D)I_a$$

电流总有效值：

$$I\approx I_a\sqrt{(1-D)}$$

电流交流分量有效值：

$$I_{ac}\approx I_a\sqrt{(1-D)}$$

电感电流断续，波形如图 3.2.8(b)所示。

电流平均值：

$$I_{dc}=I_o=0.5D_RI_p$$

电流有效值：

$$I=0.58I_p\sqrt{D_R} \tag{3.2.33}$$

电流交流分量有效值：

$$I_{ac}=0.289I_p\sqrt{4D_R-3D_R^2}$$

其他波形按照上述方法求得平均值、总有效值和交流分量有效值。

【例题 3.2.4】 在例题3.2.3中的断续模式反激变换器,开关频率为50 kHz。初级峰值电流为2.36 A,占空比为$D=0.36$,请选择电容。

【解】 根据式(3.2.30)得到初级交流高频分量电流有效值为

$$I_{sw}=0.289I_p\sqrt{4D-3D^2}=0.289\times2.36\times\sqrt{4\times0.36-3\times0.36^2}\ \text{A}\approx0.7\ \text{A}$$

电容的总有效值电流为

$$I_{AC}=\sqrt{I_{ac}^2+I_{sw}^2}=\sqrt{0.24^2+0.7^2}\ \text{A}=0.74\ \text{A}$$

选择电容容量为20 μF/400 V且纹波电流大于1 A的铝电解电容。

3. 电容器的使用

利用电容对高频信号低阻抗和电压不能突变的特性,用作滤波、缓冲、振荡和储能。希望电容本身的L_{esL}在要求的工作频率范围内尽可能低,同时应当尽量减少连线的分布电感。图3.2.9中(b)避免引线分布电感,(c)中去耦电容直接跨接在U_{cc}和接地端(GND);而关断缓冲电容尽可能近地跨接在DS端,如果分布电感太大,则失去了缓冲作用。

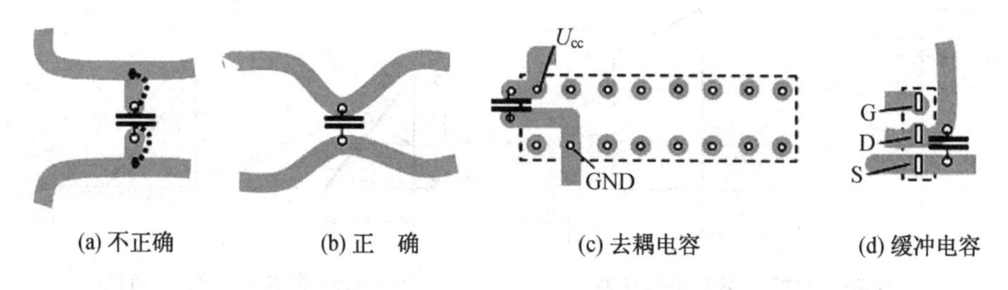

(a) 不正确　(b) 正　确　(c) 去耦电容　(d) 缓冲电容

图3.2.9 常见的电容布线

为了减少引线电感,有些高频铝电解电容做成4端结构,正、负各有两个端子,各极板的两端各有一个端子。在接入电路时,一个正端子和一个负端子作为输入,另一个正端子和一个负端子作为输出,这样完全消除了连线电感。

EMC滤波中,为减少引线的高频辐射和电磁泄漏,在进入或引出屏蔽体内电源或信号时,通常使用穿心电容。电容外壳接到电容的一个极板,接到屏蔽地端。而另外两个端子实际上是电容一个电极,被外壳电磁屏蔽。一端为电流输入端,另一端为输出端。

1) 并　联

当需要很大容量或单个电容纹波电流不能满足电路要求时,采用多个相同容量的电容并联。用多个电容并联得到与单个大电容相同容量,多个并联总散热面积比单个大,允许更大的纹波电流。各并联的电容均分纹波电流。布线的寄生电感直接影响电流的分配。图3.2.6中的电容C如果是由多个电容并联,并联电容从整流器输出到变换器输入端顺序排列,布线电感对低频谐波影响较小,而高频影响很大。这样在靠近DC/DC变换器输入的电容,将承受很高的交流分量,造成严重发热而损坏,因此电容连接到滤波母线的布线应尽可能相等。

2）串 联

当电容电压达不到电路要求的耐压时，需要几个电容串联达到需要的电压。电容串联时形成一个分压器。由于每个电容的漏电流不等，串联后每个电容上的电压是不等的。为了均压，应当用电容量相同的电容器串联（漏电流相近），并在每个电容上并联一个相等的均压电阻，如图 3.2.10所示使得电压平衡。工程上电阻中流过的电流应比电容器的最大漏电流大 5 倍以上，以此来选择电阻，这样即使漏电流从零到最大，各电容上电压偏差不会相差 20%。因此，每个电容只用到它的电压定额的 80%。如果用 n 个相同电容量 C 的电容器相串联，则串联后总电容量为 C/n。

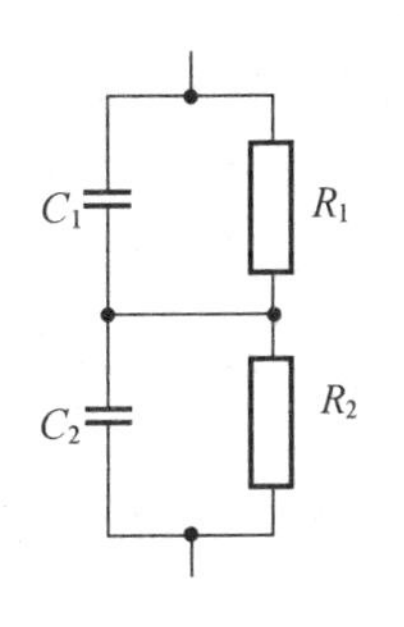

图 3.2.10 电容串联实际方法

【例题 3.2.5】 需要 1000 V 容量 470 μF 的电容。

【解答】 选择电压定额 450 V 电容串联。每只电容承受的电压为 450×0.8 V=360 V，需要的电容个数为 n=1000/360=2.8≈3，选择 3 个电容串联。3 个电容的容量为 nC=3×470 μF=1410 μF，选择 1500 μF。查得泄漏电流在 80 ℃，电压 80%时最大为0.05 mA，均压电阻流过的电流为 0.25 mA，均压电阻 R=1000 V/(3×0.25 mA)=1.33 MΩ，功率为 $P=(0.25\times10^{-3}\times1000/3)$ W=0.083 W。可以选择 3 个 1.3 MΩ/0.5 W 金属膜电阻。高压电容在断电后存储很大的能量，一般要并联泄放电阻，有时均压电阻和放电电阻一并考虑。

3）电容安装

电容器尤其是电解电容对电源的平均无故障工作时间 MTBF 影响很大，因此在使用时应当给予足够的重视，一般应注意如下问题：

因为电容老化与温度紧密相关，多个电容安装在一起时，电容之间应当留有空隙，便于散热，电解电容不同外形尺寸的电容间距离：Φ40 以上，则大于 5 mm，Φ18～Φ35 则应小于 3 mm，Φ6～Φ16，应大于 2 mm。电容安装时尽量不要靠近功率器件和发热源，不能反极性。焊接时，应注意焊接引线和外壳经受的温度在限制值以下，已安装在 PCB 上的电容不得强迫拉压或歪扭。

3.3 功率半导体器件

大功率器件要承受很高的电压和流过很大电流，芯片结构与小功率器件不同，尤其是高频功率器件，如果保持相同的电流（或电压）上升率，则从零上升到 100 A 比上升到 1 A的开通时间长 100 倍。同样高压器件的 du/dt 也限制了开关时间。虽然在器件制造工艺上做了很大努力，但又要大电流和高压，又要速度快，这在工艺上往往是矛盾的。高压器件往往导通损耗也高，开关时间也长。此外，开关速度还受到器件结构上寄生电容和电感的限制。因此大功率开关电源，开关频率受器件开关时间限制。

在开关电源中使用的功率器件有功率二极管、肖特基二极管、硅瞬变二极管、双极型功率管、功率MOS场效应管(MOSFET)和绝缘栅晶体管(IGBT)等。功率半导体器件与低功率器件在结构上有很大不同。即使功率二极管,其结构与特性也比低功率管复杂得多。下面介绍各功率开关器件的结构与特性。

3.3.1 功率二极管

整流管有普通低频整流器、快恢复二极管、超快恢复二极管(fred)、肖特基二极管和同步整流器,各种二极管特性比较如表3.3.1所列。

表3.3.1 整流器特性比较

二极管	正向压降/V	反向恢复时间/ns	正向恢复时间/ns	相对价格
低频整流管	1～2.5	$3\times10^4\sim6\times10^4$	—	0.4
快恢复二极管	1.0	150	1050	1.0
超快恢复二极管	0.9	75	50	1.5
肖特基二极管	0.55	<1.0	—	1.6
兆赫兹大功率整流器	1.6	28	—	2.0

1. PN结基本特性

电子技术基础课程已经详细介绍了半导体二极管的结构、工作原理和电气特性。二极管结构是半导体器件的最基本的结构。它是由一种以负电荷(电子)导电的半导体(N型)和另一种以正电荷导电的半导体(P型)结合(合金或扩散)在一起组成的。两种半导体的结合部分由于两种不同浓度的电荷相互扩散,在N型中形成空间正电荷区,在P型中形成空间负电荷区,在空间电荷间形成电场,此空间电场阻止扩散的进行,这就是PN结。

如果将PN结的P型边连接到电源正,将N型边连接到电源负,那么外加电场与PN结的空间电场方向相反,使得电荷扩散能够进行,而在外电路只要加很低电压就形成较大电流,正向电流与正向电压呈指数关系,如图3.3.1(a)所示。这就是所谓正向偏置。

如果将PN结的P型边连接到电源负,将N型边连接到电源正,那么外加电场与PN结的空间电场方向相同,进一步阻止电荷扩散,外电路加很高电压只有很小电流,此电流称为漏电流I_s,如图3.3.1(a)第3象限所示,这就是所谓反向偏置。

反向电流不随反向电压增加而增加,在一定温度下基本上是常数。当反向电压继续增加到一定电压时,反向电压稍微增加,反向漏电流急剧加大,这个电压就是反向击穿(break reverse votage)电压U_{BR}。

PN结正向偏置加很小的电压就流过很大电流,反向偏置很高电压流过极小的反向电流,这就是单向导电性。

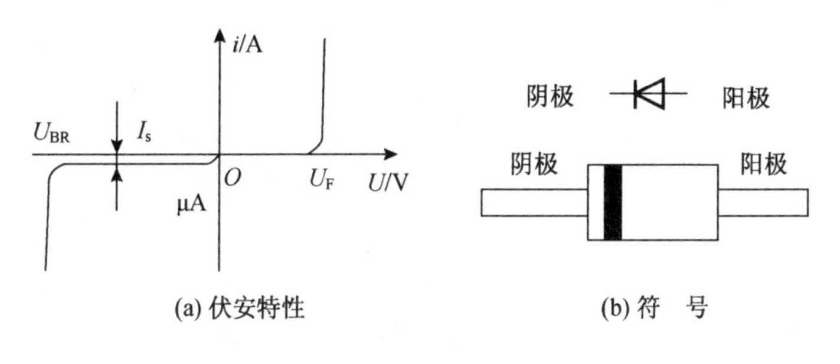

(a) 伏安特性　　(b) 符　号

图 3.3.1　PN 结伏安特性和二极管符号

2. 二极管

将一个 PN 结的两边各引出一个电极引线，并把 PN 结封装在一个壳体内，连接到 P 型半导体的电极，称为阳极（Anode），连接到 N 型半导体的电极，称为阴极（Cathode）。因为有两个电极，就称为二极管，符号如图 3.3.1(b)所示，箭头指向的方向为电流流通方向，直线一边表示阻挡电流方向。PN 结材料是半导体锗，称为锗二极管；PN 结半导体是硅材料，称为硅二极管。

二极管的电气特性与 PN 结相似，二极管流过额定电流时，二极管端电压称为正向压降 U_F。刚刚有电流流过时的电压称为开启电压 U_T。在常温下，小功率锗二极管的正向电压降为 0.2～0.3 V，小功率低压硅二极管为 0.6～0.7 V。这两个电压都随温度升高而下降，大约为－2 mV/℃。

二极管反向漏电流与温度和半导体材料有关，锗二极管有较大的漏电流，比硅二极管高 1～2 个数量级，并随温度增加成倍增加，大约每增加 12 ℃，漏电流增加1 倍；硅二极管反向漏电流较小，大约每增加 8 ℃，漏电流增加 1 倍。虽然硅二极管漏电流温度系数比锗二极管大，但漏电流基数小，硅二极管更适用于高温、高功率。而锗二极管只用于低温、小功率场合。在开关电源中主要采用硅功率二极管。

为了能通过大电流和承受高电压，高功率二极管结构和工作特性比低功率器件复杂得多，通常采用 PIN 结构（P－低掺杂漂移区－N）。因此电气特性也有明显的差别。对器件工艺和结构相应改变，对其他功率器件基本上也是通用的。

大电流器件的 PN 结的结面积大，有较大的漏电流。高压器件的正向压降大，它不仅包含了 PN 结的固有压降，还包含 PN 结以外的半导体体电阻、电极的焊接电阻和引线电阻等，一般都在 0.7 V 以上，高压器件甚至达到 2 V。同时，为了达到高速开关，在工艺上与小功率有相当大的不同，这也对二极管特性有相当的影响。

3. 二极管的电气参数

二极管的主要参数有正向额定电流 I_F、反向阻断电压 U_R、反向漏电流 I_s 和反向恢复时间 t_{rr} 等。

1）正向额定电流 I_F

正向额定电流 I_F 是正弦半波电流平均值。二极管流过正向电流时，因为有正向压降就要产生功率损耗，引起 PN 结温度上升。PN 结最高温度称为最高结温 T_{jM}。整流

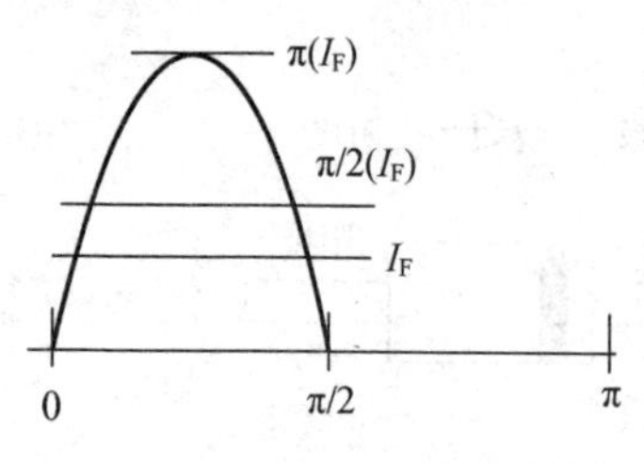

图 3.3.2　二极管正向额定电流

管的最高结温一般为 125 ℃,快恢复二极管为 150 ℃。手册中测试条件是在环境温度 25 ℃,规定散热条件(热阻 R_{th})下通过的正向电流引起结温上升,使结温达到 T_{jM} 的最大允许电流值。二极管正向定额电流波形如图 3.3.2 所示。正弦半波峰值是平均电流的 π 倍,有效值是平均值的 π/2 倍。

如果流过二极管的电流为非正弦半波电流,则引起二极管发热应当与正弦半波相当,即非正弦电流有效值与正弦半波有效值相等。求得非正弦电流有效值之后,再除以 π/2,得到需选二极管正向额定电流。这就是利用有效值相等原则选择二极管额定电流。

【例题 3.3.1】　流过二极管的电流幅值为 $I_P=20$ A 的矩形波,占空比为 $D=0.49$,请选择二极管的电流定额 I_F。

【解答】　电流有效值为 $I=I_p\sqrt{D}=(20\times0.7)$ A$=14$ A,额定电流为 $I_F=[14/(0.5\pi)]$A$=8.91$ A,可选 $I_F=10$ A 的二极管。

2) 反向阻断电压 U_R

反向阻断电压 U_R 是指反向承受的重复峰值电压,一般是反向重复峰值击穿电压 U_{BR} 的 2/3。二极管反向电压达到其击穿电压时,电压很小的增加将引起反向电流迅速上升,并引起很大的击穿损耗($P_B=U_BI_B$),如图 3.3.1(a)所示。如果击穿功率大,且持续时间长,导致二极管结温 T_j 明显升高,又导致反向电流增加而热失控,结温超过允许结温而烧毁,称为热击穿。反之如果击穿电流 I_B 被限制在很低值,击穿损耗引起的温升在允许范围内,没有因此造成热失控,这种击穿称为电致击穿,并不会损坏二极管,即电致击穿是可以复现和重复的。

电路最高峰值电压应当低于反向重复峰值电压 U_{BR} 的 80%,已经足够安全。电路中寄生参数引起的开关尖峰电压很窄,一般只有开关周期的几十分之一。即使引起二极管击穿,也不会使二极管过热损坏。但在由电网供电的输入级常采用二极管整流,由于电网中存在其他大功率用电设备的接入或断开,或遭雷击,即使采取了防雷,如用压敏电阻限压,一般选择二极管电压定额为 1.5～1.8 倍电源电压峰值。

二极管电压定额越高,正向压降损耗越大,价格越高,反向恢复时间越长。

3) 反向漏电流 I_s

反向漏电流是少数载流子形成的,反向漏电流在很大反向电压范围内是常数,其温度系数为正,每温升增加 8 ℃时几乎增加一倍。在低压应用时,一般反向漏电流很低,与正向导通损耗相比可以忽略;但在高压应用时,反向漏电流损耗不应忽略。

4) 功率二极管的开关特性与反向恢复时间 t_{rr}

手册中规定了功率二极管正向电流和反向电流上升率 di/dt 给出的开关特性,实际电路与测试条件不相同,二极管实际开关特性与手册提供的数据有很大不同。功率二极管的开关特性如图 3.3.3 所示。

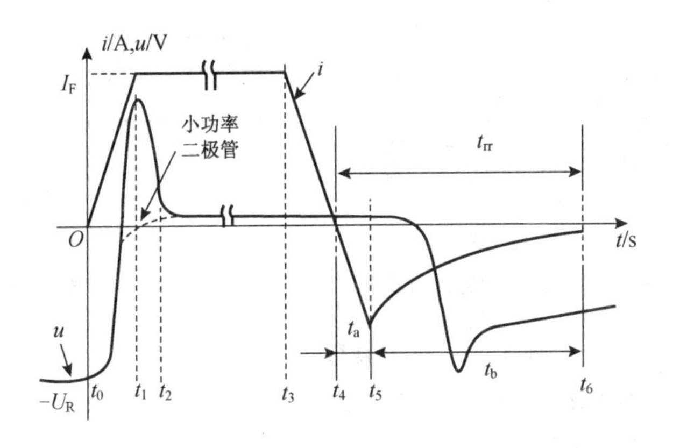

图 3.3.3 功率二极管反向恢复特性

在 $t<t_0$ 前，二极管承受反向电压。在 $t_0 \sim t_1$ 期间，由反偏转换成正向电压，与小功率二极管(图 3.3.3 中虚线)不同，在正向电流上升期间，正向压降迅速增长，直到 $t=t_1$ 达到峰值，如果 di/dt 过大，则过冲电压可达几十伏。开通时存在电导调制效应，载流子注入需要时间，从高的正向电阻变为低电阻。如果存在较大引线电感，则过冲更为严重。

在 $t_1 \sim t_2$ 期间，PN 结达到完全正向偏置，正向电流 I_F 达到稳态值，正向电导调制结束，压降也随之下降，达到稳态正向电压。$t_0 \sim t_2$ 期间称为正向恢复时间。这两段时期长短与二极管本身特性以及使用该二极管的外电路有关。I_F 越大，di/dt 越大，过冲也大。高压二极管典型正向恢复时间($t_1 \sim t_0$)为数百纳秒。

功率二极管关断过程与开通过程相反，在 $t_3 \sim t_5$ 期间，必须把正向电流对应的电荷移开，在此期间，PN 结仍正偏。然后提供的电荷(电流)建立反向偏置，PN 结反偏电压逐渐升高，如图 3.3.3 中的 $t_5 \sim t_6$ 区间，直至 $t=t_6$ 时二极管阻断。

从正向电流下降为零时刻 t_4 开始，到反向电流下降到反向峰值电流的 10%的时刻 t_6 称为反向恢复时间 t_{rr}($t_6 \sim t_4$)。如果导通时间与反向恢复时间相近，则二极管失去了单向导电特性。开关频率越高，要求反向恢复时间 t_{rr}越短。

手册中的 t_{rr}是在一定的测试电路条件的测试值，与实际电路中的反向恢复时间相差很大，因此手册中的反向恢复时间 t_{rr}只能作为选择的参考。

从功率管的结构可知，反向恢复时间 t_{rr}与 PN 结的结构尺寸和特性有关。一般说来，二极管的 PN 结尺寸越长，额定反向峰值电压就越高，反向恢复时间 t_{rr}越长。PN 结的结面积越大，正向电流 I_F 就越大，反向电流回路寄生电感 L 越小，反向峰值电流就越大。

图 3.3.4 是二极管在电路中从正向导通转换到反向截止的过程，在图 3.3.4(b)中，当二极管端电压由正向(图 3.3.4 (a)左边)转换为反向时，t_a 时间内反向电流上升，变压器的漏感和引线等寄生电感限制电流上升率和反向电流最大值 I_m，并在这些电感中存储能量。此后在时间 t_b 内，二极管开始截止，迫使电路中电流减少，存储在电感中的能量释放，与相关电路分布电容(图 3.3.4(b)右边虚线)形成振荡。如果电流下降 di/dt 过快，将产生严重的振铃现象，这对变换器效率、电磁兼容造成严重的影响。因此既希望二极管较短反向恢复时间，更希望反向电流下降的 di/dt 小的软恢复特性。

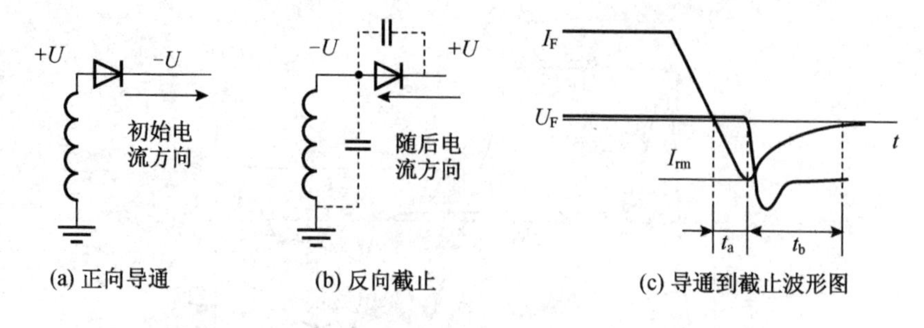

图 3.3.4　二极管在电路中的关断特性

图 3.3.5 所示是 FR15X 系列二极管反向恢复特性和测试电路图，需要注意的是电阻 R_1、R_2、R_3 采用无感电阻 NI(Non-Inductive)。

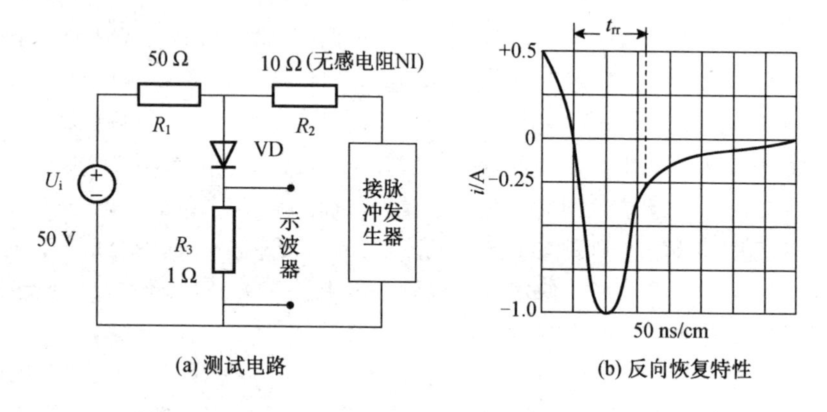

图 3.3.5　FR15X 二极管的反向恢复特性及其测试电路

图 3.3.6 所示是超快速恢复功率整流管 F10U60DN，一般用于高频开关电源的高频整流电路中，内部是两个共阴极的二极管，很方便地用于构成各种整流电路，最大恢复时间为 90 ns。恢复电流大小与加在二极管上的电流变化率 di/dt 有关，di/dt 越大，则恢复电流 i_{rr} 就越大。

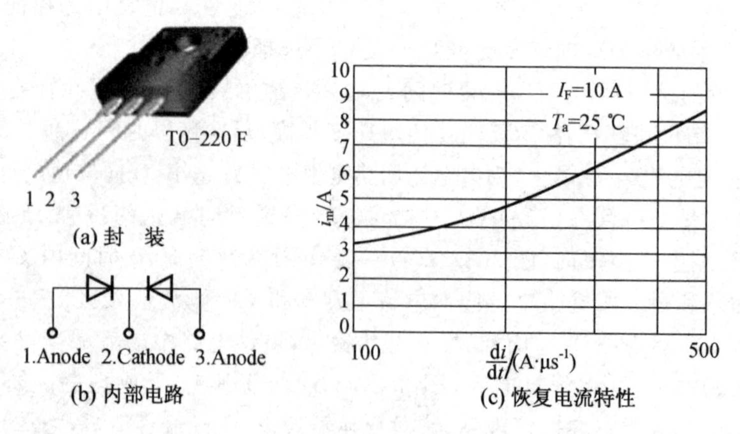

图 3.3.6　超快速恢复功率整流管(F10U60DN)

高频变换器的输出级峰值电压50 V以上总是采用超快恢复二极管,50 V以下采用肖特基二极管。输出电压低时采用同步整流的MOSFET管。同步整流的MOSFET的体二极管恢复速度很慢,通常大约为1 μs。它不适宜作为整流管。这就是为什么同步整流MOSFET管通常要用一个肖特基与其并联,MOSFET关断时,肖特基流过几乎全部电流,这意味着体二极管不需要反向恢复。

4. 肖特基二极管

肖特基二极管与PN结二极管不同,它是将N型半导体与金属结合在一起,是利用半导体与金属之间的接触势垒(电位)形成的空间电荷区,工作原理与PN结相似。连接到金属的电极称为阳极,连接到半导体的电极称为阴极。由于一半是导体,一半是金属,相当于PN结的一半。这种结也具有单向导电性。它的伏安特性与PN结二极管一样,正向电流与正向电压也是指数关系。

一般肖特基反向电压较低(＜100 V),典型的正向压降为0.55 V。在肖特基二极管中只有一种导电,没有反向恢复时间。但是,肖特基二极管在阴极和阳极之间有较大的电容。随着加在肖特基上电压的变化,对此电容必然存在充电和放电(当肖特基零偏置时,电容最大)。这种现象非常像普通二极管的反向恢复电流。视电路不同,有可能开关损耗比用一个超快恢复整流管时损耗大得多。

应当注意结电容虽然电荷Q低,仍然可能与电路中杂散电感引起振荡,在有些谐振设计中利用此特性做成软开关。但一般肖特基电路与普通二极管一样有必要给肖特基加一个缓冲电路,当然增加了损耗。此外肖特基在高温下或在它的额定电压下都有很大的漏电流,且漏电流随温度升高指数升高,漏电流可能将正激变换器次级短路。因此为使反向电流不要太大,只能用到肖特基额定电压的3/4,结温不超过110 ℃。

正向压降维持在0.55 V的肖特基二极管,其反向电压定额一般小于100 V。高压肖特基(大于80 V)要加漂移区,就与普通二极管正向压降相近,没有必要用这样的器件。

5. 硅瞬变吸收二极管

硅瞬变吸收二极管(Transient Voltage Suppressor,TVS)是一种新型高效电路保护器件,它具有极快的响应速度(亚纳米级)和相当高的浪涌吸收能力。当它的两端经受瞬间的高能量冲击时,TVS能以极高的速度把两端间的阻抗值由高阻抗变为低阻抗,以吸收一个瞬间大电流,从而把它的两端电压钳位在一个预定的数值上,保护后面的电路元件不受瞬态高压尖峰脉冲的冲击。TVS可用于保护设备或电路免受静电、电感性负载切换时产生的瞬变电压以及感应雷所产生的过压损坏。

TVS按极性可分为单极性和双极性两种,按用途可分为通用型和专用型,按封装和内部结构可分为轴向引线TVS、双列直插TVS阵列、贴片式TVS和大功率模块等。其中轴向引线的产品峰值功率可达400 W、500 W、600 W、1 500 W或5 000 W,大功率产品主要用在电源馈线上,低功率产品主要用在高密度安装的场合。对于高密度安装的场合,还可以选用双列直插式和表面贴装形式。

TVS系列产品有SA系列－500 W、P6KE、SMBJ系列－600 W、1N5629～1N6389、1.5KE、LC、LCE系列－1500 W、5KP系列－5000 W、15KAP和15KP系列－15000 W，其中，P6KE和1.5KE系列最为常见。例如，P6KE200A，其中6表示峰值脉冲耗散功率为600 W，200表示最小击穿电压为200 V，A表示单向TVS；又如P6KE440CA，其中6表示峰值脉冲耗散功率为600 W，440表示最小击穿电压440 V，CA表示双向TVS。

以P6KE系列为例说明其特性。

系列产品有P6KE6.8～P6KE440CA，其关断电压从6.8 V到440 V，峰值脉冲功率为600 W，封装形式为DO204AC，形同二极管，其主要特性曲线如图3.3.7所示。如果要选用某种产品请仔细阅读公司的产品手册。

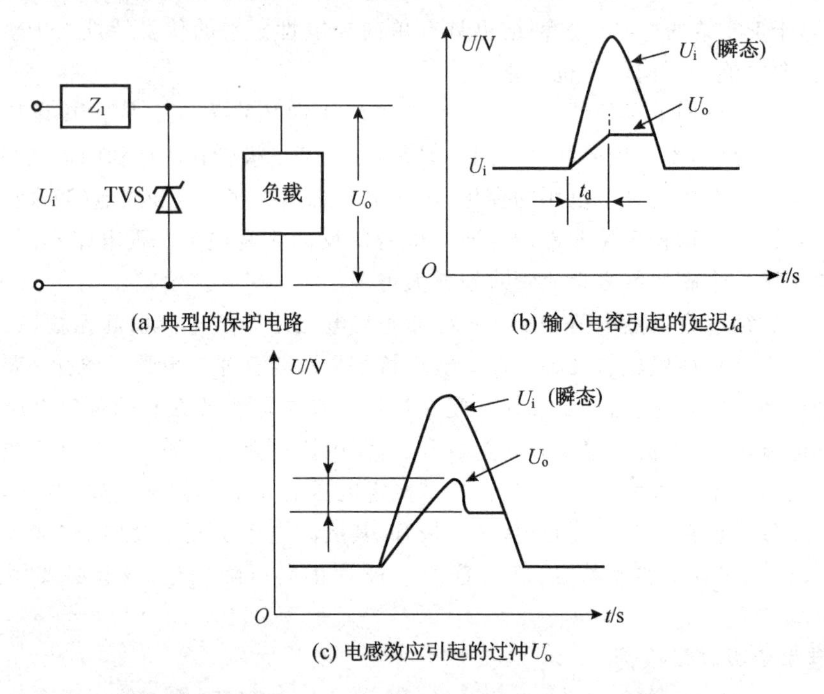

(a) 典型的保护电路　(b) 输入电容引起的延迟t_d

(c) 电感效应引起的过冲U_o

图3.3.7　瞬态二极管的保护电路图和主要特性曲线

TVS的结电容效应会引起反向击穿延迟，引线电感会引起电压过冲。TVS用以吸收瞬变电压，加在管子上的瞬变电压的脉冲宽度会影响瞬变电压下降，用下降因数DF(Decreasing Factor)表示，如图3.3.8所示是P6KE系列的DF与占空比的关系曲线，脉冲宽度越窄，DF值下降越大。

TVS若应用在继电器、功率开关等场合，有必要引入平均稳态功率的概念。

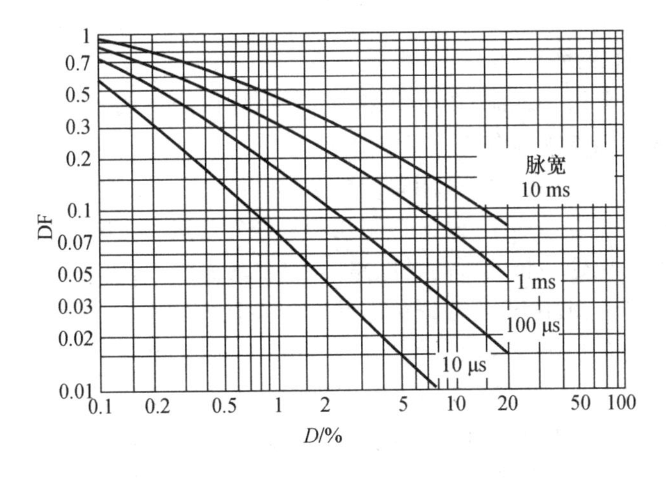

图 3.3.8　脉冲占空比引起的瞬变电压下降关系

【例题 3.3.2】 如某功率开关电路中会产生频率为 120 Hz、宽度为 4 μs、峰值电流 I_p＝25 A 的脉冲群，选用的 TVS 将单个脉冲电压钳位到 11.2 V。

【解答】 平均稳态功率的计算：

脉冲时间间隔等于频率的倒数，峰值吸收功率是钳位电压与脉冲电流的乘积 11.2 V×25 A＝280 W，平均功率则为峰值功率与脉冲宽度对脉冲间隔比值的乘积，即 $[280\times(4\times10^{-6}/0.0083)]$W≈0.134 W。因此，选用的 TVS 的平均稳态功率必大于 0.134 W。

使用 TVS 时应注意，对于瞬变电压吸收的功率（峰值）与瞬变电压脉冲宽度间的关系，在手册中给出的只是特定脉宽下的吸收功率，而实际电路中的脉冲宽度是随机的，事先要进行估计，并降额使用，对重复出现的瞬变电压的抑制，尤其要注意的是 TVS 的稳态平均功率是否在安全范围内。

由于 TVS 是半导体器件，特别要注意环境温度升高时的降额使用问题，特别要注意 TVS 引线长度以及被保护电路的相对距离。

当没有合适的 TVS 选用时，允许多个串联使用。串联使用的最大电流定额取决于最小的那个 TVS，峰值吸收功率等于这个电流与各个串联的 TVS 电压之和的乘积。

TVS 结电容是影响它在高速电路中应用的关键因素，在这种情况下将一个 TVS 与一个快恢复二极管串联，由于快恢复二极管的结电容很小，两者串联后的等效电容更小，可满足高频使用的要求。

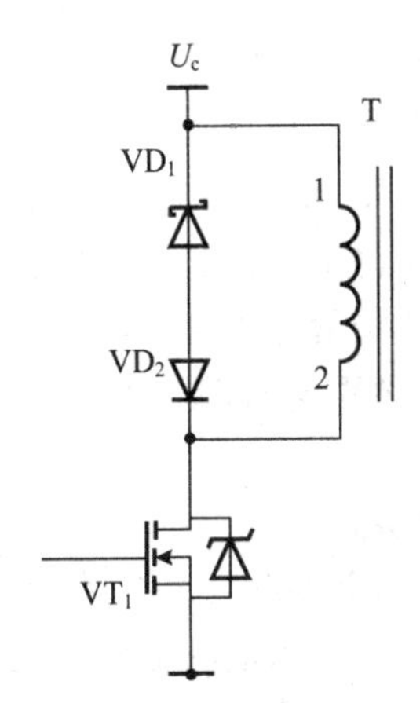

图 3.3.9　TVS 在吸收高频变压器尖峰中的应用示例

图 3.3.9 所示是 TVS 在吸收高频变压器尖峰中的应用示例，其中 VD_1 是 TVS 瞬变二极管，VD_2 是

快恢复二极管。

6. 功率二极管应用

功率二极管主要用于整流、续流电路,还有反极性保护(例如蓄电池的反极性保护)和防止电流倒灌的隔离等场合。

低于 400 Hz 电源整流电路采用普通整流管,1～20 kHz 应采用快恢复二极管,开关频率 20 kHz 以上,电压高于 20 V 应采用超快恢复二极管,100 V 以下的低压高频电路应采用肖特基二极管。超低压高频电路,同时要求高效率,应当采用同步整流电路。

快速二极管开关损耗小,是否越快越好?如果是电网整流二极管那么用超快恢复二极管并不好。问题是快恢复时间产生快速下降沿,引起电磁干扰。在这种情况下,最好还是采用普通的恢复时间 5～10 μs 的整流管。大电流定额的二极管比小电流的二极管恢复时间更长,"大马拉小车"也不是好选择。

高电压定额二极管比低电压定额的二极管有更大的正向压降和较长的反向恢复时间。这就是为什么在满足电路要求的前提下,尽可能选择较低电压定额的整流管。二极管反向电压定额一般只要高于电路最高电压 20%即可,一般来说,尖峰击穿是正常的,极短脉宽的尖峰击穿不会损坏整流管。

如果设计一个输出电压为 12 V,电流为 16 A 的整流电路,能否用两个 10 A 定额的二极管并联?由于二极管正向压降的负温度系数特性和正向压降的离散性,设其中一个电流较大的二极管,损耗加大而温度升高,正向压降降低电流继续加大,是个正反馈,最后导致一个二极管流过全部电流而烧坏。所以虽然能将二极管并联,但应当注意热平衡(即确保它之间最小的热阻),或者串联一个线性小电阻。并联的两个二极管要是做在一个芯片上,具有相同的热和电气特性,可以做到较好电流均衡。二极管一般不并联。当采用 MOSFET 作为同步整流时,因其压降具有正温度特性,使得并联容易。

高压二极管的反向恢复时间长,高频损耗大,有时使用低压恢复时间短的超快恢复二极管串联,串联的各二极管应当是相同型号的二极管。由于各二极管反向漏电流不同,与电容串联一样,为了二极管的均压应当在各个二极管上分别并联一个电阻,如图 3.3.10 所示。流过电阻的电流应当是高温条件下二极管漏电流的 5 倍,串联的每个二极管电压定额降低 20%。

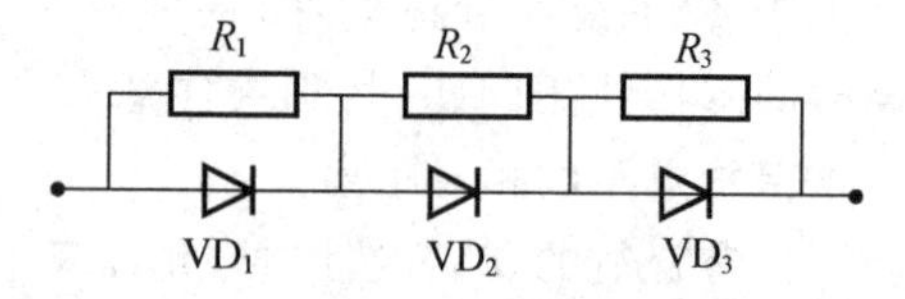

图 3.3.10 二极管均压

【例题 3.3.3】 需要 1500 V 电压的二极管,用 400 V 硅二极管串联,进行电路参数的选择。假设二极管的漏电流在 25 ℃时 1 μA,二极管工作时结温为 89 ℃,选取并联电阻。

【解】 每个二极管承受的电压为 400 V×0.8=320 V,需要 1 500/320≈4.7 只,用 5 个二极管串联。二极管的漏电流在 25 ℃时为 1 μA,假设二极管工作时结温为 89 ℃,二极管在89 ℃时漏电流为 $1\times2^{(89-25)/8}$ μA=1×2^{8} μA=256 μA。与二极管并联电阻上的电压为 1500 V/5=300 V,电阻值为 300 V/(5×0.256×10^{-3} A)=234 kΩ,电阻损耗为(300×5×0.256)mW=384 mW,选择 240 kΩ/W 金属膜电阻,为了动态均压,电阻应当是无感的。

3.3.2　功率开关晶体管

功率开关晶体管也称 GTR(Giant Transistor)，有功率双极型晶体管(BJT)、MOS-FET 和 IGBT 等。开关电源中主要关心功率管的导通电阻(或压降)、开关速度和击穿电压。功率开关晶体管的导通压降和开关速度都由功率开关晶体管的结构尺寸决定的，并与其电压定额有关，电压定额越高，导通压降越大，开关时间越长。由于电流和电压上升速率受到寄生参数限制，大电流和高电压定额 GTR 开关速度低，大功率变换器使用高压大电流器件，限制了变换器的工作频率。

1. 双极型晶体管

双极型功率开关晶体管(Bipolar Junction Transistor，BJT)是硅功率开关晶体管，有 NPN 和 PNP 两种结构。按照半导体理论，PNP 结构是带正电荷空穴导电为主，NPN 是带负电荷的电子导电为主。空穴比电子流动困难，因此 NPN 结构的晶体管比 PNP 具有更快的开关速度和更低的导通压降，这就是广泛使用 NPN 晶体管的原因。

1）特性和参数

图 3.3.11(a)所示是功率开关晶体管的电路符号，BJT 有 NPN 和 PNP 两种结构，有两个背靠背 PN 结。晶体管也称为三极管，它有三个电极：分别为基极 B，发射极 E 和集电极 C。发射极箭头方向是晶体管各电极电流方向。在 NPN 晶体管中，电流从 C 和 B 流向 E，在 PNP 晶体管中，电流从 E 流向 B 和 C，即 $i_E=i_B+i_C$。

放大电路中，如果 BE 作为输入端，CE 作为输出端，则这种接法称为共发射极接法，简称共射极。对于 NPN 晶体管，CE 和 BE 都是正电压，而 PNP 晶体管的 CE 和 BE 都是负电压。输出端在发射极，称为共集电极接法，或称为射极输出器。如果发射极为输入端，集电极为输出端，则称为共基极接法。

NPN 晶体管采用共射极接法时，如 CE 之间加正电压，基极开路，由于 CE 之间 PN 结反偏，只有很小的电流流通，这就是共发射极漏电流 I_{CEO}。如果此时在 BE 之间加上正电压(PN 结正偏，相当于二极管正偏)，基极流入电流 i_B，集电极电流 i_C 与 i_B 成正比关系，i_C 远大于 i_B，可以表示为 $i_C=\beta i_B$。集电极电流大于基极电流的倍数 β 称为共发射极电流放大倍数，有时以 h_{FE}表示。

如果给定不同的 i_B，CE 之间电压 u_{CE}逐渐增加，集电极电流 i_C 与 i_B 和 u_{CE}的关系称为共射极输出特性 $i_C=f(u_{CE})|_{i_B}$，如图 3.3.11(b)所示，基极电流与基极电压的关系称为共射极输入特性，相似于二极管正向特性。小功率硅管电压为 $U_{BE}=0.6\sim0.7$ V，大功率可能达到 1 V 以上，与二极管一样，u_{BE}同样是负温度系数。

输出特性在 I_{CEO}以下基极电流等于零的区域称为截止区，当基极电流不为零时，如图 3.3.11(b)所示，随着 i_B 的逐级增加，当 u_{CE}增加时，i_C 不随 u_{CE}增加而增加，但 i_B 增加，i_C 也增加，集电极电流 i_C 与基极电流 i_B 成正比，此区域称为放大区。从图中看到，随 u_{CE}增加集电极电流几乎是水平线。如果集电极通过一个电阻接到电源 U_{CC}上，那么 CE 之间电压 $u_{CE}=U_{CC}-Ri_C$。集电极电流 i_C 增加，u_{CE}减少。当 $i_B=I_{B3}$时，$u_{CE}=u_{CE1}$，晶体管工作在输出特性 A 点，如果进一步加大 i_B，i_C 不再正比于 i_B 增加，u_{CE}由 A 点向

B 点移动。当 i_B 大于 I_{B6} 后，u_{CE} 达到它的最小值 U_{CES6}，不能再进一步减小，集电极电流达到它的最大值 $I_{CS}=(U_{CC}-U_{CES})/R$。这里基极电流 $i_B \gg i_C/\beta$，即为饱和。这时的基极电流表示为 I_{BS}，即饱和驱动电流。不同的集电极电流，饱和压降也不同，一般用饱和电阻 R_{sat} 表示。如图 3.3.11(b)所示直线 OM，左边区域是严格意义上的饱和区，OM 为临界饱和直线。饱和压降 $U_{CES}(R_{sat})$ 也是负温度系数。小功率管的饱和压降 U_{CES} 为 0.2～0.5 V，高电压定额的晶体管饱和压降增加，一般饱和压降都要超过 1 V，高压器件可能达 2 V 以上。

由图 3.3.11(b)可以看出，饱和压降还与驱动程度有关，例如由外电路决定的集电极电流为 i_{C4}，当基极电流为 I_{B4} 时，饱和压降为 U_{CES4}，而基极电流为 I_{B6} 时饱和压降 U_{CES6} 则更小，如果进一步加大 i_B 到饱和驱动电流 I_{BS}，使三极管饱和，饱和压降趋向 $I_C R_{sat}$，R_{sat} 为饱和电阻。如果 i_B 越大，饱和则越深。

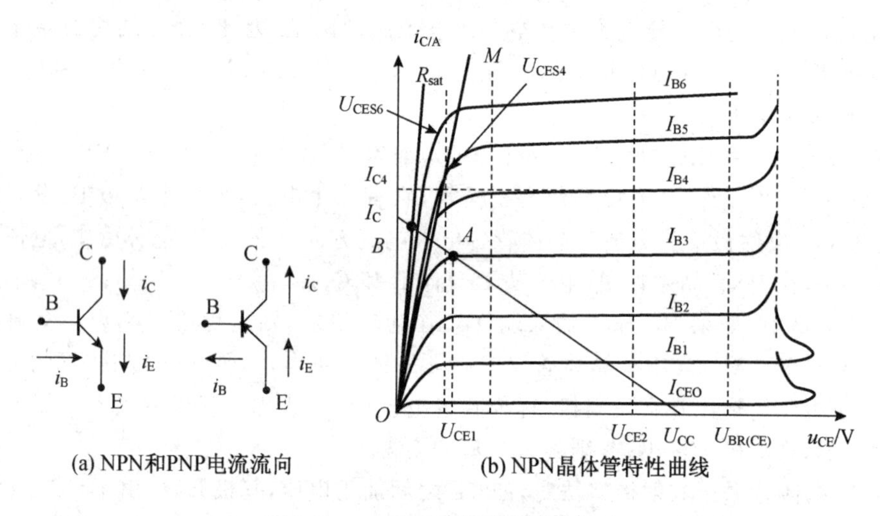

(a) NPN和PNP电流流向　(b) NPN晶体管特性曲线

图 3.3.11　硅功率管典型输出特性

如果基极开路，外加集电极电压超过 $U_{(BR)CEO}$ 时，集电极电流迅速增加，晶体管集电极击穿，与二极管相似，如不限制电流会造成晶体管损坏。

在开关电源中，功率开关管工作在饱和截止之间，稳态时，要么饱和导通，要么截止，开关过渡过程中要经过放大区。

2）晶体管的主要参数

晶体管的主要参数有电流放大倍数（β 或 h_{FE}）、穿透电流（I_{CEO}）、集电极最大电流（I_{CM}）、集-射击穿电压（$U_{(BR)CEO}$、$U_{(BR)CER}$、$U_{(BR)CES}$ 和 $U_{(BR)CEV}$、集电极允许功率损耗（P_{CM}）、二次击穿耐量、安全工作区（Safe Operating Area，SOA）和饱和压降（U_{CES}）等，动态参数有开通与关断开关时间。

(1)电流放大倍数 β 或 h_{FE}

电流放大倍数也称为电流增益，表示在给定 U_{CE} 下的 i_C 与 i_B 之比，例如，图 3.3.11(b)中 $\beta=I_{C4}/I_{B4}$，它表征基极电流 i_B 对集电极电流 i_C 控制能力。β 还与工作电流 i_C 大小有关，远小于最大电流或接近最大电流 I_{CM} 时，增益都会降低。

高电压定额晶体管的电流增益很低，只有 10～20，或小于 10。此外 h_{FE} 为正温度系数(0.5%～1%)/℃，即随着温度降低而降低。在开关电路中，以最低 β_{min} 的 80% 作为设计饱和条件的依据。如果有低温要求，则电路设计应采用低温下 β_{min}。

【例题 3.3.4】 在环境温度为－40～＋40 ℃设备中，用晶体管控制一个继电器。继电器的线圈电阻 $R=10\ \Omega$，继电器电源为 $U_{CC}=15$ V，等效电路如图 3.3.12 所示。选择的晶体管电流放大倍数 $\beta=15\sim50$，设 $U_{CES}=1$ V，求需要的基极电流。

【解】 晶体管 β 离散性很大，如果选择 β 值较大的晶体管，需要对供应商提出要求，成本显著增加，通常按最小 β 值计算。手册中提供测试值数据是 25 ℃，在－40 ℃时，最小 $\beta_{-40\,℃}=\beta_{25\,℃}\times[1+(1\%\sim0.5\%)]^{-(40+25)}=7.9\sim10.9$。其中 $\beta_{25\,℃}=15$，为保证在最低温度下功率管饱和工作，实际取 $\beta=i_C/i_B=7<7.9$，即使在－40 ℃时，也能保证继电器可靠吸合。

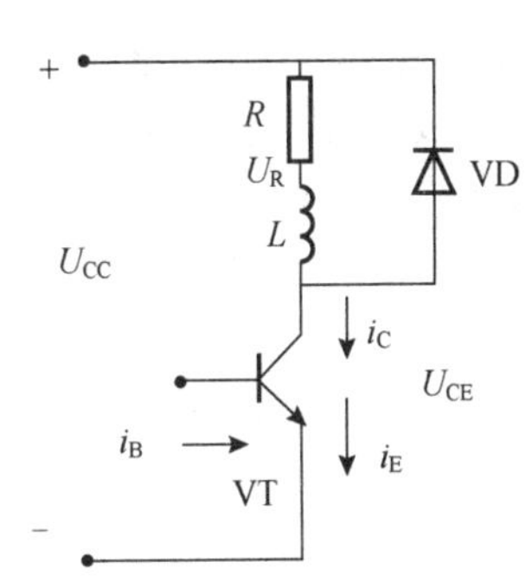

图 3.3.12　晶体管驱动继电器线圈电路

因此饱和驱动电流为

$$I_{BS}>\frac{U_{CC}-U_{CES}}{7R}=\frac{15-1}{70}\ \text{A}=200\ \text{mA}$$

另外，还应当考虑 U_{BE} 的负温度系数。

图 3.3.12 所示是晶体管驱动继电器线圈控制电路，在实际应用时，线圈两端一定要反并联一个二极管 VD，给继电器断开时，将线圈中存储的能量泄放掉，如果没有泄放能量措施，断开时将损坏晶体管。

大功率晶体管的电流增益低，例如 $\beta=10$，达到 100 A 的集电极电流，同时要求较低的饱和压降，至少 10 A 以上的基极电流。如果用 4 V 的电源驱动，就需要瞬时功率 40 多瓦。为此，大电流 BJT 功率管驱动可以采用比例驱动方法。还可以采用如图 3.3.13所示的达林顿接法，二重达林顿管总的电流增益为两个管的电流增益乘积，等效为一个电流增益为 $\beta(=\beta_1\times\beta_2)$ 的功率管。另外，还可以组成三重和更多重的达林顿管，这样大大减少驱动功率，但多重达林顿管的饱和压降、开关时间指标都不如单管好。

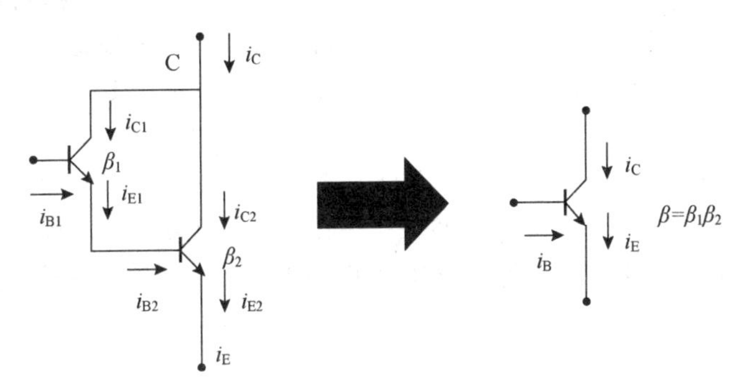

图 3.3.13　达林顿连接

(2)穿透电流 I_{CEO} 与饱和压降 U_{CES}

发射极开路,集电极与基极之间的反向漏电流 I_{CBO} 是三极管的反向漏电流,与二极管漏电流一样,与温度密切相关,硅晶体管每增加 8 ℃就增加 1 倍。当基极开路,集电极与发射极之间的漏电流称为 I_{CEO},这个漏电流是将 I_{CBO} 放大$(1+\beta)$倍。如果基极与发射极之间连接一个电阻 R,反向漏电流 I_{CBO} 一部分被电阻分流,因此集电极和发射极之间的漏电流减少为 I_{CER}。如果 $R=0$,则漏电流 I_{CER} 进一步减少到接近 I_{CBO} 的 I_{CES}。由于不可能将内电阻短路,I_{CES} 稍大于 I_{CBO},因此 $I_{CEO}<I_{CER}<I_{CES}<I_{CBO}$。工作电压较低时,一般不考虑漏电流引起的截止损耗,当工作电压较高时(数百伏),同时结温也较高,截止损耗不应忽略。

(3)集电极最大电流 I_{CM}

有多种方法定义晶体管集电极最大电流,随着集电极电流增加,β 要下降,一般厂家规定 β 下降到测试值 2/3 或 1/2 的电流定义为集电极最大电流 I_{CM}。

虽然 i_C 达到 I_{CM} 不会损坏晶体管,但需要更大的驱动电流,否则饱和压降大。过大的驱动电流在轻载时开关时间过长,因此一般按电路峰值电流为 I_{CM} 的 60%选取功率管电流定额。

(4)集-射击穿电压($U_{(BR)CEO}$、$U_{(BR)CER}$、$U_{(BR)CES}$ 和 $U_{(BR)CEX}$)

符号下标表示电极,O 表示开路,R 表示接电阻,S 表示短路,X 表示加反向电压。与 I_{CBO} 对应,$U_{(BR)CBO}$ 是发射极开路,集电极与基极之间 PN 结击穿电压;$U_{(BR)CEO}$ 是基极开路,集电极与发射极之间击穿电压,与 I_{CEO} 对应。因 $I_{CBO}<I_{CEO}$,所以 $U_{(BR)CBO}>U_{(BR)CEO}$。

实际电路中,关断时晶体管基极电路不会开路,常常通过基极串联电阻短路,这时晶体管击穿电压为 $U_{(BR)CER}$,与 I_{CER} 相似,基极串联电阻 R 越小,则 $U_{(BR)CER}$ 越高。如果基极串联电阻 R 为零,即基极与发射极短路,则击穿电压为 $U_{(BR)CES}$。这个击穿电压接近 $U_{(BR)CBO}$。如果截止以后 U_{BE} 加反向偏置电压,则基极的击穿电压为 $U_{(BR)CEX}$。由于 $U_{(BR)CEO}<U_{(BR)CER}<U_{(BR)CES}$,一般电路中基极电路总有串联电阻,开关电源中常以 $U_{(BR)CER}$ 作为击穿电压选择依据。

例如,某晶体管 $U_{(BR)CEO}=450$ V,$U_{(BR)CER}$ 在 $R=20\ \Omega$ 时为 700 V,可用作 220 V 交流电网电压整流,电容滤波为输入的反激变换器功率管。由于驱动要求,一般 R 值不可能很大,$R_{max}\leqslant 0.4\ \text{V}/I_{CBO}$,应远小于 R_{max},$U_{(BR)CER}$ 基本上接近 $U_{(BR)CBO}$。不管是 $U_{(BR)CER}$ 还是 $U_{(BR)CES}$,击穿以后折向 $U_{(BR)CEO}$。

高耐电压晶体管的电流增益降低,饱和压降加大,开关时间长。一般选择晶体管的击穿电压是电路可能的最高峰值电压的 1.2~1.5 倍。如果寄生参数引起高的振荡尖峰电压,则应当采用缓冲电路抑制尖峰电压,电路中峰值电压不允许超过晶体管的击穿电压。

(5)集电极允许功率损耗 P_{CM}

规定环境温度 T_a(25 ℃)、散热条件(热阻 R_{th})和集电极结温不超过最高允许结温 T_{jM}(硅晶体管一般为 150 ℃)的集电极允许功率损耗 P_{CM}。晶体管实际结温 T_j 与集电

极功率损耗 P_C 的关系为 $T_j - T_a = R_{ja} P_C$，其中 R_{ja}是结到环境的热阻。手册中，在规定散热条件（例如规定散热器温度为 75 ℃）下给出允许壳温 T_c 和最大集电极功耗 P_{CM}，可得知结到壳的热阻为 $R_{jc} = (T_{jM} - T_c)/P_{CM}$。如果给定热阻，当然就知道规定条件下的允许壳温。

从以上允许功率损耗和结温的关系可以看到，晶体管如果工作在比规定环境温度高的条件下，相同的散热条件，允许的最大功耗要减额，即不能用到最大允许功率 P_{CM}，否则晶体管的结温要超过最高允许结温 T_{jM}。环境温度越高，允许的最大功率越小。如果使用中不具备规定散热条件，最大允许功耗也要减额。但是，这时虽然远小于 P_{CM}，但壳温很高（$< T_{jM}$），而实际结温并不一定超过允许结温。原因是结到环境温差分成两部分：结到壳和壳到环境的温度。如果壳到环境热阻加大很多，较小的功率引起很大的温度差，造成壳温很高。

(6)二次击穿定额 $I_{S/B}$

晶体管在开通和关断过程中，虽然电流电压都没有超过其限额（P_{CM}、I_{CM} 和 $U_{(BR)CEO}$），但常常发生永久性损坏，通常称这种现象为二次击穿。开通时损坏称为正偏二次击穿，关断时损坏称为反偏二次击穿。从定义上看，损坏的机理与击穿无关，这是沿用当初不明损坏机理时为避免与一般概念上 PN 击穿混淆而使用的名称，二次击穿通常称为 $I_{S/B}$定额。

二次击穿的机理学术界争论多年，比较一致的解释是：大功率开关晶体管由于管芯中电流密度的限制，结面积大且不可能完全均匀。由于结面不均匀，同时在开关过程中经过放大区，在集电极电场作用下，基极-发射极电场不均匀，引起发射极电流在结面分布不均，造成局部电流集中，引起局部热斑，当能量积累到一定程度时，温度升高，热斑电流密度进一步加大，温度升高引起更大电流而热失控，局部超过最高允许结温而损坏。这是双极型功率管损坏的主要模式。

(7)安全工作区(SOA)

从以上极限参数（P_{CM}、I_{CM} 和 $U_{(BR)CEO}$）可以看到，晶体管工作时应当在限额以内，同时在开关过程中不应当超过二次击穿耐量 $I_{S/B}$。以这些参数为边界，在输出特性上构成一个区域，晶体管在此区域内可以安全工作，把这个区域称为安全工作区。如图 3.3.14 所示，功率双极型晶体管不管在瞬态还是在稳态，晶体管电流与电压稳态和瞬态轨迹都不应当超出安全工作区对应的边界。同时边界限值与温度、脉冲宽度有关，温度升高有些边界还应当降额。

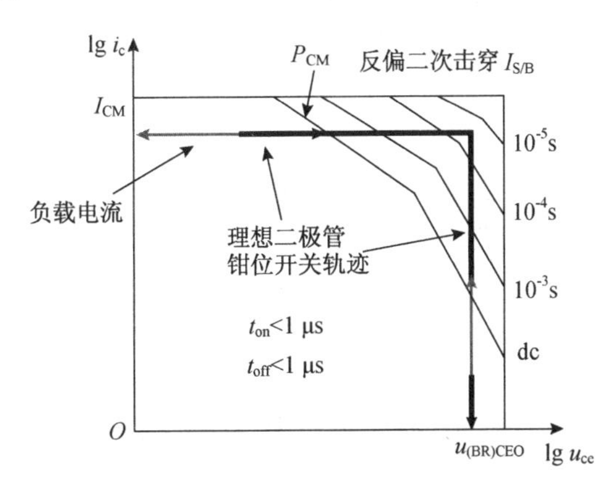

图 3.3.14　硅功率管安全工作区

小功率晶体管二次击穿特性在 P_{CM}、I_{CM}和 $U_{(BR)CEO}$为边界的安全区以内，同时小功率晶体管没有二次击穿规范。如果没有给出脉冲电流定额,可假定器件能够处理脉冲电流是额定直流的两倍比较合理。在开关电感或电容负载时,晶体管的负载线有可能超过 $I_{S/B}$ 定额,因此一般电路应当设计有缓冲电路,将负载线限制在安全区内。

(8)功率开关晶体管开关时间

功率开关晶体管开关特性如图 3.3.15 所示。当晶体管基极驱动信号在 $-U_{B2}$ ~ U_{B1} 之间变化时,晶体管由开通延迟(t_d)、上升时间(t_r)、存储时间(t_s)和下降时间(t_f)组成。前面两个组成开通时间(t_{on}),后两个组成关断时间(t_{off})。受最小占空比和开关损耗的限制,一般开关电压的工作周期(开关频率 f 的倒数)是总的开关时间($t_{on}+t_{off}$)的 20 倍。这就是说开关时间越长,工作频率越低。

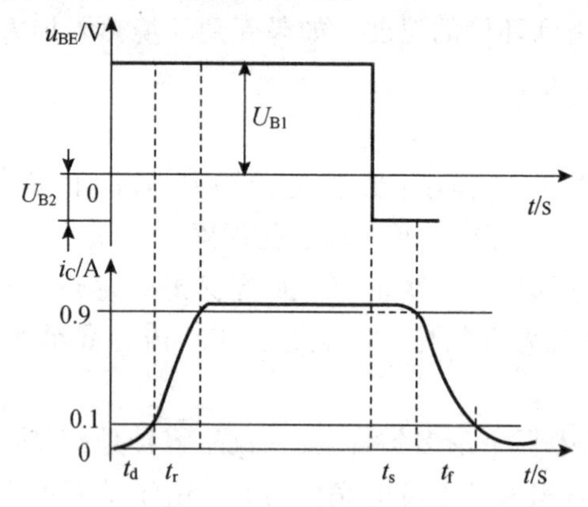

图 3.3.15 功率开关晶体管的开关特性

在开关时间中,t_d 和 t_s 是影响开关时间主要因素,而 t_r 和 t_f 是开关损耗主要因素,在这两个时间间隔内,正是晶体管电流和电压交越时间,瞬时功率损耗很大,这是一般缓冲电路设计依据。

为降低晶体管的导通损耗,功率管导通时为深饱和状态。但增大了存储时间 t_s,降低开关了速度。为减少存储时间 t_s,晶体管在关断时给 B-E 结之间加反向电压,快速抽出基区过剩的载流子。如果施加反压太大,B-E 结将会发生反向齐纳击穿。一般硅功率开关晶体管 B-E 反向击穿电压为 5~6 V,为避免击穿电流过大,需用一个电阻限制击穿电流。

为了快速开关晶体管,减少存储时间,采用抗饱和电路。电路中集电极饱和电压被限制在 $U_{CE}=U_{VD_B}+U_{BE}-U_{VD_C}$。如果 $U_{VD_B}=U_{BE}=U_{VD_C}=1.0$ V,则 $U_{CE}=1.0$ V,使得过大的驱动电流流经集电极,降低晶体管的饱和深度,存储时间减少,有利于关断加快。如果允许晶体管饱和压降大,饱和深度降低,二极管 VD_B 可以用两个二极管串联(图 3.3.16 中虚线所示的二极管),则晶体管饱和压降大约为 2.0 V 准饱和状态,很小的存储时间,关断时间缩短,但导通损耗加

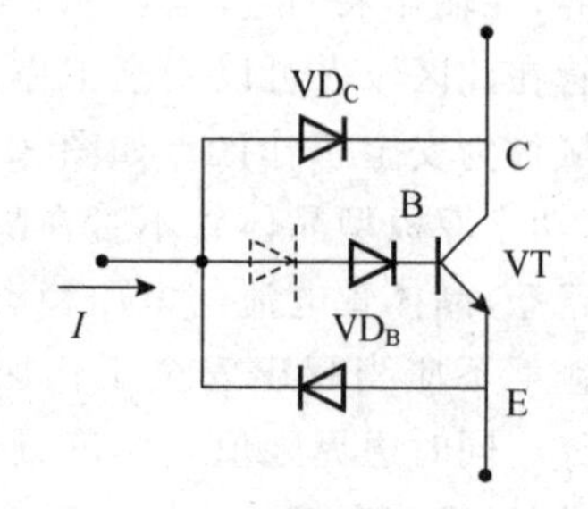

图 3.3.16 加速关断的抗饱和电路

大。通常在抗饱和二极管上还反向并联一个二极管,便于反向抽流,减少存储时间,加速关断,电路如图3.3.16所示。

在有些应用场合,例如在电子镇流器中,由于驱动电压从输出电路取得,希望在驱动电压反向以后,功率开关利用存储电荷维持晶体管导通,通常使晶体管工作在深度饱和状态,甚至驱动电流大于基极电流几倍来维持电路的正常工作。

双极型功率管电压电流定额越大,开关速度越慢。例如采用抗饱和等加速开关措施后,$U_{(BR)CEO}$=450 V,50 A开关管可以工作在30 kHz以下,损耗可以接受。

功率越大,电压定额越高,开关速度越慢。大功率电源的工作频率比小功率低得多。由于高电压硅晶体管的导通压降低,成本低,小功率电源中广泛使用中小功率晶体管。

2. 金属氧化物场效应晶体管MOSFET

场效应(FET)晶体管有结型JFET(Junction FET)和MOSFET型(Metal Oxide Semiconductor FET)。常用的功率场效应管一般是MOSFET,而MOSFET有P沟道和N沟道两类。较大功率一般不用P沟道,与BJT一样,P沟道与N沟道相同电流和电压定额的器件导通电阻比N沟道大,同时开关速度也比N沟道低。

1) 结构与原理

功率MOSFET与双极型晶体管不同,它是由上万个单胞MOSFET并联而成,如图3.3.17是功率N沟道MOSFET左右各一个单胞结构垂直截面图。

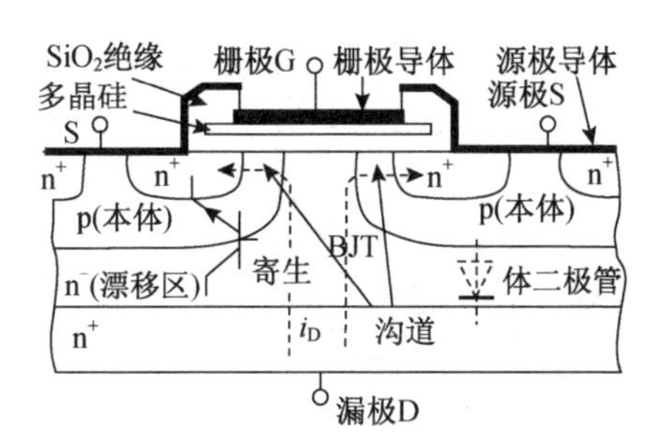

图3.3.17 单胞N沟道MOSFET垂直截面图

从图3.3.17结构可以看到,栅极与源极之间用SiO_2绝缘,源极与n-p-n区连接成一体,而p本体将n^-漂移区及n^+漏极隔开。从半导体结构上,从源到漏或从漏到源都是n-p-n。但源极电极导体将n^+-p本体短路,源极到漏极是体二极管正向通路,二极管正向电流不受控。而漏极到源极加正电压时,由于p本体到n^-漂移区PN结反偏,也不能导通。

因源极与n^+-p本体连通,又与栅极绝缘,于是栅极与源极连通的p本体相似一个电容的两个电极。如果栅极相对源极之间加正电场U_{GS},此电场将p中多数载流子空穴排开,形成耗尽层;继续加大U_{GS},将p中少数载流子—电子吸引到栅极下面的p中。当电场足够强时,栅极下p本体区内集聚一定感生电子电荷,这里p型半导体变为n型,称为反型层,这就是N沟道。此N沟道将源极相连的n^+与漂移区n^-沟通。沟道电阻由栅源电场的强弱决定。沟道形成以后,随着U_{GS}增加,沟道内载流子增多,沟道电阻减少。如果在漏源之间加正电压,在漏源之间就有电流流通。

2）输出特性与转移特性

在一定漏源电压(例如10 V)下,使沟道达到规定电流(例如10 μA)时的栅源电压U_{GS}称为开启电压U_T。当$U_{GS}>U_T$,在漏极和源极之间加正电压U_{DS},并从零逐渐加大,在U_{DS}较低时,MOSFET类似一个线性电阻,i_D随U_{DS}线性上升。在没有加U_{DS}时,p与n^+等电位,沟道宽度是均匀的,但电流流过沟道改变了沟道电场。当相对源极加了U_{DS}后,因漏极的n^+与漂移区n^-相连,漏极正电位传递到沟道一端,改变了沟道长度上栅源之间电位,在漏极端变窄,源极n^+端不变,呈梯形分布。当达到$U_{GS}-U_T=U_{DS}$时,漏极一端的沟道消失,称为夹断(pinch off)。夹断区相当于PN结的耗尽层,这里相当于晶体管集电极,漏极电流不再随漏极电压增加而增加,i_D不再增大,所有沟道载流子参与导电,称为饱和。如果继续加大U_{DS},沟道长度上电位分布基本不变,i_D近似为常数,电压加大直至$U_{(BR)DS}$,源栅击穿。

N沟道MOSFET输出特性和转移特性如图3.3.18所示。两个特性上可以看到栅极电压U_{GS}对漏极电流i_D的控制作用。输出特性分成四个区域:曲线A与纵坐标之间,沟道没有夹断,MOSFET相似一个电阻,称为可调电阻区(导通区);在曲线A与击穿电压$U_{(BR)DS}$之间,漏极电流基本不变区,称为饱和区或放大区;在$U_{(BR)DS}$之右,称为击穿区;在栅源电压小于U_T,称为截止区。

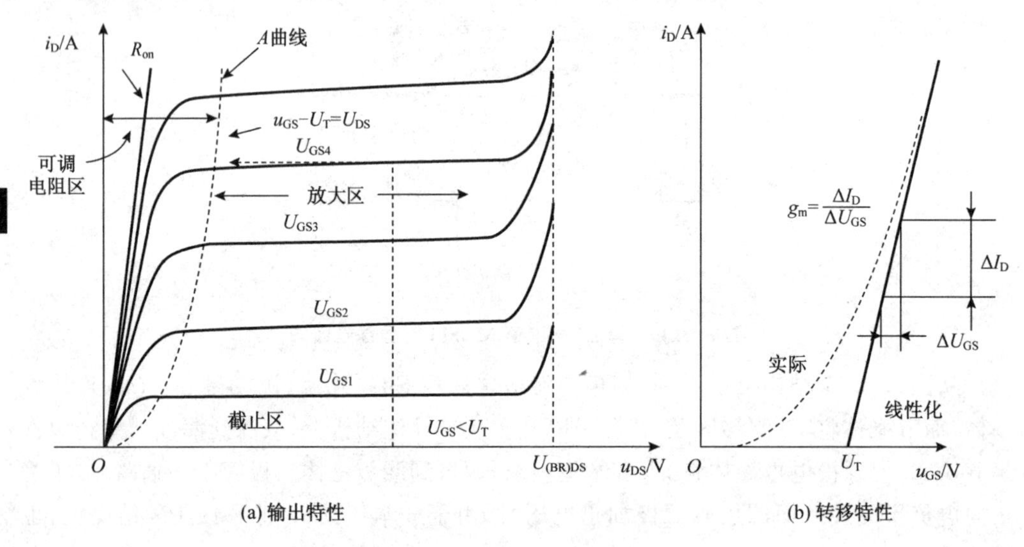

图3.3.18 N沟道MOSFET特性

MOSFET开关工作时,要么导通,工作在电阻区;要么$U_{GS}<U_T$,漏电流近似为零的截止区。与晶体管相似,要得到低导通压降,必须有足够大的驱动电压。

3）寄生元件

MOSFET结构中的寄生元件(见图3.3.19)对其工作特性有很大影响。主要有寄生二极管、寄生BJT和寄生电容。

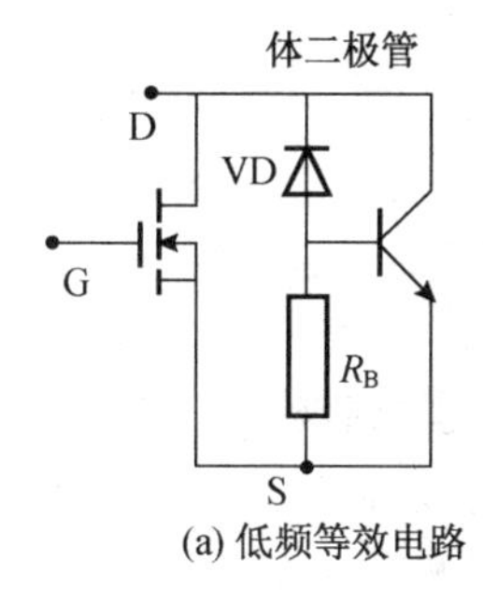

(a) 低频等效电路

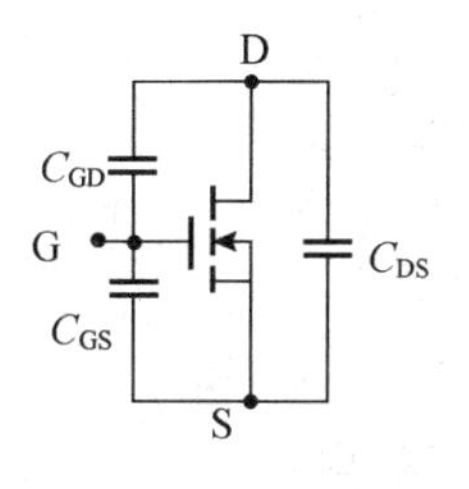

(b) 寄生电容等效电路

图 3.3.19 MOSFET 寄生元件

(1)寄生二极管

从图 3.3.17 可以看到,MOSFET 单胞从 p 本体到漏极包含一个集成的 pn^-n^+ 二极管,称为体二极管,体二极管反并联在 DS 端。功率管截止时,反向电流可以流过体二极管。通常反并联二极管允许电流与 MOSFET 电流定额相同,但寄生二极管的反向恢复时间很长,其反向恢复的峰值电流很大,并在高开关速度时随高 di/dt 时增加而增加。高峰值反向电流引起严重的损耗,并可能引起 MOSFET 本身的电应力增加。由于体二极管的反向特性差,在开关电源中需要另外接反并二极管。

(2)寄生 BJT 管

如图 3.3.19 所示,除了寄生二极管外,在 MOSFET 中还寄生双极型晶体管(BJT-n^-pn^+)管,p 区作为 BJT 的基极。任何时刻 BJT 必须处于截止状态。p 本体到源极 n^+ 被源极导体短路,但 BJT 的基极通过 p 区横向体电阻 R_B 连接到源极导体短路。当漏极电压增加到接近雪崩击穿电压时,电流流进 BJT 的基区 p,加到 MOSFET 正常导通的 N 沟道电流中。击穿电流流过 p 区横向电阻 R_B 引起一个压降,给寄生 BJT 的基极加一个正向偏置,当此电压超过 0.7 V 时,寄生 BJT 不再能承受 $U_{(BR)DS}=U_{(BR)CBO}$,而只能承受大约 60% 的 $U_{(BR)CBO}$,这就是 MOSFET 的二次击穿。

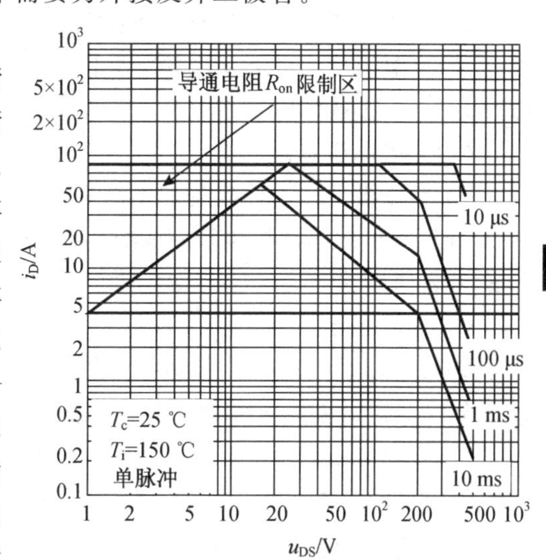

图 3.3.20 功率 MOSFET 安全工作区

MOSFET 的二次击穿与 BJT 二次击穿不同。BJT 是局部热斑导致短路损坏,而 MOSFET 的二次击穿是寄生 BJT 基极横向电阻压降引起的。如果发生 $U_{(BR)CBO}$ 击穿称为一次击穿,那么一次击穿以后只能承受是 $U_{(BR)CEO}$ 真正意义上的二次击穿,如图 3.3.20 中 200 V 右边的曲线。

栅极和漏极之间还存在寄生电容 C_{GD},如果漏源之间的 du_{DS}/dt 很高,这个位移电流在 BJT 的 R_B 上产生瞬态电压,BJT 导通,并发生擎住失控。因此,寄生 BJT 限制了

MOSFET 的 du_{DS}/dt 定额。

在关断 MOSFET 前,如果有电流流过体二极管,关断时体二极管要反向,体二极管反向峰值电流也流过 p 区横向电阻 R_B,此压降也要正偏寄生 BJT 的基极,导致 BJT 进一步增加反向漏电流,使得 MOSFET 反向恢复时间也增加。

(3)寄生电容

从图 3.3.17 可以看到,栅极和源极以及栅极与漏极之间有 SiO_2 绝缘隔离,它们之间存在寄生电容,等效电路如图 3.3.19 所示。寄生电容有 C_{GS}(栅极到源极寄生电容),C_{GD}(栅极到漏极寄生电容)和 C_{DS}(漏极到源极寄生电容)。

手册中提供寄生电容是输入电容(input capacitance)C_{iss}、输出电容(output capacitance)C_{oss}、反馈电容(reverse transfer capacitance)C_{rss},与极电容的关系是

$$\left.\begin{aligned} C_{iss} &= C_{GS}+C_{GD} \quad &(C_{DS}\text{短接}) \\ C_{oss} &= C_{DS}+C_{GD} \quad &(C_{GS}\text{短接}) \\ C_{rss} &= C_{GD} & \end{aligned}\right\} \tag{3.3.1}$$

影响开关时间最大因素是密勒电容,MOSFET 开关时经过放大区将 C_{rss} 放大很多倍。

4)主要特性参数

MOSFET 的主要参数有:开启电压 U_T、低频跨导 g_m、导通电阻 R_{on}、漏极允许功率损耗 P_{DM}、漏极最大电流 I_{DM}、漏-源击穿电压 $U_{(BR)DS}$、栅-源击穿电压 $U_{(BR)GS}$、栅极电荷 Q_G 和安全工作区(SOA)等。

(1)开启电压 U_T

U_T 是栅极下 p 本体反型的最低栅-源电压。如果开启电压 U_T 比较高,那么 MOSFET 导通需要较高栅极电压;如果开启电压 U_T 太低,则容易受到噪声干扰误导通。典型值为 2~3 V。

(2)低频跨导 g_m

如图 3.3.18(b)所示,传输特性的斜率就是低频跨道 $g_m = di_D/du_{gs}$,表示 MOSFET 处于放大区栅极电压对漏极电流控制能力。

(3)导通电阻 R_{on}

导通电阻 R_{on} 是 MOSFET 通态工作在电阻区的漏-源之间等效电阻。高压器件的漂移区(n^-)电阻是 R_{on} 的主要部分,与电压定额 $U_{(BR)DS}$ 有关,它们之间有 $R_{on} \propto U_{(BR)DS}^{2.5\sim2.7}$ 的关系。低压大功率 MOSFET 的典型值在 9~100 mΩ 之间,高压 MOSFET 的 R_{on} 达数欧姆。与功率 BJT 相似,导通电阻与驱动电压有关。手册中的 R_{on} 是规定 U_{GS}(例如 15 V)和 I_D,并在环境温度为 25 ℃时的测试值。如果驱动电压比测试值低,或电流比测试值大,或温度高于 25 ℃,导通电阻都要增大。在图 3.3.20 中左上角安全区斜线是导通电阻 R_{on} 限制线,即 MOSFET 不可能工作在斜线左边区域。

导通电阻引起导通损耗 $P_{on} = I^2R_{on}$,这里 I 为漏极电流有效值。MOSFET 是多子器件,导通电阻具有正温度系数,某结温 T_j 下导通电阻 R_{T_j} 可近似用下式表示

$$R_{T_j} = R_{25} \times 1.007^{(T_j-25)} \tag{3.3.2}$$

式中：R_{25}为 25 ℃时导通电阻；T 为温度；T_j 为结温。

如果要知道实际结温，根据热阻乘以损耗求得结温，再根据新的热态电阻求得损耗，如此反复迭代，直到收敛为止。如果不收敛，损耗功率太大。

【例题 3.3.5】 MOSFET 导通电阻为 0.5 Ω(25 ℃)，热阻为 2 ℃/W，流过电流为三角波，峰值为 10 A，占空比 $D=0.4$，假设开关损耗为 10 W，求 MOSFET 的结温升。

【解】 由式(3.2.23)得电流有效值

$$I=0.58I_p\sqrt{D}=(0.58\times10\times0.4^{0.5})\text{A}=3.67\text{ A}$$

导通损耗为

$$P=R_{on}\times I^2=(3.67^2\times0.5)\text{W}=6.7\text{ W}$$

这里使用的是冷态电阻，考虑开关损耗，结温温升为 $2\times(6.7+10)$℃$=33.4$ ℃，新的导通电阻为 $R_{T_j}=(0.5\times1.007^{33.4})\Omega=0.631\Omega$。

新的导通损耗 $P=8.5$ W，加上开关损耗 10 W，新的结温升 2×18.5 ℃$=37$ ℃，继续迭代可以得到实际温度。

(4)漏极允许功率损耗 P_{DM}

漏极功耗是漏－源电压和漏极电流乘积，漏极最大允许功耗与结到环境 R_{ja}，或结到壳热阻 R_{jC}和允许结温升决定：

$$P_{DM}=U_{DS}\times I_D=(T_{jM}-T_C)/R_{jC} \tag{3.3.3}$$

式中：T_{jM}为最高允许结温，一般为 150 ℃；T_C 为指定壳温。有些厂家指定散热器温度等于环境温度，环境温度为 25 ℃条件下的最大功耗。例如，$R_{jC}=0.42$ ℃/W，结温为 150 ℃，则最大功耗 $P_{DM}=[(150-25)/0.42]\text{W}\approx300$ W。如果不带散热器时，结到环境热阻 R_{ja}将加大，例如 $R_{ja}^{*}=30$ ℃/W，环境温度为 25 ℃条件下允许最大功耗为 $P_{DM}=[(150-25)/30]\text{W}\approx4.2$ W，如果环境温度升高，最大允许功耗应当减额使用。

(5)漏极最大电流 I_{DM}

I_{DM}漏极承受的最大连续电流，它与结温、壳温和功耗有关，可用下式表示：

$$I_{DM}=\sqrt{(T_{jM}-T_C)/(R_{on}R_{jC})} \tag{3.3.4}$$

与漏极最大功率定额一样，由于各厂家规定电流定额依赖的温度不同，漏极最大电流含义也不同。如有些壳温规定 90 ℃，而有些厂家规定环境温度为 25 ℃，散热器为无穷大时壳温就是环境温度，两种电流定额相差很大。因此，散热条件不同，允许最大电流不同。脉冲最大漏极电流定额一般是连续电流定额的几倍，低频或单次脉冲应当注意允许脉冲倍数，重复频率在数 kHz 以上，由于器件的热惯性，平均温度与峰值温度相差很小，允许脉冲峰值电流就是最大连续电流。

【例题 3.3.6】 某场效应晶体管连续电流定额 21 A，25 ℃时的导通电阻 0.27 Ω，如果通过峰值电流是 $I_p=21$ A，占空比为 $D=0.5$，结温是 $T_j=100$ ℃，求热态导通电阻 R_{Ti}和导通损耗 P_{DM}。

【解】 $R_{100}=R_{25}\times1.007^{(T_j-25)}=(0.27\times1.007^{75})\Omega=0.456\ \Omega$

$$P_{DM}=I_p^2DR_{100}=(21^2\times0.5\times0.456)\text{W}=100\text{ W}$$

假如用它作为双端正激功率管，直流 400 V 供电，输入功率 4 000 W，这样有大约 5%的功率损耗在两个功率管导通压降上。如果再考虑大电流开关损耗，功率开关损耗可能要占总功率 10%。为了达到整机效率 90%，功率开关只能损耗功率的 2%以下。同时还要考虑到短路过电流容量，一般功率管用到电流定额的 60%为宜。因此通过功率管的峰值电流应在 13 A 以下。

(6)漏-源击穿电压 $U_{(BR)DS}$ 与安全工作区(SOA)

从图 3.3.17 可以看到，漏极到源极之间有一个寄生反向二极管，通常击穿使 PN 结击穿。MOSFET 与 BJT 相似，MOSFET 安全工作区由 I_{DM}、P_{DM} 和 $U_{(BR)DS}$ 与二次击穿限定，如图 3.3.20 所示，二次击穿是寄生 BJT 引起的，低压 MOSFET 没有二次击穿。

5）MOSFET 开关特性

高速开关可能伴随着很高 du_{DS}/dt 变化率，引起 MOSFET 中寄生晶体管导通，而导致二次击穿问题而减少安全工作区。用图 3.3.21 所示变换器为例，为便于分析假定续流二极管没有反向恢复时间，电感电流纹波很小看做常数。分析影响开关瞬态特性的参数。

(1)开　通

如图 3.3.21 所示，开通前(图(b)中 $t<t_0$)，MOSFET 截止，二极管流过 I_o 续流，功率管承受全部电源电压 $U_{DS}=U_i$。

在 $t=t_0$ 时刻，当阶跃驱动电压通过 R_G 加到栅极时，U_{GS} 通过 R_G 对电容 C_{GS} 充电和 C_{GD} 放电。栅极电压 U_G 只要小于 U_T($t_0\sim t_1$)，U_{GS} 以时间常数 $\tau=R_G(C_{GS}+C_{DS})$ 指数上升，漏极电流为零，造成开通时间的延迟，延迟时间为 $t_{d(on)}=t_1-t_0$。

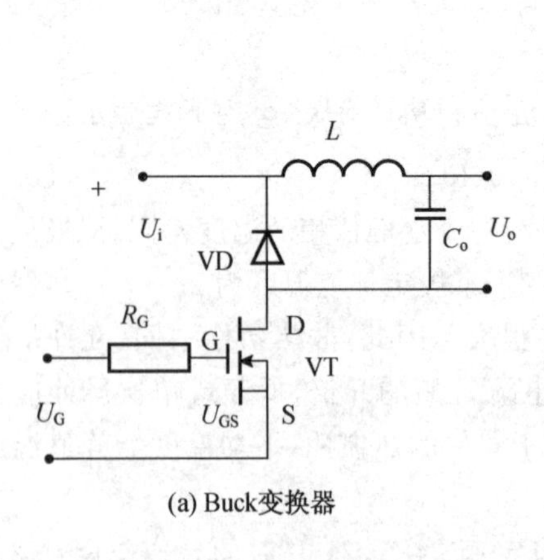

(a) Buck变换器

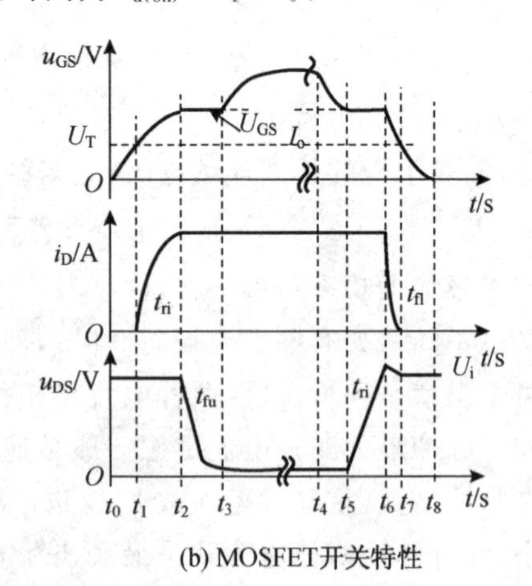

(b) MOSFET开关特性

图 3.3.21　MOSFET 开关特性

在 $t=t_1$ 时，U_{GS} 达到 U_T 之后，漏极开始有电流流过，并按图 3.3.18(a)中保持 U_{DS} 不变，i_D 垂直随 U_{GS} 增加而增加，MOSFET 处于放大区。由于电感电流不变，续流二极管电流相应减少，二极管仍处于导通状态，所以 MOSFET 漏极承受的电压仍为 U_i。直

到 t_2 时刻，漏极电流 i_D 与负载电流相等，二极管电流为零。$t_{ri}=t_2-t_1$，称为漏极电流 i_D 的上升时间。

在 t_2 以后，漏极电流 i_D 为负载电流限制而不变，仍处于放大区，如图 3.3.18(a)中虚线水平折向纵坐标，由于 C_{GD} 密勒效应，由传输特性根据需要的漏极电流 $I_D=I_o$ 决定栅极电压：

$$U_{GSIo}=U_{T+}I_o/g_m \tag{3.3.5}$$

由于 I_o 为常数，U_{GSIo} 也为常数，此时栅极电流为

$$I_G=(U_G-U_{GSIo})/R_G \tag{3.3.6}$$

流经 C_{GD}，增加的漏极电流使得漏极电压线性下降

$$U_{DS}=U_i-I_G(t-t_2)/C_{GD} \tag{3.3.7}$$

在 $t=t_3$ 时，MOSFET 完全进入电阻区，跨导不再是常数，密勒效应消失，驱动电压继续对 C_{GS} 和 C_{GD} 充电，U_{GS} 以时间常数 $\tau=R_G(C_{GS}+C_{DS})$ 继续向 U_G 指数上升，高的 U_G 保证最低导通电阻。$t_{fu}=t_3-t_2$，称为开通电压下降时间。实际上，达到 t_2 以后，U_{GS} 只下降到 $U_{GS.I_o}$ 限定的饱和电压上，只有 U_{GS} 达到 U_G，U_{GS} 达到较小的压降，所以下降时间应分成两段。

(2)关　断

MOSFET 关断过程与开通过程相反。当栅极电压在 $t=t_4$(见图 3.3.21(b))由 U_G 阶跃为零时，栅极电压以时间常数 $\tau=R_G(C_{GS}+C_{DS})$ 指数下降。在 $t=t_5$ 时，U_{GS} 达到由式(3.3.5)决定的 U_{GSIo}，等于常数，MOSFET 进入放大区，C_{GD} 密勒效应产生反向栅极电流 $I_G=U_{GS}I_o/R_G$，将漏极电流分流，漏极电压线性上升，电流沿图 3.3.21(a)中 I_o 保持常数反向运动。

在 $t=t_6$ 时，漏极电压上升到输入电压 U_i，由于寄生电感(如果是变压器，存在漏感)漏极电压可能超过 U_i。C_{GD} 不再充电，密勒效应消失，电感电流迫使二极管导通。U_{GS} 以时间常数 $\tau=R_G(C_{GD}+C_{DS})$ 指数下降，漏极电流随栅极电压下降而下降。在 $t=t_7$ 时，$U_{GS}=U_T$，$I_D=0$，栅极继续放电到零。

关断时间分为关断延迟时间($t_{d(off)}=t_5-t_4$)、关断电压上升时间($t_{ru}=t_6-t_5$)和电流下降时间($t_{fi}=t_7-t_6$)。

图 3.3.21(b)中，t_{ri}、t_{fu}、t_{ru} 和 t_{fi} 时间间隔电压电流交越，不仅影响开关时间，还产生很大的开关损耗。而时间间隔 $t_{d(on)}$ 和图中 $t_{d(off)}=t_5-t_4$，仅影响开关时间。要减少 $t_{d(off)}$、t_{ri} 和 t_{fu}，主要减少 R_G，增大驱动电压幅值。驱动电压幅值受栅极击穿电压限制。为减少开关时间，驱动源内阻和串联电阻之和越小越好，最大栅极电流受漏极电流限制。漏极电压上升率 du_{DS}/dt 等于 I_G/C_{DS}，电压上升率也越大，I_G 越大。关断漏极电压上升率大，可能引起寄生 BJT 误导通。但过大的栅极电流和高的上升率，在栅极回路只要有很小的电感，将引起严重的振荡，这是驱动电路设计和电路安排应当注意的。

各电极之间存在寄生电容，同时绝缘电阻在 $10^{12}\sim10^{19}\ \Omega$ 量级，由于电容量小，只要很少的电荷，就可能产生足以使绝缘击穿的电压。因此，在传送、装配和焊接等过程中，器件防静电措施是十分重要的。

(3)密勒效应基本原理

MOSFET 进入放大区,漏极电压变化时才发生密勒效应。漏极电压与栅极电压反相,MOSFET 是一个共源极反相放大器,放大倍数为 A。如图 3.3.22 所示是弥勒等效电路,放大器输出为漏极,在漏极与栅极(输入)之间有 C_{GD} 存在,用阻抗 Z 表示。由于 Z 跨接在输出和输入端,为了说明 Z 对输入的影响,可以避开输出,在输入端用 Z' 等效 Z。在输入电压作用下,原先流入 Z 的电流与流过等效 Z' 的电流相等,即

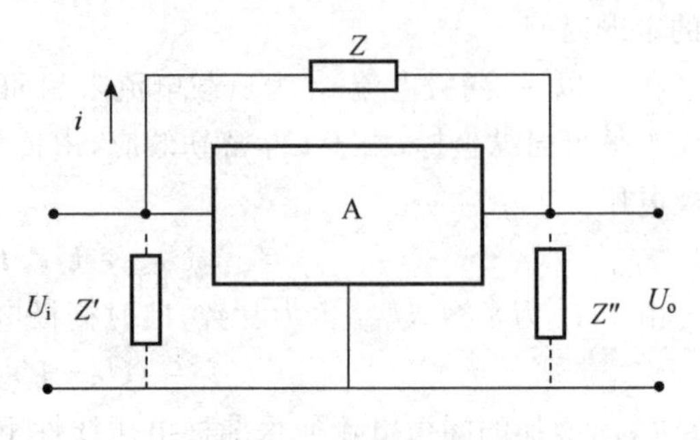

图 3.3.22 密勒等效原理图

$$Z'=\frac{U_i}{i}=\frac{U_i}{\dfrac{U_i-U_o}{Z}}=\frac{Z}{1-A} \tag{3.3.8}$$

对于某次谐波,$Z=1/(\omega C_{GD})$,所以

$$Z'=\frac{1}{\omega(1+|A|C_{GD})} \tag{3.3.9}$$

由于密勒效应,C_{GD} 对输入的影响被放大了 $(1+|A|)$ 倍,同理可以得到输出端等效阻抗 Z'' 为

$$Z''=\frac{U_o}{i}=\frac{U_o}{\dfrac{U_o-U_i}{Z}}=\frac{AZ}{1+|A|}\approx Z \tag{3.3.10}$$

由于 $A\gg1$,则 $A\approx1+A$,等效并联在输出端的电容与 C_{GD} 相同。应当注意,A 是电压放大倍数,只有输出电压变化(即工作在放大区)时存在。如果输出电压不变,如已经等于 U_i 或正向压降(电阻区),则 A 等于零,即没有密勒效应。

6) MOSFET 并联

为了提高功率 MOSFET 的载流能力,其结构就是多个单胞并联而成。因为沟道导电是多数载流子,导通电阻是正温度系数,并联管电流增大,则损耗大,温度升高,电阻增大,所以减小了导通电流。如果有许多 MOSFET 功率管并联,将自动得到均衡。不像在 BJT 中,温度升高导致正向压降降低而失控。应当注意多个 MOSFET 并联,导通电阻适当匹配还是需要的。

但是制造中不可能使每个 MOSFET 栅极寄生电感相等,寄生电感与 C_{GS} 和 C_{GD} 振荡而引起 U_{GS} 不等,这就造成瞬态并联的每个开关管动态电流分配不等。通常解决办法是在每个并联管的栅极连接相等的阻尼电阻,如图 3.3.23 所示。更加重要的是并联管栅极－源极电路布线必须对称。

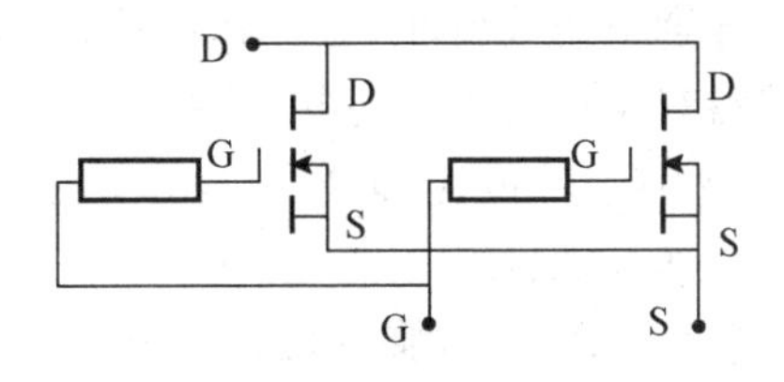

图 3.3.23　MOSFET 的并联

7）MOSFET 使用注意事项

功率 MOSFET 可以工作范围很广，低电压下输出功率几十瓦的工作频率可达 1 MHz以上，数千瓦的工作频率可达数百 kHz。低电压器件导通电阻很小，导通电阻随电压定额增加而指数增加，利用这一特性低电压 MOSFET 用于同步整流，也可将低电压 MOSFET 串联在 BJT 发射极，利用 MOSFET 的开关速度和 BJT 的电压定额，图 3.3.24(a)是这种组合的实用的例子。

图 3.3.24(a)中 U_{dr}为 MOSFET 和 BJT 驱动电源。T 为 BJT 的比例驱动电流互感器。PWM 信号驱动 MOSFET(VT_1)。当 MOSFET 导通时，导通压降很小，将 BJT 的发射极接地，驱动电源 U_{dr}通过限流电阻 R 迫使 BJT 初始导通，一旦 BJT 开始导通，设置在 BJT 集电极的电流互感器 T 初级流过电流 I_C，在次级正比感应电流经 VD_1 注入到 BJT 基极。一般互感器变比$(1/n)<(1/\beta)$，例如 $n=1:10$，而 BJT 的最小 $\beta=15$。这样互感器注入到 BJT 的电流产生更大的集电极电流，从而更大的基极电流注入，如此正反馈直至 BJT 饱和导通。导通后，MOSFET 压降很小与 BJT 压降串联。

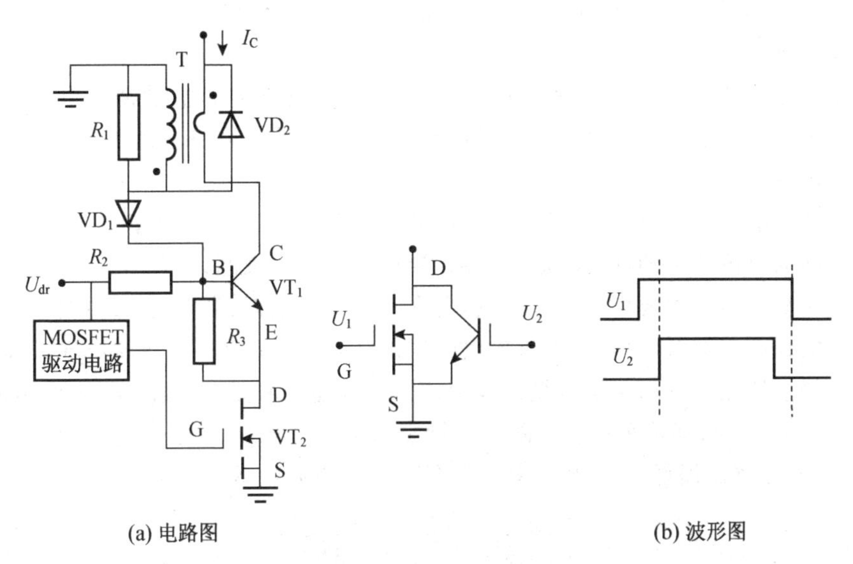

(a) 电路图　　(b) 波形图

图 3.3.24　MOSFET 与 BJT 组合

如果先将 MOSFET 关断，BJT 的发射极电位提高造成 BE 结反偏，集电极电流减少，互感器初级电流减少，基极电流减少，一旦进入 BJT 放大区迅速正反馈关断 BJT。

大电流低压 MOSFET 导通电阻非常小，开关速度快；而 BJT 关断时，承受电压是 $U_{(BR)CER}$。例如，有拓扑为双路双端正激的开关电源，采用这种结构的功率管，输入电压 550 V，峰值电流 23 A，电路中应用了 60 A/50 V 的 MOSFET 和 70 A/700 V($U_{(BR)CER}$)的 BJT 功率管串联，开关频率达 50 kHz。

高压 MOSFET 导通电阻高，也可与导通压降小的 BJT 或 IGBT 并联，如图 3.3.21(b)所示，驱动 MOSFET 是 U_1，驱动 IGBT 是 U_2，图中 MOSFET 先开通后关断。因为 MOSFET 承担了开关过渡时间，IGBT(或 BJT)零电压开通与关断，导通时，高压 MOSFET 比 IGBT(或 BJT)具有更高的压降，负载电流大部分流经 IGBT(或 BJT)，只有很少部分通过 MOSFET，减少了导通损耗。尽管如此，BJT 或 IGBT 的开关时间仍是限制提高频率的主要因素。

在使用 MOSFET 的过程中应注意下列问题：

① 防止静电击穿，由于功率 MOSFET 具有极高的输入阻抗，因此在静电较强的场合难以泄放电荷，容易引起静电击穿。

② 防止偶然性振荡损坏器件。功率 MOSFET 在测试仪器、接插盒等仪器的输入电容、输入电阻匹配不当时可能引起偶然性振荡，造成器件损坏。

③ 防止过电压。由于栅源极阻抗高，故漏源间电压的突变会通过极间电容耦合到栅极而产生相当高的栅源电压过冲，造成栅源极间的氧化层永久性损坏，可以在栅源间并接阻尼电阻或并接约 18 V 的稳压二极管等。

④ 如果器件接有感性负载，则器件关断时，漏极电流的突变会产生比外电源还高的漏极电压过冲，导致器件的击穿。解决的办法加强能量回收通路的设计，例如在 DS 间并联反并续流二极管。

⑤ 防止过电流。容性负载突然接入和切除，均可能产生很高的冲击电流和电压，以致超过最大定额值，必须用电流互感器和控制电路使器件回路迅速断开。

8）同步整流

电子技术的发展，使得电路的工作电压越来越低、电流越来越大。低电压工作有利于降低电路的整体功率消耗，但也给电源设计提出了新的难题。

开关电源的损耗主要由三部分组成：功率开关管的损耗、高频变压器的损耗和输出端整流管的损耗。在低电压、大电流输出的情况下，整流二极管的导通压降较高，输出端整流管的损耗尤为突出。快恢复二极管(FRD)或超快恢复二极管(SRD)可达正向压降可达 1.0～1.2 V，即使采用低压降的肖特基二极管(SBD)，也会产生大约 0.55 V 的压降，这就导致整流损耗增大，电源效率降低。整流电路的效率可定义为

$$\eta=\frac{P_o}{P_2}\approx\frac{U_oI_o}{(U_o+U_D)I_o}=\frac{U_o}{U_o+U_D} \tag{3.3.11}$$

式(3.3.11)没有考虑漏电流损耗和开关过渡过程的损耗，当输出电压为 5 V，使用快恢复整流管，压降 1 V，整流效率为 83%，如果使用肖特基二极管，压降为 0.55 V，整流效率为 90%。变换器还有其他损耗，即使使用肖特基二极管，总效率要超过 85%要花很大力气，如果输出电压更低，那就更难了。

例如，笔记本电脑普遍采用3.3 V甚至1.8 V或1.5 V的供电电压，所消耗的电流可达20 A。此时超快恢复二极管的整流损耗已接近甚至超过电源输出功率的50%。即使采用肖特基二极管，整流管上的损耗也会达到(18%～40%)P_o，占电源总损耗的60%以上。因此，传统的二极管整流电路已无法满足实现低电压、大电流开关电源高效率及小体积的需要，成为制约DC/DC变换器提高效率的瓶颈。

同步整流是采用通态电阻极低的专用功率MOSFET，来取代整流二极管以降低整流损耗的一项新技术。它能大大提高DC/DC变换器的效率并且不存在由肖特基势垒电压而造成的死区电压。功率MOSFET属于电压控制型器件，它在导通时的伏安特性呈线性关系。用功率MOSFET做整流器时，要求栅极电压必须与被整流电压的相位保持同步才能完成整流功能，故称之为同步整流。

由于MOSFET有寄生二极管，在没有栅极驱动情况下也具有单向导电性，可以用作整流管。如果将MOSFET用于整流管，则应当注意MOSFET结构特点：

① MOSFET是多子导电，没有存储时间、关断和开通时间快。

② MOSFET无驱动信号时，漏源不导通，加反相电压时，寄生二极管导通，但是寄生二极管正向压降1 V，损耗太大，同时寄生二极管是双极型器件，反向恢复时间太长，只能工作在10 kHz以下。

③ 当栅源用高电平控制MOSFET导通时，源漏和漏源双向导通。从MOSFET导电机理可知，只要栅极电位高于源极或漏极一定值(开启电压)之后，在源和漏之间就会形成沟道，就会像电阻一样双向导通。

④ MOSFET导通电阻随阻断电压升高而指数升高，随电流定额减少而增大。因此低阻断电压和大电流MOSFET具有很低的导通电阻R_{on}。

⑤ MOSFET的导通损耗可以表示为$P_{on}=I_F^2R_{on}$，而栅极损耗为

$$P_G=C_{iss}U_{GS}^2f=Q_GU_{GS}f$$

以上两式中：I_F为导通电流有效值；R_{on}为导通电阻；C_{iss}为输入电容；U_{GS}为栅源电压；Q_G为栅极电荷；f为开关频率。

因为损耗与导通电阻和输入电容有关，工程上用两者乘积——损耗因子k，来衡量同步整流管的损耗大小：

$$k=R_{on}C_{iss}\qquad(单位：nFm\Omega)$$

例如，Vishay威世公司的SMUM110N04-02L同步整流管，其阻断电压为40 V，额定电流为110 A，结温125 ℃时导通电阻$R_{on}<3.7\ m\Omega$，输入电容$C_{iss}=7.3$ nF，则$k=27\ nF\cdot m\Omega$。

电流定额越大，需要更多的单胞并联，因此输入电容越大，驱动损耗越大；而电流越大，导通电阻越小，损耗越小，两者要求相反。

由MOSFET用于整流的特点知，要作为实用整流管，应当使用在低电压整流，电流从源极流向漏极(称为同步整流正向电流)，用栅极控制导通，将寄生二极管旁路(见图3.3.25)，与一般开关应用的MOSFET电流方向相反。工作时，栅极控制信号与源漏电压同步加入，故称这种整流方式为同步整流(Synchronous Rectifier，SR)。

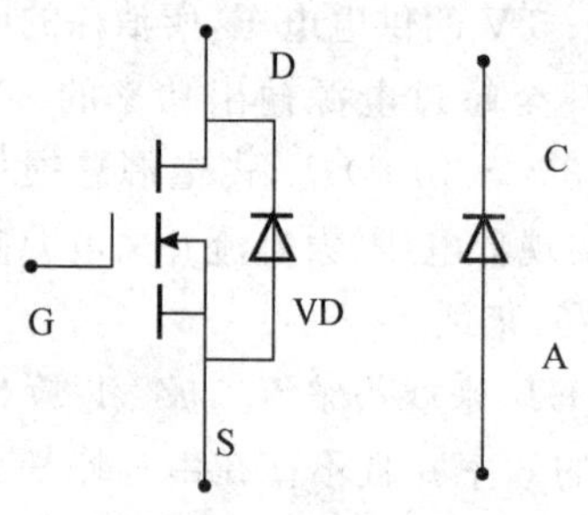

图 3.3.25 同步整流管

由于 MOSFET 栅极控制导通以后双向导通，根据栅极信号驱动方式 SR 分为有源二极管方式和同步开关方式。只在 SR 流过正向电流时栅极才控制导通称为有源二极管方式；不管电流方向，同步信号一直加在栅极的方式称为同步开关方式。前者与普通整流管一样只流过单向电流，后者电流可双向流动，电感电流总是连续的，因此没有最小电流问题，但损耗比前者大。

不管是有源二极管还是同步开关工作方式，MOSFET 都需要正确的驱动逻辑才能实现同步整流。根据驱动信号来源不同分为自驱动和外驱动(或控制驱动)，自驱动又分为电压驱动和电流驱动。

驱动逻辑与电路拓扑有关，例如正激变换器的输出整流和续流二极管应用 SR 技术，如图 3.3.26(a)所示。VT_2 作为输出整流管，VT_4 为续流管，VT_2 的栅极接在次级绕组 N_2 的"·"端；而 VT_4 的栅极接在次级的另一端。根据正激变换器原理，变压器次级电压与初级电压同相，这样当功率开关 VT_1 导通时，变压器所有线圈"·"端相对另一端为正，VT_2 栅极为高电平(相对源或漏)而导通；VT_4 栅源为负(相对源或漏)而关断，VT_2 作为整流器工作；当 VT_2 关断时，磁芯通过 N_3 复位，所有线圈上"·"端相对另一端为负，VT_4 栅极高电平而导通续流，VT_2 栅极低电平关断，VT_4 作为续流管工作。但是，从正激变换器工作原理可知，如果复位线圈匝数 $N_3=N_1$，复位时间 $T_R=T_{on}$，输出电感电流连续时，VT_4 在死区时间 T_D 经寄生二极管续流，这使得死区续流导通损耗和寄生二极管反向恢复损耗很大。降低死区导通损耗的一般方法是在 VT_4 上并联一个肖特基二极管，将寄生二极管旁路，既降低了导通损耗，也降低了反向恢复损耗。较好的方法是改善 VT_4 的驱动，如图 3.3.26(a)所示，增加了线圈 N_4、VD_1 和 VT_3，当 VT_1 关断，磁芯开始复位时，"·"端为负，VT_3 截止，N_2 经 VD_2 对 VT_4 栅极输入电容充电，当栅极电压达到工作电压时，低阻导通，由于存在 VD_2，VT_4 的栅极电荷没有释放回路，保持栅极电压不变，即使在死区时间，仍能保持 VT_4 低阻导通。当 VT_1 再次导通时，N_4 上高电平使 VT_3 导通，将 VT_4 的栅极电荷释放掉，迫使 VT_4 关断，续流结束，新的周期开始。

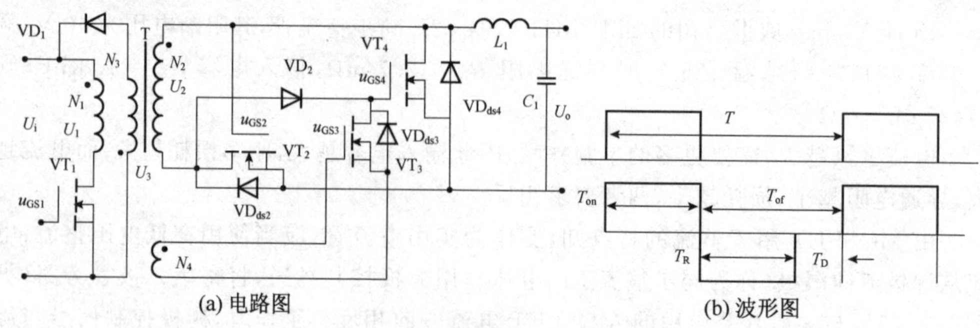

(a) 电路图　　(b) 波形图

图 3.3.26 同步整流的正激变换

如图3.3.27所示为有电压钳位的电流自驱动原理电路图，MOSFET驱动工作时没有外加驱动元件，利用变压器次级电压驱动，故称为电压自驱动。不管电感电流是否为零（断续），驱动一直加在VT_1栅极上，这种工作方式称为同步开关方式。

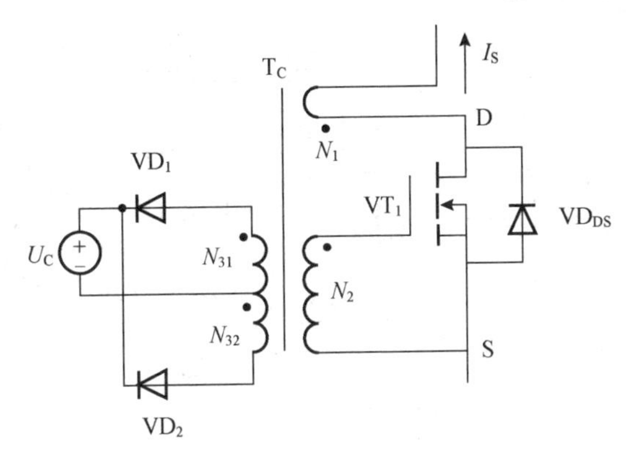

图3.3.27　有源二极管

图3.3.27中T_C为电流互感器，U_C为钳位电压。当VT_1正向到来时，电流I_s流经寄生二极管VD_{DS}、电流互感器初级N_1，互感器感应电势“·”端为正，次级N_2中I_2（约为N_1I_s/N_2）对VT_1输入电容充电。由于栅极电压U_G低于其工作电压U_G（约为N_2U_C/N_{31}），N_{31}端电压小于U_C，VD_1和VD_2不导通。

当输入电容电压超过开启电压时，VT_1导电沟道导通，电流逐渐由寄生二极管转移到导电沟道。当栅极电压达到工作电压U_G时（VT_1管在5 V以上），全部电流流过MOSFET，寄生二极管被旁路，栅极电压继续上升到U_G时，VD_1导通，将栅极电压钳位于U_G，N_3流过I_3（约为N_1I_s/N_3），栅极电流为零。

在导通时间内，磁芯磁化电流线性增长$i_{m1}=(U_C+U_D)t/L_1$，L_1为N_1的电感量。在导通时间结束时达到最大值$(U_C+U_D)T_{on}/L_1$。当电流小于最大磁化电流时，各线圈感应电势反相，“·”端为负，迫使VD_2导通，磁芯开始复位。因磁化电压等于复位电压U_C，因此复位时间等于导通时间。可见，只有VT_1流过电流，栅极才有高电平，这种工作方式称为有源二极管方式。因利用VT_1正向电流来驱动，故称为电流自驱动。

如图3.3.28所示是一种正激、隔离式16.5 W的DC/DC电源变换器，它采用DPA-Switch系列单片开关式稳压器DPA424R，直流输入电压范围是36～75 V，输出电压为3.3 V，输出电流为5 A，输出功率为16.5 W。采用400 kHz同步整流技术，大大降低了整流器的损耗。当直流输入电压为48 V时，电源效率$\eta=87\%$。变换器具有完善的保护功能，包括过电压/欠电压保护，输出过载保护，开环故障检测，过热保护，自动重启动功能、能限制峰值电流和峰值电压以避免输出过冲。

图3.3.28是由DPA424R构成的16.5 W同步整流式DC/DC电源变换器。与分立元器件构成的电源变换器相比，可大大简化电路设计。由C_1、L_1和C_2构成输入端的电磁干扰滤波器，可滤除由电网引入的电磁干扰。R_1用来设定欠电压值U_{UV}和过电压值U_{OV}，如果取$R_1=619\ k\Omega$时，$U_{UV}=(619\times50+2.35)V=33.3\ V$，$U_{OV}=(619\times135+2.5)V=86.0\ V$当输入电压过高时$R_1$还能线性地减小最大占空比，防止磁饱和。$R_3$为极限电流设定电阻，取$R_3=11.1\ k\Omega$时，所设定的漏极极限电流$I'_{LIMT}=0.6I_{LIMT}=0.6\times2.5\ A=1.5\ A$。电路中的稳压管$VD_{z1}$（SMBJ150）对漏极电压起钳位作用，能确保高频变压器磁复位。

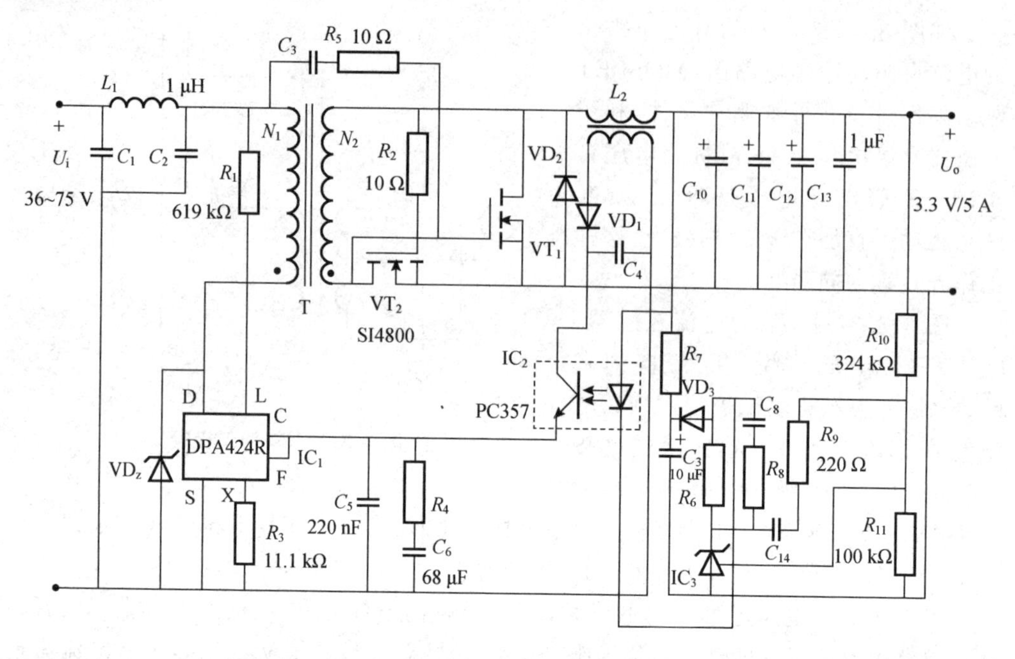

图 3.3.28　同步整流 DC/DC 电源变换器应用电路

电源采用漏-源通态电阻极低的 SI4800 型功率 MOSFET 做整流管，其最大漏-源电压 $U_{DS(max)}=30$ V，最大栅-源电压 $U_{GS(max)}=\pm20$ V，最大漏极电流为 9 A(25 ℃)或 7 A(70 ℃)，峰值漏极电流可达 40 A，最大功耗为 2.5 W(25 ℃)或 1.6 W(70 ℃)。SI4800 的导通时间 $t_{d(on)}=13$ ns(其中包含导通延迟时间 $t_{d(on)}=6$ ns，上升时间 $t_r=7$ ns)，关断时间 $t_{of}=34$ ns(包含关断延迟时间 $t_{d(of)}=23$ ns，下降时间 $t_f=11$ ns)，跨导 $g_{FS}=19$ S。工作温度范围是 −55～+150 ℃。SI4800 内部有一只续流二极管 VD，反极性地并联在漏-源极之间(负极接 D，正极接 S)，能对 MOSFET 功率管起到保护作用。VD 的反向恢复时间 $t_{rr}=25$ ns。

功率 MOSFET 与双极型晶体管不同，它的栅极电容 C_{GS} 较大，在导通之前首先要对 C_{GS} 进行充电，仅当 C_{GS} 上的电压超过栅-源开启电压 $U_{GS(th)}$ 时，MOSFET 才开始导通。对 SI4800 而言，$U_{GS(th)}\geqslant0.8$ V，为了保证 MOSFET 导通，用来对 C_{GS} 充电的 U_{GS} 要比额定值高一些，而且等效栅极电容也比 C_{GS} 高出许多倍。

同步整流管 VT_2 由次级电压来驱动，R_2 为 VT_2 的栅极负载。同步续流管 VT_1 直接由高频变压器的复位电压来驱动，并且仅在 VT_2 截止时 VT_1 才工作。当肖特基二极管 VD_2 截止时，有一部分能量存储在共模扼流圈 L_2 上。当高频变压器完成复位时，VD_2 续流导通，L_2 中的电能就通过 VD_2 继续给负载供电，维持输出电压不变。辅助绕组的输出经过 VD_1 和 C_4 整流滤波后，给光耦合器中的接收管提供偏置电压。C_5 为控制端的旁路电容。上电启动和自动重启动的时间由 C_6 决定。

输出电压经过 R_{10} 和 R_{11} 分压后，与可调式精密并联稳压器 LM431 中的 2.50 V 基准电压进行比较，产生误差电压，再通过光耦合器 IC_2 PC357 去控制 DPA424R 的占空

比，对输出电压进行调节。R_7、VD_3 和 C_3 构成软启动电路，可避免在刚接通电源时输出电压发生过冲现象。刚上电时，由于 C_3 两端的电压不能突变，使得LM431不工作。随着整流滤波器输出电压的升高并通过 R_7 给 C_3 充电，C_3 上的电压不断升高，LM431才转入正常工作状态。在软启动过程中，输出电压是缓慢升高的，最终达到3.3 V的稳定值。

为满足高频、大容量同步整流电路的需要，近年来一些专用功率MOSFET不断问世，典型产品有仙童公司生产的NDS8410型N沟道功率MOSFET，其通态电阻为0.0015 Ω。Philips公司生产的SI4800型功率MOSFET是采用TrenchMOS^{TM}技术制成的，其通、断状态可用逻辑电平来控制，漏-源极通态电阻仅为0.0155 Ω。IR公司生产的IRL3102(20 V/61 A)、IRL2203S(30 V/116 A)、IRL3803S(30 V/100 A)型功率MOSFET，它们的通态电阻分别为0.013 Ω、0.007 Ω和0.006 Ω，在通过20 A电流时的导通压降还不到0.3 V。这些专用功率MOSFET的输入阻抗高，开关时间短，现已成为设计低电压、大电流功率变换器的首选整流器件。

国外IC厂家还开发出同步整流集成电路(SRIC)。例如，IR公司最近推出的IR1176就是一种专门用于驱动N沟道功率MOSFET的高速CMOS控制器。IR1176可不依赖于初级侧拓扑而单独运行，并且不需要增加有源钳位(active clamp)、栅极驱动补偿等复杂电路。IR1176适用于输出电压在5 V以下的大电流DC/DC变换器中的同步整流器，能大大简化并改善宽带网服务器中隔离式DC/DC变换器的设计。IR1176配上IRF7822型功率MOSFET，可提高变换器的效率。当输入电压为+48 V，输出为+1.8 V、40 A时，DC/DC变换器的效率可达86%，输出为1.5 V时的效率仍可达到85%。

3. IGBT

1）结　构

就IGBT(Insulated Gate Bipolar Transistor)的结构而言，是在N沟道MOSFET的漏极N层上又附加上一个p层的 $p^-n^-pn^+$ 的四层结构。

如图3.3.29(a)所示为N沟道VDMOSFET与GTR组合的N沟道IGBT(N-IGBT)，IGBT比VDMOSFET多一层 p^+ 注入区，形成了一个大面积的 p^+n^+ 结 J_1，使IGBT导通时由 p^+ 注入区向n基区发射少子，从而对漂移区的电导率进行调制，使得IGBT具有很强的通流能力。等效电路如图3.3.29(b)所示，简化等效电路图(c)表明，IGBT是与大功率晶体管GTR与MOSFET组成达林顿结构，一个由MOSFET驱动的厚基区PNP晶体管，R_{mond} 是厚基区的调制电阻，R_b 为是 p^+ 区的横向电阻，由PNP和NPN构成一个可控硅结构，因而IGBT有电流擎住效应。

在正常工作状态下，R_b 压降不足引起寄生晶得体管NPN导通。

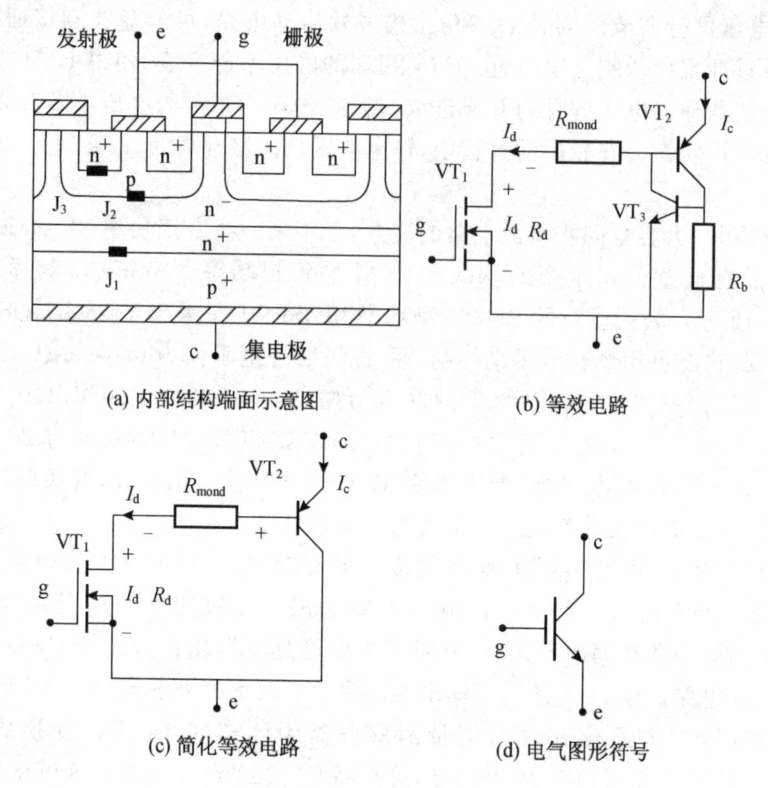

(a) 内部结构端面示意图

(b) 等效电路

(c) 简化等效电路

(d) 电气图形符号

图 3.3.29 IGBT 原理图

由于 IGBT 的特殊结构,所以它具有以下特点:

① IGBT 是一种电压控制器件。

在 IGBT 的 g－e 之间加电压时,MOSFET 导通,相当于在 PNP 管 VT_2 的 b－c 之间接了一个低值电阻,于是 PNP 管导通;当 g－e 之间的电压为 0 时,MOSFET 关断,PNP 管由于没有基极电流流通,所以也关断。与 MOSFET 相同,IGBT 也是一种电压控制器件。使用时应注意容易受到外界干扰栅射电压过高引起误触发,尤其在桥式变换器中容易造成同臂连通短路,一般在栅射极务必并接一个栅射极电阻。

② IGBT 比 MOSFET 耐压高,电流容量比 MOSFET 大。

MOSFET 通态时,漏源之间呈现电阻特性,为了提高击穿电压,n 层取得较厚,这样会使漏源电阻值增大。这就是耐高压的 MOSFET 通态电阻大的原因。

IGBT 存在 p^+ 层,当它导通时正载流子从 p^+ 层注入并在 n 型区积蓄,加速了电导调制效应,这就使 IGBT 在导通时呈现的电阻比 MOSFET 低得多,因而 IGBT 容易实现高压大电流。

③ IGBT 的开关速度比晶体管快。

在 IGBT 中,等效的 PNP 晶体管的性能决定了 IGBT 集电极电流的开高速度。在 IGBT 中通过使 n^+ 过渡层厚度最佳化,杂层浓度最佳化来抑制过量载流子注入,又通过引入寿命抑制机构减小存储载流子的消散时间来缩短等效 PNP 管的开关时间,从而提高了IGBT的开关速度。

④ 通过控制栅压可以实现过流保护。

IGBT导通时，其U_{ce}的大小能反映过流情况，故可用检测栅射极之间电压的方法来识别过流信号。一旦U_{ce}大于某一门限值，则控制栅压等于或小于零就可使IGBT截止，对IGBT实现过流保护。

2）特性曲线

N沟道IGBT的输出特性 $i_c = f(u_{ce})|_{U_{ge}}$，如图3.3.30(a)所示，也分为饱和区、有源区和阻断区。

因为IGBT用栅极-源极控制集电极电流器件。当$U_{ge} < U_{ge(th)}$时，在漏极到源极之间没有沟道产生，因此器件处于截止状态，$U_{ge(th)}$是IGBT的开启电压。

当$U_{ge} > U_{ge(th)}$时，在IGBT栅极下产生反型层——沟道，将n^-和源极n^+区短路，完全成了一个MOSFET。沟道电流成了PNP管的基极电流，为避免擎住效应，MOSFET源极几乎流过全部发射极电流。因此控制栅极-发射极电压，就控制了集电极电流。

如图3.3.30(b)所示是IGBT转移特性，IGBT能实现电导调制而导通的最低栅射电压$U_{ge(th)}$随温度升高而略有下降，25 ℃时，$U_{ge(th)}$一般为2～6 V。

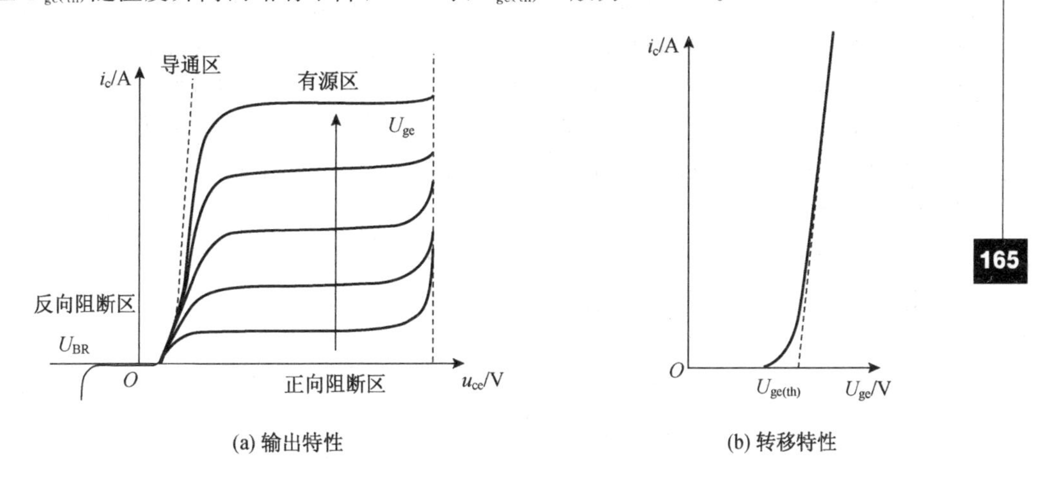

(a) 输出特性

(b) 转移特性

图3.3.30 IGBT的输出特性和转移特性

3）IGBT参数

主要参数有栅极-发射极电压U_{ge}、最大集电极电流I_{CM}和集电极最大功耗P_{CM}。

① 栅极-发射极电压U_{ge}，与MOSFET相似，它是栅极SiO_2层的击穿电压，一般为±20 V。

② 最大集电极电流I_{CM}。

③ 在寄生晶闸管发生擎住前的最大集电极电流，一般是连续电流（T_{jM}=150 ℃）的6～8倍。IGBT集电极电流增大时，U_{ce}上升，所产生的损耗也增大，同时开关损耗增大，器件发热加剧。因此，根据额定损耗，控制开关损耗所产生的热量在器件结温允许

值以下。特别是用于高频开关时，由于开关损耗增大，发热也加剧，从经济角度考虑要将集电极电流的最大值控制在直流额定电流以下使用。

④ 集电极最大功耗 P_{CM} 最大允许结温 T_{jM}。通常 IGBT 的最高允许结温为 150 ℃。根据不同的散热条件(热阻 R_{th})，与其他功率器件一样决定最大允许功耗。最大集电极-发射极电压 U_{CEM} 由 n^+pn^+ 构成的三极管的 $U_{(BR)CEO}$ 决定，由于避免擎住效应，最低电压定额一般不小于 600 V。

表 3.3.2 是根据电路中输入电源电压的大小选择 IGBT 的电压规格等级。

表 3.3.2　IGBT 的电压规格与输入电压关系

功率器件电压规格	600 V	1200 V	1400 V
电源电压/V	200,220,230,240	346,350,380,400,415,440	575

⑤ 安全工作区(SOA)。功率开关设计很重要的一点是防止 IGBT 因过压或过流损坏。例如，用于电机控制和作为变压器负载的变频电源或斩波器中，IGBT 必须工作在其规范的开通过程和通态工作点额定值的正向安全工作区 FBSOA(Forward Biased Safe Operating Area)和开关安全工作区 SSOA(Switch Safe Operating Area)。

IGBT 安全工作区与 MOSFET 相似，其边界为 U_{CEM}、I_{CM} 和 P_{CM} ($=U_{CEM}\times I_{CM}$)，P_{CM} 为最大功耗。在导通或截止过渡时间才遇到最大功耗问题。正偏栅极加高压瞬时流过器件大电流，称为正偏安全区(见图 3.3.31(a))；在关断瞬时，栅极由正回到零或负电压，在加高压时引起电流通过器件，称为反偏安全工作区(见图 3.3.31(b))。正偏安全区主要是开通瞬间损耗问题，而反偏与关断 du_{ce}/dt 有关，du_{ce}/dt 越大，安全区越小。

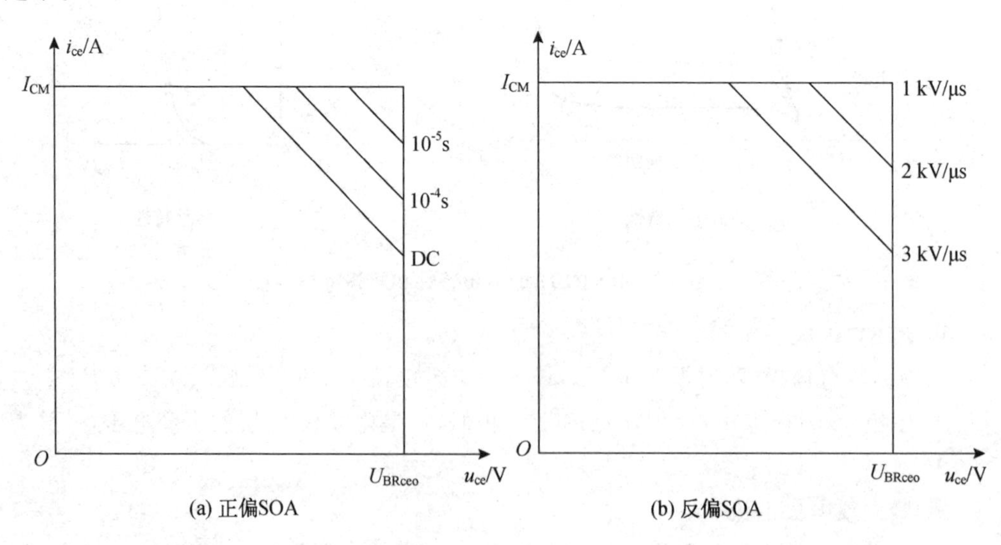

(a) 正偏SOA　　(b) 反偏SOA

图 3.3.31　IGBT 的安全工作区

4）IGBT 开关特性

用图 3.3.32(a)的 Buck 变换器来说明 IGBT 的开关特性。

(1)开　通

IGBT 作为变换器开关器件时，工作在高速大功率开关转正贴，要使它安全可靠地工作，驱动电路是重要的关键点。因为 IGBT 输入部分与 MOSFET 相同，在开通大多数时间间隔特性是相同的。电流电压波形如图 3.3.32(b)所示。

(2)关　断

关断电流电压波形如图 3.3.32 (c)所示。在 t_3 前与 MOSFET 相同，集电极电流由 I_o 下降到零由两个时间间隔，而 MOSFET 只有一个间隔。第一间隔是 IGBT 中 MOSFET 电流下降($t_3-t_2=t_{fi1}$)，而第二个时间间隔($t_4-t_3=t_{fi2}$)对应于注入到 n^- 区过剩载流子复合时间，时间较长。这就是通常所谓的“拖尾”现象。

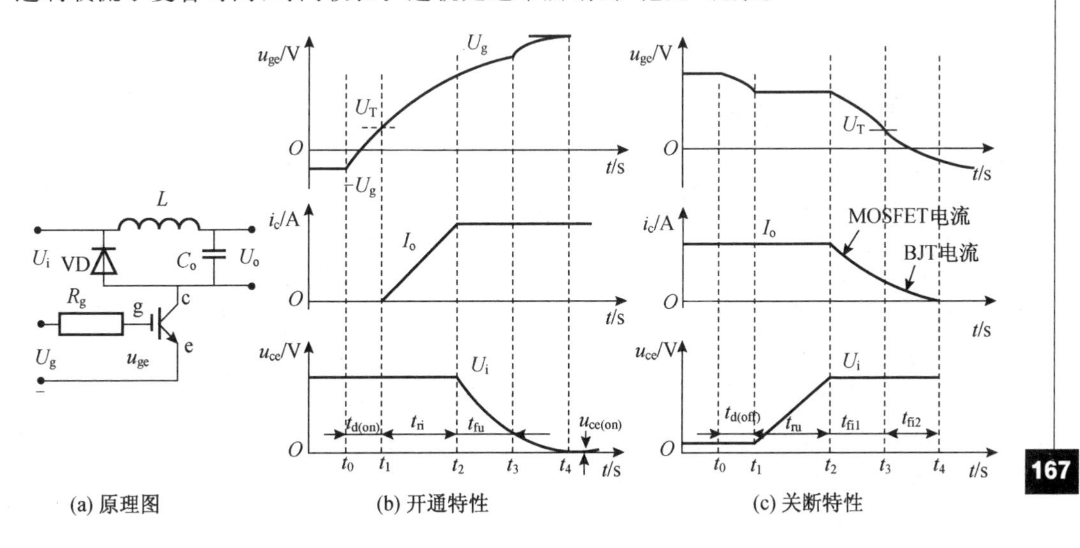

图 3.3.32　Buck 变换器中 IGBT 开关特性

3.3.3　功率开关晶体管比较和选择

功率 BJT、MOSFET 和具有 MOSFET 的绝缘栅极输入的 IGBT。但是内部的 BJT 的基极未引出，导通过剩载流子复合时间长，关断时间长一严重拖尾现象，使得 IGBT 开关频率较低(<30 kHz)；输出管是 PNP 结构，导通压降一般比 NPN 结构高。器件电压定额一般 500 V 以上，电流从数十安到数千安。最适宜变频调速和高功率变换。

通过对开关电源拓扑分析，很容易得到功率器件的要求如表 3.3.3 所列，并可以寻求市场上价格和性能与要选择的拓扑之间协调的器件，缩短设计时间。表中所列参数是最低需要值，在选择器件时必须考虑足够的电流和耐压余量，例如击穿电压还应当考虑电路中可能产生的尖峰电压。

表 3.3.3 不同拓扑对功率器件参数要求

拓扑类型	双极型功率开关		MOSFET		整流器	
	$U_{(BR)CEO}$	I_{CM}	$U_{(BR)DS}$	I_{DM}	U_{DR}	I_F
Buck	U_i	I_o	U_i	I_o	U_i	I_o
Boost	U_o	$2P_o/U_{i(min)}$	U_o	$2P_o/U_{i(min)}$	U_o	I_o
Buck/Boost	U_i-U_o	$2P_o/U_{i(min)}$	U_i-U_o	$2P_o/U_{i(min)}$	U_i-U_o	I_o
反激	$1.7U_{i(max)}$	$2P_o/U_{i(min)}$	$1.5U_i$	$2P_o/U_{i(min)}$	$10U_o$	I_o
单端正激	$2U_i$	$1.5P_o/U_{i(min)}$	$2U_i$	$1.5P_o/U_{i(min)}$	$3U_o$	I_o
推挽	$2U_i$	$1.2P_o/U_{i(min)}$	$2U_i$	$1.2P_o/U_{i(min)}$	$2U_o$	I_o
半桥	U_i	$2P_o/U_{i(min)}$	U_i	$2P_o/U_{i(min)}$	$2U_o$	I_o
全桥	U_i	$1.2P_o/U_{i(min)}$	U_i	$1.2P_o/U_{i(min)}$	$2U_o$	I_o

3.4 光电耦合器件

3.4.1 光电耦合器的工作原理

光电耦合器(Optical Coupling,OC)一般被广泛地用来作为传输信号对电路的隔离,可以是直流信号或高频脉冲信号。它是由发光二极管(LED)与光敏晶体管组合而成的,利用光电效应传输信号。它是磁元件以外又一个提供输入和输出隔离传输信号器件,它比磁元件小而价廉,常用于需要隔离的小信号传输。

光耦结构图如图 3.4.1 所示,其输出特性与双极性晶体管 BJT 十分相似,只是 BJT 的基极电流在这里是初级发光二极管的输入电流。光耦是半导体器件,它具有半导体器件共有的属性。

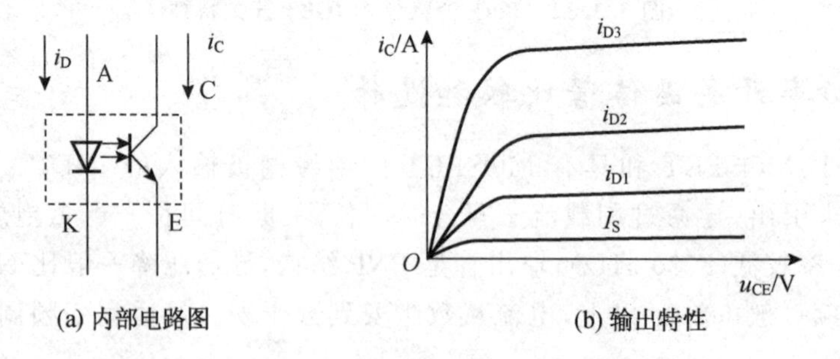

(a) 内部电路图　　(b) 输出特性

图 3.4.1 光耦符号和输出特性

1) 共模抑制比

在光电耦合器件内部,由于发光管和光电管之间的耦合电容很小(2 pF 以内),所以共模输入电压 u_C 通过级间耦合电容对输出电流 i_C 影响很小。即 di_C/du_C 很小,因而共模抑制比很高。

2）输出特性

光电耦合器的输出特性是指在一定发光电流 i_D 下，光电管所加偏压与输出电流之间的关系曲线。光电耦合器的输出特性曲线如图 3.4.1(b)所示。当 $i_D=0$ 时，发光二极管不发光，此时对应的光电三极管集电极输出电流称为暗电流，它很小，一般可忽略。当 $i_D>0$ 时，发光二极管开始发光，在一定的 i_D 下，所对应的 i_C 基本上与 u_C 大小无关，而 i_D 和 i_C 之间的变化成线性关系。当集电极或发射极串接一个负载电阻 R_L 后，即可得输出电压。R_L 的选择应使负载线在允许功耗 P_{CM} 曲线之内。

3）电流传输比

光电耦合器光电管的集电极电流 i_C 与发光二极管的注入电流之比电流传输比，即 $\gamma=i_C/i_D$，对于微小变量输出电流 Δi_C 与注入电流 Δi_D 之比称为微电流传输比。对于线性度比较好的光电耦合器，两者近似相等。电流传输比用 γ 表示，γ 的大小与光电耦合器的类型有关。例如：二极管输出的光电耦合器的 γ 较小，在 3%以内。三极管输出的光电耦合器的 γ 可达 150%，而光电开关的 γ 最大可达 500%。传输比 γ 和三极管的 β 一样，离散性很大，同时传输比也与温度有关，且比 β 温度系数大。

4）隔离性能

光电耦合器的发光二极管和光电三极管之间的隔离电阻(绝缘电阻)在 $10^{10}\sim10^{11}$ Ω，隔离电压(耐压值)在 500～1 000 V 达 10 kV，隔离电容小于 2 pF。

光电耦合器与晶体管一样可以线性工作，也可以工作于开关状态，在电源驱动电路中，光耦一般用来传递脉冲信号，所以光耦工作于开关状态。在高频工作时应考虑光耦的响应时间，包括延迟时间 t_d、上升时间 t_r 和下降时间 t_f，如图 3.4.2 所示。发光二极管硅光电三极管型光耦的响应时间一般为 5～10 μs，而发光二极管-硅光电二极管型光耦的响应时间小于 2 μs。为得到快速响应，常选用高速光耦，它的上升时间 t_r 和下降时间 t_f 均小于 1.5 μs。

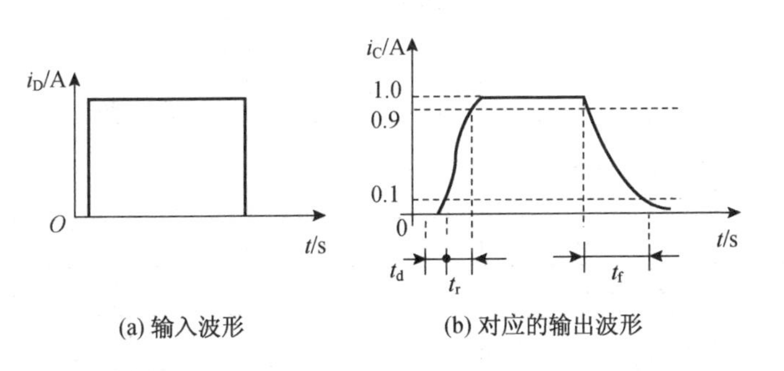

(a) 输入波形　　(b) 对应的输出波形

图 3.4.2 光耦的输入和输出脉冲波

图 3.4.3 所示是高速光耦的电路，负载电阻 R_L 的大小影响光耦响应时间，R_L 越小，光耦响应时间越短，在实际应用中，在光耦允许集电极电流范围内尽量减小负载电阻以提高光耦响应速度。图 3.4.3(a)中 R_b 是提供光耦存储电荷的释放回路，以减小关断时间，但会减小光耦的传输比，故 R_b 一般为几十千欧。为提高光耦的传输比，输

出采用达林顿接法,但会使响应时间加长,图 3.4.3(b)是高传输比的光耦合器电路。如果作为开关,就有开关延迟,普通光耦的延迟为 0.2~1 μs。如果是光敏晶体管与三极管复合提高传输比的器件,延迟可达 3~5 μs,高速光耦一般传输比低。次级输出管存在暗电流 I_s,具有正温度系数。虽然初级与次级之间通过光传递信息,但在高压应用时,应当注意隔离电压定额,与 BJT 相似,施加于 CE 之间电压受器件击穿电压限制。

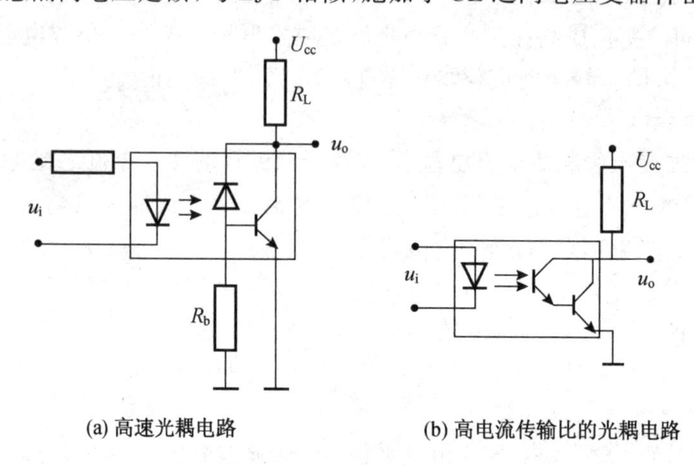

(a) 高速光耦电路　　(b) 高电流传输比的光耦电路

图 3.4.3　光耦电路

3.4.2　线性光电耦合器

如果光耦的输出与输入成线性关系称为线性光耦,线性光耦用在开关电源的隔离采样和反馈十分有用。

1. 线性光电耦合器的产品分类

表 3.4.1 所列是线性光耦典型产品型号及参数。

表 3.4.1　线性光耦器的产品型号及主要参数

产品型号	电流传输比	$U_{CEO(BR)}$/V	生产厂家	封装形式
PC816A	80%~160%	70	Sharp	DIP-4,基极未引出
PC817A		35		
SFH610A-2	63%~125%	70	Simcna	
NEC250I-H	80%~160%	40	NEC	
CNY17-2	63%~125%	70	Freescale,Siemens	DIP-6,基极引出
CNY17-3	100%~200%			
SFH600-1	63%~125%		Siemens,Isocom	
SFH600-2	100%~200%			
CNY75GA	63%~125%	90	Tcmic	
CNY75GB	100%~200%			DIP-6,基极未引出
MOC8101	50%~80%	30	Freescale,Isocom	
MOC8102	73%~117%			

2. 线性光耦合器的选取原则

设计光耦反馈式开关电源时必须正确选择线性光耦合器型号参数，选取原则如下：

① 光耦合器中的发光二极管就需要较大的工作电流才能正常控制开关电流的占空比，这会增大光耦合器件功耗，在启动电路或者负载发生突变时，有可能将开关电源误触发，影响正常输出。

② 应采用线性光耦，其特点是电流传输比能够在一定范围内进行线性调整。

③ 由英国埃索柯姆(Isocom)公司、美国摩托罗拉(Motorola)公司生产的 4NXX 系列(如 4N25、4N26、4N35)光耦合器件国内应用较广。但此类光耦因线性度差，适宜传输数字信号，而不宜用于开关电源的反馈场合。

3. 典型线性光耦合器件

典型的光耦型号有 Agilent 公司的 HCNR200/201，TI 子公司 TOAS 的 TIL300 以及 Clare 的 LOC111 等型号。下面以 HCNR200/201 为例说明，HCNR200 的精度等级是±15%，HCNR201 的精度等级是±5%，温度系数为-6.5×10^{-5}/℃，初次级隔离电压为 1 414 V，信号带宽从直流到 1 MHz。它的封装形式如图 3.4.4 所示，其中 1 和 2 脚接信号的输入端，电流为 I_F；3 和 4 脚用于反馈，之间的电流为 I_{PD1}；5 脚和 6 脚用于输出，5 和 6 脚之间的电流为 I_{PD2}。

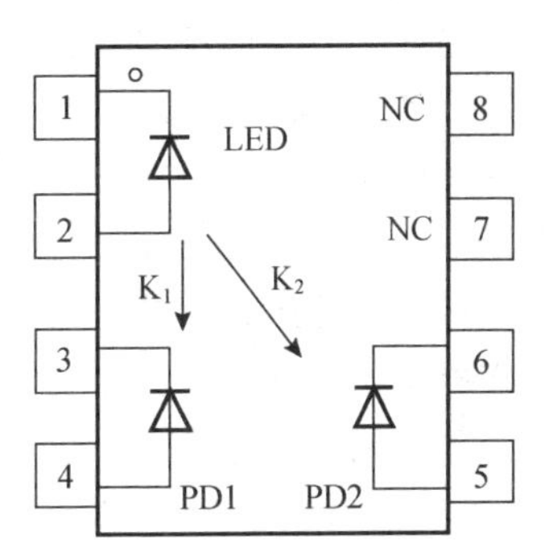

图 3.4.4　HCNR200/201 的封装图

输入信号经过电压—电流转化，电压的变化体现在电流 I_F 的变化上。I_{PD1} 和 I_{PD2} 基本上与 I_F 成线性关系，线性系数分别为 k_1 和 k_2，即 $k_1=I_{PD1}/I_F$，$k_2=I_{PD2}/I_F$。k_1 和 k_2 一般很小，并且随温度变化较大(HCNR200 的变化范围为 0.25%～0.75%)。芯片设计使得 $k_1=k_2$。合理的外围电路设计中，真正影响输出、输入比值的是 $k_3=k_1:k_2$，线性光耦利用这种特性才能达到满意的线性度。如果要使用光耦 HCNR200/201 请查阅公司的产品说明书。

3.5　运算放大器

运算放大器有负反馈闭环控制的特点，开关电源输出电压需要稳定，其控制电路必须采用闭环控制，选用运算放大器作为开关电源闭环控制元件是最合适的集成电路。

3.5.1　结构封装

运算放大器简称运放(Operational Amplifier，OPAM)，是高增益的直流放大器。常见集成运放有 3 种，即单运放、双运放和四运放，封装形式有双列直插式 DIP 和贴片 SOC 形式，根据工作环境温度不同有塑料封装(P)和陶瓷封装(C)(参考产品手册)。

集成运放一般是高增益的直流放大器，集成芯片内很难集成电容，信号之间一般采用直接耦合。因为直接耦合,级间工作点是互相牵连的,零点漂移是直接耦合最大问题。所以放大器的输入级毫无例外地采用差动放大电路,只放大两个输入信号之差。发射极恒流源提供高共模抑制比,而集电极恒流源作为负载电阻,因为在集成电路中,做恒流源比做电阻容易,且占芯片面积小。中间级是共射极放大器提供需要电压增益的大部分。负载电阻也用恒流源。通常要求在运放输入为零时,输出也应当为零,在差动放大器输出与共射极放大器输入需要电压匹配,有一个电平转换电路。

运算放大器由于内部结构不同,特别是输入级的晶体管可以有双极性晶体管(BJT)、结型场效应晶体管(JFET)、MOSFET 场效应晶体管,主要影响运放的输入阻抗,进而影响到输入信号是否失真。由于运放电路的输出级希望有一定的负载能力,与后级电路电平容易匹配,输出级常采用图腾柱输出形式,输出电压的范围被电源电压限制住了,当输出级的晶体管饱和时,输出电压略小于正负电源电压。运放的两个输入端分别称为同相输入端(IN_+)和反相输入端(IN_-),当同相输入端高于反相输入端时,输出电压 U_o 大于零;反相输入端高于同相输入端,输出电压小于零或接近零。

运算放大器工作时要求双电源供电,因为差动放大器的恒流源在负电源端,此恒流源工作电压一般在 2 V 以上,如果采用单电源,输入电位要提高近 3 V 运算放大器才能正常工作。输入级是 PNP 或 P 沟道场效应管时,恒流源在正电源端,一般可以是单电源,也可以是双电源。如果运放作为误差放大器,那么同相端接参考电压(如 3524,3842 控制芯片内部电路产生),而反相端为分压采样电路。由于输入端电位提高到参考电压,也可以将双电源运放用于单电源,运放作为放大应用时,接成闭环负反馈。

3.5.2 运算放大器的主要参数

在开关电源中,不同用途要求运放的参数也不同,一般涉及如下参数。

1. 输入失调电压 U_{os}

理想运放输入为零时,输出电压也为零。实际运放开环输入 0 时,如果在输入端加一补偿电压 U_{os},使输出电压等于 0,这个补偿电压称为输入失调电压 U_{os}。一般为 ±(1～10)mV。例如需要放大电流检测信号,一般为减少功率损耗,电流信号仅几 mV～数十 mV,失调电压与输入信号相近,将引起输出很大误差。而且输入失调电压是运放输入级适配引起的,且随温度变化而变化。因此应选择较小失调电压器件,同时电路中还应当有调零电路和温度补偿电路等。

2. 输入偏置电流 I_b

如图 3.5.1 所示,为提供合适的工作点,集成运放的两个输入晶体管的基极分别流入偏置电流 I_{bp} 和 I_{bn}。所谓输入偏置电流是两个基极电流的平均值,即 $I_b=(I_{bn}+I_{bp})/2$,一般为 10 nA～1 μA。如果是输入级的晶体管采用 MOSFET 或 JFET,输入偏置电流极小,这种放大器就是高输入阻

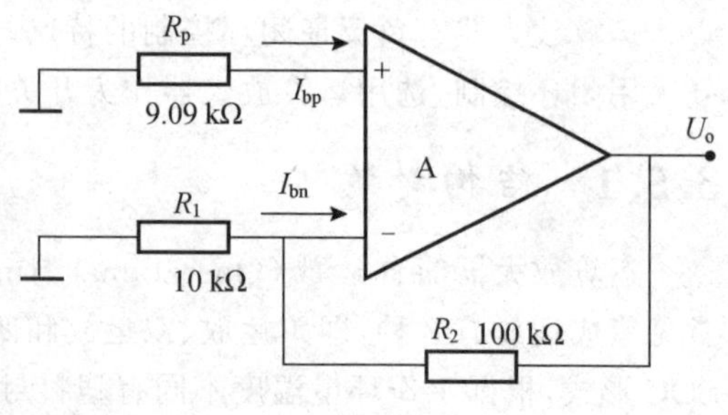

图 3.5.1 输入偏置电流

抗运算放大器，典型型号有CA3140。

运放组成反馈放大器时，若输入信号为零，那么输出也应为零。如果同相输入端与反相输入端外接电阻不等，那么偏置电流在两端电阻压降也不等。此差值电压将给放大造成误差，实际运算电路两端外接等效电阻满足 $R_p = R_1 // R_2$。

3. 输入失调电流 I_{os}

两个偏置电流之差即为失调电流 I_{os}，主要由于输入级晶体管失配引起的，特别是 β 不等引起的，大小与输入级所采用的管子类别有关，其中场效应晶体管比较小，双极性晶体管较大，典型值在1 nA～0.1 μA。为减少失调电流影响，尽量选择较小数值输入电阻，失调参数对运放输出误差的影响计算如下：

$$U_{os} = (U_{os} + I_{os}R + I_b \times \Delta R)A_f$$

式中：R 为两输入端平均电阻；ΔR 为两端输入电阻之差；A_f 为闭环增益，由工作要求决定。

要减少误差应当采取下列措施：选择较小运算电阻 R，要确保流过电阻电流不能太大，反馈回路电流是由输出级提供的，输出的最大灌电流或拉电流是有限制的；同时，较小输入阻抗也要考虑信号源负载能力。确保两端电阻匹配，以消除 I_b 的影响。选择适当的 U_{os} 运放，减少失调的影响。遗憾的是，低 U_{os} 运放可能工作电流大或带宽窄，应根据要求在两者之间折中。

4. 开环差模电压增益 A_o

指运放在没有反馈的情况下的直流差模增益，增益越大，静态运算误差越小，带宽窄，通常以分贝(dB)表示，即 $A_o = 20\lg A_o$。一般运放的开环增益为 $A_o = 100 \sim 140$ dB。

5. 单位增益带宽GBW(Gain Band Width)

随着频率的升高，增益会下降，当增益下降到直流时的0.707倍时，所对应的增益与频率的乘积一般为常数。手册中通常提供的单位增益带宽GBW是指接成放大倍数是1的比例放大器，当闭环增益下降到－3 dB时对应的频率；有时手册中提供的开环带宽BW是指随频率增加开环差模增益下降3 dB时对应的频率。

6. 压摆率或转换速率SR(Slew Rate)

在闭环情况下，运放输入阶跃信号，放大器输出电压对时间变化速率，即 $SR = \left.\frac{du_o}{dt}\right|_{max}$，一般输入信号很小，如果信号很大，例如峰值为1 V正弦波频率为200 kHz，1/4周期时间为1.25 μs，输出由零变化到10 V，这意味着压摆率为10 V/1.25 μs＝8 V/μs。普通运放没有这样大的压摆率。这个参数对频带很宽的开关电源是很重要的，开关电源小信号稳定是不够的，还应当有适当的瞬态响应。当负载或输入电压突变时，误差放大器输入电平变化，如果器件没有足够的压摆率适应这一变化，将发现变换器瞬态响应很慢。因此，运放的小信号工作频率受带宽限制，大信号响应受压摆率限制。由于压摆率与闭环电压放大倍数有关，因此规定用集成运放组成单位增益。在单位时间内电压变化值表示压摆率。压摆率是高频工作的重要指标，通用运放在1 V/μs以下，高速运放可达65 V/μs。

7. 相　移

随着输入运放正弦波频率增加,运放输出正弦信号或多或少有些相移。如果运放用作误差放大器,将在环路中增加附加相移,减少了相位裕度。即使有良好的相位补偿,也可能引起环路的不稳定。与频率的关系极少在生产厂手册中给出,相位移大小与运放内部结构有关。但并不是高增益带宽积的运放一定比低增益带宽积运放在给定频率相移小。事实上,采用某个运放是否过大的相移通过测试解决,例如,将运放接成跟随器,用网络分析仪测试其相频特性。其他重要的参数还有共模抑制比(CMRR)、输入阻抗、输出阻抗、输出饱和电压、输出最大拉/灌电流、最大输入共模和差模电压等。

3.5.3 运算放大器的使用和选择

① 用作反相比例放大器及求和电路的运放,可以选择通用运放。

② 输入信号最小在1 mV以下,应当选择失调电压U_{os}和失调电流I_{os}都很小的运放,同时温度系数也很小的高稳定性运放,同时在电路中设置调零电路,两个输入端外接等效电阻应当对称。

③ 如果将双电源运放用在单电源电路中,则应注意运放的共模和差模输入电压范围大于信号最大共模电压和差模电压幅值。

④ 用作误差放大器的运放的闭环带宽必须大于系统要求的带宽。

⑤ 如果使用运放作为比较器,应当选择运放的压摆率(影响波形的上升和下降时间)在允许的范围内,最好不用运放作比较器,比较器有专门的电路。

⑥ 如果放大同相信号,应当选择共模抑制比(CMRR)高的器件。如果要求电路高增益(>100),则应当选择高增益(>100 dB)、低漂移运放,并尽量采用反相放大器。

⑦ 使用运放应注意器件输出的拉或灌电流大小,一般在10 mA以下。例如,某运放最大拉/灌电流为6 mA,最大电流时饱和压降为1.2 V,U_{cc}为12 V,最小负载电阻为(12−1.2/6)kΩ=11.8 kΩ。如果有反馈电路,负载电阻还包括反馈电阻,反馈电阻不能选取太小。负载电流越大,饱和压降越大。

3.6 比较器

比较器是联系模拟量和数字量的桥梁,在保护、非正弦信号发生器(例如三角波、方波发生器)和电平鉴别电路等将模拟信号转变成数字信号的电路中使用集成电压比较器。一般将被检测信号与参考信号在集成比较器的同相和反相输入输入端比较,从比较器输出状态判断被检测信号是大于还是小于参考信号。因此比较器输出不同于放大器,只可能有两个状态之一,要么高电平,要么低电平。运放接成开环或正反馈时就可用作比较器,比较器是运放的非线性应用。集成运放与比较器是有差别的,主要体现在集成运算放大器的指标主要是精度和频率响应问题,需要专门设计作为信号放大,通用运放的摆率低;作为比较器,需要考察的是电平翻转时刻的快慢,用压摆率或叫转换速率表示,也就是输出波形上升沿和下降沿时间越短越好。比较器是针对高摆率设计的,

上升和下降沿很陡，但不顾及放大特性。另外，比较器还需要考虑与后续电路的电平匹配问题，通常与微机系统接口，还有 TTL 电平和 CMOS 电平等进行电平匹配。

集成比较器在芯片结构上与运放相似，也是直接耦合多级放大器，具有很高的开环增益。一般制造比较器时，更注重较大的转换速率（摆率）。不少比较器输出级是开路集电极 OC(Open Collector)，通常外加一个上拉(pull up)电阻。如果希望比较器的保护速度高于毫秒级或用作波形变换，例如 PWM 中比较器，应当使用集成比较器。

比较器电路有两种类型：单门限比较器和双门限比较器。

3.6.1 单门限比较器

图 3.6.1(a)是一个单门限比较器，输入信号 u_i 与参考信号 U_r 比较。图中 u_i 接在比较器的同相输入端，参考信号 U_r 接在反相输入端。

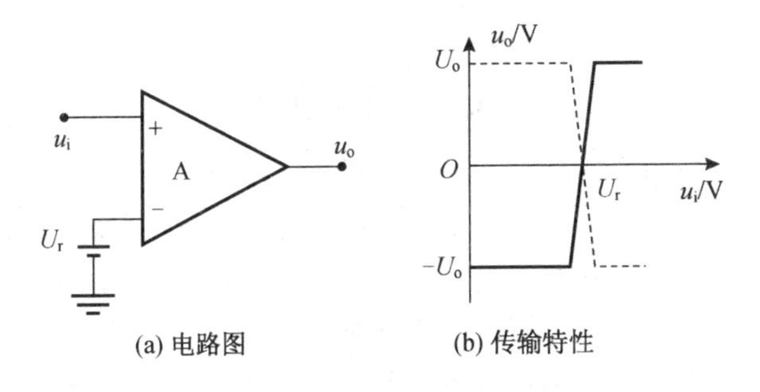

图 3.6.1 单门限比较器

由于单门限比较器是开环应用，所以它和运放一样有很高的电压增益。例如80 dB倍，比较器的工作电源是 10 V，那么被检测电压与参考电压差只要超出 $10\ V/10^4 = 1\ mV$，比较器的输出状态就要改变。一般被检测电压比 1 mV 大得多，所以认为在 $u_i = U_r$ 时发生状态转换。图 3.6.1(a)中，$u_i > U_r$ 输出高电平 1，$u_i < U_r$ 输出低电平 0。传输特性如图 3.6.1(b)实线所示。如果参考信号与被测信号对调，则传输特性如图 3.6.1(b)中虚线所示。输入端的接法主要决定于转换后所需要输出电平的极性。如果 $U_r = 0$，则称为过零比较器。

单门限比较器一般用于波形变换，图 3.6.1 是一个检测过零比较电路，输入是模拟交变信号，如正弦波、三角波等周期性交变信号。以输入信号为正弦波为例，当信号从同相端输入，为正半周时，比较器输出高电平；当输入为负半周时，输出为低电平，将正弦波转变为矩形波输出。如果被检测信号夹杂干扰脉冲，则频率检测应采用双门限电路。

如果输入信号很大，则可能超出比较器的最大差模电压 U_{dmax} 造成比较器损坏。为保护比较器，在比较器的输入端串联一个电阻 R_i 和两个反并联的二极管对比较器输入进行保护。因为比较器增益很高，只要有 mV 级输入，输出就会发生电平转变，二极管的开启电压为数百 mV，对比较器翻转没有任何影响，导通电压不到 1 V，有效地限制差模输入电压。当然，输入信号 u_i 的幅值在比较器的最大差模电压范围之内，从价格考虑，R_i、VD_1 和 VD_2 的限幅电路则显得多余了。

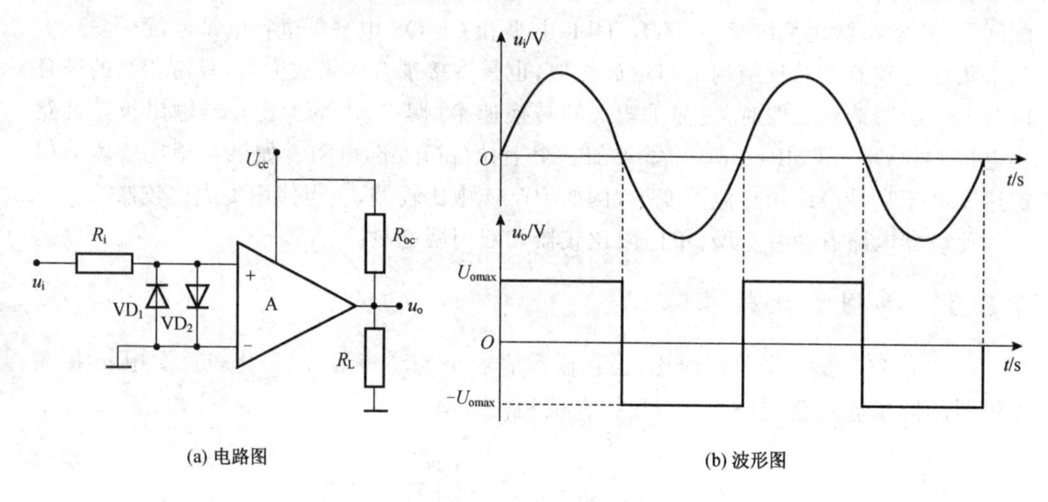

(a) 电路图　　(b) 波形图

图 3.6.2　过零比较器

如果使用普通运放组成比较器，运放输出是集电极开路门 OCL 电路，如图 3.6.2 所示，输出端的 NPN 型晶体管导通，它是集电极输出电路，要提高负载能力，只要在输出端连接电阻到电源，最大输出电压 $U_{omax}=U_{cc}-U_{CES}$。U_{CES} 是末级晶体管的饱和压降，U_{CES} 在一般只有0.3 V左右。如果负载电流过大，则输出管压降大大增加，输出幅度大大减少。如果是集电极开路的比较器，则输出管发射极接地，集电极开路，输出需用一个电阻 R_{oc}，到 U_{cc}（也可以接到低于高于 U_{cc} 的电源端，与输出电路匹配）端，如果负载电阻（负载电路的输入电阻）为 R_L，输出高电平幅值为 $U_o=R_LU_{cc}/(R_{oc}+R_L)$。

3.6.2　双门限比较器——迟滞比较器

电源中的过流、过压、欠压和温度控制检测等保护都采用双门限比较器。双门限比较器也称为迟滞比较器和施密特触发器。

单电源迟滞比较器电路有两种：下行迟滞比较器和上行迟滞比较器。在形式上与放大电路十分相似，但是应当特别注意，反馈电阻总是从输出接回到同相输入端，而接成放大电路的反馈是接在反相输入端的负反馈，也就是说是迟滞比较器是正反馈。

如图 3.6.3(a)所示，电压 u_i 从反相端输入，U_r 接在同相端，当输入电压为 0 时，输出电压为 U_{oH}，同相端电压为

$$U_2=\frac{R_2}{R_1+R_2}U_r+\frac{R_1}{R_1+R_2}U_{oH} \tag{3.6.1}$$

定义 U_2 为上门限电压，只要输入端电压小于 U_2，输出始终保持 U_{oH}。要使输出转换为低电平，输入电压 u_i 应当大于 U_2。一旦输入大于 U_2，由于正反馈作用，输出迅速转换为低电平 U_{oL}，这时同相端电压为

$$U_1=\frac{R_2}{R_1+R_2}U_r+\frac{R_1}{R_1+R_2}U_{oL} \tag{3.6.2}$$

理想情况下，比较器低电平为 $U_{oL}=0$，式(3.6.2)简化为

$$U_1=R_2U_r/(R_1+R_2) \tag{3.6.3}$$

同理，只要输入电压 $u_i>U_1$，输出始终保持“0”电平，故称 U_1 为下门限电位。要使输出返回到 U_{oH}，输入电压应当小于 U_1。一旦输入 $u_i<U_1$，由于正反馈作用，输出立即从低电平 0 转换为高电平 1，即输出 U_{oH}，定义 $\Delta U=U_2-U_1$ 称为环差，也称为迟滞环宽度，即

$$\Delta U=U_2-U_1=R_1U_{oH}/(R_1+R_2) \tag{3.6.4}$$

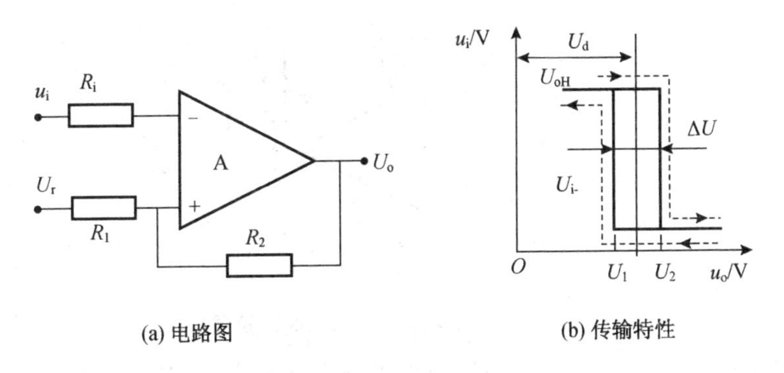

(a) 电路图　　(b) 传输特性

图 3.6.3　下行迟滞比较器

两个门限的平均电压为

$$U_d=\frac{U_2+U_1}{2}=\frac{R_2}{R_1+R_2}U_r+\frac{R_1}{R_1+R_2}U_{oL} \tag{3.6.5}$$

这个偏移量称为零点偏移电压。由以上各式就可以根据门限电压进行电路设计。

同相输入迟滞比较器的传输特性如图 3.6.3(b)所示，称为下行迟滞特性。

如图 3.6.4 所示，当参考电压接在反相输入端，输入信号 u_i 接在同相输入端时，两个输入电平分别为

$$U_2=\frac{R_1+R_2}{2}U_r+\frac{R_1}{R_2}U_{oH} \tag{3.6.6}$$

$$U_1=\frac{R_1+R_2}{2}U_r \tag{3.6.7}$$

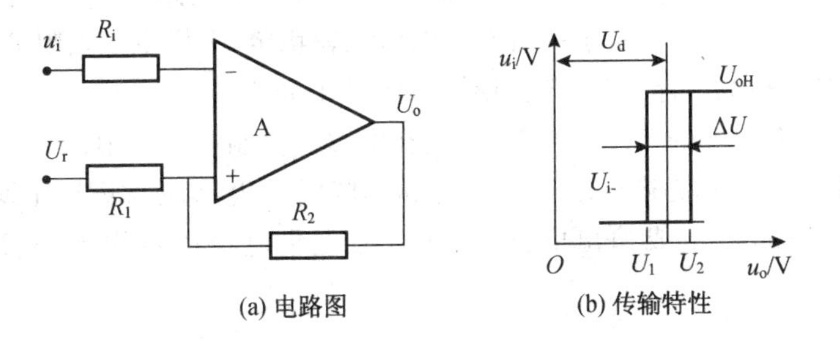

(a) 电路图　　(b) 传输特性

图 3.6.4　上行迟滞比较器

同理可以得到迟滞环宽和偏移。输出与输入关系特性即传输特性,如图 3.6.4(b)所示,这个特性称为上行迟滞特性。

在实际应用中,双门限比较器常采用单电源供电集电极开路门,即 OC 门输出的集成比较器,输出需用一个上拉电阻 R_4,由集电极输出。从单门限比较器分析可知,OC 输出 U_{oH} 电压不仅受负载影响,而且还受反馈电路影响,这就影响了门限值式(3.6.1)和式(3.6.6)的精确性。为避免输出电压对上门限的影响,在反馈电路中串联一个二极管 VD,如图 3.6.5 所示。

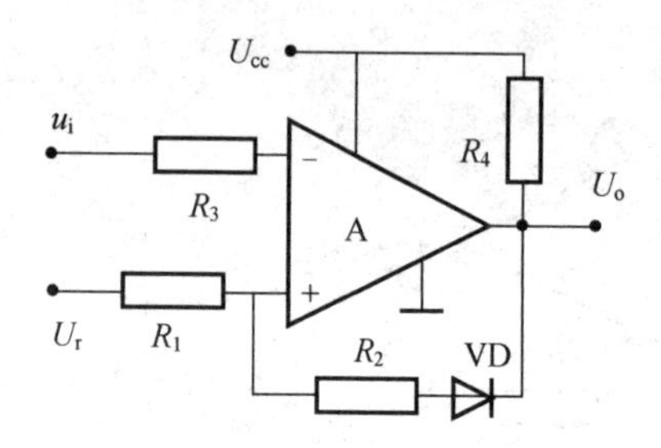

图 3.6.5 单电源 OC 门迟滞比较器

反馈回路接入二极管以后,二极管阻挡了输出高电压,只要保证输入电压 U_i 小于参考电压 U_r,输出电压就是高电平,这时比较器相似一个单门限比较器,上门限为

$$U_2 = U_r \tag{3.6.8}$$

而下门限为

$$U_1 = \frac{R_2}{R_1 + R_2} U_r - \frac{R_1}{R_1 + R_2} U_D \tag{3.6.9}$$

如果参考电压接在反相端,输入在同相端,则两个门限分别为

$$\left.\begin{aligned} U_1 &= U_r \\ U_2 &= \frac{R_1 + R_2}{R_2} U_r - \frac{R_1}{R_2} U_D \end{aligned}\right\} \tag{3.6.10}$$

式中:U_D 为二极管正向压降,硅二极管的正向压降为 0.6 V。

如果用集成运放作比较器,则 U_D 还包含低电平的饱和压降;如果用 OC 门作为输出,则低电平一般为 0.2~0.3 V,可以不予考虑。这两个电路中一个上门限直接等于 U_r,另一个下门限等于 U_r。由于一般参考电压比较稳定,采样也是电阻分压器,特别适合作为过压、欠压检测电路,另一个门限要求不是十分严格。

迟滞比较器有很好的抗干扰性能,常用在电路的控制和保护中,一般比较器都能满足保护使用要求。波形变换要求高速上升和下降沿的电路应当选择压摆率大的比较器。如果是 OC 输出,组成输出电路时,注意最大集电极电流限制外接集电极电阻选取。

第 4 章

磁元件的设计

一般电源工程师宁愿花很多时间进行电路设计，也不愿意设计一个磁元件。因为设计磁元件要弄清楚很多内容，例如磁性材料、磁芯形状、导线类型和计算损耗等。而设计好的磁元件的参数会对电路性能产生什么影响，总不像电路设计那样心里有数。当设计完成并制作完成以后，还要在实验室检测温升、安全和相关性能。

一般工程师对磁的有关问题感到困惑，因为在高校课程教学中有关磁的基础知识学习太少，在高频情况下有关磁的相关知识更少，但是在磁元件设计和电路实验时，又需要很强的电磁物理概念；为此，本章将概要介绍磁的基础知识和高频应用的有关问题，并给出很多的磁元件设计的实际例子。通过实际举例，说明磁设计的关键工程问题。

4.1 电磁的单位

4.1.1 磁感应强度

在工程中，磁的基本单位是磁感应强度，也叫磁通密度(flux density)，用 **B** 表示，国际单位制(MKS)中计量单位是特斯拉，简称特，代号 T。它是一个矢量。在实用单位制(CGS)中，计量单位是高斯(Gs)，简称高，与MKS的关系为 $1\ \text{T} = 1 \times 10^4\ \text{Gs}$。如图 4.1.1 所示，磁感应强度 **B** 是矢量，即有大小和方向。它是这样定义的，即在一个均匀磁场中，垂直磁场方向放置一根 1 m 长的直导线，导线中流过 1 A 电流，导线在磁场垂直方向(采用左手定则判断)受到作用力 $F = 1$ N，这时磁场的磁感应强度为 1 特斯拉(1 T)。

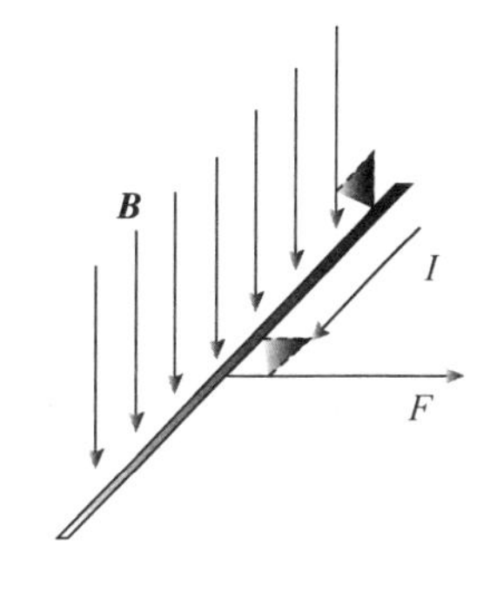

图 4.1.1 磁感应强度定义

4.1.2 磁导率

电流产生磁场，但不同的介质产生的磁感应强度是不同的。为表征介质的导磁能力，引用磁导率 μ。真空磁导率用 μ_0 表示，在 MKS 单位制中，$\mu_0 = 4\pi \times 10^{-7}$ H/m；在 CGS 单位制中，$\mu_0 = 1$，其他材料的磁导率为 μ。在 MKS 单位制中，μ 可以表示为

$$\mu = \mu_0 \mu_r \tag{4.1.1}$$

式中：μ 为绝对磁导率；μ_r 为相对磁导率，是真空磁导率的倍数。相同的电流，铁磁介质中的磁场是真空中磁场的大 μ_r 倍，即将磁场放大了 μ_r 倍。

在 CGS 单位制中，$\mu_r = 1$ Gs/Oe，空气的相对磁导率 $\mu_r = 1$。材料的绝对磁导率在数值上等于 MKS 单位制中的 μ_r。

4.1.3 磁场强度

如不考虑材料特征，只考虑电流对材料的磁化能力，用磁场强度 $\boldsymbol{H}$(矢量) 表示，即

$$\boldsymbol{H} = \boldsymbol{B}/\mu \tag{4.1.2}$$

$\boldsymbol{H}$ 在MKS制中单位为 A/m，在CGS制中单位为奥斯特(Oe)，简称奥，与MKS的关系为

$$1\ \text{A/m} = 0.4\pi \times 10^{-2}\ \text{Oe}$$

4.1.4 磁　通

垂直穿过面积 A 的磁感应强度 $\boldsymbol{B}$ 的总和称为磁通 $\boldsymbol{\Phi}$，在均匀磁场中

$$\boldsymbol{\Phi} = \boldsymbol{B}A \tag{4.1.3}$$

磁通在 MKS 单位制中单位为韦伯(Wb)，简称韦。如果在 1 m^2 面积上，垂直通过整个面积的磁感应 $B = 1$ T 处处相等，则磁通为 1 Wb。在 CGS 单位制中，磁通单位为麦克斯韦尔(Mx)，简称麦，1 Mx = 1 Gs × 1 cm^2。CGS 制与 MKS 单位制关系为

$$1\ \text{Wb} = 1 \times 10^8\ \text{Mx}$$

4.2 两个基本定律

在解决所有磁的问题时，都服从两个基本定律，即安培定律和电磁感应定律。

4.2.1 安培定律

磁场强度矢量 $\boldsymbol{H}$ 沿任意闭合环路的积分等于此环路包围的电流代数和(总磁势)。这就是安培定律，也称为安培环路定律或全电流定律。路径方向和电流方向符合右手定则，电流取正号，反之为负。一个磁性均匀的环，在环的圆周均匀绕 N 匝线圈，平均圆周长为 l，线圈通过电流为 I，根据右手定则，磁芯中磁场强度方向如图 4.2.1 所示。沿着闭合路径穿过电流 N 次，根据全电流定律，其磁场强度和电流关系为

$$IN = \boldsymbol{H}l \tag{4.2.1}$$

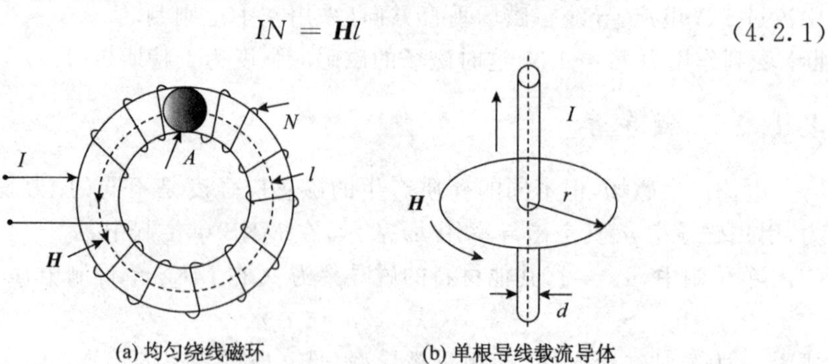

(a) 均匀绕线磁环　　(b) 单根导线载流导体

图 4.2.1　安培定律

则在 MKS 单位制中磁场强度 $\boldsymbol{H}$(单位:A/m) 为

$$\boldsymbol{H} = IN/l \tag{4.2.2}$$

在 CGS 单位制中磁场强度 $\boldsymbol{H}$(单位:Oe) 为

$$\boldsymbol{H} = 0.4\pi \times 10^{-2} IN/l \tag{4.2.3}$$

有电流的地方就有磁场,由式(4.2.2) 可见,磁场强度随电流正比增加。同时也可以看到,环的内径周长最短,$\boldsymbol{H}$ 最大;外径周长最长,$\boldsymbol{H}$ 最小,磁芯磁化是不均匀的。

图 4.2.1(b) 为单根导线通过的电流产生的磁场。在距离导线中心 r 处磁场强度为

$$\boldsymbol{H} = I/(2\pi r) \tag{4.2.4}$$

如果导线流过直流,在导线内部距离中心 $x(< d/2)$ 处磁场强度可表示为

$$\boldsymbol{H} = 2Ix/(\pi d^2) \tag{4.2.5}$$

导线内也有磁场,在达到导线直径处磁场最大。相同电流下,导线直径越细,导线表面磁场越强。

4.2.2　电磁感应定律

一个线圈包围的磁通发生变化,在线圈两端产生感应电势,每匝线圈感应电势等于线圈包围的磁通变化率,这就是法拉第定律;感应电势在外电路产生电流,此电流产生的磁场总是阻止包围的磁通变化(右手定则),这就是楞次定律。法拉第定律和楞次定律合称为电磁感应定律,也是磁场的惯性定律。

图 4.2.2 中一个 N 匝线圈,包围面积为 A。如果包围的面积 A 中的磁通发生变化(不管是其他线圈磁场要穿过它,还是一块磁铁接近线圈),或自身流过电流产生磁场,每匝线圈的两端都将产生一个电势 e_1,N 匝总电势 e 是串联各匝线圈电势之和,每匝电势大小等于线圈包围磁通的变化率

$$e_1 = \frac{e}{N} = -\frac{\mathrm{d}\Phi}{\mathrm{d}t} = -\frac{\mathrm{d}(BA)}{\mathrm{d}t} = -\frac{A\mathrm{d}B}{\mathrm{d}t} \tag{4.2.6}$$

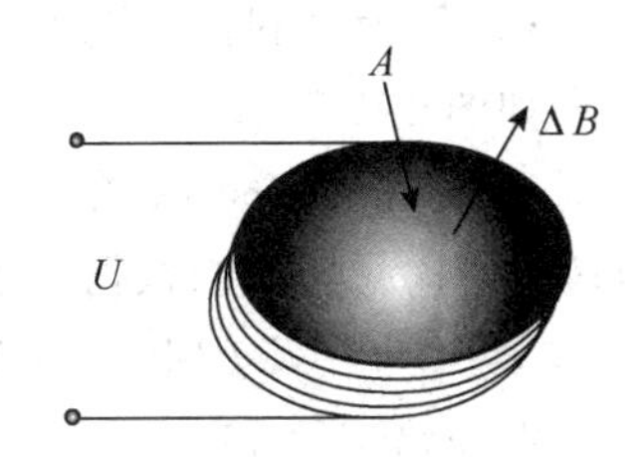

A—面积;B—磁感应强度

图 4.2.2　变化的磁场产生感应电势

而线圈端电压为

$$U = -e = NA\mathrm{d}B/\mathrm{d}t \tag{4.2.7}$$

$\mathrm{d}\Phi/\mathrm{d}t$ 表示磁芯磁通的变化率,负号表示感应电势在外电路产生的电流再产生的磁场始终阻止原磁通变化。要使磁场变化需要克服阻力做功,这种现象是磁场的惯性,也是磁场能量的表现。

电磁感应定律是双向的,线圈中磁通每秒变化 1 Wb,线圈每匝感应电势 1 V;而在每匝两端加 1 V 电压,在每匝线圈中就会产生 1 Wb/s 磁通变化。

N 匝线圈链合磁通的总和称为磁链,用 Ψ 表示。如果每匝线圈链合的磁通相等,则

$$\Psi = N\Phi \tag{4.2.8}$$

磁链单位也是 Wb,1 Wb = 1 T × 1 m² = 1 V × 1 s。

一个多匝线圈电磁感应一般表达式为

$$e = -\mathrm{d}\Psi/\mathrm{d}t = N\mathrm{d}\Phi/\mathrm{d}t \tag{4.2.9}$$

4.2.3 能量守恒关系

如果在线圈两端加电压 U,在线圈中产生磁链变化 $-\mathrm{d}\Psi/\mathrm{d}t$,需要相应的磁势 $NI(Hl)$ 维持磁链的变化,于是

$$W_\mathrm{e} = \int_0^t iu\,\mathrm{d}t = \int_0^t \frac{Hl}{N}NA\,\frac{\mathrm{d}B}{\mathrm{d}t}\mathrm{d}t = \int_0^B AlH\,\mathrm{d}B = V\frac{BH}{2} = V\frac{\mu H^2}{2} = W_\mathrm{m} \tag{4.2.10}$$

式中:$V = Al$,为磁场体积。电路的电能转换成磁芯中的磁场能,磁场能量正比于 B 和 H 的乘积以及磁场空间。如果希望在一定空间存储更多的能量,则希望 $B \times H$ 大。

4.3 电感与互感

一个确定结构的线圈通以电流,电流产生的总磁链 Ψ 与线圈电流 I 成正比,比例系数称为线圈的自感系数,或简称自感,常称为电感,用符号 L 表示,即

$$L = \Psi/I \tag{4.3.1}$$

磁链 Ψ 的单位用伏·秒(V·s)表示,电感 L 单位为Ω·s,称为亨利,简称为亨,代号 H,电感的电路符号如图 4.3.1 所示。

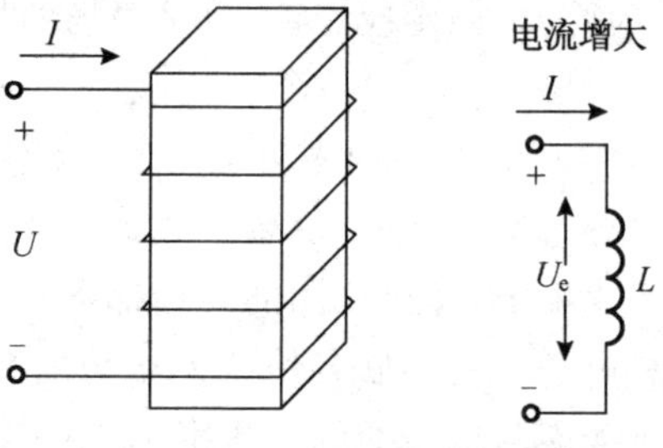

(a) 电感结构　　(b) 电气符号

图 4.3.1　电感结构和电气符号

对于图 4.3.1(a) 线圈,在线圈上加一个电压 U,如磁材料 μ 是常数,根据电磁感应定律有

$$U = N\mathrm{d}\Phi/\mathrm{d}t = NA\mu\,\mathrm{d}H/\mathrm{d}t$$

根据安培定律 $H = iN/l$ 得到

$$U = N^2 A\mu\,\mathrm{d}i/(l\mathrm{d}t)$$

所以电感与结构关系为

$$L = N^2\mu A/l \tag{4.3.2}$$

电感量与匝数平方成正比。根据电感定义,可得到电磁感应另一个表达式

$$U = -e = -\mathrm{d}\Psi/\mathrm{d}t = L\mathrm{d}i/\mathrm{d}t \tag{4.3.3}$$

电感端电压与流过的电流变化率成正比,电感阻止其电流变化,即要增大电感电流时,感应电势极性如图 4.3.1(b) 所示,阻止电流增加。如果电流方向不变,要减少电流时,则感应电势反极性,同样可导出存储在电感中的磁能为

$$W_\mathrm{m} = LI^2/2 \tag{4.3.4}$$

可见电感电流不能突变,否则感应电势无穷大,瞬间传递能量,功率无穷大。

如图 4.3.2 所示,如果在一个磁芯上绕两个线圈 N_1 和 N_2,线圈 N_1 通入变化电流 i_1 时,在磁芯中产生的磁通 Φ_{11} 不仅匝链 N_1,同时也匝链 N_2。两个线圈间有磁通联系称为磁耦合。匝链 N_2 的磁通 Φ_{12} 小于或等于 Φ_{11},如果 $\Phi_{11} = \Phi_{12}$,则称为全耦合;如果不

等，$\Phi_{11} - \Phi_{12} = \Phi_{1s}$ 称为漏磁通，磁耦合线圈才有漏磁通。N_2 匝链的磁通 Φ_{12} 与 N_2 乘积称为互感磁链 Ψ_{12}，它与产生此磁链的电流成正比，比例系数称为互感系数 M，简称为互感，公式如下：

$$M = \Psi_{12}/i_1 \tag{4.3.5}$$

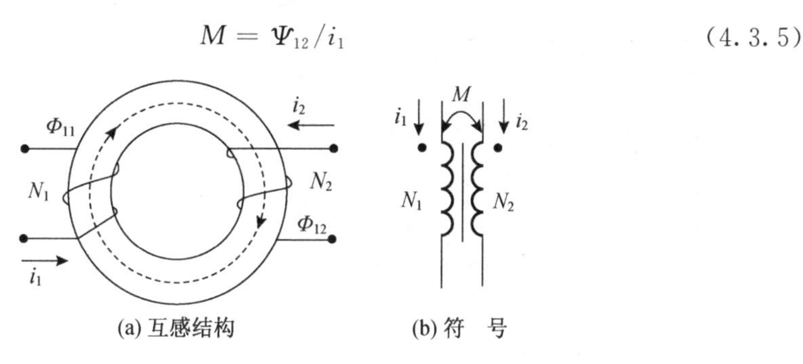

(a) 互感结构　　(b) 符　号

图 4.3.2　互感线圈结构和符号

同理，线圈 N_2 通入变化电流 i_2 时，在磁芯中产生的磁通 Φ_{22} 不仅匝链 N_2，同时也匝链 N_1，N_1 匝链的磁通 Φ_{21} 与 N_1 的乘积称为互感磁链 Ψ_{21}，它与产生此磁链的电流 i_2 成正比，比例系数也为 M。如果磁芯磁导率为 μ，平均磁路长度为 l，截面积为 A，由式(4.3.2)得到 N_1 的自感为 $L_1 = N^2\mu A/l$。如果是全耦合，N_2 与 N_1 的互感为

$$M = \frac{\Psi}{i} = \frac{N_2\Phi_{12}}{Hl/N_1} = \frac{N_2N_1AB}{Hl} = \frac{N_1N_2\mu A}{l} \tag{4.3.6}$$

两个线圈同时通入电流 i_1 和 i_2 时，如果它们在磁芯中产生的磁通方向一致，则线圈电流流入端称为同名端，以“•”标注。如图 4.3.2 所示，两个线圈没有标注的一端，也互为同名端。同名端流入变化电流 i_1 和 i_2 时，每个线圈的端电压为

$$\left.\begin{aligned} u_1 &= L_1\mathrm{d}i_1/\mathrm{d}t + M\mathrm{d}i_2/\mathrm{d}t \\ u_2 &= L_2\mathrm{d}i_2/\mathrm{d}t + M\mathrm{d}i_1/\mathrm{d}t \end{aligned}\right\} \tag{4.3.7}$$

如果两个电流变化率相等，则对 μ_1 和 μ_2 的等效电感分别为 $L_{1e} = L_1 + M$，$L_{2e} = L_2 + M$，耦合电感增大了等效电感。

4.4　单位之间的换算

在电路中，电压、电流和电阻计算单位不会产生麻烦，而磁存在两种单位制，即国际单位制 MKS 和实用单位制 CGS。由于历史原因，这两种单位制在磁元件设计时一直混合应用，英美书籍中使用实用单位制。因此在设计时，应当特别注意使用的单位和变换系数，建议最好使用国际单位制。表 4.4.1 列出了 CGS 单位制转换为 MKS 单位制的变换关系。此外在英文书籍中还常用英制度量单位，如 1 in = 2.54 cm = 1 000 密尔，1 圆密尔 = 1 平方密尔 /(3.14/4) = (1/0.785) 平方密尔 = 1.274 平方密尔，1 圆密尔 = 5.07×10^{-6} cm^2。电流密度 500 A/ 圆密尔等于 3.944 mm^2，约等效为4 A/mm^2。应当注意，MKS 制在所有公式和运算中没有 CGS 制中的 4π，只在 μ 和 μ_0 中有 4π，而 CGS 制中 μ 和 μ_0 都没有 4π，所以 MKS 制可以方便比较材料的磁性能。

相对磁导率等于材料的磁导率(称为绝对磁导率)与真空磁导率之比$\mu_r = \mu/\mu_0$。在CGS制中,$\mu_0 = 1$,在MKS制中,$\mu_0 = 4\pi \times 10^{-7}$ H/m。μ_r与CGS中的μ数值相同。

表 4.4.1　CGS制与MKS制的转换

名　称	MKS单位	CGS单位	MKS→CGS的系数
磁场强度 H	A/m	Oe	0.4×10^{-2}
磁感应强度 B	T	Gs	10^4
磁通 Φ	Wb	Mx	10^8
磁导率 μ	H/m	Gs/Oe	$10^7/4\pi$
面积 A	m^2	cm^2	10^4
长度 l	m	cm	10^2

4.5　变压器

变压器有一个初级线圈和一个或多个次级线圈,在初级线圈加上变化的电压或电流,就会在磁芯中产生变化的磁通,在每个线圈中产生感应电势。如果另一线圈外接输出负载,在负载中产生电流或负载端电压,则这个线圈称为次级或副边线圈。

4.5.1　理想变压器

在许多应用情况下,实际变压器用于不同目的可以近似等效为一个理想变压器,并可以用它构成一个非理想变压器模型。所谓理想变压器就是所有线圈耦合的磁通完全相同,即没有漏磁;磁芯磁导率无穷大,且没有损耗;线圈没有电阻和分布电容等,可以认为这样的磁元件有多大的功率流入,就有多大的功率出来,而且没有延迟。它区别于一个电感的能量传输,电感需要一定的时间储能,而且释放存储的能量也同样需要时间。

两线圈理想变压器如图 4.5.1 所示。如果在一个线圈加电压U_1,根据电磁感应定律,变压器的线圈初级N_1有$U_1 = N_1 A_1 \mathrm{d}B_1/\mathrm{d}t$,而线圈次级$N_2$有$U_2 = N_2 A_2 \mathrm{d}B_2/\mathrm{d}t$。

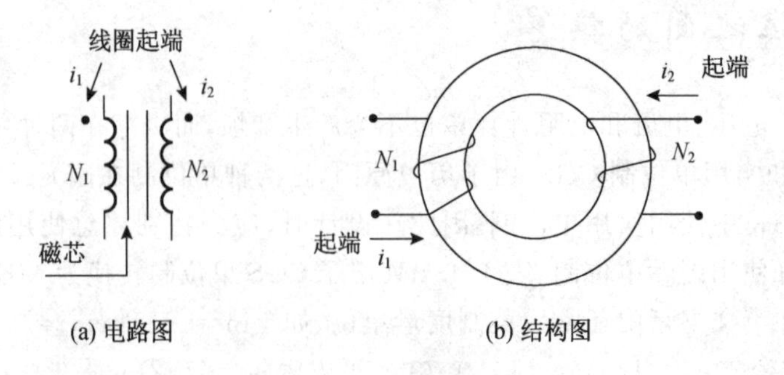

(a) 电路图　　(b) 结构图

图 4.5.1　理想变压器

因为两个线圈在一个磁芯上,所以截面积$A_1 = A_2 = A$。由于变压器是理想的,在一个线圈中的磁通完全与另一个线圈耦合,即$B_1 = B_2 = B$,则

$$\frac{U_1}{N_1} = \frac{U_2}{N_2} = \frac{\mathrm{d}\Phi}{\mathrm{d}t} \tag{4.5.1}$$

这就是计算变压器时通常称为伏特匝，理想变压器每匝线圈的感应电势是相同的，并等于线圈包围的磁通变化率。如果磁通不变化，就没有感应电势。

从能量守恒的观点考察理想变压器，磁场总是试图存储最小能量：变压器初级试图建立磁场时，次级在外电路产生电流抵消初级磁场，理想时，初级产生相应的磁场完全抵消次级反磁场，极小的可以忽略的电流维持磁通变化，即这里磁场存储极少能量，进去的能量与出去的能量相等，而且没有延迟。因此

$$U_1 I_1 = U_2 I_2 \tag{4.5.2}$$

联解式(4.5.1)和式(4.5.2)得到

$$I_1 N_1 = I_2 N_2 \tag{4.5.3}$$

或

$$I_1 = I_2 N_2 / N_1 \tag{4.5.4}$$

这就是次级反射到初级的反射电流。

4.5.2　实际变压器

实际变压器中，材料的磁导率不是无穷大，保证式(4.5.1)的磁通变化率(相应磁感应变化率)磁芯需要相应的磁场强度变化率，即初级线圈还应当提供磁芯中磁通变化所需的激磁电流 I_m。初级实际电流是负载反射电流与激磁电流 I_m 之和。不过一般 I_m 远小于负载反射电流。

初级线圈产生的磁通不可能完全与次级耦合，因此存在漏磁通，如图 4.5.2 所示，在电路中等效为漏感 L_{1s} 与变压器初级绕组或次级绕组串联，其数值与线圈安排、磁芯结构、匝数等因素有关，次级线圈磁通也不可能完全与初级耦合，也有漏感。漏感在开关转换时产生电压尖峰和振铃现象，造成功率开关过压和损耗增加，并可能超过功率开关安全工作区，甚至损坏功率管。除了在某些软开关变换器利用漏感外，一般变压器应尽量减少漏感。

实际变压器中还有线圈等效电路电阻、磁芯损耗等效电阻和寄生电容。在开关电源中，一般线圈匝数较少，导线电阻压降较小，可以不考虑电阻压降。通常开关电源变压器中也不考虑寄生电容的影响。实际变压器的等效电路如图 4.5.2 所示。图中 L_{1s} 和 L_{2s} 为漏感，L_m 为激磁电感，R_1 和 R_2 分别为初级和次级线圈电阻，C 为初级与次级之间的寄生电容，R_c 为磁芯损耗等效电阻。

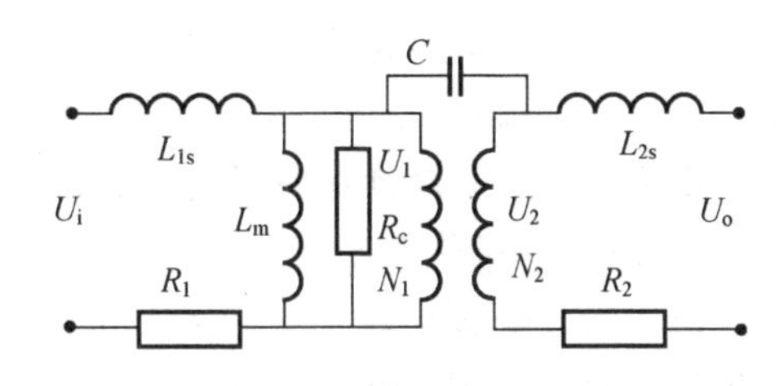

图 4.5.2　变压器等效电路

变压器磁芯会饱和，最大磁通密度受材料的饱和磁感应限制，还需要注意的是设计变压器时应以瞬时峰值计算，因为任何情况下的变压器饱和均会造成很大的激磁电流。

4.5.3 反激变压器

反激变压器在名称上与一般变压器相同，但能量传输方式有本质的不同。

如图 4.5.3(a) 所示，在开关 VT 导通期间，输入电压 U_i 加在反激变压器初级，次级二极管反偏截止，初级电流斜坡上升，能量存储在初级电感中，$W_m = LI^2/2$，其作用像一个电感。

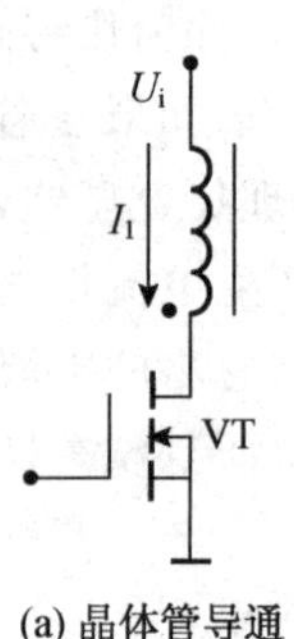

(a) 晶体管导通

(b) 晶体管截止

图 4.5.3 反激变压器等效电路

如图 4.5.3(b) 所示，开关 VT 截止期间，电流不能在初级流通，感应电势“•”端为正，迫使次级二极管 VD 导通，能量从初级绕组瞬间传递到次级绕组，并提供给负载，反激变压器起普通变压器作用。在一个开关周期内，它既作为电感，又作为变压器，其本质还是一个电感。

4.6 磁性材料

用于变压器和电感的软磁材料有合金材料、磁粉芯和铁氧体。选择材料时总是希望饱和磁通密度 B_s 和磁导率 μ(变压器) 高。开关电源中，由于工作在高频，更重要的是希望材料的高频损耗小。表 4.6.1 所列是磁性材料的特点及应用表，不同磁元件对磁材料要求是不同的。磁性材料的体积、质量、价格以及市场供应情况是影响选择的主要因素。

在高频开关电源中，使用最为广泛的是铁氧体。一方面是因为铁氧体的高频损耗较低，另一方面磁芯规格齐全，配套骨架齐全，而且价格较低，但饱和磁通密度低，温度特性差，居里温度低，不适合对温度要求高的场合。

合金材料是由基本的磁性材料(铁、镍、钴) 加入其他元素构成的合金，具有极高的相对磁导率、很高的饱和磁感应和很窄的磁化曲线。特别是铁镍或铁镍钼合金，低频磁化特性曲线接近矩形磁化曲线，磁芯中存储能量很少，最适合做变压器和磁放大器磁芯材料。合金材料的缺点是电阻率低。为了减少涡流效应，这类合金材料都是碾轧成带料。

硅钢片采用一定厚度定向碾轧晶粒取向的带料，特点是饱和磁通密度高，价格低廉。损耗取决于带料的厚度和硅的含量。硅含量越高，电阻率越大，则损耗越小。

铁镍软磁合金通常称为坡莫合金，是具有极高的磁导率、极低的矫顽力和高矩形比的磁化特性曲线的软磁材料，但其电阻率低，磁导率特别高，很难在高频率场合应用，而且它价格昂贵，机械应力对磁性性能影响大，居里温度高。坡莫合金原子在空间呈规则排列，形成周期性的点阵结构，存在着晶粒、晶界、位错、间隙原子和磁晶各向异性等缺陷。

非晶态合金和微晶是采用超急冷凝技术，从钢液到薄带成品一次成型。由于超急冷凝固，合金凝固时的原子来不及有序排列结晶，得到的固态合金是长程无序结构，没有

晶态合金的晶粒、晶界存在，因此得名。超微晶合金是非晶合金经过再处理后形成的一种直径为 10 ～ 20 nm 的合金，称为微晶、超微晶或纳米晶合金，化学成分是 82% 的 Fe 及 Si、Nb、B、Cu 等，故也称为铁基超微晶合金。

表 4.6.1　磁性材料的特点及应用

名　称	优　点	缺　点	应　用
空气	空气不会饱和	相对磁导率为 1，只能获得很小电感，这意味着用空心线圈最高只能得到几个微亨的电感。散磁通分布在整个空间，这引起损耗和 EMI 问题	空心线圈主要用于只需要几个微亨的射频电路，偶尔也用于超高频功率变换，实际应用很少
锰锌铁氧体	铁氧体具有高磁导率，保证变压器高的激磁电感；磁导率随磁通密度变化为相对常数，同时有各种铁氧体材料可以在不同频带获得最小损耗；通过磁芯开气隙来控制铁氧体有效磁导率	铁氧体硬饱和	用于功率变压器和噪声滤波。其中，锰锌铁氧体用于工作频率小于 1 MHz 的场合；镍锌铁氧体用于工作频率大于 1 MHz 的场合
镍锌铁氧体			
钼坡莫合金粉芯(MPP)	MPP 磁芯软饱和；有许多不同磁导率磁芯，而且磁导率由厂商控制	在典型开关频率下，MPP 比铁氧体损耗高，价格高	主要用于电感磁芯和直流大电流噪声抑制
铁硅铝粉芯（koolμ）	软饱和，可以买到不同磁导率磁芯，价格比 MPP 低	损耗比 MPP 大	与 MPP 应用地方相同，但价格比体积更重要
硅钢	低频场合，价廉，硅含量越高，电阻率越低，饱和磁感应密度高	磁芯损耗与带料厚度、工作频率、材料的电阻率有关	主要用于开关电源、逆变电源等场合
非晶合金	有钴基、铁基、铁镍基和铁基超微合金等；磁导率高，饱和磁密高，矫顽力小，电阻率高，损耗小，强度和硬度高，韧性、耐磨、耐蚀	高频中有时存在噪声，价格相对较高等	主要用于开关电源变压器、高频电感器、逆变电源变压器、电抗器和互精密电流互感器、磁屏蔽等
微晶合金	初始磁导率大，矫顽力小，电阻率大，损耗低；最具竞争力的材料		主要用于大功率开关电源中的高频变压器、滤波电感和互感器等

4.6.1　材料的特性

磁材料的特性一般用 B 与 H 的关系表示，通常称为磁化曲线。几种材料的磁化曲线如图 4.6.1 所示。

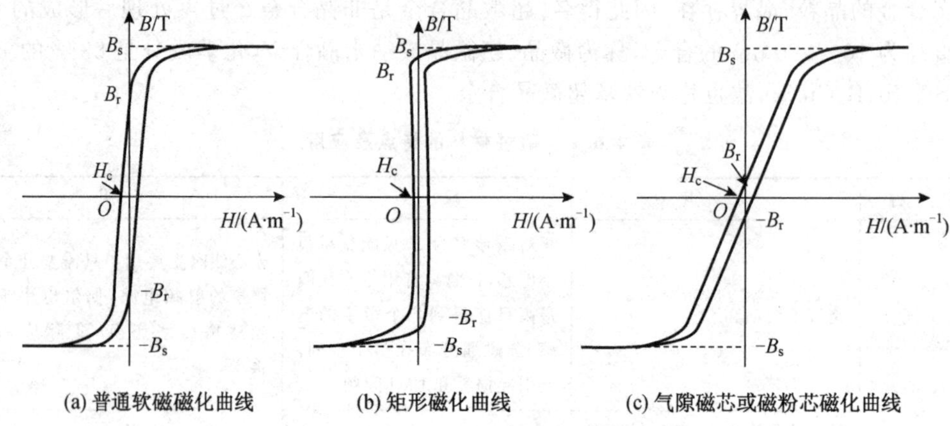

(a) 普通软磁磁化曲线　(b) 矩形磁化曲线　(c) 气隙磁芯或磁粉芯磁化曲线

图 4.6.1　几种常见的磁化特性曲线

从磁芯饱和的机理上说,磁材料内部磁畴全部取向外磁场方向;从外部特性说是磁芯的磁场强度增加到某一数值时,激磁电流迅速增大,或电感量迅速减少,相对磁导率由很大降低到很小,所对应的磁通密度称为饱和磁通密度 B_s。工程上对不同材料,规定了最大磁场强度 H_s 或规定 μ_r 下测量的 B_s。例如,铁氧体规定,磁场强度 H_s 近似为 12 A/cm时对应的磁通密度为 B_s;硅钢规定,相对磁导率 μ_r 下降到100时对应的磁通密度为 B_s。

如图4.6.1(a)和(b)所示,坡莫合金、钴基非晶、硅钢、铁氧体在很小磁场强度迅速进入饱和,即硬饱和,而且铁氧体饱和与磁通密度和温度有关。例如,某公司铁氧体在25 ℃ 时磁通密度为0.57 T,在100 ℃ 时磁通密度为0.41 T。由于磁性元件总是有损耗的,总要引起温度升高,高温下饱和磁通密度才具有实际意义,这是使用者应当注意的。因此,铁氧体使用时,不管是变压器还是电感,饱和磁通密度不应当超过高温下的 B_s。

如图 4.6.1(c) 所示,磁粉芯的磁导率随磁通密度的增加慢慢减小,即所谓软饱和。这样的材料没有一个严格意义上的饱和磁通密度,磁导率随着磁场强度的增加而下降。由这种磁芯做成的电感也是非线性的。

4.6.2　剩磁感应

如图 4.6.1(a) 所示,由于磁性材料存在磁滞现象,将磁化的磁芯去除磁化磁场以后,在磁芯中还剩余磁感应强度,通常称为剩磁感应 B_r。正激变换器输出变压器是单向脉冲,磁芯中磁通密度单向变化,$\Delta B_{max} < B_s - B_r$,要希望更少的匝数或磁芯尺寸,希望磁性材料剩磁越小越好。

如图 4.6.1(b) 所示,用作磁放大器的磁芯希望剩磁越接近饱和磁通密度越好,这种磁性材料称为矩形磁性材料。虽然双向磁化的变压器或交流电感对 B_r 没有特别要求,但用作逆变器的变压器希望磁芯磁路没有气隙,而且希望 B_r 值小,否则会引起启动饱和问题。

4.6.3 其他特性限制

1. 居里温度 T_j

当磁性材料工作温度超过某个温度时，磁芯将失去磁性，并且不可恢复地失去规定的磁导率，这个温度称为居里温度。例如，3F3 磁性材料的居里温度为 200 ℃，合金材料居里温度较高，非晶材料达到晶化温度 T_c 开始结晶，不再是非晶。

2. 磁芯损耗

磁芯中的磁通，如果不变化，就没有磁芯损耗，如果磁通变化，就有磁芯损耗。损耗主要是由磁滞、涡流和剩余损耗组成，与磁芯工作频率 f、磁通密度摆幅 ΔB 和温度有关。特别是在高频，单位体积损耗与频率 f 和磁通密度摆幅 ΔB 成指数关系。损耗引起磁芯发热，使得磁元件温度升高，绝缘材料温度等级限制了最高温度，也就限制了磁芯损耗。

材料指定温度下，磁芯损耗特性通常以图表或方程的形式给出，这些损耗曲线或拟合方程是在正弦波激励下获得的。如果激励波形不是正弦波，那么相同幅值和频率下磁芯损耗也不同。不同材料具有不同的损耗特性，因为磁芯损耗与磁通密度 B 的关系是非线性的，无法把磁通密度分解成傅里叶级数，求得各次谐波的分量，因此准确计算十分困难。可先用正弦激励下的损耗近似计算损耗，如果一定要确切知道磁芯损耗，只有在实验电路中进行实际测量。铁氧体磁芯单位体积损耗（单位：$\mathrm{mW/cm^3}$）可以表示为

$$P = C_T \eta f^{\alpha} B^{\beta} \tag{4.6.1}$$

式中：η 为材料系数；$\alpha = 1.2 \sim 1.7$；$\beta = 2.2 \sim 4$；C_T 为铁氧体材料损耗的温度系数，100 ℃ 时 $C_T = 1$。各种材料的系数，请查阅厂商提供的手册。表 4.6.2 为一些公司磁芯损耗特性简明表，可以利用这些数据求解出式(4.6.1) 中的 α、β、η。即使厂家提供了材料的损耗曲线，由于曲线是在双对数坐标上，所以很难精确读数，利用图中曲线可以精确读数的点来求解方程中的 3 个参数。

表 4.6.2　一些公司磁芯损耗特性简明表

频率 /kHz	材　料	磁芯损耗（mW/cm³）与磁通密度的关系					
		0.16 T	0.14 T	0.12 T	0.1 T	0.08 T	0.06 T
20	F　3C8	85	60	40	25	15	
	3C85	82	25	18	13	10	
	3F3	28	20	12	9	5	
	M　R	20	12	7	5	3	
	P	40	18	13	8	5	
	T　H7C1	60	40	30	20	10	
	H7C4	45	29	18	10		
	S　N27	50			24		

续表 4.6.2

频率/kHz	材　料	磁芯损耗(mW/cm³)与磁通密度的关系					
		0.16 T	0.14 T	0.12 T	0.1 T	0.08 T	0.06 T
50	3C8	270	190	130	80	47	
	3C85	80	65	40	30	18	22
	3F3	70	50	30	22		
	M R	75	55	28	20		
	P	147	85	57	40		
	T H7C1	160	90	60	45		
	H7C4	100	65	40	28		
	S N27	144			96		
100	F 3C8	850	600	400	250	140	
	3C85	260	160	100	80	48	65
	3F3	180	120	70	55	30	30
	M R	250	150	85	70	35	14
	P	340	181	136	96	57	16
	T H7C1	500	300	200	140	75	23
	H7C4	300	180	100	70	50	35
	S N27	480				200	
	N47					190	
200	F 3C8				700	400	
	3C85	700	500	350	300	180	190
	3F3	600	360	250	180	85	75
	M P	650	450	280	200	100	40
	R	850	567	340	227	136	45
500	T H7C1	1400	900	500	400	200	68
	H7C4	800	500	300	200	100	100
	SN27	960			480		45
	N47				480		
	F 3C85				1800	950	
	3F3				900	500	500
	M R				1100	700	280
	P				1800	1100	400
	T H7CF				1200	980	570
	H7C4				3500	2500	100
1000	F 3C85				5000	3000	320
	3F3						2000
	M R						1200
	P						1500

说明:表中材料栏第一个字母注释:F—Ferroxcube(philips);M—Magnetics InC,.;T—TDK;S—Siemens。

【例题 4.6.1】　选用 TDK 的 H7C4 材料，$C_T = 1$，工作频率为 80 kHz，请设计变压器。

【解】　变压器设计时通常取磁芯损耗为 (100 ～ 200) mW/cm³ 来选择磁通密度幅值，因 80 kHz 接近100 kHz，从表 4.6.2 找到，100 kHz 对应 0.14 T 是 180 mW/cm³，对应 0.12 T 是100 mW/cm³，以及 50 kHz 时对应 0.16 T 是 100 mW/cm³，将式(4.6.1) 取对数，得到

$$\lg P = \lg \eta + \alpha \lg f + \beta \lg B \tag{4.6.2}$$

式中，频率单位用 kHz，B 单位用 T。

将 $B = 0.14$ T、$P = 180$ mW/cm³、$f = 100$ kHz 代入式(4.6.2)，可得

$$2.2553 = \lg \eta + 2\alpha - 0.8539\beta \tag{4.6.3}$$

将 $f = 100$ kHz，$B = 0.12$ T，$P = 100$ mW/cm³ 和 $f = 50$ kHz，$B = 0.16$ T，$P = 100$ mW/cm³ 分别代入式(4.6.2) 中，得到

$$2 = \lg \eta + 2\alpha - 0.9208\beta \tag{4.6.4}$$

$$2 = \lg \eta + 1.7\alpha - 0.7959\beta \tag{4.6.5}$$

联解式(4.6.3)、式(4.6.4) 和式(4.6.5) 得到

$$\alpha = 1.59 \qquad \beta = 3.816 \qquad \eta = 216$$

因此磁芯单位体积损耗为

$$P = 216 f^{1.59} B_m^{3.816} \tag{4.6.6}$$

则 80 kHz 时单位体积损耗为

$$P_{80} = 229\,280 B_m^{3.816} \tag{4.6.7}$$

当 $P = 100$ mW/cm³ 时，80 kHz 可以求得其工作磁通密度幅度为 $B = 0.1318$ T。铁氧体材料损耗还与温度有关。在给定磁通密度幅值和工作频率下，随着温度增加先是损耗减少，然后随温度增加损耗增加，一般有一个最低谷点温度，通常在 70 ～ 110 ℃ 之间。这个温度区间磁芯损耗最小，磁芯工作温度应当低于最低谷点温度。Magnetics 公司的磁材料损耗如表 4.6.3 所列。

磁粉芯和合金磁材料损耗也可以用提供的离散数据获得拟合损耗公式，有些磁芯公司提供拟合损耗公式，可以利用这些公式计算磁芯损耗。

3. 工作磁通密度幅度 B_m

在开关电源中，不同的磁元件磁芯工作状态是不同的。推挽类(推挽、半桥和全桥等) 变压器磁芯双向磁化，磁芯中磁通密度每周期变化 $4B_m$，磁滞损耗和涡流损耗都比较大，可以参照磁芯制造厂提供的损耗特性参数。正激变换器输出变压器磁芯以及工作在断续状态的电感和反激变压器磁芯是单向磁化，磁芯中磁通密度每周期变化 $2B_m$，相同的 B_m 其损耗一般只有双向磁化的 30% ～ 40%。而连续模式滤波电感和反激变压器磁芯一般变化的 ΔB 是恒定分量的 20%，磁芯损耗很小。因此，对于铁氧体磁芯，推挽类变压器磁芯工程上可以按照单位体积损耗 $P = 100 \sim 200$ mW/cm³ 选取磁通密度作为工作磁通密度；正激变压器磁芯按 100 ～ 200 mW/cm³ 选择磁通密度，然后加倍作为工作磁通密度，当然加倍后应当小于高温下材料的饱和磁通密度 B_s；而连续模式电感磁芯最大工作磁通密度小于或等于高温(例如 100℃) 下材料的饱和磁通密度 B_s 的 90%。

对于磁粉芯电感，由于磁导率随直流偏置变化而变化，工作磁通密度受允许电感变化量的限制。如果采用散热条件好的磁芯，则体积可小些，例如平面磁芯，就允许有较高的损耗功率密度，因此可以选择较高的工作磁通密度。例如，可以选择功率密度大于200 mW/cm³ 对应的磁通密度。

表 4.6.3　Magnetics 公司磁材料损耗

材料	频率范围/kHz	η	α	β	B_s/Gs	备注
K	$f<400$	0.0430	1.60	3.14	4 600(24 ℃) 3 900(100 ℃)	$p=\eta f^{\alpha}B^{\beta}$ f—频率(kHz)； B—磁通密度(kGs)
	$400\leqslant f<1\times10^3$	0.00113	2.19	3.10		
	$f\geqslant10^3$	1.77×10^{-9}	4.13	2.98		
R	$f<100$	0.047	1.43	2.84	4 000(24 ℃) 3 700(100 ℃)	
	$100\leqslant f<400$	0.036	1.64	2.68		
	$f\geqslant400$	0.014	1.84	2.28		
P	$f<100$	0.148	1.36	2.86	4 000(24 ℃) 3 900(100 ℃)	
	$100\leqslant f<400$	0.0434	1.63	2.68		
	$f\geqslant400$	7.36×10^{-7}	3.47	2.44		
F	$f<10$	0.790	1.06	2.84	4 900(24 ℃) 3 700(100 ℃)	
	$10\leqslant f<100$	0.0717	1.72	2.66		
	$100\leqslant f<400$	0.0473	1.66	2.68		
	$f\geqslant400$	0.0126	1.88	2.29		
J	$f\leqslant20$	0.244	1.39	2.40	4 300(24 ℃)	
	$f>20$	0.00448	2.42	2.40	2 400(100 ℃)	
W⁺	$f\leqslant20$	0.300	1.26	2.60	4 300(24 ℃)	
	$f>20$	0.00382	2.32	2.62	2 400(100 ℃)	
H	$f\leqslant20$	0.148	1.40	2.24		
	$f>20$	0.134	1.62	2.14		

4.7　磁性元件设计

4.7.1　磁性元件设计一般问题

1. 最佳设计

设计一个磁元件，应当使设计的元件体积最小，但是磁芯有铁损耗，线圈有铜损耗。磁元件损耗是铁损耗与铜损耗之和。损耗导致磁元件温度升高，过高的温度破坏导线的绝缘并导致效率降低。根据所采用的绝缘等级，也就限制了磁元件的温升，进而限制了磁元件的损耗。如图 4.7.1 所示，要使总损耗 P 最小，线圈铜损耗 P_W 等于磁芯铁损耗 P_C。

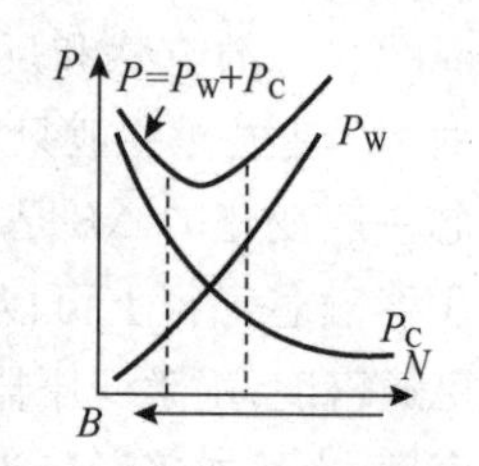

图 4.7.1　变压器损耗图

对于变压器，次级损耗应当等于初级损耗，设计原则归

纳如下：

① 对于给定磁芯，如果磁芯损耗远小于线圈损耗（初级与次级铜损耗之和），则应当减少匝数；这将增加磁通密度，磁芯损耗增加，而铜损耗减少，使得总损耗减少。

② 如果磁芯损耗远大于铜损耗，则应当增加匝数，使得磁通密度减少，损耗也随之减少，而铜损耗增加，总损耗减少。

③ 初级和次级分配相同的窗口面积。如果次级匝数多，且电流密度相同，则次级导线必然比较细。如果有几个次级，则按输出功率分配窗口面积，即输出功率大，所占的窗口也大，所以每个次级绕组的 I^2R 损耗相同。

因为还有匝数取整等问题，不是机械地遵守这些设计原则，但不要相差太大。有些情况下并不遵守上述原则，例如，一个直流滤波电感，由于交流分量一般是直流分量的 20%，如果使用铁氧体，磁芯损耗一般可以忽略不计，磁元件的损耗主要是铜损耗，就不必遵守铁损耗与铜损耗相等的原则；如果使用磁粉芯，则损耗不可不计。在工频小功率变压器中，由于输入电压很高，初级匝数很多，且导线很细，导线电阻很高，这里磁芯损耗远小于铜损耗。高频低电压变压器由于匝数少，磁芯损耗可能比线圈损耗大。

变压器效率是次级输出功率与初级输入功率之比，并非是开关电源总效率。次级电压应包含输出电压与整流器压降和电源输出电路其他所有压降，电流包含输出电流以及并联在输出电路中电流之和；而初级电压是输入电压扣除开关管压降和输入电路中所有压降，初级电流是输入电流扣除并联电路的电流。如果变压器提供辅助电源，对开关电源来说是损耗，而对变压器来说，它是输出功率的一部分。在变压器设计中应当予以注意。

2. 绝缘和温升

采用漆包线使线圈导线之间绝缘，层间和线圈间为保证一定的抗电强度，需要层间和线圈间绝缘；初级与次级间需要安全绝缘等。绝缘材料一般是有机或无机材料，当受到温度、电场、辐照等长期影响时，绝缘材料抗电或机械强度降低，称为老化。当达到一定程度时，认为材料寿命终结。国际上相同的工作寿命所允许的最高温度 T_m 将绝缘材料分成 7 个等级，表 4.7.1 所列是绝缘材料的绝缘等级。

表 4.7.1　绝缘等级

字母代号	Y	A	E	B	F	H	C
绝缘等级 /℃	90	104	120	130	144	180	>180

如果磁性元件使用的绝缘材料最高允许温度为 T_m，磁性元件工作的环境温度为 T_a，则线圈和磁芯允许损耗产生的温度升高不应当超过绝缘最高温度，最大温升为

$$\Delta T_m = T_m - T_a \tag{4.7.1}$$

式中：ΔT_m 为最大允许温升，线圈最高温度的测量困难，一般测量平均温度，比最高温度低 5 ～ 10 ℃。即使能测量到实际最高温度，使用最高温度也要比绝缘最大允许温度低 5 ℃ 以上。环境温度 T_a 是指磁芯安装位置（机内）温度。例如采用 E 级绝缘（T_m = 120 ℃），机内环境温度 T_a = 50 ℃，最大允许温升 $\Delta T_m = T_m - T_a - (5 \sim 10)$℃ = 120 ℃ − 50 ℃ − (5 ～ 10)℃ = 60 ～ 65 ℃，一般取 60 ℃。

3. 热　阻

线圈损耗产生的热量使线圈温度升高，热量通过磁芯和线圈表面散发到环境中，当磁芯和线圈损耗与散发出去的功率相等时，达到热平衡，磁元件的温度不再增加，产生稳定温升 ΔT。为保证磁性元件寿命，稳定温升应当小于最大允许温升。磁元件散热能力用热阻 R_{th} 来衡量，功耗 P 与温升 ΔT 的关系可表示为

$$\Delta T = R_{th} P \tag{4.7.2}$$

一般磁性材料厂家手册提供自然冷却条件下零件的热阻(见表 4.7.2)。常用的铁氧体有 EE、EC、ETD 等磁芯，自然冷却的热阻 R_{th}(单位：℃/W) 也可用经验公式计算

$$R_{th} = 36/A_w \tag{4.7.3}$$

式中：A_w 为磁芯窗口面积(cm^2)。

其他形状磁芯可根据磁元件的外表面面积 A、损耗功率 P 和自然冷却热阻 R_{th} 计算 ΔT，公式如下：

$$\Delta T = R_{th} P = 295 A^{-0.7} P^{-0.85} \tag{4.7.4}$$

强迫风冷可大大降低热阻，允许更大的损耗，磁元件体积减小。由式(4.7.1)、式(4.7.2)、式(4.7.3) 和式(4.7.4) 可得，若选定磁芯尺寸和绝缘等级，磁元件的允许功耗也就确定了。

表 4.7.2　热阻与磁芯规格的关系

铁芯形状	$R_{th}/(K \cdot W^{-1})$	铁芯形状	$R_{th}/(K \cdot W^{-1})$	铁芯形状	$R_{th}/(K \cdot W^{-1})$
E20/6	40	EFD30	24	PM40/39	14
E24	40	ETD29	28	PM62/49	12
E30/7	23	ETD34	20	PM74/49	9.4
E32	22	ETD39	16	PM87/70	8
E40	20	ETD44	11	PM114/93	6
E42/14	19	RTD49	8	U11	46
E42/20	14	ETD44	6	U14	34
E47	13	ETD49	4	U17	30
E44/21	11	ER42	12	U20	24
E44/24	8	ER49	9	U21	22
E64/27	6	ER44	11	U24	14
EC34	18	RM4	120	U26	13
EC41	14	RM4	100	U30	4
EC42	11	RM6	80	U93/20	1.7
EC70	7	RM7	68	U93/30	1.2
EFD10	120	RM8	47	UI93	4
EFD14	74	RM10	40	UU93	4
EFD20	44	RM12	24		
EFD24	30	RM14	18		

4. 集肤效应和邻近效应

导线流过电流时，根据右手定则在导线外产生磁场，在导线内也产生磁场。直流电流产生恒定磁场，交流电流产生交变磁场。根据电磁感应定律，交变磁场在导体内产生涡流，使得交流电流趋向导体表面，导线有效导电面积减少，这就是集肤效应。导线中电流密度从导体表面向导体中心指数下降，工程上将从导体表面到电流密度下降到表面电流密度 1/e 的厚度定义为集肤深度 Δ，它与导体材料物理特性的关系为

$$\Delta = \sqrt{2k\rho/\omega\mu} \tag{4.7.5}$$

式中：μ 为导线材料的磁导率；ρ 为材料的电阻率；k 为计及材料电阻率温度系数的系数；ω 为电流的角频率。

对于铜，$\mu = \mu_0 = 4\pi \times 10^{-7}$ H/m；20 ℃ 时，电阻率 $\rho_{20} = 1.724 \times 10^{-8}\ \Omega \cdot \mathrm{m}$，电阻温度系数为每升高 1 ℃，电阻增加 1/234.5，所以

$$k = 1 + (T - 20\ ℃)/234.5$$

式中：T 为导线温度(℃)。

$$\rho_{100} = [1.724 \times 10^{-8} \times (1 + 80/234.5)]\Omega \cdot \mathrm{m} = 2.31 \times 10^{-8}\Omega \cdot \mathrm{m}$$

对于铜导线，温度为 20 ℃ 时，不同频率下的集肤深度为

$$\Delta = 6.6/\sqrt{f} \tag{4.7.6}$$

集肤深度与导线发热有关，例如 100 ℃ 时的集肤深度为

$$\Delta = 7.6/\sqrt{f} \tag{4.7.7}$$

两根导线流过相反方向高频电流时，各自都处于相邻导体的高频电流产生的磁场中，同样地，在导线中产生涡流，迫使导线电流朝相邻导体表面集中，这就是邻近效应。邻近效应深度与集肤深度相同。相同方向电流也在产生导通中产生涡流，导致导体中电流偏向一边，也是邻近效应。

由于变压器初级与次级产生的磁场总是相反的，多层线圈产生的磁场比单根导线磁场强得多，多层线圈导线邻近效应比单层线圈严重，层数越多，导线截面积减少越严重。图 4.7.2 为多层线圈交流电阻与直流电阻之比 $F_R(=R_{ac}/R_{dc})$ 与导线尺寸和层数 p 的关系。线圈层数 p 作为参变量，F_R 与每层有效导体厚度 h 与集肤深度 Δ 之比($Q = h/\Delta$) 的关系。

图 4.7.2 中，$F_R = R_{ac}/R_{dc}$，$R_{dc} = \rho l/A$，ρ 为导线电阻率，l 和 A 分别是线圈导线长度和截面积。如果导线为铜箔，层厚度为 h，则 $Q = h/\Delta$。如果是直径为 d 的圆导线，圆导体的有效层厚度为

$$h = 0.83d\ \sqrt{d/d'} = 0.83d\ \sqrt{nd/w}$$

式中：d 为导线直径；d' 为带漆皮绝缘导线直径；n 为每层匝数；w 为每层导线的宽度。

圆导线的 Q 也可以用以下公式计算

$$Q = h\ \sqrt{F_l}/\Delta \tag{4.7.8}$$

式中：$h = 0.83d$，铜层系数 $F_l = N_1 d/w$。对于铜箔，$F_l = 1$。

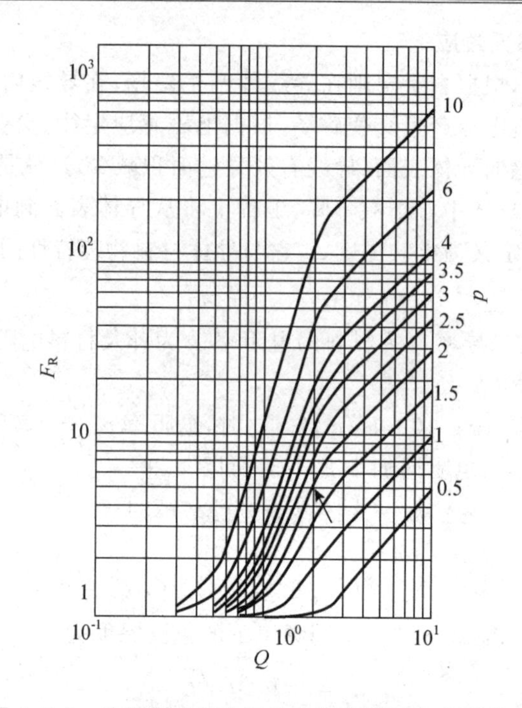

图 4.7.2　交流与直流电阻比和等效铜厚度、层数关系

【例题 4.7.1】　导线为铜箔，$p=2$，即两层，厚度为 $h=0.2$ mm，导线直流电阻 $R_{dc}=20$ mΩ，导线的集肤深度为 $\Delta=0.1$ mm，求导线的交流电阻。

【解】　$Q=h/\Delta=0.2/0.1=2$。由图 4.7.2 横坐标 2 向上与 $p=2$ 层曲线相交，从纵坐标上读出 $F_R=5.2$。

交流电阻为

$$R_{ac}=F_R\times R_{dc}=(5.2\times 20)\text{m}\Omega=104\text{ m}\Omega$$

该题中，如采用裸线直径 $d=0.8$ mm 的圆导线，查得带绝缘导线直径 $d'=0.89$ mm，每层绕 $n=30$ 匝，密绕一层的宽度 $w=(0.89\times 30)\text{mm}=26.7$ mm，则有效层厚度 h 为

$$h=0.83d\sqrt{d/d'}=(0.83\times 0.8\sqrt{0.8/0.89})\text{mm}=0.63\text{ mm}$$

从图 4.7.2 可见，相同的 Q 下，线圈层数越多，交流电阻越大。为减少交流电阻损耗，应尽量减少线圈的层数。每层匝数尽量多，要求窗口宽度 w 应当尽量宽，环形线圈窗口宽度是环的内圆周长。EE 或 ETD 型不可能像环形那样宽，而且匝数较多时不可避免地要多层绕。通常将初级和次级线圈分段交错绕，每段层数减少。如图 4.7.3(a) 所示，如将各线圈分成两段，按 $N_1/2—N_2/2—N_1/2—N_2/2$ 交错绕制，各段线圈处于 1/2 总磁场强度中，邻近效应减少。图 4.7.3(b) 所示线圈采用的是另一种安排，与图 4.7.3(a) 有相同的效果。如果原来初级 4 层，次级 2 层，初级每段 2 层，将次级夹在中间，相当于次级分成两段，每段 1 层。按照前面次级是铜箔线圈，由图 4.7.2 可以查得 $p=1$ 层的 $F_R=1.8$，比 $F_R=5.2$ 小了很多，也即交流电阻小了很多。

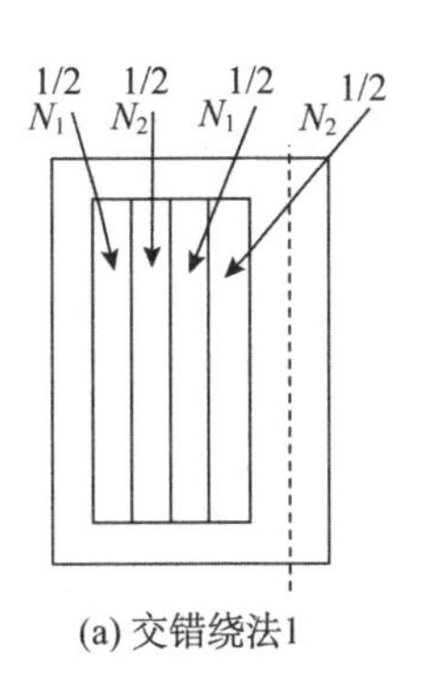

(a) 交错绕法1

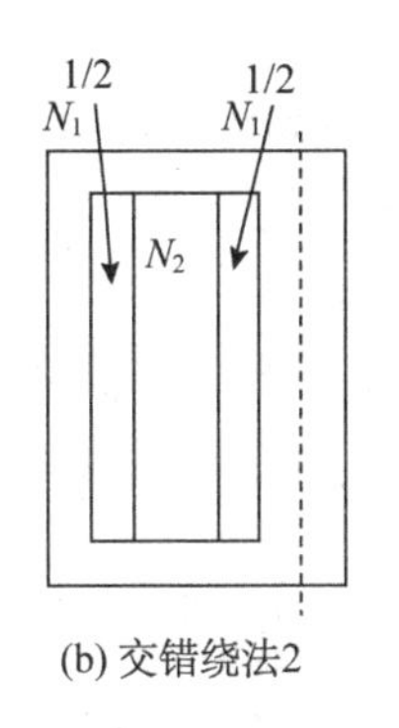

(b) 交错绕法2

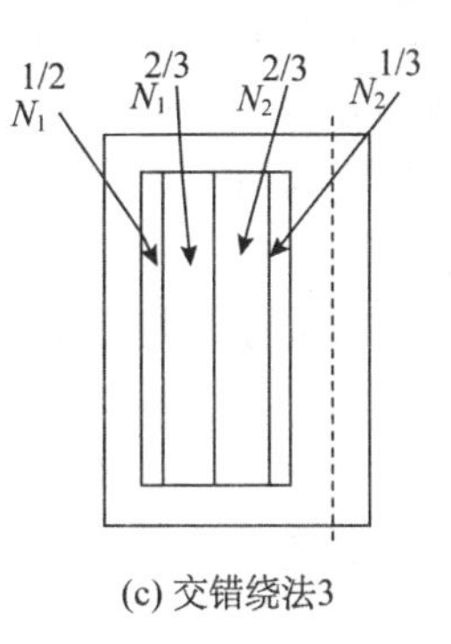

(c) 交错绕法3

图 4.7.3　减少邻近效应影响的线圈绕制

图 4.7.3(a) 和(b) 中初级与次级线圈位置可以互换。分段越多，每段层数越少，但绝缘越多，窗口填充系数越低。每个线圈一般不超过两段。线圈更合理的平分方式是初级或次级之一分成两段，而另一个不分段，被两个 1/2 线圈夹在中间，如图 4.7.3(b) 所示，即称为三明治绕法。不分段线圈处于两个 1/2 磁场中间，相当于分成两段，这样减少了一个线圈绝缘和外接线。如果不分段的线圈是奇数匝，例如图 4.7.3(b) 中 $N_2 = 1$，就出现半层的问题，这就是图 4.7.2 中参变量 p 出现 0.5、1.5、2.5 和 3.5 的原因。由不分段可以等效分段的结果可以将多层线圈分段成 $N_1/3$—$2N_1/3$—$2N_2/3$—$N_2/3$，如图 4.7.3(c) 所示。

除了减少每段层数外，减少 Q 也是减少交流损耗的重要措施。根据线圈电流决定需要的截面积，由需要的截面积决定导线尺寸，匝数较少的大电流一般采用铜箔。当匝数较多时，采用多股绞线 —— 利兹线，或用多股圆线直径远小于集肤深度的细线绞合组成需要的截面积。但应当注意，每股导线直径等于或略小于两倍集肤深度的多股线往往不能有效减少交流电阻，甚至相反。可以用以下的例子说明如何选择导线来减少交流电阻。

【例题 4.7.2】　如图 4.7.4 所示，变压器初级线圈电流中值 $I_{1a} = 20$ A，占空比为 $D = 0.5$，工作频率为 $f = 90$ kHz，如果初级绕 10 匝线圈，磁芯窗口宽度取 $w = 24$ mm，电流密度 $j = 4$ A/mm²，请选择导线尺寸。

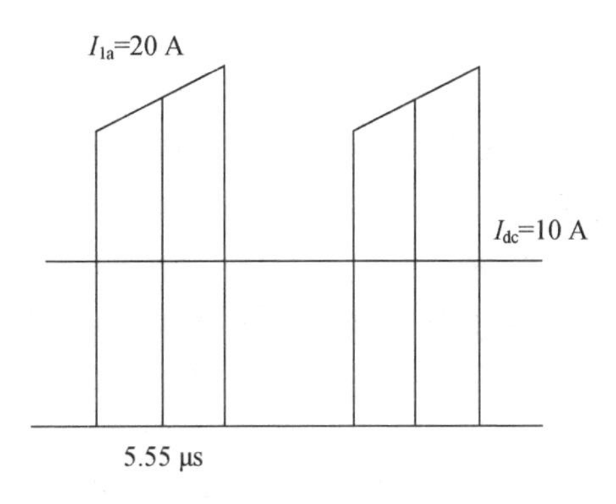

图 4.7.4　电流波形示意图

【解】　平均电流为

$$I_{dc} = DI_{1a} = (0.5 \times 20)\text{A} = 10\text{ A}$$

总有效值为

$$I = \sqrt{D}I_{1a} = (\sqrt{0.5} \times 20)\text{A} = 14\text{ A}$$

交流分量有效值为

$$I_{ac} = \sqrt{I^2 - I_{dc}^2} = \sqrt{0.5 \times 20^2 - 10^2}\text{ A} = 10\text{ A}$$

需要的导线截面积为

$$A_{Cu} = I_{ac}/j = (10/4)\text{mm}^2 = 2.5\text{ mm}^2$$

(1) 选择圆导线

裸线径 $d = 1.8\ \text{mm}(A_{Cu} = 2.545\ \text{mm}^2)$,带绝缘漆皮直径 $d' = 1.92\ \text{mm}$。10 匝导线占窗口宽度为 $(10 \times 1.92)\text{mm} = 19.2\ \text{mm} < 24\ \text{mm}$,正好一层可以绕下,两端各留 2 mm 爬电距离。

工作频率为 90 kHz,线圈要发热,假定工作在 100 ℃,其集肤深度为

$$\Delta = \frac{7.6}{\sqrt{f}} = \frac{7.6}{\sqrt{90 \times 10^3}}\ \text{cm} = 0.0253\ \text{cm} = 0.253\ \text{mm}$$

假定导线匝与匝之间仅有绝缘层,铜层系数 $F_l = d/d' = 1.8/1.92 = 0.94$,因此

$$Q = \frac{0.83 \times d\ \sqrt{F_l}}{\Delta} = \frac{0.83 \times 1.8 \times \sqrt{1.8/1.92}}{0.253} = 5.8$$

由图 4.7.2 查得,当横坐标 $Q = 5.8$,线圈 1 层,可以找到 $F_R = R_{ac}/R_{dc} \approx 5.7$,交流电阻比直流电阻大得多。

(2) 选择多股绞绕圆导线

选择导线直径小于两倍集肤深度 $d < 2\Delta = 2 \times 0.253\ \text{mm} = 0.51\ \text{mm}$,查国标 QQ-2 高强度漆包线规格表,选择标称直径 $d = 0.45\ \text{mm}$,带漆皮直径 $d' = 0.51\ \text{mm}$,单股导线截面积 $A_{Cun} = 0.159\ \text{mm}^2$。需要导线股数 $N = A_{Cu}/A_{Cun} = 2.5/0.159 = 15.7$ 股,取 $n = 16$ 股。

16 股导线相当于 4×4 矩形截面。每层导线 $10 \times 4 = 40$ 匝,宽度为 $40 \times 0.51\ \text{mm} = 20.4\ \text{mm} < 24\ \text{mm}$,同样计算

$$Q = \frac{0.83 \times d\ \sqrt{d/d'}}{\Delta} = \frac{0.83 \times 0.45 \times \sqrt{0.45/0.51}}{0.255} = 1.375$$

在图 4.7.2 上,$Q = 1.375$ 向上交到 4 层曲线,向左水平指向 $F_R \approx 7$,这比单股还要大。可见,简单地选择导线直径小于两倍集肤深度,并不能有效减少交流电阻。

如果将多股绞线夹在两个一半次级当中,4 层线圈就作为两层处理,这时 $Q = 1.375$ 对应 $F_R \approx 2.3$,可见交错安排线圈对减少交流电阻很有效。

(3) 采用利兹线

选用面积为 $0.18\ \text{mm}^2$,100 股的利兹线,相当于 10×10 层,可以计算出 $Q = 0.47$,在图 4.7.2 上查得 10 层 $F_R \approx 1.6$。一般认为 $F_R < 1.6$ 就可以了,减少交流电阻。

(4) 采用铜箔

考虑到爬电距离,采用宽度 $w = 20\ \text{mm}$ 的铜箔,铜箔厚度为

$$\delta = A_{Cu}/w = (2.5/20)\text{mm} = 0.125\ \text{mm}$$

因此

$$Q = \delta/\Delta = 0.125/0.253 \approx 0.49$$

对于 10 层,$Q = 0.49$,$F_R \approx 1.6$,非常满意。

从以上分析可以看到,层数对交流电阻影响很大,在变压器设计中,电流交流分量很大,如果交流电阻大,交流损耗可能是线圈主要部分。但在滤波电感设计时,连续模式电感的交流分量很小,主要是直流电阻损耗,这时增加导体截面积、减少直流电阻可以

明显减少线圈损耗。虽然交流电阻与直流电阻的比 F_R 增加很大，但交流损耗仍很小，另一方面，直流电阻减少了；交流电阻绝对值还是减少的。

5. 漏　感

如果一个线圈产生的磁链只有一部分与另一个线圈链合，不同时链合两个线圈的磁链称为漏磁链，对应的电感称为漏感。双线并绕可以保证良好的磁耦合，但也不能做到全耦合。在实际变压器或耦合电感中，因为线圈与线圈之间往往有安全要求、成本限制和多个输出线圈等，很多情况下各线圈分开绕制，因此漏磁是不可避免的。线圈匝数越多，初级与次级间隔越大，窗口宽度越窄，漏感越大，因此匝数、结构、安放位置和磁芯结构对漏磁有重要影响。

常用的磁芯结构 E 型和扁平磁芯分别如图 4.7.5 所示，对于一个两线圈变压器，除了激磁磁势外，初级磁势近似等于次级磁势，即 $N_1I_1 \approx N_2I_2$，且方向相反。磁芯一般不饱和，磁导率比空气高 μ_r 倍，在磁芯中磁阻很小，可以认为磁短路，它们的漏磁在哪里？根据全电流定律，按图 4.7.5(a) 中 A 闭合路径（还有沿 D、E 或 H 路径积分），假设 N_1I_1 和 N_2I_2 在窗口中均匀分布，路径包围的磁势为零。在这个方向没有磁场分量，即没有漏磁。如果沿 B 或 G 闭合路径积分，忽略磁芯中磁压降，得到 $H = \Delta IN/l$，为窗口中路径上的磁场强度，ΔIN 闭合环路包围的磁势。环路包围整个线圈，H 达到最大值。如果包含一个线圈的全部和另一个线圈的部分，则总磁势为 $N_1I_1 - N_2I_2$，磁场强度减少。在窗口中存储能量，并未参与能量传输，这就是漏感能量。窗口中存储的能量与 H^2 成正比。像图 4.7.5(a) 磁芯结构安排线圈，窗口宽度 l 越大，漏感越小。相同的磁芯，图(b) 线圈安排比图(a) 线圈安排漏感大得多，因为在 l 方向没有磁场，在 h 方向有磁场，$h < 1$。如果是平面磁芯，则 $h > 1$，应当按图(c) 安排线圈，h 越大，漏感越小。

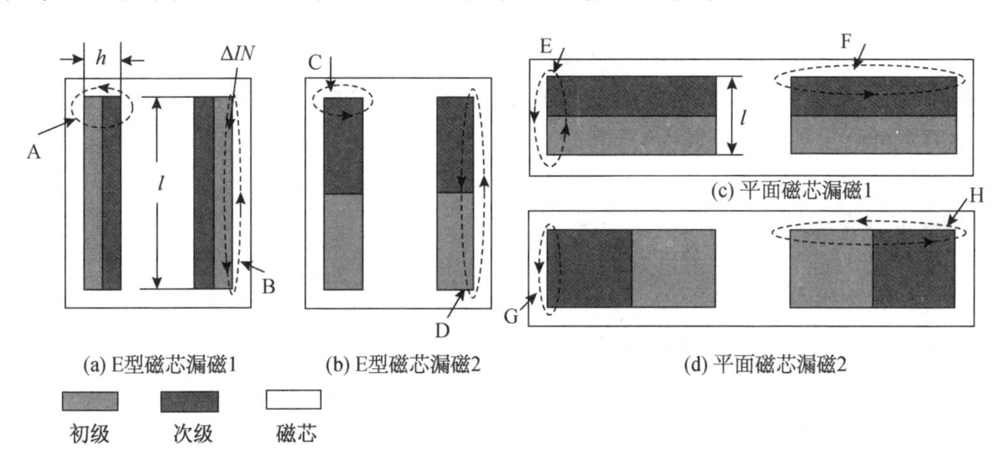

图 4.7.5　漏磁分析

因为漏感与 H^2 成正比，H 最大值越小，则漏感越小。如图 4.7.6 所示，对于普通磁芯，将一个线圈分成 n 段交替安放，理论上漏感减少 n^2，但是，线圈之间需要绝缘和屏蔽，这里 H 最高，使得漏感增加。线圈绕制最多不超过 3 段，与减少邻近效应影响一样，常采用 $N_1/2 - N_2 - N_1/2$ 或 $N_1/3 - 2N_2/3 - 2N_1/3 - N_2/3$ 绕制。平面磁芯可以如

图 4.7.6(b) 和(c) 的布置,图 4.7.6(c) 比图(b) 有更小的漏感,但是同一层有初级和次级,铜皮线的宽度受邻近效应的限制,应低于集肤深度,此外漏感还与匝数的平方成正比。

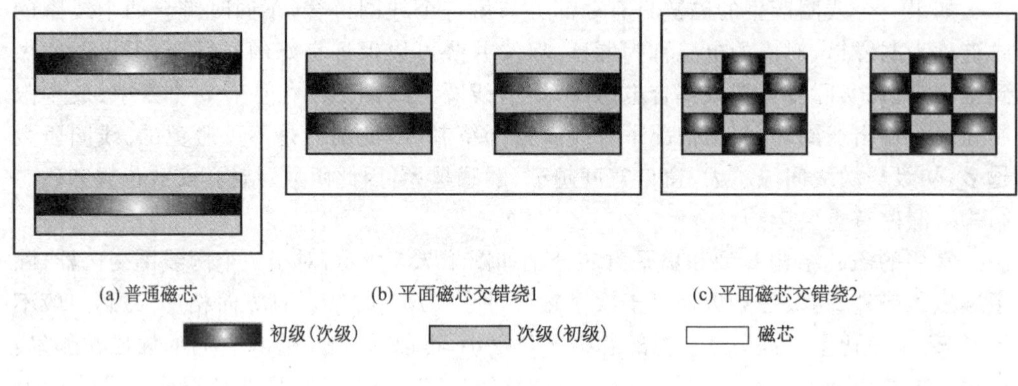

图 4.7.6　减少漏感的线圈安放

从以上分析可知,漏感能量是整个线圈(包括端部) 的漏磁场能量总和。如果初级是激励磁场,因为 $N_1 I_1 = N_2 I_2$,把它归结到初级,漏感与初级的匝数平方成正比,画在初级边;如果把次级作为激励磁场,漏感与次级的匝数平方成正比,如果画在初级边,则 $L_{1s} = n^2 L_{2s}$。如果将初级线圈所占空间磁场和次级线圈所占空间分开计算,则漏感分成初级和次级漏感。但这时的初级或次级漏感绝非单独等效的初级漏感和次级漏感 L_{1s} 和 L_{2s}。以上仅在初级与次级线圈宽度相等,且线圈均匀分布在窗口中才是正确的。如果初级线圈宽度与次级宽度不相等,图 4.7.5(a) 路径包围的路径 H 积分并不等于零,漏磁通加大,不仅初级有漏感,而且次级也有漏感。这些漏感还包括变压器引线电感。

在有些应用中,需要一定的漏感获得软开关,但是仍然将线圈分段交错绕,外加电感获得软开关。这里分段的目的不是减少漏感,而是减少邻近效应。在共模电感中,漏感可作为差模电感来抑制差模噪声,同时将线圈分开很大距离获得更大漏感,这可以减少线圈间分布电容,增加共模滤波电感带宽,但可能在脉冲电流时引起磁芯饱和。

6. 电流密度

线圈导线流过的电流有效值与导线的截面积之比称为电流密度。公式如下:

$$j = I/A_{Cu}$$

式中:I 为流过导线的电流有效值;A_{Cu} 为导线截面积。

电流密度选取与线圈绝缘等级有关。10 kW 以上大功率工频变压器、自然冷却、A 级绝缘,一般选择 $j = 2 \sim 2.4$ A/mm²,风冷取 $2.4 \sim 3$ A/mm²,油冷取 $3 \sim 3.4$ A/mm²,水冷取 $3.4 \sim 4$ A/mm²。在开关电源中,变压器绝缘一般选择E级,200 W以上的,一般选择电流密度 $j = 4 \sim 4.4$ A/mm²(400 A/cm²)(小功率取较大值),100 W 以下可以取 $j = 4 \sim 6$ A/mm²。平面变压器散热优良,绝缘等级在 F 级以上,允许更高的温升,电流密度可以取 $10 \sim 20$ A/mm²。

电流密度选择越大,导线电阻越大,线圈损耗越大,温升越高。小功率单位体积散热

量大于大功率磁元件，所以小功率线圈的电流密度比大功率选择高。

7. 窗口填充系数

磁芯窗口中铜导线总的截面积A_{Cu}与窗口面积A_w之比称为填充系数k_w，或窗口利用系数$k_w = A_{Cu}/A_w$，铜导线截面积A_{Cu}是初级N_1A_{1Cu}和所有次级线圈导线截面积$\sum N_{2n}A_{2Cun}$之和，即

$$A_{Cu} = N_1A_{1Cu} + \sum N_{2n}A_{2Cun}$$

填充系数与导线绝缘层厚度、匝间间隙、层间绝缘、线圈间绝缘、线圈骨架、屏蔽层、爬电距离、导线粗细、形状和绕线工艺等因素有关。一般在0.24～0.4之间。导线越细，电压越高，k_w越小。开关电源中初始选择$k_w = 0.35$。

8. 磁芯尺寸选择

1）变压器磁芯选择

普通磁芯选择一般用AP法，即

$$AP = A_cA_w = \left(\frac{P_o}{K\Delta Bf_T}\right)^{4/3} \tag{4.7.9}$$

式中：A_c为磁芯有效截面积（cm^2）；A_w为磁芯窗口面积（cm^2）；ΔB为磁通密度变化量（T）；f_T为变压器工作频率（Hz）；系数K是由铜的填充系数和铁的填充系数决定的，正激变换器和有中心抽头的推挽变换器，一般取$K = 0.014$，而全桥和半桥变换器取$K = 0.017$。

公式（4.7.9）中电流密度j取420 A/cm^2，窗口填充系数$k_w = 0.4$，是效率80%的条件下得到的。实际上，高频变压器效率比低频变压器高得多，因此，经验公式只是作为初始设计磁芯选择的参考。电感磁芯选取经验公式与变压器经验公式相似，只能作为初始磁芯选择参考。平面变压器有自己的选择磁芯的依据，也可以根据实际采用的电流密度、工作频率、磁性材料特性，预计变压器效率来推导AP值选取磁芯。

2）电感磁芯选择

电感应用场合十分广泛：直流滤波电感、升压电感、Buck/Boost电感、反激变压器和交流电感，它们都要存储能量，因此高磁导率磁芯都要有气隙和分布气隙的磁粉芯。而共模滤波磁芯则不同，两个线圈磁场是相互抵消的，一般使用高磁导率无气隙磁芯。电感有连续模式和断续模式，连续模式磁芯损耗较小，选取磁芯最大磁感应小于饱和磁感应（$B_m < B_s - \Delta B/2$）；而断续模式类似正激变压器磁芯工作方式，按允许损耗选择磁芯磁感应。

电感铁氧体磁芯按以下经验公式决定

$$AP = A_wA_c = \left(\frac{LI_{sp}}{B_m} \times \frac{I_{FL}}{K_1}\right)^{4/3} \tag{4.7.10}$$

磁芯损耗严重时，损耗限制的磁通摆幅为ΔB，面积乘积为

$$AP = A_wA_c = \left(\frac{L\Delta I}{\Delta B_m} \times \frac{I_{sp}}{K_2}\right)^{4/3} \tag{4.7.11}$$

式中：L为电感（H）；I_{sp}为最大峰值短路电流（A）；B_m为饱和限制的最大磁通密度（T）；

ΔI 为初级电流变化量(A);ΔB_m 为最大磁通密度摆幅(T);I_{FL} 为满载电感电流有效值;I_{sp} 为最大峰值短路电流(A);K_1 或 $K_2 = j_m k_{1w} \times 10^{-4}$;$j_m$ 为最大电流密度;k_{1w} 为初级铜面积/窗口面积;10^{-4} 表示单位由 m 变为 cm 的系数。

对于单线圈电感,初级就是整个线圈。k_{1w}、K_1 和 K_2 系数见表 4.7.3。

表 4.7.3　k_{1w}、K_1 和 K_2 系数表

名　称	k_{1w}	K_1	K_2
单线圈电感	0.70	0.0300	0.0210
多线圈滤波电感	0.64	0.0270	0.0190
Buck/Boost 电感	0.30	0.0130	0.0090
反激变压器	0.20	0.0084	0.0060

k_{1w} 表示线圈窗口的利用率。对于单线圈电感,k_{1w} 是总的铜面积与窗口面积 A_w 之比,即充填系数 k_{1w};对于反激变压器,k_{1w} 是初级铜的面积与总的窗口面积之比。

在饱和限制公式(4.7.10)中,假定线圈损耗比磁芯损耗大得多,K_1 是在自然冷却情况下,电流密度取 420 A/cm² 时的经验值。

在式(4.7.11)中,损耗决定最大磁通摆幅。假定磁芯损耗和线圈损耗近似相等,那么,线圈损耗是总损耗的一半,将电流密度减少到$\sqrt{2} \times 420\ \text{A/cm}^2 = 297\ \text{A/cm}^2$,则 $K_2 = 0.707K_1$。

假定都采用限制高频集肤效应的技术,则式(4.7.10)和式(4.7.11)中的线圈增加的高频损耗小于总线圈损耗的 1/3。强迫冷却允许高损耗(但减少了效率)。K 值因电流密度提高而增大,使磁芯面积乘积下降。

面积乘积公式的 4/3 次方表示磁芯尺寸增加,磁芯和线圈(产生损耗)体积增加大于表面积的增加。因此磁芯体积大的功率密度降低。

对于磁芯损耗限制的情况,式(4.7.11)中的 ΔB_m 是假定磁芯损耗为 100 mW/cm³ 的近似值即自然冷却典型最大值。图 4.7.7 所示是比损耗与峰值磁通密度及频率的关系曲线。根据所使用的磁芯材料,从材料的磁芯比损耗曲线纵坐标的 100 mW/cm³ 处,水平直线交到相应的开关工作(纹波)频率损耗曲线,再由交点向下求得磁通密度刻度。需要注意的是,图 4.7.7 中磁芯损耗曲线是在正弦波双向激励下获得的,如果是单向

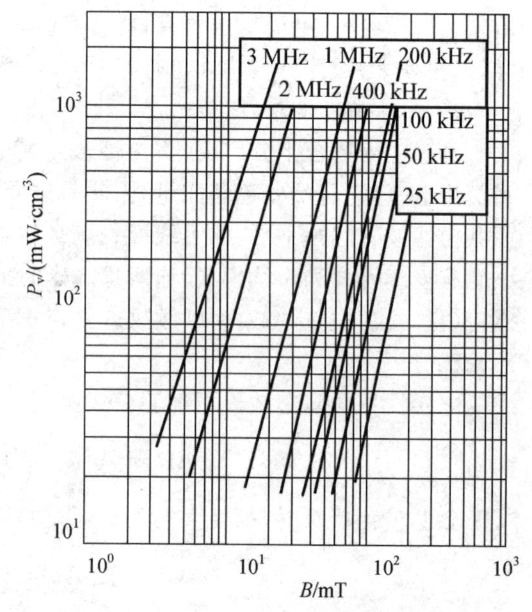

图 4.7.7　比损耗与峰值磁通密度及频率的关系

磁化，应将查得的磁通密度乘以 2，就得到峰值磁通密度 ΔB_m。

9. 磁芯几何形状

现在磁芯已经有各种几何形状，有各自的特点，综合如表 4.7.4 所列。

表 4.7.4　磁芯几何形状特点

设计要求	磁芯形状	优　点	缺　点
高功率，低成本	EE/EF/EF	磁芯截面积与窗口面积比大，可堆积扩大功率	平均匝长长，对 8 mm 爬电距离线圈高度不足，屏蔽差
最佳磁芯设计和安全绝缘	EC/ETD/ER	平均匝长短，漏感小。足够的爬电距离	制造磁芯比 EE 型困难（价贵）
低结构和高频	EFD/EPC	适合表面安装，易装配	屏蔽差
大功率和低频	UU/UI	用来组成高功率磁芯块	屏蔽差，平均匝长长
高功率密度	PQ/LP	小的 PCB 脚，易固紧，出线和装配	制造成本高
有效 PCB 应用	RM/PM	磁屏蔽好，标准化，骨架	非均匀磁芯截面
屏蔽好，低功率和高频	P(罐形)	标准化，可利用中心孔	出线难，高热阻

10. 被动损耗

开关电源的变压器和电感线圈流过高频电流，在窗口空间和周围产生高频磁场，在处于磁场中的导体中产生涡流，引起涡流损耗，称为被动损耗。常有的被动损耗如下：

1）屏蔽层损耗

初级与次级线圈间一般采用铜带（也有在整个窗口宽度绕一层导线）作为电磁屏蔽，屏蔽层处于最高空间磁场强度区，会产生很大涡流损耗。兼顾屏蔽效果和低损耗，铜带厚度一般为集肤深度 Δ 的 1/3。

2）中心抽头损耗

在中心抽头线圈中，两个线圈总是交替工作，以推挽变压器为例，初级 N_{11} 和 N_{12} 分别对应次级 N_{21} 和 N_{22}，如果按 N_{11}—N_{12}—N_{21}—N_{22} 排列绕线，当 N_{11} 接通电源时，N_{21} 输出，则 N_{12} 处于高频磁场中；当 N_{12} 接通电源时，N_{21} 处于高频磁场中，都要产生高频涡流损耗。为此，应当按 N_{11}—N_{21}—N_{12}—N_{22} 排列绕线，也可按 N_{21}—N_{11}—N_{12}—N_{22} 排列绕线等。从避免被动损耗的观点看，除非输出电压很低时采用全波整流，否则大于 20 V 以上应尽量避免变压器中心抽头。

3）气隙边缘磁通引起的损耗

在气隙磁芯电感和反激变压器中，气隙边缘磁通穿过导体产生严重的附加损耗。从防止散磁干扰的观点出发，气隙应当集中在磁芯中柱上，边柱无气隙。一般中柱的截面积是边柱截面积的 2 倍，如果单在中柱开气隙，要比中柱和边柱都开气隙要大 1 倍。气隙越大，边缘磁通散开越大，引起气隙附近线圈附加损耗越严重。电感电流断续模式比连续模式严重，交流电感更严重，即磁通脉动幅度越大越严重。在工程上为了减少气隙散磁通引起的被动损耗，气隙周围不放置线圈，例如用一个塑料环套在骨架上，或骨架就做成一个凸起,如果是印刷线圈,则气隙附近不布线;或者将中柱切成几段,一个气隙分成两个或3个小气隙;或者气隙用磁粉芯填满,如果磁粉芯相对磁导率为10,则填入磁粉芯后相当于气隙缩小了10倍。

如果是反激变压器铜箔做导线,尽量将铜箔远离气隙,将细线(利兹线)接近气隙。

4.7.2 变压器设计

在电路拓扑选择之后,由变换器功率、功率器件和成本决定了工作频率 f,根据经验给出电路效率 η,然后决定元器件参数。变压器参数应当包括变压器工作频率、初级电压(应当扣除功率器件压降,特别是输入电压较低时)及其最大变化范围、次级电压(包括输出整流器压降以及输出电路的其他压降)、电路效率、变压器允许损耗和最大占空比等等。这里设计的变压器是正激或推挽类输出变压器,不包括反激变压器。下面通过设计例子来说明变压器设计步骤和方法。

【例题 4.7.3】 设计一个推挽变压器。

设计技术要求如下:

电路拓扑采用推挽变换器,电路如图4.7.8所示,输入电压 $U_i = 10.4 \sim 16$ V,输出电压 $U_o = 275$ V,输出功率 $P_o = 300$ W,开关频率 $f = 50$ kHz,最大占空比 $D_{max} = 0.97$,最大温升 $\Delta T_m = 55$ ℃,自然冷却。

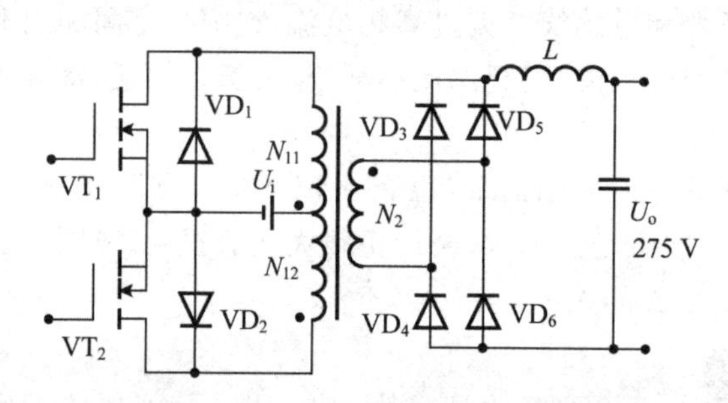

图 4.7.8 推挽变换器的变压器

【解】 对于低输入电压,采用推挽和正激拓扑比较合适,但推挽变换器有磁偏问题,功率管采用MOSFET比较合理。低压MOSFET的导通电阻比较低,有利于保证整机效率,同时MOSFET导通电阻正温度系数,可以减少磁偏的影响。功率开关电流定额大,驱动损耗大,限制开关频率提高。输入电压低,效率受功率管压降、开关损耗、变压器初级电阻及输入回路电阻影响较大。还有控制电路损耗和输出整流滤波损耗,因此效率很难超过90%。一般在设计变压器前,应当进行损耗分配,提出各元器件设计损耗要求。例如MOSFET最大压降为0.6 V,要求导通电阻不应大于 $0.6/I_{ds}$。芯片最大占空比0.97(极限占空比),电路在最低电压达到最大占空比,为提高动态响应,最低电压时选择最大占空比 $D_m = 0.92$,低于极限占空比,留有约5%的余量。

(1) 选择磁芯。应用下式

$$AP = A_e A_w = \left(\frac{P_o}{K \Delta B f_T}\right)^{4/3}$$

式中：$P_o = 300\ W$，$K = 0.014$，$f_T = 50\ kHz$。

采用自然冷却方式时，取磁芯单位体积损耗为 100 mW/cm³，选择磁芯材质 TDK 的 H7C4。由表 4.6.2 查阅或利用式(4.6.6)和式(4.6.7)得到 100 mW/cm³ 对应 $\Delta B = 0.16\ T$，以上参数代入式(4.7.9)得到

$$AP = A_e A_w = \left(\frac{300}{0.014 \times 0.16 \times 50 \times 10^3}\right)^{4/3} cm^4 = 3.71\ cm^4$$

选择 ETD39，外形如图 4.7.9 所示，尺寸见表 4.7.5。ETD39 的 AP 值计算如下：

$$AP = 2.47\ cm^2 \times 1.25\ cm^2 = 3.1\ cm^4 < 3.71\ cm^4$$

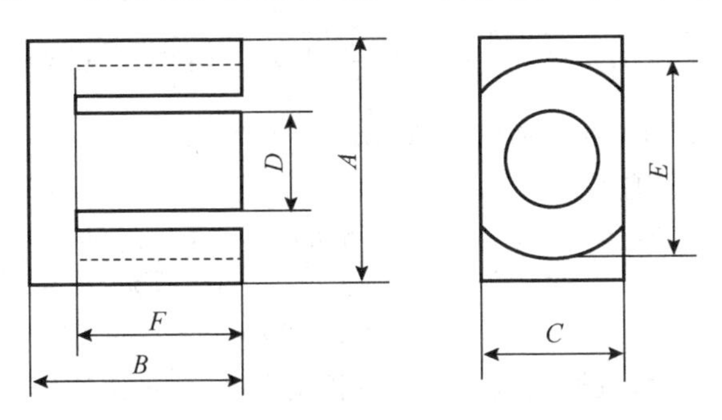

图 4.7.9 ETD39 的结构形状

表 4.7.5 ETD39 尺寸表

零件型号	磁芯尺寸 /mm						有效参数					
	A	B	C	D	E	F	A_e/mm^2	l_e/mm	V_e/mm^3	A_W/mm^2	lA^{-1}/mm^{-1}	质量 /g
ETD39	39.1	19.8	12.5	12.4	30.1	14.6	125	92.2	11500	247	0.737	60

式(4.7.10)和式(4.7.11)中的系数 K 是针对推挽初级和次级都有中心抽头的情况，本设计中次级是单线圈，故可以选择较小的 AP。没有经验的设计员应按 AP 值计算初选一个尺寸磁芯，然后根据选择的磁芯计算线圈和损耗，校核温升是否在允许范围。有经验的设计师，直接根据经验选择磁芯。本例推挽变压器次级没有中心抽头，因此窗口有富余，故选择磁芯的 AP 可以小于计算值 15%。

(2) 计算变压器允许损耗，根据式(4.7.3)得到磁芯热阻为

$$R_{th} = 36/A_w = (36/2.47)℃/W = 14.57\ ℃/W$$

式中：A_w 为磁芯窗口截面积。

变压器允许损耗，$P = \Delta T/R_{th} = 44/14.57$，磁芯损耗 $P_c = 1.3\ W$，导线损耗 $P_w = 1.7\ W$。磁芯的单位体积损耗 $P_v = (1.3/11.5)W/cm^3 = 0.113\ W/cm^3$，由式(4.6.6)和式(4.6.7)得到 $B_m = 0.182\ T$(这里借用损耗公式(4.6.6)和式(4.6.7))，该式是按 100 kHz 的频率求出的系数，实际应用时可按 50 kHz 求系数。

(3) 初级匝数。选择最低输入电压时最大占空比为 0.92，考虑功率管最高温下的压降为 0.6 V，初级线圈匝数为

$$N_1 = \frac{DU'_{\text{imin}}}{4fBA_e} = \frac{0.92 \times (10.4 - 0.6)}{4 \times 50 \times 10^3 \times 0.16 \times 1.25 \times 10^{-4}} = 2.25$$

取 $N_1 = 2$ 匝，如果输出电压低，先计算次级匝数 $N_2 = U'_o/(4fB_mA_e)$，由于线圈匝数取整为2匝，因此取磁通密度为

$$B = [0.182 \times (2.25/2)]\text{T} = 0.2\ \text{T}$$

(4) 磁芯损耗。由于匝数取整以后与计算值相差很小，磁芯损耗 $P_c = pV_e = (0.113 \times 11.5)\text{W} = 1.3\ \text{W}$，在磁芯最大磁感应失控时，最大输入电压16 V(考虑1 V压降)对应的磁通密度为

$$B_m = \frac{U_{\text{imax}}D_m}{U'_{\text{imin}}D} \times B = \left[\frac{(16-1) \times 0.97}{10.4 \times 0.92} \times 0.18\right]\text{T} = 0.273\ \text{T} < B_{s(100)}$$

铁氧体100 ℃时的饱和磁通密度取：$B_{s(100)} = 0.34$ T。

计算匝比和次级匝数：

$$n = \frac{U'_{\text{imin}}D}{U_{\text{omin}}} = \frac{(10.4 - 0.6) \times 0.92}{275} = \frac{9.8 \times 0.92}{275} = 0.03279$$

$$N_2 = N_1/n = 2/0.03279 = 60.99$$

取 $N_2 = 60$ 匝。次级选取匝数与计算值相差不大，对占空比影响很小，不再修正占空比。如果相差大，应当核算占空比，为后续计算提供线圈电流。

(5) 初级导线尺寸。输入平均电流为

$$I_i = \frac{P_o}{\eta U_{\text{imin}}} = \frac{300}{0.80 \times 9.8}\text{A} = 38.27\ \text{A} \qquad I_{1\text{dc}} = I_i/2 = 19.2\ \text{A}$$

输入电压越低，功率管压降对效率影响越大。假定效率80%，如果实际效率大于80%，初级电流减少，则以下的计算有足够的余量，导线截面积可以小些，损耗也因此下降；反之亦然。占空比 $D_m = 0.92$，每个初级线圈电流有效值为

$$I_1 = I_i\sqrt{D_m/2} = (38.27 \times \sqrt{0.92/2})\text{A} = 26\ \text{A}$$

交流分量

$$I_{1\text{ac}} = \sqrt{I_1^2 - I_{1\text{dc}}^2} = \sqrt{26^2 - 19.2^2}\ \text{A} = 17.6\ \text{A}$$

取电流密度 $j = 4\ \text{A/mm}^2$，导线截面积 $A_{1\text{Cu}} = I_1/j = (26/4)\text{mm}^2 = 6.5\ \text{mm}^2$，查图4.7.9得窗口宽度 $w_w = 2F = (2 \times 1.46)\text{cm} = 2.92\ \text{cm}$，两端去掉0.62 cm端空和骨架，可绕导线宽度为 $w_1 = 2.92\ \text{cm} - 0.62\ \text{cm} = 2.3\ \text{cm} = 23\ \text{mm}$，初级采用铜带，厚度为

$$d_w = A_{1\text{Cu}}/w_1 = (6.5/23)\text{mm} = 0.283\ \text{mm}$$

选择0.5 mm厚铜带，减少直流电阻。实际导线截面积 $A_{1\text{Cu}} = (23 \times 0.5)\text{mm}^2 = 11.5\ \text{mm}^2$。开关频率50 kHz铜导线的集肤深度为

$$\Delta = (7.6/\sqrt{50 \times 10^3})\text{cm} = 0.034\ \text{cm} = 0.34\ \text{mm} > 0.283\ \text{mm}$$

(6) 计算次级电流和导线尺寸。输出电流为

$$I_o = P_o/U_o = (300/275)\text{A} = 1.1\ \text{A}$$

采用桥式整流电路，次级电流为矩形波，最大占空比时电流有效值为

$$I_2 = I_o\sqrt{D} = 1.2\sqrt{0.92}\ \text{A} = 1.15\ \text{A}$$

次级导线需要截面积 $A_{2Cu} = (1.15/4.2)\text{mm}^2 = 0.27\ \text{mm}^2$。

选择 36 mm × 0.1 mm 利兹线，由表 A.1.1 查得导线的截面积为 $A_{2Cu} = (36 \times 0.0079)\text{mm}^2 = 0.2844\ \text{mm}^2$，外径$(6 \times 0.13)\text{mm} = 0.78\ \text{mm}$。

(7) 线圈结构。校验窗口填充系数为

$$k_w = \frac{A_{1Cu}N_1 \times 2 + A_{2Cu}N_2}{A_w} = \frac{0.5 \times 23 \times 2 \times 2 + 0.2844 \times 60}{247} = 0.26 < 0.3$$

次级共 60 匝，分成两段绕，各段绕 30 匝，将初级夹在两次级绕组中间。次级每层匝数 $N_{w2} = (23/0.78)$ 匝 $= 29.5$ 匝。为减少电阻，次级可适当增大导线尺寸，绕两层，采用双线并绕，内外串联。

由于是推挽变压器，初级层间绝缘为 0.044 mm 聚酯薄膜各 1 层，共 5 层 0.22 mm，初级与次级线圈绝缘两部分共 4 层 0.2 mm，外包绝缘带两层 0.1 mm。初级导体高度$(0.5 \times 2 \times 2)\text{mm} = 2\ \text{mm}$，次级线圈高度为$(0.78 \times 2)\text{mm} = 1.56\ \text{mm}$，线圈总高度为 $h' = (2 + 1.56 + 0.22 + 0.2 + 0.1)\text{mm} = 4.08\ \text{mm}$，骨架为 1 mm，磁芯的窗口高度为 8 mm，大于 5.08 mm，绕线没有困难。

(8) 计算变压器损耗。线圈平均匝长为

$$l_w = \frac{E + D + 0.2}{2}\pi = \frac{(3.01 + 1.24 + 0.2)\pi}{2}\ \text{cm} = 7\ \text{cm}$$

两个初级导线总电阻为

$$R_{1dc} = \rho\frac{N_1 \times l_w}{wd} = \left(2.3 \times 10^{-6} \times \frac{4 \times 7}{23 \times 0.5 \times 10^{-2}}\right)\Omega = 5.6 \times 10^{-4}\ \Omega$$

集肤深度 $\Delta = (7.6/\sqrt{50 \times 10^3})\ \text{cm} = 0.34\ \text{mm}$。

导线层厚度与集肤深度的比值：$Q = d_w/\Delta = 0.5/0.34 \approx 1.5$。因夹在次级间，每段为 1 层，由图 4.7.2 查得 $F_R = 1.5$，交流电阻为 $R_{1ac} = F_R R_{1dc} = 8.4 \times 10^{-4}\ \Omega$，两个线圈损耗为

$$P_{1w} = I_{1dc}^2 R_{1dc} + I_{2dc}^2 R_{2dc} = (19.2^2 \times 5.6 \times 10^{-4} + 17.6^2 \times 8.4 \times 10^{-4})\text{W} \approx 0.47\ \text{W}$$

次级 36 股 0.1 mm 线径相当于 6 × 6，次级导线

$$Q = \frac{0.83d\sqrt{N_l d/s}}{\Delta} = \frac{0.83 \times 0.1 \times \sqrt{6 \times 0.1/0.78}}{0.32} = 0.23$$

每段 2 层，每层 6×6，相当于 12 层，图 4.7.2 中 F_R 约为 1.2，与初级相似，直接用直流电阻和次级总有效值计算损耗。

次级线圈电阻为

$$R_{2dc} = \rho\frac{N_2 l_w}{A_{2Cu}} = \left(2.3 \times 10^{-6} \times \frac{60 \times 7}{2.844 \times 10^{-3}}\right)\Omega = 0.34\ \Omega$$

次级线圈损耗为

$$P_{2w} = I_2^2 R_{2dc} = (1.15^2 \times 0.34)\text{W} = 0.45\ \text{W}$$

总损耗为

$$P_T = P_{1w} + P_{2w} + P_c = (0.47 + 0.45 + 1.3)\,\text{W} = 2.22\,\text{W}$$

温升为

$$\Delta T = P_T R_{th} = (2.22 \times 14.57)\,℃ = 32\,℃$$

设计结果有较大富裕,可将ETD39磁芯改成ETD34磁芯试试。因为磁芯太大,所以温升也比较低。因为计算线圈电阻时,ρ是100 ℃时的电阻率,实际线圈温度略小于100 ℃,所以温升小于计算值。如果要求实际温升,可以根据计算得到的温升加上环境温度得到线圈温度,重新计算线圈损耗,得到新的温升,如此迭代下去可求得线圈最终温升。

最后计算出的温升比允许温升55 ℃低许多,原因是磁芯选择大了,在经验公式中认为变压器效率为80%,实际效率可能更高。

【例题4.7.4】 核算一个正激变压器,如图4.7.10所示是交错双端正激变换器原理图,输入电压是功率因数校正PFC后的输出电压410 V,纹波电压14 V。输出电压额定值54 V,纹波50 mV,输出电流$I_o = 30$ A,110%限流。工作频率100 kHz。功率变压器ETD59,控制芯片x3524,磁性材料为铁氧体3F3,磁芯损耗特性如图4.7.11所示。初级20匝,铜带28 mm × 0.1 mm;次级4匝×2,铜带38 mm × 0.1 mm,两个次级并联,将初级夹在次级中间。两个次级与初级间屏蔽层28 mm × 0.04 mm,输出滤波电感$L = 30\ \mu$H。

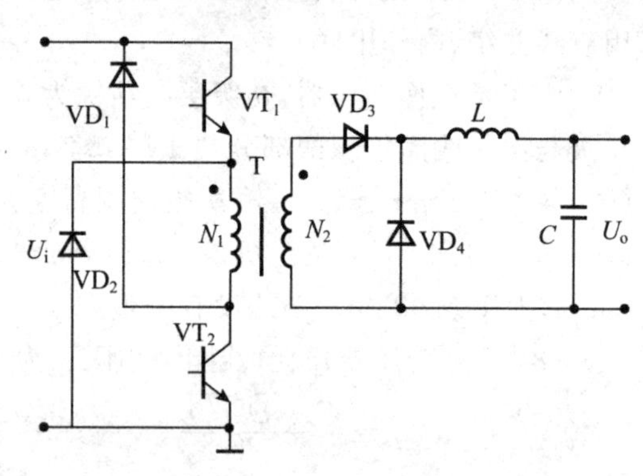

图4.7.10 双端正激变换器原理图

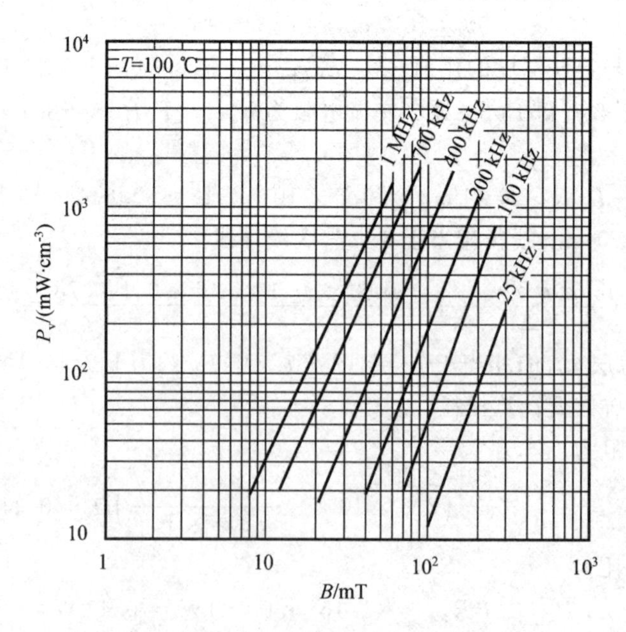

图4.7.11 3F3磁芯损耗特性曲线图

【解】 (1) 计算额定占空比

输出54 V,考虑1 V整流器压降,加之滤波电感和输出电路中其他电阻压降0.5 V,变压器次级电压为 $U'_o = 55.5$ V,匝比 $n = 20/4 = 5$。

额定占空比 $D = nU'_o/U_i = 5\times55.5/410 = 0.677$,因为正激变换器次级交错并联,每路变换器的占空比为总占空比的一半 $D_1 = 0.338$。

(2) 核算磁芯磁通密度

ETD59 磁芯参数如图 4.7.12 所示,$A_e = 3.68\ \text{cm}^2$,磁芯工作磁通密度为

$$B = \frac{D_1U_i}{n_1A_ef} = \frac{0.338\times410}{20\times3.68\times10^{-4}\times100\times10^3}\text{T} = 0.19\ \text{T}$$

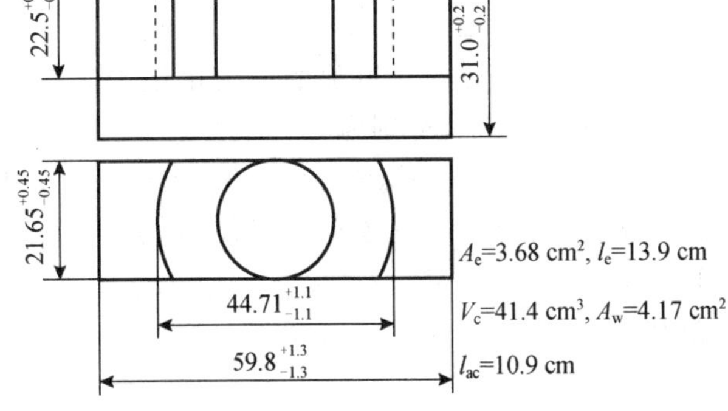

图 4.7.12 ETD59 尺寸图

控制芯片采用 x3524,定时器电阻为 $R_T = 4.22\ \text{k}\Omega$,电容为 $C_T = 1$ nF,振荡频率为 $f = 1.18/R_TC_T = 1.18/\{1\times10^{-9}\times[4.22+(0\sim2.2)]\times10^3\}\ \text{kHz} = 280\sim184\ \text{kHz}$

实际频率为 $f = 200$ kHz,死区时间约 $t_d = 0.5\ \mu\text{s}$,周期为 $T = 5\ \mu\text{s}$,极限占空比为 $D_m = (5-0.5)/5 = 0.9$,对于一路极限占空比为 $D_{\text{lim1}} = 0.45$。失控时,变压器磁芯最大磁通密度为

$$B_m = \frac{D_{\text{lim1}}U_{\text{imax}}}{N_1A_ef} = \frac{0.45\times424}{20\times3.68\times10^{-4}\times100\times10^3}\text{T} = 0.26\ \text{T} < 0.32\ \text{T}$$

没有饱和。

(3) 计算磁芯损耗

计算得 $B = 0.19$ T,正激变压器磁芯用 $B/2 = (0.19/2)\text{T} = 0.095\ \text{T} = 95$ mT,在图 4.7.11 上查得单位体积损耗 $P_v \approx 50\ \text{mW/cm}^3$(100 kHz 曲线),磁芯损耗为

$$P_c = P_vV_e = 50\ \text{mW/cm}^3\times51.5\ \text{cm}^3 = 2.6\ \text{W}$$

(4) 计算导线损耗

输出限流电流 $I_{\text{olim}} = (1.1\times30)\text{A} = 33$ A,滤波电感 $L = 30\ \mu\text{H}$,纹波电流为

$$\Delta I = \frac{U_2(1-D)}{Lf} = \frac{55.5(1-0.677)}{30\times10^{-6}\times100\times10^3}\text{A} = 5.98\ \text{A}$$

次级电流中值 $I_{2a} = 33$ A,次级电流直流分量为

$$I_{2dc} = I_{2a}D_1 = (33 \times 0.338)\text{A} = 11.5\ \text{A}$$

次级电流总有效值 $I_{2ac} = I_{2a}\sqrt{D_1} = 33\sqrt{0.338}\ \text{A} = 19.2\ \text{A}$,次级交流分量有效值为

$$I_{2ac} = I_{2a}\sqrt{D(1-D)} = 33\sqrt{0.338 \times (1-0.338)}\ \text{A} = 15.6\ \text{A}$$

次级线圈并联,每个线圈流过以上电流一半。平均匝长 $l_{ac} = 10.9$ cm,按 100 ℃ 计算,次级直流电阻为

$$R_{2dc} = \rho\frac{l}{A} = \left(2.3 \times 10^{-6} \times \frac{4 \times 10.9}{3.8 \times 0.01}\right)\Omega = 2.64\ \text{m}\Omega$$

在频率 100 kHz 时集肤深度为

$$\Delta = 7.6/\sqrt{f} = (7.6/\sqrt{100 \times 10^3})\text{cm} = 0.24\ \text{mm}$$

次级铜带厚度为 0.1 mm,导线的有效厚度与集肤深度之比

$$Q = h/\Delta = 0.1/0.24 = 0.42$$

从图 4.7.2 得到 4 层,由于邻近效应增加的交流电阻与直流电阻的比为 $F_R = R_{ac}/R_{dc} = 1.2$,线圈的直流和交流损耗分别为

$$P'_{2dc} = I'^2_{2dc}R_{2dc} = (2.64 \times 5.58^2 \times 10^{-3})\text{W} = 0.08\ \text{W}$$

$$P'_{2ac} = I'^2_{2ac}R_{2ac} = (2.64 \times 1.2 \times 7.8^2 \times 10^{-3})\text{W} = 0.19\ \text{W}$$

次级线圈总损耗为

$$P_2 = 2(P'_{2dc} + P'_{2ac}) = [2 \times (0.08 + 0.19)]\text{W} = 0.54\ \text{W}$$

初级线圈电流为

$$I_1 = I_2/n$$

初级线圈直流

$$I_{1dc} = I_{2dc}/n = (11.15/5)\text{A} = 2.23\ \text{A}$$

交流有效值为

$$I_{1ac} = I_{2ac}/n = (15.6/5)\text{A} = 3.12\ \text{A}$$

初级线圈电阻为

$$R_{1dc} = \rho\frac{l}{A} = \left(2.3 \times 10^{-6} \times \frac{20 \times 10.9}{2.8 \times 0.01}\right)\Omega = 17.91\ \text{m}\Omega$$

因为初级夹在次级中间,层数应为总层数的一半,铜带厚度与次级一样,导线的有效厚度与集肤深度比(即 Q 值)也一样,$F_R = 1.3$。

初级导线直流损耗为

$$P_{1dc} = I^2_{1dc}R_{1dc} = (2.23^2 \times 17.91 \times 10^{-3})\text{W} = 0.089\ \text{W}$$

初级导线交流损耗为

$$P_{1ac} = I^2_{1ac}R_{1ac} = (3.12^2 \times 17.91 \times 10^{-3} \times 1.3)\text{W} = 0.116\ \text{W}$$

初级导线损耗为

$$P_1 = P_{1dc} + P_{1ac} = (0.089 + 0.116)\text{W} = 0.205\ \text{W}$$

线圈总损耗为

$$P_w = P_1 + P_2 = 0.54\ \text{W} + 0.205\ \text{W} = 0.745\ \text{W}$$

变压器损耗为

$$P = P_c + P_w = 2.575\ \mathrm{W} + 0.745\ \mathrm{W} = 3.32\ \mathrm{W}$$

(5) 计算变压器温升

变压器 $A_w = 5.18\ \mathrm{cm}^2$，其热阻为 $R_{th} = 36/A_w = (36/5.18)℃/\mathrm{W} \approx 7\ ℃/\mathrm{W}$。

变压器温升为

$$\Delta T = R_{th}P = (7 \times 3.32)℃ = 23.24\ ℃$$

(6) 绝缘和屏蔽

层间绝缘材料 NOMIX 纸，即聚酰亚胺，绝缘等级为 H 级(IEC 绝缘极限温度等级 H 级为 180°)。在初级与次级间加入电磁屏蔽层，为了兼顾屏蔽效果和低的涡流损耗，屏蔽层厚度小于集肤深度的1/3，因为集肤深度为0.24 mm，这里取0.04 mm，绕组结构示意图如图 4.7.13 所示。

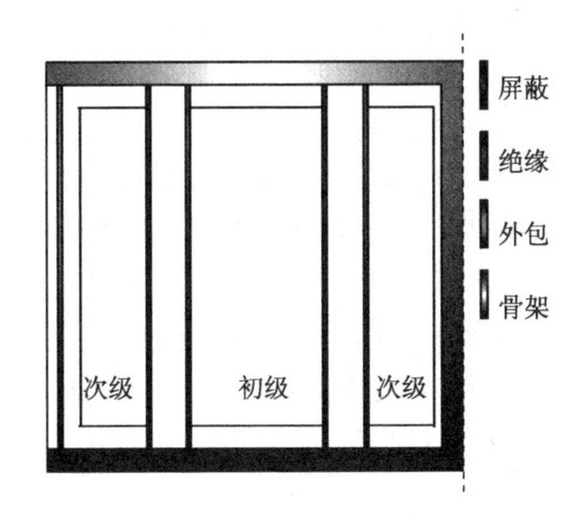

图 4.7.13　绕组结构示意图

4.7.3　电感设计

大部分电感作为储能元件，存储的能量与 BH 的乘积以及磁场体积成正比。为了在很小的体积中存储更多能量，一般采用高磁导率材料的气隙磁芯。在没有饱和的高磁导率磁芯中虽然很高的磁感应，但磁场强度很低，存储能量少；但气隙中磁感应和磁场强度都很大，气隙中存储了 90% 以上能量。开关电源中，电感采用高磁导率材料(铁氧体、微晶) 气隙磁芯，或分布气隙的磁粉芯，或无气隙的恒导合金。

根据电感定义

$$L = \Psi/I = N\Phi/I \tag{4.7.12}$$

对于气隙磁芯，一般近似线性电感，得到线圈圈数 N 为

$$N = \frac{LI}{\Phi} = \frac{LI}{BA_e} = \frac{L\Delta I}{A_e\Delta B} \times 10^{-2} \tag{4.7.13}$$

式中：L 为需要的电感量(μH)；I 为直流电流；ΔI 为纹波电流(A)，ΔI 在断续模式时为峰值电流；B 为直流磁通密度，ΔB 为磁通密度变化量，ΔB 在断续模式中为最大磁通密度 B_m；A_e 为磁芯有效截面积(cm^2)。

当采用铁氧体材料气隙磁芯时,由于电感基本上是线性的,所以式(4.7.13)增量可以用恒定量代替。在非线性磁粉芯中,$\Delta I/\Delta B \neq I/B$,等式(4.7.13)就不成立了。

高磁导率磁芯有了气隙,气隙周围有边缘磁通,增大了气隙有效截面积。气隙越大,边缘磁通所占比例越大。精确计算十分复杂,开关电源中采用近似计算,如对于直径为d、气隙为δ的圆截面气隙(EC、ETD和RM型等)等效截面积为

$$A_{\delta} = A_{e}(1+\delta/d)^{2} \tag{4.7.14}$$

对于边长为$a \times b$的矩形截面(E型)气隙,等效截面面积为

$$A_{\delta} = A_{e}(1+\delta/a)(1+\delta/b) \tag{4.7.15}$$

则气隙磁芯电感为

$$L = N^{2}\mu_{0}A_{\delta}/\delta \tag{4.7.16}$$

从电路拓扑讨论中知道,开关电源中的滤波电感有两种工作模式:电流连续CCM模式和电流断续DCM模式。在电流连续模式,电感磁芯中磁通的直流分量很大,脉动分量很小;而在断续模式中,磁芯中磁感应全部是脉动分量,磁芯单向磁化。连续时磁感应$(B+\Delta B/2) < B_{s}$,断续时,以100~200 mW/cm^{3}选择磁感应B_{m},$\Delta B = 2B_{m}$。反激变压器实际上也是电感,也可以工作在连续和断续模式,磁芯工作状态与滤波电感相同,不同的是不管工作在连续还是断续,线圈电流总是断续的。

在谐振变换器中的谐振电感,流过脉冲电流,一般磁芯也是单向磁化,瞬时损耗较大。双向工作的谐振电感与逆变器中交流滤波电感相似,磁芯双向磁化,磁芯损耗和铜损耗都是设计时考虑的主要因素。电磁兼容的共模电感的电感量由某频带需要衰减量决定,根据带宽决定磁性材料和线圈的结构。共模电感线圈流过输入或输出电流,导线损耗是设计中又一个主要考虑因素。

1. 线性电感

1) 电流连续模式电感

Buck和正激变换器类的滤波电感,都是连续模式,脉动分量一般是恒定分量的20%。一般磁芯损耗可以忽略,电感器损耗主要是线圈的直流损耗。反激变换器变压器也是电感,如果工作在连续模式,磁芯与连续模式电感磁芯一样,损耗可以忽略。但线圈不仅有直流损耗,还有交流损耗。

【例题 4.7.5】 设计一个正激交错变换器输出滤波电感。

设计参数如下:

电感输入电压$U_{i} = 82$ V,输出电压$U_{o} = 55$ V,工作频率$f = 192$ kHz,输出电流$I_{o} = 28$ A,限流电流$I_{olim} = 31$ A,纹波电流$\Delta I = 5.6$ A,占空比$D = 0.667$,极限占空比$D_{lim} = 0.9$,电感量$L = 24\ \mu$H。

【解】 (1) 选择磁性材料和尺寸

连续模式电感的磁通脉动分量很小,磁芯损耗小,工作频率小于40 kHz,功率铁氧体材料磁芯损耗可以不计。当工作频率高于40 kHz时,工程上为了降低批量成本和管理成本,常采用与主变压器相同的材料,一般主变压器材料损耗较低,作为近似计算也可以不考虑磁芯损耗。仍以牌号为3F3的磁芯为例,磁化特性曲线如图4.7.14所示,

100 ℃ 的饱和磁通密度应为 0.33 T。选择最大工作磁通密度 $B_m = 0.31$ T，在过流时磁通密度最大脉动分量为 $\Delta B = \Delta I B_m / I_{pmax} = (5.6 \times 0.31/31)$T $=$ 0.056 T，第 1 象限的磁通密度变化量为 0.028 T。

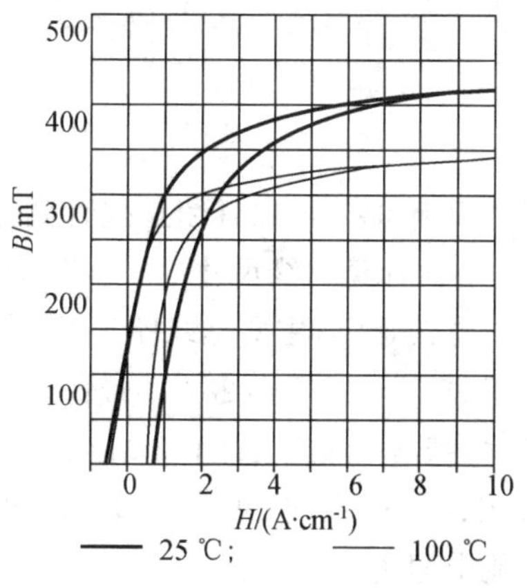

图 4.7.14　铁氧体磁化特性曲线图

从图 4.7.11 可以看到，0.028 T 对应的单位体积损耗很低，磁芯损耗可以忽略。由磁芯 AP 法的经验公式得到

$$AP = \left(\frac{LI_{sp}}{B_m} \cdot \frac{I_o}{K_1}\right)^{\frac{4}{3}} = \left(\frac{24 \times 10^{-6} \times 31 \times 28}{0.31 \times 0.03}\right)^{\frac{4}{3}} \text{cm}^4 = 2.93 \text{ cm}^4$$

选择磁芯 E42C，尺寸如图 4.7.15 所示，$A_e = 2.33$ cm²，窗口面积 $A_w = 2.56$ cm²，AP $= 6$ cm⁴ > 2.93 cm⁴，$V_e = 22.7$ cm³，$h_w = 0.86$ cm，$b_w = 0.86$ cm，$l_{av} = 8.0$ cm(脱胎)，$a = 12.2$ mm，$b = 20$ mm。

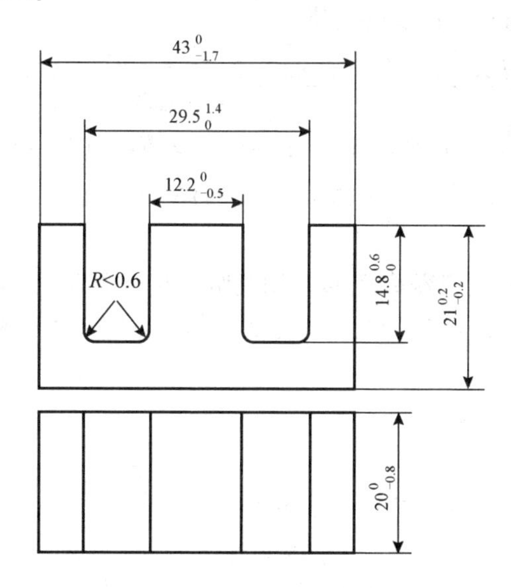

图 4.7.15　E42C 磁芯尺寸图

(2) 计算匝数

$$N = \frac{L\Delta I}{\Delta B \times A_e} = \frac{24 \times 10^{-6} \times 5.6}{0.056 \times 2.33 \times 10^{-4}} = 10.3$$

取 10 匝。

(3) 计算气隙长度

设 $\delta = 1.5$ mm $= 0.15$ cm，由式(4.7.15) 和式(4.7.16) 得到

$$\delta=\mu_0 N^2\frac{A_e}{L}\left(1+\frac{\delta}{a}\right)\left(1+\frac{\delta}{b}\right)\times 10^4=$$

$$4\pi\times 10^{-3}\times 10^2\times\frac{2.33}{24}\left(1+\frac{0.15}{1.22}\right)\left(1+\frac{0.15}{2}\right)\text{cm}=1.47\ \text{mm}$$

误差只有2%,可以继续迭代直到需要的误差范围。

(4) 计算导线尺寸

电流连续,主要是线圈损耗,因为匝数少,电流密度可以选取$j=8\ \text{A/mm}^2$,导线截面积$A_{Cu}=I/j=(28/8)\text{mm}^2=3.5\ \text{mm}^2$,查国标QQ-2高强度漆包线规格中选择圆导线,裸导线$d=2.24\ \text{mm}$,$A_{Cu}=3.94\ \text{mm}^2$,带漆直径$d'=2.36\ \text{mm}$,$N=10$匝宽度为23.6 mm,小于29.4 mm,一层可以绕下。20 ℃导线时每米电阻为$R'=4.44\ \Omega$,线圈直流电阻为

$$R_{dc}=R'l_{av}N=(4.44\times 8.0\times 10\times 10^{-2})\text{m}\Omega=3.552\ \text{m}\Omega$$

工作频率$f=192\ \text{kHz}$,温度为$T=100$ ℃时的集肤深度为

$$\Delta=\frac{7.6}{\sqrt{f}}=\frac{7.6}{\sqrt{192\times 10^3}}\text{cm}=0.17\ \text{mm}$$

导线的有效厚度与集肤深度的比值为

$$Q=\frac{0.83d\times\sqrt{d/d'}}{\Delta}=\frac{0.83\times 2.24\times\sqrt{2.24/2.36}}{0.17}=10.65$$

取$Q=10$,绕1层,由图4.7.2查得$F_R=10$,交流电阻$R_{ac}=F_R R_{dc}=35.52\ \text{m}\Omega$,三角波的有效值为$I_\Delta=\Delta I\sqrt{1/12}=(5.6\times 0.289)\text{A}=1.62\ \text{A}$。

(5) 线圈结构

因为选择导线较粗,成型容易,可以采用脱胎线圈,单层结构。窗口宽度为2.96 cm,导线带漆皮直径为2.36 mm,10匝导线宽度为2.36 cm,应当不难安置线圈。由于单层,散热效果也好。

(6) 计算导线损耗和温升

直流损耗为

$$P_{dc}=I^2R_{dc}=(28^2\times 3.552\times 10^{-3})\text{W}=2.784\ \text{W}$$

交流损耗为

$$P_{ac}=I_\Delta^2R_{ac}=(1.62^2\times 35.5\times 10^{-3})\text{W}=0.093\ \text{W}$$

总损耗为

$$P=P_{dc}+P_{ac}=(2.784+0.093)\text{W}=2.877\ \text{W}$$

磁芯热阻为

$$R_{th}=36/A_w=(36/2.56)℃/\text{W}=14.1\ ℃/\text{W}$$

线圈温升为

$$\Delta T=PR_{th}=(2.877\times 14.1)℃=40.5\ ℃$$

因为是用20 ℃电阻率计算电阻,实际线圈温度不是20 ℃。例如环境温度是40 ℃,温升40.5 ℃,线圈温度是80.5 ℃,比20 ℃高60.5 ℃,电阻和功率损耗正比增加,温升

也要增加。假定增加到 $T=91$ ℃，相对 20 ℃ 温升 $\Delta T=71$ ℃，因为磁芯损耗忽略，电阻增加即温升增加，于是 $T=(1.0039^{71}\times 40.5)$℃ $+40$ ℃ $=93$ ℃，再次用 $\Delta T=(93-20)$℃ $=73$ ℃ 迭代 $T=(1.0039^{73}\times 40.5)$℃ $+40$ ℃ $=93.8$ ℃，这已经很接近 93 ℃，实际线圈损耗为

$$P=P_{20℃(dc)}\times 1.003\ 9^{73}=(2.784\times 1.003\ 9^{73.6})\mathrm{W}=3.71\ \mathrm{W}$$

电流连续模式的其他拓扑的电感即 Buck、Boost、Buck/Boost 以及推挽、半桥和全桥输出滤波电感设计方法相似。连续模式反激变压器磁芯损耗虽然可以不计，但线圈电流是断续的，必须计算线圈交流损耗，尤其是多层线圈。为减少邻近效应引起的交流电阻增加，初级与次级通常要分段交替绕制。

2）电流断续模式电感

断续模式磁芯磁通变化与正激模式磁芯相似，在 B_m 和 B_r 之间往返改变。反激变压器是储能元件，磁芯磁路中必须有气隙，由于气隙的去磁作用，一般 B_r 很小。在高频时，工作磁通密度越高，磁芯损耗越大。如果使用铁氧体磁芯，大于 50 kHz 以后，为限制磁芯损耗，允许损耗选择磁芯的工作磁通密度。在自然冷却条件下，一般以磁芯单位体积损耗 100 mW，工作频率对应的 B 乘以 2 作为工作磁通密度。两倍以后磁通密度应小于 B_s。

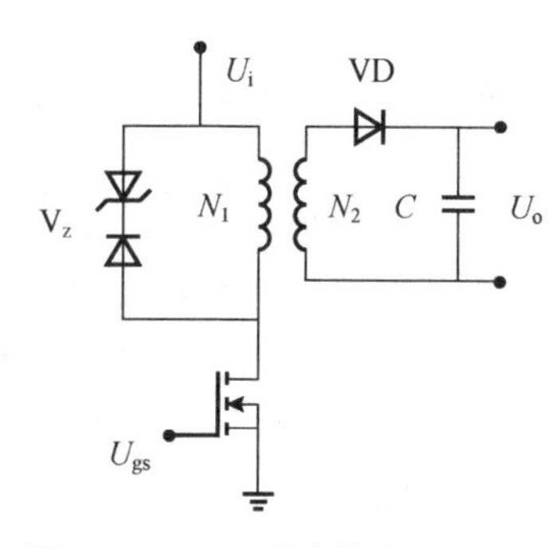

图 4.7.16　反激变换器原理电路

第 2 章讨论反激断续变压器的基本关系。反激变换器原理如图 4.7.16 所示，钳位电路用稳压管 V_Z 钳位。

【例题 4.7.6】　设计一个断续模式反激变压器。

反激变压器设计参数如下：

输入电压 $U_i=100\sim 360$ V，输出电压为 6 V，电流为 5 A，短路电流 $I_{sp}=6$ A，工作频率 $f=70$ kHz，极限占空比 $D_{lim}=0.47$，最大反向复位占空比 $D_R=0.47$，温升 $\Delta T=50$ ℃，允许漏感小于初级电感的 4%，即 $L_s<4\%\times L_1$。

【解】　(1) 确定次级电压和输出功率

次级整流二极管采用肖特基管，压降为 0.4 V，输出电路压降为 0.15 V。次级电压为 $U'_o=U_o+0.55$ V $=6.55$ V，变压器输出功率 $P'_o=I_o\times U'_o=(5\times 6.55)$W $=32.75$ W。

(2) 计算次级电感量

由式(2.2.50) 即 $L_1=\dfrac{(U'_{imin}D_{max})^2\eta_T}{2fP'_o}$ 可推导得到

$$L_2=\frac{(U'_oD_R)^2}{2fP'_o}=\frac{(6.55\times 0.47)^2}{2\times 70\times 10^3\times 32.75}\ \mathrm{H}\approx 2.1\ \mu\mathrm{H}$$

设变压器效率为 88%，最大占空比小于极限值，取 $D_{max}=0.45$。

(3) 计算匝比

变压器效率是次级输出功率与初级输入功率之比，损耗为磁芯损耗和线圈损耗之和，同时还要加上由于漏感损耗的功率，假定稳压管电压是反射电压的2倍。输入端增加8%的输入功率，加上变压器损耗2%，因此变压器效率近似为90%。次级电压考虑了整流器压降，初级电压高，可以不考虑功率管压降。当输入电压为下限100 V时，变比为

$$n = \frac{N_1}{N_2} = \frac{U'_{\mathrm{imin}} D_{\max}}{U'_{\mathrm{o}} D_{\mathrm{Rmax}}} \sqrt{\eta_T} = \frac{100 \times 0.45}{6.55 \times 0.47} \sqrt{0.90} = 13.87$$

取14匝。

(4) 计算线圈电流

输出电流 $I_o = 5$ A，复位占空比 $D_R = 0.47$，次级峰值电流为

$$I_{2p} = \frac{2I_o}{D_R} = \frac{2 \times 5}{0.47} \mathrm{A} = 21.28 \mathrm{A}$$

次级电流波形为断续三角波，次级电流有效值为

$$I_2 = I_{2p} \sqrt{\frac{D_R}{3}} = \left(21.28 \times \sqrt{\frac{0.47}{3}}\right) \mathrm{A} = 8.42 \mathrm{A}$$

次级电流交流有效值为

$$I_{2ac} = I_{2p} \sqrt{\frac{D_R}{3} - \frac{D_R^2}{4}} = \left(21.28 \sqrt{\frac{0.47}{3} - \frac{0.47^2}{4}}\right) \mathrm{A} = 6.8 \mathrm{A}$$

初级峰值电流为

$$I_{1p} = I_{2p}/n = (21.28/14) \mathrm{A} = 1.52 \mathrm{A}$$

初级电流有效值为

$$I_1 = I_{1p} \sqrt{D/3} = (1.52 \times \sqrt{0.47/3}) \mathrm{A} = 0.6 \mathrm{A}$$

输入平均电流为

$$I_i = DI_{1p}/2 = (0.47 \times 1.52/2) \mathrm{A} = 0.36 \mathrm{A}$$

(5) 选择磁性材料和尺寸

选择Magnetics公司P材料，100℃饱和磁通密度 $B_{s(100℃)} = 0.39$ T，单位体积损耗 P_v 与频率、磁通密度关系为

$$P_v = 0.158 f^{1.36} B^{2.86}$$

$f = 70$ kHz，如果 $P = 100\ \mathrm{mW/cm^3}$，解得 $B = 1.264$ kGs $= 0.126\,4$ T。

如表4.7.3所列，反激线圈的 $K_2 = 0.006$，断续模式的AP值为

$$\mathrm{AP} = \left[\frac{L_2 \Delta I}{\Delta B_m} \cdot \frac{I_{2P}}{K_2}\right]^{4/3} = \left[\frac{2.1 \times 10^{-6} \times 5 \times 21.28}{0.127 \times 0.006}\right]^{4/3} \mathrm{cm^4} = 0.196 \mathrm{cm^4}$$

选择零件号为E25的磁芯，具体参数如下：$A_e = 0.385\ \mathrm{cm^2}$，$c = 6.35$ mm，$f = 6.4$ mm，$V_e = 1.87\ \mathrm{cm^3}$，$A_w = 0.775\ \mathrm{cm^2}$，$h_w = 0.622$ cm，$b_w = 125$ cm，平均匝长 $l_{ac} = 1.25$ cm。其外形尺寸如图4.7.17所示。

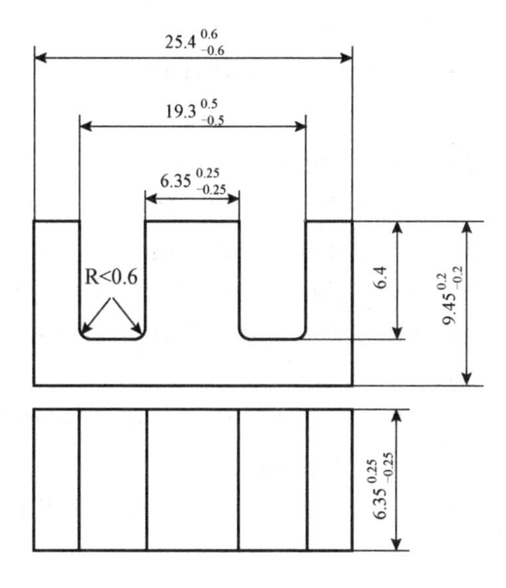

图 4.7.17　E25 磁芯外形尺寸

(6) 计算线圈匝数

一般总是从最低匝数算起，匝数取整对变比影响大。与双向磁化相等损耗，磁感应加倍，次级匝数为

$$N_2 = \frac{L_2 I_{2p}}{\Delta B \times A_e} = \frac{2.1 \times 21.28}{0.253 \times 0.385} \times 10^2 = 4.59$$

取 5 匝。

实际磁通密度为

$$\Delta B = 2 \times B \times N_2 / N'_2 = (2 \times 0.126\,4 \times 4.59/5)\text{T} = 0.232\ \text{T}$$

取其一半，$B = (0.232/2)\text{T} = 0.116\ \text{T} = 1.16\ \text{kGs}$，代入损耗公式，得到

$$P = 0.158 f^{1.36} B^{2.86} = (0.158 \times 70^{1.36} \times 1.16^{2.86})\text{mW/cm}^3 = 78.1\ \text{mW/cm}^3$$

则磁芯损耗为

$$P_c = PV_e = (78 \times 1.87)\text{mW} = 146\ \text{mW} = 0.146\ \text{W}$$

初级匝数为

$$N_1 = nN_2 = 14 \times 5 = 70$$

取 $N_1 = 70$ 匝，初级分成 2×35 匝，将次级夹在初级中间。

(7) 计算气隙

由式(4.7.15) 和式(4.7.16) 得到

$$\delta = \mu_0 N^2 \frac{A_e}{L}\left(1 + \frac{\delta}{c}\right)\left(1 + \frac{\delta}{f}\right) \times 10^4$$

设 $\delta = 0.7$ mm，代入上式进行迭代，则

$$\delta = \left[4\pi \times 10^{-3} \times 5^2 \times \frac{0.385}{2.1}\left(1 + \frac{0.07}{0.635}\right)\left(1 + \frac{0.07}{0.64}\right)\right]\text{cm} = 0.71\ \text{mm}$$

误差小于 1.4%。上式中电感单位为 μH，其长度单位为 cm。

(8) 计算导线尺寸

根据第二步的电流选择导线尺寸,并计算损耗和温升。(略)

2. 非线性直流电感设计

Buck类变换器输出纹波小,为避免电感进入电流断续状态引起振荡,设计输出滤波电感工作在电流连续状态,因此存在最小输出电流问题。通常选择纹波电流是输出电流的20%。但是实际应用中,输出电流常常从零到满载都有可能,为了避免空载,通常在输出端接假负载,这样降低了效率。如果考虑轻载也连续,则电感体积、质量太大。在效率要求严格的场合,有时采用非线性铁氧体气隙磁芯或磁粉芯电感。

1) 铁氧体非线性电感设计

铁氧体气隙磁芯非线性电感的气隙如图4.7.18所示。斜坡气隙控制较困难,一般采用图(b)阶梯气隙。在电感电流很小时,磁通经过边缘的小气隙δ_2,电感量很大;当电流增大时,小气隙凸出部分饱和,磁导率接近空气磁导率,相当于气隙加大到δ_1,电感量下降到需要的水平。

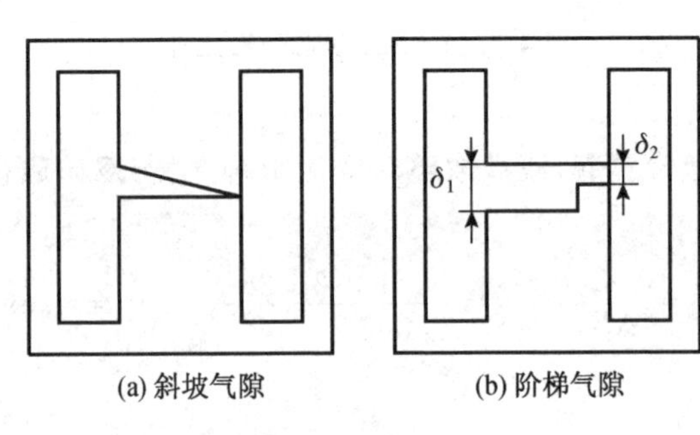

(a) 斜坡气隙　　(b) 阶梯气隙

图4.7.18　铁氧体气隙磁芯非线性电感气隙

一般选择脉动电流是恒定分量的20%,也就是说电流大于额定电流20%以后,电流进入连续。工程上按线性电感设计计算出要求的气隙δ_1。阶梯凸出部分只占整个气隙面积的1/5,一般初始电感为最终电感的4倍,如不考虑边缘磁导,δ_2不得大于δ_1的1/20。因为δ_1较大,边缘磁通也大,实际δ_1为δ_2的20～24倍,可通过实验确定。

虽然阶梯气隙较好地解决假负载问题,但气隙做成阶梯需要磁芯制造厂额外加工,磁芯成本将增加;此外,气隙凸出部分磁芯饱和,局部损耗大,引起较高温升。同时滤波电感随负载变化而变化,LC滤波器的谐振点变化,引起闭环穿越频率也发生变化,第6章开关电源的闭环设计中介绍,如果按照满载设计误差放大器的校正特性,轻载时穿越频率向低频移动,同时引起相位裕度的变化。

2) 磁粉芯电感设计

磁粉芯是分布气隙,磁粒磁化不均匀引起磁化曲线非线性严重,随着磁场强度增加磁导率下降。磁粉芯主要用来作为滤波电感或反激变换器变压器磁芯。由于共模电感工作在初始磁导率附近,μ的非线性不是主要问题。

磁粉芯一般做成环形磁芯,环形磁芯的散磁通较小,体积小,饱和磁感应比铁氧体高。正是由于其磁导率非线性,特别适合做滤波电感。但由于环形绕线需要环形绕线机,

特别是大电流电感，需要人工绕制，制造成本高。

磁粉芯电感设计与气隙铁氧体电感不同，磁芯选择虽然有制造厂家提供的选择曲线，但有很大的随意性。通常根据经验选择磁芯尺寸，通过多次迭代确定参数。初始的取值好坏与否只是影响迭代次数，可能有几个不同的结果。最终通过比较，在相同电气性能情况下，采用最低的价格设计。以下通过一个例子来说明设计方法。

【例题 4.7.7】　设计一个磁粉芯电感，电感用于 Buck 变换器输出滤波电感。为简化计算，假设输入电压不变简单起见为 15 V，输出电压为 5 V，输出电流为 2 A，工作频率为 250 kHz。电感量为35 μH，电流从 0 到 2 A 变化，允许磁芯磁通变化不超过 20%，即电感量变化不超过 20%，绝对损耗为 300 mW，自然冷却，温升 $\Delta T = 40$ ℃。

【解】　(1) 计算电感量

根据已知得到占空比 $D = 5/15 = 0.33$，纹波电流峰峰值 $\Delta I = U\Delta t/L = (15\ \text{V} - 5\ \text{V})(0.33 \times 4\ \mu\text{s})/35\ \mu\text{H} = 0.377$ A(约为直流分量的 20%)；电感绝对损耗为 300 mW，磁芯损耗和线圈损耗各占一半。电感变化量小于 20%，这就意味着，临界连续时需要的电感是44 μH(35 μH ÷ (1 − 20%) = 44 μH)。

(2) 选择磁芯材质

因为工作频率高，采用损耗最低的坡莫合金 MPP 磁粉芯材料。因为磁粉芯材料磁导率随直流偏置加大而下降，设计中必须有磁导率与直流偏置关系曲线，以及磁芯尺寸数据。

(3) 粗选磁芯尺寸

一般厂家提供磁芯选择指南，根据电感储能选择磁芯尺寸。如果没有选择指南，也可以根据设计经验确定，还可以任意选择一个磁芯尺寸，虽然第一次试选不是十分重要，但它可以减少设计工作量。如果使用 Magnetics 公司的 MPP 磁芯，从公司的手册中找到选择指南，如图 4.7.19 所示，电感存储的 2 倍能量为 $W = LI^2 = (35 \times 10^{-6} \times 2^2)\ \text{mH} \cdot \text{A}^2 = 0.14\ \text{mH} \cdot \text{A}^2$。

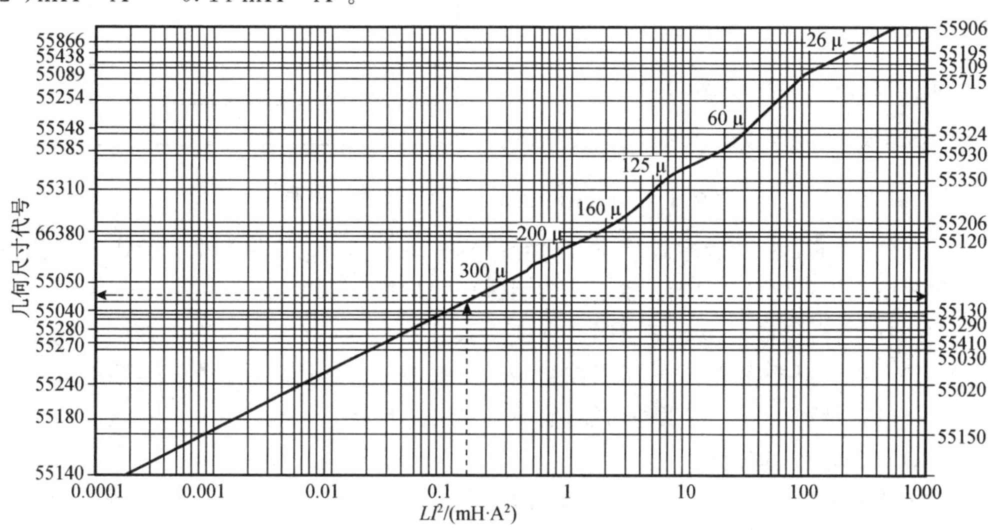

图 4.7.19　MPP 选择示意图

在图 4.7.19 上横坐标 0.14 mJ 处纵向画一虚线，与磁芯初始磁导率为 300μ 的磁芯相交，交点向左对应在纵坐标上的代号 55050 和 55040 磁芯之间，暂选择55045 磁芯。从手册查得55045 的有关参数(见图 4.7.20)，1000 匝的电感系数 $A_L = 134 \times (1 \pm 8\%)/10^6$ mH。

$$N = \sqrt{L/A_L} = \sqrt{44/(0.134 \times 0.92)} = 18.9$$

取整数为 19 匝，校核电感为

$$L = N^2 A_L = 19^2 \times 134 \times 0.92/10^6 \text{ mH} = 44.5 \mu\text{H}$$

式中：0.92 表示电感系数有 -8% 的误差，因为是取整的关系，与希望值有些误差，但很小。

(4) 计算磁通密度

直流电流由 0 变化到 2 A，由图 4.7.20 中得到其平均磁路长度为 $l = 3.12$ cm。CGS 制磁场强度为

$$H = \frac{0.4\pi NI}{l} = \frac{0.4\pi \times 19 \times 2}{3.12} \text{Oe} = 15.3 \text{ Oe}$$

磁芯中的磁通密度为 $B = \mu H = (300 \times 15.3)$Gs = 4 590 Gs。

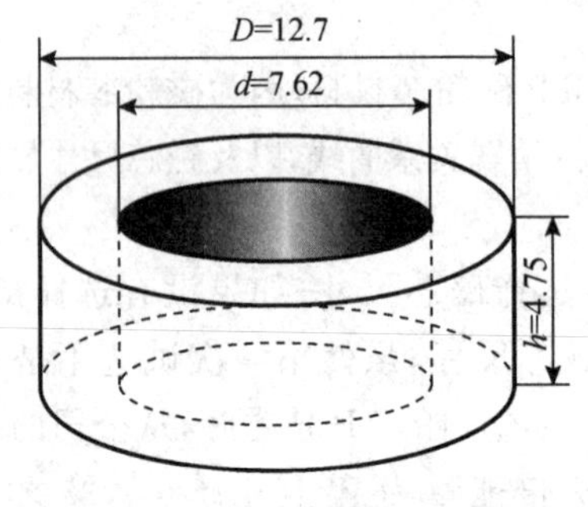

注：窗口A_w=0.383 cm², 截面积A_c=0.114 cm²,

磁路长度l=3.12 cm, 绕线表面积A_s=8.1 cm²,

面积乘积AP=0.043 7 cm⁴, 体积V=0.356 cm³,

填充系数60%时平均匝长2.2 cm。

磁导率μ_r	A_L (±8%)	零件号
14	6.4	55053-A2
26	12	55052-A2
60	27	55051-A2
125	56	55050-A2
147	67	55049-A2
160	72	55048-A2
173	79	55044-A2
200	90	55047-A2
300	134	55045-A2
550	255	55046-A2

图 4.7.20 MPP 55045 - A2 磁芯尺寸数据

应该关注的是在直流电流下磁芯磁导率损失的百分比，某些厂家只给出一两点的数值，要精确知道电感有困难，建议不要用这样的数据。

有些厂家提供描述磁导率与磁通密度关系计算公式(或曲线)，因为这些公式是拟合数据的，不是根据理论推导，所以在初始磁导率 20% 以下，采用的公式会有较严重的误差，一般总是利用厂家提供的曲线，而不是用公式计算。

(5) 计算电感变化量

55045 磁芯的初始磁导率是 300，在图 4.7.21 曲线 9 上找到 $H = 15.3$ Oe，磁芯的相对初始磁导率百分比为 67%(图中 A 点所示)。这意味着在 2 A 时电感减小到仅(44.5 ×

67%)μH = 29.8 μH。为了增加电感量，需增加匝数，但磁导率降低到 80% 以下，超过了磁芯磁感应变化允许值 20% 的规定。增加匝数将增加磁通密度，即进一步增加电感变化率，可用另一个低 μ 磁芯试试。

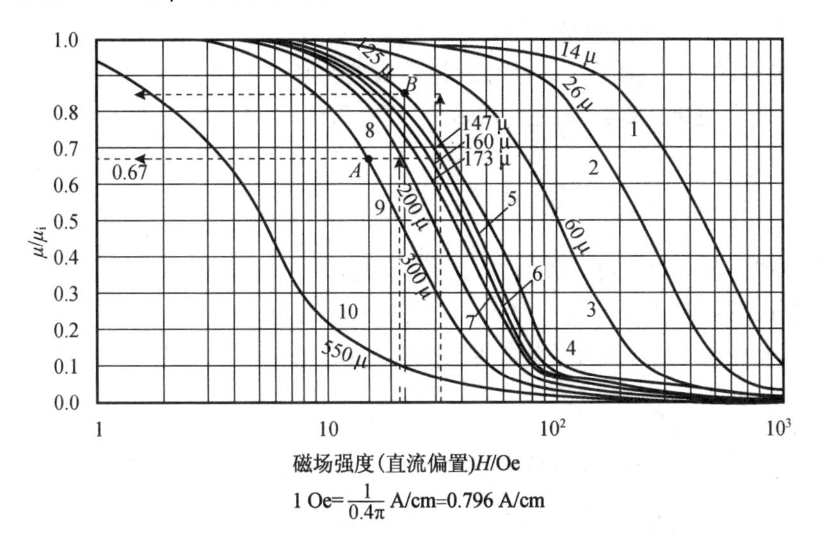

图 4.7.21　MPP 磁芯直流偏置下相对磁导率变化百分比

(6) 第二次试算

采用 μ_r = 125 的磁芯，磁芯代号是 55050，其 $A_L = 56 \times (1 \pm 8\%) \times 10^{-6}$ mH，用最小 A_L 计算需要的匝数：

$$N = \sqrt{L/A_L} = \sqrt{44/(0.056 \times 0.92)} = 29.2$$

取 29 匝。

(7) 再次计算磁通密度、磁导率变化量和匝数

$$H = \frac{0.4\pi \times 29 \times 2}{3.12}\text{Oe} = 23.4\ \text{Oe}$$

比第一次试算磁场强度要高，但因为这是低磁导率磁芯，所以磁通密度不会过高。再由图 4.7.21 找到 125 μ 曲线，在 23.4 Oe 处是初始磁导率的 85%(图中 B 点所示)处。实际达到的电感量为 $L = (56 \times 0.92 \times 29^2 \times 85\% \times 10^{-6})$mH = 36.83 μH，大于需要 35 μH，只大了 5%。磁芯中磁通密度为 $B = \mu \times H \times 0.85 = (23.4 \times 125 \times 0.85)$Gs = 2 486 Gs，这是直流磁通密度，没有损耗。

最常用的磁芯是 μ_r = 60、125 和 300，如果做一个样机，最好选择其中一个。在像这样几次迭代之后，得到这个尺寸并不是使用的最低磁导率磁芯。或者用 μ_r = 60 的磁芯，一般不用特殊规格磁芯，或者按“指南”选择该应用最小可能尺寸磁芯。可以放宽电感的变化范围，即允许电感从较高数值变化到较低数值。这影响到电感中的纹波电流，从而影响到输出电容的纹波电流和输出纹波电压，随负载从最小到最大改变。意味着 LC 滤波存在双极点频率，会给闭环特性带来麻烦，同时输出电容纹波变化较大。可以选择下一个较大尺寸，再试一次，所有这些选择并从头计算仅需要几分钟。

(8) 选择导线

由图4.7.20得到55045的线圈窗口面积为0.383 cm²。对于一个环,不可能将它绕满,否则没办法绕线。导线不可能非常整齐排列。因此环形磁芯充填系数也只有环窗口的40% ~ 50%。值得一提的是,导线还有绝缘占窗口截面积,还有两倍、三倍或四倍绝缘,并具有各自的面积。细导线的绝缘比粗导线绝缘所占百分比大,而多股的所谓利兹线绝缘充填系数更低,单股导线可用截面积是总窗口截面的一半除以总匝数,算式如下:

$$A_{Cu} = \frac{A_w/2}{N} = \frac{0.383/2}{29}\ \text{cm}^2 = 0.006\ 6\ \text{cm}^2 = 0.66\ \text{mm}^2$$

一般电流密度可以选择4 A/mm²,2 A只要0.5 mm²即可,小于0.66 mm²。选择裸径为0.83 mm、带绝缘直径为0.92 mm、截面积为0.541 mm²的导线。选择磁环TN12.5/5,外径12.7 mm,内径为7.62 mm,高4.75 mm。第一层匝数为

$$N_1 = \frac{\pi(d-d')}{d'} = \frac{\pi(7.62-0.92)}{0.92} = 22.87$$

考虑绝缘层取19匝还需要再绕10匝。第二层匝数为

$$N_2 = \frac{\pi(d-2d')}{d'} = \frac{\pi(7.62-1.84)}{0.92} = 19.7$$

大于10匝(29匝 − 19匝 = 10匝),实际绕了两层。

(9) 计算电阻

已经选择了导线规格,可以计算线圈的电阻。从图4.7.20中找到60%填充系数的每匝长度为2.20 cm,假定填充系数为40%,则选择平均匝长为2.06 cm。

如果生产厂没有给出某填充系数每匝长度时,或没有提供每匝长度的填充系数,可以这样近似:每匝长度等于$OD+2H_t$,这里OD是没有绕线圈的磁芯外径,H_t是未绕线圈的磁芯高度。

选择平均匝长l_{ac} = 2.06 cm,直径为0.83 mm导线,20 ℃时的单位长度电阻为R/l = 32.4 mΩ/m,直流电阻为

$$R_{dc} = l \times N \times R/l = (2.06\times 10^{-2}\times 29\times 32.4)\text{m}\Omega = 19.4\ \text{m}\Omega$$

根据式(4.7.7)得到250 kHz的集肤深度为0.152 mm,根据式(4.7.8)求得圆导体的有效厚度为$h = 0.83d\sqrt{nd/d'} = (0.83\times 0.83\sqrt{0.83/0.92}) = 0.654$ mm,再由$Q = h/\Delta = 4.3$,从图4.7.2查得两层$F_R = 14$,交流电阻为$R_{ac} = (14\times 19.4)\text{m}\Omega = 271\ \text{m}\Omega$。

(10) 计算功率损耗

已经计算了磁通密度和电阻,为求得电感中总损耗,需要决定磁芯损耗交流磁通密度。

开关频率为250 kHz,其周期为4 μs,占空比为33%,所以电流纹波的峰峰值为

$$\Delta I = \frac{U_o(1-D)T}{L} = \frac{5\times(1-0.33)\times 4}{36.4}\text{A} = 0.368\ \text{A}$$

交流磁场强度为

$$H_{ac} = 0.4\pi N\Delta I/l = (0.4\pi\times 29\times 0.368/3.12)\text{Oe} = 4.3\ \text{Oe}$$

磁芯的峰值交流磁通密度为

$$B_p = \mu H_{ac} = (125 \times 85\% \times 4.3)\text{Gs} = 457\ \text{Gs}$$

磁导率是初始磁导率的 85%(2 A 的直流偏置使得 μ 下降 85%)。

虽然求得交流磁通密度，还不能求磁芯损耗，因为电流是三角波，不是正弦波。由于有了正弦波损耗，可以用幅值与三角波相同的正弦波代替三角波来近似。

这种近似要以试验和测试为基础，不可能用磁芯损耗计算获得可靠的结果。如果误差在 10% ～ 20% 内则是比较理想的效果。

对于 Magnetics 公司的 $\mu_r = 125$ 磁芯，单位体积损耗表达式为

$$P_v = 1.199B^{2.31}f^{1.4} = 447\ \text{mW/cm}^3$$

式中：$B = 0.457$ kGs，$f = 250$ kHz，体积 $V_e = 0.356\ \text{cm}^3$。

所以磁芯损耗为

$$P_c = P_v V_e = (447 \times 0.356)\text{mW} = 159.1\ \text{mW}$$

线圈直流损耗为

$$P_{wdc} = I_{dc}^2 R_{dc} = (2^2 \times 0.0194)\text{W} = 77.6\ \text{mW} \qquad (20\ ℃)$$

线圈交流有效值为

$$I_{ac} = 0.289\Delta I = (0.289 \times 0.368)\text{A} = 0.106\ \text{A}$$

线圈交流损耗为

$$P_{wac} = I_{ac}^2 R_{ac} = (0.106^2 \times 0.291)\text{W} = 3.3\ \text{mW}$$

总线圈损耗近似 80 mW。可以看到铜损耗比磁芯损耗小，可以增加匝数。如果纹波做得非常小，则产生的磁芯损耗小，则要减少铜损耗来增加磁芯损耗。可以拆除一些匝数，或采用高磁导率磁芯，使得电感摆幅加大。总的功率损耗 $P = P_s + P_{Cu} = 159.1\ \text{mW} + 81\ \text{mW} = 240\ \text{mW}$，由图 4.7.20 查得 $A_s = 8.1\ \text{cm}^2$，应用预计温升公式

$$\Delta T = \left[\frac{P}{A_s}\right]^{0.833} = \left[\frac{240}{8.1}\right]^{0.833}\ ℃ = 16.8\ ℃$$

式中：P 为环形磁芯电感损耗功率(mW)；A_s 为电感器散热表面积(cm^2)。

如果功率损耗引起的温升由铜损耗占支配地位，且温升过高，就应减少匝数。有必要选取一个尺寸较大的磁芯。相反如果温升太低，应重新选择一个较小磁芯再算。

(11) 计算温升

前面计算线圈损耗是按 20 ℃ 电阻计算的。实际上，除了线圈温升外，环境最高温度也应当考虑。如果环境温度为 40 ℃，温升 16.8 ℃，预计线圈温度为 40 ℃ + 16.8 ℃ = 56.8 ℃。线圈电阻就要增加，应当按该温度修正计算的铜损耗。

预计线圈温度为 56.8 ℃，比 20 ℃ 高 36.8 ℃，由于铜的电阻率温度系数为 0.39%/℃，是正温度系数，电阻增加的系数为 $1.0039^{36.8} \approx 1.154$，因此线圈电阻损耗增加 $P_W = (1.154 \times 80.9)\text{mW} = 93.4\ \text{mW}$，总损耗为 159.1 mW + 93.4 mW = 252.6 mW 的温升为

$$\Delta T = \left[\frac{P}{A_s}\right]^{0.833} = \left[\frac{252.6}{8.1}\right]^{0.833}\ ℃ = 17.6\ ℃$$

还可以继续迭代,这已很接近计算铜阻的温升,现在全部计算一致了。但在实际应用中,通常希望限制磁芯温升在 40 ℃ 左右。

假设电感工作在一个环境温度 40 ℃,如果电感温度超过一定值,就需要强迫风冷散热设计。当计算电阻时,不要忘记绝缘的最高温度。

即使最简单电感,一个直流电感设计也要做许多工作。做这样的设计通常使用计算机程序。

3. 其他电感设计

1) PFC 电感设计

通常 Boost 功率电路的 PFC 电感有三种工作模式:连续、临界连续和断续。

(1)CCM 连续模式的基本关系

① 确定输出电压 U_o 的大小。如图 4.7.22 所示是 Boost PFC 校正级原理图,电网电压一般都有一定的变化范围($U_i \pm \Delta\%$),为了输入电流很好地跟踪输入电压,即使在输入电压最高的峰值电压 Boost 级也能调节占空比,输出电压不能过低,但输出电压过高时功率开关需要更高的电压定额。输出电压一般是输入最高峰值电压的 1.04 ～ 1.1 倍。例如,输入电压 220 V,50 Hz 交流电,变化范围是额定值的 20%($\Delta = 20$),最高峰值电压是 $U_{pmax} = 220 \times (1.2 \times \sqrt{2})\,\text{V} = 373.4\,\text{V}$,输出电压可以选择 $U_o = 390 \sim 410\,\text{V}$。

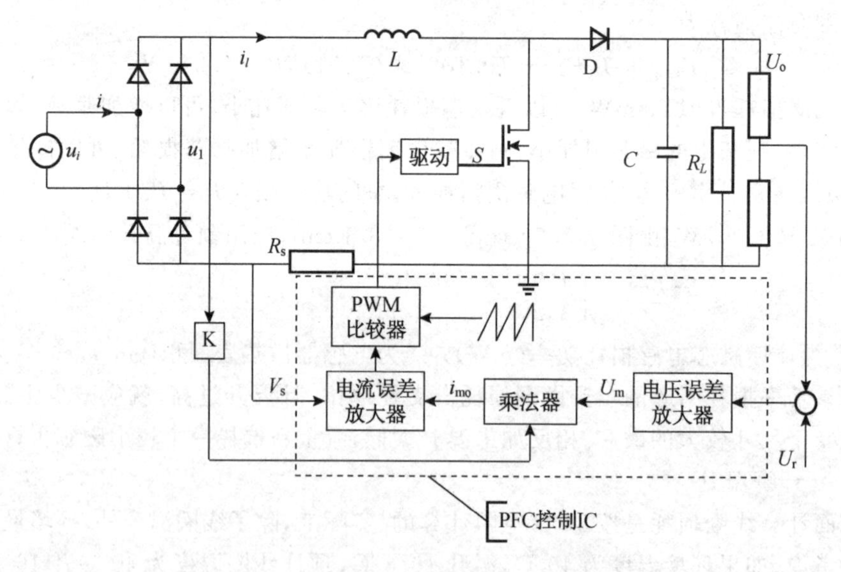

图 4.7.22 Boost PFC 校正级原理图

② 确定最大输入电流。为了使电感在任何时候都能满足设计要求,也即在最大输入电流时不饱和,最大交流输入电流发生在输入电压最低,同时输出功率最大的电流

$$I_{imax} = P_o / (U_{imin} \eta) \tag{4.7.17}$$

式中:$P_o = U_o I_o$;$U_{imin} = U_{in}(100 - \Delta)\%$,为最低输入电压有效值;$\eta$ 为 Boost 级效率,通常在 95% 以上,其峰值电流为 $I_{ipmax} = \sqrt{2} I_{imax}$。

③ 确定工作频率。工作频率直接影响功率器件、效率和功率等级等,因此工作频率的

确定是在综合考虑三个因素后决定。例如，输出功率 1.4 kW，功率管为 MOSFET，开关频率为 70 ～ 100 kHz。

④ 确定最低输入电压峰值时占空比 D_{pmax}。因为连续模式 Boost 变换器电压输出 U_o 与输入 U_i 的关系为

$$U_o = U_i/(1-D)$$

所以

$$D_{pmax} = \frac{U_o - \sqrt{2}U_{imin}}{U_o} \tag{4.7.18}$$

由式(4.7.18)可知，如果 U_o 选取较低，在最高输入电压峰值时对应的占空比小，由于功率开关的开关时间限制(否则降低开关频率)，输入电流可能不能跟踪输入电压，造成输入电流的失真度 THD 加大。

⑤ 确定需要的电感量。为保证电流连续，Boost 电感应当为

$$L \geqslant \frac{\sqrt{2}U_{imin}D_{pmax}}{\Delta I f} \tag{4.7.19}$$

式中：$\Delta I = 2kI_{ipmax}$，$k = 0.1 \sim 0.14$。

可以按照式 $AP = A_w A_c = \left[\frac{LI_{sp}}{B_m} \cdot \frac{I_{1N}}{K_1}\right]^{4/3}$（单位：$cm^4$）选择磁芯尺寸，式中 I_{sp} 是磁芯的峰值短路电流，这里就是 I_{ipmax}，而 I_{1N} 是 I_{imax}。再根据式 $N = \frac{LI}{\Phi} = \frac{LI}{BA_e} = \frac{L\Delta I}{A_e \Delta B} \times 10^{-2}$ 选择匝数，并根据 I_{imax} 和电流密度计算导线尺寸。

输出功率在 1 kW 以上，一般采用气隙磁芯。电感电流连续时采用磁粉芯并不好，因为在电压过零附近，为了跟踪电压，希望电感量小，电流上升快些，减少过零失真，但磁粉芯的初始磁导率低，且绕线困难和成本高。但是气隙磁芯在气隙附近边缘磁通穿过线圈，造成附加损耗，这在工艺上应当注意。

(2) 临界连续 Boost 电感设计

Boost 功率开关零电流导通，电感电流线性上升。当峰值电流达到跟踪的参考电流(正弦波)时开关关断，电感电流线性下降。当电感电流下降到零时，开关管再次导通。如果完全跟踪正弦波，根据电磁感应定律有

$$\sqrt{2}U_i \sin\omega t = L\frac{\sqrt{2}I_i \sin\omega t}{T_{on}}$$

即

$$U_i = LI_i/T_{on} \tag{4.7.20}$$

或

$$T_{on} = \frac{LI_i}{U_i} = L\frac{P_i}{U_i^2} = L\eta\frac{P_o}{U_i^2} \tag{4.7.21}$$

式中：U_i 和 I_i 分别为输入电压和电流有效值。在一定输入电压和输入功率时，T_{on} 是常数。当输出功率和电感一定时，功率管的导通时间 T_{on} 与输入电压 U_i 的平方成反比。

① 确定输出电压。电感上导通时的伏秒面积应当等于截止时的伏秒面积，即

$$U_{ip}T_{on}=(U_o-U_{ip})T_{of}$$

则

$$T_{of}=\frac{U_{ip}}{U_o-U_{ip}}T_{on} \tag{4.7.22}$$

开关周期为

$$T=T_{of}+T_{on}=\left(\frac{U_{ip}}{U_o-U_{ip}}+1\right)T_{on}=\frac{U_o}{U_o-U_{ip}}T_{on}=\frac{T_{on}}{1-\dfrac{U_{ip}}{U_o}} \tag{4.7.23}$$

可见，输出电压 U_o 一定大于输入电压的峰值 U_{ip}，如果输出电压接近输入电压，在输入电压峰值附近截止时间 T_{of} 远大于导通时间 T_{on}，开关周期 T 很长，即工作频率 f 很低。

决定最低输入电压(U_{imin})对应的导通时间为 T_{onl}，设最高和最低输入电压是效率相等，根据式(4.7.21)得到最高输入电压(U_{imax})的导通时间 T_{onh} 为

$$T_{onh}=T_{onl}\left(\frac{U_{imin}}{U_{imax}}\right)^2 \tag{4.7.24}$$

提高 PFC 的输出电压，开关频率变化范围小，有利于输出滤波。但是功率管和整流二极管要更高的电压定额，导通损耗和开关损耗增加。220 V(±20%)交流输入，一般选择输出电压为 410 V 左右。110 V(±20%)交流输入，输出电压选择 210 V。

② 确定最大峰值电流。最大输入电流为

$$I_{imax}=\frac{P_o}{U_{imin}\eta}$$

电感中最大峰值电流为

$$I_{pmax}=2\sqrt{2}I_{imax}=\frac{2\sqrt{2}P_o}{U_{imin}\eta} \tag{4.7.25}$$

③ 确定电感量。为避免音频噪声，在输入电压范围内，开关频率应在 20 kHz 以上。分析可知，在最高输入电压峰值时，开关频率最低。故假定在最高输入电压峰值的开关周期为 40 μs，由式(4.7.23)求得

$$T_{onh}=T(1-\sqrt{2}U_{imax}/U_o) \tag{4.7.26}$$

由式(4.7.24)得到最低输入电压导通时间为

$$T_{onl}=T_{onh}(U_{imax}/U_{imin})^2$$

根据式(4.7.20)得到

$$L=U_{imin}T_{onL}/I_i \tag{4.7.27}$$

④ 选择磁芯。根据式 $AP=A_wA_c=\left(\frac{LI_{sp}}{B_m}\cdot\frac{I_{1N}}{K_1}\right)^{4/3}$(单位：cm^4)选择磁芯尺寸，最大磁通密度 $B_m<B_{s(100℃)}$。为减少损耗，选择最大磁通密度为饱和磁通密度的 70%，按照下式计算匝数

$$N=2\sqrt{2}LI_{imax}/B_mA_e$$

【例题 4.7.8】 输入 220×(1±20%)V，输出功率 200 W，采用电感电流临界连续模式，假定效率为 0.95。(1) 计算功率因数校正级电感量。(2) 选用铁硅铝粉芯(参见

图 4.7.23）作为磁芯元件，进行电感主要参数（包括磁芯牌号、磁芯尺寸、线圈匝数、校验窗口等）的计算。

【解】 输入最大电流为

$$I_{\text{imax}} = \frac{P_{\text{o}}}{\eta U_{\text{imin}}} = \frac{200}{0.95 \times 0.8 \times 220}\ \text{A} = 1.2\ \text{A}$$

峰值电流为

$$I_{\text{p}} = 2\sqrt{2} I_{\text{imax}} = 3.38\ \text{A}$$

设输出电压为 410 V，最高输入电压时最低频率为 20 kHz，即周期为 50 μs。因此，导通时间为

$$T_{\text{onh}} = T(1 - \sqrt{2} U_{\text{imax}} / U_{\text{o}}) = [50 \times (1 - \sqrt{2} \times 1.2 \times 220/410)]\mu\text{s} = 4.47\ \mu\text{s}$$

输入最低电压峰值时的导通时间为

$$T_{\text{onl}} = T_{\text{onh}} \left(\frac{U_{\text{imax}}}{U_{\text{imin}}}\right)^2 = \left[4.47 \times \left(\frac{264}{176}\right)^2\right]\mu\text{s} = 10.1\ \mu\text{s}$$

开关周期为

$$T = \frac{T_{\text{on}}}{1 - \frac{U_{\text{ip}}}{U_{\text{o}}}} = \frac{10.1}{1 - \sqrt{2} \times 0.8 \times 220/410}\ \mu\text{s} = 25.7\ \mu\text{s}$$

因此，需要的电感量为

$$L = \frac{U_{\text{i}} T_{\text{onl}}}{I_{\text{i}}} = \left(\frac{176}{1.2} \times 10.1 \times 10^{-6}\right)\text{H} = 1.48\ \text{mH}$$

若采用磁粉芯，则选用铁硅铝磁芯。$LI^2 = [1.48 \times 10^{-3} \times (3.382)^2]\text{mH} \cdot \text{A}^2 = 16.9\ \text{mH} \cdot \text{A}^2$，图 4.7.23 所示为铁硅铝粉芯选择图，选择 77438，有效磁导率在区域 60μ，其电感系数为 $A_{\text{L}} = 135$ mH，绕制 1.48 mH 电感需要的匝数为 $N = \sqrt{1480/0.135} = 104.7$，取 $N = 105$ 匝。

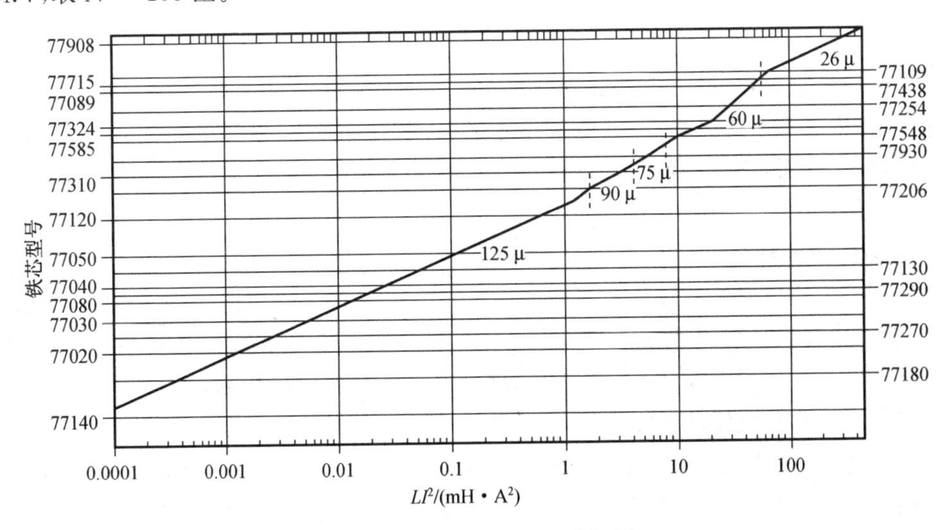

图 4.7.23　铁硅铝粉芯选择图

77438 的平均磁路长度 $l = 10.74$ cm，磁场强度为

$$H = \frac{0.4\pi NI}{l} = \frac{0.4\pi \times 105 \times 1.2 \times 1.414}{10.74}\ \text{Oe} = 21\ \text{Oe}$$

选择铁硅铝磁性材料，相对磁导率为60，$H = 21$ Oe，磁导率下降到90%使用，为了在给定峰值电流时有需要的电感量，需增加匝数为 $N = 105 \times \sqrt{1/0.9} = 110.6$，取 $N = 111$ 匝。

磁场强度 $H = (111 \times 21/105)\text{Oe} = 22.2$ Oe，对应的 μ 值下降到 0.88，电感量为

$$L = N^2 A_L = (135 \times 0.88 \times 111^2)\text{nH} = 1.464\ \text{mH}$$

最高电压时开关频率提高大约 1%。应当注意到这里使用的是平均电流，实际峰值电流大一倍，最大磁场强度大一倍，磁导率下降到 80%，磁场强度从零到最大，平均磁导率为 $(0.8+1)/2 = 0.9$，接近 0.88，选取电流密度 $j = 4\ \text{A/mm}^2$，导线尺寸为 $d = 1.13\sqrt{I/j} = (1.13\sqrt{1.2/4})\text{mm} = 0.619$ mm。从表 A.1.1 中选择 $d = 0.63$ mm，$d' = 0.70$ mm，截面积 $A_{Cu} = 0.312\ \text{mm}^2$。

窗口面积 $A_w = 4.27\ \text{mm}^2$，则窗口系数为

$$k_w = \frac{N \times A_{Cu}}{A_w} = \frac{111 \times 0.312 \times 10^{-2}}{4.27} = 0.08$$

77438 铁硅铝粉芯外径为 $d_o = 47.6$ mm，内径为 $d_I = 23.3$ mm。

第一层匝数近似估算为

$$N_{1m} = \pi(d_1 - d')/d' = \pi(23.3 - 0.7)/0.7 = 101$$

取 100 匝。

第二层绕制匝数为 11 匝。除导线尺寸、磁芯尺寸外，每层匝数是由绕制过程中的工艺决定，可能有些小误差，并不影响电感。

正常工作时导通时间并不是常数，因为在过零低电压区，管压降和电感线圈电阻压降都不能忽略，还有磁芯损耗在不同磁感应幅度也不一样，实际频率变化范围与理论不同。

从前面分析知道，线性电感临界模式在电压过零附近频率增高，而在电压峰值时频率降低。如果电感采用磁粉芯，在电压过零附近，电流也过零，电感量大，电流上升慢，周期加长，频率降低；而在峰值附近，电感变小，电流上升和下降变快，频率增加，减少了频率的变化。

2）交流电感设计

逆变器中输出滤波电感磁芯是双向磁化，磁芯磁感应仍按基波为正弦规律变化。但是，由于电压波形是采用 SPWM 调制而成的，与标准正弦波存在差异，所以在磁感应波形变化对应点发生斜率($\text{d}B/\text{d}t$) 变化，这些变化率大于基波电压引起的最大变化率(电压过零点)。因此交流磁芯滤波电感磁芯的磁滞损耗与正弦波变压器相似，但涡流损耗远比正弦变压器磁芯高。此外，线圈流过高频交流，同时，交流电感不同于直流滤波电感，磁芯磁通双向磁化，气隙附近磁通穿过线圈，引起严重的线圈涡流损耗。如果交流频率很高，还要注意交流滤波电感的分布电容问题。

一般根据滤波器输入电压包含的最低次谐波选择 LC 谐振点，再根据负载特性、动态响应、体积、质量要求决定电感量。

(1) 基本关系和参数

已知电感量 L，流过电感的电流有效值为 I，工作频率为 f，电感上承受的交流电压有效值为

$$U_L = X_L I = \omega LI = 2\pi fLI$$

电感处理的视在功率为 $S = UI = I^2 X_L$。

(2) 电磁基本关系

正弦波电压与磁通密度关系有

$$U = 4.44fBA_eN \tag{4.7.28}$$

式中：N 为匝数；A_e 为磁芯有效截面积(m^2)，如果采用硅钢片，应根据钢片厚度考虑叠片系数；B 为磁芯中峰值磁通密度，根据损耗选择磁通密度 B。如果基波是低频 40 Hz，应根据波形的谐波分量采用比 0.34 mm 更薄的硅钢片，或选择比普通变压器更低的磁通密度。

(3) 交流电感与面积乘积关系

电感 N 匝线圈铜截面 $A_{Cu} = NI/j$，窗口面积为

$$A_w = A_{Cu}/k_w = NI/(k_w j)$$

或

$$I = k_w A_w j/N \tag{4.7.29}$$

(4) 用面积乘积法(即 AP 法) 选择磁芯

由式(4.7.28)得到 $A_e = U/(4.44fBN)$ 和 $A_w = A_{Cu}/k_w = NI/(k_w j)$，因此面积乘积为

$$A_e A_w = \frac{UI}{4.44fBjk_w} = \frac{2\pi fLI^2}{4.44fBjk_w}$$

如果窗口利用(填充) 系数 $k_w = 0.4$，$j = 300\ A/cm^2$，那么有

$$A_e A_w = \frac{2\pi LI^2}{4.44Bjk_w \times 10^4} = \frac{LI^2}{8.5B \times 10^{-3}} \tag{4.7.30}$$

根据式(4.7.30) 到磁芯手册中选择满足条件的磁芯，式中尺寸单位为 cm，磁通密度 B 的单位为 T，电感 L 的单位为 H。

3) 共模电感设计

(1) 基本要求

开关电源接到交流电网的输入端，为减少对电网的干扰，通常都接有共模滤波器。使得电源满足电磁兼容 EMC 的要求。

图 4.7.24 所示是开关电源的共模滤波器，对相线 L(Line 火线) 和中线 N(Neutral 中线) 电流在线圈中产生的磁场(差模) 大小相等，而方向相反，合成磁场近似为零。而对干扰源双线或电网(L 和 N) 对大地同相噪声(共模噪声) 呈现很大的阻抗。

开关电源应满足 EE44022B，VDE0871B 等电磁兼容标准限额，频率从 140 kHz ～

高阻抗
L
电网
N
低阻抗
噪声源

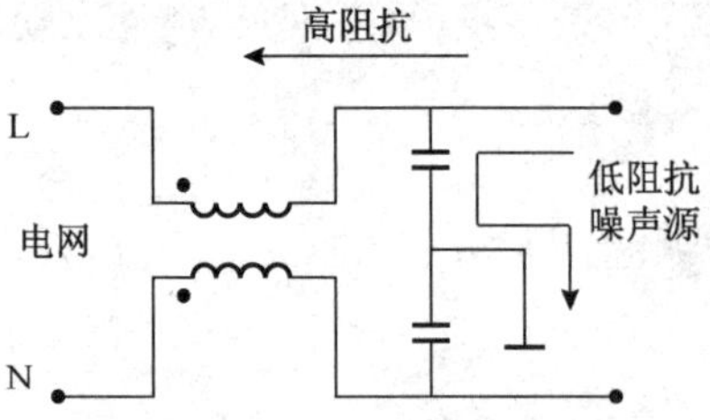

图 4.7.24　共模滤波器

300 MHz。滤波器频带很宽，要求共模滤波器应当具有：很高的磁导率和宽的频率特性；很低的高频损耗；较小的杂散磁场和寄生电容；很高的性能稳定性。要使一个滤波器满足这样宽的频率范围是不切实际的，在不同的频段选择不同的磁性材料是很重要的。

通常使用的环形磁芯，杂散磁场小，磁芯成本低，但线圈成本高，有时也使用无外加气隙的 P 型、PQ 型、E 型、RM 型和 EP 型磁芯等。磁导率越高，相同的电感量所需要的匝数就越少，匝间分布电容就越小，就有较宽的频带。这些磁芯是两半合成的，无论如何研磨，总有气隙存在，磁导率至少降低 30%。

开关电源产生的噪声频谱通常 10 kHz ～ 40 MHz。为了达到足够的衰减量，电感阻抗必须在这些频率范围足够高。共模电感总阻抗 Z_s 由两部分组成：串联感抗 X_s 和串联电阻 R_s。在低频时，电阻是阻抗的组要部分，而随着频率的增加，磁导率的实数磁导率开始下降，而磁芯中损耗在上升，总阻抗略有上升，频率升高，分布电容的起主要作用，总阻抗开始下降，如图 4.7.25 所示。对于大多数共模电感，采用铁氧体磁芯。铁氧体分为锰锌和镍锌两类。镍锌磁芯的初始磁导率较低（小于 1 000），而在很高的频率（大于 100 MHz）维持它的磁导率。锰锌初始磁导率超过 1400，但在 20 kHz 开始衰减。镍锌磁导率低，在低频不能达到高阻抗。它主要用在抑制高于 10 ～ 20 MHz 以上的噪声。但锰锌材料在低频提供很高的磁导率，很适合抑制 10 kHz 到40 MHz 噪声。高磁导率 $\mu > 10^4$ 的微晶材料的磁环用于共模电感磁芯，获得非常好效果。高磁导率锰锌铁氧体磁环，也适用于其他磁材料环。

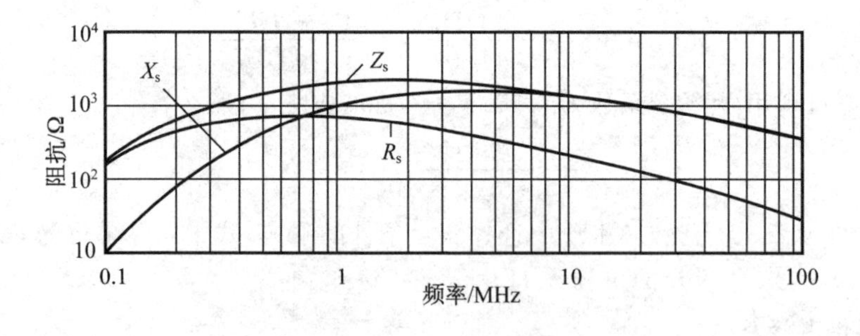

图 4.7.25　阻抗与频率的关系

（2）共模电感设计

共模电感设计的主要参数是输入电流、阻抗和频率。输入电流有效值决定了电感线圈导体尺寸。电流密度可以取 $j = 4\ \text{A/mm}^2$，与电感采用的绝缘和磁性材料有关。通常选用单股导线，因为成本低，同时通过高频电流的集肤效应增加交流电阻也对噪声衰减。

电网的内阻抗也提供噪声衰减，但电网阻抗很难确定，设计者可根据测试传导干扰带有阻抗平衡网络(LISN) 的 50 Ω 作为负载,这可能和实际相差很大。

设计从已知电感量($L_s = X_s/2\pi f$) 开始,磁芯选择有很大的随意性,只要能绕下满足电感量的匝数。

共模电感有两个相等匝数的线圈,通常是单层。为了达到线到线之间的安全要求,两线圈分布在磁环上相对边,绕制时通常只绕 1 层,如果绕有两层,则会降低了高频性能。每个线圈各占环内圆周的 140° ~ 170°。

导线尺寸总是由电网电流决定,如图 4.7.26 所示内圆周可以根据内径减去导线直径来计算。可以用每个线圈占有内圆周长度除以带有绝缘的导线直径计算最大匝数。根据环内圆直径减去导线带漆皮直径在 140° ~ 170° 能绕的最大匝数。

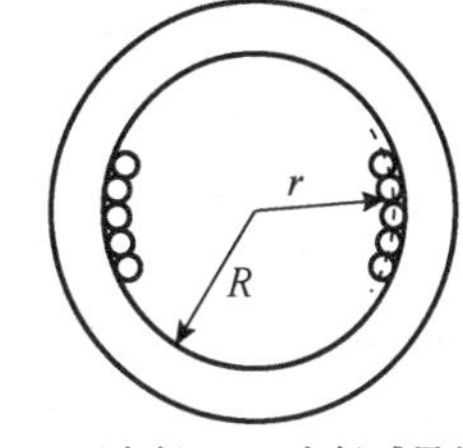

R—环内径; r—内径减导线直径

图 4.7.26　环内圆周导线

计算出最大匝数以后,就到手册中选择材质,根据环形磁芯材质的电感系数 A_L 很容易计算需要的匝数:

$$N = 1000\sqrt{L/A_L}$$

式中:N 为线圈匝数;L 为电感量(mH);A_L 为电感系数(mH/ 1000 匝)。

【例题 4.7.9】　工作频率 100 kHz,需要阻抗 1000 Ω,输入电流有效值为 3 A,$j = 4\ \text{A/mm}^2$,计算电感量。

【解】　① 选择导线尺寸。导线截面积为 $A_{Cu} = I/j = (3/4)\text{mm}^2 = 0.75\ \text{mm}^2$,选择线径 $d = 1$ mm,则截面积 $A_{Cu} = 0.785\ \text{mm}^2$,裸线直径 $d' = 1.11$ mm,20 ℃ 每米电阻值为 0.0223 Ω/m。

② 计算最小电感,算式如下:

$$L_{min} = Z/\omega = [1000/(2\pi \times 10^5)]\text{H} = 1.59\ \text{mH}$$

选 Philips 公司的磁性材料 3E6 磁环 TX22/14/6.4 做电感,即外径 $d_o = 22$ mm,内径 $d_1 = 14$ mm,厚度 $h = 6.4$ mm,有效磁路长度 $l_c = 54.2$ mm,铁芯有效截面积 $A_c = 24.6\ \text{mm}^2$,铁芯的有效体积 $V_c = 1330\ \text{mm}^3$,铁芯系数 $\sum(l/A) = 2.20\ \text{mm}^{-1}$,电感系数 $A_L = 6000 \times (1 \pm 30\%)$nH,内径 $D = (13.47 \pm 0.30)$mm,取 $D_{min} = 13.47$ mm。

③ 计算内圆周和最大可能匝数,算式如下:

$$D' = \pi(D_{min} - d') = \pi(13.17 - 1.11)\text{mm} = 37.87\ \text{mm}$$

$$N_{max} = (140/360) \times 37.87 = 14.7$$

取 14 匝。

④ 根据 $A_L = 6000 \times (1 \pm 30\%)$nH 计算线圈匝数,算式如下:

$$N = \sqrt{L/A_L} \times 10^3 = \sqrt{1.59/(6000 \times 0.7)} \times 10^3 = 19.4\ \text{匝} > 14\ \text{匝}$$

无法绕下线圈。因此需要更高 A_L 值,可以采用更大号尺寸的磁芯。

⑤ 应采用更大尺寸,重新选择 Philips 公司的磁性材料 3E6 磁环型号:TX24/14/10,$A_L = 10200 \times (1 \pm 30\%)$mH/1000,按(3) 计算需要的匝数,$N = 14.4$ 匝,根据 A_{Lmin} 计算得到匝数 14.9 匝,实际取 14 匝满足设计要求。

如果没有尺寸限制,可以选择更大尺寸,更多匝数,但铜损耗增加,也可以采用3E6磁环TX22/14/12.94,比3E6磁环TX22/14/6.4高度大1倍,也可以满足设计要求。如果频率要求更高,应采用磁导率截止频率更高的材料,但初始磁导率将降低,这意味着更多的匝数。应当多试几种材料和尺寸,获得最低价格和最优的性能,通过实验验证。

(3) 注意问题

① 频率特性

以上的设计只是选择了磁芯尺寸和材料。共模滤波器工作在很宽频率范围(EMI规范140 kHz～30 MHz),应当知道在磁导率转折频率以上的材料性能。锰锌铁氧体在低频(小于400 kHz)表现高的磁导率,而磁导率随着频率增加下降。随着频率增高,低频磁导率下降,随后高频出现很大损耗,电阻损耗保持电感的高总阻抗,直至100 MHz。

图4.7.27和图4.7.28示出3种Magnitics公司高磁导率材料(J、W、H)串联电感感抗(X_s)和串联电阻(R_s)与频率的关系。

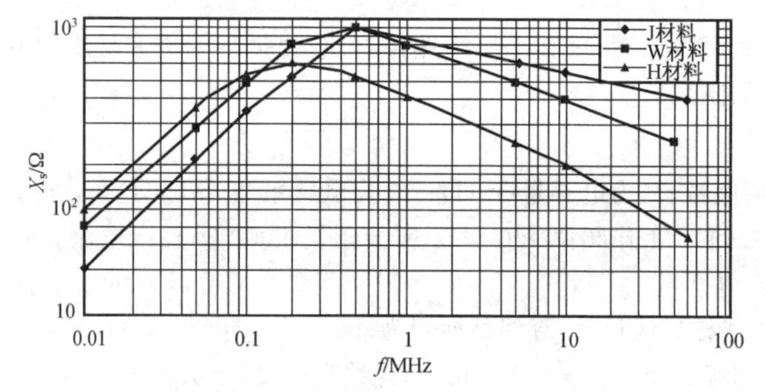

图4.7.27　串联电感与频率的关系

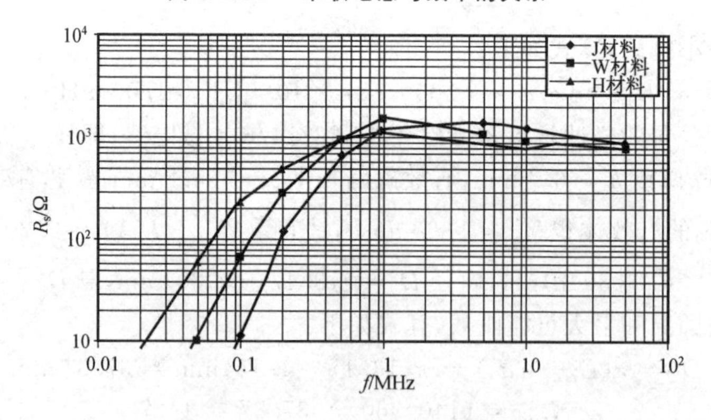

图4.7.28　串联电阻与频率关系

由图4.7.27看出,在低频段,H材料比J材料和W材料具有更高的串联电感感抗。但是在100 kHz到200 kHz之间,它的磁导率下降,以至于总阻抗低于W材料的阻抗。W材料在2 MHz以下具有较大阻抗,J材料的阻抗最大。如果已知需要滤除的噪声频谱,可以利用这些曲线帮助设计者选择适当的材料。

图4.7.29示出了每种材料总阻抗与频率关系,图中数据是来自42206－TC磁芯,绕10匝线圈的测量值。

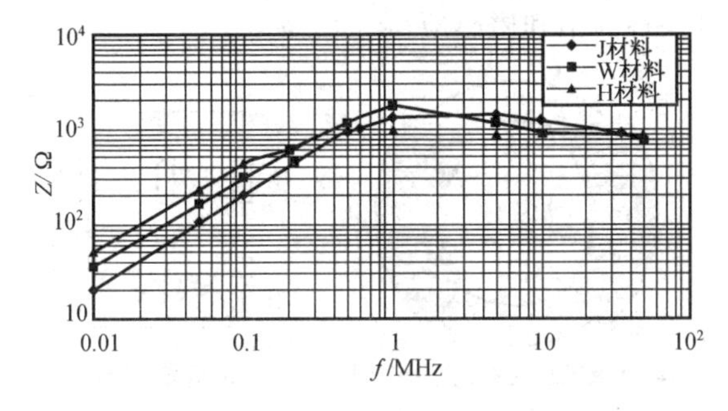

图 4.7.29　总阻抗与频率关系

② 温度特性

温度对大多数材料特性都有影响。共模电感磁芯需要关注的是温度对磁导率和磁通密度的影响。大多数材料磁导率是正温度系数。如果环境温度很低，应当考虑在最低温度下满足设计要求。与其他电感一样，工作温度不应当超过磁芯的居里温度。饱和磁通密度是负温度系数，高温下易于饱和。

③ 环的涂敷层

铁氧体环通常有绝缘涂敷层（帕利灵 parylene 和环氧树脂等）帮助磁芯与导线绝缘。涂敷层具有自己的温度定额，有可能在装配和过热时损坏，生产厂手册应当考虑磁芯涂敷层的材料特性。

④ 应　力

铁氧体材料易受机械应力（挤压和拉伸）的影响，高磁导率材料影响特别大，在中等程度应力下磁导率负变化，磁芯应力由两个主要因素引起即密封剂和线圈。

如果由于密封剂热膨胀系数与铁氧体的膨胀系数不同引起应力，应选择密封剂的热膨胀系数尽可能接近铁氧体热膨胀系数，但是即使很小差别也引起问题。所以，可在罐装前用带有橡胶，像 RTV 垫磁芯。在温度波动时这些涂敷有助于分散密封剂一些应力。

当线圈绕在磁芯上时，会引起线圈应力。共模电感通常不是用粗导线绕，同时为了围绕磁芯填满这些空间，线圈必须拉紧，可能引起十分严重应力。可以用温度循环测试线圈的最大应力耐受。循环范围在 $-44 \sim 140$ ℃ 两个极端状态下维持 30 分钟到 1 小时。为避免对铁氧体热冲击，温度变化率每分钟仅几度。在温度循环过程中，铜会膨胀和收缩，所以磁芯经受放松和收紧。

(4) 磁芯饱和

一般认为共模电感不会饱和，差模磁通在磁芯中相互抵消，同时共模磁通低到可以忽略。图 4.7.30 是共模电感及其等效磁路图。图中 F_1 和 F_2 为线圈电流产生的磁势，两线圈匝数相等，电流相等，则磁势相等即 $F_1 = F_2 = NI$ 。R_1 和 R_2 为各半环磁芯磁阻，也相等。R 为环对边空间磁阻，与环的直径大小有关，直径越小，环高越高，磁阻越小。在 F_1 和 F_2 闭合回路中，磁势方向相反，合成磁势为零，磁通为零。但由于存在 R，两端磁势为 $F = F_1$，通过 R 的磁通即为漏磁通 Φ_s。在输入电流峰值，F 很大，有可能使磁芯饱和，或偏离初始磁导率区域，使得滤波性能恶化。因此有些共模电感磁芯使用两种材料组成:一种高磁导率,另一种高饱和磁感应。

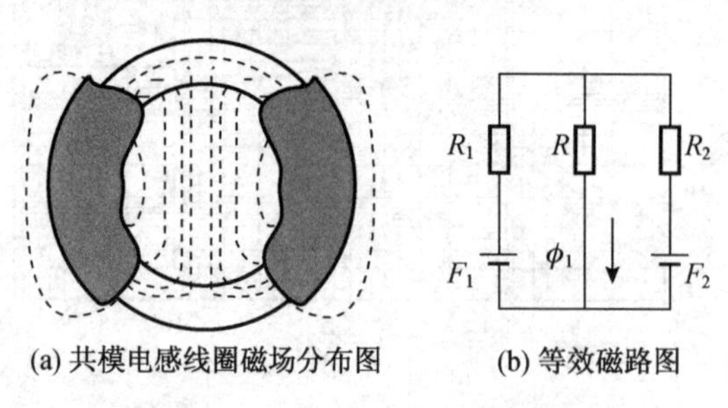

(a) 共模电感线圈磁场分布图　　(b) 等效磁路图

图 4.7.30　共模电感及其等效磁路

4.8　平面磁元件设计

开关电源不像其他电路,难以集成,其主要原因是磁性元件和电容不像由 PN 结构成的各种元器件容易集成。虽然"短、小、轻、薄"是开关电源发展的主要趋势,要做成很薄的开关电源,最主要的是提高功率密度和采用低高度及体积和重量小的元器件。采用平面变压器和集成磁技术可以显著降低磁性器件的高度,减小磁性器件的体积和质量,提高磁性器件的功率密度及开关电源的性能,从而成为实现开关电源"短、小、轻、薄"的重要手段。近年来,对平面变压器和集成磁技术的研究越来越重视,并已经实现了产品化。

平面变压器的线圈不再用圆导线绕制,而是采用冲片叠装或印刷电路板(PCB)印制成多层板叠装成线圈。

4.8.1　平面变压器

平面变压器(planar transformer)是一种低高度扁平状或超薄型(low profile)的变压器,其高度远小于传统变压器。平面变压器用平面铁芯和平面结构绕组实现,工作频率高(50 kHz ~ 2 MHz),能量密度大(每克约 100 W),效率高,体积小,产品外观一致性好,漏感和电磁干扰小,适合于自动化表面贴装(SMD),可以较好地实现低压大电流输出,尤其适用于空间或高度存在限制或对节能及散热要求苛刻的场所,在便携式电子设备、高密度电源和卡片式 UPS 电源等。例如,50 W 高功率密度的板上开关电源,采用平面 EI 磁芯,其厚度仅为 0.5 cm,平面尺寸为 1.27 cm × 1.78 cm。

平面变压器的性能与诸多因数有关,如绕组结构布置、绕组端部、绕组导体的宽度和厚度、铁芯材料、铁芯结构和几何尺寸等。设计结果是希望 R_{dc} 和 R_{ac} 小,漏感小,绕组端部设计应使高频磁场的影响小,电磁干扰小。

随着工作频率的升高,变压器的铁芯损耗和发热问题越来越严重,而平面结构的变压器具有较大的散热面积,且使变压器从热点到其表面的热阻减小,从而有利于散热。平面变压器的铁芯通常采用平面 EI 型铁氧体,Philips 公司首先提出了平面结构的铁氧体磁芯,如图 4.8.1 所示;平面变压器的绕组导体通常做成宽片状的印刷电路板(PCB)或铜箔,以增大散热面积,减小在高频工作时由集肤效应和邻近效应所引起的涡流损耗

并有利于散热。

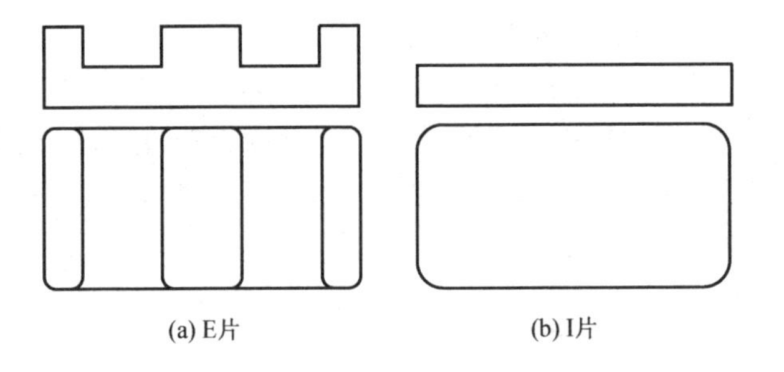

(a) E片　　(b) I片

图 4.8.1　平面 EI 型铁氧体铁芯

图 4.8.2 所示是平面变压器的绕组结构图，图(a) 是把印制线直接作为绕组印在开关电源主板上，并在主板上预留安装铁芯的孔位，然后把平面 EI 型铁芯装上去，做成高功率密度的板上开关电源。图(b) 是平面变压器的原、副边绕组都采用双面 PCB 板，图(c) 所示如果原边绕组电流较小则采用双面 PCB 板，副边绕组由于电流较大而采用铜箔。

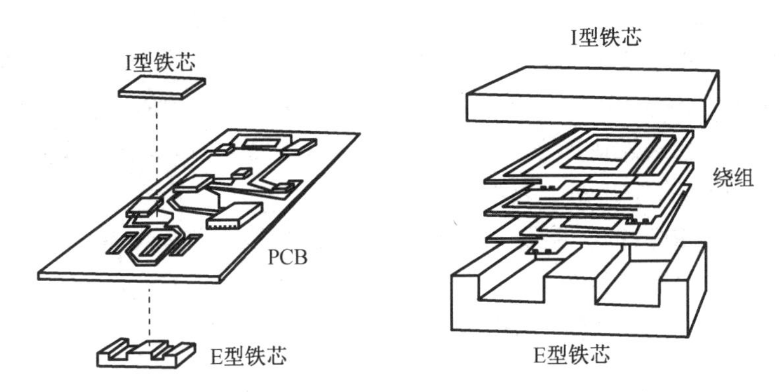

(a) 印制线印刷在开关电源板上　　(b) 双面PCB印制线作为变压器绕组

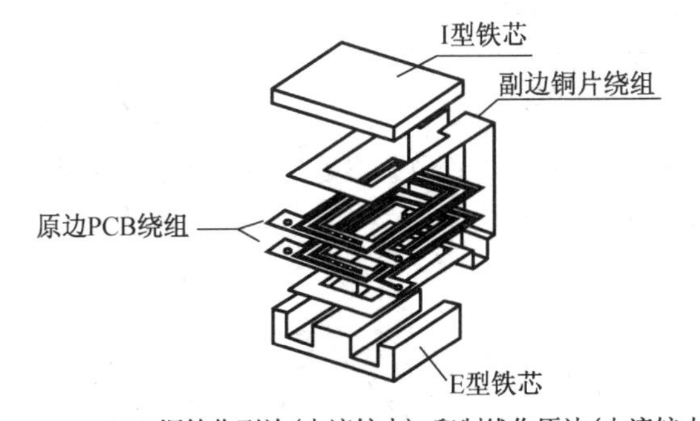

(c) 铜箔作副边(电流较大)，印制线作原边(电流较小)

图 4.8.2　平面变压器绕组结构图

平面磁芯纵向很薄，线圈为 PCB 铜箔，铜损和磁芯损耗发热的传热路径很短，同时散热表面比相同体积的普通磁芯大,因而热阻大约是普通相同体积磁芯的一半。如果温升相同,平面磁芯可以具有更高的功率密度。

普通线圈为了降低漏感,采用分段交替绕制,一般最多分为3段。但平面变压器线圈是印刷电路铜箔,或冲制铜箔,1层就是一段,可以交错许多段,同时线圈段间间隙小,漏感很小,这些都由制造工艺来保证的,因此,电磁特性重复性好。在小功率(500 W以下)开关电源中得到广泛应用。

4.8.2 扁平变压器的设计

以Philips公司的扁平变压器的设计方法为例进行介绍,其他公司磁芯可以作为参考。

设计步骤如下:

1) 计算最大磁通密度

根据采用的绝缘材料等级和环境最高温度,决定了线圈的最大允许温升ΔT,给定磁元件体积决定了变压器允许功耗P_T

$$P_T = \Delta T/R_{th} \tag{4.8.1}$$

式中:R_{th}为变压器热阻(℃/W);P_T为变压器允许损耗功率(W)。

文献[1]中给出了像E型磁芯(EE、ETD、EC和RM等)与窗口尺寸关系的热阻经验公式,对绕线线圈磁元件是有价值的。在平面变压器中,平面E型变压器已找到相似的公式。利用这个关系来估算变压器温升与磁芯磁通密度。因为有效线圈空间受到限制,在平面磁芯中推荐应用最大允许磁通密度。

假定变压器总损耗的一半是磁芯损耗,可将最大磁芯单位体积损耗P_c(单位:mW/cm³)表示为变压器允许温升的函数:

$$P_c = 12 \times \Delta T/\sqrt{V_e} \tag{4.8.2}$$

磁芯的热阻为

$$R_{th} = \sqrt{V_e}/12 \quad (单位:℃/mW) \tag{4.8.3}$$

铁氧体中单位体积指的是立方厘米(即cm³),功率损耗P_c与频率f、峰值磁通密度B_p(见图4.8.3)和温度T的关系可近似表示为

$$P_c = \eta \times f^{\alpha} \times B_p^{\beta}(c_0 - c_1 T + c_2 T^2) = \eta C_T f^{\alpha} B_p^{\beta} \quad (单位:mW/cm^3) \tag{4.8.4}$$

式中的η、α、β、c_0、c_1和c_2表示功率损耗的拟合参数,这些参数对于某种铁氧体材料是确定的,具体参数如表4.8.1所列。

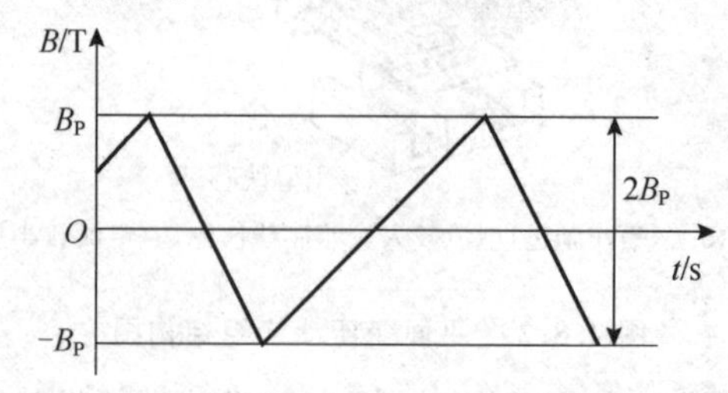

图4.8.3 公式中的B_p是磁芯中峰峰值的一半

在表4.8.1中列出了几种Philips公司功率铁氧体拟合参数，其他公司的材料可以近似从单位体积损耗与B的关系曲线中求得。由式(4.8.2)计算最大允许损耗P_c，代入式(4.8.4)中得到最大允许磁通密度为

$$B_p = [P_c/(\eta C_T f^{\alpha})]^{1/\beta} \tag{4.8.5}$$

式中：C_T是磁芯材料的温度系数，100 ℃时$C_T = 1$。

表4.8.1 计算单位体积功率损耗的拟合参数

铁氧体	f/kHz	η	α	β	c_0	c_1	c_2
3C30	20～100	6.48×10^{-3}	1.42	3.02	3.65×10^{-4}	6.65×10^{-2}	4
3C30	100～200	6.48×10^{-3}	1.42	3.02	4×10^{-4}	6.8×10^{-2}	3.8
3C85	20～100	11×10^{-3}	1.3	2.5	0.91×10^{-4}	1.88×10^{-2}	1.97
3C85	100～200	1.5×10^{-3}	1.5	2.6	0.91×10^{-4}	1.88×10^{-2}	1.97
3C90	20～300	2.65×10^{-3}	1.45	2.75	1.65×10^{-4}	3.1×10^{-2}	2.45
3F3	20～300	0.25×10^{-3}	1.6	2.5	0.79×10^{-4}	1.05×10^{-2}	1.26
3F3	300～500	2×10^{-5}	1.8	2.5	0.77×10^{-4}	1.05×10^{-2}	1.28
3F3	500～1000	3.6×10^{-9}	2.4	2.25	0.67×10^{-4}	0.81×10^{-2}	1.14
3F4	500～1000	0.12×10^{-3}	1.75	2.9	0.95×10^{-4}	1.1×10^{-2}	1.15
3F4	1000～3000	1.1×10^{-11}	2.8	2.4	0.34×10^{-4}	0.01×10^{-2}	0.67

2）扁平变压器线圈

在确定了最大磁通密度之后，根据变换器拓扑和变压器类型(正激还是反激)的公式可以用来计算初级和次级匝数，单线圈结构应考虑以下问题：

① 必须确定线圈的分层。在PCB中导线电流将产生温升，为了合理地散热，建议内外层线圈对称分布。

② 扁平磁芯线圈与常规磁芯线绕线圈的区别。常规磁芯线绕线圈在窗口高度方向初级和次级层交错安排是最佳分布。而扁平磁芯线圈必须在窗口宽度方向交错排列才是最佳，可减少邻近效应和漏感。但是PCB板中可用线圈高度和所需要的匝数很难是最佳设计。为了降低成本，建议选择标准铜层厚度。PCB标准的铜皮厚度是35 μm或70 μm，选择层的厚度对电流引起的线圈温升起重要作用。

IEC 950安全标准要求PCB材料(阻燃FR2或FR4)间有400 μm的距离，作为初级与次级之间的重点绝缘。如果不需要这个绝缘，在初次级线圈层间有200 μm距离就足够了。而且考虑PCB顶层和底层焊接丝网层大约50 μm。按电流大小和最大电流密度决定线圈的线宽度。匝间距离取决于工艺水平和成本。根据经验铜层厚度为35 μm的印制板，线宽和间隙大于150 μm；而对于铜层厚度为70 μm的印制板，线宽和间隙应大于250 μm。

这些参数与PCB厂制造能力有关，可以做到较小尺寸，但PCB的成本明显增加。

每层的匝数n_1和匝间的间隙s分别标注上，如图4.8.4所示，可用整个线圈宽度

b_w,每层导线宽度 W_t 为

$$W_t = [b_w - (N_1 + 1) \times s]/n_1 \tag{4.8.6}$$

如果需要重点绝缘,就有些不同。磁芯看做初级的一部分,同时必须和次级分开有400 μm 的间距。在(次级)线圈的接近内层(磁芯中柱)与外层(磁芯边柱)间引线的爬电距离必须大于400 μm。在这种情况下,可以用式(4.8.7)计算导线的宽度,从可用的线圈宽度中必须减去800 μm:

$$W_t = [b_w - 0.8 - (n_1 + 1) \times s]/n_1 \tag{4.8.7}$$

式(4.8.6)和式(4.8.7)中所有尺寸的单位是mm。

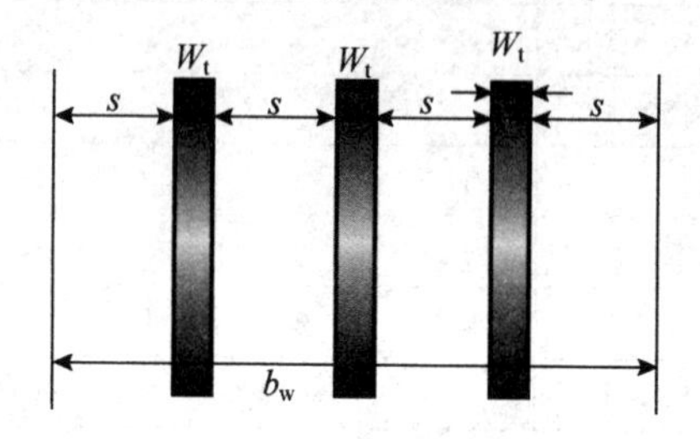

图 4.8.4 导线线间间隔和线圈宽度

3)决定电流在PCB中引起的温升

检查电流在PCB铜线中引起的温升,根据输入电压和输出电压和电流进行有效值计算,再计算铜线的宽度,计算的依据要根据选用的拓扑电路而定。

如图4.8.5所示电流、导线尺寸和温升间的关系,给出了不同PCB导体截面积的电流有效值与温升的关系。图中还给出了两种铜皮厚度即35 μm和70 μm的数据曲线。单导线应用场合,即绕的不太紧密间隙的电感可以直接使用这个图来决定导线的宽度、厚度、截面积和不同预计温升的最大允许电流。例如,有效值电流为1.6 A,预计温升30 ℃,如果采用铜线厚度为35 μm,宽度为0.9 mm;如果采用的铜皮厚度为70 μm,则导体宽度为0.4 mm。

需要注意的是,对于相似的并联电感,如果间隔紧密,可以运用等效电流和等效截面求的温升。等效截面是并联导体截面积之和,而等效电流是并联电感电流之和。还应该考虑集肤效应及高频感生的涡流损耗等,关于集肤效应的理论在参考文献[1]的第6章有详细介绍,这里不再重复。

集肤深度Δ取决于材料的电导率和磁导率,与频率的平方根成反比,对于温度为60 ℃的铜层,集肤深度单位按 μm 计算,近似为

$$\Delta = 2230/\sqrt{f} \tag{4.8.8}$$

式中:f 为频率(kHz)。

一般取导线的宽度 $W_t < 2\Delta$ 时,将减少集肤效应的影响。即500 kHz频率线宽小于200 μm。如果线圈需要更宽的 b_w,从减少漏磁的目的考虑,最好的解决方法分开成并联匝。

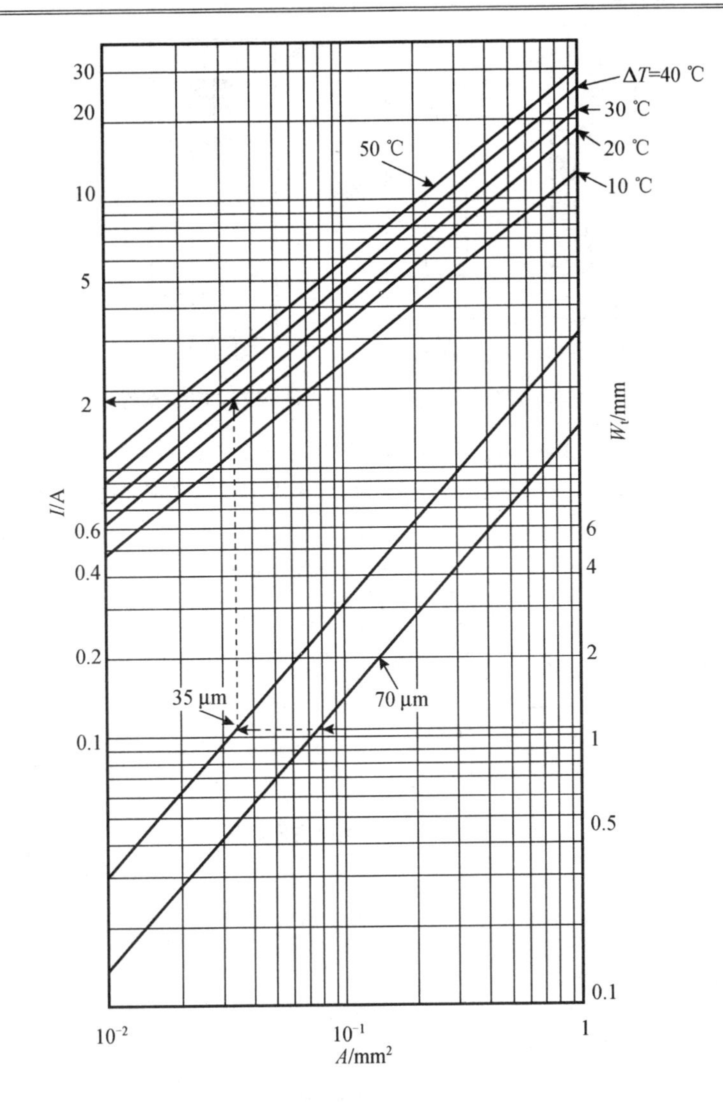

图 4.8.5　电流、导线尺寸和温升间的关系

实际上，在导体中不仅有由于自身交变磁场涡流效应(集肤效应)，而且还由于邻近的其他导体磁场的涡流效应，称为邻近效应。参考文献[1]中的第 6 章线圈，分析了宽窗口，初级与次级在高度方向排列的漏磁与结构的关系如图 4.8.6(a) 所示。对于扁平磁芯，PCB线圈的漏磁如图 4.8.6(b) 所示，在线圈窗口宽度 w 方向，将初级和次级交错放置来减少邻近效应和漏感。因为初级和次级流过相反电流，使得它们的磁场抵销了。由于 PCB 分层容易，初级与次级可以每层交错，邻近效应大大减少。但是，在相同层的相邻导体仍然有邻近效应。

对几种不同设计的流过交流的多层 PCB 板线圈温度测量指出，在 1 MHz 以下，频率每增加 100 kHz 与直流的值比较 PCB 板要有额外 2 ℃ 的温升。

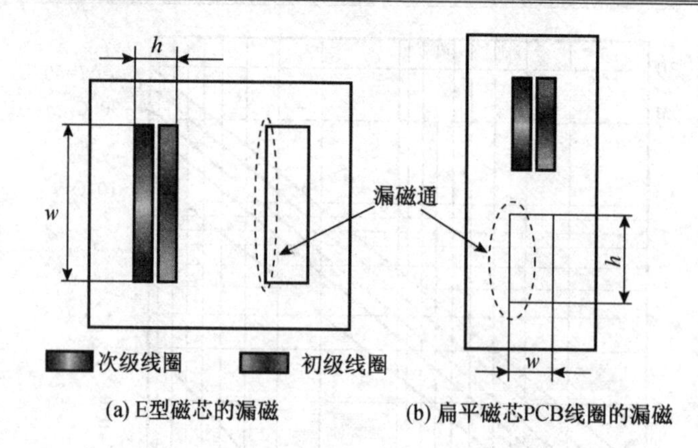

(a) E型磁芯的漏磁　　(b) 扁平磁芯PCB线圈的漏磁

图 4.8.6　不同磁芯线圈的漏磁通路径

【例题 4.8.1】 设计一个断续工作模式的反激变压器,电路拓扑如图 4.8.7 所示。

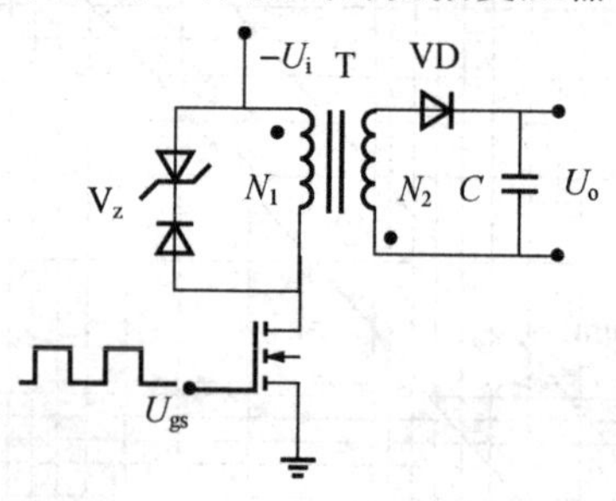

图 4.8.7　反激变换器主电路图

设计参数如下:

最低输入电压 $U_{min} = 70$ V　　输出电压 $U_o = 8.2$ V

辅助电路电压 $U_{in} = 8$ V

初级占空比 $D_1 = 0.48/0.5 = 0.96$　　次级占空比 $D_2 = 0.96$

开关频率 $f = 120$ kHz　　输出功率 $P = 8$ W

环境温度 $T_a = 60$ ℃　　允许温升 $\Delta T = 35$ ℃

【解】 (1) 选择磁通密度 B

铁氧体设计温度为 100 ℃ 时的饱和磁通密度只有 0.3 T 左右,考虑到动态响应等因素选择磁芯的峰值磁通密度为 160 mT。在选取磁性材料和结构以后要检查磁芯损耗和温升,并规定在允许范围内。

(2) 计算匝数

根据给定的电路拓扑,即反激断续模式变换器,需要的电感量为

$$L_1 \leqslant \frac{(U_i D)^2}{2fP_o} = \frac{(70 \times 0.5)^2}{2 \times 120 \times 10^3 \times 8}\ \text{H} = 638\ \mu\text{H}$$

输入电流峰值为

$$I_{1p} = U_i D / L_1 f = (70 \times 0.5/638 \times 0.12)\text{A} = 0.457\ \text{A}$$

初级电流有效值为

$$I_1 = I_{1p}\sqrt{D}/\sqrt{3} = (0.457\sqrt{0.5}/\sqrt{3})\ \text{A} = 187\ \text{mA}$$

为保证电流断续，次级占空比为 $D_2 < 0.5$，一般选择 $D_2 = 0.3 \sim 0.4$。这里为了说明设计方法，选择 $D_2 = 0.5$ 进行计算，公式如下：

$$L_2 \leqslant \frac{U_o^2 D_2^2}{2fP_o} = \frac{8.2^2 \times 0.5^2}{2 \times 120 \times 10^3 \times 8}\ \text{H} = 8.755\ \mu\text{H}$$

次级峰值电流为

$$I_{2p} = U_o D_2 / Lf = [8.2 \times 0.5/(8.755 \times 0.12)]\text{A} = 3.9\ \text{A}$$

次级电流有效值为

$$I_2 = I_{2p}\sqrt{D/3} = 3.9\sqrt{0.5/3}\ \text{A} = 1.592\ \text{A}$$

使用 E18，初级匝数为

$$N_1 = \frac{U_i T_{on}}{A_e \Delta B} = \frac{70 \times 0.5}{0.395 \times 10^{-4} \times 120 \times 10^3 \times 0.16 \times 2} = 23.075 \quad (\text{取 24 匝})$$

式中，$\Delta B = 2B_p$。表 4.8.2 列出 Philips 公司生产的 E 型和 PLT 型 6 个最小尺寸磁芯，按上式计算的计算匝数和需要的气隙。对多层 PCB 线圈，其中 E-14 系列磁芯设计的初级匝数高度太高。所以选择如图 4.8.8 所示的 E-E18 和 E-PLT18 磁芯，原边绕组匝数 N_1、副边绕组匝数 N_2 及集成芯片工作的绕组 N_{IC} 分别是 24、3 和 3。

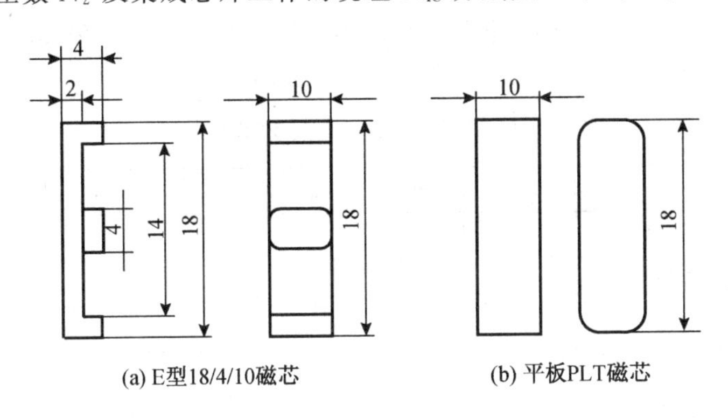

图 4.8.8　E18/4/10 和 PLT18/10/2 尺寸图

表 4.8.2　磁芯的参数

磁　芯	A_e/mm^2	V_e/mm^3	N_1	N_2	N_{IC}	$G/\mu\text{m}$	其他计算数据
E-PLT14	14.5	240	63	7.4	7.2	113	$L_P = 638\ \mu\text{H}$ $I_P(\text{rms}) = 186\ \text{mA}$ $I_2(\text{rms}) = 1\ 593\ \text{mA}$
E-E14	14.5	300	63	7.4	7.2	113	
E-PLT18	39.5	800	23	2.7	2.6	41	
E-E18	39.5	960	23	2.7	2.6	41	
E-PLT22	78.5	2040	12	1.4	1.4	22	
E-E22	78.5	2550	12	1.4	1.4	22	

(3) 计算磁芯单位体积损耗

根据公式 $B_p=(P_c/\eta C_T f^{\alpha})^{1/\beta}$,计算频率 $f=120$ kHz,$B_p=160$ mT 和工作温度为 90 ℃ 单极性三角波的损耗。功率铁氧体 3C30、3C90 和 3C85 磁芯损耗密度分别为 385 mW/cm^3、430 mW/cm^3 和 570 mW/cm^3。

(4) 计算允许磁芯单位体积损耗

在 $\Delta T=35$ ℃ 时,取 E-PLT18 的单位体积损耗为 470 mW/cm^3,而 E-E18 是 429 mW/cm^3,结果是使用 3C85 导致温升太高,而采用 3C30 或 3C90 材料磁芯比较合适。

(5) 线圈结构

初级 24 匝可分成 2 层或 4 层,E-18 有效线圈宽度是 4.6 mm,这样做成本高,因为 12 匝线圈在 1 层线太窄和间隔宽度不够。如果初级每层 6 匝,则线宽为

$$W_t=\frac{b_w-(n_1+1)\times s}{n_1}=\frac{4.6-(6+1)\times 0.3}{6}\ \text{mm}=0.41\ \text{mm}$$

随着 PCB 层数的减少,则 PCB 板的成本降低。假定每层绕 3 匝,分别是提供集成电路工作电压的次级绕组 3 匝和主输出的和次级绕组 3 匝,初级 24 匝,每层 6 匝,初次级共 6 层,印刷电路板的设计见表 4.8.3。

铜层的厚度选择 35 μm 还是 70 μm 与电流产生的热量有关。在初级和次级层之间主绝缘需要 400 μm,E-PLT18 组合具有最小窗口宽度 1.8 mm。70 μm 层厚已足够了,因此 PCB 大约厚 1710 μm,具体计算如表 4.8.3 所列。

表 4.8.3 6 层设计的 PCB 板

序 号	层	匝 数	35 μm 铜皮对应的厚度 /μm	70 μm 铜皮对应的厚度 /μm
1	焊接丝网		50	50
2	初级	6	35	70
3	绝缘		200	200
4	初级	6	35	35
5	绝缘		200	200
6	初级 IC	3	35	70
7	绝缘		400	400
8	次级	3	35	70
9	绝缘		400	400
10	初级	6	35	70
11	绝缘		200	200
12	初级	6	35	70
13	焊接丝网		50	50
14	总厚度		1710	1920

为了达到经济的设计，假定在线之间的间隔为 300 μm，计算次级线宽采用式(4.8.7) 计算，包括主绝缘为 1.06 mm。

应用图 4.8.5 和第 3 步计算的次级有效值电流为 1.6 A，对 35 μm 层厚引起温升为 25 ℃。而 70 μm 的温升为 7 ℃。

线圈损耗引起温升允许为总温升的一半，在这种情况下，为 17.5 ℃。很清楚 1.6 A 有效值电流对 35 μm 引起的温升太高，应当采用 70 μm 层厚。这样 PCB 总厚度为 1.745 mm，仍小于 1.8 mm。

初级线圈匝的宽度可用式(4.8.6) 计算，并近似为 416 μm。这样线宽初级 0.24 A 根本不会引起任何温升。120 kHz 频率比直流引起额外 2 ℃ 温升，电流引起的总的 PCB 温升仍保持在 10 ℃ 以下。

也可使用 70 μm 厚铜皮做成 6 层，但总 PCB 厚度为 1920 μm，超过 E18－PLT18 组合的窗口。如果采用 E－E18 组合，标准窗口宽度为 3.4 mm，但又太大了。如果能够定制一个窗口近似为 2 mm 的磁芯，则是最好的。

用材料为 3C90 的 E－E 磁芯测量，总温升为 28 ℃。其中 17.5 ℃ 是磁芯损耗引起的温升，线圈损耗引起的温升是 10 ℃。初级与次级耦合很好，因为漏感仅是初级电感的 0.6%。

【例题 4.8.2】　设计一个正激变换器的变压器。

设计参数如下：

输入电压 $U_i = 48 \times (1 \pm 20\%)$V　　　输出电压 $U_o = 5$ V

输出功率 $P_{max} = 18$ W　　　占空比 $D = 0.46$

开关频率 $f = 500$ kHz　　　环境温度 $T_{amb} = 40$ ℃

允许温升 $\Delta T = 50$ ℃

【解】　(1) 计算磁芯允许单位体积损耗

检查标准的平面E型磁芯最小尺寸磁芯E－PLT14 和E－E14 是否适合。查表 4.8.2 得E－PLT14 的有效体积为 240 mm³(0.24 cm³)，E－E14 的有效体积为 300 mm³(0.3 cm³)。温升 50 ℃ 时，由式(4.8.2) 得到

$$\text{E-E14}\quad P_c = 12\Delta T/\sqrt{V_e} = (12 \times 50/\sqrt{0.3})\text{mW/cm}^3 = 1\,095\ \text{mW/cm}^3$$

$$\text{E-PLT14}\quad P_c = 12\Delta T/\sqrt{V_e} = (12 \times 50/\sqrt{0.24})\text{mW/cm}^3 = 1\,225\ \text{mW/cm}^3$$

(2) 计算峰值磁通密度

对于单极性三角波磁通波形，频率 500 kHz，假定温度 100 ℃，$C_T = 1$；磁性材料选择 3F4 或 3F3，查表 4.8.1，参数分别为

3F4：$\eta = 0.12 \times 10^{-3}, \alpha = 1.75, \beta = 2.9$；

3F3：$\eta = 2 \times 10^{-5}, \alpha = 1.8, \beta = 2.5$。

当消耗功率 $P_c = 1095$ mW 时，采用 3F4 磁芯的峰值磁通密度为

$$B_p = \left[\frac{P_c}{\eta C_T f^\alpha}\right]^{1/\beta} = \left[\frac{P_c}{\eta f^\alpha}\right]^{1/\beta} = \left[\frac{1095}{0.12 \times 10^{-3} \times (5 \times 10^5)^{1.75}}\right]^{1/2.9}\text{T} = 202\ \text{mT}$$

当消耗功率 $P_c = 1225$ mW 时，采用 3F3 磁芯的峰值磁通密度为

$$B_p = \left[\frac{1225}{2\times10^{-5}\times(5\times10)^{1.8}}\right]^{1/2.5}\ \mathrm{T} = 71.2\ \mathrm{mT}$$

不同情况下得到的峰值磁通密度，将引起功率损耗与式(4.8.5)计算的磁芯损耗密度比较。线圈匝数和有效电流的计算公式如表4.8.4所列。使用峰值磁通密度200 mT与计算的输入数据得到在频率530 kHz时，可选用E-E14或E-PLT14磁芯，计算合理的匝数，计算结果见表4.8.5。

表4.8.4　正激和反激变换器的有关计算公式

正激变压器计算公式		反激变压器计算公式	
名　称	公　式	名　称	公　式
原边绕组匝数	$N_1=\dfrac{U_{imin}\times D}{2fB_pA_e}$	原边绕组匝数	$N_1=\dfrac{U_{imin}\times D_1}{2fB_pA_e}$
副边绕组匝数	$N_2=\dfrac{N_1\times U_o}{U_iD}$	副边绕组匝数	$N_2=\dfrac{N_1\times U_o\times D_2}{U_{imin}D_1}$
		IC工作绕组匝数	$N_{IC}=\dfrac{U_{IC}N_1}{U_{imin}}$
初级绕组电感	$L_{1m}=\dfrac{\mu_0\mu_a(N_1)^2A_e}{l_e}$	初级绕组电感	$L_{1m}=\dfrac{(U_{imin}\times D_1)^2}{2\times P_{max}\times f}$
激磁电流	$I_m=\dfrac{U_{imin}D}{fL_1}$	磁　导	$G=\dfrac{\mu_0N_1^2A_e}{L_{1(rms)}}$
输出电流有效值	$I_{2(rms)}=\dfrac{P_{max}}{U_o}\times\sqrt{D}$	输出电流有效值	$I_{2(rms)}=\dfrac{P_{max}}{U_o}\times\sqrt{\dfrac{4}{3\times D_2}}$
初级绕组电流有效值	$I_{1(rms)}=\dfrac{I_{o(rms)}}{r}+\dfrac{I_m}{2}\sqrt{D}$	初级绕组电流有效值	$I_{1(rms)}=\dfrac{U_{imin}D_1}{f\times L_1}\times\sqrt{\dfrac{D_1}{3}}$

说明：A_e—有效截面积；B_p—最大磁通密度；P_{max}—最大输出功率；U_{imin}—最小输入电压；U_o—输出电压；L_{1m}—原边自感；μ_a—最大磁导率；μ_e—有效磁导率；μ_0—真空中磁导率；D—正激变换器占空比；D_1—原边绕组占空比；D_2—副边绕组占空比。

表4.8.5　几个正激变压器的计算结果

磁　芯	U_{in}/V	U_o/V	N_1	N_2	L_1/μH	$I_{o(rms)}$/mA	I_m/mA	I_1/mA
E-PLT14	48	5	14	3.2	690	2441	60	543
	48	3.3	14	2.1	690	2699	60	548
	24	5	7	3.2	172	2441	121	1087
	24	3.5	7	2.1	172	3699	121	1097
E-E41	48	5	14	3.2	855	2441	48	539
	48	3.3	14	2.1	855	3699	48	544
	24	5	7	3.2	172	2441	97	1079
	24	3.3	7	2.1	172	3699	97	1089

对于使用的530 kHz磁通密度工作温度约为100 ℃，磁芯损耗密度的最后校验结果是，3F3磁芯的单位体积损耗为1 030 mW/cm³，3F4磁芯的单位体积损耗为

1580 mW/cm³，显然 3F3 是合适的选择。E-PLT14 产生的温升（计算损耗密度/允许损耗密度）是 $\Delta T/2 = [(1030/1225) \times 25]$℃ = 21 ℃，而 E-E14 组合温升为 23.5 ℃。

初级绕组的匝数与输入电压有关，输入电压为 48 V 的选择 14 匝，24 V 的选择 7 匝。另外，正激变压器需要与初级绕组相同的去磁线圈用于磁芯的复位（14 匝或 7 匝），选择每层 7 匝，按 4 层安放。当需要 7 匝初级和去磁线圈时，两层匝数并联，产生的结果是线圈线（印制线）电流密度将减半。如果初级和去磁绕组采用 14 匝，两层匝数连接成串联，有效匝数成了 14 匝。

初级输入电压为 24 V 时，初级电流大约是 1.09 A，铜层的厚度是 70 μm。有效初级线宽 356 μm（因为 7 匝线圈并联而加倍），给出温升为 15 ℃。48 V 输入有效电流约为 0.54 A。线宽178 μm 时（串联成 14 匝），线圈损耗导致的温升为 14 ℃。

铜层厚 70 μm，线宽 178 μm，间隔 300 μm，这背离了线宽和间隔都要大于 250 μm 的准则，提高了多层 PCB 的生产成本。

次级线圈 2 匝或 3 匝，如果将次级放在一层上，线宽分别是 1370 μm 和 810 μm，对于次级电流有效值电流 3.70 A 和 2.44 A 引起的线圈温升 25 ℃，再加上初级线圈温升，则偏高了。解决这个问题的方法是将这两个线圈各分成两层，两层并联后电流为总电流的一半。由图 4.8.5 可知，这样电流引起的温升大约 6 ℃。PCB 的总温升近似 21 ℃，再加上交流引起的损耗，频率 500 kHz 大约增加 10 ℃，所以 PCB 温度将增加 31 ℃。

各层设计的完整结构如表 4.8.6 所列。至少再外加一层，表 4.8.6 中的线层，作为必要的连接层。实际有 9 层，但生产与 10 层一样（偶数层）。可将 PCB 的底层和顶层用作线层，其优点是印制线中的电流密度减半。在这些层的印制线可用铜盘和孔与内层印制线相连接，并将初级和次级的输入和输出传递到 PCB 印刷板的不同侧。变压器的初级和次级根据输入和输出极性进行连接，可以获得 4 个不同的变比的变压器。

表 4.8.6　10 层 PCB 的厚度分布

序　号	层	匝　数	厚度/μm	序　号	层	匝　数	厚度/μm
1	线层		70	11	次级	2	70
2	绝缘层		200	12	绝缘		200
3	复位	7	70	13	次级	3	70
4	绝缘		200	14	绝缘		200
5	初级	7	70	15	初级	7	70
6	绝缘		200	16	绝缘		200
7	次级	3	70	17	复位	7	70
8	绝缘		200	18	绝缘		200
9	次级	2	70	19	线层		70
10	绝缘		200	20	焊接丝网		50
总厚度	2600 μm						

E-PLT14磁芯有效窗口是1.8 mm,PCB印制板总厚度大约2.6 mm,偏高。而E-E14磁芯窗口宽度为3.6 mm,比较适合。如果能定制高度再小些的磁芯更好。PCB板用热电耦进行各种工作条件下的温度实测,24 V/5 V变压器常用来最高温升下的电流密度检测。

计算分别加到PCB印制板上的初次级绕组的电流,初级电流1 079 mA,温升12.5 ℃,次级电流2 441 mA,温升7.5 ℃。两个电流同时加到PCB印制板,温度增加20 ℃。

用有效值相同的电流,频率不同的交流信号加到电路中实验。在500 kHz时PCB印制板的总温升是32 ℃。引起温升大幅增加的原因是在次级线圈的交流电的集肤效应引起的局部温度升高,因此次级线圈宽线要比初级绕组的线宽要宽。

采用标准E-E14磁芯安装到PCB印制板上,工作状态模式为正激变换器。PCB上的温升为49 ℃,磁芯的顶部某点温升为53 ℃。中心柱和外侧边柱温升分别是49 ℃和51 ℃。

预先设计一个E-E磁芯要求有点严格,因为热点温升是53 ℃,允许温升是50 ℃。如果定制一个E-E平面磁芯,温升应在产品的规定范围内。

某变换器10层平面变压器PCB图如图4.8.9所示。

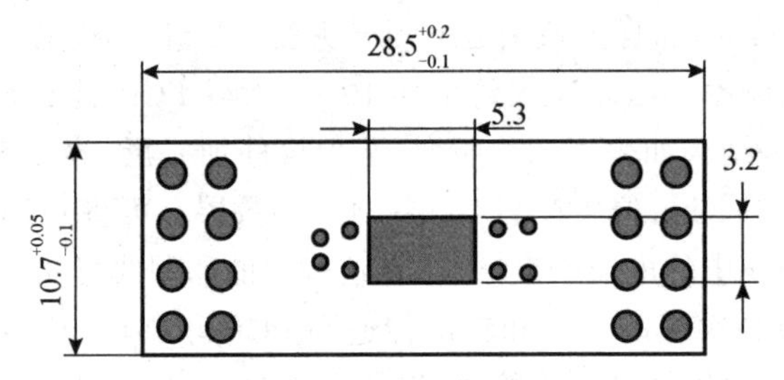

(a) 机械加工图

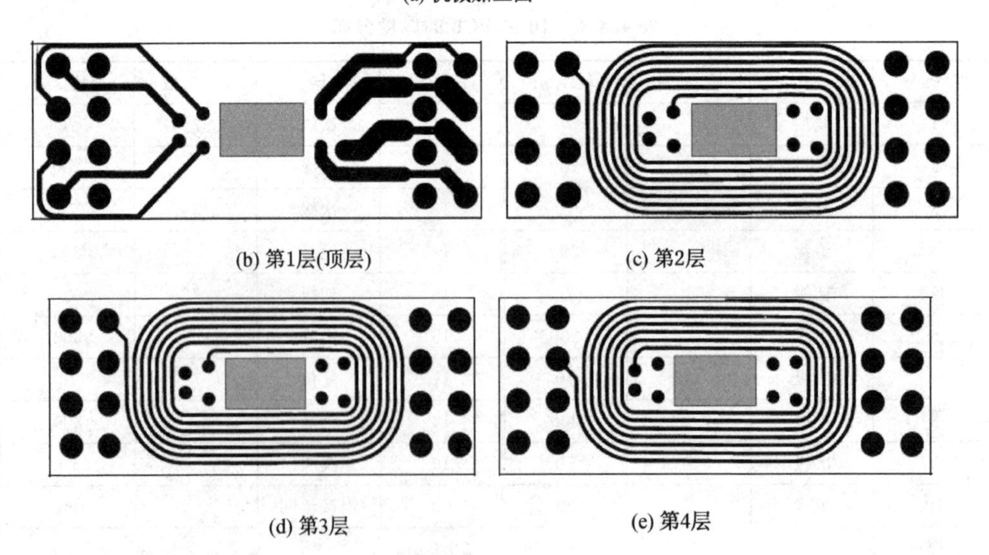

(b) 第1层(顶层)　(c) 第2层

(d) 第3层　(e) 第4层

图4.8.9　某变换器10层平面变压器PCB图

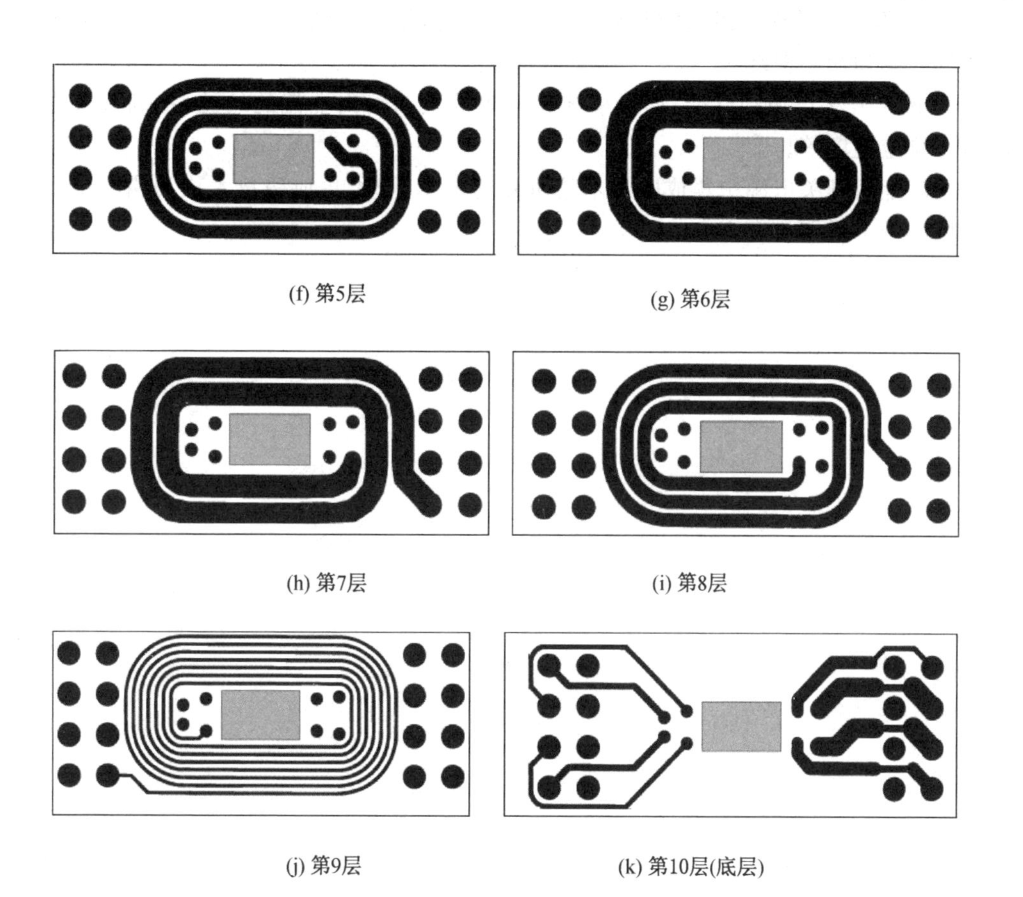

图 4.8.9　某变换器 10 层平面变压器 PCB 图(续)

4.8.3　集成磁技术

随着通信设备和计算机运行速度的不断提高，低压大电流输出的开关电源成为开关电源的热点产品之一。对于低压大电流输出的开关电源，要提高功率密度，必须减小体积、降低损耗。由于开关器件和软开关技术的发展，通常采用提高工作频率的办法实现开关电源的小型化。为了能进一步减小磁性器件的体积、质量和损耗，研究了集成磁技术，集成磁件就是把开关电源中所有主要磁性器件从结构上集中在一起，用一个磁器件来实现，从而可以减少开关电源中的器件数量，减少开关电源的体积，提高开关电源的功率密度，使各磁件间的接线最短、损耗减小，输出滤波效果得以改善，以适用于低压大电流开关电源。例如 Cuk 变换器中把输入和输出端的两个电感用一个铁芯。

磁集成主要目的是：

① 减少开关电源中的器件数量；

② 使集成磁件的最大工作磁密小于各分离磁件的磁密和，以减少磁件铁芯的截面积，从而减少磁件的体积质量；

③ 使集成磁件铁芯磁通的脉动分量减小,从而使磁件的铁芯损耗减小,提高开关电源的效率和功率密度;

④ 改善开关电源的性能,如减小开关电源输入和输出电流的纹波,提高开关电源的瞬态响应速度等。

国际上对开关电源中集成磁技术的研究越来越重视,集成磁技术成为当今电力电子领域的一个重要研究方向。

第 5 章

辅助电路设计

除了功率电路以外，保证功率电路正常工作的外围电路对电源正常工作也是非常重要的。这些电路包括控制电路、检测电路、辅助电源、缓冲电路、显示以及各种保护电路。这些电路直接影响开关电源的电气性能和运行的可靠性。

5.1 控制电路

开关电源的控制电路包括误差放大器、基准、PWM 发生电路、频率输出、输出采样电路和相关保护电路等，将这些功能电路集成在一块控制芯片中。控制芯片有两类控制方式，即电压型控制和电流型控制。

电压型控制芯片中用内部的锯齿波与误差放大器输出比较，产生 PWM 信号；而电流型控制芯片内部没有锯齿波信号，利用采集功率管电流的锯齿波与误差放大器比较产生 PWM 信号，其他部分基本相同。

随着电网对接入设备功率因数要求的提出，接入电网的开关电源必须带有功率因数校正网络(Power Factor Correct，PFC)，各种 PFC 校正芯片得到推广和应用，应运而生的是 PFC 功率因数校正和 PWM 脉宽调制器复合集成在同一芯片中。

随着开关电源的高频化，软开关技术得到长足发展，各种谐振控制芯片纷纷面世，例如大功率开关电源采用的移相全桥控制软开关策略，也有专用的芯片。

下面选择几种典型芯片介绍。

5.1.1 电压型集成控制电路

图 5.1.1 所示是电压型模式控制方框图，变换器的占空比只响应输出负载电压的变化，必须等到负载电压调整后才能响应，需要等待一个或多个工作周期。早期的开关电源都采用这种电压型脉宽调制方式，即 PWM 控制方式。典型的国产电压型控制集成电路有 X3524、X3525 和 TL494 等，以及美国 Unitrode 公司的 UCx525 系列产品(见图 5.1.2)。

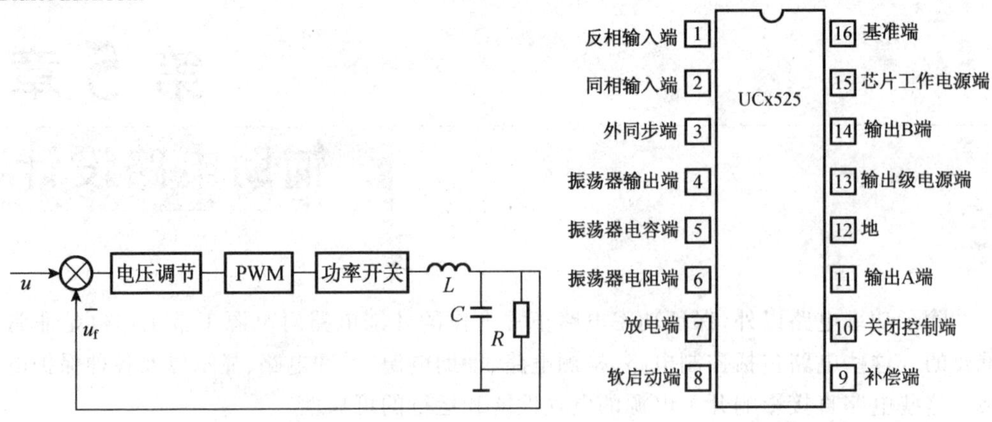

图 5.1.1 电压型模式控制方框图　　**图 5.1.2 UCx525 引脚封装图**

图 5.1.2 所示是美国 Unitrode 公司生产的 UCx525 产品，采用 DIP-16 封装。以 UCx525 为例，介绍 PWM 电压集成控制电路的工作原理和使用方法。

UCx525 引脚排列与定义如表 5.1.1 所列。

表 5.1.1 UCx525 引脚排列与定义

引脚号	引脚符号	功　能	引脚号	引脚符号	功　能
1	Inv. Input	误差放大器反相输入端	9	Compensate	补偿端
2	Ni. Input	误差放大器同相输入端	10	Shut Down	关闭控制端
3	Sync	外同步端	11	Output A	输出 A 端
4	Osc Output	振荡器输出端	12	Ground	地
5	C_T	振荡器电容端	13	U_c	输出级电源端
6	R_T	振荡器电阻端	14	Output B	输出 B 端
7	Discharge	放电端	15	U_i	芯片工作电源端
8	Soft Start	软启动端	16	U_r	基准端

UCx525 中，x 表示芯片的使用温度范围不同，1 表示 −55～+125℃，2 表示 −25～+85℃，3 表示 0～+70℃，内部电路图完全相同。下面分析引脚功能。

1. 输入电压 U_i 范围

图 5.1.3 所示是 UCx525 的内部结构原理框图，其中 15 脚为 U_i 供电电源端，供电电压不得超过 35 V，工作电压在 8～35 V 之间，一般取辅助源电压为 15 V。

2. 基准电源

16 脚为基准电压输出端 $U_r = 5.1\times(1\pm1\%)$ V，基准电压的产生由芯片内部提供电源，也可以给外部电路提供 5.1 V 电源。基准电源有最大 50 mA 输出电流限制，变换器输出电压的稳定度不可能高于基准稳定度；另外，基准的稳定还受到工作温度的影响，因此要选择在全工作温度范围内满足要求的基准源十分重要。

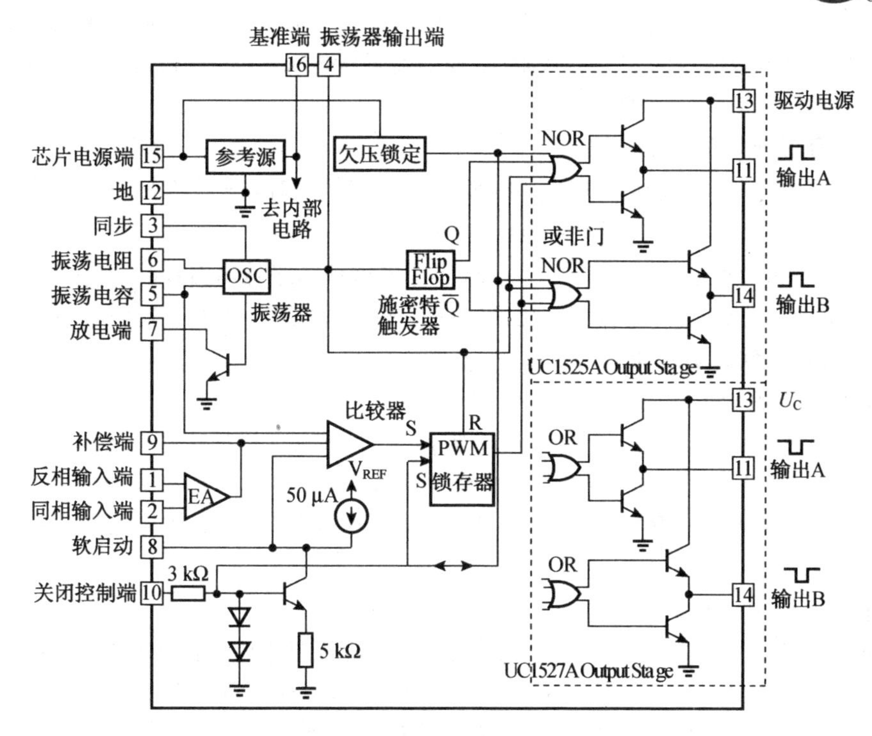

图 5.1.3 UCx525 结构原理框图

3. 振荡器及可调死区时间设置

振荡器的频率由电容和电阻决定,5 脚和 6 脚接 C_T 和 R_T,如果 $R_T=2\sim200$ kΩ,$C_T=470$ pF～0.1 μF,则频率范围为 60 Hz～430 kHz。振荡频率的计算公式为

$$f\approx1/[C_T(0.7R_T+0.3R_D)]$$

R_D 为死区电阻,取值为 0～500 Ω,跨接在 5 脚和 7 脚之间。死区时间还与 C_T 和 R_T 有关,振荡频率越高,死区对占空比的影响越大,所以高频时的最大占空比比低频时的小。振荡器的充电电流为 5 mA,设计时一般选择大电阻和小电容。

例如,设工作频率为 $f=40$ kHz,则可选取 $R_T=3.6$ kΩ,$C_T=0.01$ μF,死区电阻 $R_D=10$ Ω,则 $f\approx1/[C_T(0.7R_T+0.3R_D)]=39.2$ kHz。实际使用时由于元器件有误差,可以通过调节电阻 R_T,确定工作频率为 $f=40$ kHz。

4. 误差放大器

1 脚为误差放大器(Error Amplifier,EA)的反相输入端,接输出采样反馈,2 脚为同相输入端,接基准电压,或经电阻分压后接入。

9 脚是误差放大器的输出端,也称为补偿端(compensate),也是 PWM 比较器的输入端,在补偿端 9 与反相输入端 1 之间接入 RC 网络,RC 参数的选取根据闭环稳定性确定补偿数值,因电路不同需要调整,故保证开关电源稳定并具有良好的动态响应。

5. 双端输出驱动电路

如图 5.1.3 所示,11 脚和 14 脚分别是片内输出晶体管的输出级,13 脚对应片内输出晶体管的集电极。集电极的供电电压为4.5～35 V,能提供0～100 mA的电流。如果需要的拉电流或灌电流超过芯片限额,应当有后续电流扩大电路;也可以通过隔离驱动变压器直接驱动变换器的功率管。

6. 欠压锁定和软启动电路

在电源电压处于欠压状态(即典型值$U_i<7$ V)时,确保输出保持关断状态,UCx525电路设置了内部欠压锁定电路。

8脚一般外接软启动电容$C_{SS}=1\ \mu F$,实现软启动电路是用内置的50 μA的恒流源对C_{SS}充电的。达到50%输出占空比的时间是$t=(2.5/50\ \mu A)\times C_{SS}=50$ ms,调节电容C_{SS}即可调节软启动时间。

7. 输出限流和关断电路

将过流脉冲信号送至关闭控制端10脚,当内置三极管的基极电平达到0.7 V时就起作用;当基极电平达到1.4 V时,10脚电平被钳位,在200 ns内将关断输出。关断输出信号是通过PWM锁存器锁存住,即使10脚信号消失,输出仍保持关断到下一个复位时钟到来为止。

8. 脉宽调制比较器

如图5.1.3所示,比较器有3个信号输入,分别是误差放大器的输出端9脚、关断电路和软启动的输入端8脚以及振荡器电容端5脚,这样可避免关断电路对误差放大器的影响,而且误差放大器的输出还取决于其补偿网络。

比较器输出送到下一级PWM锁存器,然后再送到有正反极性的双路输出与非门。正常工作时,PWM锁存器由关断电路置位,并由时钟脉冲复位。这样可保证每周期内只有PWM比较器送来的单脉冲,而将误差放大器上的噪声、振铃及系统所有的跳变或振荡消除掉。当过流信号引起关断时,使PWM脉冲信号消失,直到下一个复位信号到来时,锁存器维持一个周期关断输出,所以关断电路能有效地控制输出。

9. 相关波形

图5.1.4为误差放大器输出控制PWM输出图。误差放大器输出或外接补偿端(9脚)直流控制信号送到PWM比较器的反相输入端,定时电容C_T上锯齿波电压送到比较器的同相端与误差放大器输出比较,当三角波幅值高于误差放大器输出时,用于PWM发生器的比较器输出高电平,芯片的3脚在三角波的下降沿输出振荡频率脉冲波形。

振荡频率脉冲触发双稳态触发器(Flip-Flop),触发器Q和$\overline{Q}$端将振荡频率分频为1/2振荡频率的矩形波,分别送到两个或非门(NOR)。或非门的输入还包括振荡输出和PWM输出,或非逻辑是“全低出高,有高出低”,并将或非门的再取反,得到两个相位相反的驱动信号,去驱动输出级一对互补导通的晶体管。将PWM输出低电平作为输出晶体管基极高电平信号,交替提供给以11脚和14脚输出的晶体管基极。

将5脚的三角波和误差放大器9脚输出端比较,可以看到9脚电压升高,交点右移,输出脉冲(11脚和14脚)加宽,反之降低。改变9脚电压也就改变输出脉宽大小,这就是脉冲宽度调制。

用它作为推挽、全桥、半桥、双路双端正激的脉宽调制芯片，还有占空比小于 0.5 的单端应用等。电压型脉宽调制芯片生产厂家国内外有多家，其功能大同小异，使用时应认真阅读产品手册。

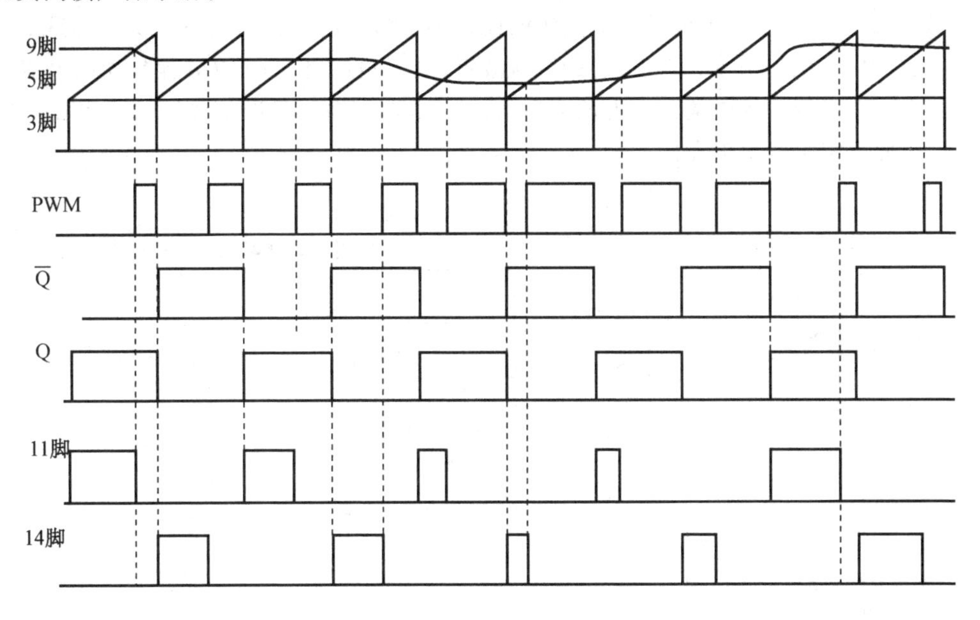

图 5.1.4　X3525 控制波形图

5.1.2　电流型集成控制电路

在开关电源中，功率级都是直流输入，因此电感电流是锯齿波，将这个锯齿波与误差电压比较，也能用来作为占空比的调节。因为要稳定输出电压，还要电压采样，所以是双环。内环是电流环，外环是电压环。

如图 5.1.5 所示是双闭环控制框图，把变换器分成两个环路控制，电流控制环的电流取自功率开关或滤波电感中的电流，外环为电压控制环，取自于输出端电压。因此在每个开关脉冲周期中不仅可以响应负载电压的变化，而且可以响应负载电流的变化。其主要特点是：电压环控制环路的电压设置阈值，而在电压阈值内电流内环调整开关或初级电路中的峰值电流。输出电流正比于功率开关或滤波电感中的电流，因此整个电路还具有限流作用，电流控制模式比电压控制模式更具有优越的电网调整率和负载调整率。

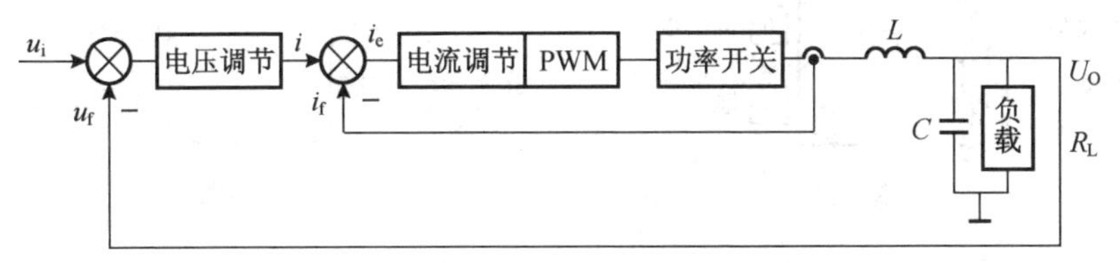

图 5.1.5　电压和电流双闭环控制结构

PWM脉宽调制型开关电源只对输出电压进行采样,属于电压型控制的单环控制;而电流型控制是在电压型控制的基础上增加了电流内环的双环控制,使得电源的电网调整率和负载调整率及瞬态响应特性都有所提高,且电路比较简单。

如图5.1.6所示是电流控制型电源的原理图,采样电阻R_s上的波形实际上是变压器原边绕组中(也是功率管发射极)的电流波形,是三角波,作为PWM比较器的电流给定,限定了功率管中的电流。误差放大器的两个输入分别是基准信号和输出电压反馈信号,由此决定了输出电压的大小。

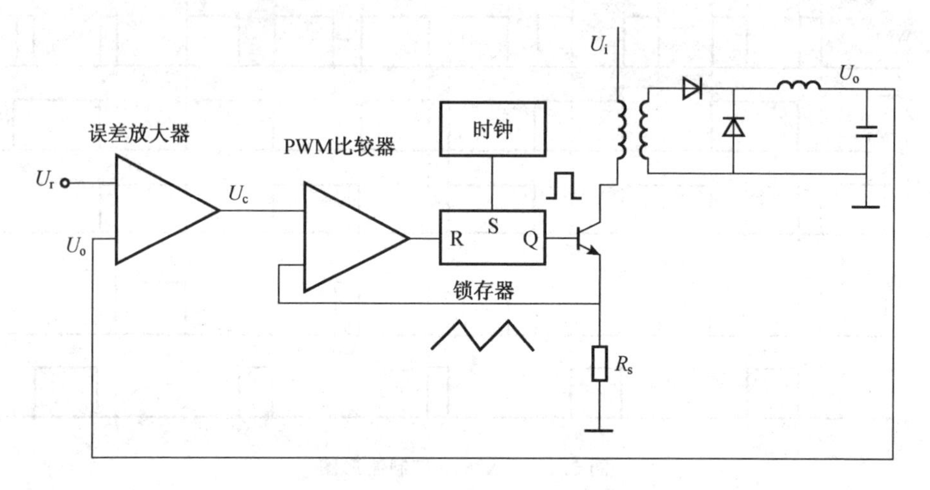

图5.1.6 电流控制型电源的原理图

常用的电流型脉宽调制器控制芯片有国产的CWx842/3/4/5系列,以及美国Unitrode公司生产的UCx842/3/4/5系列产品,这些电流型PWM集成控制器采用PDIP-P、SOIC-D(8)、SOIC-D(14)等多种封装形式,最常见的封装和引脚排列如图5.1.7所示。

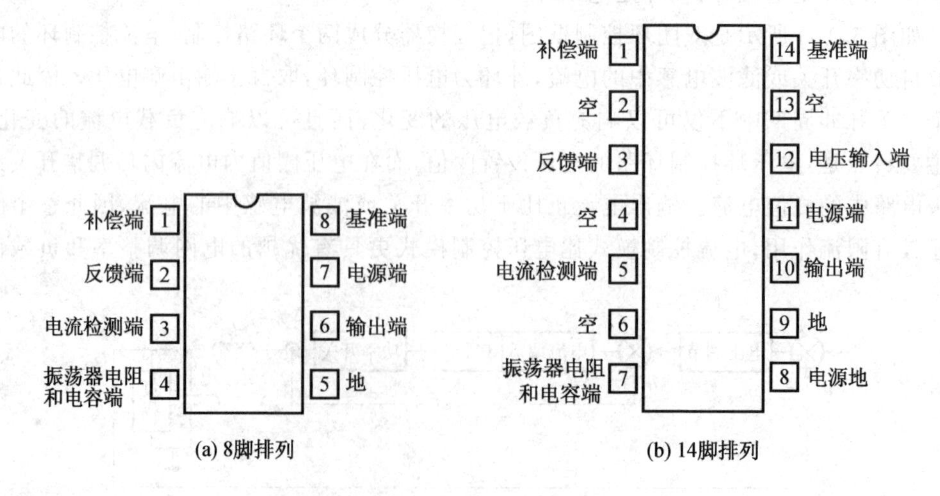

图5.1.7 UCx842/3/4/5引脚排列图

UCx842/3/4/5，其中数字 x 表示不同的工作温度等级。UCx842/3/4/5 系列集成芯片的差别在于欠压锁定门限和最大占空比范围不同，UCx842/4 的欠压锁定电压是 16 V，小于10 V时芯片停止工作。而 UCx843/5 的欠压锁定电压从 8.4 V 开始工作，小于 7.6 V 时芯片停止工作。UCx842/3 的占空比调节范围接近 100%，而 UCx844/5 的占空比调节范围是 0～50%，是由内部的施密特触发器（迟滞比较器）控制的。

图 5.1.8 所示是 UCx842/3/4/5 的内部结构图，根据引脚及外电路元件接法介绍其功能原理。UCx842/3/4/5 的封装有 8 脚和 14 脚两种，表 5.1.2 所列以 8 脚为例说明各引脚功能。

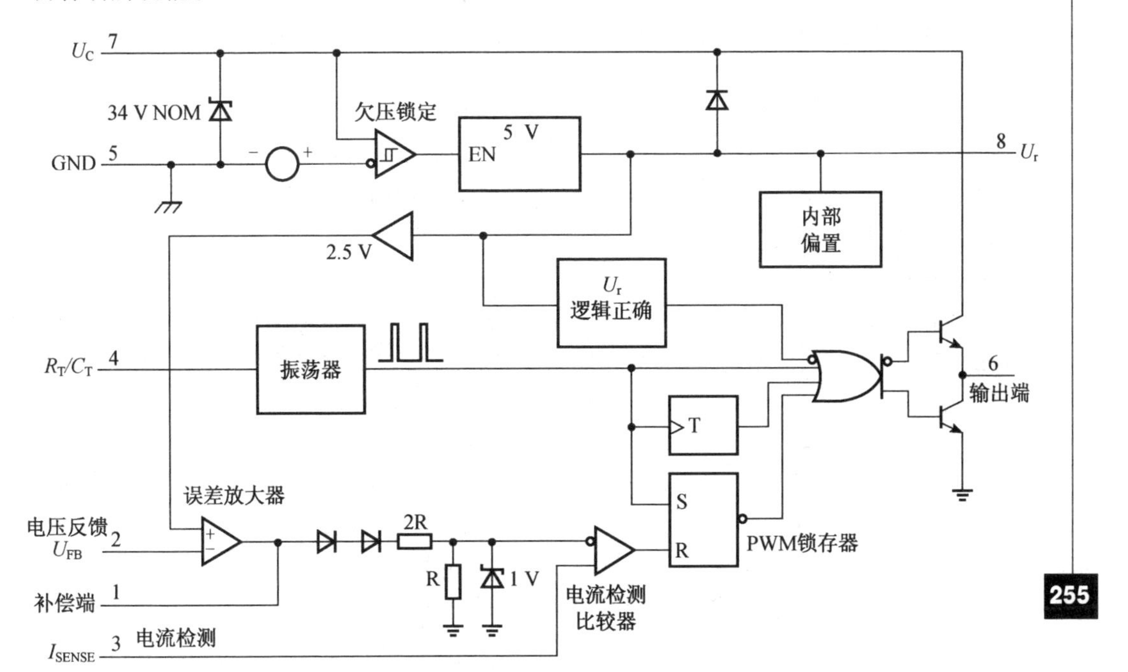

图 5.1.8　UCx842/3/4/5 内部电路框图

表 5.1.2　UCx842/3/4/5 引脚功能

引脚号	引脚符号	功　能	引脚号	引脚符号	功　能
1	COMP	补偿端	5	GND	地
2	U_{FB}	反馈电压输入端	6	OUTPUT	输出端，图腾柱输出，有利于关断
3	I_{SENCE}	电流检测端	7	U_i	电源输入端
4	R_T/C_T	振荡器电阻和电容端	8	U_r	基准端

1. 供电电源和基准电压

7 脚为 U_i 即供电电源,8 脚为 U_r 基准电压,内部有一个欠压保护 UVLO 电路。当输入电压高于上限电压(UCx842 为 16 V)时,基准电源工作,一方面给内部电路供电,同时在 8 脚输出基准电压 $U_r=5$ V,芯片工作时耗电约为 15 mA。当输入电压小于 UVLO 下限电压(UCx842 为 10 V)时,基准电压 $U_r=0$ V 输出为零,内部供电切除,输入仅流过备用电流,且小于 1 mA,输入电压最高值不应超过 34 V,由内部稳压管限幅。由于开启电压与关断电压由 UVLO 迟滞比较器决定,消除了“拍合”现象的干扰。同样 UCx843B/5B 的开启电压为8.4 V,停止电压为 7.6 V,额定工作电压取 12 V 合适,在使用时应根据输入电压不同进行芯片的选择。

2. 振荡器

如图 5.1.9 所示,4 脚为定时器端,接 R_T 和 C_T,一般 R_T 接在基准电源 8 脚与 4 脚之间,C_T 接在 4 脚与 5 脚地之间。当 $R_T<5$ kΩ 时,$f\approx1/(R_TC_T)$;当 $R_T>5$ kΩ 时,$f\approx1.72/(R_TC_T)$,取 $R_T=7.5$ kΩ,$C_T=2200$ pF,则 $f\approx1.72/(R_TC_T)=104$ kHz,适当调节电阻 R_T 可以调定工作频率。

3. 误差放大器

如图 5.1.10 所示是误差放大器(Error Amplifier,EA)原理图,2 脚为电压反馈端。U_{FB}是误差放大器的反相输入端,同相输入端接内部 2.5 V 基准电压,电压检测信号直接接到 2 脚。

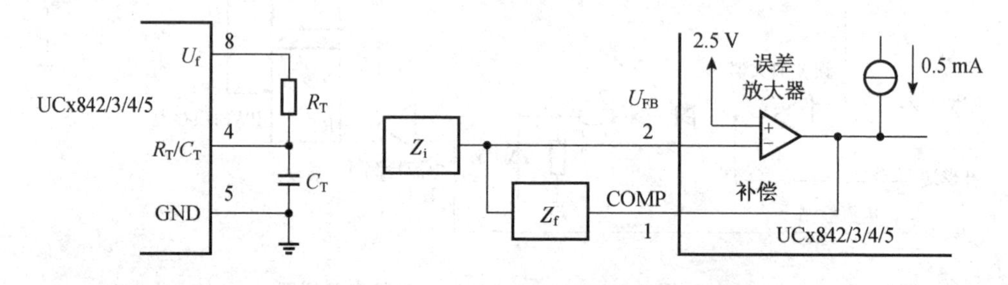

图 5.1.9 振荡器设定电路　　　图 5.1.10 误差放大器

1 脚为补偿端 COMP,也是误差放大器的输出端。如果输出与输入不隔离,则 1 脚与 2 脚之间接闭环校正补偿网络 Z_f。Z_f 通常是 RC 阻容网络,用于消除电路中产生的振荡。

4. 电流检测电路

如图 5.1.11 所示,3 脚为 I_{SENSE}电流检测端,检测电流波形为锯齿波,与误差放大器的误差电压比较。比较电压为 1 V,检测电流的最大值为 $I_{smax}=1/R_s$,R_f 和 C_f 为电流检测的滤波电路。

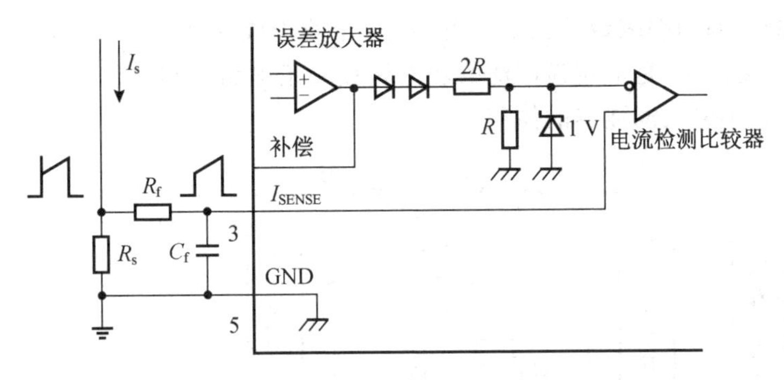

图 5.1.11 电流检测电路

5. 主要工作波形

图 5.1.12 所示是 UCx842/3/4/5 的主要工作波形，当电路的供电电压 U_i 低于欠压下限时，电路只流过小于 1 mV 的备用电流。当供电电压大于欠压上限时，内部 2.5 V基准电压通过 R_T 对 C_T 充电，电容上电压 U_{CT} 按指数规律上升。当电容电压上升到上限电平时，与电压型控制芯片一样，内部比较器翻转，电晶体管导通，电容 C_T 放电。当放电到电容的下限电平时，内部触发器翻转，放电晶体管截止，电容 C_T 再次充电，振荡器往复振荡。在每次放电时发出一个振荡频率的脉冲 OSC。

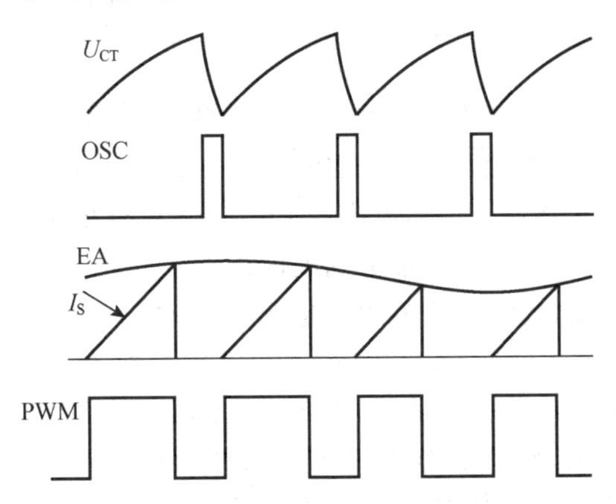

图 5.1.12 UCx842/3/4/5 的工作波形

当 OSC 脉冲下降沿，输出 OUTPUT 转为高电平时，变换器输出晶体管导通，晶体管电流斜坡上升。晶体管检测电流送到 I_{SENSE} 端，与误差放大器输出 EA 比较，比较输出信号控制脉宽调制锁存器 PWM Latch 翻转。当电流超过某一值时，输出变为低电平，关断变换器功率晶体管，结束导通时间。

5.1.3 PFC 和 PWM 控制的组合芯片

接在交流电网上的开关电源如果不采取功率因数校正电路，给电网造成功率因数低下，电压波形发生畸变的后果。功率因数校正分为无源型和有源型两大类，在这里主要以有源功率因数校正(Active Power Factor Correction，APFC)为例介绍控制芯片。

最常见的有源功率因数校正采用由Boost电路构成的APFC电路,如图5.1.13所示,成本低,电路简单,是应用最广泛的功率因数校正电路。与整流桥串联的电感能减小高频噪声,减小输入滤波器的体积。

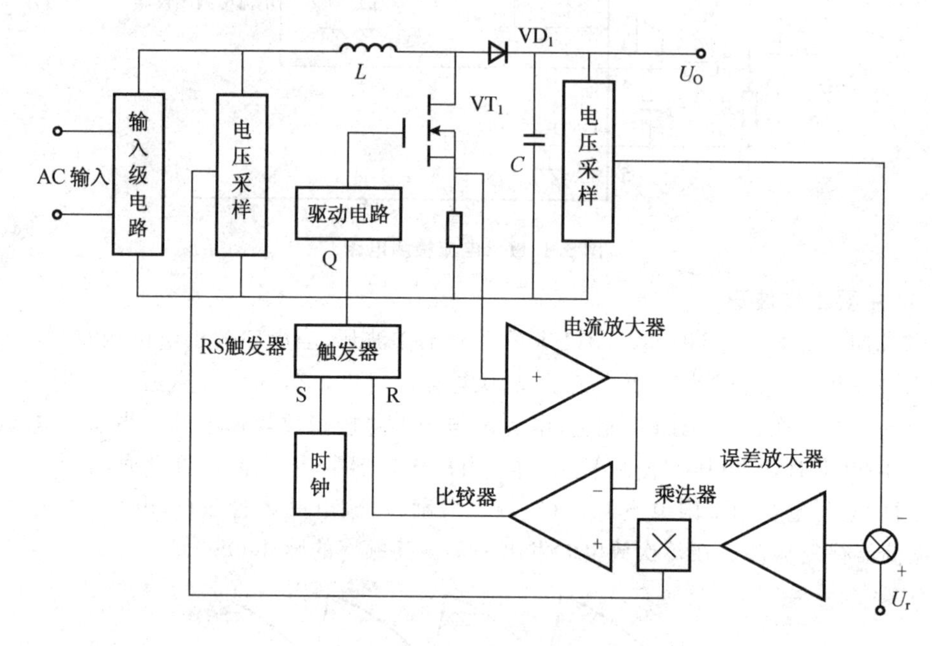

图 5.1.13 Boost型APFC电路原理图

对于接入电网的开关电源,一般有两级电路,前级进行PFC校正,如图5.1.13所示,后级进行PWM谐振控制。应运而生的PFC和PWM的复合控制芯片面世,在此以美国仙童公司的ML4824系列产品为例进行介绍。

ML4824是带功率因数校正PFC开关电源的PWM控制的组合控制芯片即PFC/PWM,由美国仙童半导体(fair-child semiconductor)公司生产。ML4824目前有两种型号,一种是ML4824-1,另一种是ML4824-2。两者的区别是:在ML4824-1中,PFC控制级和PWM控制级的工作频率相同,最高频率达到500 kHz;在ML4824-2中,PWM控制级的工作频率是PFC控制级工作频率的两倍,PFC级最高频率达到250 kHz,PWM级为500 kHz。

1. ML4824的引脚排列及功能

如图5.1.14所示是ML4824的封装图,采用16引脚DIP和16引脚宽体贴片SOIC封装,ML4824的引脚排列及功能如表5.1.3所列。

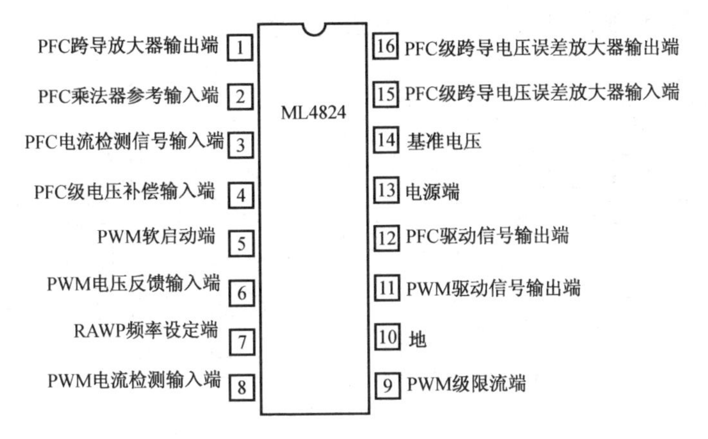

图 5.1.14 ML4824 引脚图

表 5.1.3 ML4824 引脚功能

引脚号	引脚符号	功 能	引脚号	引脚符号	功 能
1	I_{EAO}	PFC 级跨导电流误差放大器输出端	9	DCI_{limit}	PWM 级直流电流限流端
2	I_{AC}	PFC 级乘法器参考电流输入端	10	GND	地
3	I_{SENSE}	PFC 级电流检测信号输入端	11	PWMOUT	PWM 驱动信号输出端
4	U_{RMS}	PFC 级输入电压补偿输入端	12	PFCOUT	PFC 驱动信号输出端
5	SS	PWM 软启动端	13	U_C	电源端
6	U_{DC}	PWM 电压反馈输入端	14	U_r	7.5 V 基准电压
7	RAMP1	频率设定端	15	U_{FB}	PFC 级跨导电压误差放大器输入端
8	RAMP2	PWM 电流检测输入(或 PFC 级输出前馈斜坡输入)端	16	U_{EAO}	PFC 级跨导电压误差放大器输出端

2. ML4824 的工作原理及特点

ML4824 是一种 PFC/PWM 控制器,采用上升沿平均电流模式升压型 PFC 和下降沿电流模式 PWM 控制技术(该控制技术仅需单个系统时钟信号,降低了纹波电压,使得 PFC 级输出电压纹波中的二次谐波减小 30%),无需斜率补偿,是开关模式变换器 APFC 的理想选择。ML4824 的原理结构框图如图 5.1.15 所示。

ML4824 具有以下特点:

① 内置同步 PFC 控制级和 PWM 控制级;

② 总谐波失真低;

③ PFC 控制级和 PWM 控制级之间的储能电容纹波电流低;

④ PFC 控制级采用平均电流模式,连续升压上升沿控制;

⑤ PWM 控制级采用高效下降沿控制,可以工作在电流模式或电压模式;

⑥ 内置 PFC 过电压比较器,突卸负载时提供过电压保护;

⑦ 内置馈流增益调节器,噪声抑制能力提高;

⑧ 具有过电压保护、欠电压锁定和软启动功能。

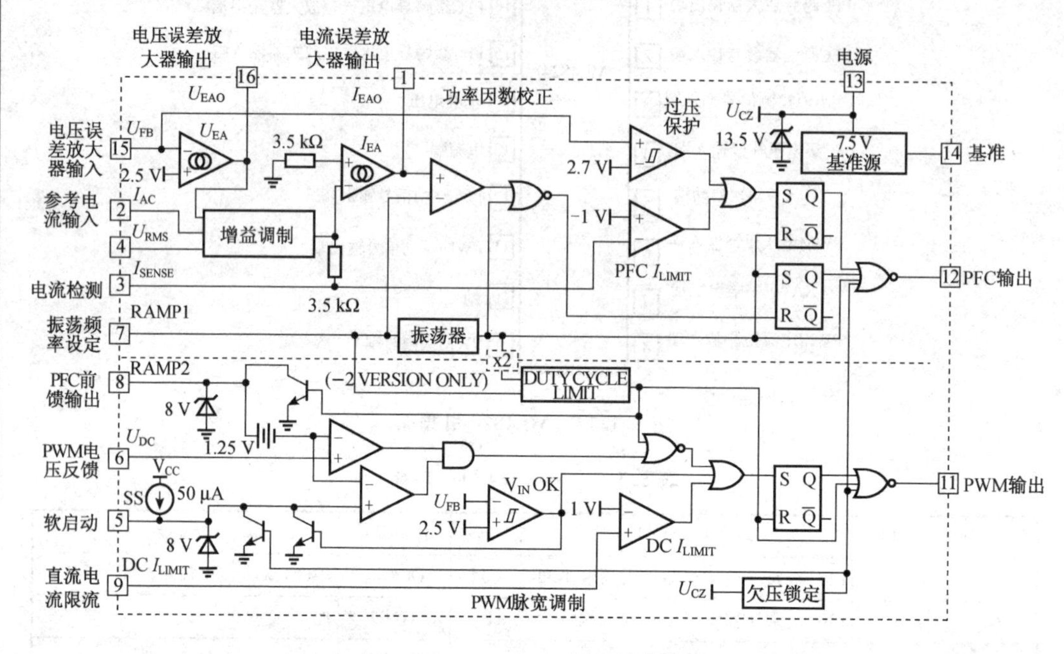

图 5.1.15 ML4824 原理结构框图

3. PFC 级控制电路设计

PFC 级控制电路如图 5.1.16 所示，ML4824 内部 PFC 级采用的是上升沿平均电流控制模式。控制电路的设计主要涉及振荡电路、输入电压前馈、输入电压波形采样、输入电流波形采样和误差放大器的设计。

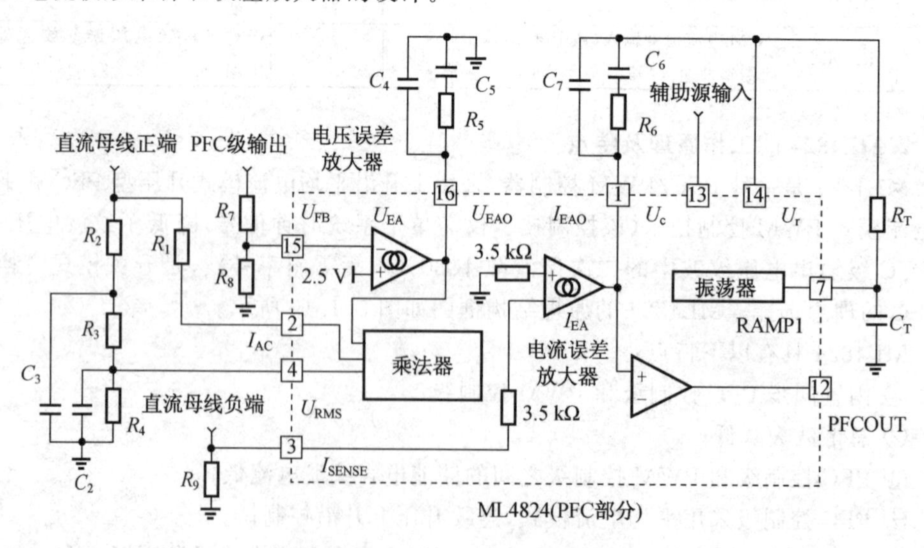

图 5.1.16 PFC 级控制电路

1）振荡电路设计

如图 5.1.16 所示，ML4824 的 7 引脚是振荡器的输出端，用电阻 R_T 和电容 C_T 构成振荡电路，产生的锯齿波周期是：

$$t_{RAMP}=C_T R_T \ln \frac{U_r-1.25\ V}{U_r-3.75\ V} \tag{5.1.1}$$

当 $U_r=7.5$ V 时，$t_{RAMP}=0.51R_TC_T$，死区时间为 $t_{dt}=2.5\ V\times C_T/(5.1\ mA)$，振荡频率为 $f_{OSC}=1/(t_{RAMP+}t_{dt})$，例如利用 ML4824 研制的电源工作频率设计为 94 kHz 左右，选取 C_T 为1000 pF，R_T 为 20 kΩ，$t_{RAMP}=0.51R_TC_T=1.02\times10^{-5}$ s，振荡器频率 $f_{OSC}=1/(t_{RAMP+}t_{dt})=93.5$ kHz，接近 94 kHz。适当调节电阻 R_T，可以调定工作频率。

2）输入电压前馈设计

设输入电压范围为 154～264 V 交流，50 Hz。输入电压整流后，经电阻分压和电容滤波，得到一个大小与交流输入电压有效值 U_{RMS}成正比的电压信号，输入至乘法器，乘法器的输出信号与 U_{RMS}成反比。电阻、电容值由下式确定：

$$\frac{R_4}{R_2+R_3+R_4}=\frac{1.2\pi}{2\sqrt{2}U_{imax}} \tag{5.1.2}$$

$$C_2=\frac{1+R_4(R_2+R_3+R_4)/R_2(R_3+R_4)}{2\pi f_2 R_4} \tag{5.1.3}$$

$$C_3=\frac{(R_2+R_3+R_4)}{2\pi f_1 R_2(R_3+R_4)} \tag{5.1.4}$$

式中：f_1 取为 13 Hz，f_2 取为 23 Hz。实际选取 R_2 为 1 400 kΩ，R_3 为89 kΩ，R_4 为 13 kΩ，C_2 为 82 nF，C_3 为 120 nF。

3）输入电压波形采样

输入电压经检测电阻转换为电流检测信号后输入乘法器，该检测信号中包含了输入 PFC 级的瞬时电压波形和幅值等信息。R_1 的取值由下式决定：

$$R_1\geqslant\frac{k\sqrt{2}U_{imin}(U_{EAO}-1.5)}{I_{o\_MULT(max)}}=\frac{0.328\times\sqrt{2}\times154\times(6.8-1.5)}{200\times10^{-6}}\ \Omega=1.89\ M\Omega \tag{5.1.5}$$

式中，变换器的最小输入电压为 154 V，k 为乘法器输入电压为 1.2 V 时的最大增益，取 0.328；U_{CEO}为误差放大器输出电压，取为 6.8 V；$I_{o_MULT(max)}$为乘法器最大输出电流，取为200 μA。选取 R_1 为 2 MΩ。

4）输入电流采样

电流检测电阻 R_9 由下式确定

$$R_9\leqslant\frac{R_{o(MULT)}(U_{EAO}-1.5)kU_{imin}^2}{R_1P_{o\_PFC}}=\frac{3.5\times10^3\times5.3\times0.328\times154^2}{2\times10^6\times600}\ \Omega=0.12\ \Omega \tag{5.1.6}$$

式中：k 为乘法器输入电压在 1.2 V 时的最大增益，取 0.328；U_{EAO}为误差放大器输出电压，取 6.8 V；$R_{o(MULT)}$为乘法器输出电阻，取 3.5 kΩ，选取 R_9 为 0.1 Ω。

5）误差放大器补偿网络设计

对电压误差放大器输出 U_{EA} 进行补偿时，有两个问题必须认真考虑：一个是稳定性问题，另一个是瞬态响应问题。最佳方案是使电压误差放大器的开环截止频率为线电压频率的一半。ML4824 中的电压误差放大器的增益与输入电压之间的关系是非线性的，因此在稳定工作状态下，误差放大器的跨导最小。线电压或负载中的快速扰动信号将使电压误差放大器输入端(U_{FB})上的电压信号偏离其 2.5 V 的标称值，此时电压误差放大器的跨导将显著上升，如图 5.1.17(a)所示。跨导的上升将引起电压环路的增益带宽乘积的增大，与传统的具有线性增益特性的误差放大器相比，电压环路对扰动信号的响应速度显著提高。

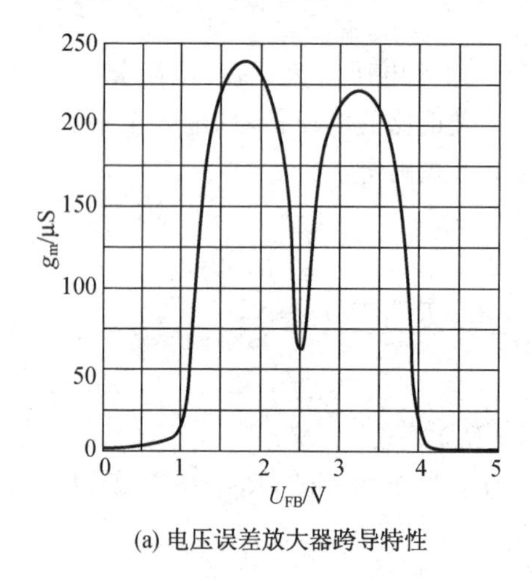

(a) 电压误差放大器跨导特性

250
200
150
100
50
0
g_m/μS
−500
0
500
IEA输入电压/mV

(b) 电流误差放大器跨导特性

图 5.1.17　误差放大器跨导特性

电流误差放大器 I_{EA} 的补偿与电压误差放大器的补偿相仿，只是在截止频率的选择上有所不同。实际应用中，电流误差放大器的截止频率至少应在电压误差放大器截止频率的 10 倍以上，以避免对电压误差放大器产生影响。另外，电流误差放大器的截止频率应低于开关频率的 1/6。为了提高电流误差放大器对电流环路扰动的响应速度，应尽可能地使电流误差放大器的传输特性符合其增益轮廓，如图 5.1.17(b)所示。但由于升压电感对整个电流环路响应的影响很大，因此与电压误差放大器相比，上述做法的效果并不显著。

图 5.1.16 中的 R_7 和 R_8 组成的分压器用作检测 PFC 级输出直流电压 U_{o_PFC}，R_5、C_5 和 C_4 组成电压环路的补偿网络。R_7 和 R_8 的比值为：$R_7/R_8=(U_{o\_PFC}/2.5)-1$，如果取 $U_{o\_PFC}=400$ V，则取 $R_7=1590\ \Omega$，$R_8=10\ \text{k}\Omega$。

由于电压误差放大器的增益 $A_{VEA}=32.41$ dB，跨导 $g_m=85\ \mu S$(微西门子)，R_5 的值为 $R_5=A_{EA}/g_m=491\ \text{k}\Omega$。

C_5 和 R_5 将零点频率设在 $f_z=2.5$ Hz，C_5 容值为 $C_5=1/(2\pi R_5 f_z)=130$ nF，C_4 按 C_5 的 1/10 选择。实际选取 $R_5=490\ \text{k}\Omega$，$C_5=120$ nF，$C_4=10$ nF。

由于电流误差放大器的增益 $A_{IEA}=16.43$ dB，跨导 $g_m=195\ \mu S$，R_6 的值为 $R_6=$

$A_{EA}/g_m=34\ k\Omega$。C_6 和 R_6 将零点频率设在 $f_z=1.5\ kHz$，C_6 容值为 $C_6=1/(2\pi R_6 f_z)=3.12\ nF$，$C_7$ 可按 C_6 的1/10选择。实际选取 $R_6=33\ k\Omega$，$C_6=3.3\ nF$，$C_7=330\ pF$。

6）PFC级驱动电路设计

PFC级中开关管 VT_3 的驱动电路如图5.1.18所示。VT_1 与 VT_2 采用NPN和PNP对管三极管，形成互补推挽式功放电路。R_1 用于限制驱动峰值电流，减小尖峰干扰，一般为5～10 Ω，设计中可取10 Ω。R_2 用于MOSFET的输入级静电放电，电路不通电时，保证MOSFET的 C_{GS} 处于无电压状态，以防止 VT_3 长期处于导通状态，并使栅源级之间处在低电阻状态，不易受到外界的干扰。其阻值一般为1～100 kΩ，设计中可取 $R_2=2.2\ k\Omega$。R_3 和 C_1 组成开关管 VT_3 的吸收电路，用以抑制电压尖峰，设计中选取 $R_3=100\ \Omega$，$C_1=220\ pF$。

4. DC/DC级控制电路设计

后级DC/DC级采用的是下降沿电流模式PWM控制技术，DC/DC级控制电路如图5.1.19所示。

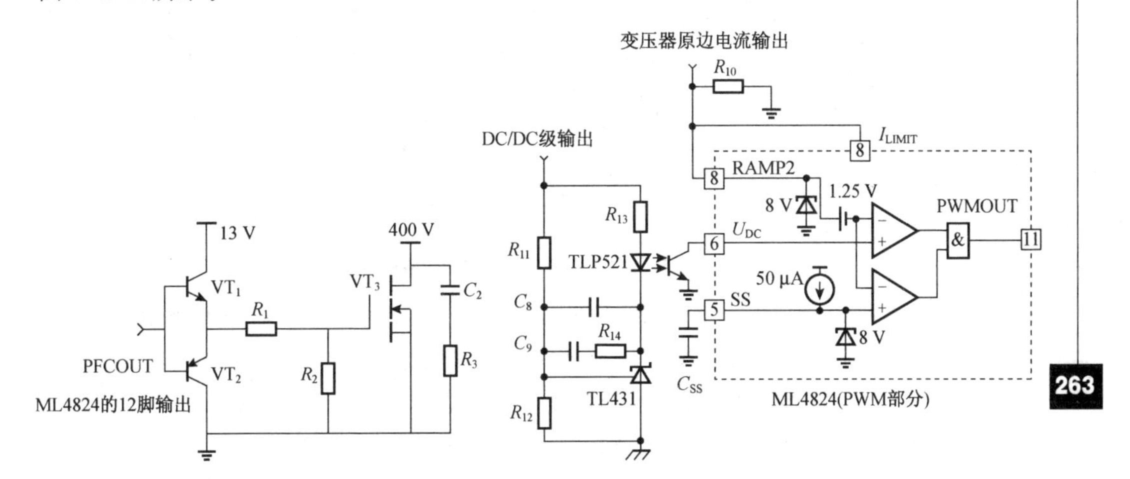

图5.1.18　PFC级驱动电路

图5.1.19　DC/DC级控制电路

1）软启动电路设计

由于DC/DC级是在PFC级电路已经建立其电压后才开始工作，所以后面DC/DC电路应该与前级的PFC电路有时序上的前后关系，其间隔时间由ML4824的引脚5外接启动电容进行控制，控制器通过内置的50 μA电流源对软启动电容进行充电，当软启动电容上的电压达到1.25 V时，软启动过程开始。启动延迟时间 t_d 由下式决定：

$$t_d=1.25\ V\times C_{ss}/50\ \mu A \tag{5.1.7}$$

实际应用中，PWM控制级的启动延迟时间 t_d 至少为5 ms，则软启动的电容值最小为200 nF。为了确保后级DC/DC变换器正常工作，实际取软启动电容值 $C_{ss}=1\ \mu F$。

2）DC/DC级驱动电路设计

DC/DC级中主功率管 VT_4 与 VT_6 的驱动电路如图5.1.20所示。来自ML4824的PWM输出端（11脚）的驱动信号驱动 VT_1 与 VT_2，形成互补推挽式功放电路。由于需要互补驱动开关管 VT_1 与 VT_2，设计中采用了变压器隔离驱动电路，驱动变压器 T 选用 EE-13 铁氧体磁芯。变压器原边采用图腾柱驱动，可以加快开关管的响应，隔直电容 C_1 需大于开关管栅源极间电容值 C_{GS} 的 10 倍，这里取为 27 nF。R_1、R_2 与 C_2 可以加速驱动，并防止驱动脉冲产生振荡。经分析，取 R_1 为 510 Ω，R_2 为 10 Ω，C_2 为 33 nF。

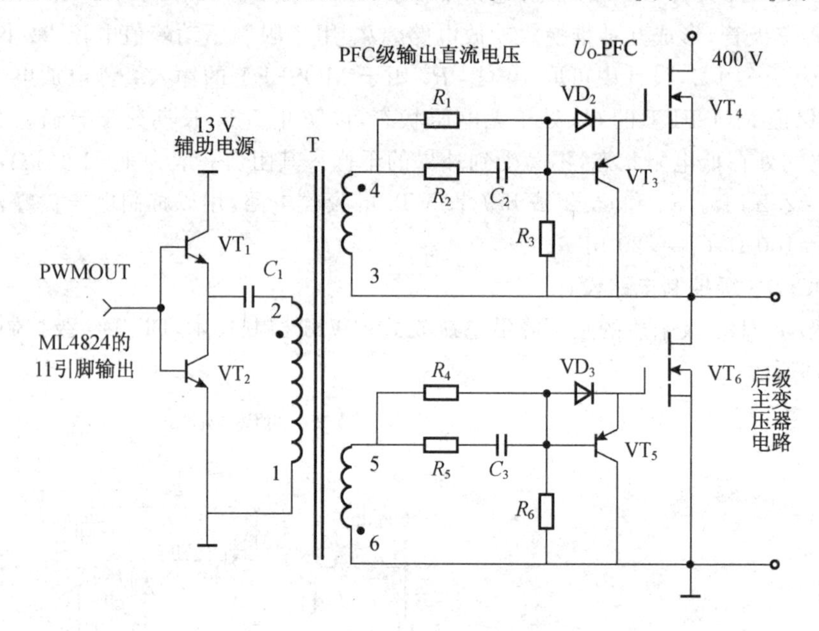

图 5.1.20 PWM 级开关管驱动电路

当变压器副边电压"·"为正时，VT_3 截止，VD_2 迅速给 VT_4 的栅源极电容充电，达到栅极电压，从而开通功率管 VT_4。当变压器副边电压"·"为负时，VT_4 的栅源极电压通过 VT_3 迅速放电，R_3 起到了抑制电流尖峰的作用，这里取为 1 kΩ。下管 VT_6 的驱动电路同上管 VT_4 一样，但相位相反，参数选取均一致，不再重述。

ML4824 具有 PFC 和 PWM 的双重功能控制芯片，功能强大，电路复杂，在这里只能择其重点内容进行介绍，读者使用时需要详细研究产品手册，结合设计要求进行设计。

目前 PFC 专用集成电路有很多，国外的一些半导体厂商如 Unitrode、Silicon、General、Siemens、Microlinear 等都开发、生产了各种 PFC 专用集成电路，常见的用于升压变换型功率因数校正的专用集成电路有 MC34261、TDA4814、TDA4815、TDA4816、TDA4817、UC3854 和 ML4819 等。各种产品的技术指标和性能有所不同，但结构与功能基本相同。

5.1.4 谐振控制芯片

为了提高电源的效率，减少元件的体积、质量，高频谐振变换器替代了 PWM 控制的开关电源。与 PWM 控制的开关电源相比，谐振模式的开关电源有几个方面的优点，即低的开关损耗，高的效率，低的 EMI 发射和小的体积、质量。

近年来出现了很多针对不同电路的谐振控制芯片，例如具有 4 个独立驱动的 UC3875 软开关控制器，TI 公司推出的 UCC289X 系列产品以及 UCC3895 谐振全桥软开关控制器，还有 Motorola 公司的 MC33066 谐振控制器等。现以 MC33066 为例进行介绍。

MC33066 是一种高性能的谐振模式的集成控制芯片，内部电路采用双极型晶体管，可以用于频率超过 1 MHz 的变频开关电源的控制。这种集成芯片具有开发宽范围频率谐振模式开关电源的特性和灵活的控制特点。

集成芯片主要目的给电源 MOSFETs 场效应晶体管在反馈控制下提供重复频率可调节的精密控制脉冲。MC33066 能够工作在下列任意三种模式：

① 导通时间 t_{on} 固定，频率 f 可变模式；

② 截止时间 t_{off} 固定，频率 f 可变模式；

③ 前两种情况的组合，及随着频率的增加，从固定导通时间向固定截止时间的转变。

此外，集成控制芯片还具有系统启动安全、可进行故障诊断等功能。

MC33066 是一种高性能的谐振模式控制芯片，适用于离线的 DC/DC 变换器的固定导通时间或固定截止时间的变周期控制。MC33066 具有死区时间可调的振荡器，带温度补偿的基准电压，具有精密的输出钳位的高增益带宽误差放大器，适合于驱动 MOSFET 场效应晶体管的图腾柱驱动方式。

MC33066 还有用于保护的高速故障比较器、可编程的软件驱动电路，具有输入欠压锁定保护等功能。

1. MC33066 引脚排列及功能

MC33066 采用 16 引脚 DIP 和 16 引脚宽体贴片 SOIC 封装，MC33066 的封装形式如图 5.1.21所示。它有两种封装形式，即双列直插式和宽体贴片式。其引脚功能介绍如表 5.1.4所列。

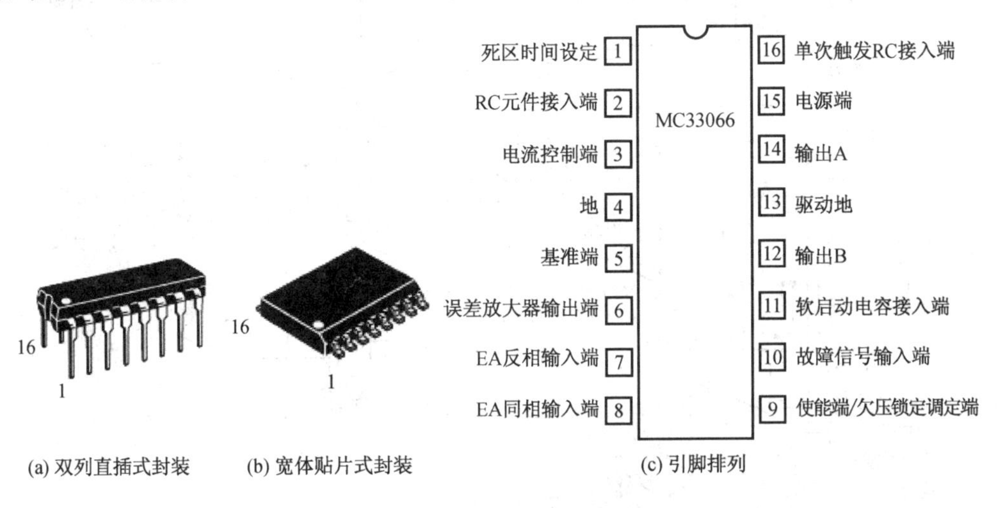

(a) 双列直插式封装　(b) 宽体贴片式封装　(c) 引脚排列

图 5.1.21　MC33066 封装形式

表 5.1.4 MC33066 引脚功能

引脚号	引脚符号	功 能	引脚号	引脚符号	功 能
1	OSC Deadtime	振荡器死区时间设定	9	Enable/UVLO Adjust	使能端/欠压锁定调节端
2	Osc RC	振荡器 RC 元件接入端	10	Fault Input	故障输入端
3	Osc Control Current	振荡器电流控制端	11	Csoft-stat	软启动电容接入端
4	GND	接地端	12	Driver Output B	驱动输出端 B
5	U_{ref}	基准电源端	13	Driver GND	驱动地
6	Error Amp Out	误差放大器输出端	14	Driver Output A	驱动输出端 A
7	Error Amp Inverting Input	误差放大器反相输入端	15	U_{cc}	电源端
8	Error Amp Noninverting Input	误差放大器同相输入端	16	One-shot RC	单次触发 RC 接入端

图 5.1.22 所示是 MC33066 内部电路原理图,可将各种框图分成两部分,即主要控制通路部分和外围支持功能部分。主要控制通路部分包括精密的频率输出脉冲振荡器(oscilliator),单稳态触发器(one shot)、施密特触发器(SF)、一对功率场效应管 MOSFET 驱动电路和一个宽带宽误差放大器(error amplifier output)。外围支持功能部分包括基准电压源(U_r)、欠压锁定电路(UVLO)、软启动(soft start)和故障监测(fault monitor)电路。

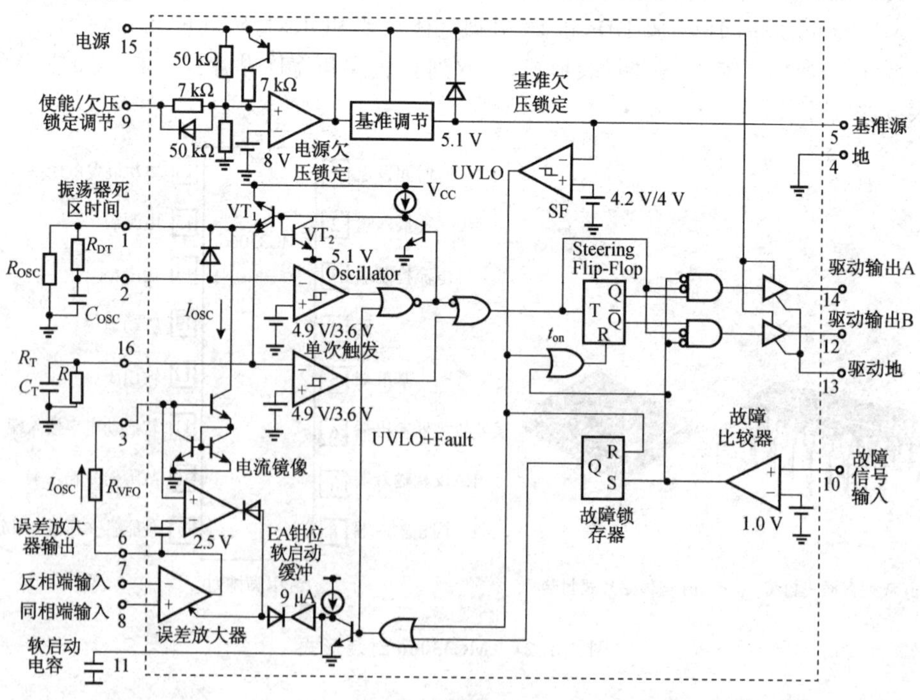

图 5.1.22 MC33066 典型的结构

1）主要控制通道

输出脉冲宽度和重复周期的调节主要依靠频率可调节的振荡器、单稳态触发定时器和误差放大器的共同作用形成的施密特触发器，振荡器触发单稳态电路产生脉冲，形成了图腾柱输出的驱动电压信号 A 和 B。误差放大器监测了调节器的输出并调制振荡器的频率。用高速肖特基管子构成的逻辑门电路用作主要控制通道的元件，以减小门的延时和提高高频特性。

2）振荡器

振荡器的特性对高频工作时的精度是最重要的，除了触发单稳态定时器和初始化输出脉冲，振荡器还决定了单稳态定时器电容的初始值和确立两个脉冲驱动信号之间的死区值。振荡器的频率的设计可大于 1 MHz，误差放大器能把振荡器的频率控制在 1000∶1 之间，通过适当选择外部器件，比较容易和精确地控制最小和最大频率。振荡器还包括了在两个输出脉冲中间增加的死区时间特性的调节。

通过选择死区电阻 R_{DT}，由芯片内部的三极管 VT_1 向振荡电容 C_{OSC} 进行初始充电。当超过 $U_{C_{OSC}}>4.9$ V 时，即内部迟滞比较器的上门限电压值 4.9 V 时，把 VT_1 的基极电位拉到了低电平，使 VT_1 截止，电容 C_{OSC} 上的电荷通过外部电阻 R_{OSC} 和内部电流镜像电路放电。当电容 C_{OSC} 上的电压下降到比较器的下门限电压 $U_{C_{OSC}}<3.6$ V，VT_1 再次接通，并对 C_{OSC} 充电。

如果 $R_{DT}=0\ \Omega$，C_{OSC} 的充电电压从 3.6 V 到 5.1 V 所需要的时间小于 50 ns。电容 C_{OSC} 上的电压上升速率和比较器的门限延时使峰值电压的控制变得困难。解决这个问题的方法是使晶体管 VT_2 的基极 B 和集电极 C 短接成二极管的形式，且把 VT_2 的发射极接到 5.1 V 基准电压上，因此振荡器的峰值电压可以精确地设置在 5.1 V。

振荡器频率的调节是通过改变跨接在 3 脚和 6 脚之间的 R_{VFO} 中的电流 I_{OSC} 实现的，这个电流流入振荡器控制电流端 3 端。这个控制电流驱动一个从 C_{OSC} 拉出同样的电流的镜像电流。随着 I_{OSC} 的增加，C_{OSC} 放电迅速，导致振荡周期下降而频率升高，最大频率发生在误差放大器输出的上门限电平时。因此 C_{OSC} 的最短放电时间 $t_{dchg(min)}$ 与最大振荡频率相对应，公式如下：

$$t_{dchg(min)}=(R_{DT}+R_{OSC})C_{OSC}\ln\left[\frac{(2.5R_{OSC}/R_{VFO})+5.1}{(2.5R_{OSC}/R_{VFO})+3.6}\right] \tag{5.1.8}$$

当 $I_{OSC}=0$ 时，C_{OSC} 通过外接电阻 R_{OSC} 和 R_{DT} 放电，最大放电时间由下式确定：

$$t_{dchg(max)}=(R_{DT}+R_{OSC})C_{OSC}\ln(5.1/3.6) \tag{5.1.9}$$

输出脉冲间的最小死区时间可通过控制 C_{OSC} 的充电时间实现，死区电阻 R_{DT} 减少了从 VT_1 到 C_{OSC} 的电流。当 $C_{OSC}=300$ pF 时，取 R_{DT} 的值为 $R_{DT}=0\sim1000\ \Omega$，将使死区时间的范围为 80～680 ns，振荡电容充电时间通用的表达式由下式确定：

$$t_{chg(max)}=R_{DT}C_{OSC}\ln[(5.1-3.6)/(5.1-4.9)]+80\ \text{ns} \tag{5.1.10}$$

通过适当地选择 R_{OSC} 和 R_{VFO} 的大小可以获得最小和最大振荡频率。在选择合适的时间的死区电阻 R_{DT} 后，用式(5.1.9)和式(5.1.10)确定的 R_{OSC} 可以得到下式：

$$1/f_{OSC(min)}=t_{dchg(max)}+t_{chg} \tag{5.1.11}$$

最大振荡频率 $f_{OSC(max)}$ 的设置是由 R_{VFO} 决定的，类似于式(5.1.8)和式(5.1.10)，因此 $f_{OSC(max)}$ 的大小可由下式得到

$$1/f_{OSC(max)}=t_{dchg(min)}+t_{chg} \tag{5.1.12}$$

R_{DT} 的选择将影响振荡器波形的峰值电压，当 R_{DT} 由0增加时，使得对 C_{OSC} 的充电时间增加，从而影响振荡器比较器的门限延时。因此上门限值减小，并且振荡器波形的峰值电压从5.1 V跌落到4.9 V。因此频率精度最佳点的 $R_{DT}=0\ \Omega$。

3）单稳态定时器

单稳态定时器电容 C_T 和振荡器电容 C_{OSC} 的充电通过晶体管 VT_1 同时进行充电。当振荡比较器关断晶体管VT1的时刻是单稳态定时器周期的开始时刻，允许定时器电容 C_T 放电，当电阻 R_T 和放电电容 C_T 到达单稳态比较器的极限值时，是单稳态定时器结束时刻。单稳态周期 t_{OS} 公式如下：

$$t_{OS}=R_TC_T\ln(5.1/3.6)=0.348R_TC_T \tag{5.1.13}$$

振荡器和单稳态比较器通过或逻辑产生脉冲 t_{on}，用以驱动施密特触发器和输出驱动电路。输出脉冲 t_{on} 由振荡器进行初始化，可以是振荡比较器也可以是单稳态触发器终止脉冲。当振荡器放电时间超过单稳态周期时，则整个单稳态时间全部输到输出端。如果振荡器放电时间小于单稳态周期，那么振荡器比较器提前终止脉冲并触发单稳态触发器。

如图5.1.23所示是不同死区电阻时的定时器波形图，波形图左边部分对应于具有

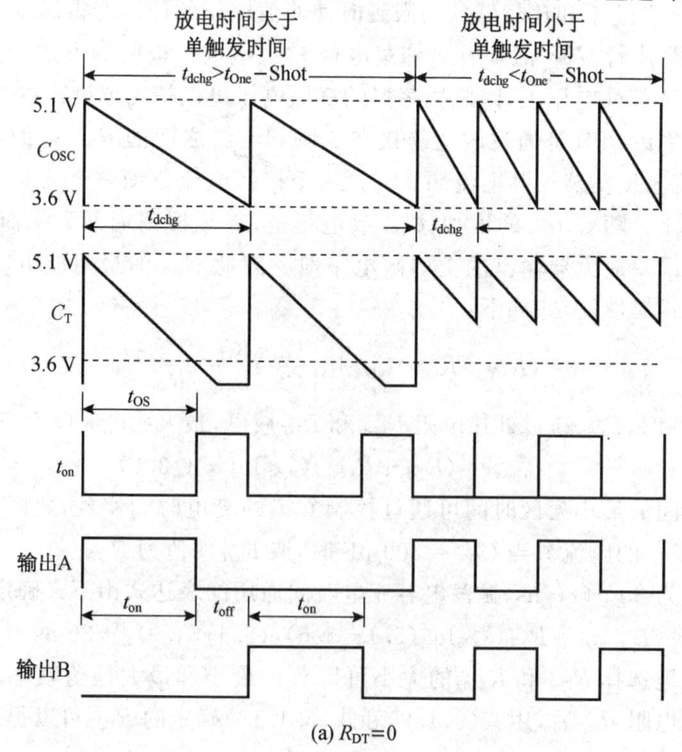

(a) $R_{DT}=0$

图5.1.23 不同死区电阻时的定时器波形图

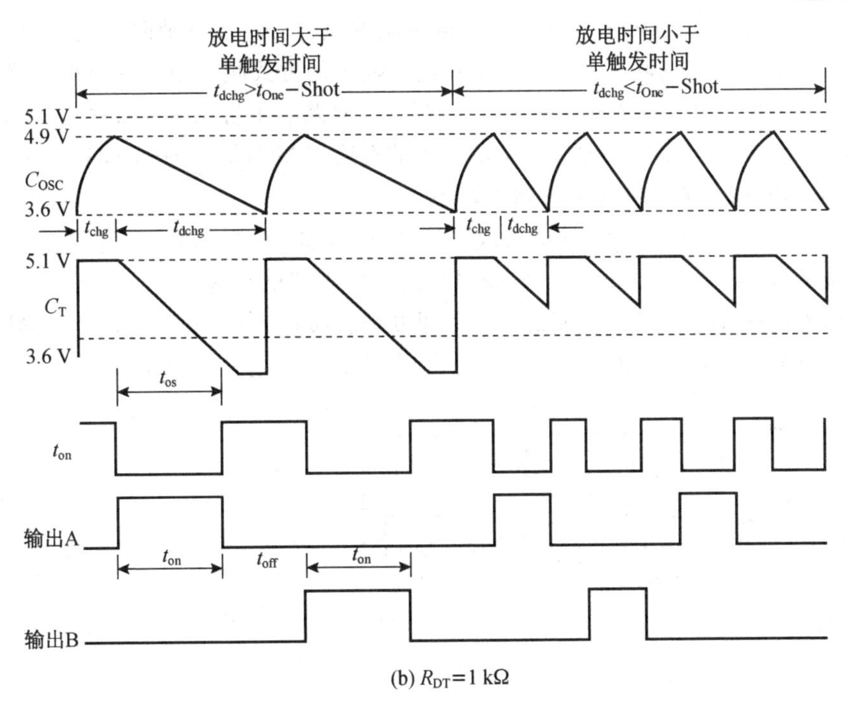

图 5.1.23　不同死区电阻时的定时器波形图(续)

固定导通时间和可变关断时间的无触发工作情况，波形图右边部分对应于有可变导通时间和恒定关断时间有触发工作的情况。

4）误差放大器

控制芯片中有一个高性能的误差放大器(Error Amplifier，EA)用于电源系统的反馈控制。误差放大器带有内部补偿，直流开环增益 70 dB，输入偏置电压小于 10 mV，可以确保的增益带宽积可达到 2.5 MHz。共模输入电压范围为 1.5～5.1 V，其中还包括基准电压。由于共模电压低于 1.5 V，误差放大器的输出限制了振荡器的最小频率。

振荡器的控制电流 I_{OSC} 由误差放大器的输出端 6 端通过 R_{VFO} 接到芯片的 3 脚。误差放大器的输出摆幅是由钳位电路(EA Output Clamp)限制最大振荡频率的，钳位电路把 R_{VFO} 上的电压限制在 2.5 V，也就把振荡电流 I_{OSC} 限制在 $2.5/R_{VFO}$。振荡器的振荡频率的精度可通过调整钳位电压得到改进，可以获得标称值为 1 MHz 的振荡频率。

5）输出部分

由振荡器和单稳态触发器给施密特触发器产生的信号给后级门电路而产生的双路图腾柱输出驱动脉冲电路图。脉冲和 t_{on} 时间是由振荡器和单稳态触发定时器产生。t_{on} 脉冲的改变会引起输出 A 和输出 B 之间的交替变化。电路启动时，触发器由欠压锁定信号 UVLO 复位，确保第一个脉冲加到输出端 A。

图腾柱输出驱动是适合于驱动功率场效应晶体管 MOSFETs，并且能够形成1.5 A 的灌电流或拉电流。如果当驱动的负载为 1.0 nF 电容时，上升沿和下降沿的时间典型值为 20 ns。图腾柱驱动的大灌电流和拉电流，在输出级的两晶体管切换瞬间形成共同导通的风险增加。MC33066采用设置死区电阻的设计方法能够消除共同导通，因此减少控制芯片在高频时的功率损耗。可采用地线隔离的方式减少敏感的模拟电路不受瞬态大电流的影响。由于图腾柱的输出形式，驱动主电路的半桥功率管直接可以用变压器隔离驱动且电路十分简单，驱动变压器的输入端直接与MC33066的11脚和14脚相连。

6）电源电压和基准电压欠压锁定监测

如图5.1.24所示，9端为使能端或UVLO调节端，允许电源设计者选择U_{c_UVLO}门限电压值的大小。当9端开路时，比较器在供电输入端电压为16 V时接通谐振芯片，当芯片供电电压小于9 V时关断芯片。如果9端直接接到U_c电源端，上下门限电位分别变为9.0 V和8.6 V。如果使9端接低电平，则使整个芯片停止工作。

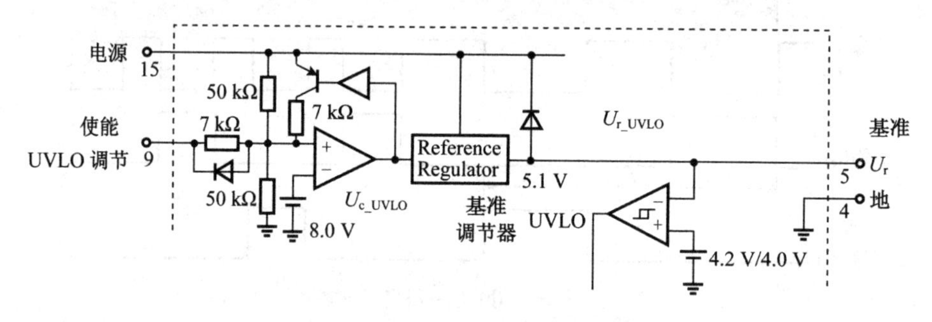

图5.1.24 欠压锁定和基准源

基准电压的输出端接有迟滞比较器，迟滞比较器的输出门限为4.2 V和4 V，当基准电压U_r达到4.2 V时，U_{r_UVLO}基准电压欠压锁定比较器输出UVLO为逻辑“0”状态信号；当小于4 V时，比较器输出UVLO为逻辑“1”，使谐振控制芯片失效。

此外，基准电源调节器提供了一高精度5.1 V电源给内部电路，还可以向外部电路提供10 mA负载电流。

7）故障检测

图5.1.25所示的故障电压比较器能够实现对电源故障的保护，故障信号输入到芯片的10脚。如果输入信号超过门限比较器的门限值1 V时，就输出一个高电平的故障信号。标有“Fault”的故障信号的比较器的输出直接接到了驱动电路前的逻辑控制端。从故障输入到输出，A、B通道接收到信号的延时典型值为70 ns。故障封锁输出信号与来自U_r的UVLO比较器的输出信号相“或”形成逻辑信号输出，这个标有“UVLO+Fault”（见图5.1.22）的逻辑信号使振荡器和单稳态触发器失效，迫使C_{OSC}和C_T连续充电。

8）软启动电路

图5.1.25所示的软启动电路，当反馈控制回路没有调节前，一直要对启动时的最小频率和正向斜坡率进行调节。11脚外接软启动电容C_{ss}，由“UVLO+Fault”欠压锁定加故障信号。进行初始化放电，软启动电容上的低电压通过软启动缓冲器维持误差放大器输出低电平。当UVLO+Fault=0时，软启动电容C_{ss}由内部9 μA的恒流源进行充电。

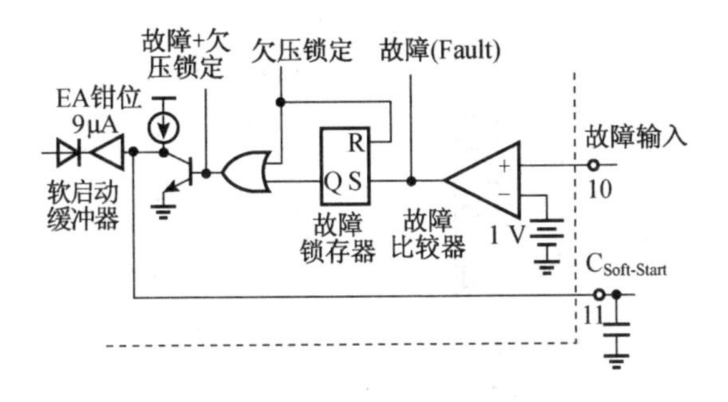

图 5.1.25 故障检测与软启动电路

2. 应用简介

MC33066能用作串联、并联或更高阶的半桥/全桥谐振变换器。MC33066集成谐振控制芯片可用于断续模式(Discontinuous Conduction Mode,DCM)和连续模式(Continuous Conduction Mode,CCM)或两者组合模式的控制。例如并联谐振变换器(Parallel Resonant Converte,PRC)就工作在断续模式DCM。集成谐振控制芯片可通过编程使其工作在固定导通时间 t_{on} 的变频模式。如果并联谐振工作在CCM,则集成谐振控制芯片可以工作在固定关断时间 t_{off} 的变频模式。

通用电源的输入电压范围比较宽,当变换器工作在较宽的输入电压范围时,PRC并联谐振变换器工作于适合高输入电压的电流断续DCM模式。当输入电压较低时,PRC并联谐振变换器可工作于电流连续CCM模式。在这种特殊情况下,导通时间可设计适合于断续电流DCM模式,在CCM模式时芯片的死区时间可设计成关断时间的一部分。频率范围选择覆盖了从DCM到CCM的整个频率范围。同样地,在频率较低时,谐振控制芯片工作于导通时间固定、频率可变的模式,使振荡器触发单稳态触发器的频率点的控制过流改成具有固定关断时间的变频控制模式。在更高频率时,电源采用这种控制规律工作在CCM模式。这个集成芯片设计和优化成适用于双端推挽类型的变换器,同样也适用于单端应用,例如单端正激和单端反激变换器。

5.1.5 高频开关电源软开关控制器

1. UCx875/6/7/8系列软开关控制器

Unitrode公司的UCx875/6/7/8(以UCx875说明工作原理)有4个独立的输出驱动端,可以直接驱动4只MOSFET。UCx875的引脚排列如图5.1.26所示,内部电路方框图如图5.1.27所示,其中输出A和输出B端相位相反,输出C和输出D端相位相反,而输出C和输出D端相对于输出A和输出B端的相位 θ(见图5.1.28)是可调的,也正是通过调节 θ 的大小来进行PWM控制,所以称为移相谐振调制器(Phase Shift Resonant Controller,PSRC),UCx875有20脚和28脚两种封装,以20脚封装为例,引脚功能见表5.1.5。

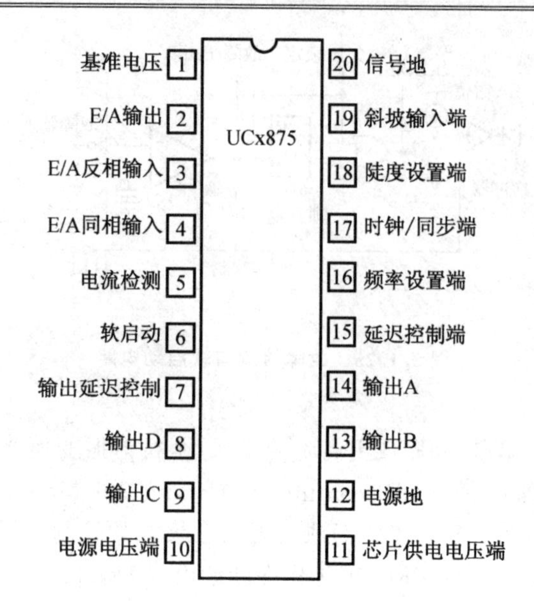

图 5.1.26 UCx875 的引脚排列

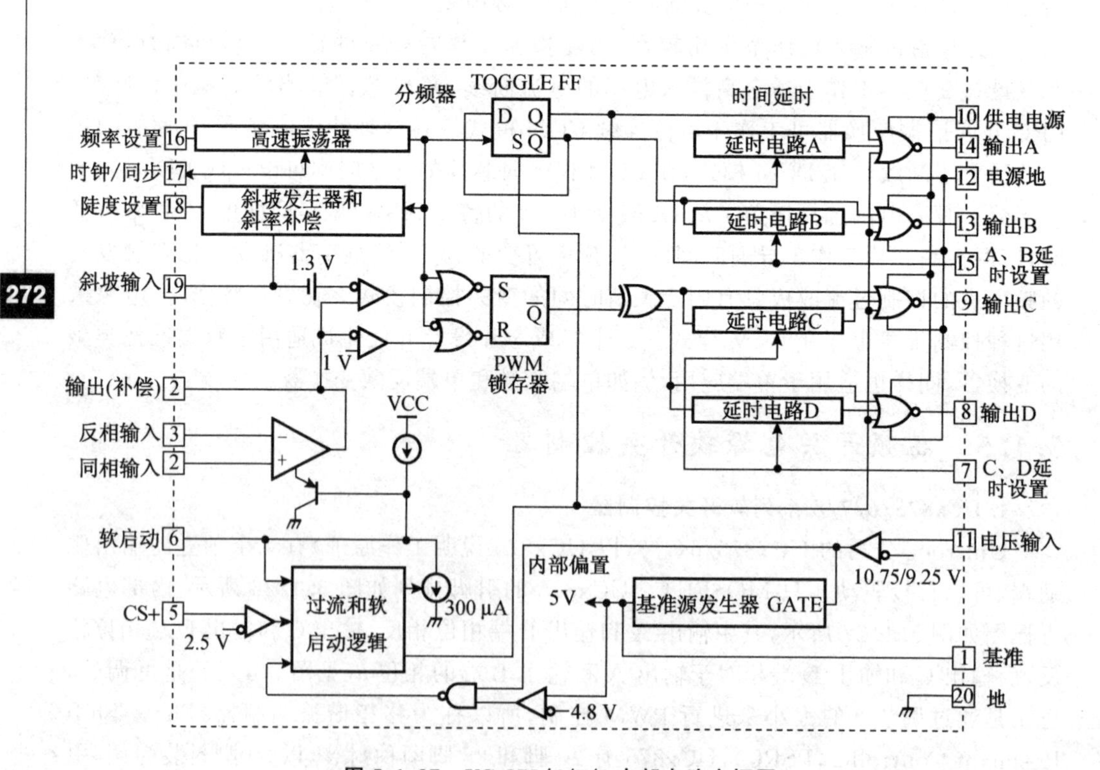

图 5.1.27 UCx875/6/7/8 内部电路方框图

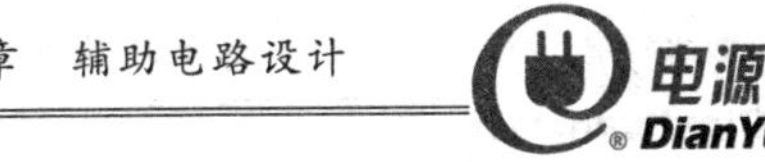

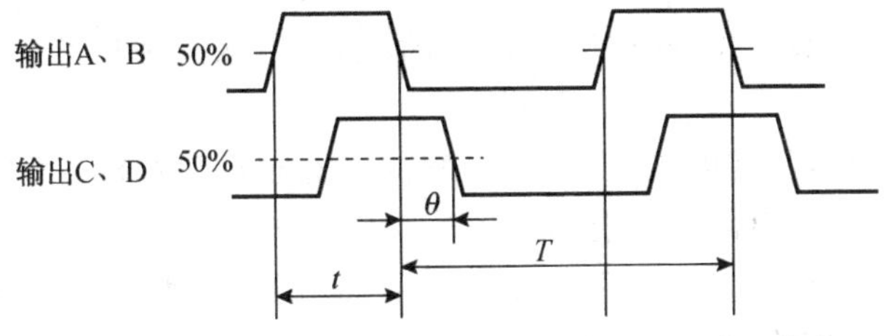

注：占空比$D=t/T$，周期为T，A对C及B对D的相移为θ。

图 5.1.28　移相与延时时间

表 5.1.5　20 脚 UCx875 的引脚功能

引脚号	引脚符号	功　能	引脚号	引脚符号	功　能
1	U_r	基准电压端	11	U_i	芯片供电电源端
2	E/A OUT	误差放大器输出端	12	PWRGND	电源地
3	E/A−	误差放大器反相输入端	13	OUT B	输出端 B
4	E/A+	误差放大器同相输入端	14	OUT A	输出端 A
5	C/S+	电流检测端	15	DELAY SET C/D	延时控制端
6	SOFT START	软启动端	16	FREQSET	频率设置端
7	DELAY SET C/D	输出延迟控制端	17	CLOCK/SYNC	时钟/同步端
8	OUT D	输出端 D	18	SLOPE	陡度设置端
9	OUT C	输出端 C	19	RAMP	斜坡输入端
10	U_c	电源电压端	20	GND	信号地

UCx875/6/78 的主要特点有：0～100％占空比控制；可编程输出导通延时；与电压或电流模式的拓扑兼容；实际工作的开关频率可达 1 MHz；四路电流为 2 A 的图腾柱输出；10 MHz带宽的误差放大器；欠压锁定功能；150 μA 的低启动电流；欠压锁定 UVLO 期间，输出低电平；软启动控制；精确的基准电压 U_r。

UCx875 系列集成芯片实现了全桥电路功率级的移相控制，具有恒定频率的脉冲宽度调节与谐振结合及零电压开关的高频软开关电源。

UCx875 可以设置成电压或电流工作模式，并具有过流快速故障保护的关断电路。每个输出导通阶段可插入可编程设置的死区时间延时，这个延时时间提供谐振时间，独立地控制每对输出时间(即 A—B 与 C—D)。

由于振荡器的工作频率超过 2 MHz，开关电源频率可达到 1 MHz 以上。还可以实现由使用者通过设置时钟同步端 CLOCKSYNC 接收外部的时钟信号，可以多达 5 个芯片同时协调工作，工作频率由最高的那台决定。

保护功能有欠压锁定，也就是在电源电压没有达到 10.75 V 以前所有的输出端维持在低电平状态,内置1.5 V的迟滞环提高了开机芯片供电可靠性。保护功能还包括过流保护,在故障出现的70 ns内能锁定关断状态,电流故障电路可以全周期重启动工作。

内置误差放大器,基准电压为5 V时,它的带宽超过7 MHz,可以实现软启动、斜坡函数发生和斜率补偿电路等功能。

UCx875系列集成芯片有20脚DIP双列直插封装、28脚扁平贴片封装及28脚塑料封装,工作环境温度有3类,即军品类UC1875:−55～125 ℃;工业品类UC2875:−25～85 ℃,实验室类UC3875:0～70 ℃。

1) 工作电源

UCx875的工作电源有两个:11脚的输入电源U_i和10脚的电源电压U_c。其中U_i是供给内部的逻辑数字电路、模拟电路部分用的,它的接地端是20脚GND,也称为信号地。U_c供给输出级,12脚PWR GND是它的地端,称为电源地。通常接3 V以上的电源,最佳为12 V。电源地PWR GND和信号地GND最后应一点接地,以降低噪声和直流压降,一般从芯片供电电压端10脚和11脚都要接电容到PWRGND和GND端,用于滤除高频噪声信号。

如图5.1.29所示,对于11脚的U_i,芯片设有欠压锁定功能(Under-Voltage Lock Out,UVLO),当U_i低于UVLO的门槛电压9.25 V时,输出级的信号全部为低电平,芯片停止工作。当电源电压U_i高于UVLO门槛电压时,输出级才会开启;当11脚的电源电压超过欠压锁定阈值10.75 V时,电源电流从100 μA猛增到20 mA,11脚如果接有旁路电容,电路会很快脱离欠压锁定状态。

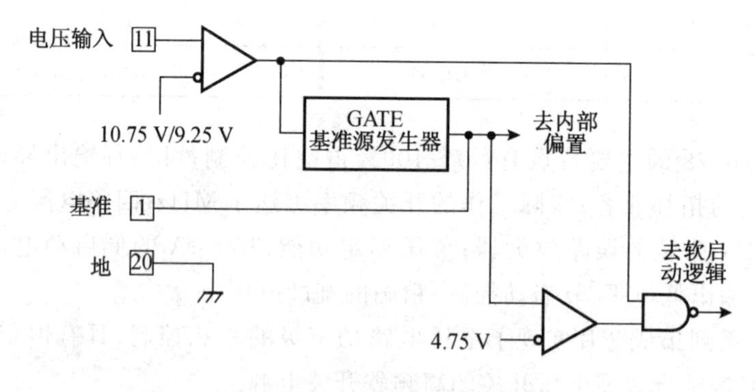

图5.1.29 UVLO欠压锁定

2) 基准电源

1脚为基准电压端U_r,可输出精确的5 V电压,输出电流可以达到60 mA。当输入电压U_i低于欠压锁定电压时,U_r将没有输出。当$U_r>4.75$ V时,才脱离欠压锁定状态,1脚最好接有0.1 μF且低R_{esr}和L_{esL}的旁路电容到地。

3) 振荡器

芯片内有一个高速振荡器,在频率设置脚FREQ SET(16脚)与信号地GND之间接一个电容和电阻可以设置振荡频率，16 脚接有 R_T 和 C_T 是用来设置振荡频率的，频率计算公式为 $f=4/(R_TC_T)$。图 5.1.30 是振荡器原理图，其中频率设置端和时钟同步端波形图的幅值在 4.3 V 与 3.3 V 之间变化。图 5.1.31 是不同电容、电阻值下的频率值。

为了能让多个芯片并联工作，UCx875 提供了时钟/同步功能脚 CLOCK/SYNC (17 脚)。虽然多个芯片并联时每个芯片的频率不同，但它们一旦连接起来，所有芯片都同步于频率最高的芯片，即所有芯片的振荡频率都变为最高的振荡频率。芯片也可同步于外部时钟信号，只要时钟/同步端(CLOCK/SYNC)接一个振荡频率高于芯片的外部时钟信号。如果 CLOCK/SYNC 作为输出用，则它为外部电路提供一个时钟信号。

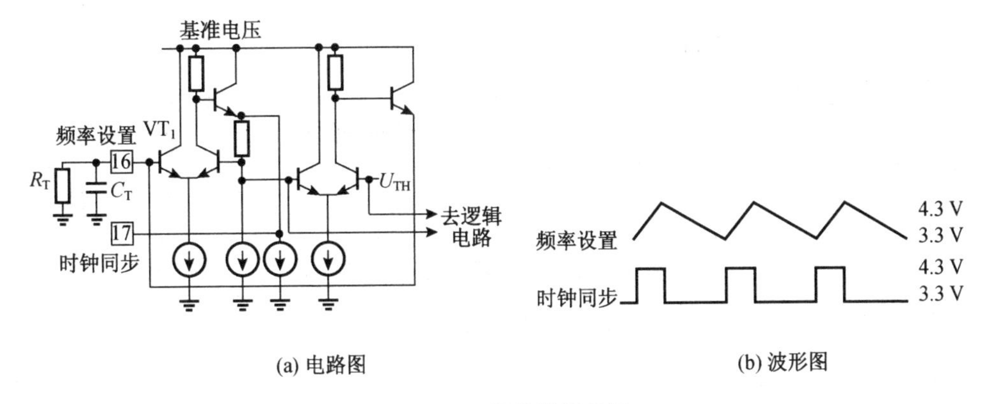

图 5.1.30　振荡器原理图

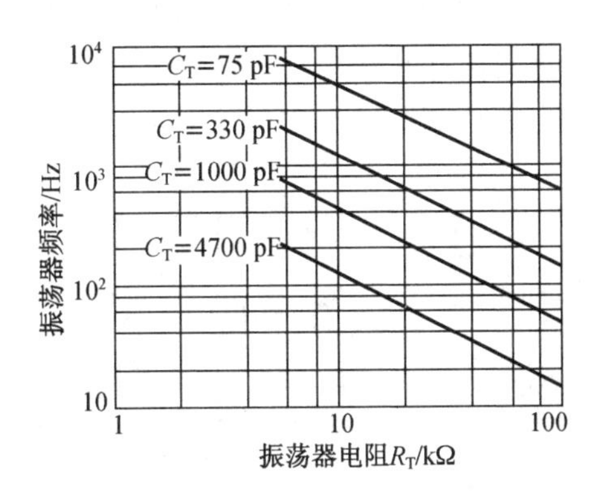

图 5.1.31　不同的外接电容和电阻下的频率输出

振荡器同步接法有两种，如图 5.1.32 所示，集成芯片同步于最高频率，如果 TTL/CMOS 电平高于芯片的最高频率，则与 TTL/CMOS 电平同步。

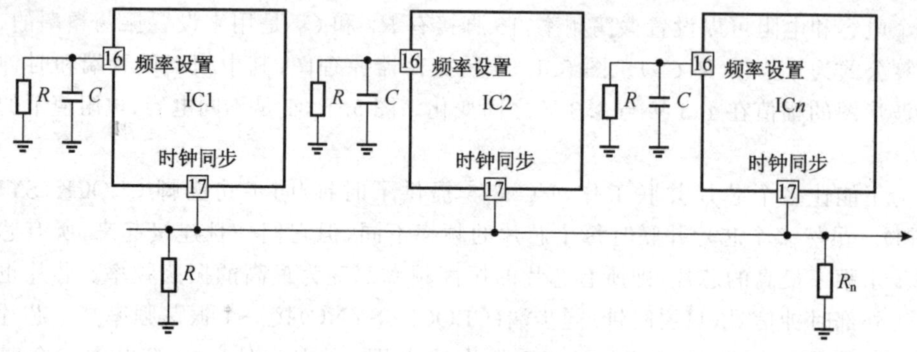

(a) 芯片之间的同步接法

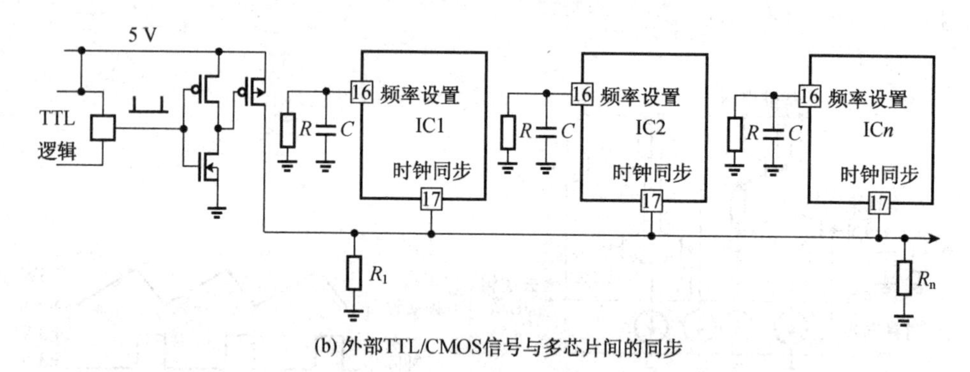

(b) 外部TTL/CMOS信号与多芯片间的同步

图 5.1.32　振荡器同步接法

4）斜坡函数发生器(锯齿波发生器)

如图 5.1.33 所示，18 脚为 SLOPE 斜率(陡度)设置脚，为了减少供电电源种类，如在 18 脚与电源 U_i 之间接有电阻 R_{SLOPE}，即为 19 脚提供一个电流为 U_i/R_{SLOPE} 的恒流源，如在 RAMP 与信号地之间接有电容 C_{RAMP}，则在 RAMP 的 19 脚产生锯齿波，锯齿波的斜率为 $du/dt = U_i/(R_{SLOPE}C_{RAMP})$。

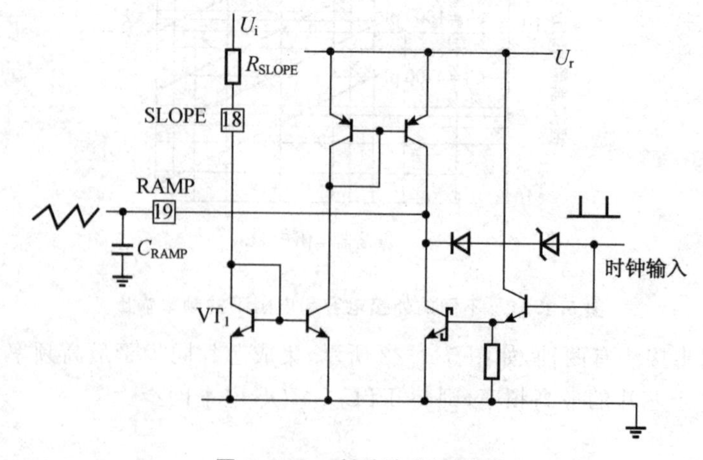

图 5.1.33　斜坡陡度设置图

外围接少量的元件就可以实现电流模式的控制，同时还可以提供斜坡坡度补偿。由于斜坡输入 RAMP 是 PWM 比较器的一个输入端，PWM 比较器的另一个输入端是误差放大器的输出端，在 RAMP 与 PWM 比较器的输入端之间有一个 1.3 V 的偏置，因此适当地选择 R_{SLOPE} 和 C_{RAMP} 的值，就可以使误差放大器的输出电压不超过锯齿波的幅值，从而实现最大占空比限制。

5）误差放大器

在电压型调节方式中，误差放大器的同相端 E/A＋(4 脚)一般接基准电压，通常由 U_r 通过电阻分压得到，反相端 E/A－(3 脚)一般接输出反馈电压 U_o，反相端 E/A－与输出端E/A OUT(补偿端 COMP，2 脚)之间接一个电阻和电容组成的补偿网络，E/A OUT接到 PWM 比较器的一端。2 脚是电压反馈增益控制端，当误差放大器输出电压低于 1 V 时实现 0°相移。由于误差放大器的负载能力较低，如果后面接的阻抗太低则会导致输出失效。

6）软启动与过流保护

图 5.1.34 所示的软启动端(SOFT START)6 脚，当输入电压低于欠压锁定电压 UVLO 值即 9.25 V 时，6 脚保持低电平；当输入电压正常时，6 脚电平由内部 9 μA 的恒流源对软启动电容 C_{ss} 充电，电容两端电压线性上升，最后达到 4.8 V。软启动端在芯片内部与误差放大器的输出相接，当误差放大器的输出电压低于软启动电压时，误差放大器的输出电压被钳位在的软启动的电压值。因此软启动电路工作时，输出级的相移角从 0°逐渐增加，使全桥变换器的脉宽从 0 开始慢慢增大，直到稳定工作，这样可以减小主功率开关管的开机冲击。

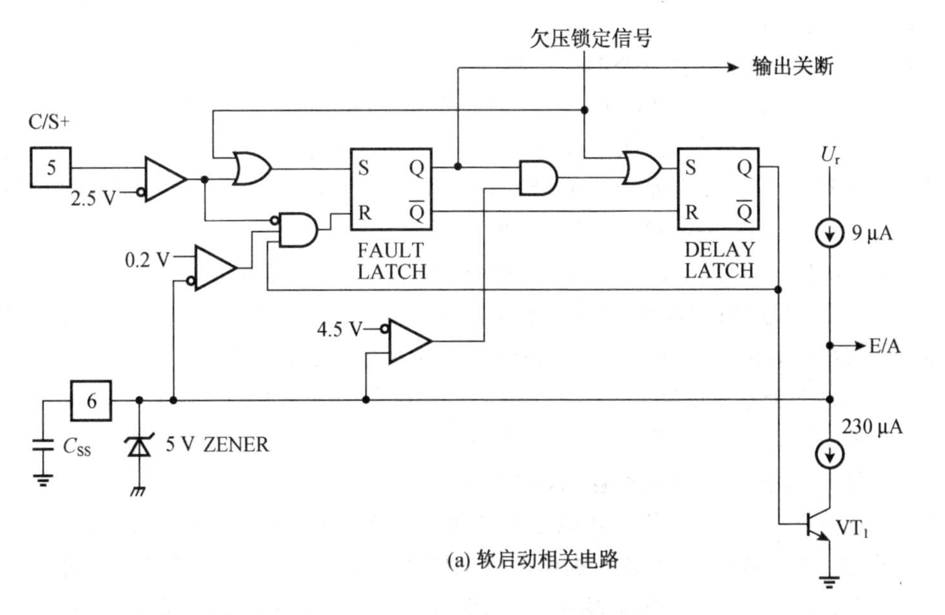

(a) 软启动相关电路

图 5.1.34　软启动电路及相关波形

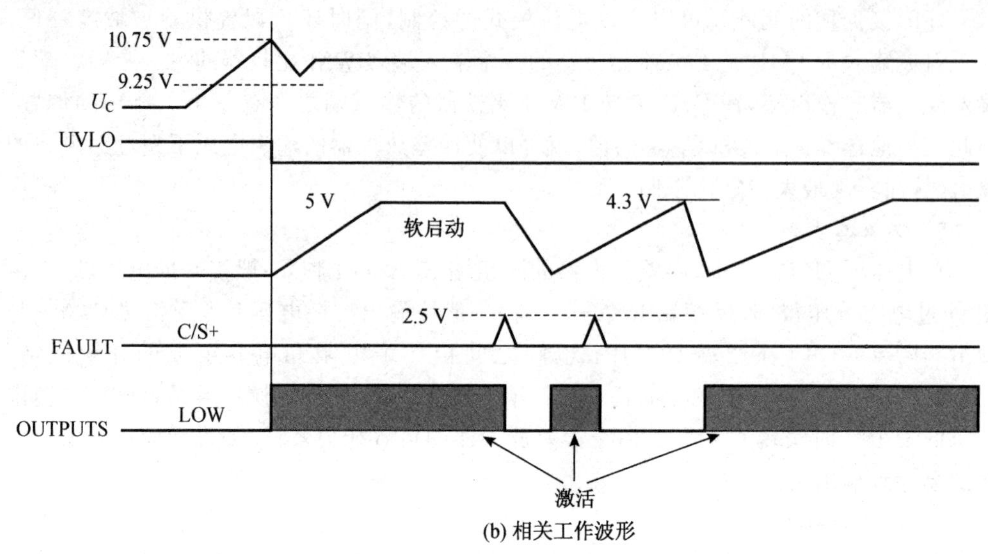

(b) 相关工作波形

图 5.1.34 软启动电路及相关波形(续)

当U_c低于UVLO门槛电压以及有故障信号输入时,即图5.1.34(a)中电流检测端C/S+(5脚)的电压高于2.5 V时,由于VT_1的导通所以使$U_{C_{SS}}$上的电压放电到0 V。当这两种情况均不存在时,软启动电路恢复正常工作。为了防止振铃现象,即在软启动电容电压$U_{C_{SS}}$充电上升阶段,如果又来故障信号,不会马上让软启动电容C_{SS}放电,而是要等到软启动电容上的电压$U_{C_{SS}}$达到4.5 V时,VT_1才能导通,内置的230 μA电流源才能使电容C_{SS}放电。

7)移相控制信号发生电路及功率级电路

移相控制信号发生电路是UCx875的核心部分,振荡器产生的时钟信号经过D触发器(Toggle FF)二分频后,从D触发器的Q端和$\overline{Q}$端得到两个互成180°且互补的方波信号。这两个方波信号从输出A和输出B输出,延时电路为这两个方波信号设置死区,输出A和输出B与振荡时钟信号同步。

PWM比较器将锯齿波和误差放大器的信号进行比较然后输出一个方波信号,这个信号与时钟信号经过"或非门"后送到RS触发器,RS触发器输出$\overline{Q}$与D触发器的输出Q运算后,得到两个180°互补的方波信号。这两个方波信号从输出C和输出D输出,延时电路为这两个方波信号设置死区。输出C和输出D分别领先于输出B和输出A,它们之间相差一个移相角,移相角的大小决定于误差放大器的输出与锯齿波的交截点。

7脚和15脚为延时时间设置端,7脚的电阻R_{TD}影响输出C和输出D的输出,如图5.1.35(a)所示,15脚的设置影响输出A和输出B的输出,原理同7脚的设置方法。

输出端OUT A～OUT D可提供2 A的图腾柱输出,直接驱动全桥变换器的功率管,也可以经过隔离变压器驱动功率管,如图5.1.35(b)所示。输出端成对导通,最大占空比正常情况下为50%。A和B对可以驱动半个桥臂,C和D可以相对A和B开关移相驱动另外半个桥臂。

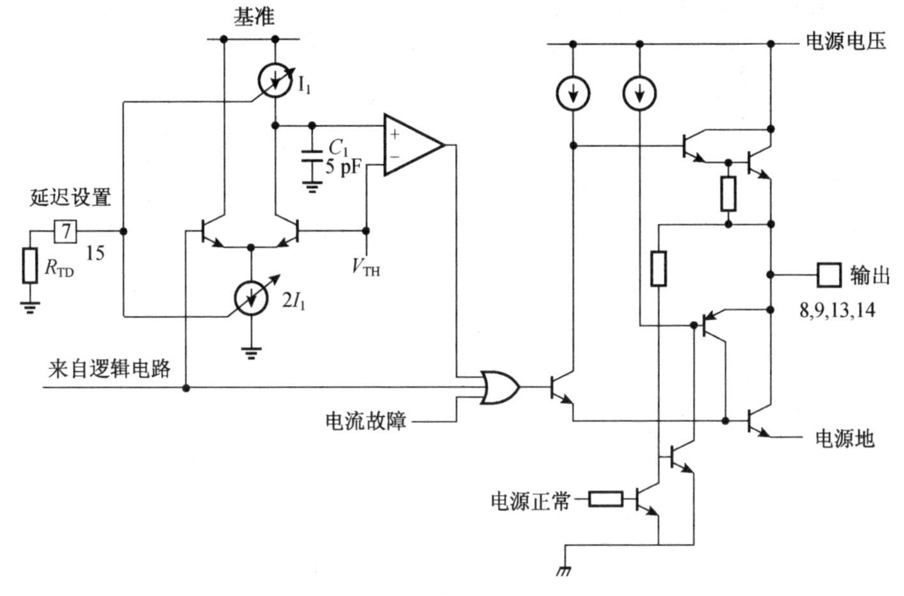

(a) 芯片内驱动级原理图

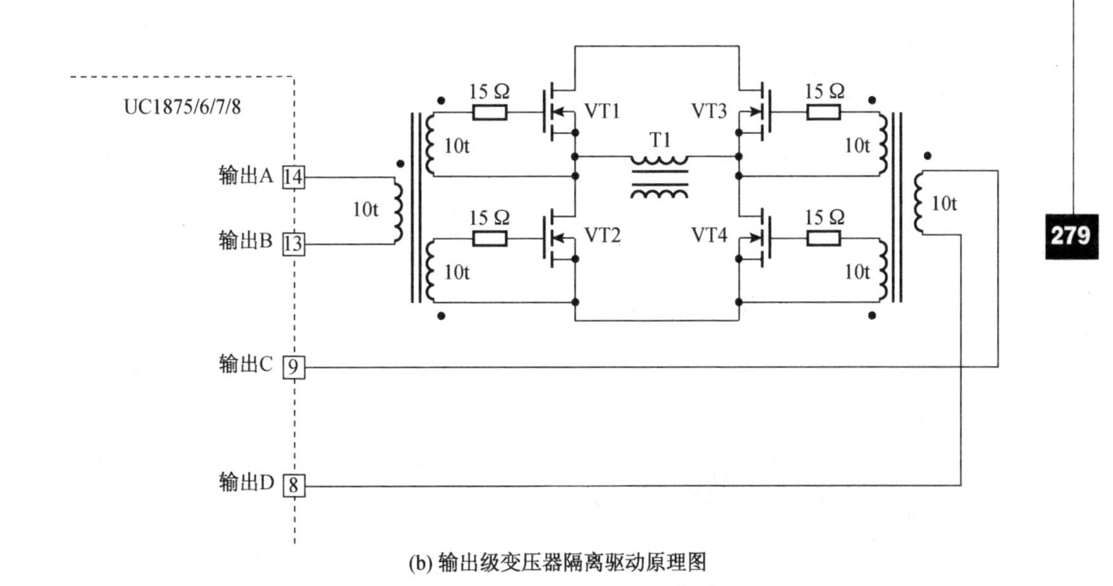

(b) 输出级变压器隔离驱动原理图

图 5.1.35　UCx875/6/7/8 驱动级原理图

8）应用简介

图 5.1.36 所示是利用 UCx875 组成的典型外围电路图，输出电压 U_o 经过电位器 R_{P1} 分压后经 R_5 送到误差放大器的反相端，5 V 基准电压经 R_2 和 R_3 分压后，得到 3 V 电压送到同相端，作为电压给定信号。R_8 和 C_5 是跨接在误差放大器的反相端和输出端，作为补偿网络，并接的 R_7 电阻与补偿网络构成比例积分（PI）调节器。调节 R_{P1} 可

以调节输出电压反馈系数,从而调节输出电压。高频软开关技术使得电源的性能指标提高,关于它的控制芯片很多,这里择其一两种进行简单介绍。选用某个芯片进行设计时应详细阅读公司的产品手册。

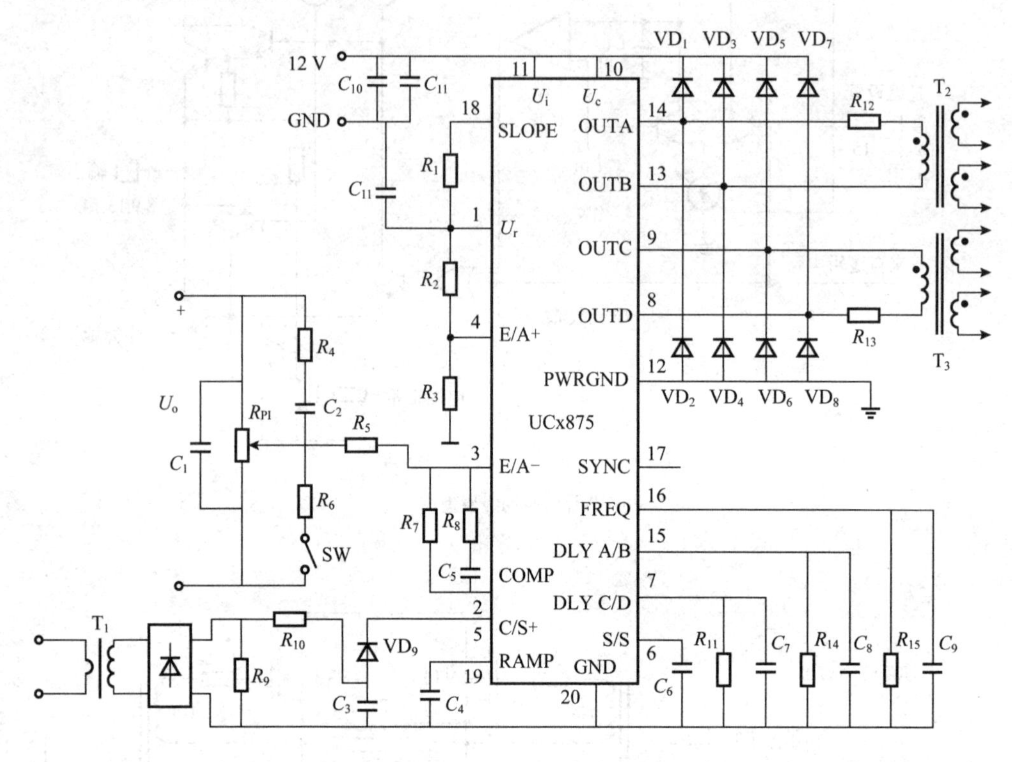

图 5.1.36　UCx875 的外围电路图

5.2　单片开关电源芯片

1. 概　述

TOP switch-Ⅱ系列芯片是三端单片开关电源,是一种将 PWM 和 MOSFET 合二为一的新型集成芯片,具有体积小、质量轻、密度高的特点,采用它制作高频开关电源,不仅简化了电路,同时可以改善电源的电磁兼容性能。

单片开关电源芯片是美国 PI 公司推出的系列产品,以 TOP switch-Ⅱ为例说明其特点。TOP switch-Ⅱ是三端隔离、脉宽调制单片开关电源集成电路,具有单片集成化、最简单外围电路、最佳性能指标、无工频变压器,能实现完全电气隔离等特点,因此被誉为"顶级开关电源"。现已成为国际上开发中小功率开关电源及电源模块的优选集成电路,可广泛用于仪器仪表、笔记本电脑、移动电话、电视机、VCD 和 DVD、摄录像机、电池充电器、功率放大器等领域。

2. TOP switch 功能介绍

TOP switch-Ⅱ系列芯片的典型型号 TOP22x 系列的封装如图 5.2.1 所示。它共有 3 种封装形式，即 Y 型封装、双列直插 P 型封装和 SMD 贴片 G 型封装；包括漏极(Drain)、源极(Source)和控制极(Control)。对于三端 Y 型封装，源极引出散热；对于 P 型和 G 型封装，有 8 条引脚，6 条引脚全部接到源极，主要用于散热。

针对不同的功率和输入电压的范围，PI 公司生产出系列产品，如表 5.2.1 所列。TOP22x 系列产品有两种电压输入，即 100/115/230 V(AC)±15%和 85～265 V(AC)，Y 型封装的芯片有 7 种输出功率等级，P 和 G 封装的芯片有 5 种输出功率等级。

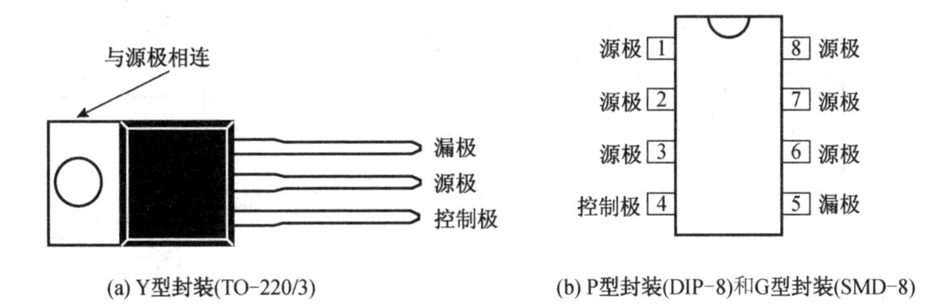

(a) Y型封装(TO-220/3)　　(b) P型封装(DIP-8)和G型封装(SMD-8)

图 5.2.1　TOP22x 系列封装

表 5.2.1　TOP22x 系列输出功率对应表

产品代号	输出功率 P_{max}/W (100/115/230 V(AC)±15%)	宽范围输入/W 85～265 V(AC)	封装形式
TOP221Y	12	7	TO－220(Y)
TOP222Y	25	15	
TOP223Y	50	30	
TOP224Y	75	45	
TOP225Y	100	60	
TOP226Y	125	75	
TOP227Y	150	90	
TOP221P，TOP221G	9	6	8LPDIP 或 8LSMD
TOP222P，TOP222G	15	10	
TOP223P，TOP223G	25	15	
TOP224P，TOP224G	30	20	

图 5.2.2 是 TOP22x 系列的功能框图，它有 3 个极的输出端，分别是漏极、源极和控制极。漏极是图中 MOSFET 场效应管的漏极连接端，由于接至外部高压端，启动时向内部提供偏置电流，是内部电流检测点。控制极接有误差放大器和用作占空比调节的反馈电流输入端。正常工作时，内部的并联调节器提供内部偏置电流 I_{FB}，在控制端常接有旁路电容和自动重启动补偿电容。源极接至高电压输入的回线端，是变换器原边的参考点，是片内 MOSFET 功率管的源极连接点。

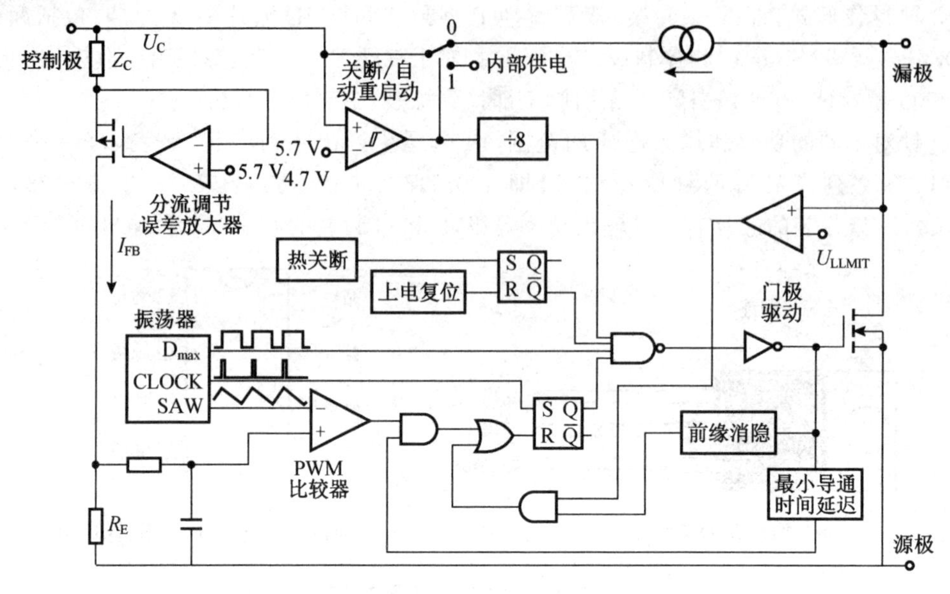

图 5.2.2　TOP22x 功能框图

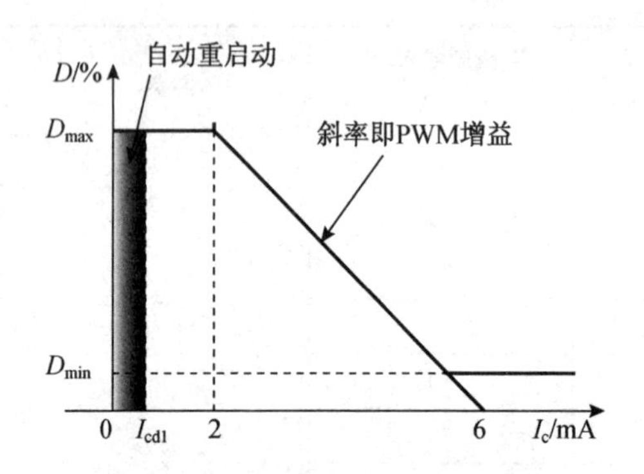

图 5.2.3　控制端电流与占空比的关系

TOP switch 是一种自偏置和采用线性电流占空比调节的保护功能的电路，漏极开路输出。采用 CMOS 电路使得集成度提高，功能完善，功耗显著降低，电源效率高。

如图 5.2.3 所示，正常工作期间，内部输出级 MOSFET 功率管的占空比随着控制端电流的增加而线性下降，下降斜率是 PWM 增益。为了满足控制、偏置、保护等功能，由漏极和控制极分别实现。

1）控制端电压供电

控制端电压 U_c 是为控制和驱动电路提供基极偏置。在控制端和源极用很短的引线接有旁路电容 C_T，用以提供门极的驱动电流，C_T 的大小决定了自动重启动定时和环路的补偿，U_c 由两种模式控制，其中迟滞模式控制用于初始启动和过载保护，并联控制模式从控制电路供电电流独立出来的占空比误差信号调节。启动期间，控制端的电流由漏极和控制极间的高电压开关电流源提供，这个电流源不仅给控制电路提供足够的电流，还给旁路电容 C_T 充电。

当 U_c 首次达到上门限值 5.7 V 时，高压电流源开关关断，PWM 调节模块和输出晶体管触发导通，如图 5.2.4(a)所示。正常工作期间(只对输出电压调整期间)，反馈控制电流供给 U_c，并联调节控制端的反馈电流 I_{FB} 超过直流电源电流，即 PWM 误差放大器的电流检测电阻 R_E 中的电流时，保证 $U_c=5.7\ V$。当控制端的动态阻抗 Z_c 与电源系统的外部电阻和电容决定了控制环路的补偿。

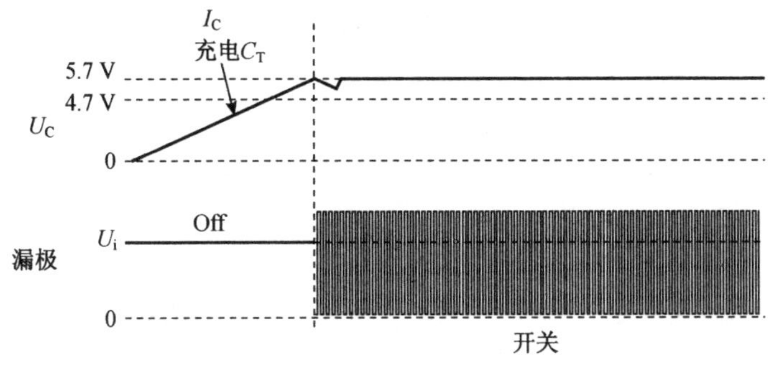

(a) 正常工作波形

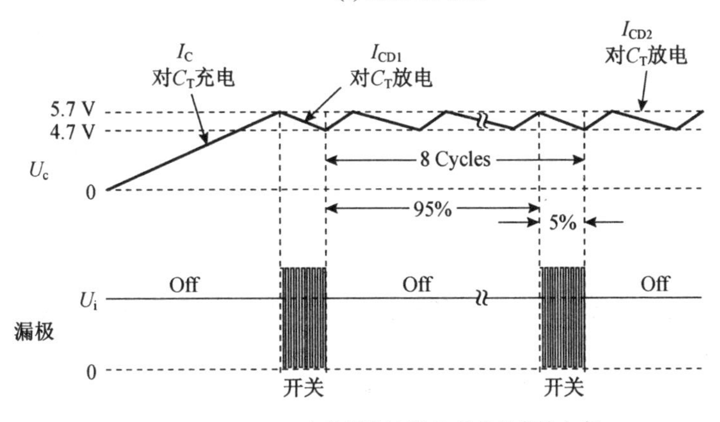

(b) 自动复位波形(C_T是总的旁路电容)

图 5.2.4　启动波形图

当控制端的电容放电到低门限电压时，输出晶体管关断，控制电路处于低电流备用模式，而外部电容 C_T 再次充电，如图 5.2.5 所示，充电时 $I_C<0$，而放电时 $I_C>0$。如图 5.2.4(b)所示，迟滞比较器通过接通和断开高压电流源把自动重启动电路的输出控制在 4.7～5.7 V 的范围内，自动重启动电路采用 8 分频计数器，在 8 个放电脉冲周期内阻止输出场效应晶体管再次导通，功率管的开关工作方式有效地限制了 TOP switch 功率损耗。各种情况下的工作波形如图 5.2.5 所示。

2）振荡器

内部振荡器对内部电容进行线性充电和放电，使电容电压在两种(4.7 V 和5.7 V)电平范围内变化，为 PWM 调制器产生锯齿波，振荡器在每个周期的开始设置 PWM 脉冲和电流限制值。电源应用中，根据最小的 EMI 和最大效率设定 100 kHz 的标称频率。通过微调电流参考源使频率更为精确。

3）脉冲宽度调节

PWM 可用作电压控制型开关电源的 MOSFET 驱动，占空比反比于流入控制端的电流，这个电流产生流过 R_E(见图 5.2.2)上的电压误差信号。为了减少开关噪声的影响,R_E 上的电压误差信号通过角频率为 7 kHz 的 RC 滤波器滤波。滤波后的误差信号与内部振荡器的锯齿波进行比较产生占空周期波形。随着控制电流增加,占空周期将减小,来自振荡器的时钟信号设置触发 MOSFET 接通的门限值。PWM 再产生门限值时,关断了 MOSFET 场效应晶体管。最大占空比由内部振荡器的对称度设定。

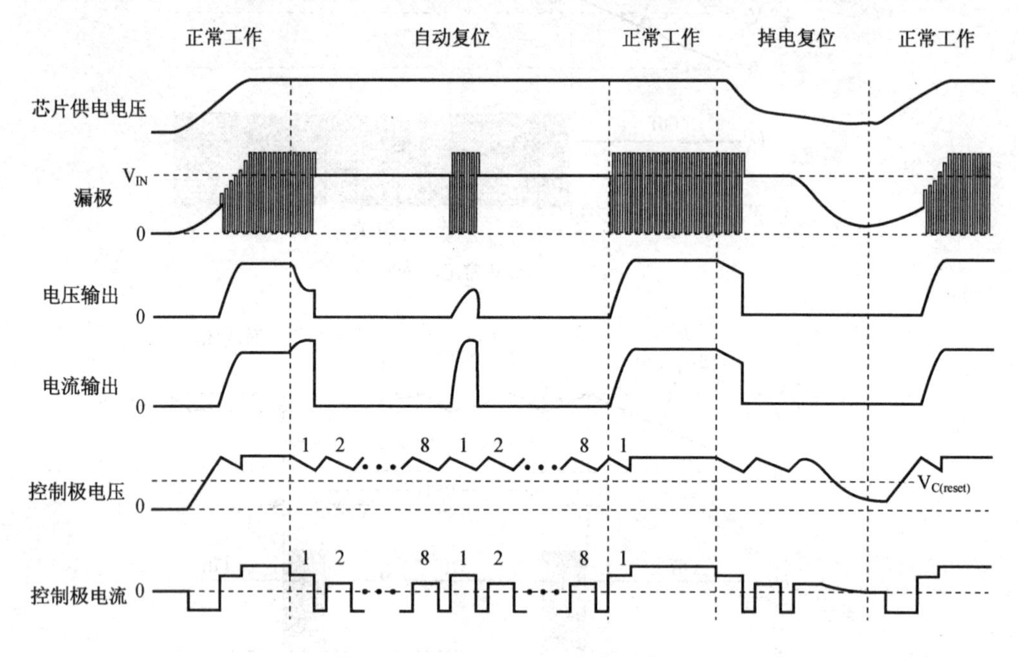

图 5.2.5 TOP22x 系列的典型波形

4)门极驱动

门极驱动器可设计成最小共模干扰 EMI 下控制率,门极驱动电压通过微调更为精确。

5)误差放大器

并联电压调节也能实现原边反馈应用的误差放大器功能,并联调整电压能从温度补偿能隙基准电压精确得到。误差放大器的增益由控制端的动态阻抗设定。控制端把外部电路信号控制在 U_c 电压水平。

6)周期电流限制

周期峰值漏电流限制电路把 MOSFET 的导通电阻作为敏感电阻,电流限制比较器把输出 MOSFET 导通电阻上的漏源电压 $U_{DS(ON)}$ 与阈值电压进行比较,当过大的漏电流引起的 $U_{DS(ON)}$ 超过阈值电压时,将使 MOSFET 关断,直到下一个时钟周期到来。电流限制比较器电压采用温度补偿,减小由于 MOSFET 的导通电阻随温度变化的影响。

7)关断和重启动

为了减小 TOP switch 的功耗,如果持续超出调节范围典型值的 5%,关断/自动重启动电路可以接通和断开电源电路。

TOP switch 片内还有温度保护电路、高压偏置电流源等电路，详细了解可查阅公司的产品手册。

TOP switch 性能特点如下：

① PWM 控制系统的全部功能均集成在三端芯片中。通过高频变压器使输出端与电网完全隔离，由于采用 CMOS 电路，使器件功耗显著降低，电源效率高，滤波器体积小。

② 漏极开路输出并且利用电流采样线性调节占空比的电流控制型 AC/DC 开关电源。

③ 输入交流电压和频率的范围宽。当固定电压输入时可选 110 V/115 V/230 V 交流电源，输入频率范围 47～440 Hz，宽输入电压范围 85～265 V。

④ 开关频率的典型值为 100 kHz，允许范围 90～110 kHz，占空比调节范围 1.7%～67%。

⑤ 具有自动重启动和逐周电流限制功能，故可对功率变压器初级和次级电路的故障进行保护，还具有过热关闭选通功能，可在电路超负荷时有效地保护电源。

⑥ 外围电路简单，成本低廉，外部只需要整流滤波器、高频变压器、漏极钳位保护电路、反馈电路和输出电路。

3. TOP switch 的典型应用

图 5.2.6 所示是宽输入范围的单端反激变换器应用实例，共有两路输出，一路是 5 V隔离输出，另一路是 12 V 非隔离输出。通过采样5 V输出滤波器前的电压作为光耦 U2 的输入，当电压超过一定值时光耦导通，光耦的发射极作为 TOP221P 的控制极输入信号。当 TOP221P 内置的 MOSFET 管由导通转为截止时，高频变压器的漏感会产生尖峰电压，它与初级感应、直流高压叠加后容易损坏 MOSFET，因此须增加漏极保护电路，吸收功率器件在关断过程中由于变压器漏感产生的尖峰电压。

TOP switch－Ⅱ已经有各种规格商业化产品了，为设计者提供更为高度集成的芯片，外围电路进一步简化。

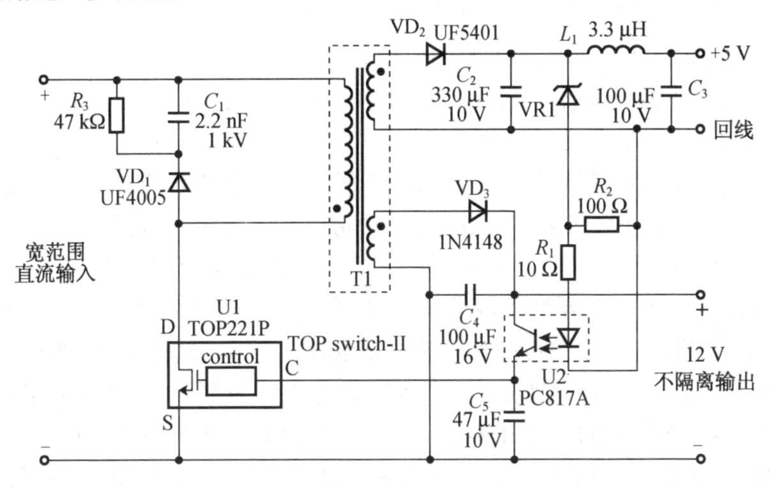

图 5.2.6　宽范围直流输入单端反激变换器

5.3 辅助电源

一般开关电源都要有一个辅助电源，为控制、保护、驱动和显示电路提供电源。辅助电源有时仅一路输出，有时多路输出是为不能共地的电路提供隔离。开关电源启动时，应先启动辅助电源。辅助电源的可靠性直接影响电源的可靠性，辅助电源的输出功率是消耗掉的，不参与能量传输，尤其是小功率电源，辅助电源应当具有较高效率。因此，要求辅助电源启动可靠，效率高，控制容易且成本低。如果输入电压低，例如小于 50 V，为了简单，辅助电源 U_c 可直接从输入电源用稳压管降压获得，图 5.3.1 中仅用 R、C 和 VD_z 组成供电电路。稳压管的稳定电压应当在输入最低电压时大于控制芯片的欠压保护上限电压，以保证电路的启动；启动以后保证工作电压 U_c 大于下限电压。限流电阻 R 损耗功率为 $I_c(U_i-U_c)$。如果输入电压高，以上电路电阻损耗太大。如果是小功率开关电源的辅助电源，往往只有一路输出，一般采用自举电路，大功率常采用独立的辅助电源。

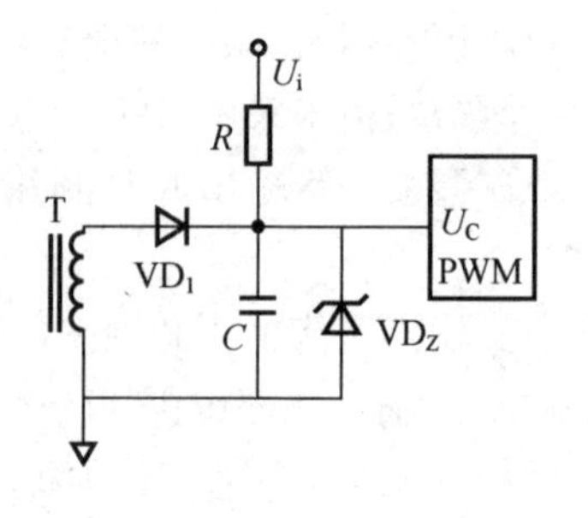

图 5.3.1　启动以后自举线圈供电

5.3.1 自举供电

控制电源一般应先接通，为功率变换器的控制和驱动提供电源。如图 5.3.1 所示，采用启动后自举线圈供电电路图，用一个电阻 R 和一个电容 C 直接从输入直流母线获得控制电源，当主变换器运行以后，从主变压器 T 的自举线圈获得连续供电。

采用图 5.3.1 启动后自举线圈供电的方法适合于有欠压封锁功能的 PWM 芯片，当接通 U_i 时，电容 C 通过电阻 R 充电，电容电压上升。当达到 PWM 芯片的欠压封锁(UVLO)上门限电压时，PWM 芯片开始工作，由电容提供能量驱动晶体管。变换器工作以后，由主变压器自举线圈提供辅助电源，向 PWM 芯片供电。图 5.3.1 中稳压二极管 VD_z 避免电容上过高的电压击穿 PWM 芯片，击穿电压应大于欠压封锁上门限电压，典型采用 15～18 V 稳压二极管。

为减少功率损耗，一般阻值 R 尽可能大，但流过该电阻电流不能小于芯片的启动电流。从接通电源到 PWM 芯片工作，并驱动功率晶体管导通，直至主变压器自举线圈向 PWM 芯片供电正常工作前，一直由电容 C 提供辅助电源输出电流，因此需要一个很大的电容才行。用一个典型的例子来说明，高速 PWM 控制器 UC3825 需要电源提供 33 mA 才能运行。再加上功率管栅极驱动电流 13 mA，其他部分，如振荡还需要数 mA，总共需要大约 50 mA。假定变换器进入正常工作需要 10 ms(与工作频率和变换器功率有关)。由于之前自举变压器线圈电压为其他线圈电压钳位，所以在进入主电路稳压前不能提供功率。而 UC3825 的迟滞环宽(回差，即上限电平与下限之差)仅 400 mV，这就意味着如果电容上电压在 10 ms 内降落比回差大，PWM 将恢复到欠压锁定状态，随后又通过电阻 R 对电容充电，经过一定时间又达到欠压上门限。在回差范围内循环振荡，因此需要电容提供 50 mA×10 ms＝500 μC 电荷，降落 400 mV，就需要 C＝500 μC/400 mV＝1.25 mF 电容，这个电容相当大。

如果要想减少储能电容，从上面分析可以看到选择较大回差的 PWM 芯片，或采用如图 5.3.2所示电路。在芯片供电电路中串联一个 PNP 晶体管 VT_1，电压达到稳压管 VD_{Z2}击穿电压前 MOSFET VT_2 是不导通的。但是，一旦 VD_{Z2}击穿，达到 VT_2 开启电压，VT_2 导通，VT_1 也导通，R_2 保持 VT_2 导通状态。晶体管 VT_1 流过芯片全部电流。例如选择稳压管 VD_{Z2}稳压值为 12 V，如果 MOSFET 的开启电压为 2 V，12 V＋2 V＝14 V，可以得到 14 V－9 V(欠压下限值)＝5 V 回差。这样的回差所需要的电容比小回差小 5 V/0.4 V＝12.5 倍，将 1250 μF 电容降低到 100 μF，100 μF 电容要比1 250 μF 电容的体积小很多。

尽管自举线圈提供 PWM 芯片大部分能量，在启动以后电阻 R_1 仍然要消耗输入电压提供的功率。考虑到电阻值可取的很大，以减少损耗。大电阻对电容充电时间就使接通电源到变换器启动时间延迟加长。因软启动是在 PWM 芯片启动后开始，所以它不影响变换器软启动时间。对于图 5.3.2，假定 R_1＝100 kΩ，电容 C＝100 μF，输入电压 U_i＝100 V，变压器次级线圈额定电压是 15 V，电容充电到 14 V 需要的时间是

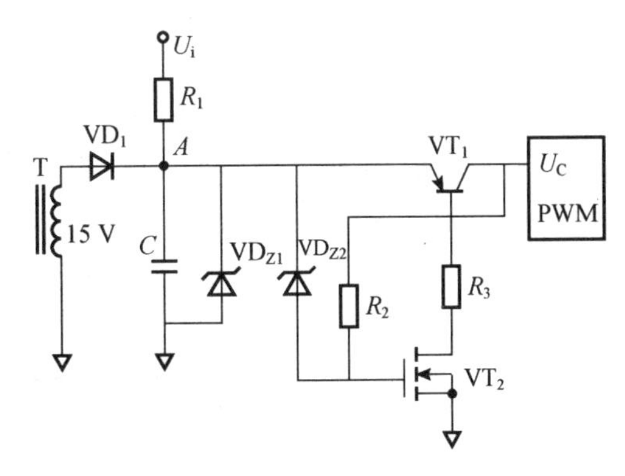

图 5.3.2　增加迟滞环宽来减少启动电容

$$t_d = R_1 C\ln[U_i/(U_i - U_A)] = 100\ \text{k}\Omega \times 100\ \mu\text{F} \times \ln[100/(100-14)] \approx 1.5\ \text{s} \tag{5.3.1}$$

电阻 R_1 的稳态功率损耗仅为 $P=[(100-14)^2/(100\times10^3)]\text{W}=74\ \text{mW}$，即使全部输入电压加在电阻上，它的功耗仅为 100 mW，可以选用 1/4 W 电阻。

如果使用 UC3842，欠压电压上限为 16 V，下限为 10 V，U_c 未达到上限电压时电路电流即启动电流 I_{st}为 1 mA，电阻 $R_{max}<(U_{imin}-16)/I_{st}$，如果输入电压为 220 V，电网整流后的最低直流电压约为 240 V，最大电阻为 $R_{max}<(U_{imin}-16)/I_{st}=[(240-16)/1]\text{k}\Omega=224\ \text{k}\Omega$，选择电阻为 200 kΩ，最高电压 370 V 时功耗为0.68 W，可以选择 2 个 100 kΩ/0.5 W 串联。电阻越大，损耗越小，但是启动延迟越长。UC3842 工作电流为 17 mA，设驱动功率管和其他电流为 33 mA，则需要电容提供 50 mA 的电流，当电流大于10 mA后电路可以自举供电。UC3842 的回差为 6 V，需要的电容为 83 μF，取 C＝100 μF，启动延时时间为

$$t_d \approx \frac{CU_A}{(U_{imin}/R) - I_{st}} = \frac{100\ \mu\text{F}\times 16\ \text{V}}{(240\ \text{V}/200\ \text{k}\Omega) - 1\ \text{mA}} = 8\ \text{s}$$

较大功率电源总启动时间(包括软启动延时)小于 3 s,即使考虑 I_{st} 随辅助电源 U_a 的线性增长,也有 2.3 s 延迟时间,显然辅助电源启动时间太长。大功率变换器的功率管需要更大驱动电流,电容 C 更大,延时更长。通常选择较小阻值的 R,可以缩短延时时间,但会大大增加正常工作阶段电阻的损耗,所以选用时必须综合考虑。

既要减小启动延迟时间,又要减小电阻损耗,可以采用图 5.3.3 所示的辅助电源启动电路。

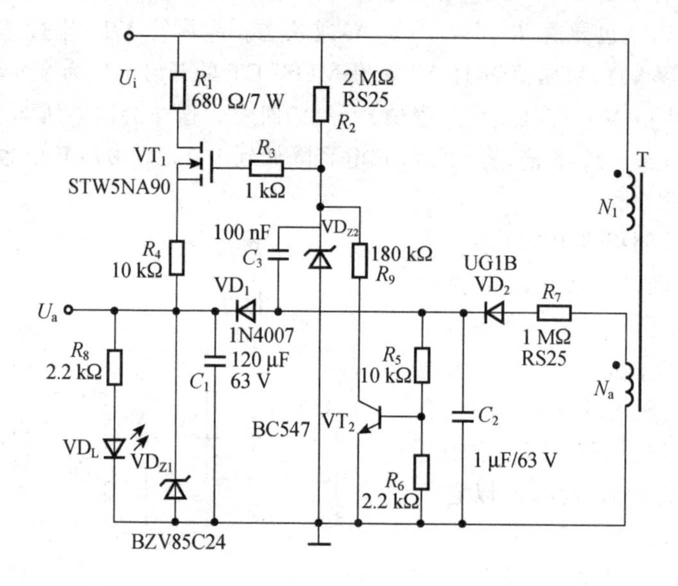

图 5.3.3 辅助电源启动(工作频率 f=100 kHz)电路

如果电路启动后,电容充电电阻还接在电路中,电阻损耗太大。在启动以后,自举电路供电,可以将启动充电电阻切除,图 5.3.3 就可以达到此目的。图中充电电阻 R_1 与一个 MOSFET(VT_1)开关串联。接通电源后,功率变压器 T 尚未工作,VT_2 截止,VT_1 通过 R_2 和 R_3 驱动导通,输入电源 U_i 经 R_1、VT_1 和 R_4 对电容 C_1 充电,辅助电源电压 U_a 随电容 C_1 充电电压上升而上升。当 U_a 达到控制集成电路欠压保护上限电压时,PWM 集成芯片电路工作,输出 PWM 信号,变换器软启动开始。如果充电电流不足以维持输出电流,那么不足部分由电容 C_1 放电补充,电容电压下降。在软启动结束时,电容电压应当维持在欠压保护下限电压以上。如果输出电流小于充电电流,则电容电压上升,直到 VD_{Z1} 击穿,U_a 稳定在击穿电压值,限制功率 MOSFET 栅极最高电压。

当辅助电源达到 PWM 芯片的欠压上限电压时,PWM 芯片发出驱动脉冲,主变换器工作。主电路达到正常工作以后,由 N_a 提供辅助电源能量。VD_1 和 C_1 组成近似峰值检测。当达到由 R_5 和 R_6 设定的电压值时,VT_2 导通,将 VD_{Z2} 阴极拉到低于 U_a,迫使 VT_1 截止,关断 R_1 供电回路。

此电路中 C_1 和 VT_1 仅在主变压器正常工作前工作,VT_1 提供很大的充电电流,减小启动延迟。电阻 R_1 限制最大充电电流,减少 MOSFET 损耗,启动延迟大大缩短。一旦启动后,R_1 只在短时间内较大损耗,可以按实际功率应用。为减少功率损耗,R_2

为几 MΩ，通常由几个电阻串联，功率损耗很小。图 5.3.3 中元件参数是一个实际例子，直流母线电压是 PFC 输出电压，U_i=410 V 左右。

自举辅助电源电路简单，成本低，但仅一路输出。同时自举电压随变压器感应电压变化而变化。对于反激变换器，自举线圈也是反激，将为主反馈线圈电压钳位；对于正激类变换器，自举线圈整流输出采用 C_2 滤波，相当于峰值检测，自举线圈电压随输入电压变化而变化，如果确保稳压管 VD_{Z1} 稳压，必须由图 5.3.3 中 R_7 限流电阻，否则很容易损坏 VD_{Z1}，但这样在高输入电压时 R_7 的损耗很大。因此正激类变换器中使用自举时，最好用在输入电压变化比较小的场合，例如输入级有预调节 PFC 的后级功率变换器。

对于正激拓扑，也有利用复位激磁能量为辅助电源反激供电，这样似乎解决复位能量返回电源的损耗，又解决辅助电源能量问题。这样做存在无法复位的问题，因为复位电压被辅助电源电压钳位，使得变压器磁芯不能复位，而导致损坏功率管，甚至烧毁功率变压器。当输入电压范围大，又没有预调级的正激类变换器，建议最好采用独立辅助开关电源，或成本、效率不重要时可采用独立工频辅助电源。

5.3.2　独立辅助电压源

当电源是大于 1 kW 大功率开关电源的辅助电源时，辅助电源不仅要提供 PWM 控制芯片电源，而且还提供显示、报警和外部控制通信等多种用途的供电，同时为保证与输入信号隔离常需要多路输出。这种情况下，一般辅助电路供电采用独立辅助电源。如果开关电源输入是交流电网，早先辅助电源采用工频变压器降压、经整流滤波稳压实现。后来辅助电源通常是一个自启动小功率开关电源。基本拓扑主要采用反激断续工作模式，因为多路输出时，各路输出电压在启动过程中始终成比例增长，也有用正激变换器和推挽变换器的方案作为辅助源。

1. 工频变压器降压电路

在电网输入且功率较大的电源中，辅助电源体积占整个体积百分比很小，也可以用工频变压器降压、整流、电容滤波作为辅助电源。图 5.3.4 是一个 1.8 kW 输出通信电源的辅助电源，这是工频变压器降压的实际例子。它是一个具有功率因数校正 PFC 和直流变换器两级的通信电源的辅助电源。实际电路中变压器 T 有多个次级线圈，分别提供给需要隔离的控制、检测和显示电路。由于另外各路负载较轻，或允许电压较大波动，可以用稳压管稳压或不稳压，这里不作介绍。这里只介绍主辅助电源。

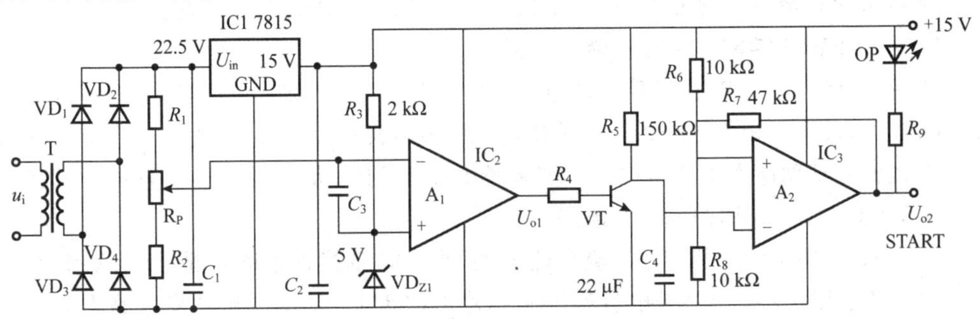

图 5.3.4　辅助电源和启动电路

辅助电源除了提供控制电源外,还发出整个开关电源的启动指令。工作原理如下:变压器T将输入220×(1±20%)V的交流变压到20 V,经4个VD_1~VD_4二极管桥式整流、C_1滤波,得到约22.5 V的直流电压,经IC1三端稳压器7815稳压,输出15 V直流稳定电压。如果输出电流为0.2 A,则大约需要$C_1=500\ \mu F$滤波电容,如果输出电流为1 A,则输出电容需要2000 μF滤波电容,实际电路可取2200 μF。

电路还包含了欠压保护和启动功能,欠压保护由检测电路R_1、R_2、电位器R_P、基准电压VD_Z及比较器IC2组成。基准采用5 V稳压管,通过R_3提供大于5 mA的偏置电流,保证稳压管较小的动态电阻和温度系数。通过调节RV设定欠压点在输入交流电压147 V动作。当低于147 V时,IC2输出高电平,晶体管VT饱和,将C_4上电压钳位于地电位,IC2输出高电平,封闭所有变换器的控制电路。当输入电网电压超过147 V时,比较器IC2翻转,输出低电平,晶体管VT截止,启动延时开始。延时时间与R_5和C_4以及迟滞比较器有关。比较器的输出位高电平时,输出电压近似14 V,只要C_4上电压U_{C4}低于比较器IC3同相端电压,比较器IC3输出高电平。这时稳压器IC1的输出接近15 V,$U_{o2m}=14$ V(考虑输出IC3饱和压降)。比较器IC3同相端电压U_{2+}近似为

$$U_{2+}=\frac{R_7\times V_c}{R_6+R_7}\times\frac{R_8}{R_8+R_6/\!/R_7}+\frac{U_{o1}\times R_6/\!/R_7}{R_8+R_6/\!/R_7}=\left[\frac{15\times 47}{2(47+5)}+\frac{5\times 14}{5+47}\right]\ \text{V}=8.125\ \text{V}$$

从晶体管VT截止开始,$C_4=22\ \mu F$通过$R_5=150\ k\Omega$充电到U_{2+}的时间为

$$t=\tau\ln\left(\frac{U_c}{U_c-U_{2+}}\right)=22\times 10^{-6}\ \text{F}\times 0.150\ \Omega\times\ln\left(\frac{15}{15-8.125}\right)=2.57\ \text{s}$$

2.57 s时间足以使PFC的输出电容充电到电网电压峰值,这时IC3发出启动PFC "start"信号,PFC和DC/DC级软启动开始。后级电路中保证DC/DC变换器软启动延时长于PFC软启动延迟,使PFC达到稳定后启动变换器,保证PFC级轻载启动。

在功率级为Boost的PFC启动前,由于Boost尚未工作,输入整流直接通过升压电感对输出电容充电。接通电源时,Boost输出电容电压为零,充电电流非常大,为限制这个冲击电流,通常在主电路中串联限流电阻。当电容电压充电接近输入电网电压峰值时,应当切除限流电阻。这时利用IC2的输出变为低电平,使得光耦OP输入端激活,光耦输出控制有源器件或继电器将输入限流电阻短路。以上的欠压保护,限流,PFC延迟启动和最后启动DC/DC变换器的次序,保证了开关电源的安全启动。

2. 采用PWM控制芯片独立辅助电源

功率输出超过5 kW的通信电源,通常采用三相380 V交流电网输入,而不是单相220 V AC输入。三相交流输入一般采用电感滤波以提高功率因数,整流输出电压约为510 V,也就是辅助电源的供电电压。如果考虑20%的波动,则输入最高直流电压将达到650 V,这时可以采用图5.3.5电路。

图5.3.5是U_i为三相380 V整流输入的DC/DC变换器辅助电源。IC1A和IC1B组成欠压和过压保护。IC2是电流型控制芯片UC3844。辅助电源功率电路为双端反激变换器,由VT_1驱动。输出变压器提供三个输出:稳定的+12 V,未调节的−12 V

和经过后继电路稳压的+5 V三个输出。图中−12 V还提供给一个推挽方波变换器(没有画出),用以产生多路15 V电压,供给主功率变换电路驱动隔离要求。因为+12 V是闭环高稳定的电压,方波推挽输出只需简单电容滤波即可,提供给不需要精密稳定的驱动电源。

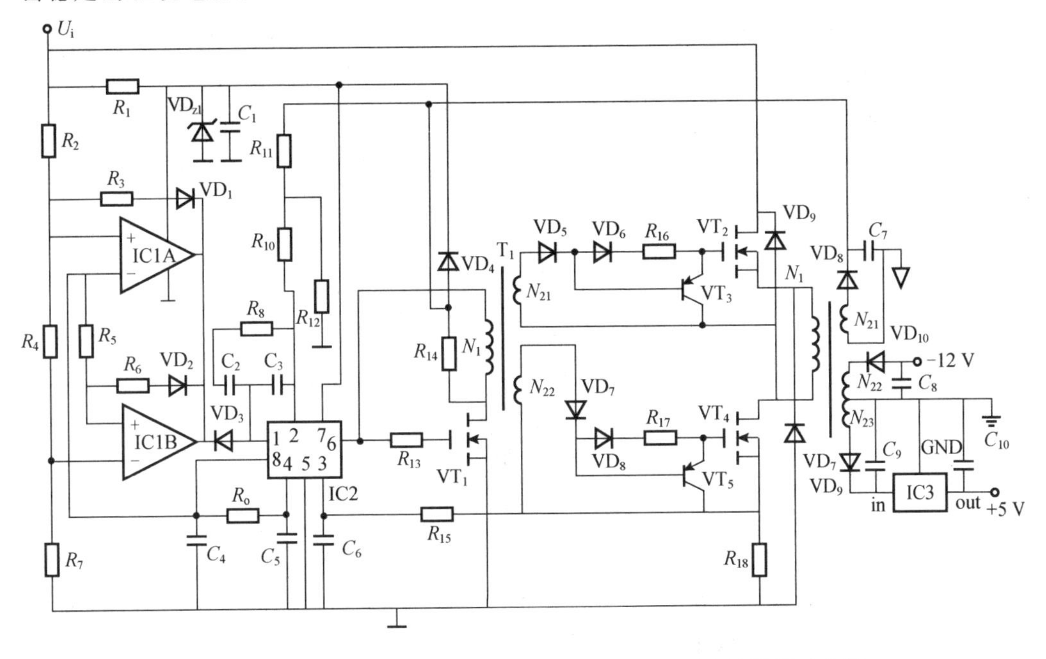

图 5.3.5 U_i 为三相 380 V AC 整流输入的 DC/DC 变换器辅助电源

电流型控制芯片UC3844的启动电流只有1 mA,欠压保护电压启动电压16 V,关断电压10 V,回差电压为6 V。R_i=110 kΩ,电容C_i=220 μF。根据本节自举供电计算,1 s内达到欠压值16 V,10 ms内16 V降低到10 V可以提供120 mA电流。如果扣除UC3844的启动电流为17 mA外,提供100 mA的约驱动电流,足以驱动辅助电源功率级MOSFET。VD_{Z1}的稳压值为25 V,限制PWM芯片电压不要超过其击穿电压30 V。U_i为513 V,电路提供PWM芯片平均电流仅5 mA。当主电路工作以后,反激变换器输出+12 V通过VD_4给PWM芯片自举供电。

UC3844的1脚为补偿端(compsentation),即误差放大器的输出端,如果将此端电位拉到低电位,PWM没有输出,即输出被封锁。IC1A和IC1B组成输入欠压和过压保护,两者组成一个可调节量为±20%电压窗口,在额定电压工作区的窗口内,变换器有辅助电源;在过压或欠压电压范围外,辅助电源关闭。

取UC3844的定时电容C_5=3 300 pF和定时电阻R_9=5.6 kΩ,以决定辅助电源工作频率f_s≈100 kHz,死区时间大约1 μs。R_{11}=1.8 kΩ,R_{12}=470 Ω组成+12 V的输出采样电路,芯片内部误差放大器的同相输入端电压为2.5 V,因此用+12 V输出端的电压表达式为$U_{o(+12V)}=(1+R_{11}/R_{12})\times 2.5\ V=12\ V$,来选取电阻$R_{11}$和$R_{12}$。

UC3844的电流检测端电压范围为0~8 V,电流检测电阻为R_{18}=4.7 Ω。磁芯采用3C85材料，磁芯ETD29，各线圈 $N_1:N_{21}:N_{22}:N_{23}=530:20:20:20$，初级电感量为33.8 mH。

也可以采用功能电路如TOP switch和MIP组成辅助电源，电路简单许多，但是芯片成本增加较大。

UC3524也可以外加欠压保护，如图5.3.6所示。图中 R_1、R_5 检测输入电压(U_i)，与TL431比较。当检测电压 U_s 低于2.5 V时，晶体管VT截止，UC3524电源被VT关断，基准电压 $U_r=0$，二极管 VD_1 截止，欠压上限电压为 U_{uvp}，$R_5=10\ k\Omega$，则

$$R_1=4U_{uvp}-10\ k\Omega$$

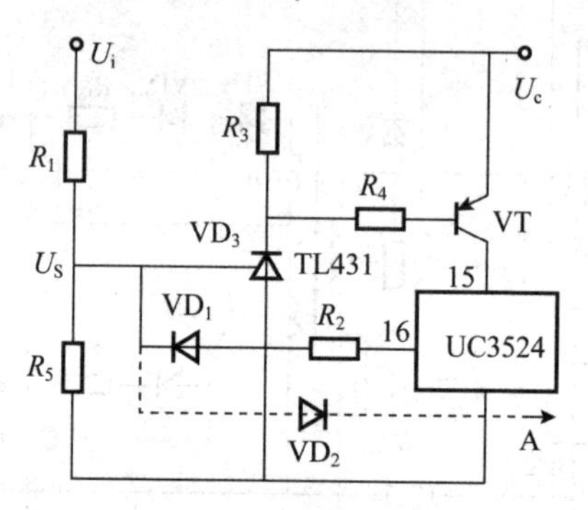

图5.3.6 输入欠压保护和遥控通断电路

当 U_i 达到上限值 U_{uvp} 时，VT饱和导通，UC3524接通 U_c，$U_r=5$ V，VD_1 导通，欠压保护下限电压为 U_{uvn}，假定 VD_1 压降为0.7 V，电阻 R_2 为

$$R_2=\frac{1.8}{0.25-\dfrac{U_{unv}-2.5}{R_1}}$$

如果TL431的漏电流为1 μA，保证VT在高温下可靠截止，在TL431上产生小于0.2 V压降，一般 R_3 为数十kΩ。而 R_4 与VT的电流放大倍数和UC3524工作电流有关，可选择820 Ω～2 kΩ，在电路中增加 VD_2 电路(图5.3.6中虚线所示)，可以实现遥控关断。

如果将 R_1 接在 U_c 上，整个电路与UC3842有相似的欠压保护电路。通过一个电阻 R 接到电源，组成一个自举辅助电源。

5.4 缓冲电路

如图5.4.1所示是开关电源中功率器件典型开关波形，在开关电源中，功率开关不可避免地与储能元件电感、电容相连接，在开关状态转换时，储能元件的电压或电流不能突变或迅速变化，否则会引起很高电压和大电流，开关的电流-电压轨迹经过损耗区，同时承受很高的开关应力，功率开关的瞬态开关损耗很高。

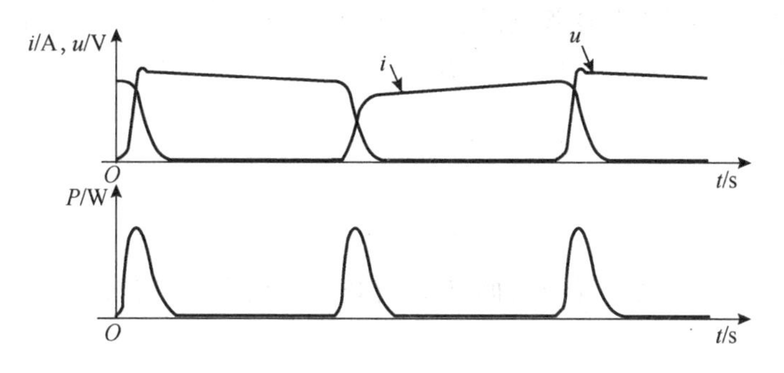

图 5.4.1　开关电源中功率器件典型开关波形

5.4.1　缓冲电路的作用

为了避免开关转换期间，功率管两端同时产生高电压和大电流，降低电压和电流尖峰，在电路中增加了辅助元件，使得开关过渡时间内电流、电压变化减缓，这就是所谓的缓冲电路，也称为吸收电路。它的主要作用是：

① 减少或消除电压或电流尖峰；

② 限制 di/dt 或 du/dt；

③ 将负载线整形，使它在安全工作区（SOA）范围内；

④ 将开关损耗从开关转移到电阻或负载；

⑤ 减少开关的总损耗；

⑥ 通过阻尼电压和电流减少振铃。

5.4.2　RCD 和 RLD 缓冲电路

1. 关断缓冲电路

由 R、C、VD 组成的双极型功率管关断缓冲电路如图 5.4.2所示。当 VT 导通时，电容 C 端电压为晶体管饱和压降，接近零电压。关断时，为给感性负载电流 i_L 通路，二极管 VD 导通将 R 短路，给电容 C 快速充电，晶体管 VT 的 C、E 两端电压被电容电压 C 钳位。由于晶体管由导通到截止的开关时间很短，电感中的电流 i_L 基本不变，晶体管减少的电流就是电容充电增加的电流 i_L。如果电容 C 足够大，在晶体管电流下降到零截止时，电容电压很低，晶体管关断损耗很低。电感电流继续对电容充电，直至电容电压达到晶体管截止电压。

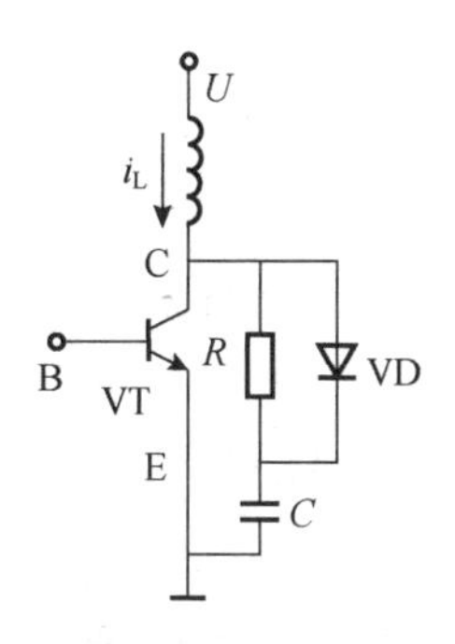

图 5.4.2　双极型功率管关断缓冲电路

当晶体管再次开通时，C、E 两端电压为零，电容 C 通过限流电阻 R、晶体管 CE 极放电到零，为下一次关断做准备。

假定开关期间电感电流 i_L 为常数，在下降时间内晶体管电流线性下降，则流经电容电流线性增加,如果在晶体管电流下降时间 t_f 结束时,晶体管 CE 两端电压不超过截止时承受的电压 U,则电容上的电压为

$$U_c = \frac{1}{C}\int_0^{t_f} i_c \mathrm{d}t = \frac{1}{C}\int_0^{t_f} \frac{i_L}{t_f} t \mathrm{d}t = \frac{i_L t_f}{2C} = U \tag{5.4.1}$$

因此可选择

$$C \geqslant i_L t_f/(2U) \tag{5.4.2}$$

为保证在晶体管最小导通时间 T_{omin} 内必须释放完,时间常数小于 $4RC$,电阻应满足

$$R \leqslant T_{omin}/4C \tag{5.4.3}$$

电阻消耗的能量实际上是晶体管截止时电容存储的能量,为了可靠起见,选择电阻的功率是实际损耗功率的2倍,即

$$P_R = 2\times\frac{1}{2}CU^2 f = CU^2 f \tag{5.4.4}$$

功率管开通时,电容 C 放电给功率管的附加峰值电流为

$$I_p = U/R \tag{5.4.5}$$

由式(5.4.4)及式(5.4.5)可见,电容越大,损耗越大,电阻越小,附加电流越大。一般采用金属箔薄膜电容,按式(5.4.2)选择 C 的容量,同时其 $\mathrm{d}u/\mathrm{d}t$ 应满足 U/t_f 要求。

2. 开通缓冲电路

在电感电流(磁势)连续的电路中,晶体管 VT 由截止到开通的电流上升时间内,承受很大的开关应力。有些电路利用变压器的漏感延缓开通。如不能利用,一般用如图 5.4.3所示的 RLD 电路与晶体管串联。在晶体管截止时,电感 L 中电流为零;当晶体管开通时,由于电感电流不能突变,达到晶体管零电流开通。如开关频率为 f,晶体管电流上升时间为 t_r,开通后稳态电流为 I,截止时承受电压为 U,由对偶关系得到

$$L = Ut_r/(2I) \tag{5.4.6}$$

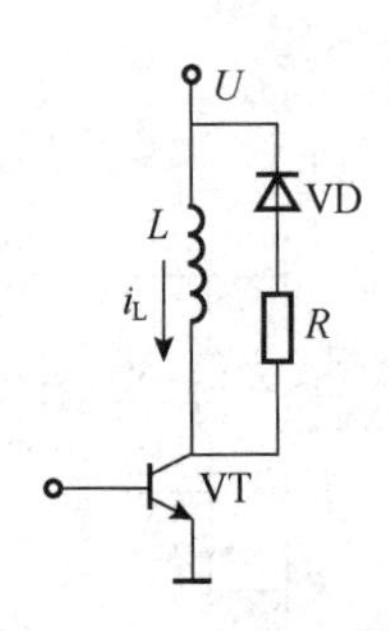

图 5.4.3 开通缓冲电路

当晶体管由导通转为截止时,电感电流不能突变,经过电阻 R,二极管 VD 释放电感 L 中储存的磁场能量。为保证开通时零电流开通,在最短截止时间 T_{ofmin}(必须大于4个时间常数,即 $4L/R$)内,确保晶体管电流下降到零,即应满足

$$R \geqslant 4L/T_{ofmin} \tag{5.4.7}$$

式中:T_{ofmin} 为晶体管最小截止时间。同样,电阻上消耗的能量是电感里存储的能量,选择电阻的功率是实际损耗功率的2倍,则

$$P_R = 2\times\frac{1}{2}LI^2 f = LfI^2 \tag{5.4.8}$$

关断时给功率管附加电压为 $U_a = IR$。

3. 复合缓冲电路

图 5.4.4 是将 RCD 和 LRD 组合在一起的 Boost 关断无损缓冲。L_1、VT、VD_4 和

C_3 组成 Boost 主电路。L_2、VD_1、VD_2、R_1 和 C_2 组成开通缓冲电路。晶体管截止时电流由 U_i 经 L_1、L_2、VD_4 到负载，VD_1、VD_2 反偏截止。如果晶体管要导通，输入回路电流由 U_i 经 L_1 和 VT 到地，负载中的电流由输出滤波电容 C_3 提供，要使 VD_4 截止，必须释放掉储存在 L_2 中的磁场能量，减少二极管 VD_4 的反向恢复电流，让 VD_4 快速截止。图中的 VD_4、R_2 和 C_2 提供了 L_2 的放电通路。如要使 VT1 由导通变为截止，必须把场效应晶体管 VT 结电容 C_{ds} 上的电荷全部撤走，C_1，R_2，VD_3 构成了开关管关断缓冲吸收网络。电路中的 L_2 也可以接在晶体管漏极与 L_1 右端之间。

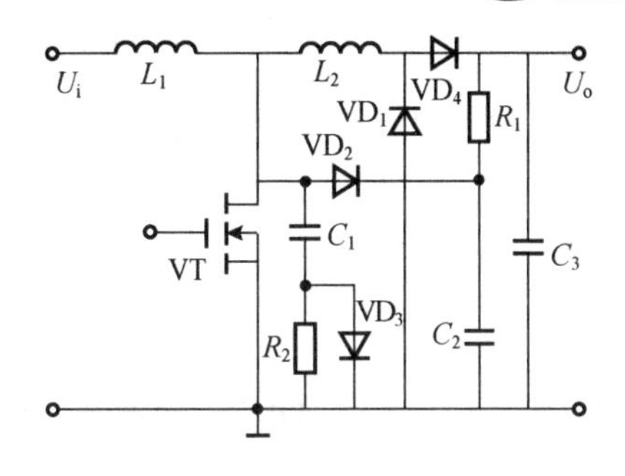

图 5.4.4　Boost 关断无损缓冲

设 PFC 级 Boost 开关频率 80 kHz，输入电压为交流 220 V/50 Hz，如果通信电源设计为输出直流电压 54 V，电流 30 A，则整流采用全波整流方式，电压和电流约为 220 V/8 A。器件选择：功率开关 VT 采用 MTW14N50E×3 并联；输出二极管 VD_4 为 MURH860×2 并联；VD_1 和 VD_2 均为 MURH860；VD_3 为 BYV26C×2；$C_1=220$ pF；$C_2=0.1$ μF；$R_2=560$ Ω，2 W；$R_1=(10/\!/10)\Omega=5$ Ω，每个电阻为 5 W；$L_1=4$ μH。

5.4.3　无损缓冲电路

上述缓冲电路理论上可以减少器件的功率损耗，提高效率，但二极管、晶体管都有附加损耗，同时存储在电容或电感中的能量消耗在电阻上，所以并不能提高效率。由式(5.4.3)可知，频率 f 越高，最小导通时间 T_{onmin} 越短，RCD 关断缓冲电路中的 R 也越小，晶体管开通时缓冲电容流过功率管的附加峰值 $I_p=U/R$ 越大。开通缓冲电路电阻 R 将影响晶体管关断时的耐压要求，R 越大，关断时给晶体管附加电压 $U_a=IR$ 越高，增加了晶体管的耐压定额。由式(5.4.4)和式(5.4.8)可知，随着开关频率增加，缓冲电路中电阻损耗增加，在高压(关断缓冲)大电流(开通缓冲)中，需要给电阻更大的散热器尺寸和空间位置。因此，以上缓冲电路一般用于 100 kHz 以下功率电路。频率增高后，往往采用利用谐振软化开关过程的所谓无损缓冲电路。在这些电路中，将缓冲电容(或电感)中的能量返回电源或输出，比 RCD 和 LRD 电路减少了损耗，提高了效率。与有源软开关比较，这些电路实现软开关没有有源器件和相关的控制，成本低，可靠性高。因此比有源软开关在实际产品中获得更广泛应用。下面介绍几种典型的缓冲电路的应用。

1. Buck 变换器缓冲电路

1) 关断无损缓冲电路

(1)工作原理

晶体管关断缓冲电路如图 5.4.5 所示。在晶体管饱和导通期间，电路中 A 点电压为输入电压 U_i，VD_1、VD_2 截止，此前晶体管 VT 截止，VD_4 续流导通，电容 C_1、C_2 上的

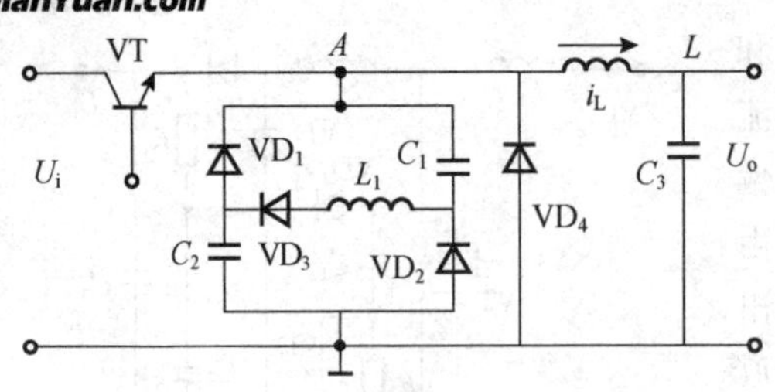

图 5.4.5 Buck 变换器无损缓冲电路

电压为零,晶体管开通瞬间电压 U_i 全部加到电感 L_1 上,电容 C_1、L_1、VD_3 和 C_2 组成单向谐振充电,VD_4 需要立即截止,吸收网络把 VD_4 上的电荷撤走,晶体管电流等于输出滤波电感电流 i_L。

当晶体管 VT 由导通进入关断状态,并进入输出电压下降时间 t_f 时,A 点电压趋于零伏,由于晶体管开通期间 C_1、C_2 被电源电压 U_i 充电,一旦晶体管 VT 的驱动撤走,VD_1、VD_2 导通,C_1、C_2 并联放电,造成 VT 零电压关断。

(2)基本关系

电路电容 C_1、C_2 的值按下式计算,即

$$C_1 = C_2 \geqslant \frac{i_L t_f}{4U_i} \tag{5.4.9}$$

同样地,晶体管最小导通时间 T_{onmin},必须大于 C_1、C_2 与 L_1 的串联谐振周期的一半,即

$$T_{onmin} \geqslant \pi \sqrt{L_1 C_1 / 2} \tag{5.4.10}$$

则谐振电感为

$$L_1 \leqslant \frac{2T_{onmin}^2}{\pi^2 C_1} \approx \frac{T_{onmin}^2}{5C_1} \tag{5.4.11}$$

在导通期间,晶体管附加峰值电流为

$$I = U_i \omega C_1 = U_i C_1 \times \frac{\sqrt{2}}{\sqrt{L_1 C_1}} = U_i \sqrt{\frac{2C_1}{L_1}}$$

2)开通无损缓冲电路

如图 5.4.6 所示是 Buck 变换器开通缓冲电路,L_1 是一个反激式变压器的原边,在最小截止时间 T_{ofmin} 内,工作在断续模式。

当晶体管由截止转为导通时,次级 VD_1 截止,L_2 中的电流为零,L_1 中电流也为零,且晶体管开通时 L_1 中的电流不能突变,晶体管 VT 零电流开通。电流缓慢上升直至集电极电流等于电感电流。

图 5.4.6 Buck 变换器开通缓冲电路

根据式(5.4.2)和式(5.4.6)由对偶原理推出,只要在电流上升到输出电流一半时间阻挡电压即可,假设电压下降一半与电流上升一半时间相等。即

$$L_1 = U_i t_r / (2I_o) \tag{5.4.12}$$

当晶体管 VT 由导通转为截止时,图中电感的"·"端为负,次级二极管 VD_1 导通,

将电感 L_1 中存储的能量通过 VD_1 送到输出。

在最小截止时间 T_{ofmin} 内磁芯必须复位。设次级电感为 L_2，初级与次级全耦合，$L_1/L_2=n^2$，$I_2=nI_1=nI_o$，则

$$T_{ofmin}\geqslant\frac{L_2I_2}{U_o}=\frac{L_1I_o}{U_on}$$

变比为

$$n=\frac{N_1}{N_2}=\sqrt{\frac{L_1}{L_2}}\geqslant\frac{L_1I_o}{U_oT_{ofmin}} \tag{5.4.13}$$

式中：N_1 和 N_2 分别为初级和次级匝数。关断时，晶体管附加电压为 $U_a=nU_o$。

2. Boost 变换器无损缓冲电路

1）关断无损缓冲电路

图 5.4.7 所示是 Boost 关断缓冲电路，图 L_1、VT、VD_1 和 C_3 组成基本 Boost 变换器。VD_2 为功率开关的内置二极管。C_1、C_2、VD_3～VD_6 以及 L_2 组成缓冲电路。

功率开关 VT 截止期间，二极管 VD_1、VD_3 导通，电容 C_1 上电压钳位于输出电压 U_o，C_2 上电压为零。当功率开关 VT 开通时，C_1 通过 VD_4、L_2、C_2 和功率开关 VT 谐振放电，直至 $U_{C2}=U_o$，$U_{C1}=0$。如果 $U_{C2}>U_o$，VD_5 导通将 C_2 电压钳位于输出电压。一般取 $C_1=C_2$，谐振频率为

$$f_c\approx\frac{1}{2\pi\sqrt{L_1C_1C_2/(C_1+C_2)}}=\frac{1}{\pi\sqrt{2L_1C_1}}$$

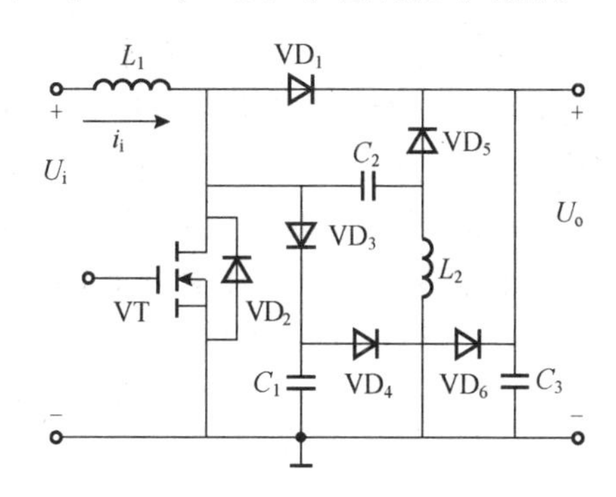

图 5.4.7　Boost 关断缓冲电路

当电路再次关断时，VD_3 导通，将功率开关漏源极与 C_1 并联，造成功率开关零电压关断。电感 L_1 电流经 VD_3 充电，直至 $U_{C1}=U_o$，如果 $U_{C1}>U_o$，二极管 VD_4 和 VD_6 导通，将 U_{C1} 钳位于输出电压。同时 C_2 通过 VD_5 放电，等效电路 C_2 与 C_1 并联。

(1)电路设计

根据式(5.4.2)关断缓冲等效电容 $C\geqslant i_Lt_f/2U$，因为 $C=2C_1$，于是

$$C_1\geqslant I_it_{of}/(4U_o) \tag{5.4.14}$$

在最小导通时间 T_{onmin} 内，将 C_1 上电荷其全部转移到 C_2，即

$$T_{onmin}>T_r/2=\pi\sqrt{L_1C_1/2}$$

其中，T_r 为谐振周期。

由此确定电感 L_1 值为

$$L_1<\frac{2T_{onmin}^2}{\pi^2C_1}\approx\frac{T_{onmin}^2}{5C_1} \tag{5.4.15}$$

(2)实际电路数据

54 V/30 A 输出的通信电源输入级实际电路参数为：输入为交流电压 220 V/50 Hz，

输入级采用PFC升压电路,额定输出功率时输入交流电流不大于8 A。PFC输出电压为390 V,开关频率为27 kHz。

功率开关VT为BUV98AF,$C_1=C_2=4.7$ nF,$L_1=52$ μH,二极管VD_1和VD_5,VD_2均为VD28-08,VD_4和VD_6为BYT103-400。

2)开通与关断复合缓冲电路

(1)基本原理

图5.4.8所示是Boost无损缓冲电路,基本Boost电路由L_1、VT、VD_5和C_3组成。L_2、C_1、C_2、VD_1~VD_4为复合无损缓冲电路,$C_1 \gg C_2$,例如取$C_1=200C_2$。

假设电路进入稳定,此时功率开关VT截止,i_i流经L_1、L_2、VD_5流入负载。$U_{C2}=U_o$,$U_{C1}=0$。

当功率开关VT开通,相当于A点是地电位,L_2中电流不能突变,继续维持VD_5导通,L_2中电流由i_{L2}线性下降,且

$$di_{L2}/dt=-U_o/L_2 \tag{5.4.16}$$

由于升压电感L_1很大,在功率开关VT导通时间内i_i基本不变,功率开关VT迅速导通,端电压为零,功率开关电流$i_{VT}=i_i-i_{L2}$,线性上升,当功率开关由截止转向导通瞬间$i_i=i_{L2}$,直至晶体管VT流过的电流等于VD_5的反向峰值电流和输入电流之和时,可见功率开关VT是零电流(ZCS)开通。

当二极管VD_5反向开始截止时,反向恢复终了储存在L_2中的能量通过L_2、VT、C_2、VD_2、C_1谐振,反向恢复电流I_R对C_2谐振放电,C_1充电,直至$U_{C2}=0$。C_1上电压极性下正上负,如图5.4.8所示,谐振频率近似为

$$f_1 \approx 1/(2\pi\sqrt{L_2C_2}) \tag{5.4.17}$$

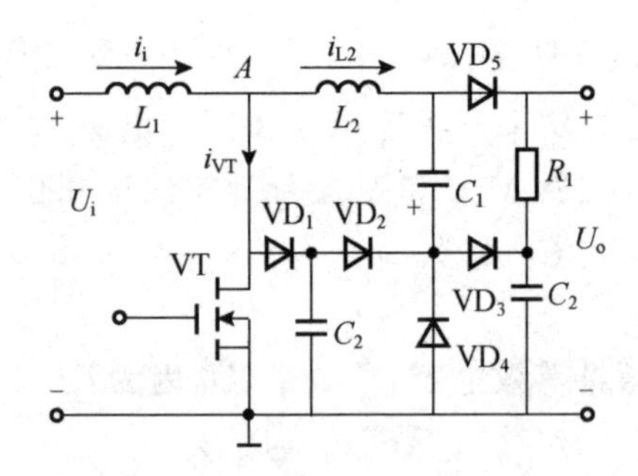

图5.4.8 Boost复合无损缓冲电路

C_2放电到零时,如果电感L_2中电流没有下降到零,VD_4(或VD_1,VD_2导通)导通,L_2、C_1谐振,谐振频率为

$$f_2 \approx 1/(2\pi\sqrt{L_2C_1}) \tag{5.4.18}$$

继续将L_2中能量转移到C_1,由于VD_5和VD_3反偏,C_1保持充电电压。根据能量平衡关系,有

$$C_1U_1^2=C_2U_2^2+L_1I_R^2 \tag{5.4.19}$$

因为 $C_1=200C_2$，$U_2=U_i$，所以电容 C_1 上的电压 U_1 为

$$U_1=\sqrt{\frac{U_i^2}{200}+\frac{L_1 I_R^2}{200C_2}} \tag{5.4.20}$$

当功率开关 VT 关断时，二极管 VD_1 导通，电容 C_2 与 VT 并联，VT 零电压关断。

$$U_{C_2}=U_{DS}=\frac{1}{C_2}\int_0^{t_f} i_{C_2}\,dt=\frac{1}{C_2}\int_0^{t_f}\frac{i_L}{t_f}t\,dt=\frac{i_L t_f}{2C_2} \tag{5.4.21}$$

当 $U_{C_2}=U_o$ 时，VD_2 和 VD_3 导通流过 i_i，VD_5 由于 C_1 反偏截止。由于 VD_1 和 VD_2 导通，L_2 与 C_1 谐振，L_2 电流正弦增加，VD_1 和 VD_2 电流正弦减少。当 L_2 电流增大到 i_i 时，VD_1 和 VD_2 截止，如果 C_1 上电荷没有放完，VD_5 继续截止，VD_3 继续导通，直至 C_1 放电到零，VD_5 导通，流过输入电流，关断过程结束。

(2)电路设计

为达到零电压关断，如果是双极型晶体管或 IGBT，按式(5.4.21)选取 C_2，即

$$C_2> I_{imax}t_f/(2U_o) \tag{5.4.22}$$

式中：I_{imax} 为输入最大电流；t_f 为晶体管电流下降时间；U_o 为输出电压。

如果是 MOSFET，一般选取 $C_2=10C_{os}$，取 $C_1=200C_2$，其中 C_{os} 为 MOSFET 的输出寄生二极管。一般按要求的电流上升率根据式(5.4.16)选取电感 L_2，但最小导通时间应当满足

$$T_{onmin}>3(T_2/2+T_r+t_{rr}) \tag{5.4.23}$$

式中：$T_2=1/(2\pi\sqrt{L_2C_1})$，$T_r=L_2 I_{imax}/U_o$。$t_{rr}$ 是二极管的反向恢复时间，虽然 $C_1\geqslant 200C_2$，即如果电荷全部转移到 C_1，U_{C_1} 上电压应当为 U_{C_2} 的 10%，但由于反向恢复期间，在电感 L_2 中存储的能量，U_{C_1} 上电压高得多。为了限制过高的电压，实际电路中在电容 C_2 上并联稳压管。

实际电路参数：例如某用于 Boost 升压 PFC 级缓冲电路，电路工作频率 $f=140$ kHz，输出直流电压 $U_o=430$ V，输出功率约 3000 kW。$L_2=0.65$ μH，$C_1=220$ nF，$C_2=1$ nF，VD_5 为 APT60D60B，$VD_1\sim VD_3$ 为 APT15D60K，VD_4 为 BYV26C。实际电路中，C_1 两端接有 4 个串联的二极管 BZV85C24，对 C_1 两端电压钳位。

3. 单端变换器无损缓冲电路

在正激和反激变换器中，变压器存在漏感，对于小功率变换器，成本是产品考虑的主要因素，反激变换器一般用钳位电路，而正激电路采用电阻、电容和二极管构成的 RCD 缓冲电路。在较大功率(≥200 W)电路，效率和成本都重要时，常采用无损缓冲电路。由于变压器不可避免存在漏感，通常利用漏感形成零电流开通，所以在正激和反激变换器中，一般只加关断缓冲电路。

如图 5.4.9 是单端正激变换器无损缓冲电路，图中功率开关 VT，变压器 T，输出整流二极管 VD_5 和续流二极管 VD_6，输出滤波电感 L_3 和电容 C_3 组成基本正激变换器。VD_1 为变压器磁芯复位提供电流通路。图中 C_1，VD_2，VD_3 和 L_1 组成无损缓冲电路，C_2 是 VT 的 DS 间的输出寄生电容。

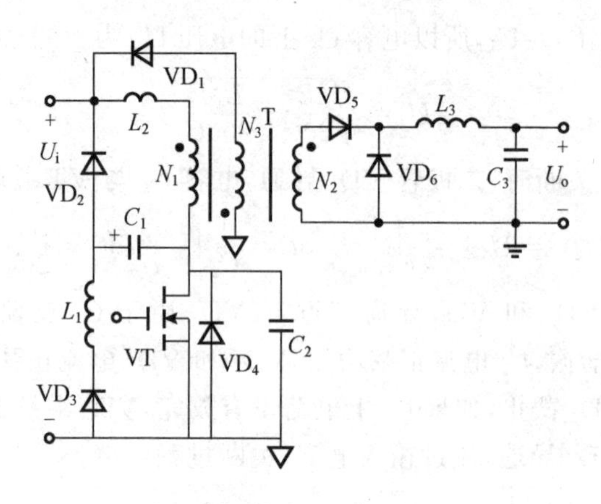

图 5.4.9 单端正激变换器无损缓冲电路

1）正激变换器缓冲电路工作原理

在功率管 VT 导通期间，缓冲电容 C_1 电压极性如图 5.4.9 所示，$U_{C1}=\pm U_i$。变压器初级流过负载反射电流与激磁电流之和，$i_1=i_2/n+i_m$，其中 $n=N_1/N_2$。功率开关 VT 导通，$U_{C2}=U_{DS}\approx 0$。

当开关管 VT 关断时，变压器反极性，且 VD_1 导通，限制了 N_1 两端电压到 U_i，功率场效应晶体管 VT 的 DS 两端电压 U_{DS}增加，因为"·"为负，迫使 VD_2 导通，电容 C_1（等效电路 C_1 与 MOSFET 输出电容 C_2 串联，因 $C_2\ll C_1$）与变压器初级并联，VT 零电压关断。由于滤波电感 L_3 很大，在电容放电期间次级电流基本上是常数，初级电流也为常数。同时假定 VT 关断时间很短，电容 C_1 电压线性下降，而 C_2 电压线性上升，存储在 C_1 中的能量传输到负载。

当电容 C_1 电压下降至零，由于漏感 L_2 作用，初级电流对电容反向充电，初级电流下降，不足以维持输出电流，流过次级整流二极管 VD_5 电流减少，续流二极管 VD_6 导通，流过其电流随初级电流下降而增加，并将次级线圈短路，因此，漏感 L_2 与 C_1 谐振，谐振频率为 $f=1/(2\pi\sqrt{L_2C_1})$。

当初级电流下降到次级二极管 VD_5 电流为零时，VD_5 试图截止。初级电流等于激磁电流，激磁电流减小，各线圈感应电势反向，激磁电感与漏感串联对电容 C_1（$+C_{1s}$）谐振充电，C_1 极性为右正左负。如果复位线圈 N_3（$N_3=N_1$）感应电势超过 U_i，VD_1 导通，将剩余激磁能量返回电源，随着 C_1 上电压上升到 U_i，漏感能量继续对 C_1 充电，C_2 上电压超过电源电压 $2U_i$，当激磁电流为零时，磁芯复位，各线圈感应电势消失。C_2 与激磁电感谐振，使得磁芯反向磁化。由于一般激磁电感很大，反向磁化电流很小。

当 VT 再次导通时，C_1 与 L_1 经 VT，VD_3 串联谐振。谐振频率为 $f=1/(2\pi\sqrt{L_1C_1})$，在该振荡的半周期终了，电容与电感电磁能量交换，并再次传递到电容 C_1 上，形成左正右负，为下次关断做好准备。如果 C_1 上电压超过 U_i，二极管 VD_2 导通，将多余的能量返回电源。缓冲电路减慢了电压上升时间，从而减少了晶体管损耗。并减少了漏感引起的尖峰，这对于双极型晶体管避免了反偏二次击穿。

双极型晶体管或 IGBT 关断时间长，电容可按式(5.4.2)选择。对于 MOSFET，关断时间很快，可根据电磁能量平衡关系 $L_2 I_1^2 = C_1 U_i^2$，得到

$$C_1 \geqslant L_2 I_1^2 / U_i^2 \tag{5.4.24}$$

在 VT 导通期间，电感 L_1 与 C_1 谐振。最小导通时间 T_{onmin} 应大于谐振半个周期，则电感量为

$$L_1 \leqslant T_{onmin}^2 C_1 / \pi^2 \approx 0.1 C_1 T_{onmin}^2 \tag{5.4.25}$$

利用图 5.4.9 构成 54 V/25 A 输出通信电源 DC/DC 单端正激变换器。输入 410 V，$C_1 = 2$ nF，VD_2 为 2 个 UF5408，$L_1 = 31\ \mu$H，VD_3 为 3×BYV28－200，开关频率为 96 kHz。

2）反激变换器无损缓冲电路

图 5.4.10 所示是反激变换器无损缓冲电路和单端正激变换器无损缓冲电路(见图 5.4.9)十分相似，导通期间 C_1 上电压等于输入电压，极性也是左正右负。

当 VT 关断时，变压器初级电感和漏感保持关断前电流不变，C_1 上电压不能突变，VT 管压降增加，VD_1 导通，C_1 对变压器初级放电，C_1 上电压下降，VT 的端电压上升。

当 C_1 上电压下降到零，初级电流达到最大值 I_{1p}，并继续对 C_1 反向充电。C_1 上电压反极性增加，初级电流开始减少，初级感应电势反号，次级二极管导通，次级电流从零增加($i_1 N_1 + i_2 N_2 = I_{1p} N_1$)，初级被钳位于

$$U_1 = n(U_o + U_D) \tag{5.4.26}$$

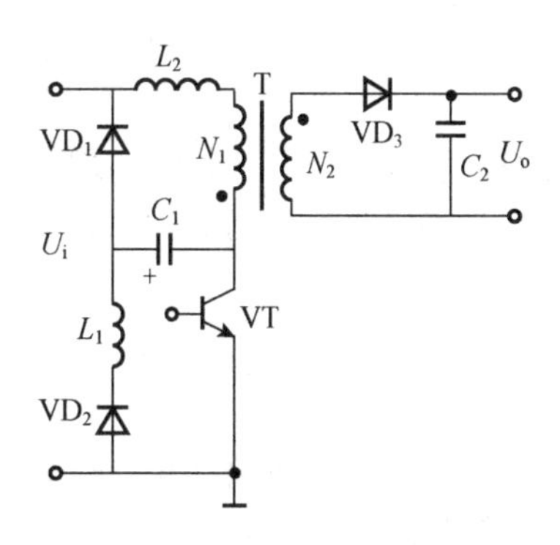

图 5.4.10　反激变换器原理电路

L_2 与 C_1 谐振，与反射电压一起对 C_1 反充电为右正左负。直至初级电流下降到零，次级电流上升到最大值。C_1 端电压达到最大值，但小于反射电压 U_1(式(5.4.26)值)加上 U_i。

当晶体管 VT 再次导通时，与正激变换器一样，L_1，C_1 谐振，C_1 上电压反极性。当 C_1 端电压试图高于 U_i 时，VD_1 导通，将电容在截止期间存储的能量返回电源，钳位于 U_i，为下一次关断准备，完成一个开关周期。

然后根据式(5.4.2)选择的电容 C，再按谐振半周期小于最小导通时间来选电感 L_1。如果是 MOSFET，主要限制 du/dt，抑制关断时漏感引起的尖峰。

4. 双端正激无损缓冲电路

图 5.4.11 所示是双管正激无损缓冲电路。无损缓冲电路由 C_2、C_3、$VD_5 \sim VD_7$ 和 L_1 组成。$C_2 = C_3 = 2C_{os}$，其中 C_{os} 是 MOSFET 的寄生输出电容。在晶体管截止期间，缓冲电容 C_2 和 C_3 的电压为 U_i，极性如图 5.4.11 所示。

当晶体管 VT_1 和 VT_2 开通时，利用变压器初级漏感，晶体管为零电流开通。开通以后，C_2 和 C_3 经过 VT_1、VT_2、L_1、VD_6，输入电源谐振，谐振频率为 $f = 1/(2\pi\sqrt{L_1 C_s})$，由于存在 VD_6，经过半周期，电容 C_2 和 C_3 上电压极性与图 5.4.11 中所示反向，并等于 U_i。

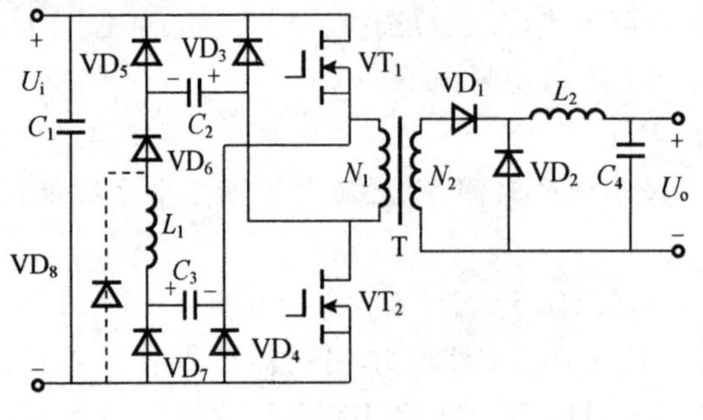

图 5.4.11　双管正激无损缓冲电路

如果电容电压试图超过 U_i,则 VD_5、VD_7 导通,钳位于输入电压。

当 VT_1 和 VT_2 关断瞬间,VD_5 和 VD_7 导通,U_i、VD_5、VD_7、C_2、C_3 和 C_2 和 N_1 形成回路,将缓冲电容 C_2 或 C_3 加到输出变压器初级 N_1 上,对负载放电。VT_1 和 VT_2 零电压关断。假设输出电流为常数,如果功率管 VT_1 和 VT_2 电流线性下降,则电容电流线性增加。

当每个缓冲电容电压下降到 $U_i/2$ 时,初级电压为零,初级电流开始下降,由于漏感的作用,次级二极管同时导通,将变压器短路,初级电流对缓冲电容充电,直至电流下降到磁化电流,VD_1 截止,VD_3 和 VD_4 导通,变压器磁芯复位。

如果缓冲电容在关断时间流过一半初级峰值电流 $0.5I_{1p}$,则根据式(5.4.9)得到

$$C_5 = C_6 \geqslant I_{1p}t_f/(4U_i) \tag{5.4.27}$$

式中:$I_{1p}=I_{2p}/n$,$n=N_1/N_2$,为变比;t_f 为漏极电流下降时间,与功率管和驱动有关。

在功率管最小导通时间必须大于电路谐振半周期,按式(5.4.15)选择电感,但式中 $C_1=C_5(C_6)/2$。

如果采用 MOSFET,则开关速度快,缓冲电容主要考虑漏感能量,即 $C_s = I^2L_k/U_p^2$。

双端正激缓冲电路实例,正激变换器的输入电压为 APFC 的输出 $U=430$ V,DC/DC 变换器输出功率为 56 V/50 A,工作频率 $f=196$ kHz。功率管 VT_1 和 VT_2 为 APT5010LVR,VD_3 和 VD_4 为 BYV26C;VD_5 和 VD_7 为 APT15D60K;而 VD_6 用 3 个 BYV27－200;谐振电感 $L_1=60\ \mu$H;$C_1=C_2=4700$ pF/1250 V;变压器漏感 $L_s=3\ \mu$H;变压器变比 $n=3$。实际电路中还加有虚线的一个二极管 VD_8(BYV26C),防止振荡。

5.4.4　二极管缓冲电路和缓冲电路中电容选择

二极管的反向恢复特性会造成很大的瞬态电压,如果处理不好,会引起器件的击穿、EMI 问题和加大功率损耗。为此,常在二极管上并联 RC 网络减少尖峰电压。

因为在二极管关开的通常为电感电流,同时不可避免地存在寄生电感,断开时电流的突然变化就要产生很大电压尖峰。设计缓冲电路时主要依据是在器件断开以后,缓冲电路流通电流与断开前相同,从而不产生过电压。

1. RC 缓冲元件选择

如图 5.4.12 所示是二极管上的缓冲电路,如忽略源阻抗,最坏情况 RC 缓冲电路的峰值电流 I_p 为

$$I_p = U_o/R \tag{5.4.28}$$

式中:U_o 为开路电压;R 为吸收电阻;C 为吸收电容。

电容承受峰值变化率为

$$du/dt=U_o/(RC)$$

1）粗略选择 RC

如果没有特殊要求，可以假定允许电阻功率损耗来设计 RC 缓冲。即假定一个电阻损耗功率，例如应用一个2 W 碳膜电阻作为 R。可以通过测量或者计算在开关打开以后流过缓冲电容电流与打开前瞬间二极管电流相同。因此，电阻值为

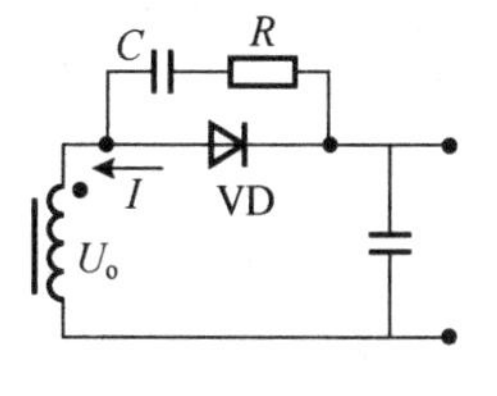

图 5.4.12 二极管缓冲电路

$$R\leqslant U_o/I$$

式中：U_o 为开路电压；I 为关断前时刻二极管中的电流。

电阻功率损耗与电阻值无关，因为电阻损耗的是电容存储的能量，损耗功率为

$$P=CU^2f/2 \tag{5.4.29}$$

如果每周期两次，同时 2 W 电阻只耗散一半的功率，即 1 W，则 $P=CU^2f=1$，缓冲电容为

$$C=1/(U_o^2f) \tag{5.4.30}$$

例如：已经设计好了开关电源，开关电源 $f=50$ kHz，开路电压 160 V，最大反向电流为10 A，电阻值满足 $R\leqslant 160\ \text{V}/10\ \text{A}=16\ \Omega$，电容为 $C=[1/(160^2\times 50\times 10^3)]\ \text{F}=780$ pF，可以选择 820 pF 金属箔 CBB 电容或云母电容。

2）优化设计

以上设计没有考虑到器件所处电路的特性，即引起电压振荡尖峰的寄生电感和寄生电容。实际电路中，这些参数与磁性元件参数、工艺结构和电路布局有关。为了取得这些参数，可以通过实验确定。对于图 5.4.12 电路，在二极管没有加任何缓冲元件的情况下，用示波器观察关断时尖峰振荡频率 f_o，尖峰振荡频率为

$$f_i=1/(2\pi\sqrt{L_iC_i}) \tag{5.4.31}$$

式中：C_i 为电路固有寄生电容；L_i 为电路固有寄生电感。然后在二极管上逐个并联小容量云母电容，例如 100 pF，直到频率 f_i 下降到没有加任何措施时频率 f_o 一半。从式(5.4.31)可知，当振荡频率降低一半时，外加电容是固有寄生电容 C_i 的 3 倍。外加电容是已知的，根据式(5.4.31)求得固有电感为 $L_i=1/[(2\pi f_i)^2C_i]$。

当器件关断时刻，电容对电压变化看起来像短路，在电路中仅有一个电阻。一般选择电阻微欠阻尼，即吸收电阻不大于电路的特征阻抗，使得开关断开电流续流而没有过大瞬态电压尖峰。即

$$R\leqslant\sqrt{L_i/C_i} \tag{5.4.32}$$

为减少电压过冲，可以选择一个相当小的电阻。只要初始 L_i 和 C_i 实验做得精确，可以小于特征阻抗的一半。电阻上能量损耗就是电容的储能乘以开关频率 f_s，再乘以每周期瞬态电压次数。如果采用一个半桥拓扑，每周期有充电放电两次瞬态电压，电阻的功率为 $P_R=C_sU_o^2f_s$，C_s 为吸收电容，U_o 为开路电压。

3)吸收电容选择有两个要求

① 存储在电容上能量应大于电感存储的能量 $C_s U_o^2 > L_i I^2$,即

$$C_s > L_i I^2 / U_o^2 \tag{5.4.33}$$

② 电容和电阻产生的时间常数小于器件最小导通时间 $RC_s < T_{onmin}/10$,即

$$C_s < T_{onmin}/(10R) \tag{5.4.34}$$

为减少电阻功率损耗,选择最低电容量,一般选择比固有电容 C_i 大 8~10 倍,几乎可以完全抑制开关关断时电压过冲。开始时选择一个最小的电容,如果过冲较大,以后逐步根据需要增加。

利用先前的例子,设输出 160 V/10 A,开关频率 100 kHz。用示波器测量开关断开时电压瞬态振铃频率为 44 MHz,加了 200 pF 电容,振铃频率降低到 22 MHz,因此固有电容为200 pF/3=67 pF。最小导通时间为 0.1 倍的开关周期,即 $t_{onmin}=1\ \mu s$,电路固有电感为

$$L_i = 1/(2\pi f_i)^2 C_i = [67\times10^{-12}\times(2\pi\times44\times10^6)^2]^{-1}\ \mathrm{H} = 0.196\ \mu\mathrm{H}$$

电路的特征阻抗 $Z=\sqrt{\dfrac{L_i}{C_i}}=\sqrt{0.196/67}\times10^3\ \Omega=54\ \Omega$,吸收电阻小于特征阻抗,选择 51 Ω。

在计算电阻功率以前,必须先选择吸收电容 C_s,即

$$\frac{L_i I^2}{U_o^2} < C_s < \frac{t_{on}}{10R} \tag{5.4.35}$$

即 $\dfrac{0.196\times10^{-6}\times10^2}{160^2}\ \mathrm{F} < C_s < \dfrac{1\times10^{-6}}{10\times51}\ \mathrm{F}$,得到 766 pF$<C_s<$1961 pF。

因为电阻损耗正比于电容量,先选择一个接近范围的低端值的标准电容为 820 pF,电阻的功率损耗为 $P_R = C_s U^2 f = (820\times10^{-12}\times160^2\times100\times10^3)\ \mathrm{W} = 2.1\ \mathrm{W}$,选择一个 4 W电阻。

2. 二极管有源钳位电路

图 5.4.13 正激变换器的有源钳位电路,次级整流管 VD_1 和续流管 VD_2,从导通转为截止时,关断反向恢复电流引起很大的尖峰。为了减少尖峰一般添加 RC 缓冲电路。电路损耗随着频率升高而增加,二极管损耗严重影响效率。即使不考虑效率,由于次级漏感,有一个过冲电压加在次级反向电压上,如果没有二极管缓冲电路,尖峰电压可能是次级电压好多倍,就要选择更高的二极管电压定额。定额高的二极管反向恢复时间更长,导通压降更大,损耗更大。除了采用尖峰抑制器外,还采用图 5.4.13

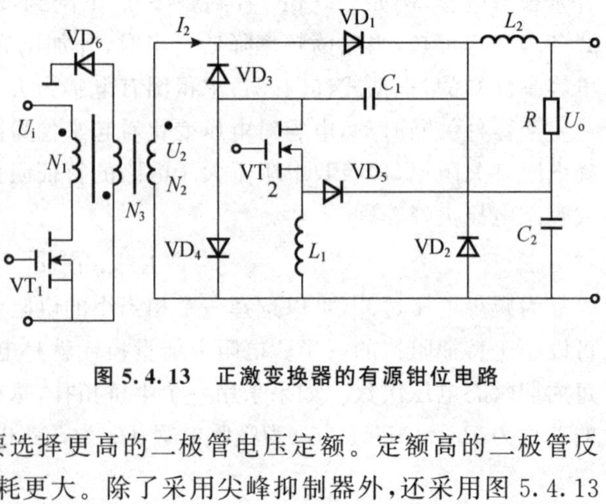

图 5.4.13 正激变换器的有源钳位电路

有源钳位电路。

1）工作原理

有源钳位电路由 VD_3～VD_5、C_1、C_2、L 和开关管 VT_2 组成。假定电路进入稳态，初级开关 VT_1 处于截止状态，续流二极管 VD_2 导通，流过负载电流 I_o，电容 C_1 足够大，在整个周期中，电压变化比平均电压小得多，且 $U_{C1}=U_2$，$U_{C2}=U_o$。

在初级开关 VT_1 开通瞬时，次级电流 I_2 开始以次级电压 U_2 和漏感 L_{2L} 决定的上升率 U_2/L_{2L} 线性增加（或初级电流以 U_1/L_{1L} 线性上升）。此电流将增加到负载电流，VD_2 电流为零。VD_2 流过反向电流，次级电流 I_2 继续上升，直至 VD_2 的反向恢复电流峰值 I_{RR} 加上负载电流。此后反向恢复电流下降，漏感感应电势反向，U_2 上升，大于 U_{C1}，使得 VD_4 导通（为了简化，假定这是瞬时完成的）。U_2 经 VD_1 和 VD_4 对 C_1 充电，C_1 上电压上升，直至次级电流等于负载电流 I_o 为止。此后，C_1 上电压停止增加，VD_4 零电流关断，次级电压 U_2 回到它的正常值。

在 VD_2 关断以后，驱动 VT_2 导通，因 C_1 上电压超过 U_2，C_1 经负载、L、VT_2 放电，电感 L 中电流线性增加，因为 C_1 很大，可以看做电压源，电感电流近似以 $(U_{c1}-U_2)/L$ 上升，直到 C_1 上电压等于 U_2，电感电流达到最大值。等待下一次初级开关管导通。可以看到，C_1 的放电电流是输入 VD_1 电流的一部分，多余能量大部分送到负载，小部分存储在电感 L 中。

当初级功率管 VT_1 关断时，次级 VT_2 也关断，VT_2、VD_5、L 和 C_2 组成的 Buck/Boost 变换器，将 L 中能量送到 C_2 中存储，并经 R 传输到输出负载端。L 中的电流以 U_o/L 的斜率下降。短时间以后，L 中电流再次为零，准备下一个周期。Buck/Boost 可看成负电压变换成正电压 U_o。VT_2 的栅极由主变压器驱动，所以导通时间与主 MOSFET 相似。

初级功率管 VT_1 关断的同时，由于漏感作用，二极管 VD_1 电流线性减少，而 VD_2 电流增加，直至 VD_2 电流等于输出电流 I_o，随后 VD_1 流过反向恢复电流并达到反向电流峰值，此后，二极管开始阻断，反向电流减小。同样，漏感电流使得反向电压升高，迫使 VD_3 导通，漏感和寄生电感能量对 C_1 充电，抑制反向恢复引起的尖峰。

电路中 R 是为负载短路设置的，当负载短路时，电路损耗为零，这样存储在 C_1 中能量无法传输到负载，同时电感 L 的电流不能消耗掉，造成电流越来越大，为此增加电阻 R，将电感中能量消耗在输出电路和电阻 R 上。但正常工作时电阻消耗的功率很小，不超过 1 W。整个钳位电路是自调节的，如果电容电压增加，那么放电电流也增加，直到平衡建立；电压减少时情况相似。

2）实际电路参数

一个开关频率 180 kHz 正激 DC/DC 变换器，输出 56 V/50 A，次级电压 147 V。次级输出整流二极管 VD_1 和 VD_2 采用 APT60D20B；VD_3 和 VD_4 采用 BYV28－200；VD_5 用两个 BYV28－200 串联；$R=4.7\ \Omega$，$L=12\ \mu H$，$C_1=220$ nF/250 V，$C_2=1\ \mu F$/100 V；开关管 VT 选用 IRF840。

5.4.5 缓冲元件参数选择

前面讨论了各种缓冲电路,从讨论中可以看到,缓冲电路瞬时电流很大,因此缓冲电阻应当采用碳质电阻或其他无感电阻。普通电阻为了增加阻值,电阻膜被刻成螺旋形的金属膜或碳膜电阻,在高频时感抗明显增加,降低了缓冲作用。在RC缓冲电路中,电阻损耗的功率就是每秒电容充、放电的能量(CU^2f)。

因为关断缓冲电路是提供开关关断后的电流通路,才能减少尖峰电压,所以应选择电容和电容的L_{esL}尽可能小的金属箔电容或云母电容,为减少寄生电感,缓冲电路尽可能靠近被缓冲的功率器件,连线尽可能短。缓冲电容要能承受高温。

对于无损缓冲电路,电路在谐振状态,电流通常是正弦半波,在一个开关周期中完成半个周期,激励电压为直流电压U,如果开关频率为f_s,则电流有效值为

$$I=\pi CU\times10^6\times\sqrt{2f_s/f_r} \tag{5.4.36}$$

峰值为

$$I_p=2\pi fCU$$

式中:f_s为开关频率;f_r为谐振频率,Hz;C为电容(μF);U为幅值电压(V)。

对于矩形波脉冲激励,电流有效值近似为

$$I=CU_{pp}/(0.64\sqrt{tT}) \tag{5.4.37}$$

其峰值为

$$I_p=CU_{pp}/(0.64t) \tag{5.4.38}$$

式中:U_{pp}为峰峰电压(V);t为脉冲宽度(μs);T为脉冲周期(μs)。

缓冲电路电容只是在被缓冲的元件开关时流过电流,电容承受很大的du/dt,即很高的瞬态脉冲电流和很大的电流有效值。对于容量小于0.01 μF应选择云母电容,有些云母电容可以承受du/dt=100000 V/μs;容量大于0.01 μF应选择聚丙烯金属箔膜电容。一般不要使用Ⅱ类或Ⅲ类陶瓷电容,因为容量随温度和电压变化太大。聚乙烯电容有较大的损耗,金属化电容du/dt能力低,一般du/dt=50~200 V/μs,允许交流电流有效值低而较少采用。因此,在选择电容时,应查阅元件的du/dt能力。电容的电压定额除了要满足直流电压定额外,还应当注意交流电压不要超过规定值。

第6章 闭环设计

除了磁元件设计以外,反馈网络设计也是开关电源工程师了解不多,且非常麻烦的工作。它涉及自动控制理论、模拟电子技术、计算机技术、电路结构具体安排和测量等相关知识。由于设计基础知识面广,电源工程师在实际电源研发和调试中往往凭经验决定和调整校正参数,由于经验的局限性,处理稳定性问题是十分痛苦的过程。即使利用数字仿真技术,常常由于建立的模型与实际电路参数相差很大,结果有时也是南辕北辙,还要通过实验验证修改。本章试图通过研究负反馈自激振荡基本原理及相关电路频率特性等基础知识,提供开关电源闭环稳定的实际解决途径。

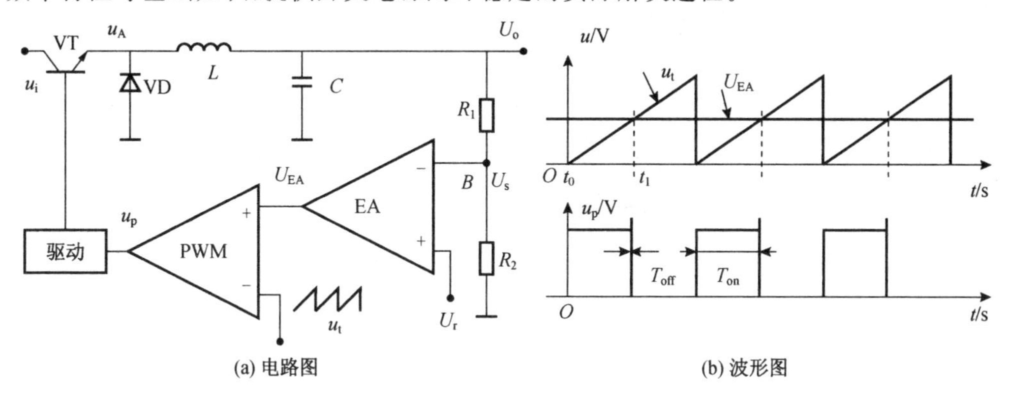

图 6.0.1 Buck 变换器的闭环控制

第2章介绍的第1个功率电路拓扑就是Buck变换器,图6.0.1是其反馈控制原理图,与闭环有关的仅是误差放大器和PWM发生器。为了稳定输出电压,R_1 和 R_2 组成输出电压检测电路,检测出输出电压的变化,送到误差放大器EA与基准电压 U_r 比较,误差放大器输出的误差电压 U_{EA} 与三角波 u_t 比较,输出如图6.0.1(b)所示的PWM信号 u_p,U_{EA} 大小改变 u_p 的脉冲宽度,从而改变驱动功率开关VT的导通时间,补偿输出电压的变化,达到输出电压的稳定。电路的接法确保因负载电流或输入电压变化时,减少输出电压变化。例如,当输出电压因负载电流增大而下降时,检测送到误差放大器反相端的输入减少,低于同相端的基准电压 U_r,误差放大器的输出电压 U_{EA} 升高,与三角波 u_t 相交点向右移动,三角波从零到与误差放大器交点时间加长,占空比增大,输出电压升高。这在工程上称为负反馈。如果电路与以上接法相反,输出电压降低,反馈结果使得输出更低,那是正反馈,在电源中是要禁止和避免的。

开关电源环路设计的目标是要在不同输入电压和不同负载下,保持输出(电压或电流)稳态精度,在负载或输入电源突变时,输出快速和较小的过冲和跌落达到稳定;同时,能够抑制低频脉动分量和开关纹波电压等。

为了较好地了解反馈设计方法,复习模拟电路中负反馈、运算放大器和频率特性基本知识,并以 Buck 变换器为例,讨论反馈补偿设计基本方法。

6.1 负反馈

6.1.1 负反馈的基本概念

图 6.1.1 是一个运算放大器运算电路,运放的输出端接有 R_1 和 R_2 分压电路,与输出电压并联。输出电压送到输入端与运放的输入电压串联。这种将输出信号的一部分或全部送回到输入电路,对输入信号起作用,称为反馈。把 R_1 和 R_2 称为采样电路,把从输出采样和送回到输入端的电路称为反馈网络,把运算放大器称为基本放大器,反馈电路的方框图如图 6.1.2所示。图中 $\dot{A}_o$ 是运算放大器的开环增益,$\dot{F}$ 是反馈系数。

6.1.2 负反馈基本关系

如图 6.1.2 所示是设输入信号 $\dot{X}$(也可以是其他物理量),把图 6.1.1 进行推广后的反馈方框图。图 6.1.1 中基本放大器的电压增益 $\dot{A}_o=\dot{U}_o/\dot{U}_d$,在图 6.1.2 中称为开环增益 $\dot{A}_o$,或称为系统的开环传递函数,即定义

$$\dot{A}_o=\dot{X}_o/\dot{X}_d \tag{6.1.1}$$

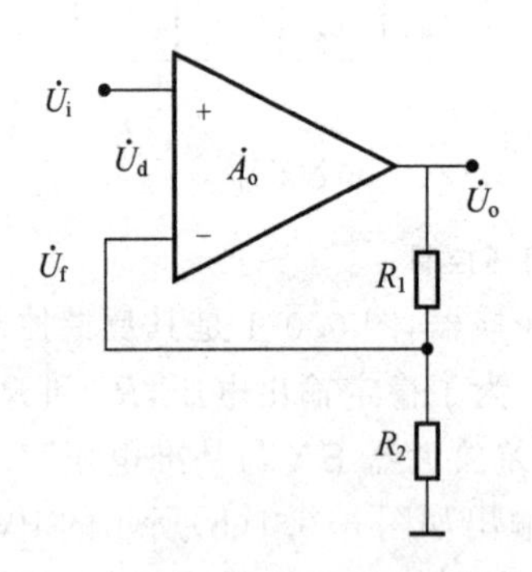

图 6.1.1 电压串联负反馈图

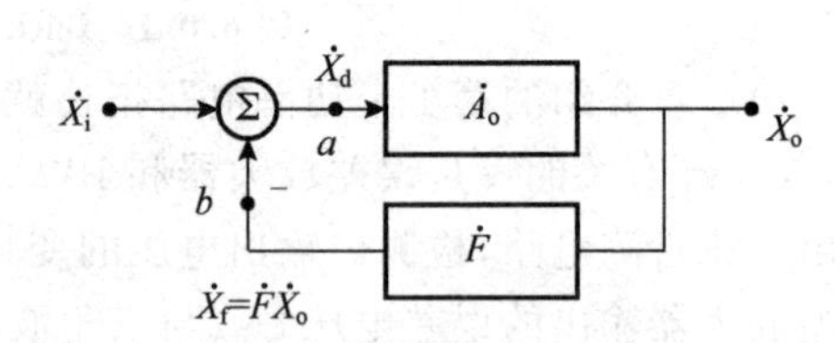

图 6.1.2 反馈方框图

图 6.1.1 中,反馈电压与输出电压之比,在图 6.1.2 中为反馈系数 $\dot{F}$,定义为

$$\dot{F}=\dot{X}_f/\dot{X}_o \tag{6.1.2}$$

而闭环增益或闭环传递函数 $\dot{A}_f$ 定义为

$$\dot{A}_f=\dot{X}_o/\dot{X}_i \tag{6.1.3}$$

如果采用负反馈,则 $\dot{X}_i=\dot{X}_f+\dot{X}_d$,考虑到式(6.1.1)和式(6.1.2),式(6.1.3)可以写成

$$\dot{A}_f=\frac{\dot{X}_o}{\dot{X}_i}=\frac{\dot{A}_o\dot{X}_d}{\dot{X}_f+\dot{X}_d}=\frac{\dot{A}_o\dot{X}_d}{\dot{F}\dot{X}_o+\dot{X}_d}=\frac{\dot{A}_o\dot{X}_d}{\dot{A}_o\dot{F}\dot{X}_d+\dot{X}_d}=\frac{\dot{A}_o}{\dot{A}_o\dot{F}+1} \tag{6.1.4}$$

由式(6.1.4)可见,闭环增益$\dot{A}_f$与$1+\dot{A}_o\dot{F}$有关,其关系如下:

① 若$|1+\dot{A}_o\dot{F}|>1$,则$|\dot{A}_f|<|\dot{A}_o|$,即引入反馈后,增益减少了,这种反馈称为负反馈。

② 若$|1+\dot{A}_o\dot{F}|<1$,则$|\dot{A}_f|>|\dot{A}_o|$,即引入反馈后,增益增加了,这种反馈称为正反馈,正反馈使得增益增加,放大器工作不稳定,很少应用。

③ 若$|1+\dot{A}_o\dot{F}|=0$,则$|\dot{A}_f|\to\infty$,这就是说,没有输入信号,放大器仍然有输出,这时放大器成了一个自激振荡器。

6.1.3 反馈深度与深度负反馈

当$|1+\dot{A}_o\dot{F}|>1$就是负反馈,$|1+\dot{A}_o\dot{F}|$越大,放大器增益下降越多,因此$|1+\dot{A}_o\dot{F}|$是衡量负反馈程度的一个重要指标,称为反馈深度。

如果$|1+\dot{A}_o\dot{F}|\gg1$,则称为深度负反馈,即$|\dot{A}_o\dot{F}|\gg1$,由式(6.1.4)得到

$$\dot{A}_f=\frac{\dot{A}_o}{\dot{A}_o\dot{F}+1}\approx\frac{\dot{A}_o}{\dot{A}_o\dot{F}}=\frac{1}{\dot{F}} \tag{6.1.5}$$

由式(6.1.5)可以看到,深度负反馈放大器的闭环增益等于反馈系数的倒数。如果反馈电路由无源元件(例如电阻)构成,则放大器在直流或低频时,闭环增益是稳定的。

式(6.1.4)右边分母中的“1”是$\dot{X}_d=\dot{X}_i-\dot{X}_f$,即输入信号与反馈信号的差值,也就是放大器的净输入信号。$|\dot{A}_o\dot{F}|\gg1$,就是说反馈信号远远大于净输入信号。如果反馈信号是电压信号,净输入电压为零,称为虚短;如果反馈信号为电流信号,则净输入信号为零,称为虚断。

6.1.4 环路增益

如果将图 6.1.2 中的输入短路,净输入端 a 处断开,经基本放大器输出反馈网络回到反馈输入断开处 b,总增益称为环路增益。因为$\dot{X}_i=\dot{X}_d+\dot{X}_f$,所以$\dot{X}_d=-\dot{X}_f$,环路增益为

$$\dot{X}_b/\dot{X}_a=-\dot{A}_o\dot{F} \tag{6.1.6}$$

6.1.5 负反馈放大器的类型

基本定义:如果反馈信号与输出电压成正比则称为电压反馈,反馈网络与基本放大器的输出端并联。如果反馈信号与输出电流成正比则称为电流反馈,对于电流反馈,反馈网络串联在基本放大器输出回路中。如果反馈网络串联在基本放大器的输入回路

中,则称之为串联反馈。如果反馈网络直接并联在基本放大器的输入端,则称为并联反馈。因此负反馈有四种拓扑,分别是电压串联负反馈、电压并联负反馈、电流串联负反馈和电流并联负反馈。

1. 电压串联负反馈

图 6.1.1 所示反馈电压$\dot{U}_f$等于输出电压在电阻R_1和R_2上的分压值,在放大电路的输入回路中,集成运放的净输入电压(即差模输入电压$\dot{U}_d$)等于其同相输入端与反相输入端的电压之差。设集成运放的输入电流近似为零,故电阻R上没有电压降,因而有$\dot{U}_d=\dot{U}_i-\dot{U}_f$,即输入信号与反馈信号以电压的形式求和,并且,反馈电压信号将削弱外加的输入电压信号,使得放大器的放大倍数降低。

1)电路作用

当输入电压不变时,由于负载变化、放大器的供电电源变化或电路参数变换会引起电压放大倍数变化,如果没有反馈,输出电压将变化较大,引起输出电压增加;如果有负反馈,则有$\dot{U}_o\uparrow\rightarrow\dot{U}_f\uparrow\rightarrow\dot{U}_d\downarrow\leftarrow\dot{U}_o\downarrow$,可见能稳定输出电压。

2)基本关系

因为采样电路与输出电压并联,反馈采样是输出电压,反馈信号与净输入串联,电压加减,将图 6.1.1(b)方框图中所有$\dot{X}$替换成$\dot{U}$,反馈电压为$\dot{U}_f=R_1\dot{U}_o/(R_1+R_2)$,且电压反馈系数为$\dot{F}_u=\dot{U}_f/\dot{U}_o=R_1/(R_1+R_2)$。从图 6.1.1 中可以看到,净输入电压$\dot{U}_d=\dot{U}_i-\dot{U}_f$,这就是说,反馈信号削弱了输入信号,即没有反馈时,全部输入信号加在放大器的输入端;有反馈时,输入信号中只是一部分$\dot{U}_d$加在输入端,提供基本放大器放大。放大器开环电压放大倍数为$\dot{A}_{uo}=\dot{U}_o/\dot{U}_d$,电压串联负反馈放大器的闭环增益为

$$\dot{A}_{uf}=\frac{\dot{U}_o}{\dot{U}_i}=\frac{\dot{A}_{uo}}{1+\dot{F}_u\dot{A}_{uo}} \tag{6.1.7}$$

当$\dot{F}\dot{A}_{uo}\gg1$时,式(6.1.7)可以写成

$$\dot{A}_{uf}=\frac{\dot{U}_o}{\dot{U}_i}=\frac{\dot{A}_{uo}}{1+\dot{F}_u\dot{A}_{uo}}\approx\frac{1}{\dot{F}_u}=1+\frac{R_1}{R_2} \tag{6.1.8}$$

将图 6.1.1 与图 6.0.1 比较可以发现,图 6.0.1 中U_r如果是图 6.1.1 中的U_i,则采样电路完全相同,基本放大器是从误差放大器输入端一直到电源的输出端,输出电压与误差放大器净输入之比就是基本放大器的增益,电压输出的开关电源就是一个电压串联负反馈电路。它的输出电压与基准电源的关系为

$$\dot{A}_{uf}=\dot{U}_o/\dot{U}_r=1+R_1/R_2$$

或

$$\dot{U}_o=\dot{A}_{uf}\dot{U}_r=(1+R_1/R_2)\dot{U}_r \tag{6.1.9}$$

输出电压正比于基准电压和输出采样值，如果基准电压为 2.5 V，要求输出电压 5 V，则分压电阻 $R_1=R_2$。一般电阻的稳定性很好，输出电压的稳定度取决于基准的稳定性。不管是正激类拓扑电源，还是反激类拓扑电源，稳压电源的输出电压精度，主要取决于基准的稳定度。如果发现电源稳定精度不足或漂移，应当检查基准是否稳定。如果随负载变化，应检查基准电压的接地点与采样接地点是否一致，是否包含了输出或输入电流信号。需要说明的是，在交流电路中，式中的电阻应用阻抗替代。

2. 电流串联反馈

如图 6.1.3 所示负载 R_1 两端为输出电压，采样电路的采样电阻 R_2 与负载电阻串联，采样电压与流过负载的电流 $\dot{I}_o$ 成正比，而不是与输出电压成正比。图 6.1.3 与图 6.1.1 的输入端相同，反馈电压 $\dot{U}_f$ 都与净输入 $\dot{U}_d$ 串联。如果某种原因使负载电流增大，$\dot{U}_f=\dot{I}_oR_2$ 增大，使净输入 $\dot{U}_d$ 减少，补偿输出电流的增加。这种电路称为电流串联负反馈，反馈系数为

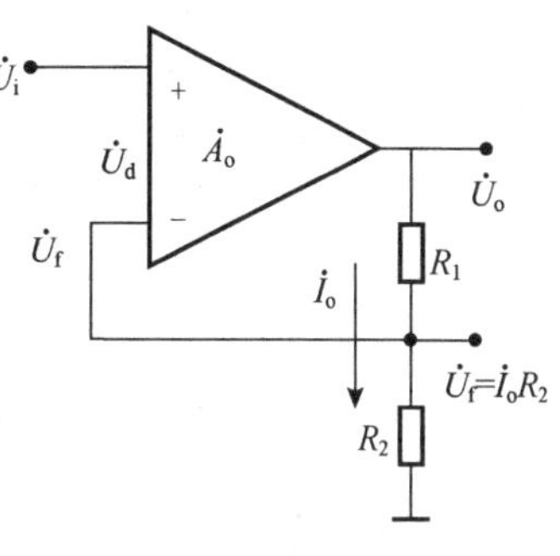

图 6.1.3　电流串联负反馈

$$\dot{F}_r=\dot{U}_f/\dot{I}_o=\dot{I}_oR_2/\dot{I}_o=R_2$$

当输入电压不变，输出电流改变时，反馈电压迫使净输出电压变化，使得输出电流改变而稳定输出电流，根据深度负反馈关系有 $\dot{A}_f=\dot{I}_o/\dot{U}_i=1/\dot{F}_r=1/R_2$，等效为一个电导，所以

$$\dot{I}_o=\dot{U}_i/R_2 \tag{6.1.10}$$

在图 6.1.4(a)降压变换器中，误差放大器的同相端接基准电压 U_r，工作在开环状态，反相端电压近似等于基准电压 U_r，则输出电流 $I_o=U_r/R_s$，这就是恒流输出的开关电源。

从式(6.1.10)也可以看到，如果基准 U_r 是一个正弦波，则 I_o 也是正弦波，这就是所谓跟踪。图 6.1.4(b)是 PFC 电流跟踪原理电路，交流输入电压 u_i 经桥式整流输出正弦全波电压，经 R_1 和 R_2 分压送到电流误差放大器的同相输入端作为电流基准，电流检测电阻 R_s 流过 Boost 升压，电感电流产生反馈信号，正比于电感电流，使 Boost 的电感电流跟踪输入电压波形，达到功率因数校正的目的。

实际 PFC 电路在输入电压检测信号与电流误差放大器之间增加一个乘法器 P，如图 6.1.4(b)中虚线所示。总希望不仅输入电流跟踪输入电压，而且输出电压稳定，因此要引入电压反馈。通常与图 6.0.1 一样，增加输出电压采样，送到电压误差放大器的输入端，与电压基准 U_r 进行比较，产生误差信号。这里误差信号不直接调制三角波，而是送到乘法器输入，与输入电压检测相乘，改变电流基准。例如，功率因数校正的峰值电流控制法如图 6.1.5 所示，当输出电压下降时，误差电压增大，乘法器输出增大，即电流基准提高，输入电流提高，输出电压提高。

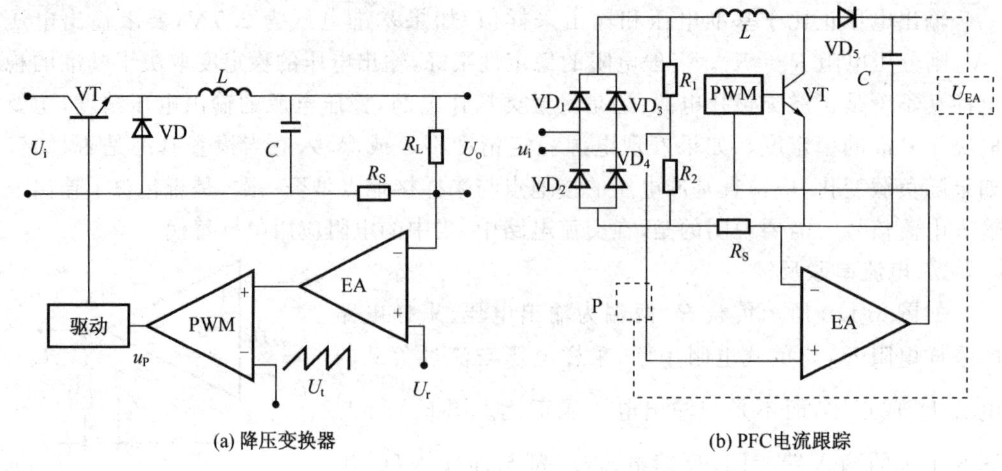

图 6.1.4　电流反馈和 PFC 跟踪电路图

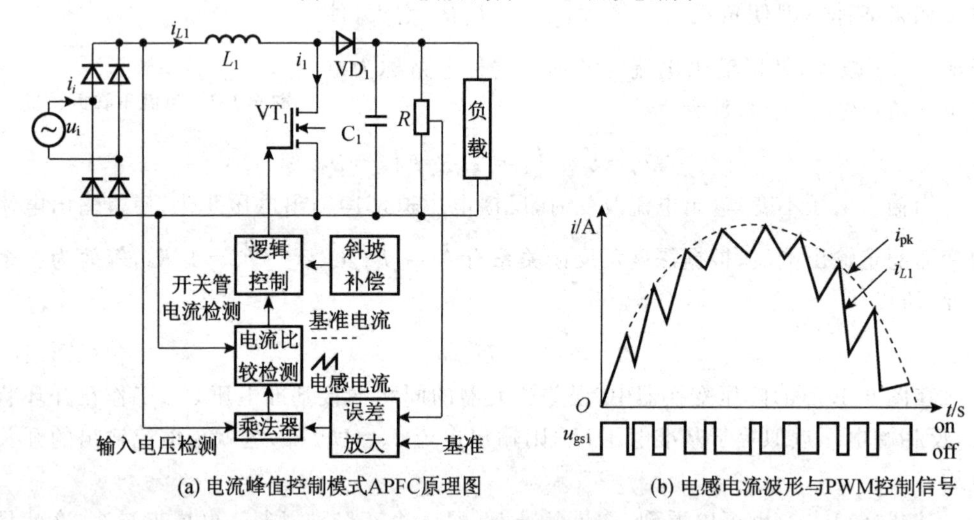

图 6.1.5　峰值电流控制法

3. 电压并联反馈

图 6.1.6 为电压并联负反馈电路,反馈信号从输出端直接通过电阻 R_2 引回到输入端。因为输出电压与输入反相,即输入电压增加,输出电压反相增大,因此流过 R_2 的反馈电流 $\dot{I}_f$ 正比于输出电压 $\dot{U}_o$,属于电压反馈。在放大器的输入回路中,净输入电流 I'_i 等于外加输入电流 $\dot{I}$ 与反馈电流 $\dot{I}_f$ 之差,即 $\dot{I}'_i = \dot{I}_i - \dot{I}_f$,说明 $\dot{I}_i$,$\dot{I}_f$ 以电流形式求和。根据瞬时极性判断方法,设输入电压 $\dot{U}_i$ 的瞬时值为正,则输出电压 $\dot{U}_o$ 反相,即其瞬时值为负,由 $\dot{U}_o$ 产生的反馈电流 $\dot{I}_f$ 将削弱输入电流 $\dot{I}_i$,使净输入电流 $I'_i = \dot{I}_i - \dot{I}_f$ 减小。故此电路中的反馈是电压并联负反馈。

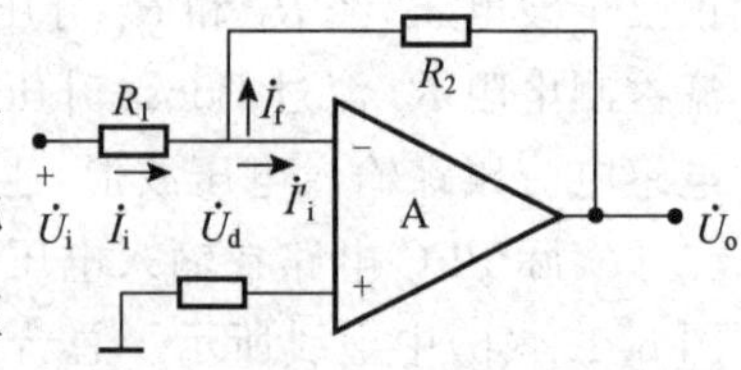

图 6.1.6　电压并联负反馈电路

如果是深度负反馈，那么放大器开环增益$\dot{A}_o$非常大，在有限输出电压时，输入电流近似为零，即称为"虚断"。因此，有$(\dot{U}_i-\dot{U}_d)/R_1=(\dot{U}_d-\dot{U}_o)/R_2$。因$\dot{U}_d=0$，得到输出电压与输入电压的关系，即电压放大倍数为

$$\dot{A}_u=\dot{U}_o/\dot{U}_i=-R_2/R_1 \tag{6.1.11}$$

电压并联负反馈电路应用十分广泛，主要优点是运放的输入同相端与反相端(反相端接地)接近地电位，对运算放大器基本没有共模输入电压的要求，且微分、积分以及校正环节都是反相运算。

4. 电流并联负反馈

如图 6.1.7 所示的放大电路中，电流反馈信号$\dot{I}_f$与流过负载R_L的放大电路输出回路电流$\dot{I}_o$成正比。在放大电路输入回路中，反馈信号$\dot{I}_f$与外加输入信号$\dot{I}_i$以电流的形式求和，基本放大器的净输入电流为$\dot{I}'_i=\dot{I}_i-\dot{I}_f$。

根据瞬时极性法，设输入电压$\dot{U}_i$的瞬时值为正，则输出电压$\dot{U}_o$的瞬时值为负，于是输出电流$\dot{I}_o$与图 6.1.7 所示的参考方向相反，使输出电流$\dot{I}_o$在电阻R_3上的压降为负，则流过R_2的反馈电流$\dot{I}_f$与图示参考方向一致，将削弱输入电流$\dot{I}_i$，使基本放大器的净输入电流$\dot{I}'_i(=\dot{I}_i-\dot{I}_f)$减小，因此电路中引入的反馈是电流并联负反馈。

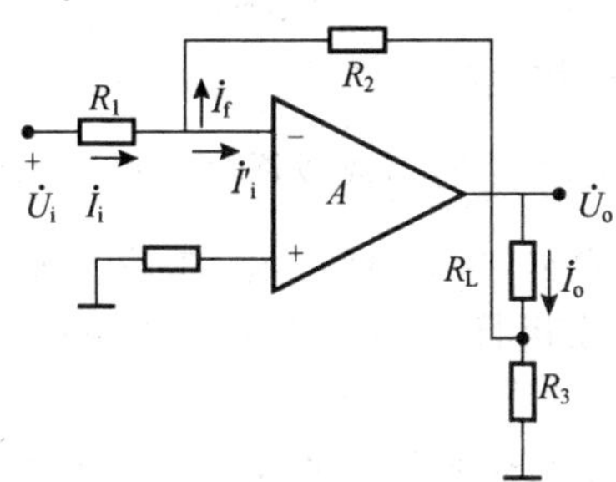

图 6.1.7　电流并联负反馈

基本放大电路的输入信号是净输入电流，输出信号是放大电路的输出电流，放大倍数用符号$\dot{A}_i$表示，即$\dot{A}_i=\dot{I}_o/\dot{I}_i$，称为放大电路的电流放大倍数。

在反馈网络的中，输入信号是$\dot{I}_o$，输出信号是反馈电流$\dot{I}_f$，反馈系数等于$\dot{I}_o$与$\dot{I}_f$之比，即$\dot{F}_i=\dot{I}_f/\dot{I}_o$。如果集成运算放大器的增益足够大，则运算放大器输入端的电压近似为零，反馈电流为$\dot{I}_f\approx-\dot{I}_oR_3/(R_3+R_2)$，可得$\dot{F}_i=\dot{I}_f/\dot{I}_o\approx-R_3/(R_3+R_2)$。

对于不同组态的负反馈放大电路，基本放大电路的放大倍数和反馈网络的反馈系数的物理意义、量纲都各不相同，为了便于分析，广义地称为放大倍数$\dot{A}$和反馈系数$\dot{F}$。表 6.1.1 是四种负反馈组态的$\dot{A}$与$\dot{F}$比较。

表 6.1.1 四种负反馈组态的 $\dot{A}$ 与 $\dot{F}$ 比较

电路形式	输出信号	反馈信号	放大倍数 $\dot{A}$	反馈系数 $\dot{F}$
电压串联	$\dot{U}_o$	$\dot{U}_f$	$\dot{A}_u=\dot{U}_o/\dot{U}_i'$,电压放大倍数	$\dot{F}_u=\dot{U}_f/\dot{U}_o'$
电压并联	$\dot{U}_o$	$\dot{I}_f$	$\dot{A}_r=\dot{U}_o/\dot{U}_i'$,(Ω),互阻放大倍数	$\dot{F}_g=\dot{I}_f/\dot{U}_o$
电流串联	$\dot{I}_o$	$\dot{U}_f$	$\dot{A}_g=\dot{I}_o/\dot{U}_i'$,(s),互导放大倍数	$\dot{F}_r=\dot{U}_f/\dot{I}_o$
电流并联	$\dot{I}_o$	$\dot{I}_f$	$\dot{A}_i=\dot{I}_o/\dot{I}_i'$,电流放大倍数	$\dot{F}_i=\dot{I}_f/\dot{I}_o$

6.2 频率响应

在以上反馈电路中,直流与缓慢变化信号是负反馈,电路是稳定的。而图 6.0.1 中为了将开关信号平滑成直流输出,需加 LC 输出滤波器,放大器中存在的分布电感和电容,使得环路增益 $\dot{A}\dot{F}$ 产生幅值和相位的变化,附加在固有的相位差上。如果附加的相移在某个频率达到 180°,则负反馈就变成正反馈;如果同时幅值 $|\dot{A}\dot{F}|=1$,则产生自激振荡,进行开关电源设计时必须避免振荡。研究阻抗电路在不同的频率下,输出与输入信号传输的关系,这种关系称为频率响应。

6.2.1 频率响应基本概念

电路的输出与输入之比称为传递函数或增益。传递函数与频率的关系(即频率响应)可以用 $\dot{A}=A(f)\angle\varphi(f)$ 表示,其中 $A(f)$ 表示传递函数的模(幅值)与频率的关系,称为幅频响应;$\angle\varphi(f)$ 表示输出信号和输入信号的相位差与频率的关系,称为相频响应。

图 6.2.1 所示是典型的对数幅频特性曲线,图(a)为幅频特性,它是画在以对数频率 f 为横坐标的对数坐标上,纵轴增益用 $20\lg A(f)$ 表示;图(b)为相频特性,同样在以对数频率 f 为横坐标的对数坐标上,纵轴表示相角 φ,把幅值和频率的关系与相位和频率的关系画在同一张图上称为波特(Bode)图。

在幅频特性上,有一个增益基本不变的频率区间,而当频率高于某一频率或低于某一频率时,增益都会下降。频率增高时,当达到增益比恒定部分增益低 3 dB 时(或称 −3 dB频率)的频率称为上限频率,或上限截止频率 f_H,大于截止频率的区域称为高频区;频率降低时,当达到增益比恒定部分低 3 dB 时的频率称为下限频率,或下限截止频率 f_L,低于下限截止频率的区域称为低频区;在高频截止频率与低频截止频率之间称为中频区。在这个区域内增益基本不变,同时定义带宽 BW(Band Width)为

$$BW=f_H-f_L \tag{6.2.1}$$

通常上限频率远大于下限频率,带宽近似等于上限频率。

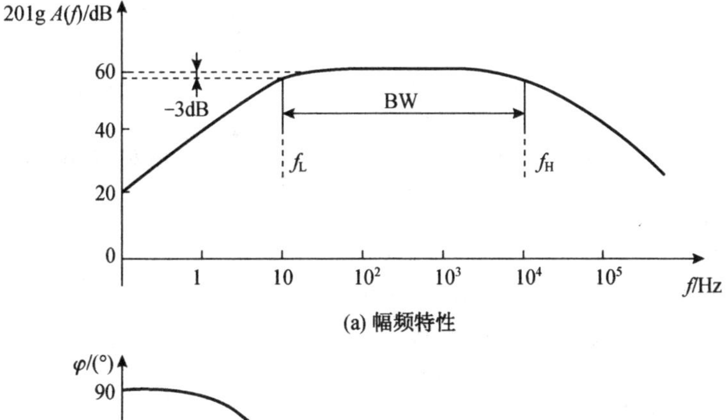

(a) 幅频特性

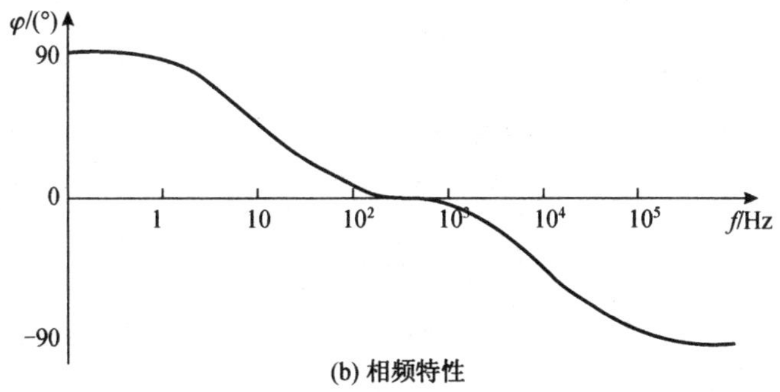

(b) 相频特性

图 6.2.1　波特图

6.2.2　基本电路的频率响应

在开关电源中，经常要用到各种基本电路，例如 RC 滤波电路、LC 滤波电路等，研究它们的基本频率响应对研究系统的稳定性、滤波器的特性非常有必要。

1. RC 电路频率响应

图 6.2.2 所示是低通滤波器电路，以图(a)为例，电路的传递函数是电阻和容抗的分压比。

$$A(f)=\frac{U_o(j\omega)}{U_i(j\omega)}=\frac{1/j\omega C}{R+1/j\omega C}=\frac{1}{1+jR\omega C} \tag{6.2.2}$$

(a) RC滤波电路　　(b) RL滤波电路

图 6.2.2　低通滤波器电路图

令截止(极点 pole)频率为

$$f_H=f_p=1/(2\pi RC) \tag{6.2.3}$$

就可以得到电路高频电压增益

$$\dot{A}_H=\dot{U}_o/\dot{U}_i=1/[1+j(f/f_H)] \tag{6.2.4}$$

由此得到高频区增益的模(幅值)和相角与频率的关系

$$A_H(f)=1\Big/\sqrt{1+\left(\frac{f}{f_H}\right)^2} \tag{6.2.5}$$

对数幅频特性为

$$A_H=20\lg A_H(f)=20\lg\left[1\Big/\sqrt{1+\left(\frac{f}{f_H}\right)^2}\right] \quad (单位:dB) \tag{6.2.6}$$

$$\varphi_H=-\arctan\frac{f}{f_H} \tag{6.2.7}$$

1）幅频特性讨论

(1)当 $f\ll f_H$ 时,式(6.2.6)可写成

$$A_H=20\lg\left[1\Big/\sqrt{1+\left(\frac{f}{f_H}\right)^2}\right]\approx(20\lg1)\ \text{dB}=0\ \text{dB}$$

即增益为1,是位于横坐标的一条水平线。

(2)当 $f\gg f_H$ 时,式(6.2.6)可写成

$$A_H=20\lg\left[1\Big/\sqrt{1+\left(\frac{f}{f_H}\right)^2}\right]\approx20\lg\frac{f_H}{f}$$

在对数频率坐标上,上式是一条斜线,斜率为－20 dB/dec,与0 dB直线在 $f=f_H$ 处相交,所以 f_H 也称为转折频率。

(3)当 $f=f_H$ 时,式(6.2.6)可写成

$$A_H=[20\lg(1/\sqrt{2})]\text{dB}=-3\ \text{dB} \qquad (即\ A_H=\sqrt{1/2}=0.707)$$

高频响应以0 dB直线与－20 dB/dec(简称斜率－1)为渐近线,在转折频率处相差最大为－3 dB。也有人沿用自动控制理论中关于极点的概念,也称 f_H 为极点频率。

当频率等于转折频率时,电容电抗正好等于电阻的阻值。当频率继续增加时,电容 C 的阻抗以－20 dB/dec 减小,即频率增加10倍,容抗减小10倍,所以输出以斜率－1衰减。

2）相频特性

式(6.2.7)是相位与频率的关系,可以用以下方式作出相频特性:

① 当 $f\ll f_H$ 时,$\varphi_H\to0°$,得到一条 $\varphi_H=0°$ 的直线。

② 当 $f\gg f_H$ 时,$\varphi_H\to90°$,得到一条 $\varphi_H=90°$ 的直线。

③ 当 $f=f_H$ 时,$\varphi_H\to-45°$。

当 $f=0.1f_H$ 和 $f=10f_H$ 时,φ_H 分别为－5.7°和－84.3°,故可近似用斜率为－45°/dec斜线表示相频特性,如图6.2.3(b)所示。

由幅频和相频特性可以看到,当频率增加时,电路增益越来越小,相位滞后越来越大。当相位达到90°时,增益为0。从式(6.2.3)可以看到,上限截止频率由电路的时间常数 RC 决定。

如果图6.2.2(b)的时间常数 L/R 与图6.2.2(a)的时间常数 RC 相等,则图6.2.2(b)电路的波特图与图6.2.2(a)完全相同。

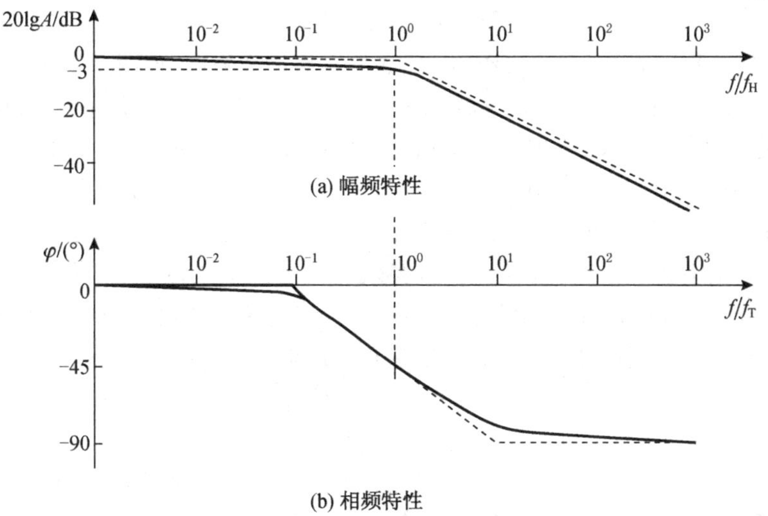

图 6.2.3　低通滤波电路的高频特性波特图

2. LC 滤波电路特性

图 6.2.4 是开关电源中多种变换器常用的输出 LC 滤波器，并有负载电阻与输出电容并联，且负载电阻可以从某定值（满载）变化到无穷大（空载）。滤波电容存在等效串联电阻 R_{esr}。

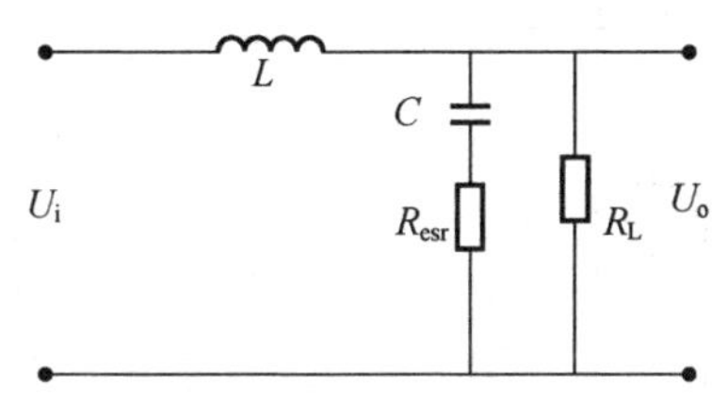

图 6.2.4　LC 滤波电路

对于图 6.2.4 电路，先不考虑电容的 R_{esr}，输出与输入的关系为

$$A(j\omega)=\frac{U_o(j\omega)}{U_i(j\omega)}=\frac{R_L /\!/ \left(\frac{1}{j\omega C}\right)}{j\omega L+R_L /\!/ \left(\frac{1}{j\omega C}\right)}=\frac{1}{1-\omega^2 CL+\frac{j\omega L}{R_L}} \tag{6.2.8}$$

如令

$$f_0=1/(2\pi\sqrt{LC}) \tag{6.2.9}$$

得到

$$A=\frac{1}{1-\left(\frac{f}{f_0}\right)^2+j\left(\frac{2\pi fL}{R_L}\right)} \tag{6.2.10}$$

电路的特征阻抗为 $Z_0=\sqrt{L/C}$，在 $f\to f_0$ 很小范围内，设 $\Delta f=f-f_0$，则 $1-\left(\frac{f}{f_0}\right)^2\approx 2\Delta f/f_0$，令阻尼系数 $D=R_L/Z_0\approx R_L/(\omega L)$，于是增益幅频特性和相频特性分别为

$$A=-10\lg[(2\Delta f/f_0)^2+D^{-2}] \tag{6.2.11}$$

$$\varphi=-\arctan(f_0/2D\Delta f) \tag{6.2.12}$$

由式(6.2.11)和式(6.2.12)作出 LC 滤波电路的波特图，如图 6.2.5 所示。当 $f\ll f_0$ 时，式(6.2.10)的值趋于 1，即 0 dB，$\varphi\approx0°$；当 $f\gg f_0$ 时，式(6.2.10)分母中第二项远远大于其余两项，感抗以 20 dB/dec 增加，容抗以 −20 dB/dec 减少，负载阻抗远远大于容抗，幅频特性 −40 dB/dec(斜率 −2)下降，$\varphi\rightarrow-180°$。当 f 接近 f_0 时，不同的阻尼系数 $D\approx R_L/(\omega L)$ 值，幅值提升也不一样：$D>1$，或 D 值越大，相当于轻载，电路欠阻尼，幅值提升幅度越高。随着负载加大，等效负载电阻减少，D 值下降，峰值提升幅度也减少；当 $D=1$ 时，临界阻尼，由低频趋向 f_0 时，只有很小的提升，并在 $f=f_0$ 时，回到 0 dB；当 $f>f_0$ 后，增益逐渐趋向 −2。而当 $D<1$ 时，即过阻尼，相当于满载或过载，在 $f\rightarrow f_0$ 附近，幅值非但没有提升，而且随频率增加而衰减，大约在 20 倍 f_0 以后衰减斜率达到 −2(即 −40 dB/dec 衰减)，LC 网络有两个极点。

图 6.2.5(b)示出了相移与归一化频率(f/f_0)和不同阻尼系数 D 下的相频特性曲线。可以看到，不管 D 值如何改变，输出与输入之间的相位差 φ 在转折频率 f_0 处均为 −90°。而对于严重欠阻尼滤波器($D=R_L/Z_0=R_L/\sqrt{L/C}>5$)，相频特性随频率迅速改变。对于 $D=R_L/Z_0=5$，在频率 $1.5f_0$ 时，相移几乎达到 170°。而在增益斜率为 −1 的电路中，决不可能产生大于 −90° 的相移，而相频特性随频率的变化率远低于 −90°/dec 的相移变化率。

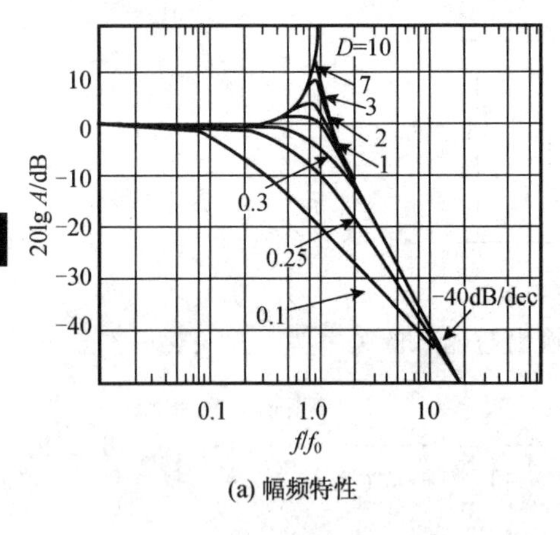

(a) 幅频特性

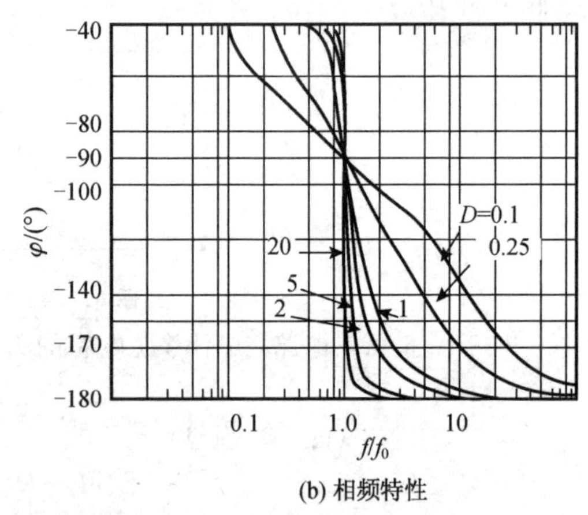

(b) 相频特性

图 6.2.5 输出 LC 滤波器的波特图

如果图 6.2.4 中输出电容通常有等效串联电阻 R_{esr}，一般 R_{esr} 很小，在低频段($1/\omega C)\gg R_{esr}$，不会对低频特性产生影响，当频率增高到 $f_{esr}=R_{esr}/2\pi L$ 时，即 $R_{esr}=2\pi Lf_{esr}$，如果频率继续升高，输出滤波电路变成 LR_{esr} 电路。LC 滤波器在频率 f_{esr} 之后从 −2 转换为 −1 衰减，相移趋向滞后 −90°，而不是 180°。这就是通常所说的，电容的 R_{esr} 提供一个零点，提供 +1 斜率，再将 −2 转换成 −1。

6.3 负反馈自激振荡

负反馈放大器性能改善都与反馈深度$|1+\dot{A}\dot{F}|$有关，环路增益$|\dot{A}\dot{F}|$越大，放大器性能越优良。在开关电源中，为了达到输出电压或电流的稳定性，也希望$|\dot{A}\dot{F}|$大。但是，开关电源有输出滤波器，还有分布电抗，高频要产生附加相移。如果反馈太深，有时放大器不能稳定地工作，而产生振荡现象，称为自激振荡，不需要外加信号，放大器就会有一定频率的输出，破坏了放大器的正常工作。

中频范围内，负反馈放大器有相位移

$$\varphi=\varphi_A+\varphi_F=2n\times180° \qquad (n=0,1,2,\cdots)$$

φ_A 和 φ_F 分别是 A 和 F 的相角。其中，$\dot{X}_f$ 与 $\dot{X}_i$ 同相，$\dot{X}_d=\dot{X}_i-\dot{X}_f$，表现出负反馈作用。

当频率提高时，$\dot{A}\dot{F}$将产生附加相移。如果附加相移达到 $\varphi=\varphi_A+\varphi_F=(2n+1)\times 180°$，$n=0,1,2,\cdots$，则 $\dot{X}_f$ 与 $\dot{X}_i$ 变为反相，$\dot{X}_d$ 是 $\dot{X}_i$ 与 $\dot{X}_f$ 两者之和，导致输出增大，甚至没有输入。由于电路的瞬态扰动，在输出端有输出信号，再经过反馈网路反馈到输入端，得到$\dot{X}_d=0-\dot{X}_f=-\dot{A}\dot{X}_o$，经放大得到$-\dot{A}\dot{F}\dot{X}_o$。如果这个信号正好等于 $\dot{X}_o$，则有 $\dot{X}_o=-\dot{A}\dot{F}\dot{X}_o$，即

$$\dot{A}\dot{F}=-1 \tag{6.3.1}$$

电路产生自激振荡，负反馈自激振荡的原因是$\dot{A}$与$\dot{F}$存在附加相移。

6.3.1 负反馈放大器稳定工作条件

从以上分析可以知道，自激振荡的环路增益的幅值与相位条件为

$$\left.\begin{aligned}&|\dot{A}\dot{F}|=1\\&\varphi_A+\varphi_F=(2n+1)\pi \qquad (n=0,1,2,\cdots)\end{aligned}\right\} \tag{6.3.2}$$

图 6.3.1 所示是反馈放大器 AF 的波特图，为了避免自激振荡，必须破坏上述两个条件：即在环路增益$|\dot{A}\dot{F}|=1$ 时，相位移 $\varphi_A+\varphi_F<(2n+1)\pi$；或当相位 $\varphi_A+\varphi_F=(2n+1)\pi$ 时，环路增益$|\dot{A}\dot{F}|<1$，这是工程上判断反馈系统稳定的判据。

开关电源大多数单元电路如滤波、采样等是固定的，只有误差放大器的反馈网络是可以自行设计的，并在调试中进行优化和修正。将固有的频率和误差放大器校正的频率特性合成后，在 $A(\text{dB})=0$ 时，有 $\varphi_m=45°$的相位裕度；或相位为 180°时，增益有 $A_m=-10$ dB的增益裕度。通常误差放大器的反馈网络称为校正网络或补偿网络。校正后要确保在温度变化、电路参数的离散性、元器件更换造成的附加相移不会引起电路不稳定。

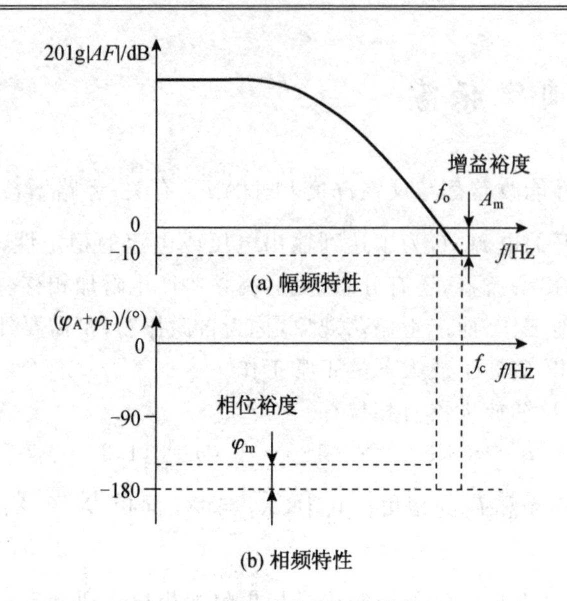

图 6.3.1　反馈放大器 *AF* 的波特图

负反馈电路振荡是因为在某个频率环路相移达到 180°，同时增益为 1(即 0 dB) 才能自激。环路增益在什么情况下有可能移相 180°？从频率特性知道，每个极点最大相移 90°，单极点是不可能自激振荡。虽然有两个极点可以达到 180°，但达到 180°对应的频率的增益为零，比较难以满足自激条件。如果环路增益有三个极点，很有可能达到 180°相移，环路增益可表示为

$$AF(f)=\frac{AF_m}{(1+jf/f_1)(1+jf/f_2)(1+jf/f_3)}$$

即使有三个极点的放大器也不一定自激振荡，例如放大器开环增益为 100(即40 dB)，有以下两种情况发生。

(1)三个极点频率相等

假设三个极点频率相等，即 $f_1=f_2=f_3=5$ kHz，$A=0$ dB 处，

$$A=40\ \text{dB}-30\lg[1+(f/f_1)^2]=0\ \text{dB}$$

解得交越频率 $f_0=22.7$ kHz，相移为 $\varphi=-3\arctan(f_0/f_1)=-3\times77.58°=-232.7°$，超过了 180°，不符合稳定条件。

(2)三个极点频率不等

设三个极点频率分别为 $f_1=1$ kHz，$f_2=50$ kHz，$f_3=500$ Hz。当 $A=0$ dB 时，

$$A=40\ \text{dB}-10\lg\left[1+\left(\frac{f}{f_1}\right)^2\right]-10\lg\left[1+\left(\frac{f}{f_2}\right)^2\right]-10\lg\left[1+\left(\frac{f}{f_3}\right)^2\right]=0\ \text{dB}$$

解得环路增益 0 dB 点的频率 $f=70.7$ kHz，于是相移为 $\varphi=-\arctan(f/f_1)-\arctan(f/f_2)-\arctan(f/f_3)=-89.2°-54.7°-8°=151.9°<180°$。

由此可以看到，如果环路增益幅频特性以-20 dB/dec 穿越，尽管有多个极点，也可以不发生自激振荡。相位滞后越接近$-180°$，闭环动态性能越差，可能引起较大振荡现象，越容易受到温度、输入电压、负载变化电路分布参数等影响，可能使得相位裕度为

零。为保证足够的相位裕度，环路设计任务必须首先保证环路增益以 −1 斜率穿越横轴，同时保证穿越频率点有 45°相位裕度。

6.3.2　放大器频率特性的校正

开关电源中除误差放大器以外，环路增益的其他部分基本上是固定的。定义系统开环增益为 0 dB 的频率称为穿越频率 f_{c0}。要达到以 −1 斜率穿越，并在穿越频率的相位裕度为 45°，必须用误差放大器的频率特性来纠正。针对不同电路拓扑的环路增益特性，Venable 提出三类补偿放大器：Ⅰ类、Ⅱ类和Ⅲ类放大器。

1.　Ⅰ类放大器

图 6.3.2 是 VenableⅠ类放大器电路图，其传递函数为

$$\dot{A}=\dot{U}_o/\dot{U}_i=-1/(j\omega RC)=-1/(jf/f_{c0}) \tag{6.3.3}$$

式中：$f_{c0}=1/(2\pi RC)$。

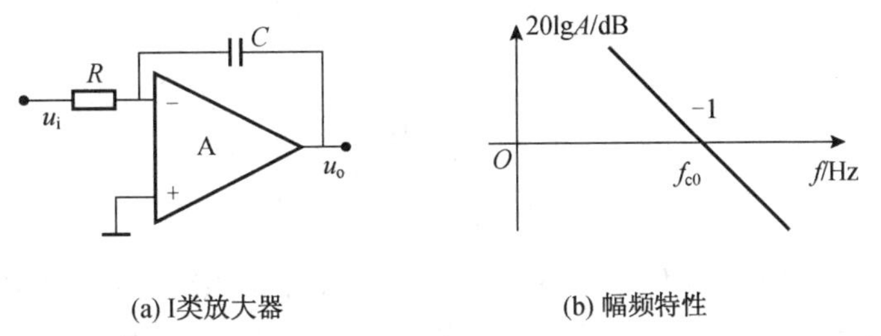

(a) Ⅰ类放大器　　(b) 幅频特性

图 6.3.2　VenableⅠ类放大器及其幅频特性

Ⅰ类放大器就是积分放大器，相移固定为滞后 90°，幅频特性是在 $f=f_{c0}$ 穿越 0 dB。提供一个原点极点 $f_{p0}=f_{c0}$，用于静态精度要求较高，而动态特性要求不高的场合。

2.　Ⅱ类放大器

VenableⅡ类放大器如图 6.3.3(a)所示。Ⅱ类放大器是比例积分放大器，通常称为 PI 调节器，其传递函数为

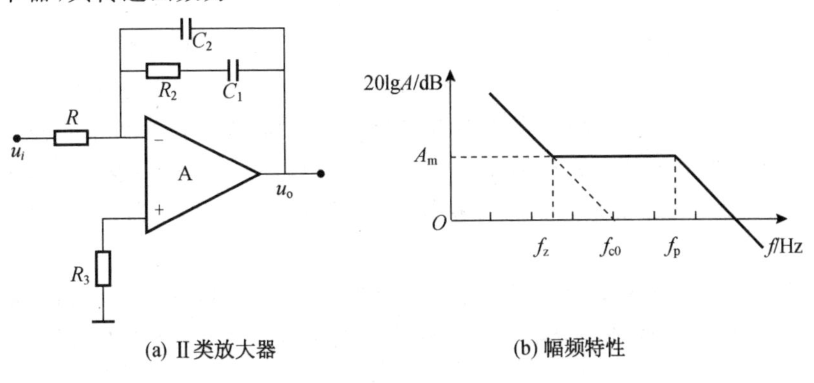

(a) Ⅱ类放大器　　(b) 幅频特性

图 6.3.3　VenableⅡ类放大器及其幅频特性

$$\dot{A}(j\omega)=\frac{\dot{U}_o}{\dot{U}_i}=-\frac{[1/(j\omega C_2)][R_2+1/(j\omega C_1)]}{R_1[1/(j\omega C_2)+R_2+1/(j\omega C_1)]}$$

经化简得到

$$\dot{A}(\mathrm{j}\omega)=-\frac{1+\mathrm{j}\omega R_2C_1}{\mathrm{j}\omega R_1(C_1+C_2)[1+\mathrm{j}\omega R_2C_1C_2/(C_1+C_2)]} \tag{6.3.4}$$

一般 $C_1 \gg C_2$,由式(6.3.4)得到Ⅱ类放大器的传递函数为

$$\dot{A}(\mathrm{j}\omega)=-\frac{1+\mathrm{j}\omega R_2C_1}{\mathrm{j}\omega R_1(C_1+C_2)(1+\mathrm{j}\omega R_2C_2)} \tag{6.3.5}$$

式(6.3.5)分母第一项 $\mathrm{j}\omega R_1(C_1+C_2)$ 提供一个原极点 f_{p0},也是幅频特性的穿越频率点 f_{c0},第二项 $(1+\mathrm{j}\omega R_2C_2)$ 提供一个单极点 f_p,分子提供一个单零点 f_z,如果令

$$\left.\begin{aligned}f_{c0}=f_{p0}&=\frac{1}{2\pi R_1(C_1+C_2)}\\f_p&=\frac{1}{2\pi R_2C_2}\\f_z&=\frac{1}{2\pi R_2C_1}\end{aligned}\right\} \tag{6.3.6}$$

式(6.3.5)改写为

$$\dot{A}=-\frac{1+\mathrm{j}\left(\dfrac{f}{f_z}\right)}{\mathrm{j}\left(\dfrac{f}{f_{p0}}\right)\left(1+\mathrm{j}\dfrac{f}{f_p}\right)} \tag{6.3.7}$$

如图6.3.3(b)所示,图中 A_m 为中频放大倍数,由 R_2/R_1 决定。C_2 和 C_1 影响开环直流增益,C_2 保证高频衰减。根据闭环要求确定零点和极点的位置,从而确定电路各元件参数。

这种误差放大器是针对环路增益频率特性在零点转折频率 f_z 和极点转折频率 f_p 之间的穿越频率 f_{c0} 穿越 0 dB,同时,误差放大器以外的环路特性斜率在穿越频率处是 −1。一般转折频率 f_z 和 f_p 在穿越频率 f_{c0} 两侧对称分布,令 $k=f_{c0}/f_z=f_p/f_{c0}$,k 值越大,f_z 和 f_p 离得越远,在穿越频率 f_{c0} 处的相位裕量越大。

由零点 f_z 引起频率 f 超前的相位是 $\varphi_1=\arctan(f/f_z)$。更应关注的是,由零点转折频率 f_z 引起的穿越频率 f_{c0} 的相位超前 $\varphi_1|_{f_{c0}}=\arctan k$;由极点转折频率 f_p 引起的频率 f 相位滞后 $\varphi_2=\arctan(f/f_p)$;由极点转折频率 f_p 引起的穿越频率 f_{c0} 的相位滞后 $\varphi_2|_{f_{c0}}=\arctan(1/k)$。在频率处的零点引起相位超前,而在频率处的极点引起相位滞后。因此频率处系统的总相移为 $\arctan k+\arctan(1/k)$。零点和极点引起的相移要与误差放大器原点极点带来低频相移相加,且误差放大器是反相器,其本身有180°的相位滞后。

对于Ⅱ型误差放大器,原点、极点会引起90°的相移,可以理解为电路在低频段是一个电阻输入、电容反馈的积分器,C_1 的容抗远大于 R_2,因此,反馈支路仅仅是 C_1 和 C_2 并联。

因此,误差放大器反向输入引起的180°相位滞后,加上原点、极点引起的相位滞后90°,总的相位滞后是

$$\varphi_{\text{total lag}}=270°-\arctan k+\arctan(1/k) \tag{6.3.8}$$

根据式(6.3.8)计算不同 k 值时的相位滞后角度如表 6.3.1 所列，从表中可以看到，k 值越大，相位滞后角度越小。

表 6.3.1　不同 k 值 Ⅱ 型误差放大器滞后相位

k	2	3	4	5	7	10
滞后相位/(°)	233	216	208	202	198	191

大的相位裕度是设计中所期望的，但是如果 f_z 选得太低，在低频处的增益会不足，这样对低频处纹波的抑制效果会很差，也就是，如果电源从交流电网供电，则闭环对电网频率干扰抑制能力就越差；如果 f_p 选得太高，高频增益会过高，高频尖峰噪声将被放大，对开关的尖峰衰减变差。因此，选择值必须在两者之间折中。Ⅱ类补偿放大器主要用于 LC 滤波且电容 C 具有 R_{esr} 的闭环校正，或在穿越频率处是斜率－1 的闭环校正。

3. Ⅲ型补偿放大器

图 6.3.4(a)所示是 Venable Ⅲ型补偿放大器，也称为 PID 调节器。电压放大倍数传递函数为

$$\dot{A}(j\omega)=-\frac{(1+j\omega R_2C_1)[1+j\omega(R_1+R_3)C_3]}{j\omega R_1(C_1+C_2)(1+j\omega R_3C_3)[1+j\omega R_2C_1C_2/(C_2+C_1)]} \quad (6.3.9)$$

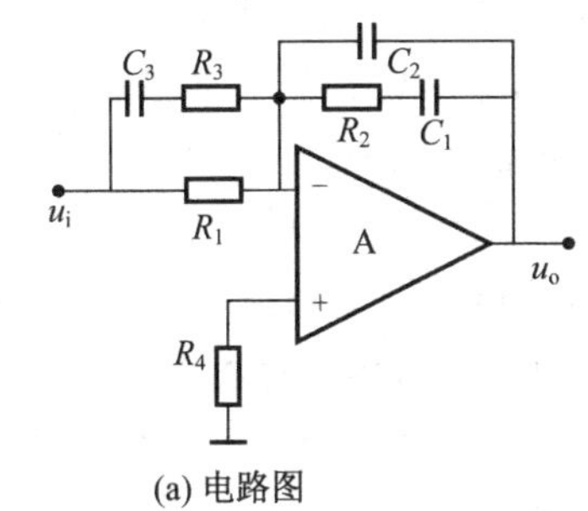

(a) 电路图

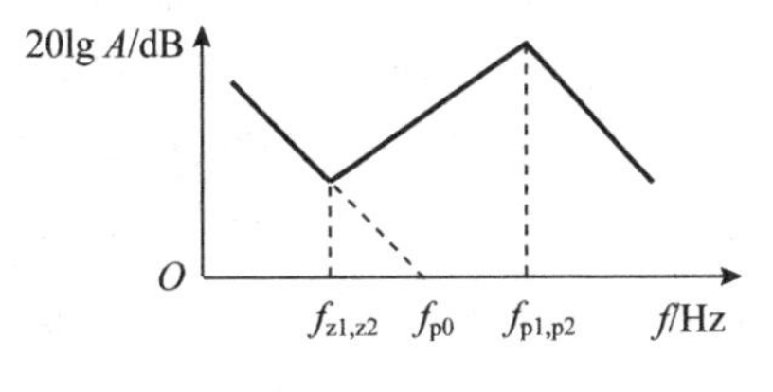

(b) 幅频特性

图 6.3.4　Venable Ⅲ类放大器电路和幅频特性

由公式可以看到，传递函数具有下列特点：

① 一个原点极点，频率为

$$f_{p0}=1/[2\pi R_1(C_1+C_2)] \quad (6.3.10)$$

在这个频率点，R_1 的阻值与电容(C_1+C_2)的容抗相等且与其并联。

② 第一个零点，频率为

$$f_{z1}=\frac{1}{2\pi R_2C_1} \quad (6.3.11)$$

在这个频率点，R_2 的阻值与电容 C_1 的容抗相等。

③ 第二个零点，频率为

$$f_{z2}=\frac{1}{2\pi(R_1+R_3)C_3}\approx\frac{1}{2\pi R_1C_3} \quad (6.3.12)$$

在此频率点，(R_1+R_3)的阻值与电容 C_3 的容抗相等。

④ 第一个极点，频率为

$$f_{p1}=\frac{1}{2\pi R_2[C_1C_2/(C_1+C_2)]}\approx\frac{1}{2\pi R_2C_2} \tag{6.3.13}$$

在此频率点，R_2 的阻值与电容 C_2 和 C_1 串联的容抗 $C_1C_2/(C_1+C_1)$ 相等。

⑤ 第二个极点，频率为

$$f_{p2}=1/(2\pi R_3C_3) \tag{6.3.14}$$

在此频率点，R_3 的阻值与电容 C_3 的容抗相等。

Ⅲ型补偿放大器一般补偿LC滤波器的输出电容没有 R_{esr}，要求补偿幅频特性如图6.3.4(b)所示。为此，补偿网络设计为一个原点极点，并在 $f=f_{z1}=f_{z2}$ 两个零点斜率由－1转为＋1，在两个极点 $f_{p1}=f_{p2}$ 斜率由＋1转为－1。

与Ⅱ类校正放大器同样安排，环路增益在零点和极点中间的穿越频率为 f_{c0} 穿越。同样令 $k=f_{c0}/f_z=f_p/f_{c0}$，由零点 f_z 在穿越频率处引起的相位超前角为

$$\varphi_1=\arctan(f_{c0}/f_z)=\arctan k$$

如果频率 f_z 处有两个零点，那么超前的相位将相互叠加。这样，两个相同的零点 f_z 在穿越频率 f_{c0} 处产生相位超前，$\varphi_2=2\arctan k$。

同理，由极点 f_p 在穿越频率 f_{c0} 处引起相位滞后，$\varphi_3=\arctan(1/k)$。f_p 处有两个极点时，引起的相位滞后也是相互叠加的。因此，在 f_{c0} 处的相位滞后是 $\varphi_4=2\arctan(1/k)$。滞后相位和超前相位，加上固有的低频270°滞后相位(180°是反相器，90°是原始极点相位滞后)，得到经过Ⅲ型误差放大器后的总相位为

$$\varphi_{totallag}=270°-2\arctan k+2\arctan(1/k) \tag{6.3.15}$$

φ 与 k 的关系如表6.3.2所列，调整 k 值可获得不同的相位滞后角。

表6.3.2 不同的 k 值下Ⅲ型误差放大器相位滞后

k	2	3	4	5	7
滞后角 φ/(°)	196	164	146	136	128

比较表6.3.2和表6.3.1可以看到，带有两个零点和两个极点的Ⅲ型误差放大器远小于Ⅱ型误差放大器的相位滞后。Ⅱ型仅有一个极点和一个零点。然而Ⅲ型误差放大器用于滤波电容无 R_{esr} 或 R_{esr} 非常小的LC滤波器。因为没有 R_{esr} 的LC滤波器相位滞后大(接近180°)，所以必须低相位滞后的Ⅲ型误差放大器。

6.4 开关电源闭环设计

前面讨论了反馈放大器的稳定性问题，开关电源是一个负反馈系统，可以等效为放大器。但开关电源不同于一般放大器，放大器加负反馈是为了有足够的通频带和稳定增益，减少干扰与减少线性和非线性失真。而开关电源，如果要等效为放大器的话，基准电压相当于放大器的输入信号，反馈网络就是采样电路，一般是一个分压器，当输出电压和基准一定时，采样电路分压比 k_u 也是固定的即 $U_o=k_uU_r$。开关电源不同于放

大器，即使在稳态，开关电源内部（开关频率脉宽调制）和外部干扰（输入电源和负载变化）非常严重，是一个非线性系统。为了研究闭环稳定，沿用控制理论小信号分析方法进行闭环校正，要想大信号扰动稳定，必须小信号稳定。闭环设计的目的不仅要求对以上的内部和外部干扰有很强抑制能力，保证静态精度，而且要有良好的动态响应。

对于恒压输出开关电源，就其反馈拓扑而言，输入信号（基准）相当于放大器的输入电压，分压器是反馈网络，这就是一个电压串联负反馈。如果是恒流输出，就是电流串联负反馈。

如果是恒压输出，则对电压采样，闭环稳定输出电压。因此选择稳定的参考电压为5～6 V或2.5 V，要求极小的动态电阻和温度漂移。其次要求开环增益高，环路增益高，输出电压才不受电源电压和负载（干扰）影响和对开关频率纹波抑制。一般功率电路、滤波和PWM发生电路增益低，只有采用运放（误差放大器）来获得高增益。由于输出滤波器存在，附加相移较大，如果直接加入运放组成反馈，则容易自激振荡，因此需要相位补偿。根据不同的电路条件，可以采用Venable三种补偿放大器之一。补偿结果既满足稳态要求，又可以获得良好的瞬态响应，同时能够抑制低频纹波和对高频分量衰减。

6.4.1 概　述

图6.4.1是一个Buck变换器闭环调节的例子，可以看出是一个负反馈系统。方框中是PWM控制芯片，包含了误差放大器、基准和PWM形成电路。控制芯片也提供许多其他功能，但了解闭环稳定性，仅需考虑误差放大器EA和PWM调制器。

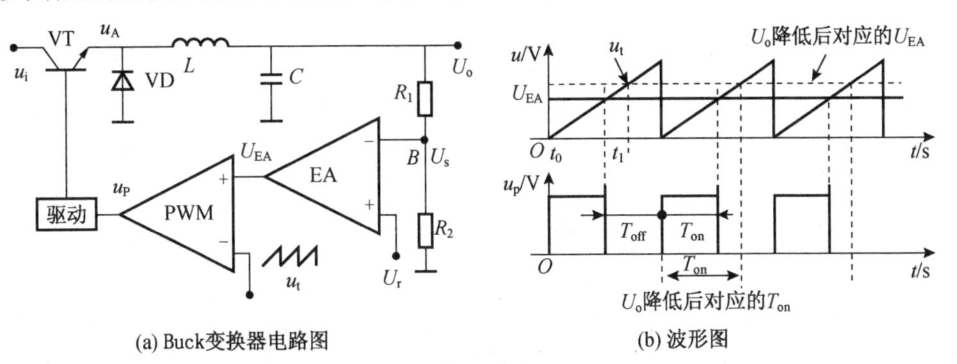

图6.4.1 Buck变换器的闭环控制

对于输出电压U_o的缓慢变化，闭环是稳定的，从负反馈类型看，是一个电压串联负反馈。例如输入电网或负载变化（干扰），引起U_o的变化，经R_1和R_2采样（反馈网络），送到误差放大器EA的反相输入端，再与加在EA同相输入端的参考电压（输入电压）U_r比较。将引起EA的输出电平U_{EA}变化，再送入到PWM调制器的同相输入端。在PWM中，直流电平U_{EA}与反向输入端三角波u_t比较，产生一个矩形脉冲输出，其宽度T_{on}等于三角波开始时间t_0到三角波与U_{EA}相交时间t_1。此脉冲宽度决定了芯片中输出晶体管导通时间，同时也决定了控制晶体管VT的导通时间。如果输入电压U_i增加

则会引起 U_o 的增加,因 $U_o = U_i T_{on}/T$。U_o增加会引起采样电压 U_s 的增加,而 U_{EA}减小。如图 6.4.1(b)所示,从三角波开始点 t_0 到 t_1 是晶体管导通时间,T_{on}相应减小,使 U_o恢复到它的调定值;反之,当 U_o 减小,会引起晶体管导通时间 T_{on}相应增加。

PWM 产生的信号可以从芯片的输出晶体管发射极或集电极输出,经电流放大提供开关管晶体管 VT 基极驱动。但不管从那一点(发射极还是集电极)输出,必须保证当 U_o 增加,要引起 T_{on}减少,即负反馈。

应当注意,大多数 PWM 芯片的输出晶体管导通时间是 t_0 到 t_1。对于这样的芯片,U_s 送到 EA 的反相输入端,PWM 信号如果驱动功率 NPN 晶体管基极(N 沟道 MOSFET 的栅极),则芯片输出晶体管应由发射极输出。

在某些 PWM 芯片(例如 TL494)中,它们的导通时间是三角波 u_t 与直流电平 U_{EA}相交时间到三角波终止时间 t_2。对于这样的芯片,如果驱动 NPN 晶体管,则输出晶体管导通(如果从芯片的输出晶体管发射极输出),这样会随晶体管导通时间增加,使得 U_o 增加。这是正反馈,而不是负反馈。对于 TL494 一类芯片,采样电压 U_s 送到 EA 的同相输入端,U_o 增加使得导通时间减少,就可以采用芯片的输出晶体管的发射极驱动。

图 6.4.1 电路是负反馈且低频稳定,但在环路内存在低电平噪声电压和含有丰富连续频谱的瞬态电压。这些分量通过输出 LC 滤波器、误差放大器和 U_{EA}到 PWM 调节器引起增益改变和相移。在谐波分量中的一个分量,增益和相移可能导致正反馈,而不再是负反馈,在 6.3.2 小节负反馈放大器稳定工作条件中已讨论过闭环振荡的机理,以下就开关电源作具体分析。

6.4.2 环路增益

以图 6.4.1 的 Buck 变换器为例进行分析,假定反馈环在 B 点(连接到误差放大器的反相输入端)断开成开环。任何一次谐波分量的噪声从 B 点经过误差放大器 EA 放大到 U_{EA},由 U_{EA}传递到电压 U_A 的平均值,和从 U_A 的平均值通过 L 和 C 返回到 B(正好是先前环路断开点)都有增益变化和相移,这就是 6.3.2 小节中讨论的环路增益信号通路。

如果假定某个频率 f_1 信号在 B 注入到环路中,回到 B 的信号的幅值和相位被上面提到回路中的元件改变了。如果改变后的返回的信号与注入的信号相位精确相同,而且幅值等于注入信号,即满足 $AF=-1$。要是现在将环闭合(B 返回连接到 B),并且将注入信号移开,则电路将以频率 f_1 继续振荡。这个引起开始振荡的 f_1 是噪声频谱中的一个分量。

为达到输出电压(或电流)的静态精度,误差放大器必须有高增益。高增益就可能引起振荡。误差放大器以外的传递函数一般无法改变,为避免加入误差放大器以后振荡,一般通过改变误差放大器的频率特性(见 6.3.3 小节)。加入适当校正的误差放大器以后,使得环路频率特性以 -20 dB/dec 穿越,并有 45°相位裕度,以达到闭环的稳定。以下研究误差放大器以外的电路传递函数的频率特性。

1. 带有 LC 滤波电路的环路增益 A_f

除了反激变换器(输出滤波仅为输出电容)外,Buck 类拓扑都有输出滤波器。滤波器设计时根据脉动电流为平均值(输出电流)的 20%选取滤波电感。根据允许输出电压纹波和脉动电流值以及电容的 R_{esr} 选取输出滤波电容。如果电解电容没有 R_{esr},只按脉动电流和允许纹波电压选取。由此获得输出滤波器的谐振频率,特征阻抗,R_{esr} 零点频率。图 6.2.5 中示出了 LC 滤波器在不同负载下的幅频和相频特性。实际 LC 滤波器在谐振点并没有像图 6.2.5 中那样增益提升那么多,其原因是电感存在串联电阻、磁性损耗和线圈分布电容,电容也存在 R_{esr} 和 L_{esL}。

为简化讨论,假定滤波器为临界阻尼,$R_L=1.0\sqrt{L_0/C_0}=1.0Z_0$,带有负载电阻的输出 LC 滤波器的幅频特性如图 6.4.2(a)中 1、2、3、4、5 所示。假定输出电容的 R_{esr} 为零,在低频时,$X_c \gg X_L$,输入信号不衰减,增益为 1 即(0 dB)。频率高于转折频率 f_0 时,电容 C_o 的容抗以 20 dB/dec 的速率减小,而电感 L_o 的感抗以 20 dB/dec 的速率增大,增益以 −2 的斜率下降。增益曲线在转折频率 f_0 处并非陡峭地由 0 dB 转变为 −2 斜率的。实际上,在转折频率 f_0 前,增益曲线平滑地由 0 dB 变到 −2 斜率,并在 f_0 后快速渐近至 −2 斜率。这里为讨论方便,假设增益曲线突然转向 −2。

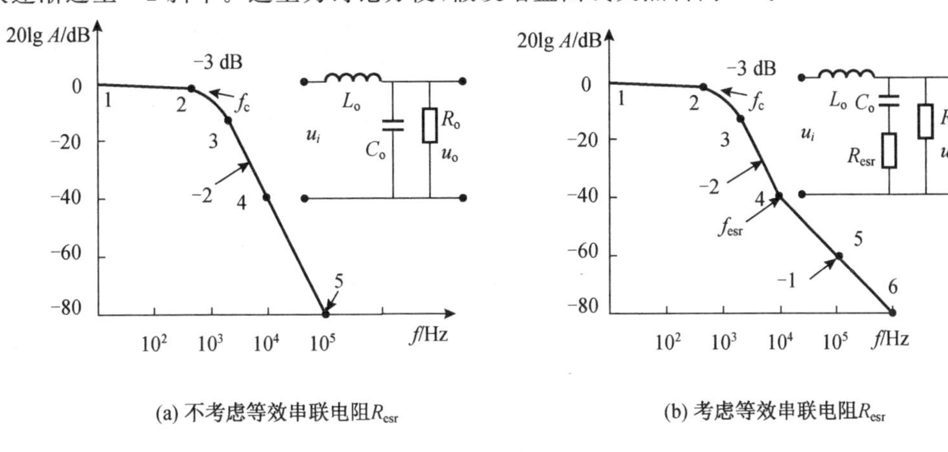

(a) 不考虑等效串联电阻R_{esr}　　(b) 考虑等效串联电阻R_{esr}

图 6.4.2　临界阻尼 LC 滤波器输出幅频特性

如果相应于 $R_L=1.0Z_0$ 条件下稳定,那么在其他负载也将稳定。所以研究电路在轻载($R_L \gg 1.0Z_0$)时的特性,因为在 LC 滤波器转折频率 $f=f_0$ 增益谐振提升。

考虑电容有 R_{esr} 的 LC 滤波器幅频特性如图 6.4.2(b)的曲线 1、2、3、4、5、6 所示,在 f_o以上的低频段,容抗远远大于 R_{esr},从输出端 U_o 处向左看,看到的阻抗仅是容抗起主要作用,斜率仍为 −2;在更高频时,$1/\omega C \ll R_{esr}$,从输出端向左看,看到的阻抗只是 R_{esr},在此频率范围,电路变为 LR 滤波,而不是 LC 滤波。即增益 $\dot{A}_f$ 为

$$\dot{A}_f=\frac{\dot{U}_o}{\dot{U}_{in}}=\frac{1}{1+j(\omega L/R_{esr})}=\frac{1}{1+j(f/f_{esr})} \tag{6.4.1}$$

式中:f_{esr} 为转折频率,$f_{esr}=R_{esr}/(2\pi L)$。在此频率范围,感抗以 20 dB/dec 增加,而 R_{esr} 保持常数,增益以 −1 斜率下降。幅频特性在 f_{esr} 处斜率由 −2 转为 −1,这里电容阻抗

等于 R_{esr}，R_{esr} 提供一个零点。转变是渐近的，但图 6.4.2 所示的突然转变也足够精确。

2. 脉宽调制器 PWM 增益

图 6.4.1(a)中从误差放大器输出端到滤波电感的输入端的电压平均值 U_{av} 的增益是 PWM 增益，并定义为 A_{pwm}。

一般电压型控制芯片中误差放大器的输出 U_{EA} 与内部三角波比较产生 PWM 信号调整输出电压。三角波的幅值 0～3 V(实际上是 0.5～3 V)。如果芯片控制推挽(全桥、半桥)电路，变压器频率是芯片频率的一半，占空比 D 随误差放大器输出可以在 0～1 之间改变。如果是正激，只采用一半脉冲，占空比在 0～0.5 之间改变。

图 6.4.1(b)中，当 $U_{EA}=0$，$D=T_{on}/T=0$，U_A 的脉冲宽度为零，U_{av} 也为零。如果 U_{EA} 移动到 3 V，在三角波的峰值，$D=T_{on}/T=1$(正激变换器小于 0.5)，U_A 的平均值为 $U_{av}=(U_i-1\ \text{V})D$，则脉宽调制器的直流增益为 U_{av} 与 U_{EA} 的比值

$$A_{pwm}=U_{av}/U_{EA}=(U_i-1)/3 \tag{6.4.2}$$

此增益与频率无关。

3. 采样增益——反馈系数

图 6.4.1 中还有一个增益衰减，就是 R_1 和 R_2 组成的采样电路。大多数 PWM 芯片的误差放大器基准为 2.5 V，因此如果输出电压一旦确定，此增益即为

$$A_{sa}=U_{sa}/U_o=R_2/(R_1+R_2) \tag{6.4.3}$$

如果输出 5 V，采样电阻 $R_1=R_2$，U_{sa} 与 U_o 之间的增益为 1/2，即 20lg 0.5＝－6 dB。

4. 输出 LC 滤波器、PWM 电路和采样网络的总增益

为了得到环路增益波特图，先将输出 LC 滤波器增益 A_f、PWM 增益 A_{pwm}、采样网络增益 A_{sa} 进行求和得到总增益 A_t(dB)，即 $A_t=A_f+A_{pwm}+A_{sa}$，如图 6.4.3 所示。从 0 Hz(直流)到频率 $f_0=1/(2\pi\sqrt{LC})$ 的低频范围内的增益是 $A_t=A_{pwm}+A_{sa}$，这里 LC 滤波器增益为零。在转折频率 f_0 后的斜率为－2，并保持此斜率一直到电容谐振频率点 f_{esr}，这里电容等效电阻为 R_{esr}。f_{esr} 频率点后的斜率为－1。

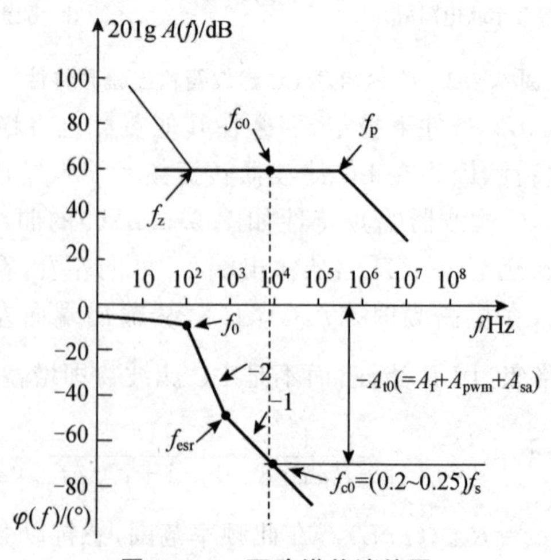

图 6.4.3　环路增益波特图

6.4.3　误差放大器的幅频特性曲线的设计

有了除误差放大器以外的环路增益频率特性滞后，加入误差放大器后，应使总环路幅频特性在 f_{c0} 以斜率－1 穿越 0 dB，并使得 f_{c0} 的相移小于 135°，即相位裕度大于 45°。

1. 确定开环增益为 0 dB 时的频率(即穿越频率 f_{c0})

采样理论指出，为了闭环系统的稳定，f_{c0} 必须小于开关频率 f_s 的一半。最好远远小于开关频率 f_s，否则有较大幅值的开关频率纹波。一般经验取 f_{c0} 为开关频率 f_s 的1/4～1/5。

如果开关频率选择了 $f_{c0}=f_s/5$。在 f_{c0} 处，增益曲线的 $A_t=A_f+A_{pwm}+A_{sa}$ 的斜率为－1。误差放大器的总增益 A_t 加上误差放大器增益的环路，总增益应为 0 dB。在图 6.4.3上，由 $f=f_{c0}$ 点找到－A_{t0} 值，如果误差放大器的总增益是 A_{t0}，就使总环路增益在 f_{c0} 处为 0 dB。

2. 确定误差放大器的增益斜率

根据稳定要求环路增益特性在 f_{c0} 以－1 穿越。如果输出滤波电容有 R_{esr}，而 f_{c0} 又落在大于 f_{esr} 区，应选择Ⅱ型校正放大器。如图 6.4.3 上部误差放大器特性，如果输出电容没有 R_{esr}，f_{c0} 落在高于 f_{esr} 区，A_t 以－2 斜率衰减，要是环路增益特性以－1 穿越，误差放大器必须提供＋1 斜率。这时应采用Ⅲ型校正放大器。

3. 达到 45°相位裕度

根据 f_{c0}、f_{esr}与 f_z 相对位置的相位角，零点和极点分布(见表 6.3.1)达到希望的相位裕度。参考图 6.4.3 中除误差放大器以外的环路增益 A_t 是 LC 滤波器增益 A_f、PWM 调节器增益 A_{pwm}和采样网络增益 A_{sa}之和。假定滤波电容有 R_{esr}，在 f_{esr} 由斜率－2 转折为－1。假定 $f_{c0}=f_s/5$，f_s 为开关频率，要使 f_{c0} 处增益为 0 dB，误差放大器的增益应当等于 A_t 在此频率读取增益衰减量。

通常滤波电容有 R_{esr}，且 f_{esr} 低于 f_{c0}，因此在 f_{c0} 处总增益为 $A_t=A_f+A_{pwm}+A_{sa}$ 的曲线总是斜率为－1。要使得在 f_{c0} 的总开环增益为零，误差放大器在 f_{c0} 的增益与 A_t 值相等，符号相反。同时，如果误差放大器幅频特性在 f_{c0} 为水平线，则合成的总开环幅频特性 A_t 在 f_{c0} 以斜率－1 穿越。这就满足了稳定电路的第二个判据。

反相比例误差放大器(见图 6.4.4(a))可以获得水平的增益曲线，调整误差放大器的增益 $A_{EA}=R_2/R_1$ 的大小获得所需的增益。

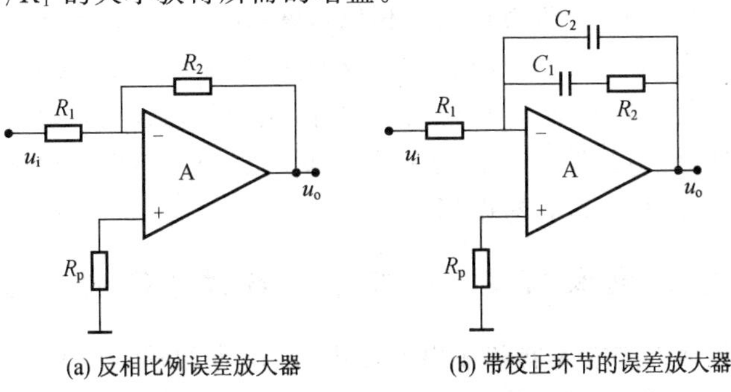

(a) 反相比例误差放大器　　(b) 带校正环节的误差放大器

图 6.4.4　误差放大器幅频特性整形

环路增益是误差放大器的增益 A_{EA} 和 A_t 之和，如果运放保持增益为常数，总的开环增益在 100 Hz 就比较小，不能有效抑制电源纹波。为了在输出端将纹波降到很低水平，开环增益在低频时尽可能高，因此在 f_{c0} 的左边开环增益应当迅速增加。为此，在误差放大器反馈电阻电路 R_2 串联一个电容 C_1，见图 6.4.4(b)。低频增益如图 6.4.5 所示。在高频范围，C_1 的容抗小于 R_2，增益是水平线；而在低频范围，C_2 容抗 X_{C_2} 大于 R_2，故电阻 R_2 可以忽略，增益为 X_{C_2}/R_2。增益此时的斜率为 −20 dB/dec，并在 100 Hz 处获得较大的增益，在 $f_z=1/(2\pi R_2C_1)$ 处斜率由 −1 转向水平。

如果误差放大器增益曲线在 f_{c0} 右端仍保持水平(见图 6.4.5)，则总的开环增益高频时仍相当高。但是，在高频段并不希望有很高的增益，因为这样会使高频噪声干扰经过反馈后在系统中被放大，并传递到输出端。因此，高频时应当降低增益。

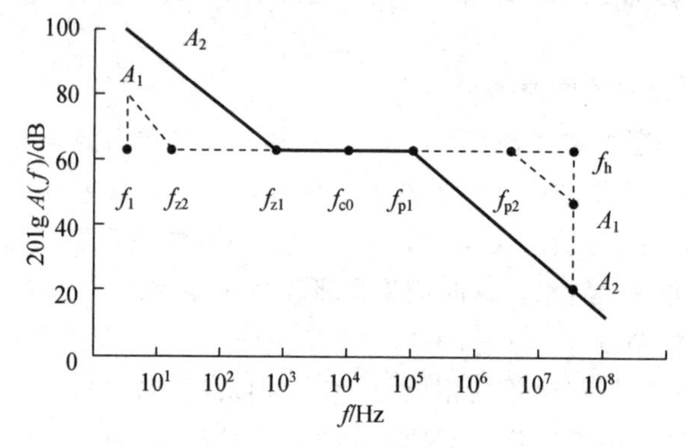

图 6.4.5　f_z 和 f_p 定位

如图 6.4.4(b)所示，误差放大器的反馈支路(R_2 串联 C_1)上并联一个电容 C_2，可以使高频增益下降。在 f_{c0} 处，X_{C_1} 与 R_2 相比已经很小，C_1 在电路中不起作用。在较高频率范围内，X_{C_2} 相比 R_2 小很多，R_2 在电路中不起作用，因此增益为 X_{C_2}/R_1。

当频率从 f_{c0} 起，直到 $f_p=1/(2\pi R_2C_2)$，幅频特性是水平的，在频率 f_p 处，增益斜率变为 −1。高频增益低可避免高频噪声进入到输出端。图 6.4.4(b)就是 Venable Ⅱ 类放大器。原极点、极点和零点频率如式(6.3.6)所示。

转折频率 f_z 和 f_p 一般这样选取

$$k=f_p/f_{c0}=f_{c0}/f_z$$

f_z 和 f_p 分得越开，在 f_{c0} 处有较大的相位裕度，如表 6.3.1 所列。一般希望较大的相位裕度，但如果 f_z 选择得太低，在 100 Hz 低频增益比较低(见图 6.4.5)，这样对 100 Hz信号衰减很差。如果 f_p 选择得太大，则高频增益比较高，这样高频噪声尖峰可能很高幅值才能通过。f_z 与 f_p 之间分开距离要求折中。折中并更加精确地分析，用传递函数、极点和零点概念很容易做到。

6.4.4　考虑输出电容有 R_{esr} 以及电路经过 LC 滤波器的相移

总环路相移包括误差放大器和输出滤波电感、电容相移。图 6.2.5(b)中，当阻尼系数 $D=R_L/Z_0=20$，且输出滤波电容没有 R_{esr} 时，通过滤波器在 $1.2f_{c0}$ 处已经是 175°。

如果输出滤波电容有 R_{esr}，如图 6.4.2 (b)所示，相位滞后大大改善。图中在 $f=f_{esr}=1/(2\pi CR_{esr})$时，幅频特性的斜率由 -2 转为 -1。当 $f=f_{esr}$时，C 的容抗等于 R_{esr}；当 $f>f_{esr}$时，C 的容抗小于 R_{esr}，电路的幅频特性相似于 LR 电路(见图 6.2.2(b))，而不再是 LC 电路。LR 电路最大相位滞后只有 90°，而 LC 电路最大可能为 180°。这样 R_{esr}零点产生一个相位提升，由于 f_{esr}在任一个频率 f 的相位滞后为 $\varphi_L=180°-\arctan(f/f_{esr})$，$f_{esr}$处零点使 f_{c0}处的相位滞后

$$\varphi_{Lc0}=180°-\arctan(f_{c0}/f_{esr}) \tag{6.4.4}$$

对于不同的 f_{c0}/f_{esr}值，输出电容具有 R_{esr}(见图 6.4.2)的 LC 滤波器的滞后相位可由公式(6.4.4)计算得到，结果如表 6.4.1所列。

表 6.4.1　f_{c0} 对 f_{esr} 的 LC 滤波器的相位滞后

f_{c0}/f_{esr}	0.25	0.5	0.75	1.0	1.2	1.4	1.6	1.8	2.0
相位滞后 φ/(°)	166	153	143	135	130	126	122	119	116
f_{c0}/f_{esr}	2.5	3	4	5	6	7	8	9	10
相位滞后 φ/(°)	112	108	104	101	99.5	98.1	97.1	96.3	95.7

根据开关频率确定 $f_{c0}=f_s/5$，在大多数情况下，f_{c0}位于 A_t 幅频特性斜率 -1 段，这样理所当然地采用Ⅱ型校正放大器。根据表 6.4.1 获得总增益 A_t，由于 R_{esr}产生的相位滞后角为 φ。为保证穿越频率总环路增益相移不超过 $-135°$，根据表 6.3.1 选取适当的 k(零点和极点的位置)值，保证滞后相角小于 $135°-\varphi$，产生希望的相位裕度大于 45°。

6.4.5　设计举例

【例题 6.4.1】　设计一个稳定并带有Ⅱ型误差放大器的 Buck 变换器反馈环路，通过设计例子说明所有先前各节讨论内容的相互关系。

Buck 变换器参数如下：输入电压 12～18 V，额定输入电压为 15 V，$U_o=5$ V，$I_o=10$ A，$I_{omin}=1$ A，开关频率 $f_s=100$ kHz，输出最小纹波 $U_{pp}=50$ mV。

【解】　假定输出滤波电容具有 R_{esr}，同时 f_{p0} 位于 LC 滤波的斜率 -20 dB/dec 处。可以使用幅频特性如图 6.4.5 所示的Ⅱ型误差放大器，电路如图 6.4.6 所示。

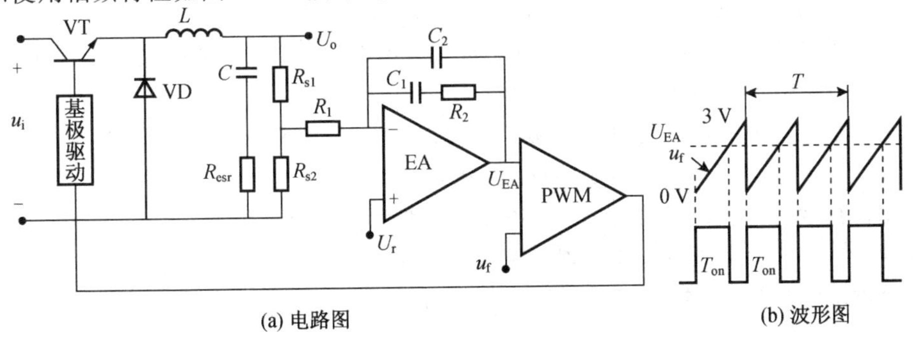

(a) 电路图　　(b) 波形图

图 6.4.6　Buck 变换器反馈环路设计举例

(1) 选择额定输入电压15 V时,续流二极管压降为1 V,占空比为

$$D=(U_o+1)/U_i=6/15=0.4$$

(2) 计算LC滤波器参数。根据Buck变换器原理得到$L=U_oT(1-D)/(2I_{omin})$,其中$D=0.4$,$I_{omin}=I_o/10$,则

$$L=\frac{U_oT(1-D)}{2I_{omin}}=\frac{6\times10\times10^{-6}\times0.6}{2\times1}\ \text{H}=1.8\times10^{-5}\ \text{H}$$

因为输出纹波主要是由输出电容的R_{esr}和电感的脉动电流引起的,电感的脉动电流为$\Delta I=2I_{omin}=2$ A,$U_{pp}=R_{esr}\times\Delta I$,根据经验公式有$R_{esr}C_o=6.5\times10^{-5}$ s,所以

$$C=\frac{2I_{omin}}{U_{pp}}\times65\times10^{-6}=\left(\frac{2}{0.05}\times65\times10^{-6}\right)\text{F}=2\,600\ \mu\text{F}$$

这里只作为例子,实际选择电容的标称值与计算结果不同,实际电容的R_{esr}也与经验公式不一样,应当查阅电解电容手册,确定所选电容的R_{esr}。输出滤波器的转折频率为

$$f_c=\frac{1}{2\pi\sqrt{LC}}=\frac{1}{2\pi\sqrt{18\times10^{-6}\times2\,600\times10^{-6}}}\ \text{Hz}=736\ \text{Hz}$$

由前面分析可知,选择R_{esr}零点频率使得幅频特性由斜率-2转为-1,此点频率为

$$f_{esr}=\frac{1}{2\pi CR_{esr}}=\frac{1}{2\pi\times65\times10^{-6}}\ \text{Hz}=2.45\ \text{kHz}$$

在PWM调制器中,当占空比$D=1$时,$U_o=5$ V,$U_A=15$ V,因为$U_o=U_AT_{on}/T$,于是,$A_{pwm}=5/3=1.67$,即4.5 dB。

对于普通SG1524型PWM芯片,误差放大器的参考输入为2.5 V,当$U_o=5$ V时,$R_1=R_2$,采样电路增益$A_{sa}=-6$ dB,所以$A_{pwm}+A_{sa}=(4.5-6)\text{dB}=-1.5$ dB。

除误差放大器外所有环节的总增益A_t是各单元幅频特性相加,即$A_t=A_fA_{pwm}+A_{sa}$,如图6.4.7中曲线$ABCD$所示。A点到转折频率736 Hz(即B点)的$A_t+A_{pwm}+A_{sa}=-1.5$ dB,在BC段,曲线转折斜率为-2,并一直继续到R_{esr}的2.5 kHz零点(C点),在C点后转折斜率为-1。

选择穿越频率f_{c0}为开关频率f_s的1/5,从幅频特性曲线A_t上,20 kHz处是-40 dB(数值为1/89)。因此,为保证环路增益在此频率为零,对应20 kHz穿越频率误差放大器的增益应为40 dB。误差放大器增益加上曲线$ABCD$的总增益必须以斜率-1穿越,误差放大器的幅频特性如图6.4.7所示曲线$EFGH$,曲线上的F到G斜率为零,因为在20 kHz处曲线$ABCD$斜率已经是-1。

用Ⅱ型误差放大器就可以获得相频特性在F到G水平增益,Ⅱ型误差放大器水平部分增益是R_2/R_1。如果R_1取1 kΩ,R_2则为100 kΩ。

相位裕度为45°,环路在20 kHz的允许总相移为180°−45°=135°。$f_{c0}/f_{esr}=20/2.5=8:1$,由表6.4.1查得相位滞后是97°,误差放大器仅允许135°−97°=38°滞后。根据允许的滞后相位38°,从表6.4.1中查得f_{c0}/f_{esr}稍大于3即可。

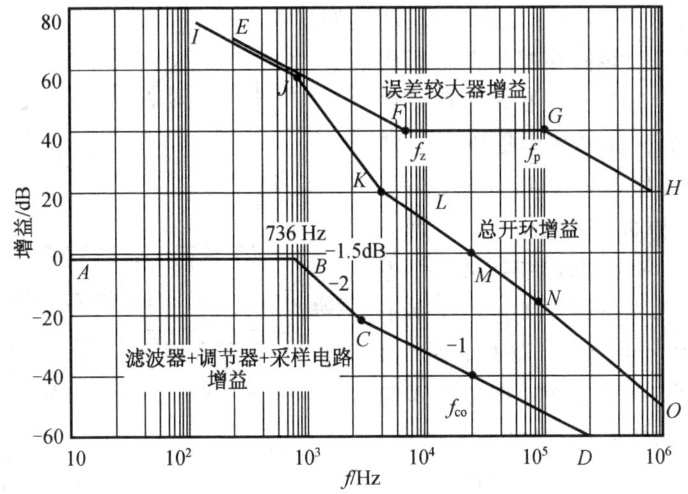

图 6.4.7 Ⅱ型误差放大器的幅频特性

为了保证足够的裕度，假定 $k=4$，产生相移为 28°，加上 LC 滤波器的 97°滞后相移，总的相移滞后 125°，因此相位裕度为 180°－125°＝55°，即在 f_{c0} 有 55°裕度。

$k=4$ 时，零点频率 $f_z=(20/4)\ \text{kHz}=5\ \text{kHz}$，式(6.3.6)中的 $f_z=(2\pi R_2C_1)^{-1}$，$R_2=100\ \text{k}\Omega$，$C_1=1/(2\pi R_2 f_z)=(2\pi\times10^5\times5\times10^3)^{-1}\ \text{F}=318\times10^{-12}\ \text{F}=318\ \text{pF}$，极点频率是 $f_p=f_{c0}\times k=(20\times4)\text{kHz}=80\ \text{kHz}$。

由式(6.3.6)得到 $f_p=(2\pi R_2C_2)^{-1}$，$R_2=100\ \text{k}\Omega$，则 $C_2=(2\pi\times10^5\times8\times10^4)^{-1}\ \text{pF}=20\ \text{pF}$。如图 6.4.7 所示是总环路幅频特性，曲线 $JKMN$ 是总环路幅频特性曲线 $ABCD$ 和 $EFGH$ 之和。

还应当注意到采样电阻是 R_1 的一部分，实际 $R'_1=R_1-R_{s1}/\!/R_{s2}$（见图 6.4.6）。

6.4.6 Ⅲ型误差放大器和传递函数

当输出滤波电容有 R_{esr} 时，输出纹波为 $R_{esr}\Delta I$，而 ΔI 是最小直流电流的两倍。大多数铝电解电容有 R_{esr}，同时大多数电解电容有 $R_{esr}C=6.5\times10^{-5}$ s，因此减少纹波，就是减少 R_{esr}，就是增加电解电容的电容量，也就增加了电容的体积。

有些厂能生产 R_{esr} 几乎为零的电解电容或多层叠片陶瓷电容，以适合要求纹波很小的场合。如采用这样零 R_{esr} 的电容，大大影响误差放大器反馈环路的设计。在输出电容有 R_{esr} 时，通常在输出滤波器频率特性的斜率－1 上。需要幅频特性在 f_{p0} 处水平的Ⅱ型误差放大器，如图 6.4.5 所示。

如果电容 $R_{esr}=0$，LC 的幅频特性在转折频率 $f=(2\pi\sqrt{LC})^{-1}$ 以后，幅频特性以斜率－2 继续下降，如图 6.4.8(b)所示。与Ⅱ放大器一样，放大器的增益在 f_{c0} 处与 LC 的衰减量相等，符号相反。要使环路增益以斜率－1 穿越 f_{c0}，必须将误差放大器的幅频特性在 f_{c0} 中心区设计成＋1 斜率，如图 6.4.8(a)中的曲线 FG 段。

误差放大器的幅频特性不允许在低频方向下降，如果下降，不能保证对电网低频纹波的抑制能力。在某频率 f_z(见图 6.4.8(a)),幅频特性必须转向在低频方向形成 +1 斜率。由 +1 转到 −1,在转折点频率 f_z 误差放大器的传递函数中提供两个零点。在 f_z 以下,增益向高频方向以 −1 下降,由假定的原极点提供。在 f_z 第一个零点将增益斜率转为斜率零,第二个零点转向 +1。在远大于 f_{c0} 以上的频率不允许增益继续以 +1 上升。如果这样,增益在高频时很高,并将高频噪声传递到输出端。在 H 点的频率 f_p 提供两个极点,第一个极点转向斜率零,第二个转向 −1。这就是在 6.3.3 小节讨论的Ⅲ误差放大器。

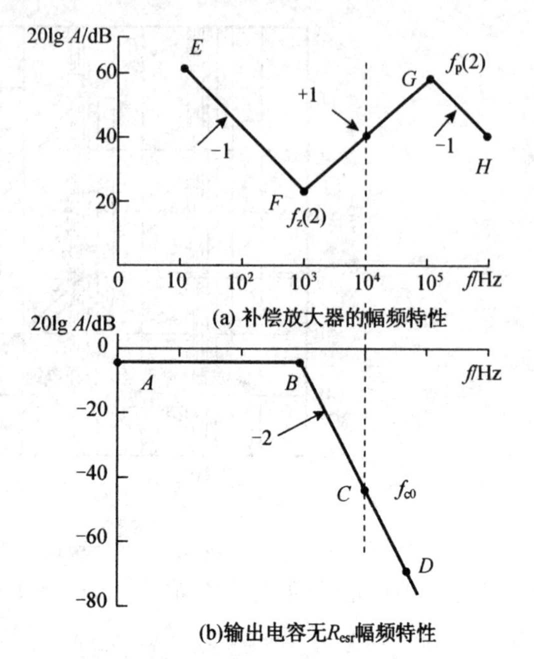

图 6.4.8 输出电容无 R_{esr} 的幅频特性和带误差放大器的幅频特性

因为对于Ⅲ型误差放大器,两个零点 f_z 和两个极点 f_p 的位置决定了 f_{c0} 的相位滞后。在 f_z 和 f_p 之间的分开越宽,相位裕度就越大。同时对于Ⅲ型误差放大器,f_z 越移向低频,对 100 Hz 纹波(来自电网整流)衰减越差。f_p 越移向高频,抑制高频噪声也越差,输出端高频分量就越大。

系数 k 说明 f_z 和 f_p 之间的相对位置,设定 $k=f_p/f_{c0}=f_{c0}/f_z$。在下一节将计算由于 f_z 的双零点在穿越频率 f_{c0} 处的相位提升和由于 f_p 的双极点在 f_{c0} 处的相位滞后(见表 6.4.1)。

6.4.7 设计举例

【例题 6.4.2】 研究带有Ⅲ型反馈环路的正激变换器稳定性,设计一个 Buck 变换器反馈环路。

变换器参数如下:

$U_o=5$ V,$I_o=10$ A,$I_{omin}=1.0$ A,开关频率 $f_s=50$ kHz,输出纹波 $U_{pp}<20$ mV,占空比 $D=0.4$,并假定输出电容没有 R_{esr}。

【解】 根据纹波电流、纹波电压得到需要的电容量,算式如下:

$$C=\frac{(\Delta I/2)\times(T/2)}{\Delta U}=\frac{I_{omin}}{2\Delta Uf}=\frac{1}{0.02\times2\times50\times10^3}\ \text{F}=500\ \mu\text{F}$$

(1) 计算输出 LC 滤波器的电感,算式如下:

$$L=\frac{U_o(1-D)}{2I_{omin}f}=\frac{5\times(1-0.4)}{2\times1\times50\times10^3}\ \text{H}=30\ \mu\text{H}$$

(2) 计算滤波器的谐振频率,算式如下:

$$f_r = \frac{1}{2\pi\sqrt{LC}} = \frac{1}{2\pi\sqrt{30\times10^{-6}\times500\times10^{-6}}}\ \text{Hz} = 1.3\ \text{kHz}$$

假设和Ⅱ型误差放大器一样，调制器和采用电路的增益是－1.5 dB。LC 滤波器加上调制器、采样电路的幅频特性如图 6.4.9 所示的曲线 ABC。－1.5 dB 的水平增益一直上升到频率 1.3 kHz 的点，然后它突然改变转向斜率－2，因为无 R_{esr} 所以一直保持这一斜率。

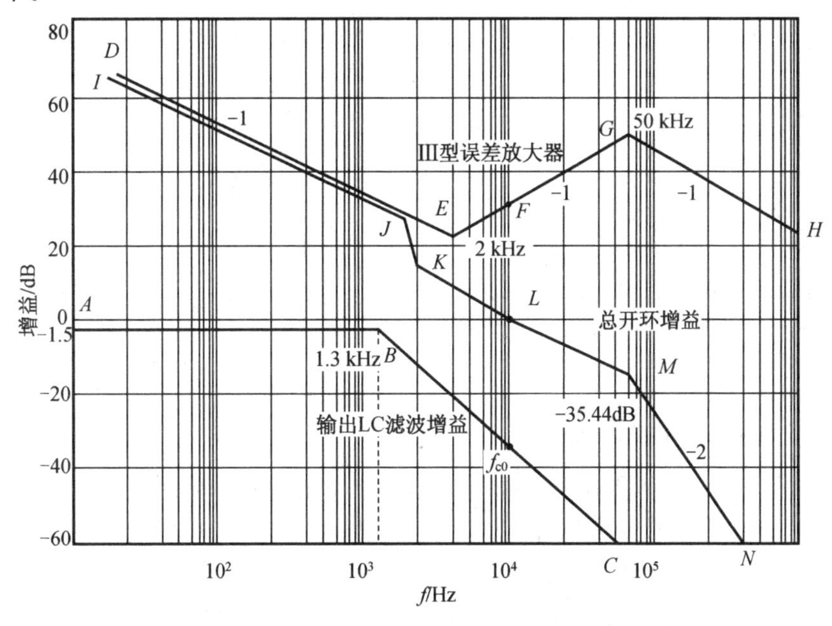

图 6.4.9　Ⅲ型误差放大器的幅频特性

选择 f_{c0} 等于 1/4 或 1/5 的开关频率，即 50 kHz/5＝10 kHz，图 6.4.9 曲线上的 ABC 在10 kHz处衰减量为－35.44 dB。因此使 f_{c0}＝10 kHz，在 10 kHz 误差放大器的增益设置为＋35.44 dB(见图 6.4.9 中 F 点)。但是误差放大器在 f_0 必须＋1 斜率，加到斜率－2 的 LC 滤波器上，以产生－1 的斜率。因此，在 F 点画一个斜率＋1 直线，在低频方向延伸到 f_z(双零点频率)，在高频方向延伸 f_p(双极点频率)。然后由 k(见表 6.4.1)根据需要产生的相位裕度决定 f_z 和 f_p。

假定相位裕度 45°，误差放大器加上 LC 滤波器的总相位滞后是 180°－45°＝135°。但 LC 滤波器因没有 R_{esr} 零点滞后 180°，这留给误差放大器允许的滞后(超前)角为 135°－180°＝－45°。

由表 6.3.2 得到 k＝5 时相位滞后－44°，已经十分接近。当 f_{c0}＝10 kHz 时，k＝5，f_z＝2 kHz，f_p＝50 kHz。因此图 6.4.9 中斜率＋1 直线扩展到 2 kHz 的 E 点，由这一点转折向上。再经点 F 以斜率＋1 向高频扩展到双极点频率 50 kHz(点 G)，在此因两个极点转为斜率－1。

曲线 $IJKLMN$ 是总的环路幅频特性，也是曲线 ABC 和 $DEFGH$ 之和。可以看到图 6.4.9 中 L 点是在 10^4 Hz 交越频率 f_{c0} 处为 0 dB 处，并以斜率－1 穿越，k＝5 产生需要的45°相位裕度。误差放大器的增益为35.44 dB,就是放大倍数为60倍,选择R_1=1.5 kΩ,R_2=91 kΩ,由此就可以决定符合图6.4.9 Ⅲ型误差放大器幅频特性*DEFGH*的元件参数,即式(6.3.9)~式(6.3.13)。

6.4.8 反馈环路的条件稳定

正常工作条件下,反馈环路可能是稳定的,但在接通电路、输入电网瞬态变化或切换负载时,可能受到冲击而进入连续振荡。这种奇特情况称为条件稳定,如图6.4.10所示。

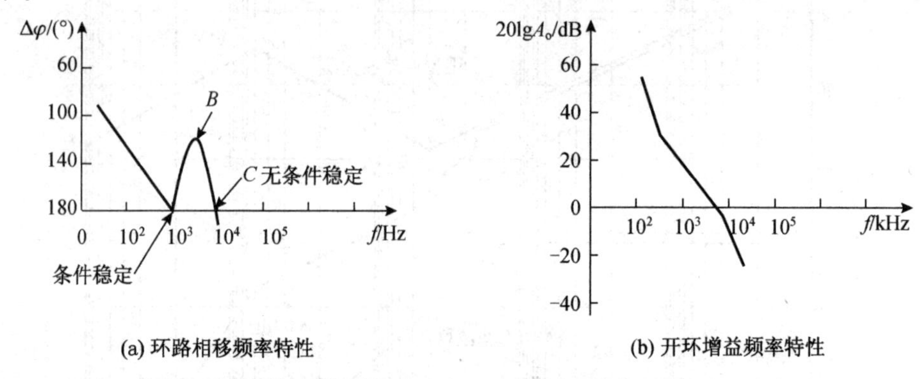

(a) 环路相移频率特性

(b) 开环增益频率特性

图6.4.10 总环路相移特性和开环增益的频率特性

图6.4.10(a)和(b)分别画出了总的环路相频特性和总的幅频特性。如果有两个频率(*A*点和*C*点)开环总附加相移达到180°就发生条件稳定。

振荡判据是在某一个频率下,开环增益为0 dB时,总环路附加相移是180°。如果总环路附加相移在给定频率处是180°,但在那个频率总环路增益大于0 dB环路仍然是稳定的。这可能难以理解,因为如果某个频率通过环路返回的信号与初始信号精确同相,但幅度加大,每次围绕环路幅度加大一些,就会出现以上情况。当达到一定电平时,幅度衰减限制了更高的幅值,并保持振荡。但数学上可以证明,不会出现此情况,这里的目的是要接受如果总环路增益在总环路相移180°时是1不会出现振荡。

在图6.4.10(a)中,环路在*B*点无条件稳定,因为这里总开环增益虽然是1,但总开环相移比180°少大约40°,即在*B*点有一个相位裕度。环路在*C*点是稳定的,因为总环路相移是180°,但增益小于1,即在*C*点有增益裕度。但在*A*点环路是条件稳定。虽然总环路相移是180°,增益大于1(约为16 dB),如前所述环路是条件稳定的。

如果在某种情况下,比如说在初始启动时,电路还没有进入均衡状态,并且在*A*点频率环路增益瞬时降低到16 dB,即存在振荡条件,增益为1且相移180°,电路进入振荡并保持振荡。在*C*点不可能停留在条件振荡,原因是增益不可能瞬时增加。

如果存在条件振荡(绝大部分在初始启动),可能出现在轻载条件下输出LC滤波器转折频率处。由图6.2.1可见,轻载LC滤波器在转折频率处有很大的谐振增益提升和相移变化。在转折频率处大的相移可能导致180°,如果总环路增益(这在启动时是无法预计的)可能是1或者瞬时是1,则环路可能进入振荡,判断这种情况是否出现是相当困难的。避免这种情况的最安全的方法是在 LC 转折频率处一个相位提升，即引入一个零点，消除环路的某些相位滞后。如图 6.4.1 所示，只要在采样网络的上分压电阻 R_1 上并联一个电容就可以做到。

6.4.9　断续模式反激变换器的稳定

1. 由误差放大器的输出到输出电压端的直流增益

图 6.4.11 所示是断续模式反激变换器反馈环路，图中示出环路的主要元件。设计反馈环路的第一步是计算由误差放大器(EA)的输出到输出电压端的直流或低频增益。假定效率为 80%，从第 2 章得到反激变换器的输出功率

$$P_o = 0.8(L_1/2)I_{1p}^2/T = U_o^2/R_o$$

式中：$I_{1p} = U_i T_{on}/L_1$。

因此

$$P_o = \frac{0.8L_1(U_i T_{on}/L_1)^2}{2T} = U_o^2/R_o \tag{6.4.5}$$

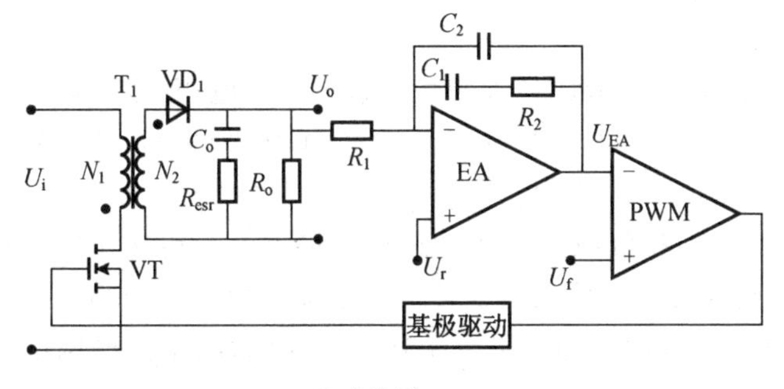

(a) 电路图

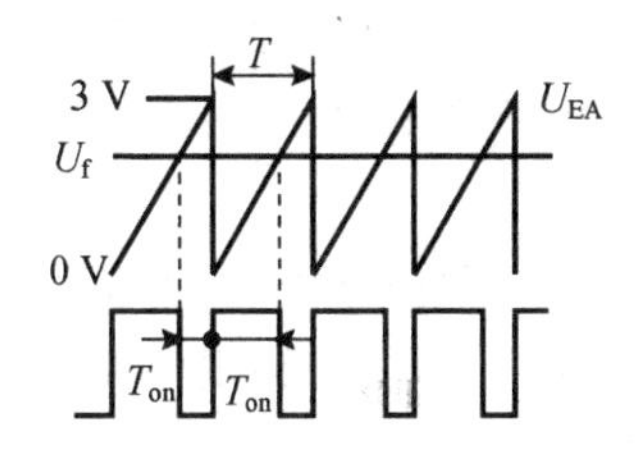

(b) 波形图

图 6.4.11　断续模式反激变换器反馈环路

由图 6.4.11(b)可知，误差放大器的输出与 0～3 V 三角波比较形成 PWM 波，产生的矩形脉冲宽度 T_{on}，等于三角波 U_f 的开始时间到与直流电平 U_{EA} 相交时间 T_{on}，将是功率晶体管 VT 的导通时间；还可以看到 $U_{EA}/3 = T_{on}/T$，则 $T_{on} = U_{EA}T/3$，将 T_{on} 代入式(6.4.5)得到

$$P_o = \frac{0.8L_1(U_i/L_1)^2(U_{EA}T/3)^2}{2T} = \frac{U_o^2}{R_o} \tag{6.4.6}$$

即

$$U_o = \frac{U_i U_{EA}}{3}\sqrt{\frac{0.4R_o}{f_s L_p}}$$

而从误差放大器输出到反激变换器输出端的直流或低频增益为

$$\frac{\Delta U_o}{\Delta U_{EA}} = \frac{U_{dc}}{3}\sqrt{\frac{0.4R_o}{f_s L_p}} \tag{6.4.7}$$

式中：$f_s = 1/T$，为开关频率。

2. 断续模式反激变换器传递函数

断续模式反激变换器传递函数是从误差放大器输出到直流输出端的交流电压增益。

假定一个频率 f_n 小正弦信号串联输入到误差放大器的输出端，将引起 T_1 初级电流脉冲(电流峰值为 I_{1p})三角波的幅值正弦调制，在次级也引起三角波电流脉冲的正弦幅值调制(瞬时幅值为 I_1N_1/N_2)。次级三角波电流的平均值同样以正弦频率 f_n 调制，因此有一个频率 f_n 正弦波电流流入并联 R_o 和 C_o 的顶端。但对戴维南等效来说，R_o 与 C_o 是串联的。可以看到，C_o 上的输出交流电压幅值从频率 $f_p=1/(2\pi R_oC_o)$ 开始以斜率－1 衰减。简而言之，在误差放大器输出到输出端的传递函数中在频率

$$f_p=1/(2\pi R_oC_o) \tag{6.4.8}$$

有一个极点，并且在此频率以下的直流增益由式(6.4.7)确定。

这与 LC 滤波器的两个极点不同，这里只有一个极点。在大多数情况下，反激变换器的输出电容具有 R_{esr}，提供一个零点，在频率

$$f_z=1/(2\pi R_{esr}C_o) \tag{6.4.9}$$

发生转折。

完整分析反激变换器的稳定问题应当考虑最大和最小输入直流电压，以及最大和最小负载电阻。直流增益正比于 U_i 和 R_o 的平方根(式(6.4.7))，因此输出电路的极点反比于 R_o。

在后面分析 U_{dc} 和 R_o 的电网电压和负载条件 4 种组合的输出电路传递函数变化情况，对于一个输出电路的传递函数将误差放大器的传递函数设计成希望的频率 f_{c0}，并使总增益曲线以斜率－1 穿越 f_{c0}。应当注意，另一个输出传递函数(不同电网电压和不同负载条件)总增益曲线在 f_{c0} 以斜率－2 穿越，并可能引起振荡。

例如，考虑 U_i 的变化小到可以忽略。用式(6.4.7)计算直流增益，并用式(6.4.8)计算输出电路的极点频率，假定 $R_{omax}=10R_{omin}$。在图 6.4.12 中，曲线 $ABCD$ 是输出电路 R_{omax} 时的传递函数，式(6.4.7)给出 A 点到 B 点的直流增益。在 B 点，因为式(6.4.8)给出的输出极点以斜率－1 衰减。在 C 点，因为输出电容的 R_{esr} 零点斜率转向水平。电容定额在很大耐压和电容量范围内的铝电解电容有 $R_{esr}\times C_o=6.5\times10^{-5}$ s，C 点的频率由式(6.4.9)计算。

再回到图 6.4.12，曲线 $EFGH$ 是输出电路 $R_{omax}=R_{omin}/10=0.5\ \Omega$ 对应的传递函数。因为 f_p 正比于 R_o，它的极点频率 10 倍于 R_o。在 F 点的直流增益为 10 dB，低于 R_{omax}，因为增益正比于 R_o 的平方根($20\lg\sqrt{10}=10$ dB)。输出电阻 R_{omin} 的传递函数画法如下：在 10 倍于 B 点频率的 F 点，低于 B 点 10 dB，向低频方向画一水平的直流或低频增益直线(EF)。在 F 点，画一斜率－20 dB/dec的直线，并继续画到 R_{esr} 零点频率 G(2.5 kHz)，再由 G 点一直向高频区画一水平线。从图 6.4.12的输出电路的传递函数 $ABCD$ 和 $EFGH$ 画出误差放大器的幅频特性，即传递函数，将在后面介绍。

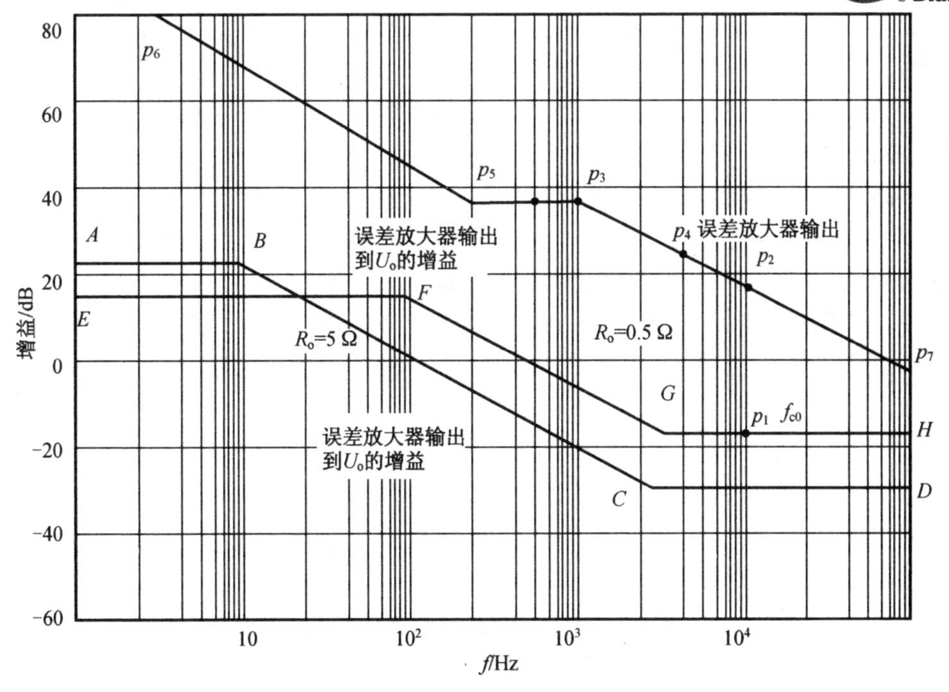

图 6.4.12 反激变换器反馈环路的幅频特性

6.4.10 断续模式反激变换器的误差放大器的传递函数

在图 6.4.12 中，令 f_{c0} 在 R_{omin} 曲线 $EFGH$ 上的 1/5 开关频率(p_1)。通常 f_{c0} 出现在输出传递函数的水平线上。为使 f_{c0} 落在希望的位置，将误差放大器在 f_{c0}(p_2)的增益设计成与输出电路 p_1 的衰减量相等，且符号相反。因为 f_{c0} 在 $EFGH$ 的斜率是 0 的水平线，误差放大器幅频特性在高频方向(p_2)的斜率必须为－20 dB/dec。

从 p_2 点向低频方向画一斜率－20 dB/dec 的直线，扩展到稍低于 C 点频率(p_3 点)。$ABCD$ 是负载为 R_{omax} 时的传递函数曲线。因为总幅频特性在新的 f_{c0} 必须以斜率－20 dB/dec通过，此新的 f_{c0} 将出现在衰减量与误差放大器直流增益相等，且符号相反(p_4)。p_3 点的频率是不精确的，但必须低于 C 点频率，以保证绝对最大负载电阻 R_o 时的 C 点的最大增益损耗能够被补偿掉。设置一个极点频率 f_p 位于 p_3 点，采用Ⅱ型误差放大器，任意选择一个足够大的输入电阻 R_1，不影响采样网络的采样。

由图 6.4.12 读得幅频特性水平部分的增益(p_3～p_5)，采用图 6.3.3(a)电路分析，并令增益等于 R_2/R_1，确定 R_2。由极点频率 f_p 和 R_2 确定 $C_2=1/(2\pi f_p R_2)$值。

沿水平线 p_3～p_5 扩展，在 p_5 引入一个零点，以增加低频增益和提供一个相位提升。在 p_5 的零点频率 f_z 是不严格的，应当低于 f_p 大约 10 倍。为了确定 f_z 的位置，选取 $C_1=1/(2\pi f_z R_2)$，用下面的例子说明上述的选择。

【例题 6.4.3】 设计一个稳定的断续模式反激变换器。

假定输出电容有 R_{esr}，采用Ⅱ型误差放大器，电路如图 6.3.3(a)所示，其参数如下：

$U_o=5\ V, I_{omax}=10\ A, I_{omin}=1\ A, U_{dcmax}=60\ V, U_{dcmin}=38\ V, U_{dcavg}=49\ V$，开关频率 $f_s=50\ kHz$，纹波电压 $U_{pp}=0.5\ V$，初级电感 $L_p=56.6\ \mu H$（假设效率为80%，$T_{on}+T_r=0.8\ T$，晶体管和二极管压降为1 V）。输出纹波决定输出电容值 $C_o=I_{omax}T_{of}/U_{pp}=2000\ \mu F, R_{esr}=0.03\ \Omega$。

【解】 在断开瞬时，次级峰值电流可达66 A，将引起很窄的尖刺66 A×0.03 Ω=2 V加在电容端。应当说明的是利用小的LC滤波或增加一个 C_o 可以降低 R_{esr} 窄脉冲。这里将 C_o 增加到5000 μF，R_{esr} 降低到0.012 Ω，VT关断时的尖刺为66 A×0.012 Ω=0.79 V，再用一个放到反馈环外边小LC滤波就可降低到允许的水平。

可以画出输出电路幅频特性，让 $R_o=(5/10)\ \Omega=0.5\ \Omega$。由式(6.4.7)得到直流增益为

$$A=\frac{U_{dc}}{3}\sqrt{\frac{0.4R_oT}{L_p}}=\frac{49}{3}\sqrt{\frac{0.4\times0.5\times20\times10^{-6}}{56.6\times10^{-6}}}=4.3$$

即12.7 dB。

由式(6.4.8)得到极点频率为

$$f_p=\frac{1}{2\pi R_oC_o}=\frac{1}{2\pi\times0.5\times5000\times10^{-6}}\ \text{Hz}\approx64\ \text{Hz}$$

由式(6.4.9)得到 R_{esr} 零点频率为

$$f_{esr}=\frac{1}{2\pi R_{esr}C_o}=\frac{1}{2\pi\times65\times10^{-6}}\ \text{Hz}\approx2.5\ \text{kHz}$$

在 $R_o=0.5\ \Omega$ 时的输出电路的幅频特性如图6.4.12中 *EFGH* 曲线所示，水平部分由12.8 dB到 *F* 点的 $f_p=64$ Hz。在 f_p 处，曲线转折成−1斜率下降，直到频率为2.5 kHz的 R_{esr} 为零点（即 *G* 点）。

将穿越频率 f_{c0} 选定位开关频率的1/5，即 $f_{c0}=f_s/5=50\ kHz/5=10\ kHz$。在曲线 *EFGH* 上，当频率为10 kHz时，增益是−19 dB（p_1 点）。因此误差放大器在10 kHz处增益取+19 dB（p_2 点）。在10 kHz处增益取+19 dB（p_2），向低频方向绘制一条斜率为−1（−20 dB/dec）的直线，然后延伸此直线到稍低于 f_{esr} 处（即得到增益39 dB），1 kHz的 p_3 点。在 p_3 点，向低频方向再画一条到频率为300 Hz的 p_5 点。

零点位置是不严格的，一般取 p_5 点的零点频率等于 p_3 点频率的1/10左右。有些设计者实际上忽略了 p_5 的零点。但这里加入零点是为了提升一些相位。因此在 p_5 点，向低频方向绘制斜率为−20 dB/dec的直线。

对应曲线 *ABCD*，当 $R_{omax}=5\ \Omega$ 时，直流增益为13.8（即23 dB）。由式(6.4.8)得到极点频率为6.4 Hz，即图中的 *B* 点。R_{esr} 的零点频率保持在2.5 kHz。

新的穿透频率 f_{c0} 就是误差放大器增益等于输出电路增益曲线 *ABCD* 上增益的反相数时的频率。从图6.4.12可以看到，p_4 点（频率3.2 kHz），输出滤波器的衰减为−29 dB，而误差放大器的增益是+29 dB。由此可得，误差放大器的增益和曲线 *ABCD* 的增益之和以斜率−1穿过 f_{c0}。

根据传递函数增益曲线 $p_6p_5p_3p_7$ 选择误差放大器的具体元件。下面作 $p_6p_5p_3p_7$

误差放大器幅频特性曲线。图 6.4.11(a)中，任意选择 $R_1=1000\ \Omega$。由图 6.4.12 可以看到 p_3 点的增益是 +38 dB，即额定增益为 79(20lg 79=38)。因此选 $R_2/R_1=79$，即 $R_2=70\ \text{k}\Omega$。p_3 极点为 1 kHz，$C_2=2\pi f_p R_2$，即 $C_2=2\ \text{nF}$。误差放大器在 300 Hz 的零点，$C_1=2\pi f_z R_2-1=6.7\ \text{nF}$。

因为输出电路的单极点特性，其绝对最大相移是 90°，但存在 R_{esr} 零点，在断续模式反激变换器中，极少出现相位裕度问题。

考虑到 $R_o=0.5\ \Omega$ 情况，在 64 Hz 处的极点和 2.5 kHz 处的 R_{esr} 零点在 f_{c0}(10 kHz)处引起的相位滞后角为

$$\varphi=\arctan\frac{f_{c0}}{f_p}-\arctan\frac{f_p}{f_z}=\arctan\frac{10\,000}{64}\arctan\frac{10\,000}{25\,000}=89.63°-75.99°=13.64°$$

而误差放大器由于 300 Hz 零点和 1 kHz 极点在 10 kHz 的滞后角(参看图 6.4.12 中曲线 $p_6p_5p_3p_7$)为 $270°-\arctan\frac{10\,000}{300}+\arctan\frac{10\,000}{1\,000}=270°-88°+84°=266°$

因此，在 10 kHz 的总相位滞后为 13.6°+266°≈280°。在 f_{c0} 的相位裕度为 360°−280°=80°

6.5　开关电源环路稳定的试验方法

频率特性分析方法是以元器件小信号参数为基础的，如果在线性范围内，似乎很准确，但是元器件参数的离散性很大，很难准确建模；同时开关电源一直在大信号开关工作，控制环路内本身就是很大干扰源，包含丰富的谐波，对元器件的寄生参数也很敏感。因此，以上的分析有很大的局限性，往往分析的结果与实际电路不相吻合，有时甚至相差甚远。分析方法只是作为实际调试的参考和指导。在不同电路条件下(最高和最低输入电压，重载和轻载)，通过直接测量运算放大器以外环路的频率响应，根据 6.4 节的理论分析，利用测得的频率特性选择 Venable 误差放大器类型，对环路进行补偿，并通过试验检查补偿结果，应当说这是最直接和最可靠设计方法。采用这个方法，可以在较短时间内将电源闭环调试好，需要一台网络分析仪作为测量仪器。

一般说来，大信号稳定，小信号也是稳定的；但小信号稳定，大信号不一定稳定。

6.5.1　开环响应测试

全桥、半桥、推挽、正激和 Buck 变换器都有一个 LC 滤波电路，输出功率电路对系统性能影响最大。为了讨论方便，以图 6.4.1 为例来说明测试方法，重画为图 6.5.1。电路参数为：输入电压 15 V，输出电压为 5 V，滤波电感和电容分别为 $L=18\ \mu\text{H}$，$C=2600\ \mu\text{F}$，PWM 控制器芯片采用 UC1524，它的锯齿波幅值为 3 V，只用两路脉冲中的一路，最大占空比为 $D=0.5$。为了测量小信号频率特性，变换器必须工作在实际工作点即额定输出电压、占空比和给定的负载电流。

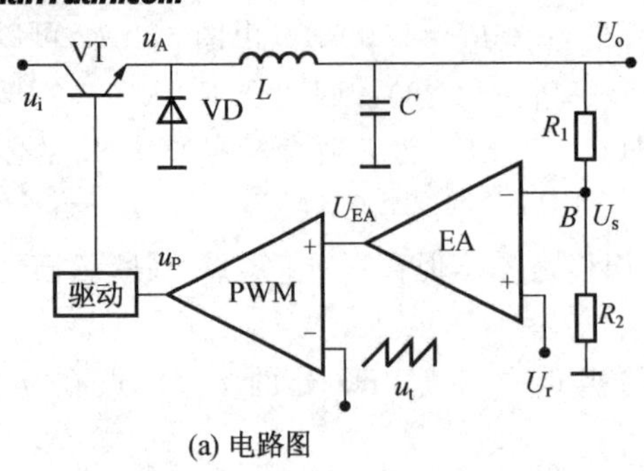

(a) 电路图

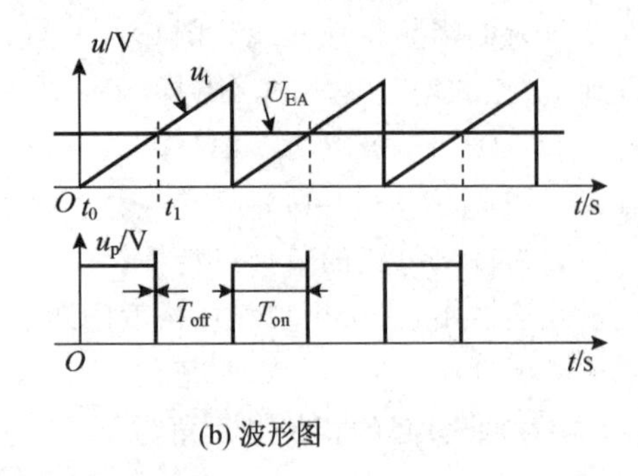

(b) 波形图

图 6.5.1 Buck 变换器的闭环控制

如果把开关电源看做放大器,放大器的输入就是参考电压。从反馈放大器电路拓扑来说,开关电源的闭环是一个以参考电压为输入的电压串联负反馈电路。输入电源的变化、负载变化是外界对反馈控制环路的扰动信号。采样电路是一个电阻网络的分压器,分压比就是反馈系数,一般是固定的 $R_2/(R_1+R_2)$。参考电压(相应于放大器的输入电压)稳定不变,即变化量为零,输出电压也不变。

前述的三种误差放大器都有一个原点极点,在低频闭环时,由于原点极点增益随频率减少而增高(即在反馈回路加有电容),在很低频率,有一个最大增益,由误差放大器开环增益决定。直流增益很高,这意味着直流电压仅有极小误差(相对于参考电压)。例如,误差放大器在很低频率增益可能达到 80 dB 或更高,因为 80 dB 即 10000 倍,迫使输出检测电压接近参考电压,误差小于百分之一,即 0.01%。这当然远优于一般参考电压的精度,因而通常输出电压的误差由参考电压的误差决定,参考电压的稳定程度直接影响输出电压的稳定程度。

为保证电源在任何干扰下输出稳定,将测试除误差放大器以外的开关电源的环路频率特性,根据开关频率 f_s 选择闭环穿越频率 f_{c0},这样就知道除误差放大器以外的环路增益在穿越频率处的斜率和衰减量,由此得到放大器需要的增益以及需要补偿的相位,以此来选择误差放大器类型。

为了测量误差放大器以外的开环环路增益,可以利用集成控制芯片中的误差放大器,将误差放大器接成跟随器,利用跟随器输入阻抗高的特点,在输入端将测试的扫频信号和决定直流工作点的偏置电压求和。直流工作点的偏置电压是一个可调直流电源(调节工作点)和一个交流扫频交流信号叠加一起送入跟随器。调节可调直流电压,输出电压随之变化。将可调电压增大使输出电压和负载达到规定的测试条件(输入电压最大和最小,负载满载和轻载),然后测试电压检测输出 u_{out} 和扫频信号输出 u_{in} 的交流信号的幅值和相位,就得到相似于图 6.4.7 的除放大器以外的增益特性 $A_t(u_{out}/u_{in})$。应当注意,分析的是电源小信号响应,是在一定工作点附近的线性特性,所以测试应当在实际工作点(在规定的输出电压和负载以及规定的输入电源电压)进行。即输出如果是 5 V,就应当将输出精确调节到 5 V,而不是 3 V 或 10 V。一定要调节可调电源精密调整到额定输出相差 mV 级以内,再进行开环测试。

测量前应当确定变换器输出端确实接有规定负载(最大或最小负载)。开始测量时，应当从零缓慢增加直流电压，直到输出达到额定输出电压。因为是开环，如果先调节输出电压到额定值，再调节负载电阻，要是忘记了接负载电阻，变换器空载或负载电阻很大，输出电压有可能过高而造成输出电容击穿。

高增益功率级对可调直流电压十分敏感，用普通的实验室直流电源可能很难精确调节到所需要的电压。应尽量调节到实际输出电压 5%以内。实在不行，得买或做一台可调节到 mV 以内的精密电压源。还应当注意有些 PWM 芯片有失调电压，放大器输入端电压达到上百毫伏，占空比仍然为零。有了这个频率特性，就可以根据 6.4 节的方法选择误差放大器类型。根据开关频率和稳定性判据设定零点和极点位置。

6.5.2　交流和直流信号叠加电路

交流与直流求和电路有变压器求和法及混合法两种。

1. 变压器求和法

图 6.5.2 所示电路为变压器求和法。因为同相输入放大器输入阻抗极高，调节的直流电源提供的电流可以忽略，不会对变压器造成磁偏；交流扫频信号从变压器初级输入，接在次级的 50 Ω 电阻提供叠加的交流信号。变压器次级线圈将直流信号短路，不影响直流电压调节。变压器将交流信号源与直流源隔离。特别是测量高电压电源特性时，变压器隔离是很重要的。

要小心设计求和变压器，变压器应具有很宽的带宽，即很低的频率不能饱和，而很高的频率不能有很大的寄生电容，通常由网络分析仪厂家提供。

2. 混合法

由于变压器会出现低频磁饱和，因此不可能工作在任意低频。如图 6.5.3 所示是另一种注入扫频信号的方法，即混合法。在放大器的同相输入端不管直流还是交流都是注入信号的 1/2，因此对可调直流信号和扫频注入信号都是 1∶1 放大。而运算放大器则应当选择恰当带宽的器件，应可工作到很高频率。

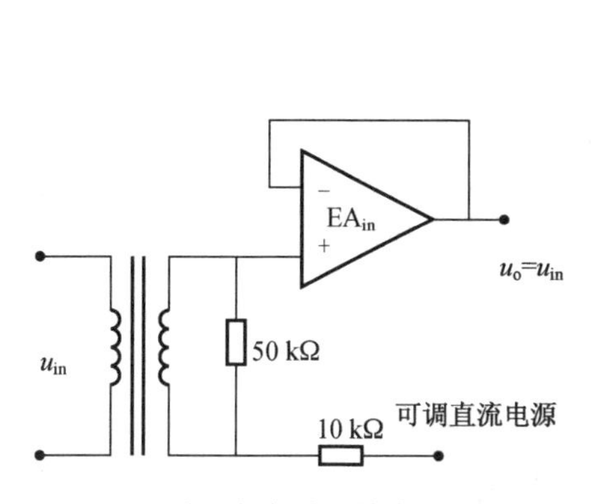

图 6.5.2　注入扫频信号的变压器求和法

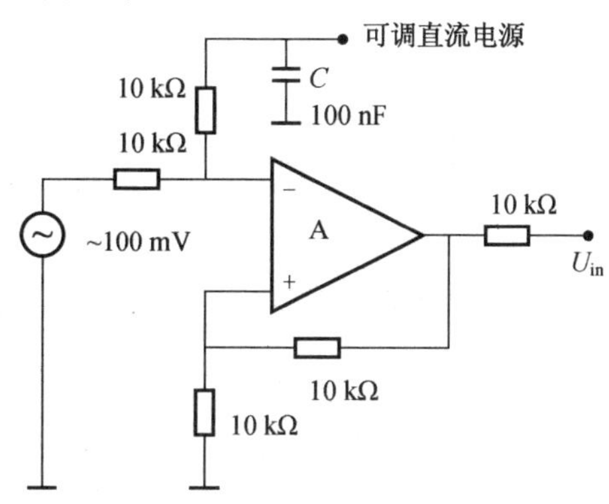

图 6.5.3　混合法原理图

在采用混合器之前，用网络分析仪小心测量运算放大器的响应，特别是相位移。某些高增益带宽积运算放大器具有较大的相移，而有些运放则没有，但在手册中并不能得到这些信息。不要忘记在运放的电源上并联一个 100 nF 的电容 C，避免直流电源内阻抗对测量影响。在高频测量时,要注意高频信号的接入,并且输出和输入应用 BNC 插头。

混合法主要缺点是:

① 为了将混合器插入环路,在 PCB 上必须焊开一个元件;

② 环路工作时的输出电压不能大于运放的供电电压。

6.5.3 在闭环情况下测量变换器环路响应

从以上分析可知,开环测试环路(除误差放大器以外)增益必须在工作点进行,要达到补偿后在任何工作状态下都稳定,必须测试 4 种组合情况,即最大和最小输入电网电压及最大和最小输出负载。开环特性随之变化而变化,才能保证补偿后闭环响应在 4 种情况下都稳定。

从开环测量可以看到,在 4 种情况下,都要调整精密电源和精确测量非常费时费事。要是控制芯片上误差放大器的同相输出端不引出(PWM 芯片内部参考电压直接接到误差放大器同相输入端)时,就不能直接将误差放大器接成跟随器,测试就无法进行。而且每测试一种情况,就要调试一次工作点,十分麻烦。因此实验室可用闭环进行测试。

电路在闭环时,不需要外加可调稳压电源调节工作点,电路可以闭环调节自动稳压。误差放大器如果补偿网路处于开环工作,电路振荡,无法进行相应测试。所以必须采取有效措施避免振荡,又能有正确的工作点,通常将误差放大器做成 I 类 Venable 放大器,如果功率电路是正激变换器,接法如图 6.5.4 所示。

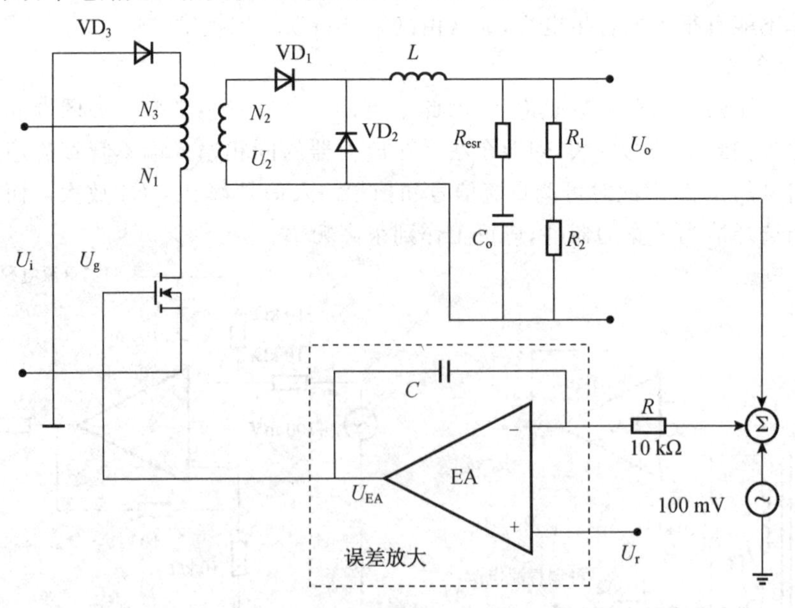

图 6.5.4 闭环测试原理图

在相当低的频率时,直流电源环路增益总是固定的,同时附加相位移为 0,如果调节一个确定的占空比,就可以得到对应的输出电压,占空比增加,输出电压就增加。这意味着变换器是一个稳定工作具有足够低带宽的负反馈系统。如采用 I 型放大器,只有一个原点极点。如果将此极点频率远低于滤波器谐振频率,放大器环路幅频特性以

－1 穿越 0 dB,附加相移为 90°,闭环是不会振荡的。

如图 6.5.4 所示,对于 I 型放大器,有一个原点极点:

$$f_{p0}=1/(2\pi RC) \tag{6.5.1}$$

如图 6.5.5 所示曲线 1 是带有 $f_{c01}=170$ Hz 校正的误差放大器闭环特性曲线,曲线 2 是含有误差放大器的电源电路的响应曲线,曲线 3 去除误差放大器以外的电路频率特性曲线,是曲线 2 减去曲线 1 所得。假设电源的穿越频率为 20 kHz,根据式(6.5.1)选择一个大电容1 μF使得 $f_{p0}=200$ Hz 补偿的正激变换器的闭环后测量,得到曲线 2。这时穿越频率约 $f_{c02}=220$ Hz 接近 f_{p0},相位移小于 135°,系统是稳定的,且带宽为 200 Hz,但这不是感兴趣的。带有 $f_{p0}=200$ Hz 的误差放大器特性如图 6.5.5 中曲线 1。如果将曲线 2 减去曲线 1,则可以获得曲线 3。这就是去除误差放大器以外电路的频率特性。

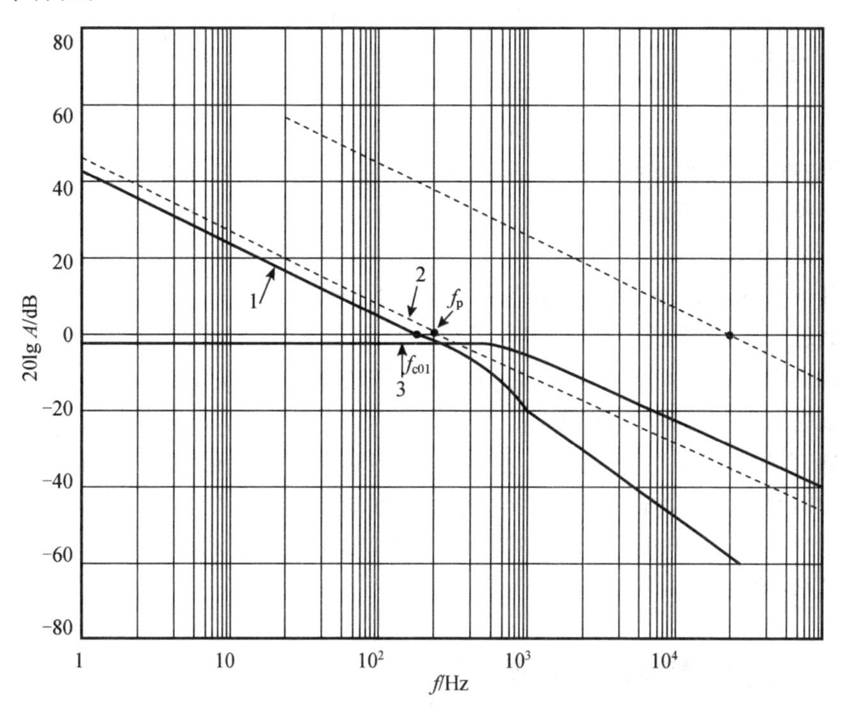

图 6.5.5　闭环幅频特性测试

实际上只要得到测量的波特图,就可以设计误差放大器。根据选择的穿越频率 $f_{c0}=(1/4\sim1/5)f_s$。如实际开关频率为 100 kHz,选择 $f_{c0}=20$ kHz 穿越,比 200 Hz 高 100 倍,即将电容减少 100 倍。因要求的穿越频率是测量曲线穿越频率的 100 倍,增益提升 40 dB,即在20 kHz将曲线 1 的－80 dB 变为曲线 2 的－40 dB,这就是误差放大器需要补偿的增益约 40 dB(即 10^2)。相频特性(见图 6.5.6)没有变化,对应 20 kHz 环路相移为 186°,因此环路不稳定。除去原极点 90°相移,就是除误差放大器以外的相移 186°－90°＝96°,不能采用 I 型放大器,而应采用Ⅱ型放大器。

Ⅱ型放大器的水平增益为 40 dB,总相位裕度为 135°,因此,误差放大器最大相移为 135°－96°＝39°。由表 6.3.1 可以看到,只要选择 $k=3$ (相位滞后 36°)就可以。

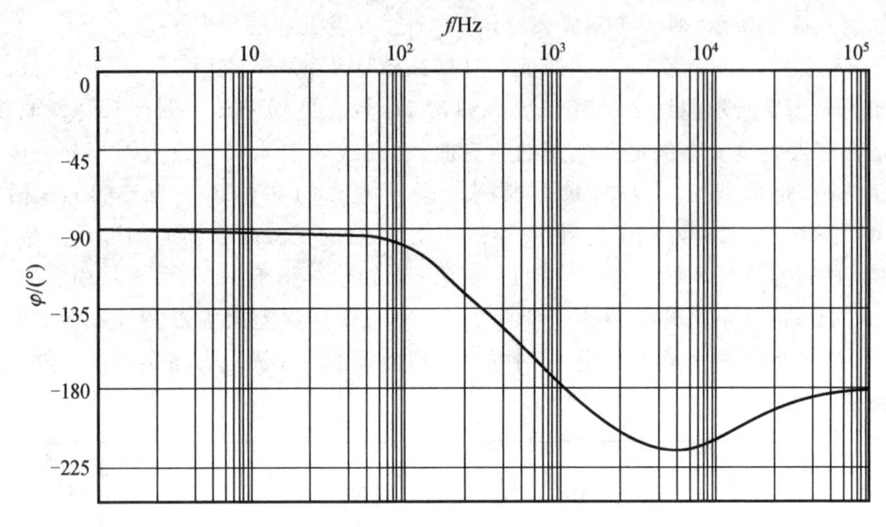

图 6.5.6　闭环相频特性测试

注意:有时功率级的增益很低,同时,如果要将环路补偿到高频,用这个方法在足够低于噪声频率(即－60 dB)测量的增益太低。此时,可以将 1 μF 电容减小到 100 nF,这样增益增加 20 dB。

在任何情况下,大信号带宽始终小于或等于小信号带宽,因为在变换器的闭环运行进入非线性之前,首先有小信号响应,并由小信号带宽决定。因此,有时将大信号响应的非线性环路完全分离出去:然后必须决定当每个环路工作时,在它们之间如何避免干扰等。如有可能,环路应当避免大信号工作。例如,将 1.2 V 电源带宽设计得很宽,同时测量闭环响应有 45°相位裕度。遗憾的是,当负载阶跃变化时,系统开始振荡,运算放大器没有足够的增益带宽积和摆率,很多时间试图达到稳定值,首先达到正电压,然后又掉到地电位,这样来回摆动,要消除这个振荡,更换一个相同引脚排列的高增益带宽积的运放(高压摆率)。

6.6　电流型控制变换器

6.6.1　电流型变换器的基本原理

如图 6.6.1 所示是电流控制型变换器方框图,电流型与电压型控制的差别在于电流型控制是两个反馈控制环路,一个控制电感电流,一个是控制电容上的输出电压。

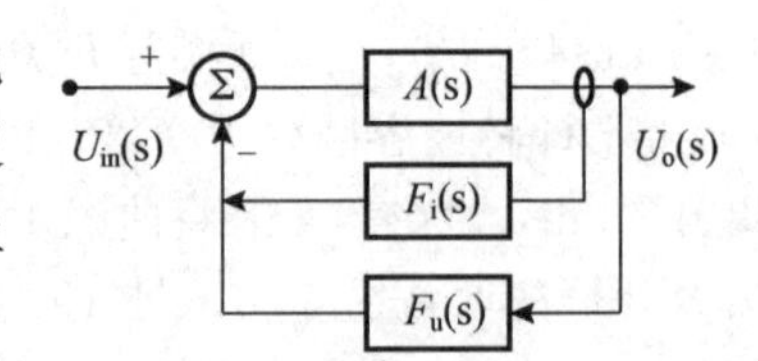

图 6.6.1　电流控制型变换器方框图

用第二个内环的理由是控制电感电流消除电感对输出功率级传递函数的影响,这是因为功率级传递

函数已经包含了电流环，电感的影响被控制它的环路所吸收，并不会出现在环路内。不必担心网络谐振，并且高频仅有单极点（输出电容），且相移为 90°而不是 180°，使得电流型比电压型更容易控制，电流型控制变换器有可能得到宽的带宽。

1. 电流型控制的限制

在电流型控制中通常用一个电阻（或一个互感器和一个电阻）检测电流，并送到 PWM 芯片中，但随着负载电流的减少，信号的幅值自然减少，如果负载小到电流信号可以忽略时，电流反馈环也不影响系统，于是轻载时电流型控制变成电压型控制。

如果给变换器在最大负载时有很宽的带宽，需要检查最小负载时，额外（电感）的极点是否在带宽内，是否会引起不稳定，变换器的功率级轻载带宽小于重载带宽。如果负载变化范围是 10∶1，不必在整个工作范围用电流型控制。

2. 斜率补偿

当电流型控制变换器占空比超过 50％时，除非增加斜率补偿，变换器将振荡在开关频率的次谐波上，实际是一半开关频率。问题的根源是这样的，当电流达到某一定电平（由误差放大器输出设定）使开关关断。如果占空比超过 50％，电感电流斜坡上升时间大于周期的 50％。意味着电感斜坡要以小于周期 50％下降，此较小的时间意味着电感电流不能在下一周期开始时间回到它稳态初始值，所以，下一周期电流开始关断太高。因此，在此下一个周期电感电流达到截止电平提前，关断提前。实际关断时间少于 50％占空比。但截止时间拉长（大于 50％），并因此下一个周期开始的电流太低，引起占空比 50％。在过流与欠流之间振荡，这些次谐波振荡在文献中得到明确的证明。

用一个固定的斜坡加到电流信号上的斜坡补偿基本上解决了这个问题。因为这个斜坡是恒值，很好地阻尼了电流信号的变化。事实上，斜坡补偿的实际效果使得控制环路更像电压型控制。如果这样来想，电压型控制式固定斜坡与误差放大器输出比较，所以附加上或多或少的斜率补偿使变换器越来越接近电压型控制，如果斜率补偿幅度与电流信号幅度比是无限大，就完全返回到电压型控制。以上的解释，这就是在低输出功率时，电流型控制变换器回到电压型控制的原因。

还可以看到，附加的斜率补偿使变换器处于电流型（一个极点）和电压型（两个极点）之间，这意味着当测量环路时，测量波特图的斜率，将发现在 1 个和两个极点间的中间（过渡的）。当然，实际电路可能造成这样传递函数。

如图 6.6.2 所示，给电流控制型变换器加斜率补偿，直接加一个固定斜率在电流检测反馈信号上。不用详细说明，加上不同固定斜坡量要么做成很好的电流控制，要么良好的电源的音频抑制。但实际上由于元件的公差和负载的变化不可能达到这两种状态。

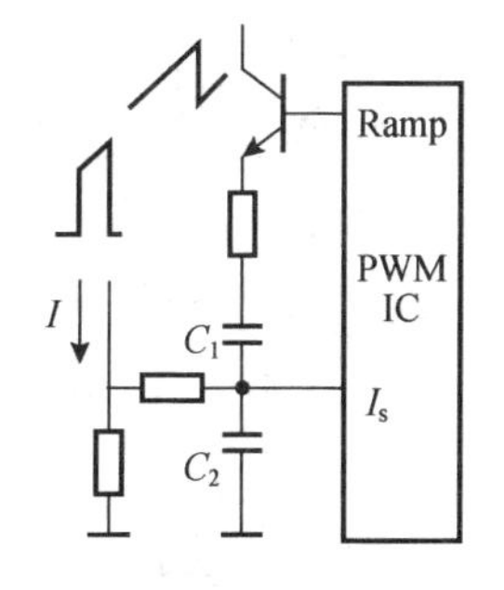

图 6.6.2　加频率补偿的电流型控制变换器

如果电流型控制变换器的占空比超过 50％，变换器必须有斜率补偿。为决定需要的正确补偿量，实际方法是将变换器工作在最大负载电流，并加足够的斜率补偿，使得对次谐波稳定。在低负载时，变换器仍然自动稳定。

3. 电流型控制器的补偿

电流型控制器可以和电压型变换器一样方法补偿。用电流检测电阻在变换器满载时产生IC需要的最大信号(典型为1 V)。如果采用占空比大于50%,应记住要加适当地频率补偿。现在和电压型控制器(10 kΩ,1 μF)一样,精确测量开环(电压)增益,设计补偿网路,并且不要忘记检查输入输出的四个极限情况。

4. 可以测量电流环路吗?

前述的方法在测量电压环路时被证明是可行的,能否用来测量电流型环路呢?

电流环总是稳定的,根据需要只要记得加适当的斜率补偿,总是有较大的相位裕度。而平均电流型除外,不需要测量电流环。

实际上不能用网络分析仪进行测量,且牵涉到许多理论问题,因此测量有困难。如果采用模/数转换器,就不能应用普通正弦波扫频,要采用比较器将电流斜坡信号(电流加一个斜坡分量)与误差放大器输出信号进行比较产生PWM信号。数字化代替拉氏变换,需要用Z变换描述系统,否则至少应用模拟来近似比较器的动态一包含两个右半平面零点。实际上,由于这个数字部分不能用原先的扫频正弦波,而采用了较为复杂的数字调制,很难应用在工程实践上。如上所述,正常变换器中,电流环路基本上稳定的。

5. 平均电流型控制

平均电流控制的Boost型APFC变换器如图6.6.3所示。平均电流控制原来是用在开关电源中形成电流环(内环)以调节输出电流的,并且仅以输出电压、误差放大信号为基准电流。将平均电流法应用于PFC,以输入整流电压U_{dc}和输出电压误差放大信号的乘积为电流基准;并且电流环调节输入电流平均值,使之与输入整流电压同相位,并接近正弦波。输入电流信号被直接检测,与基准电流比较后,通过电流误差放大器被平均化处理。放大后的平均电流误差与锯齿波斜坡比较后,给开关管VT_1驱动信号,并决定其应有的占空比。于是电流误差被迅速而精确地校正了。由于电流环有较高的增益带宽,使跟踪误差产生的畸变小于1%,容易实现接近与1的功率因数。图6.6.3(b)为平均电流控制时的电感电流波形,图中实线为电感电流,虚线为平均电流。

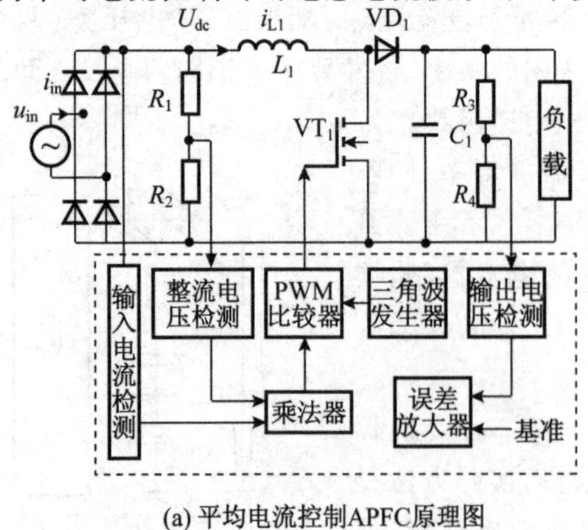

(a) 平均电流控制APFC原理图

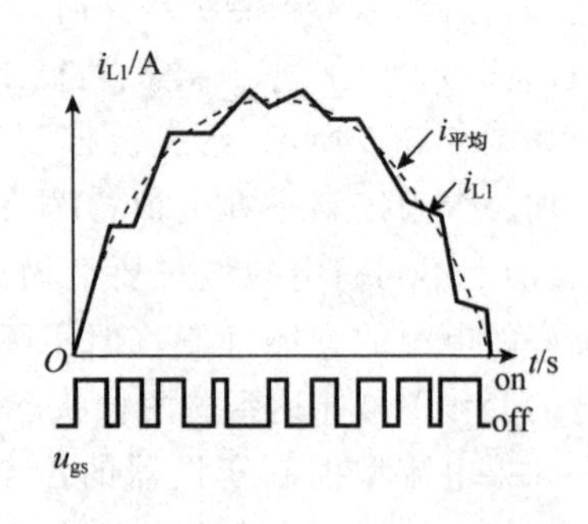

(b) 电感电流波形图

图6.6.3 平均电流控制法

平均电流型控制的想法是用一个比较器代替电流信号与误差放大器输出比较，第二个放大器用来提供电流信号与误差放大器之差的放大。这样，在标准电流型控制电流环带宽等于变换器的开关频率，平均电流型电流控制环可能减少了带宽。平均电流型电流误差放大器可随意补偿达到希望的带宽和相位裕度（采用与补偿电压误差放大器相同的技术）。可以用以上讨论的测量闭环的方法测量带宽和相位裕度。

稳定性一般要求外环（电压环）比内环（电流环）带宽窄，但电流型控制电流环带宽不能等于开关频率。

6.6.2　非最小相位系统

有时即使测量是正确的，但得到一个波特图没有任何意义。例如，波特图在低频附加相移为－180°，随频率增加穿越零度上升到某最大值，然后再次返回下降。此响应是非最小相位系统的特征，其波特图不足以决定系统是否稳定。

非最小相位系统是任何开环传递函数在右半平面零的系统。通过了解反激变换器如何工作很容易明白这意味着什么。

对于一个反激变换器，当负载电流增加（负载电阻减少）时，输出电压开始瞬时下降，为了输出更多功率，就要在初级电感中存储更多的能量，反馈增加晶体管的占空比，即晶体管导通时间延长。这意味着在此期间直到它再次关断前没有能量传输到负载。但是引起输出电压的进一步降低。如果环路没有设计处理好这个关系，电压保持跌落。因此，这是 180°相位移，就是基本右半平面为零，增加占空比减少输出电压。

设计变换器的带宽保证右半平面零点出现在比带宽更高的频率。但是，应当小心，此零点随负载移动。所以需要检查四个工作限值（输入与输出电压的最大和最小，负载的最大和最小的四种组合），以确认右半平面零点没有问题。

6.6.3　系统稳定的一些概念

1. 输入和输出阻抗

作为实际反馈设计的最后的课题，要知道变换器的阻抗和对系统稳定的关系。这里“系统稳定”是特定的一组变换器相互作用的稳定。这是在实际设计工作中常遇到的情况：例如，5 V 输出变换器的输出挂有 3.3 V 输出的变换器，或功率因数校正变换器输出 400 V，然后用一个变换器降压输出 12 V。关键问题是变换器的输入、输出阻抗必须保证整个系统稳定。

变换器输入阻抗是输入电流的变化引起多大的输入电压变化，它与变换器的传递函数紧密相关，图 6.6.4 所示是变换器输入阻抗的测试方框图。

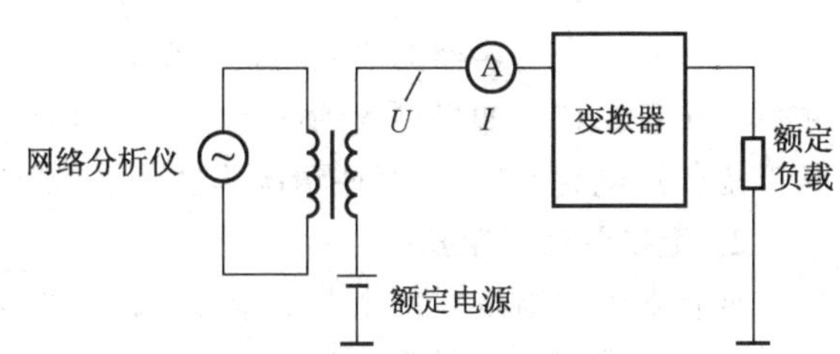

图 6.6.4　变换器输入阻抗测试方框图

测试时变换器应在额定负载和额定输入电源下工作，但在电源上面叠加一个来自网络分析仪的小交流扫频正弦信号。随着输入电压频率的改变，输入电流幅值也变化，两者变化量之比就是输入阻抗，$Z_{in}=\Delta U/\Delta I$，是频率的函数。

测试时注意刻度系数，通常电流测试头的刻度每格 10 mV。所以如果用 1∶1 测试电压，电流测试头设定 1 A/格，于是 1 V/1 A=1 Ω=1 V/(1 mV/A)=100，即 40 dB，则网络分析仪上读数为 40 dB，相当于 1 Ω。

对于高功率电源，可能需要功率放大器驱动变压器，而不是用网络分析仪直接驱动。必须找一个功率放大器，实际上最好的是线性放大器最好，因为失真度低。

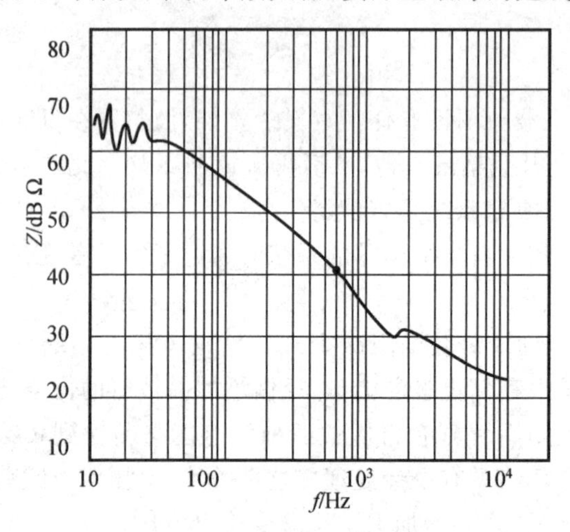

图 6.6.5 Buck 变换器的输入阻抗特性

如图 6.6.5 所示是 Buck 变换器的输入阻抗测量结果图，在低频时阻抗近似平坦为常数。设某 Buck 变换器输入为电压 15 V，电流 0.78 A，则输入阻抗为 15 V/0.78 A=19.2 Ω，即 20lg 19.2≈25 dBΩ，图上所示约为 65 dBΩ，实际测量的输入电流 750 mA。输入功率是 15 V×0.78 A=11.7 W，输出功率为 5 V×2 A=10 W，所以变换器效率为 85%。因为变换器是一个恒定负载，低频相移为−180°，如果增加输入电压，输入电流减少，会影响变换器的稳定性。

还要注意到，听到有人把变换器作为一个“负阻抗”，实际上是 180°相位移引起的，并且仅在低频这样说才是正确的。

如图 6.6.5 所示，随着频率的增加，输入电容的阻抗等于输入阻抗，此时频率为

$$f=1/(2\pi\times 19.2\ \Omega\times 220\ \mu\text{F})=38\ \text{Hz}$$

在这个频率以上，电容 90°相移对输入起主要影响。检查曲线注意转折：500 Hz 为 42 dB，即 1.26 Ω。则 $C=1/(2\pi\times 500\ \text{Hz}\times 1.26\ \Omega)=253\ \mu\text{F}$，比较合适的电容为 220 μF。

围绕这个谐振网络频率看到稍微有些波动，但不完全像开环情况，因为变换器与输入电容并联。在测量的频率上部，可以看到由于输入电容的 R_{esr} 接入使增益平坦，即

$$f=1/(2\pi\times 0.12\ \Omega\times 250\ \mu\text{F})=5.3\ \text{kHz}$$

这样看起来变换器的输入阻抗在低频时像一个“负”阻抗，中频时像一个电容，在高频像一个正阻抗。如果进入到高频情况，开始看到像一个电感，但在这些频率系统中必须考虑使用电缆问题，在某些情况为达到系统稳定，电缆可能很重要。

2. 变换器输出阻抗

变换器输出阻抗在概念上很相似于输入阻抗，当轻微改动负载电流，输出电压有多大变化？当然理想情况希望变化为零，因为需要与负载无关的输出电压。

测量的输出阻抗如图 6.6.6 所示，网络分析仪提供直流偏置和扫频正弦波，它驱动

可调的电子负载,负载由变换器拉出直流和交流电流(要使交流电流足够小,要保证负载总是拉电流一不能是电流源!),输出阻抗 $Z_o = U/I$ 是频率的函数。

不要用一个电阻性负载与电子负载并联,因为变化输出电压改变了流过电阻的电流。再次使用 Buck 变换器测量输出阻抗,图 6.6.7 示出了 Buck 变换器的输出阻抗,图中 1 Ω 即 40 dB,几乎到达图顶部,在低频段,输出是电感。在 100 Hz 有一个标号,阻抗为 10.3 dB,即 −29.7 dBΩ = 32.7 mΩ,所以电感为 $L = 1/(2\pi \times 100\ \text{Hz} \times 32.7\ \text{m}\Omega) = 49\ \mu\text{H}$,与实际的 35 μH 一致较好。在输出谐振网络频率,输出阻抗达到峰值,并以后由输出电容控制(在频率上部可以再次看到 R_{esr})。

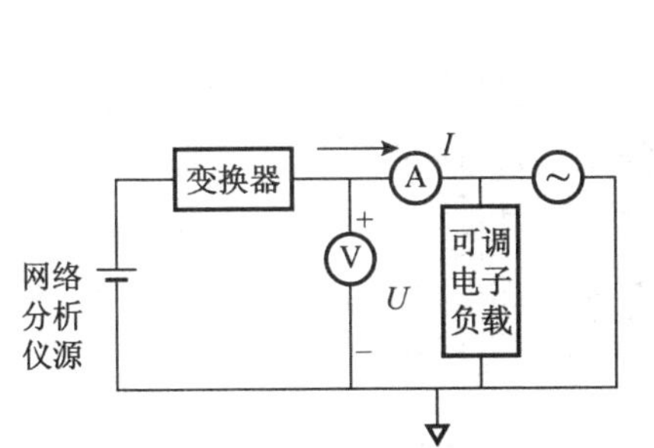

图 6.6.6　输出阻抗测试示意图

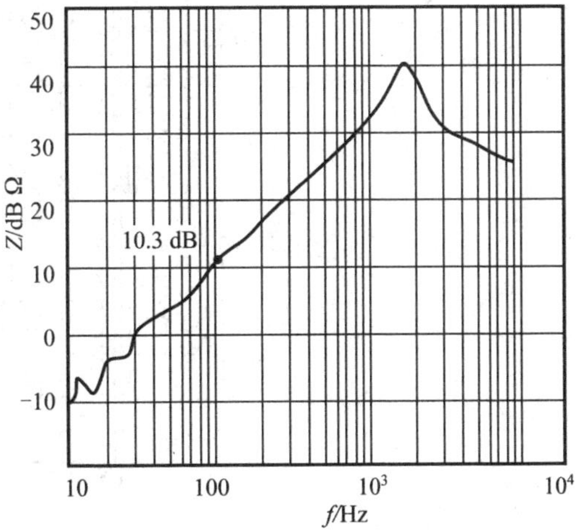

图 6.6.7　Buck 变换器输出阻抗的频率特性

3. 两个稳定系统可能组成不稳定系统

图 6.6.8 所示是两个变换器级联连接,尽管每个都具有足够的相位裕度而稳定,但当将它们级联起来,一个作为另一个负载时,测量两个输出电压时,发现振荡。

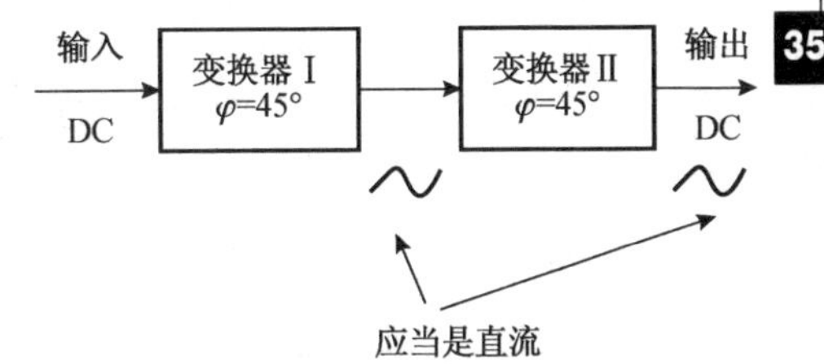

图 6.6.8　两个系统串联可能构成不稳定系统

为保证两个变换器串联在一起而不引起振荡一般按下面两个规则处理。

规则 1:第一个变换器的输出阻抗在整个频率范围小于第二个变换器的输入阻抗。

规则 2:第一变换器的带宽大于第二个变换器的带宽。

这仅是保证稳定的一个方便方法,即使不满足这个规则,虽然需要更加细心研究,但系统还可能稳定。当实际组成一个系统时,需要确认每个单独的变换器在连接之前是稳定的。

4. 不稳定系统

已经通过设计 Buck 变换器的补偿网络获得一个稳定的装置。假定由于某些不恰当的理由将这些 Buck 变换器串联起来。(即第一个产生输出是 15 V,它供给第二个。

第一个输入可能是45 V,第一个变换器的开关频率是第二个变换器的三倍,所有元件维持原来的值,变换器的环路和阻抗保持相同)。

这个系统虽然按规则2级联,至少后面的变换器不比前面的变换器带宽宽。但是明显违背了规则1,如图6.6.9所示,注意到在频率大于1.2 kHz时输入阻抗和输出阻抗重叠部分表明源阻抗(输出阻抗)大于负载阻抗(输入阻抗)。这不能保证系统是否稳定。但是看到15 V和5 V输出以大约1.2 kHz振荡也正常。

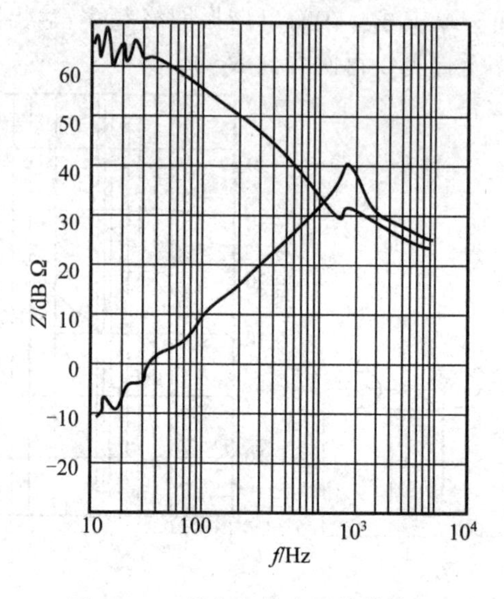

图 6.6.9 输入与输出阻抗的叠加

第 7 章

损耗与散热设计

开关电源是功率设备，功率元器件损耗大，损耗引起发热，导致元器件温度升高，为了使元器件温度不超过最高允许温度，必须将元器件的热量传输出去。变压器和电容器利用元件表面将热量散发到环境中；功率器件一般需要散热器和良好的散热措施。同时，输出一定功率时损耗大，也意味着效率低。

7.1 热传输

电子元器件功率损耗以热的形式表现出来，热能积累增加了元器件芯片和结构温度，与外界环境温度产生温度差，热量就从高温向低温传输。元器件内部温度受芯片PN结或绝缘最高允许温度限制，在一定环境温度条件下必须提高元器件的热传输能力。热能通过传导、对流和辐射从热源传输到环境。当损耗功率与耗散到环境的功率相等时，内部温度达到稳态。

7.1.1 传　导

传导(conduction)是热能从一个质点传到下一个质点，传热的质点保持它原来的位置的热传输过程。图7.1.1是等截面棒固体内的热传输。

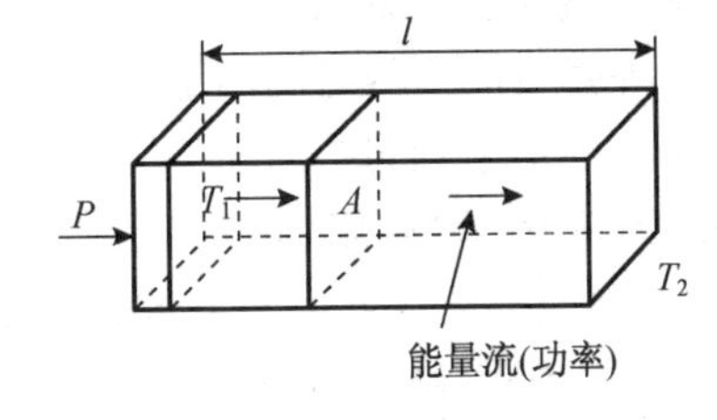

图 7.1.1　等截面棒热量传输

热量从表面温度为 T_1 的一端全部传递到温度为 T_2 的另一端，单位时间传递的能量，即功率表示为

$$P = \lambda A\ (T_1 - T_2)\ /l = \Delta T\ /\ R_{th} \tag{7.1.1}$$

$$R_{th} = l/\lambda A \tag{7.1.2}$$

式中：R_{th} 称为热阻(℃/W)；l 为热导体传输路径长度(m)；A 为垂直于热传输路径的导热体截面积(m^2)；$\Delta T = T_1 - T_2$，为温度差(℃)；λ 为棒形材料的热导率($W \cdot m^{-1}℃^{-1}$)。常见材料的热导率如表7.1.1所列。

表 7.1.1　材料热导率

材料名称	空　气	铝	氧化铝	氮化铝	铜	氧化铍	铁
热导率 $\lambda/[W \cdot m^{-1}℃^{-1}]$	2.4×10^{-2}	225	16.7	156	401	100	71
材料名称	金	云　母	环氧树脂	硅橡胶	硅　脂	聚酯薄膜	
热导率 $\lambda/[W \cdot m^{-1}℃^{-1}]$	339	0.67	0.3	0.26	0.192	0.157	

【例题 7.1.1】 氧化铝绝缘垫片厚度为 0.5 mm，截面积 2.5 cm²，求热阻。

【解】 由表 7.1.1 查得 $\lambda = 16.7\ \mathrm{W \cdot m^{-1}℃^{-1}}$，$R_{th} = l/\lambda A = [0.5 \times 10^{-3}/(16.7 \times 2.5 \times 10^{-4})]℃/W = 0.12\ ℃/W$。与电路中欧姆定律类似，功率 P 相当于电路中的电流，温度差 ΔT 相当于电路中的电压，而热阻 R_{th} 相当于电路中的电阻。

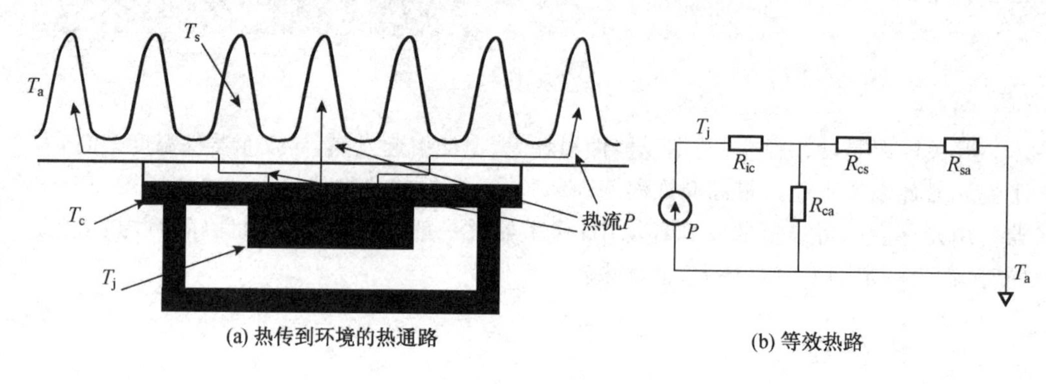

图 7.1.2　功率器件热传输和等效热路图

以晶体管为例，半导体 PN 结的热量传输到周围环境通常经过几种不同材料传输，每种材料有自己的热导率、截面积和长度，多层材料的热传输可以建立热电模拟的热路图。图 7.1.2 所示是功率器件热传输和等效热路图，图(a) 表示了硅芯片功率损耗产生的热传到环境的热通路，图(b) 是它的等效热路。芯片产生的损耗 P 从半导体芯片通过焊接材料传输到金属外壳的热阻称为传导热阻 R_{jc}，外壳直接传递到环境的热阻称为 R_{ca}，由外壳与散热器之间的绝缘层传递到散热器的传导热阻为 R_{cs}，经散热器传到环境的热阻为 R_{sa}。在有散热器时，一般 R_{ca} 与($R_{cs} + R_{sa}$) 相比要大，将并联支路 R_{ca} 忽略，由 PN 结到环境的总热阻为

$$R_{ja} = R_{jc} + R_{cs} + R_{sa} = R_{th} \qquad (7.1.3)$$

式中的热阻 R_{jc} 和 R_{cs} 可以按式(7.1.2) 计算，热阻 R_{sa} 以后介绍计算方法。如果功率器件损耗功率为 P，则结温为

$$T_j = PR_{th} + T_a \qquad (7.1.4)$$

要使结温 T_j 不超过最高允许温度 T_{jm}，应当降低器件功耗 P，或者减少热阻。封装、管壳和芯片结构、焊接材料和材料厚度一旦确定，就决定了 PN 结到壳的内热阻 R_{jc}。焊接材料不仅要考虑传导热阻尽可能小，而且还要考虑管芯材料热膨胀系数相近等。

手册中常给出在给定环境温度 T_a 条件下最高允许结温 T_{jm}，最大允许功率损耗 P_m 和结到壳热阻 R_{jc}；或给出最高允许结温 T_{jm}、最大允许功率损耗 P_m 和允许壳温 T_c。如果是后者，根据已知数据就可以知道结到壳的热阻

$$R_{ja} = R_{jc} = (T_{jm} - T_c)/P_m \quad (单位：℃/W) \qquad (7.1.5)$$

有时手册还给出了功率管不带散热器的壳到环境热阻 R_{ca}，这种情况下，要使得结温不超过最高结温，功率管允许的损耗为

$$P_m = (T_{jm} - T_a)/(R_{jc} + R_{ca})$$

壳到散热器通常有一层绝缘导热垫片，绝缘垫片可以用氧化铝、氧化铍、云母和硅

橡胶或其他绝缘导热材料。壳到散热器热阻 R_{cs} 包含两部分，即绝缘垫片热阻和接触热阻。绝缘导热垫片热阻可按式(7.1.2) 计算。例如用于 TO－3 封装的 75 μm 绝缘云母片热阻大约 1.3 ℃/W。而接触热阻与接触表面状态、接触压力等因素有关，即使是精加工很好的固体表面，两表面之间总是点接触，随着压力增加，接触面加大，热阻减少。但当压力增加到一定大小以后，压力加大接触面增加有限，并不能明显减少热阻。同时过大的安装力可能使得管壳受到扭力，造成芯片变形，或芯片与管壳间焊接裂纹，导致芯片热阻增加，甚至损坏芯片，因此大功率器件有安装压力的限制。如果采用螺母安装，规定安装力矩限值，一般采用专用力矩扳手旋紧螺母。

由于固体表面不完全接触，接触表面之间总有空气隙存在，对热阻影响很大。因此，要求材料接触表面应当平整，没有凸出和凹陷，并在适当压力的前提下，绝缘垫片涂有良好导热的氧化锌硅脂，排挤表面间空气，使接触热阻下降 50%～30%。TO－3 封装的三极管表面，当涂有硅脂或导热材料时，接触热阻大约为 0.4 ℃/W，如果应用硅脂过多，涂层太厚反而增加热阻，接触热阻 R'_{es}(单位：℃/W) 可按下式计算

$$R'_{es} = \beta/A \tag{7.1.6}$$

式中：A 为接触表面积；β 为热传导系数，金属与金属传导时为 1，对金属阳极化为 2；如果有硅脂分别为 0.5 和 1.4。

在电源开机、关机和瞬态过载等情况下，功率器件往往有瞬间损耗(如过流浪涌和过压浪涌)，大大超过平均损耗，短时间内，不可能依靠传导将热量传输到环境，几乎在绝热情况下引起芯片结温瞬间升高。结温是否超过最大允许结温，与功率浪涌持续时间以及器件的热特性有关。

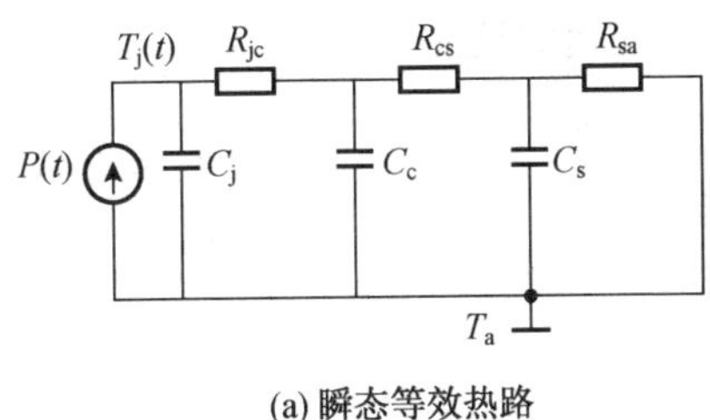

(a) 瞬态等效热路

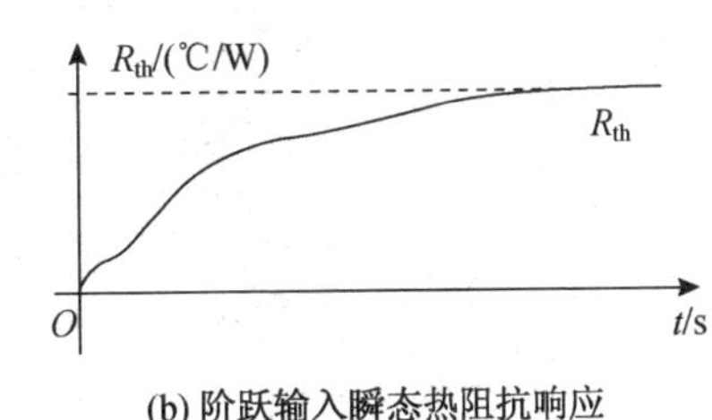

(b) 阶跃输入瞬态热阻抗响应

图 7.1.3　热等效电路及热响应

物体或介质将热从热源传输到环境过程中，在达到稳态之前，必须吸收一定的热能将物体或介质加热到自身高于环境的相应温度，而当热源去掉后，存储在物体或介质的热能经过一定时间释放掉，才能将温度降低到环境温度，这相似电容的充电和放电效应，因此在热电模拟等效热路中引入热容的概念。

对于一定质量的物体，温度上升高低与输入的热量成正比，即

$$Q = C\Delta T \tag{7.1.7}$$

式中：Q 为热量(J 或 cal)；ΔT 为温升(K)；C 为材料的热容量(J/K)。

热容也可以表示为

$$C = C_T m \tag{7.1.8}$$

式中：$m=dV$，为物体或介质的质量(g)，d 为物体或介质的密度(g/cm^3)，V 为物体的体积(cm^3)；C_T 为材料的比热容(cal/(g·K))。几种常用材料的比热容如表7.1.2所列。

表 7.1.2 几种常用材料的比热容

材 料	铜	铁	铝	钼	镍	银	锡
C_T/[cal/(g·K)]	0.093	0.105	0.213	0.06	0.106	0.056	0.054

注：1 cal = 4.18 J。

瞬态热特性由热扩散与时间关系的方程决定，求解方程已超出本书讨论的范围。近似解可以采用图7.1.3(b)所示的热电模拟，设输入功率 $P(t)$ 为阶跃函数，短时间结温表示为

$$T_j(t)=P_m(t/\tau)^{1/2}R_{th}+T_a \tag{7.1.9}$$

式中：P_m 为功率阶跃幅值。

假定 t 小于热时间常数，τ 近似值为

$$\tau=\pi R_{th}C_s/4 \tag{7.1.10}$$

实际器件中，热传输路径中不是一种材料，而是多种材料的多层结构，实际热系统是非线性高阶系统，如图7.1.3(b)所示，是瞬态热阻 $R_{th}(t)$ 随时间变化曲线，制造厂在功率器件手册中常提供如图7.1.4所示的瞬态热阻 $R_{thjc}(t)$ 曲线。

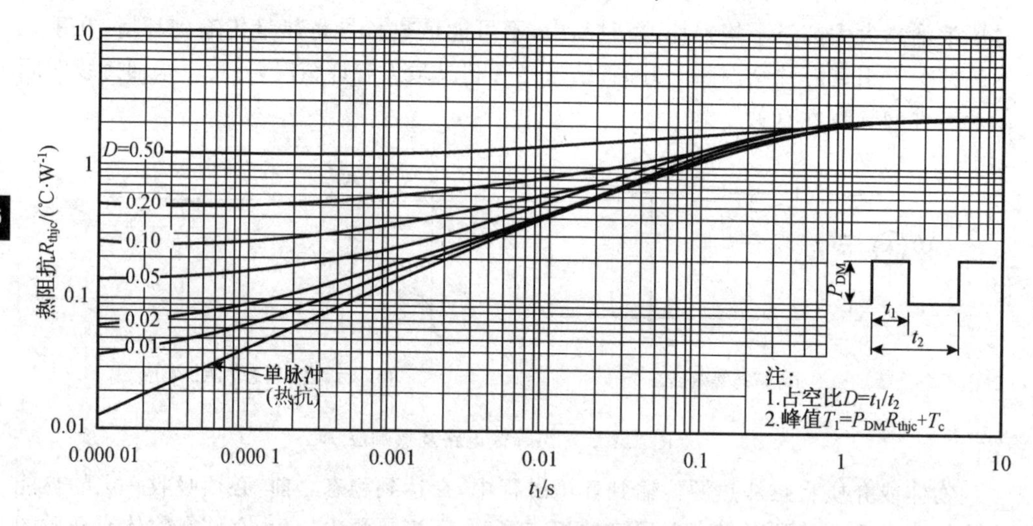

图 7.1.4 IRFI4905 MOSFET 结到壳最大瞬态热阻抗图

如果输入功率的时间函数已知，可以利用热抗曲线预估结温

$$T_j(t)=P(t)R_{th}(t)+T_a \tag{7.1.11}$$

热阻 $R_{thjc}=0.5$ ℃/W。如果功率脉冲是持续时间很短的单次矩形功率脉冲，热量不可能传导到环境，甚至不能传递到管壳。影响温升的主要是热容，当重复脉冲功率输入时，传导热阻发生作用。

例如，IRFI4905通过启动时瞬时矩形功率脉冲50 W，脉冲宽度20 μs，占空比 $D=$

0.2，查得 $R_{thjc} = 0.5$ ℃/W，壳温 25 ℃，于是 $T_j = (50 \times 0.5 + 25)$℃ $= 50$ ℃。实际上，功率脉冲一般不是矩形的，可以用脉冲相等幅值 P，能量（功率时间积分）相等原则求出脉冲宽度 t_1，如图 7.1.5 所示。

式(7.1.3) 已经解决了 R_{jc} 和 R_{cs}，R_{jc} 由器件厂商提供，R_{cs} 根据绝缘要求选取适当的材料计算求得。在一定的损耗功率 P 时，要选择恰当的散热器，保证器件结温不超过最大允许结温。热源主要来自于元器件、变压器线圈、磁芯材料及其他损耗功率元件，先是将热量传导到表面，再从表面通过对流和辐射将热量传递到环境。生产厂提供的散热器数据是该散热器在规定环境温度散热器到环境的热阻 R_{sa}。此热阻包含了辐射和对流热阻。如果没有提供相关数据，可以通过计算求得热阻，因此有必要了解散热器对流和辐射热传输机理。等效热路中对流和辐射热阻并联后与传导热阻串联。

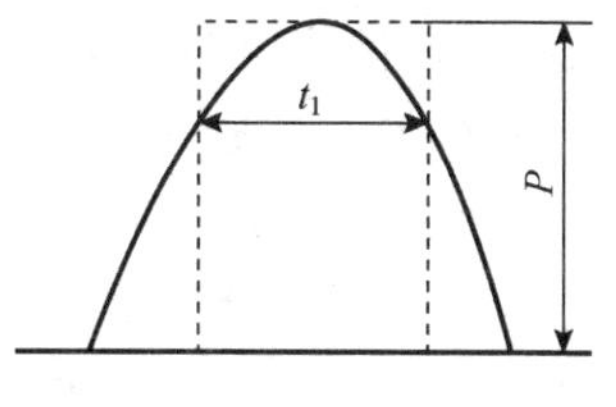

图 7.1.5　等效功率脉冲

7.1.2　辐射传热热阻

以电磁波形式传递热能的方式称为辐射(radiation)。根据斯蒂芬-波耳兹曼定律，经辐射传输的热能为

$$P = 5.7 \times 10^{-8} EA(T_s^4 - T_a^4) \tag{7.1.12}$$

式中：P 为辐射功率(W)；E 为表面发射率；T_s 为表面温度(K)；T_a 为环境温度或周围物体温度；A 为散热器外表面，包括叶片(m^2)。

对于黑色表面如黑色阳极化铝散热器表面发射率 $E = 0.9$；对于磨光铝，$E < 0.05$；对于黑色阳极化铝散热器，可以将式(7.1.12) 重新写成

$$P = 5.1A[(T_s/100)^4 - (T_a/100)^4] \tag{7.1.13}$$

根据热路欧姆定律，辐射热阻 R_{rth} 为

$$R_{rth} = \frac{\Delta T}{P} = \frac{\Delta T}{5.1A[(T_s/100)^4 - (T_a/100)^4]} \tag{7.1.14}$$

如果 $T_s = 120$ ℃ $= 393$ K；$T_a = 20$ ℃ $= 293$ K，则辐射热阻为

$$R_{rth} = 0.12/A \tag{7.1.15}$$

【例 7.1.1】　每边 10 cm 表面阳极化的黑色立方体，表面温度 $T_s = 120$ ℃，环境温度为 $T_a = 20$ ℃，求辐射热阻 R_{rth}。

【解】

$$R_{rth} = \frac{0.12}{6 \times 0.1^2} \text{℃/W} = 2 \text{℃/W}$$

7.1.3　对流热阻

通过加热流体介质流动来传输热量称为对流(convection)。强迫被加热的流体介质流动称为强迫对流，流体被加热后引起密度变化，如密度变轻（如空气、油等）自然上升带走热量称为自然对流。空气稳态对流热阻：

$$R_{cth} = 1/(h\Delta T v A) \tag{7.1.16}$$

式中:h 为膜层散热系数;A 为热对流通过的面积。

除了流体温度和流体流速外,参数 h 与流体的性质、紊流程度有关。紊流程度与通道形状、散热器有关,特别是散热器叶片间空间有关。所有传输到对流的热来自于传导与对流的交接面。铝散热器叶片是用空气流动带走热的最终对流交接面。在热交换器中,通过移开液体将热移开。

通过散热器叶片的空气流引起空气紊流。紊流引起明显的流体混合,并因此热传输较好,即提供低热阻。用雷诺数 Re 给出叶片间隔、流速和紊流关系:

$$Re = \rho v w/\eta \tag{7.1.17}$$

式中:ρ 为流体密度;v 为流体速度;w 为通道宽度;η 为流体的黏稠度。

高雷诺数 R_e 意味着高紊流,也就是低热阻。雷诺数一定时,通道宽度与速度的乘积决定了获得紊流的程度,宽通道低速和高速窄通道情况下流通的流体有利获得紊流。用这样的概念设计散热器叶片间距离。自然冷却散热器叶片之间的距离应较大,一般要达到10～15 mm。如果间距小于10～15 mm,散热效果变差。强迫风冷的散热器一般可以采用较窄片距。另外电源内部元件之间安装不能太靠近,否则阻碍对流散热。

如果垂直表面高度 $h < 1$ m,对流带走的功率

$$P = 1.34A(\Delta T)^{1.25}/h^{0.25} \tag{7.1.18}$$

式中:ΔT 为物体温度与环境空气的温度差(℃);A 是垂直表面积(m^2),也可以是物体总表面积;h 是物体垂直高度(m)。

根据热欧姆定律,对流热阻

$$R_{cth} = \frac{1}{1.34A}\left(\frac{h}{\Delta T}\right)^{1/4} \tag{7.1.19}$$

如果 $h = 10$ cm,$\Delta T = 100$ ℃,则 $R_{cth} = 0.13/A$。

【例7.1.2】 有一个薄板表面温度为120 ℃,环境温度为20 ℃,板高10 cm,宽30 cm,求对流热阻 R_{cth}。

【解】

$$R_{cth} = \frac{1}{1.34A}\left(\frac{h}{\Delta T}\right)^{1/4} = \left[\frac{1}{1.34\times 2\times 0.1\times 0.3}\left(\frac{0.1}{100}\right)^{1/4}\right]℃/W = 2.21\ ℃/W$$

注意上式分母中的"2",表示散热平板的两面。

如果立方体与薄板面积相同,对流热阻与例7.1.1相同,$R_{cth} = 2$℃/W,则辐射和对流总热阻 R_{rcth} 为

$$R_{rcth} = \frac{R_{cth}R_{rth}}{R_{cth} + R_{rth}} = 1.1\ ℃/W$$

上式结果比实际情况低些,因为从表面水平向上比垂直表面移开热量要多15%～25%。表面向下比垂直表面传热下降大约33%,如果向下表面很大传热下降得更多。这意味着例7.1.2计算一个六方体对流热阻比计算值大10%～20%,这增加对流热阻大约4%。上式计算结果修正后增加热阻2%。

由上面讨论可知，热阻与 T_s、T_a 和 ΔT 有关。通常散热器不可能安装在空气充分流通场合。采用近似计算时应使用总表面积，而不采用水平向上和向下表面面积。

散热器叶片距离越近，空气流通越困难，如图7.1.6是叶片距离小于25 mm自然冷却对流表面减少系数($F < 1$)曲线。根据叶片间距离，得到减少系数 F，将式(7.1.17)中 A 乘以系数 F，叶片间距离越小，F 越小，热阻增加越大。

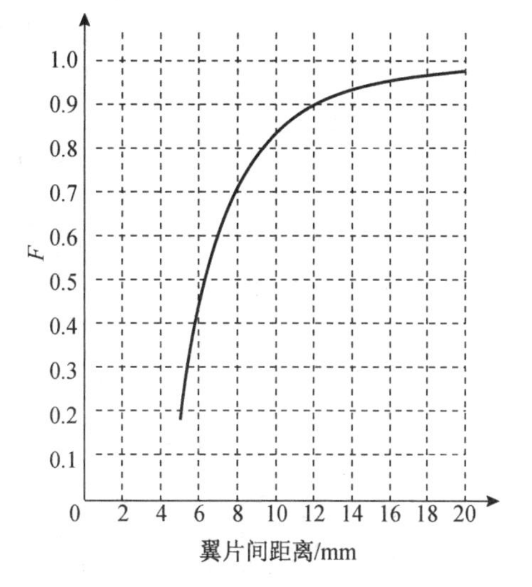

图7.1.6 自然冷却散热器对流面积减少系数

常用的散热器有平板、叉指型和叶片铝型材，散热器表面黑色阳极化使热阻减少25%，同时增加了成本。自然对流冷却的热时间常数一般在4～15分钟。如果采用风扇冷却，热阻要下降，使得散热器小而轻，但也减少热容 C_s，降低了承受热冲击能力。对于强迫通风冷却的散热器热阻要比自然对流冷却的散热器小得多。强迫风冷散热器的热时间常数典型值可以小于1分钟。用于强迫风冷散热器叶片之间距离可以为几个mm。在高功率定额，采用热管、油冷和水冷技术进一步改善热传导。

半导体器件规定了最高结温 T_{jm}，在最高环境温度 T_{am} 下工作时，当功率损耗 P 一定时，根据式 $T_j = PR_{th} + T_a$ 得到

$$R_{sa} = (T_{jm} - T_{am})/P - R_{jc} - R_{cs} \tag{7.1.20}$$

如果器件结温为 $T_{jm} = 125$ ℃，封装为TO-3的晶体管，其功耗为 $P = 26$ W，制造厂提供 $R_{jc} = 0.9$ ℃/W。使用带有硅脂的75 μm云母垫片，其综合热阻为 $R_{cs} = 0.4$ ℃/W。散热器安装处最坏环境温度是 $T_{am} = 125$ ℃，根据式(7.1.20)求得散热器到环境的热阻为

$$R_{sa} = [(125 - 55)/26 - (0.9 + 0.4)]\ ℃/W = 1.39\ ℃/W$$

手册中常给出铝型材单位长度热阻 R，单位为℃/(Wm)，由计算出的散热器热阻求出需要该散热器型材的长 $l = R_{sa}/R$。

7.1.4 散热器计算举例

【例题7.1.3】 根据前面讨论的设计原则，估算图7.1.7所示散热器——环境热阻 R_{sa}。设表面温度为 $T_s = 120$ ℃，环境温度为 $T_a = 20$ ℃。

【解】 有效表面积为

$$A_{rs} = (2 \times 0.12 \times 0.08 + 2 \times 0.07 \times 0.08 + 0.12 \times 0.07)\,m^2 = 0.0388\ m^2$$

需要注意的是，因计算的是辐射热阻 R_{rth}，辐射向空间直线发射，故只考虑外廓尺寸，不计散热片的面积。

辐射热阻 $R_{rth} = (0.12/0.0388)$℃/W $= 3.1$ ℃/W，叶片之间间隔为10 mm，这大大减小了散热器自然对流的影响。

根据式(7.1.17)修正对流热阻为

$$R_{\mathrm{cth}} = \frac{1}{1.34AF}\left(\frac{d}{\Delta T}\right)^{1/4}$$

减少系数 F 如图 7.1.6 所示。图 7.1.7(a) 中对流冷却曝露表面的近似值为

$$A = 16A_1 + 2A_2 = (16 \times 0.08 \times 0.07 + 2 \times 0.1 \times 0.08)\mathrm{m}^2 = 0.1056\ \mathrm{m}^2$$

查图 7.1.6 叶片间隔为 10 mm 得到 $F = 0.83$,对流热阻为

$$R_{\mathrm{cth}} = \left[\frac{1}{1.34 \times 0.1056 \times 0.83}\left(\frac{0.08}{100}\right)^{1/4}\right] ℃/\mathrm{W} = 1.43\ ℃/\mathrm{W}$$

综合辐射和对流的热阻为

$$R_{\mathrm{sa}} = \frac{3.1 \times 1.43}{3.1 + 1.43} ℃/\mathrm{W} = 0.98\ ℃/\mathrm{W}$$

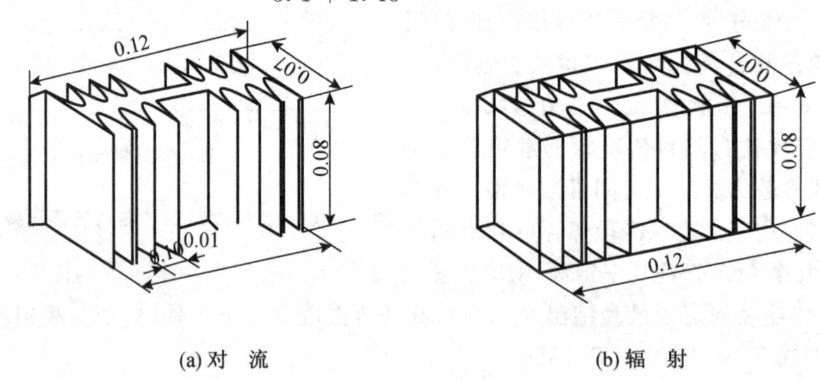

图 7.1.7　散热器热阻计算(单位:m)

7.1.5　强迫对流

当损耗功率较大,又要求体积较小时,通常采用强迫风冷、水冷或油冷。强迫对流(convection)涉及流体动力学问题,超出本书范围,这里仅以风冷为例。

如果损耗功率为 P,则在时间 t 内损耗的能量为 $Q = Pt$。

一定海拔高度,体积为 V,空气温度升高 ΔT 需要的能量 $Q = C\Delta TV$。

当两者相等时,达到温度稳定,耗散功率为

$$P = C\Delta TV/60t = C\Delta TS/60$$

式中:C为规定海拔空气单位体积热容(J/(℃·dm^3));$\Delta T = T_1 - T_2$;T_1 为风道入口温度;T_2 为风道出口温度;S 为空气流量(dm^3/min)。系数 60 将分钟化成秒。损耗功率为 P 时空气流量 $S = C\Delta T/60P$,假定风速为 v,风道截面积 A 为 $A = S/v$,一般风速 $v > 5$ m/s。

7.2　半导体器件结温和损耗

7.2.1　结　温

半导体器件内部温度理论上限值是轻掺杂区多子密度等于该区本征载流子密度的

温度。当温度超过 280 ℃,PN 结失去单向导电性。最高允许结温越高,则允许损耗功率越大,但超过 200 ℃ 损耗太高,在手册中允许结温远小于此值。为保证器件最大参数如导通压降,开关时间和规定最大温度时的开关损耗,器件的上限温度各不相同,最高允许结温 T_{jm} 通常在 125 ～ 180 ℃ 范围内。

在选择器件时,从系统的可靠性考虑,最差情况下结温应当低于器件最高允许结温 20 ～ 40 ℃。虽然有些功率器件,小功率器件,集成电路芯片 IC 可以工作在稍微高于 200 ℃,但是它们的可靠性是很低的,同时它们工作特性变得很差,生产厂不保证在结温以上的工作参数,要是一定要工作超过最大结温,设计者与生产厂必须对大量器件在应用情况下(高温) 筛选,否则不能保证制造的变换器不失误,但这样做是劳民伤财。

在某些高环境温度特殊应用场合,只能进行器件筛选。设备出厂前必须做 48 ～ 150 h 的满载、最高环境温度老化测试。在设计电力电子设备时,特别是高环境温度设备,必须在设计初期就要预计元器件的损耗并考虑热传输问题,估计散热器尺寸和重量,在机箱内安放位置及其周围的温度。热设计不好,将使设备的可靠性大大降低。根据经验,半导体器件高于温升 50 ℃,每增加 10 ～ 15 ℃ 寿命下降一半,正确选择散热器只是电力电子设备的第一步。

7.2.2 功率元器件损耗

功率元器件因不是理想的,都存在损耗。变压器电感有磁芯铁损耗和线圈铜损耗,在第 4 章磁芯元器件设计中专门讨论。电容有交流等效串联电阻 R_{esr} 损耗,在第 3 章元件的选择中讨论。功率半导体器件有导通损耗、截止损耗和开关损耗,驱动电路还有驱动损耗。损耗计算和预计给散热设计、可靠性预计、结构设计以及元器件选择提供依据。

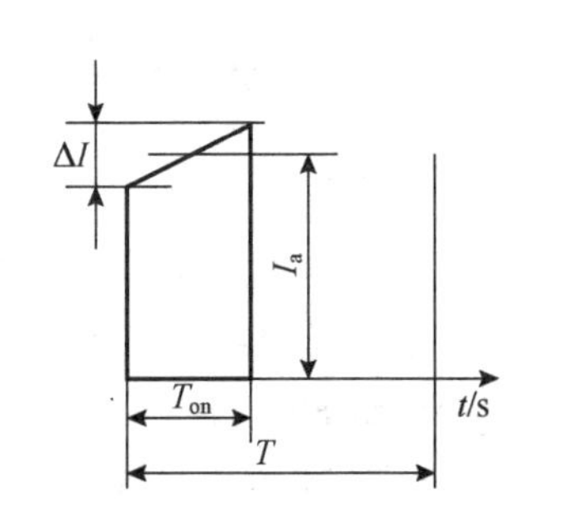

图 7.2.1 流过电阻的电流波形

首先研究一个功率电阻的损耗。如图 7.2.1 所示是流过电阻的电流波形,如果流过 10 Ω 电阻电流中值幅度为 10 A,纹波电流为 2 A,占空比 $D = 0.36$,工作频率为 100 kHz,电阻的峰值功率为 $P_p = I_p^2 R = (11^2 \times 10)\ \text{W} = 1210\ \text{W}$。平均功率为

$$P = \frac{1}{T}\int_0^{T_{on}} R\left[I_a + \left(-\frac{\Delta I}{2} + \frac{\Delta I}{T_{on}}\right)\right]^2 dt = DR\left(I_a^2 + \frac{\Delta I^2}{12}\right) \approx (0.36 \times 10 \times 10^2)\ \text{W} = 360\ \text{W}$$

也可以用电流的有效值计算电阻损耗,电流有效值为

$$I = \sqrt{\frac{1}{T}\int_0^{T_{on}} \left[I_a + \left(-\frac{\Delta I}{2} + \frac{\Delta I}{T_{on}} t\right)\right]^2 dt} = \sqrt{D\left(I_a^2 + \frac{\Delta I^2}{12}\right)} \tag{7.2.1}$$

一般情况下,用电流有效值计算元器件脉冲损耗。如纹波电流 $\Delta I < 0.3 I_a$ 就可以忽略,一般近似为

$$I = I_a \sqrt{D} \tag{7.2.2}$$

用式(7.2.2)计算上例,结果是相同的。所有电阻损耗都是必须用电流有效值计算,例如电容的串联等效电阻 R_{esr} 引起的损耗,应采用纹波电流有效值计算;电感和变压器的铜损耗,分为直流损耗和交流损耗,直流损耗用直流电阻和直流电流有效值计算,交流损耗则用交流电阻和交流电流有效值计算。在开关电源中常用的功率元件主要有功率二极管和经常采用 MOSFET 的功率开关管,下面介绍它们的功率损耗计算。

1. 二极管损耗

计算二极管损耗必须知道其电流、电压波形。由于结构不同,不同二极管的电流、电压波形是不一样的,即使相同二极管,由于在电路中的工作情况不同,电流和电压波形也不同。一般通过实际测试获得。如图 7.2.2 所示为快恢复二极管的电流、电压波形。

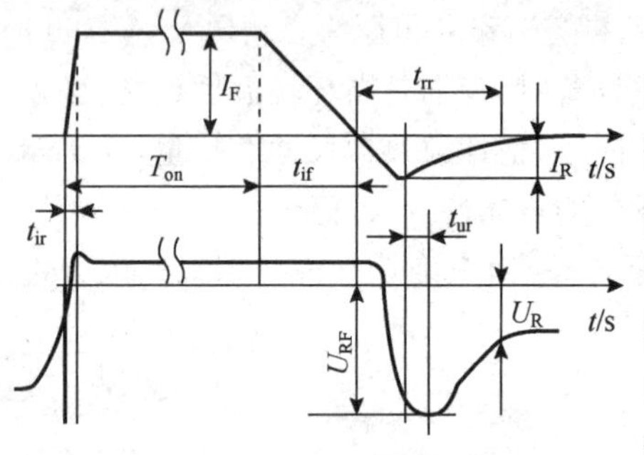

图 7.2.2 二极管电流电压波形

如果有电流电压面积仪测量,则方便许多。如果采用由检测得到的电流波形去计算二极管损耗,需要做若干数学近似处理。其原因是 t_{ir} 电流上升时间和反向电压上升时间 t_{ur} 很短,可以忽略。反向电流的上升时间也忽略,即二极管电流一旦反向,电压就上升到额定反向电压,反向电流持续时间,就是反向恢复时间 t_{rr},二极管损耗可以计算如下:

$$P_D = \frac{T_{on}}{T}U_F I_F + \frac{t_{if}}{2T}U_F I_F + \frac{t_{rr}}{2T}U_R I_R \tag{7.2.3}$$

式(7.2.3)右边第一项为正向导通损耗;第二项为电流下降损耗,一般较小可以忽略;第三项为反向恢复损耗。

2. MOSFET 损耗

如图 7.2.3 所示是 MOSFET 场效应晶体管的电流和电压波形图,管子的损耗有三个部分组成,即导通损耗、栅极损耗和开关损耗。

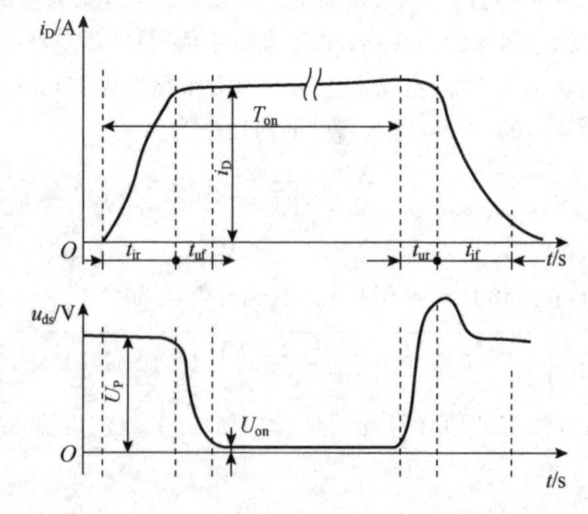

图 7.2.3 MOSFET 电流和电压波形

1）导通损耗

MOSFET场效应晶体管完全导通时，漏极和源极之间的等效导通电阻为 R_{on}，它的损耗为

$$P_{on} = DI_D^2R_{on} \tag{7.2.4}$$

应当注意手册上给出的导通电阻测试条件，测试时一般栅极驱动电压为 U_{gs} = 15 V。如果驱动电压小于测试值，导通电阻可能比手册大，而且导通损耗 $P = R_{on}I^2$ 也可能加大。多子导电的导通电阻 R_{on} 为正温度系数，导通电阻与温度关系为

$$R_{on}(T) = R_{25℃} \times 1.007^{(T-25℃)} \tag{7.2.5}$$

如果已经知道了热阻，根据导通损耗与开关损耗之和就可以计算结温，根据新的结温计算新的导通电阻，如此反复迭代，求得结温和导通损耗。

2）开关损耗

随着MOSFET的交替导通与截止，瞬态电压和电流的交越将产生功率损耗，称为开关损耗。在图7.2.3中，电流上升时间 t_{ir} 和电流下降时间 t_{if}，电压下降时间 t_{ur} 和电压上升时间 t_{uf}，它们之和称为开关时间 t_{sw}。假定电流电压上升与下降都是线性的，电流连续模式开关损耗为

$$P_{sw} = I_DU_pft_{sw}/2 \tag{7.2.6}$$

如果是断续模式，假定开通时间与关断时间相等，则只有关断损耗，公式如下：

$$P_{sw} = I_DU_pft_{sw}/4 \tag{7.2.7}$$

如果驱动电压越“硬”，则开关时间越短，开关损耗也就越小。

栅极损耗为驱动栅极电荷引起的损耗，即栅极电容的充放电损耗。它不是损耗在MOSFET上，而是栅极电阻或驱动电路上。虽然栅极电容与栅极电压是高度非线性关系，手册中给出了栅极达到一定电压 U_g 的电荷 Q_g，因此，驱动栅极的功率为

$$P = Q_gU_gf \tag{7.2.8}$$

请注意公式(7.2.8)中没有系数0.5，因为充电放电消耗相同的能量。如果实际驱动电压和手册对应的电荷规定电压不同，可以采用这样近似方法处理，用两个电压比乘以栅极电荷比较合理。即使栅极电压比手册规定的高，这样处理也是最好的，但密勒等效电容电荷仍是造成计算误差的主要因素。

总之，MOSFET的总损耗是由通态损耗、栅极充放电损耗和开关损耗组成的。而总损耗中通态损耗和开关损耗是MOSFET的主要损耗。

【例题7.2.1】 IRFP460漏极电流中值 I_a = 12 A，占空比 D = 0.36，截止电压 U = 400 V，开关频率 f = 70 kHz，开关时间 t_{sw} = 0.1 μs，环境温度40 ℃，25 ℃导通电阻 R_{on} = 0.27 Ω，R_{jc} = 0.45 ℃/W，R_{cs} = 0.24 ℃/W（有硅脂），R_{sa} = 1.1 ℃/W，求功率管的结温 T_j。

【解】 25 ℃时的导通损耗为

$$P = DR_{on}I_a^2 = (0.36 \times 0.27 \times 12^2)\ \mathrm{W} = 14\ \mathrm{W}$$

开关损耗为

$$P_{sw} = \frac{t_{sw}}{2} U I_a f = \left(\frac{0.1 \times 10^{-6}}{2} \times 400 \times 12 \times 7 \times 10^4 \right) \text{W} = 16.8 \text{ W}$$

$$T_j = P(R_{jc} + R_{cs} + R_{sa}) + T_a = [30.8(0.45 + 0.24 + 1.1) + 40] ℃ = 95.13 ℃$$

95.13 ℃时的导通电阻为

$$R_{on} = R_{25} \times 1.007^{\Delta T} = (0.27 \times 1.007^{95.13-25}) \Omega = 0.44 \Omega$$

95.13 ℃时的导通损耗为

$$P = D R_{on} I_a^2 = (0.36 \times 0.44 \times 12^2) \text{W} = 22.81 \text{ W}$$

核算结温:

$$T_j = P(R_{jc} + R_{cs} + R_{sa}) + T_a = [39.6(0.45 + 0.24 + 1.1) + 40] ℃ = 111.1 ℃$$

进一步计算111.1 ℃时的导通电阻$R_{on} = 0.5\ \Omega$,导通损耗25.92 W,结温116.4 ℃。继续迭代,最终结温为118 ℃,小于150 ℃,损耗为43.6 W。可以得到散热器温度为88 ℃,壳温为98.5 ℃。

7.2.3 功率BJT损耗

功率双极型晶体管(BJT)损耗计算方法与MOSFET相似,只是驱动(基极)损耗与MOSFET不同,是消耗在功率管上的。功率双极型晶体管的损耗为

$$P_c = I_{cs} U_{ces} D + \frac{I_{cs} U_p f t_{sw}}{2} + I_{bs} U_{bes} \tag{7.2.9}$$

式中:U_{ces}为功率管饱和压降,有抗饱和钳位,此压降要比饱和压降高。U_{bes}一般大于1 V,实际上驱动电压应远大于1 V,驱动损耗还要包含串联电阻损耗,但不消耗在功率管上。

7.2.4 半导体器件损耗测试

通常依据手册数据进行稳态损耗计算,但开关损耗计算存在很大误差。为了提高计算准确性,可以使用等效法求得器件损耗、温升和热阻。

测量确定工作条件(环境温度)下电源中功率管壳温T_c,然后用直流电源加载到功率管上,调节基极电流(或栅极电压)来调节功率管电流,即调节功率管损耗$P = UI$,在相同的条件下,达到功率管的壳温测试值,这时功率管损耗P为电源中功率管的损耗。已知损耗就可以测试壳到散热器温差和散热器到环境温差,就可以利用热的欧姆定律决定确定R_{cs}和散热器热阻R_{sa}。

7.2.5 电容器损耗

电容损耗主要是由R_{esr}产生的损耗组成的,如果电容的电流有效值为I,则电容损耗为

$$P_c = I^2 R_{esr} \tag{7.2.10}$$

7.3 变换器效率

效率是电源的重要指标,高效率意味着较小的体积或较高的可靠性,以及可以节约能源。

7.3.1 效率的定义

变换器的总输出功率除以总输入功率定义为效率

$$\eta = P_o/P_i \tag{7.3.1}$$

式中:P_o 为输出功率;P_i 为输入功率。

除了满足规范外,变换器输出功率一定时,变换器要损耗相应的功率,变换器消耗的功率以发热的形式表现出来。变换器温度对它的平均无故障时间 MTBF 影响很大,高效率、低温升使产品寿命长,体积、质量更小。

效率可能对使用电池供电设备更为重要,电池的容量是有限的,再次充电前节约每一点电能都可以延长电池的供电时间。

家用电器所用的开关电源的效率也很重要,因为在美国典型的家庭用电电流限制在 20 A 以下,如果变换器效率低,就不可能提供正常的输出,而且大部分功率消耗在变换器中,不可能有足够的电能传输到负载。

模块电源是很小的变换器,固化在一个扁平的外壳中。电源界所说的模块效率不是额定负载的最大效率(即说明书中所说的"效率高达……")。模块电源界的效率则是单个模块效率,模块电源需要再外加一些元件才能正常工作,效率计算时并没有考虑到这个问题。例如实际上还要加上 EMC 滤波、输入级的 PFC 校正和输出滤波等环节,这样系统效率当然还要降低,销售商并没有加以明示。变换器拓扑学术论文中的效率往往是功率级效率,既没有考虑辅助电源的损耗,也没有考虑到其他辅助电路 — 输入滤波,启动电路,电流检测 — 损耗,甚至未包括驱动损耗,因此讨论的效率也值得商榷。

电源效率的测试应在额定输入电压、满载条件下测得,不少电源常常工作在半载以下,更应当关注轻载效率,电源设计者在选择拓扑时应当特别注意。

7.3.2 总损耗

根据效率定义,电源的总损耗为

$$\Delta P = P_i - P_o = P_o(1/\eta - 1) \tag{7.3.2}$$

总损耗包括功率器件、变压器、滤波电路、缓冲电路、辅助电源、EMI 滤波、保险丝、假负载等一切损耗。有时"变换器效率",实际上仅只包含功率电路、变压器、整流滤波电路和缓冲电路损耗,不包含除此以外的其他电路损耗,甚至不包含功率开关驱动损耗。

电源设计开始,应当对所设计电源效率有一个恰当的估计,由此选择功率开关。用式(7.3.2) 计算出允许的总损耗。再根据所选择拓扑给出功率电路的允许损耗 —— 功率开关损耗 P_s,变压器损耗 P_T,滤波器损耗 P_f,漏感引起的损耗 P_{Ls},缓冲电路损耗

P_{sn},整流损耗 P_r 等等。辅助电源如果是直接取自于输入电压,不影响功率电路输入功率,可根据所选择的功率器件,保护电路和显示电路的消耗电流,单独给出允许损耗;如果辅助电源采用自举供电,在功率电路中还应当包含其损耗。

功率开关损耗 P_s 包括功率管导通和开关损耗。导通损耗与电流 I 或电流的平方 I^2 成正比。高压器件比低压器件导通电阻(或压降)大,更长的开关时间,因此通态损耗和开关损耗也大。开关损耗随频率增加而增加,因此高压大功率电源一般开关频率较低。IGBT 电压定额一般在 500 V 以上,导通压降在 2 ～ 3 V,从损耗的观点看不适宜工作在低电压(小于 200 V) 和工作频率超过 30 kHz 电路中。低压 MOSFET 电流定额越大,导通电阻越小。如果将大电流定额的器件用在小工作电流场合,导通损耗明显降低,但大电流器件的栅极电荷比小电流大,栅极驱动损耗将明显增加,因此必须在栅极损耗和导通损耗之间折中,但栅极损耗随开关频率增加而增加,如果采用大马拉小车,开关频率是调节损耗的重要因素。双极型功率管通态压降一般在 1 V 以上,为减少存储时间,通常采用抗饱和措施,导通压降增加。粗略估计,可以假定开关损耗等于导通损耗。

变压器损耗 P_T 包括磁芯损耗和线圈损耗(铜损耗)。正确设计和绕制的变压器效率一般在 98% 以上,但是反激变压器损耗大些。如果要求高效率,必须选择较低的磁感应,磁芯的体积较大。但是如果设计不当,损耗将明显增加。尤其是反激变压器如果存在较大漏感,钳位电路采用 RCD,损耗明显加大。

滤波损耗 P_f 包含滤波电感损耗和电容损耗。如果是连续模式电感,则主要损耗是线圈损耗,磁芯损耗可以忽略。电容存在串联等效电阻 R_{esr} 上的损耗,电感连续模式中,电容纹波电流较小,电容损耗也较小,整个滤波损耗约小于输出功率的 1%。如果是反激变压器,电容的 R_{esr} 损耗大大增加,滤波损耗就是电容损耗。

整流电路损耗 P_r 包括整流管正向压降引起的导通损耗,反向恢复引起关断损耗,以及为避免振荡二极管的缓冲电路损耗。低输出电压电源整流管导通压降是影响整机效率的主要因素,导通损耗可以用二极管的正向压降乘以输出电流来估计。因此输出电压越低,整流管压降影响就越大。输出电压 5 V 以下,要达到效率 80% 以上效率必须采用同步整流。但是同步整流使得电路复杂,同时在高频时,驱动损耗将明显增加,限制了效率的提高。当输出电压升高时,二极管反向恢复损耗和缓冲电路损耗将明显增加。

辅助电源损耗包括控制芯片损耗、启动电路损耗、驱动损耗,以及显示、保护电路损耗。辅助电源损耗可以用辅助电源输出电流乘以其输出电压来估算。

其他损耗还有保险丝损耗、电磁兼容滤波器损耗、输入启动限流电路损耗、输入滤波损耗和布线损耗等。输入级损耗有些与输出功率与输入级以后电路损耗密切相关。也即输出功率大,输入部分(如电磁兼容滤波器、保护电路,功率开关) 电流大,损耗也大。后继损耗有假负载、采样、电压、电流检测、保护等电路附加损耗,滤波和整流等。例如整流器压降对效率有致命的影响。

例如,输出级功率和损耗使得输入功率增加 5%,即输入电流增加 5%,功率管导通电阻损耗增加 $1.05^2 - 1 = 0.1(10\%)$。因此要求高效率电源,输出电路应尽量减少附加损耗。

在设计变换器之前，应很好地估计的变换器效率。如果需要高效率，肯定需要这样的估算作为选择拓扑过程的一部分，拓扑的错误选择将导致提高效率要花很大的代价。为了保证整机的设计效率，必须对所设计的电源损耗作正确的估计。如果没有设计经验，可以分析现有同等级输出功率电源的效率和损耗作为分配参考。

中低功率等级的变换器效率很难超过 95%，输出功率越小，辅助电路的损耗所占的比例越大，效率越低。从概念来说，假定要构建一个输入功率 100 W 的变换器。如果这个变换器效率是 80%，它的输出是 80 W，内损耗为 20 W。如果增加 2% 的效率，即 82%，换句话说输出 82 W，节约 2 W，损耗减少 10%。要是变换器效率是 90%，则输出功率是 90 W，内损耗为 10 W，如果增加效率 2%，得到 92 W 输出，节约 10 W 损耗中的 2 W，即 20%。很清楚，节约损耗 10% 要比节约 20% 损耗容易，效率超过 90% 再增加效率 2% 变得十分困难。

在各单元设计前应当进行损耗分配，作为各单元设计依据。各单元保证小于分配的损耗，才能保证希望的整机效率。如果一个单元损耗超过分配的损耗，而且要减少这部分损耗要付出更高的成本，而另一个单元减少损耗成本较低，可以在单元之间协调，达到预期的效率而不增加成本。

第8章 开关电源安全考虑

开关电源大多数是从电网供电,电网是高压电源。而开关电源也会产生高压。开关电源研发、使用者和维修人员如果接触到高压,可能引起人身伤害或死亡,用电安全是十分重要的问题。此外,电源本身如果安全考虑不周,将导致电源或设备故障或烧毁。为此,国际电工委员会制定了安全规范,各国也制定了相应本国的安全规范和要求。

电源设备要符合安全要求,工程师不仅在元器件选择和制造、结构设计等过程中要贯彻安全要求,而且在研制电源设备满足了基本规范后,所有电源必须经过安全认证,才能提供给用户,因此,对于电源工程师,了解电源安全要求知识是十分重要的。

8.1 安全规范

安全规范简称安规,也就是安全标准。安规对生产商制造的电气装置和组件安全有明确的说明和指导,使得制造厂给用户提供安全和高质量的产品。

安全标准和其他标准一样,最初是只用于一个国家的专用标准。随着信息技术的发展,国际电工委员会制定了 IEC 950,1999 年发表了 IEC 60950,将使用范围从信息领域扩大到额定电压 600 V 以下的商业电气设备和与之相关的设备,以及直接与通信网络连接的电气设备。每个国家有各自特定的电气安全标准。但是,生产厂商生产的电源是设备的组成部分,或单独使用,是面向世界的,而世界各国广泛参照(国际电工委员会)IEC、VDE(德国)、UL(美国)和 CSA(加拿大)安全标准,并按其要求检查进口产品。因此电源制造商根据产品流向,执行这些标准中相应标准或执行以上全部标准。美国 2003 年 11 月发布安全标准 UL 60950－1(第一版),这是各国现行的用于电源的安全标准。

8.2 安全标准中需要防止的危害

安全标准主要目的是减少以下情况对用户和维护人员的伤害或危险:电击或触电(electrical shock)、能量损伤(energy hazards)、着火(fire)、机械和热损伤(mechanical and heat hazards)、辐射损伤(radiation hazards)、化学损伤(chemical hazards)等,避免电击是安全的主要目标。电流对人身体影响与电流的大小、通流时间长短,以及通过身体的部位有关。电流大小取决于施加的电压、人体阻抗和电源的阻抗。人体阻抗与接触面积、接触面的湿度和施加的电压和频率有关，公认干燥人体电阻 110 V 时为 2 kΩ，并随电压增加减少。一般人感觉到刺激的电流大约为 0.5 mA，当通过电流 3.5～10 mA 时，肌肉发生收缩抽搐现象，人体不能自主脱离触电导体；如果通过人体电流达到数十毫安时，将使心室纤维性颤振，失去扩张和收缩能力而导致死亡。人体通过电流的反应不仅与性别有关，而且还与电流频率有关，电流引起人体的反应如表 8.2.1 所列。小电流有时虽然不能致命，但在导体边角处电流集中仍能引起伤害。多大电流和多少时间才能使人致死，尚无统一说法，许多国家规定电流与时间乘积为 30 mAs 为触电允许值。

表 8.2.1　人体对电流的反应

人的感觉	直流 I/mA		交流 I/mA			
	男	女	50 Hz		10 kHz	
			男	女	男	女
不太痛苦	5.2	3.5	11	0.6	12	8
有痛苦感	62	41	9	6	55	37
痛苦难忍，肌肉不自由	74	50	16	10.5	75	50
呼吸困难，肌肉收缩	90	60	23	15	94	63

通常开关电源由交流电网供电，危险的高压往往与电网电压有关，保护与电源系统类型有关。

8.2.1　交流配电系统

IEC 60364－4－43 将交流配电系统的配电方式分为 TT、TN 和 IT 三类，TT 方式供电系统是指将电气设备的金属外壳直接接地的保护系统，称为保护接地系统。第一个 T 表示电力系统中性点直接接地；第二个 T 表示负载设备外露不与带电体相接的金属导电部分与大地直接连接，而与系统无任何关联。TN 供电系统是指将电气设备的金属外壳与工作零线相短接的保护系统，称作接零保护系统。IT 供电方式，I 表示电源侧没有工作接地，或经过高阻抗接地。N 表示负载采用零线保护。此外 TN－C 和 TN－S 的供电方式中，C 表示工作零线与保护线是合一的，S 表示工作零线与保护线是严格分开的。PE 线称为专用保护线。我国交流电网配电系统通常有以下几种：

1. 三相 5 线制(TN－S)

如图 8.2.1(a)所示，变压器输出每相一线(火线)L，三相变压器或发电机中点引出中线 N，三相中点接大地，再引出接地线 E。相与相之间电压为线电压，任意相 L 与中线 N 之间电压为相电压。例如 50 Hz，220 V/380 V 配电系统相电压为 220 V，线电压为 380 V。开关电源功率在 10 kW 以下，通常由单相供电，输入为 L(火线)－N(中线)。

三相负载对称时，每相负载是线性的，即没有谐波电流，中线没有电流。如单相负载，三相电流不可能平衡，或负载为非线性，中线将流过电流，在中线阻抗上产生压降，因此负载端中线不是地电位。

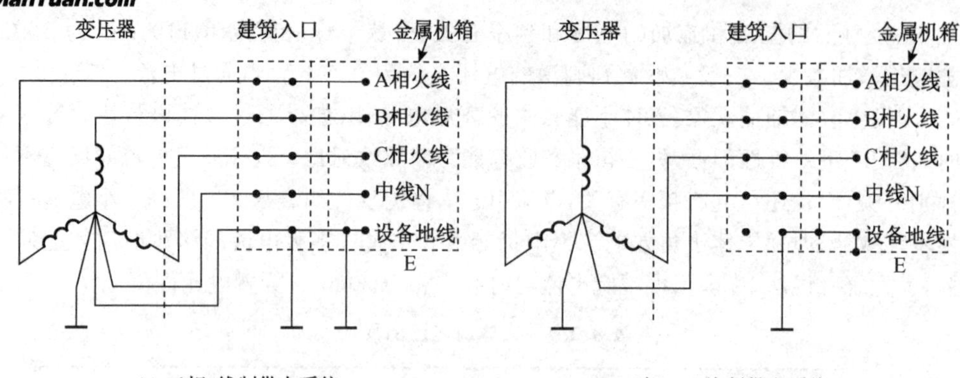

(a) 三相5线制供电系统　　(b) 三相4—5线制供电系统

图 8.2.1　三相供电系统图

2. 三相4线—5线制(TN—C)

如图8.2.1(b)所示,一般电站和供电变压器不设置专用地线,采用三相线加中线供电。到达建筑物设置接地装置,与中线相连,并引出接地线E,负载端(设备)将E接机壳。接地装置指埋入地下的铜管或铜棒排等导体,一般要求接地电阻在4 Ω以下。

3. 三相4线制(TT)

同样不设置专用地线,不同的是建筑物没有专用接地桩,设备端设置专用接地桩引出接地线与金属外壳连接,接地线也不与中线连接。

4. 单相供电——任取三相中任一相L和中线N供电

如图8.2.2(a)所示,相应的插头如图8.2.2(b)所示,E为建筑接地线。三相供电可以是以上任何一种。

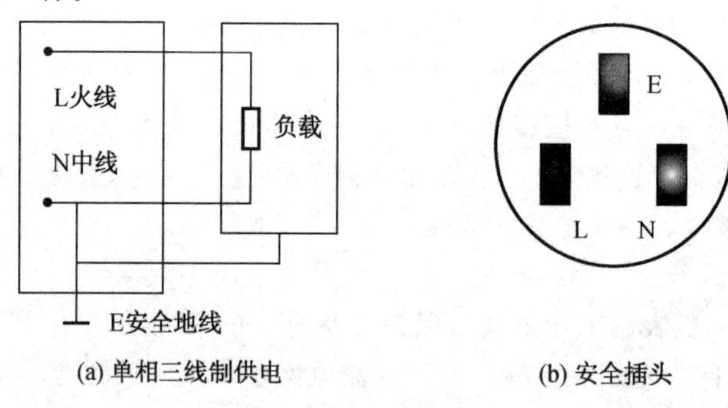

(a) 单相三线制供电　　(b) 安全插头

图 8.2.2　单相三线制供电和安全插头(面对插头看)

8.2.2　电源结构体系(负载)内两类电路

1. 一次侧电路

直接连接到交流配电网电压,显然可接触到危险电压。接到电网的一次侧电路像变压器初级、电动机-发电机组或其他交流电源。

2. 二次侧电路

不直接连接到一次侧电路,它由变压器,变换器或其他隔离的装置供电,或者电池

供电，但也可能存在危险电压。

8.2.3 安全电路

电路电流是电压驱动的，根据公认的人体电阻值，UL60950 将安全电路分为阻流电路、安全超低电压电路、超低电压电路和电信网络电压。

1. 限流电路 LCC(Limited Current Circuit)

对于频率不超过 1 kHz，在正常工作和设备内单独出现的故障，电路中任何两个零件间，或零件与地之间接 2 kHz 无感电阻，稳态流过这个电阻的最大可能电流不超过直流 2 mA，或交流峰值 0.7 mA，或有效值 0.5 mA。如果频率在 1 kHz 以上，0.7 mA 乘以 kHz 为单位的频率值，但不得超过 70 mA。

2. 安全超低电压电路 SELV(Safety Extra-Low Voltage Circuit)

在正常工作和单独故障时，SELV 电路的任何两导体间或电路间，以及导体与地之间的电压不应当超过交流峰值 42.4 V，直流 60 V，一般是二次侧电路。

3. 超低电压电路 ELV(Extra-Low Voltage Circuit)

属于二次侧电路，使用基本绝缘隔离危险电压，在正常工作情况下，电路中两导体之间的电压，以及任何一个导体与地之间电压不超过交流峰值 42.4 V 且直流不超过 60 V，该电路要么满足 SELV 电路全部要求，要么满足限流电路全部要求。

4. 电信网络电压 TNV

电信网络电压可能超过 SELV 限值(TNV-2 和 TNV-3)。正常工作电压可能高到交流峰值 71 V 或直流 120 V，可接触的面积为一个接插件的插脚。在单独故障时，在很短的时间间隔，电压可能提得较高(TNV-3)，但必须在 200 ms 内返回到正常值。较高的瞬态电平(高达 1500 V，但间隔很短)可能来自公用开关电信网路。请注意，虽然有以上考虑安全的四种名称，但仅 SELV 和 LCC 电路允许操作者自由地接近裸露的零件和电路元件。

8.2.4 绝缘保护

1. 绝缘类型

保证电路正常工作和电路内出现高于危险电压时，必须采用绝缘和绝缘保护。UL60950 将绝缘分为 5 类：功能绝缘、基本绝缘、附加绝缘、双重绝缘和增强绝缘。

① 功能绝缘：是设备正确工作必须的绝缘，不提供触电安全保护，但可以减少着火和燃烧。例如漆包线的漆皮。

② 基本绝缘：避免电击最基本的绝缘。单靠基本绝缘是不安全的，还要通过附加绝缘或保护接地二级保护达到安全要求，如线圈层间绝缘。

③ 附加绝缘：独立加到基本绝缘上的绝缘，保证在基本绝缘偶然失效，提供对电击的二级保护。附加绝缘单层材料最小厚度必须大于或等于 0.4 mm。

④ 双重绝缘：由基本绝缘和附加绝缘组合而成，是一个二级绝缘系统。

⑤ 增强绝缘：防止触电的单一绝缘系统，等效于双重绝缘。用在里边的单层最小

厚度大于或等于0.4 mm。可能有几层,但每层不能单独测试。

2. 设备等级与绝缘要求

不同类型的电路需要不同的类型的绝缘:

①Ⅰ类设备。这类设备采用保护接地,即金属机箱接保护地,作为1级保护。在任何危险电压零件与机箱之间仅需要基本绝缘,例如机站通信电源等。

②Ⅱ类设备。使用双重绝缘或加强绝缘,没有金属机箱和接地螺钉,例如便携式充电器。

③Ⅲ类设备。由SELV源和内部无潜在危险电压产生电源供电,因此仅需要基本绝缘,例如电路板电源。图8.2.3为电源内部简单功能框图,从框图中首先分清内部电路功能块是LCC,SELV,TNV,ELV还是危险电压,然后确定功能块之间和内部元件与使用者之间绝缘等级和数量。由图可以看到危险电压与使用者可接触的零件之间至少需两级绝缘。

例如,浮地的ELV通路必须有两级绝缘,而在ELV与使用者之间至少有1级,否则一旦单级失效ELV电路就会不安全。但是,如果ELV电路接地保护(提供1级保护),仅加1级就可以了。相似情况如散热器和金属外壳,必须使用2级绝缘将使用者与危险电压隔离。除非使金属接地,才可以使用1级。

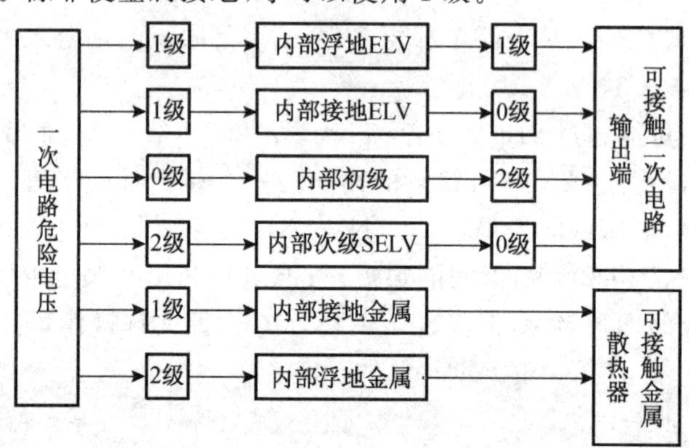

图8.2.3 电源功能块之间要求的绝缘等级

3. 绝缘材料

根据工作电压、电气强度、温度要求、机械强度和工作环境选择固体绝缘材料,而这些材料应当是抗湿和阻燃材料;如果是导线绝缘材料,还要求材料柔软性。

半导体器件和其他元件模压在固体绝缘材料中,它们的绝缘在工厂制造过程中单独质量评估和检测。固体绝缘材料的膜、带、片有厚度要求:如果单层绝缘,则最小厚度大于或等于0.4 mm;如果是两层绝缘,则没有厚度要求,但每层都必须满足电气强度要求;如果是三层或更多层,也没有最小厚度要求,但每两层组合必须满足相应电气强度要求。对于基本绝缘或功能绝缘也没有厚度要求。

8.2.5 工作电压

在电路中任何两点之间的最高电压定义为那两点的工作电压。一次电路与二次电路之间,或一次与地之间电压,取额定供电电压范围的上限值。

在决定绝缘等级时,必须明确绝缘介质的要求。绝缘介质可能是固体材料,像塑料和无机材料等;也可能是空气(如元件之间的空间),它们的距离要求与加到这些介质上的电压强度有关。图 8.2.4 示出了简单的离线电源电路,可以用来决定各点工作电压和绝缘等级要求。

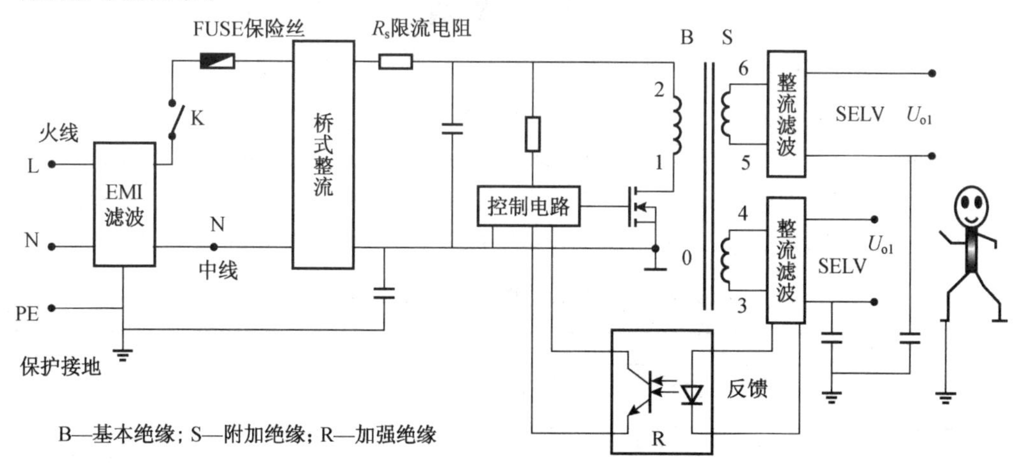

图 8.2.4 初级工作电压测量点和绝缘要求

图 8.2.4 中使用了变压器和光耦作为一次与二次电路的保护隔离。一次电路中所有测量点都参照电源火线或中线,可认为一次电路任何点相对于地都是危险电压,求得一次电路内的在任何元件与地之间,或一次与二次电路任何点之间额定最大值和测量值。

图 8.2.4 变压器初级标有 0、1、2 处通常要找到最高工作电压,这些点相对于地和次级电路标有 3、4、5、6 点测量,次级线圈一端接地,另外一端作为参考。测量直流、有效值或峰值,以决定最高电压值,然后建立保护绝缘的最低电压要求。

8.2.6 空间要求

UL、VDE 和 CSA 规定在导电组件之间,以及导电组件与固定导体之间,必须有规定的空间间隔要求,空间要求(spacing requirements)包括间距和沿绝缘表面的距离。导电体之间空间间距称为间隙(clearance),沿绝缘表面之间距离称为爬电距离(creep gap distance)。

图 8.2.5 表示了间隙和爬电距离。图 8.2.5(a)是具有沟槽的表面路径,两导体间直线距离为间隙距离;而表面距离为由一个导体向另一导体沿绝缘体表面距离,如果遇到沟槽或台阶宽度小于与污染程度有关 x 时,直接越过;大于 x 时,则需沿沟槽表面到

达另一导体的表面距离为爬电距离。图8.2.5(b)导体间隆起绝缘表面，爬电距离是沿着绝缘表面的距离；而间隙是跨过隆起表面的最短距离。

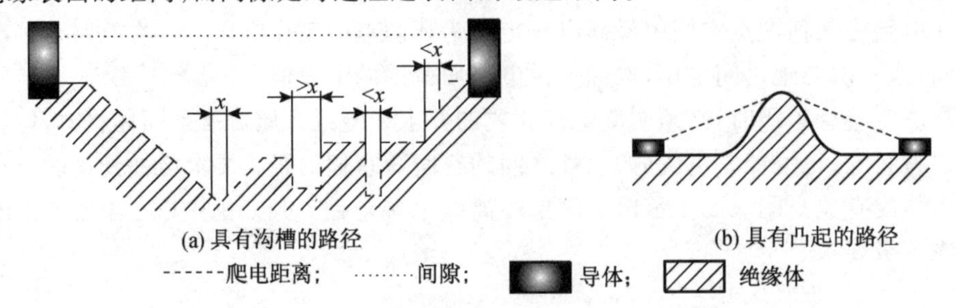

(a) 具有沟槽的路径　　(b) 具有凸起的路径

注：x与表面污染程度有关，污染1级为0.25 mm，2级为1 mm，3级为2.5 mm。

图8.2.5　爬电距离和间隙

UL60950规定了间隙和爬电距离要求。表8.2.2为海拔2000 m以下允许间隙。表8.2.3为不同电网额定电压、绝缘等级和污染度，一次侧电路之间和一次侧电路与二次侧电路之间的间隙要求。在UL60950中还规定了二次电路最小间隙要求。

表8.2.2　海拔2000 m以下最小间隙

需要承受的电压峰值或直流/V	空气中最小间隙/mm		
	功能绝缘	基本＋附加绝缘	加强绝缘
<400	0.1	0.2(0.1)	0.4 (0.2)
800	0.1	0.2	0.4
1000	0.2	0.3	0.6
1200	0.3	0.4	0.8
1500	0.5		1.6 (1)
2000	1.0	1.3(1)	2.6 (2)

表8.2.3　一次侧电路中绝缘和一次与二次电路间最小间隙

小于或等于工作电压		间隙/mm								
		额定交流电网电压小于或等于150 V(电网瞬态峰值1500 V)			额定交流电网电压大于150 V且小于或等于300 V(电网瞬态峰值2500 V)			额定交流电网电压大于300 V，且小于或等于600 V(电网瞬态峰值4000 V)		
交流峰值或直流/V	正弦有效值电压/V	污染度1、2			污染度1、2			污染度1、2和3		
		F	B/S	R	F	B/S	R	F	B/S	R
71	50	0.4	1.0 (0.5)	2.0 (1.0)	1.0	2.0 (1.5)	4.0 (3.0)	2.0	3.2 (3.0)	6.4 (6.0)
210	150	0.5	1.0 (0.5)	2.0 (1.0)	1.4	2.0 (1.5)	4.0 (3.0)	2.0	3.2 (3.0)	6.4 (6.0)
420	300	F 1.5	B/S 2.0(1.5)	R 4.0(3.0)				2.5	3.2 (3.0)	6.4 (6.0)
840	600	F 3.0	B/S 3.2(3.0)	R6.4(6.0)						
1400	1000	F	B/S 4.2	R 6.4						
2800	2000	F	B/S R 8.4							

注：F—功能绝缘，B—基本绝缘，S—附加绝缘，R—加强绝缘。

元件或组件密封在无尘和干燥环境中为1度污染；普通办公室和家庭环境为2度污染，有导电污染或可能湿气凝结的设备内环境为3度污染。如果峰值工作电压超过电网额定电压的峰值，间隙还可能增加。表8.2.4列出了爬电距离与工作电压、污染程度以及材料组别的关系。如果爬电距离小于同等情况下的最小间隙要求，爬电距离应当等于最小间隙。像玻璃、云母、陶瓷以及相似材料，其最小爬电距离等于使用的间隙。爬电距离只考虑稳态电压。表8.2.4中材料组别参看IEC 60112，共分4组，Ⅰ组，Ⅱ组和Ⅲa组和Ⅲ组。如果材料未知，认为是Ⅲb组。

表8.2.4　最小爬电距离(单位:mm)

工作电压/V 有效值或直流	污染度						
	1	2			3		
	材料组别						
	全　部	Ⅰ	Ⅱ	Ⅲa或Ⅲb	Ⅰ	Ⅱ	Ⅲa或Ⅲb
≤50	使用适当表查得间隙值	0.6	0.9	1.2	1.5	1.7	1.9
100		0.7	1.0	1.4	1.8	2.0	2.2
125		0.8	1.1	1.5	1.9	2.1	2.4
150		0.8	1.1	1.6	2.0	2.2	2.5
200		1.0	1.4	2.0	2.5	2.8	3.2
250		1.3	1.8	2.5	3.2	3.6	4.0
300		1.6	2.2	3.2	4.0	4.5	5.0
400		2.0	2.8	4.0	5.0	5.6	6.3
600		3.2	4.5	6.3	8.0	9.6	10.0
800		4.0	5.6	8.0	10.0	11.0	12.5
1000		5.0	7.1	10.0	12.5	14.0	16.0

工作电压在两个相近电压间，其爬电距离可以线性插补，四舍五入增量为0.1 mm。有时使用固态或叠片绝缘材料取代爬电距离和间隙，减少空间尺寸，此距离称为通过绝缘距离。半导体器件，特别是光耦，没有特别的间隙和爬电距离要求，这些器件在制造时，用绝缘复合材料充满和固态绝缘材料封装模压成型，所以没有间隙和爬电距离问题，这些元器件在生产过程中自行测试和检验。但是在安装在PCB上时，PCB上引脚距离应满足爬电距离和间隙要求。例如，在PCB上安装的4N25系列光耦，光耦的初级(输出)与次级在双列直插封装各自一边，但是在PCB穿孔安装需满足8 mm爬电距离要求，要么将引脚向外弯曲，要么在输入和输出排脚之间PCB上开槽达到距离要求。

8.2.7　接　地

1. 基　准

在电子设备中，各类电路都有基准，即参考电位，各部分电位基准应当保持在零电位。通常设备内所有的基准用导体连接在一起，该导体就是设备内部的地线，如连接一个金属板上，像PCB大面积铜皮，则成为接地平面。

“地”有几个不同的定义：①“地”可以指大地(earth)，陆地电子设备以地球电位为零电位,作为基准。②在电子设备内部,往往以金属底座、机架、机箱作为基准,也称为地(ground),有时并不一定接大地,即设备地与大地不一定等电位,但从安全角度考虑,通常将机架、机壳接大地。在电子电路中还有输入与输出公共端,有时也称为地(common)。③在电路中还有数字地、模拟地、信号地和功率地等名称,接地是考虑抑制电磁干扰问题。

2. 用电安全

从交流配电系统可知,如果人体与大地没有绝缘而接触到交流电网火线,或接触任意两相的相线时,将发生触电危险。如前所述,即使是接触到中线,也有可能触电,因此必须考虑用电安全。

如果在实验室内,地面应当铺有橡胶之类绝缘地面,实验台应当是非金属材料。如果是金属材料,实验台应当良好接地,台面应当铺有橡胶绝缘板。交流供电的设备和仪器,金属外壳都应当与建筑接地线接地。如果建筑未设置专用接地桩,实验室应当设置专用的接地线,或者用变比为1∶1的专用隔离变压器给仪器设备供电。尤其在做直接由电网供电的(例如晶闸管)实验使用示波器观察波形时,示波器或实验电路应当用变压器隔离,以保证人身和试验设备安全。

在检查和测试电路时,必须确认电源断开的情况下接入测试探头,并确认裸露金属元件上危险电压已经放电完毕时才能接触。决不要双手同时接触设备内两个裸露元件或组件。实验完毕应即时关闭供电电源,避免在人员离开后电路故障引起火灾,或者他人进入实验室误接触试验电路造成人身伤害。如果是烤机,实验室应配备灭火设备,并在实验台上设置明显警告标志,以确保安全。

在高压实验场所,应远离工作区,并在显著位置设立红色警示标志及高压警告:"高压危险,请勿接近"。

设备内存在高压电容,应当设置放电电路,在设备关断后一定时间,才能打开机壳维护,保证维护人员安全。

3. 接地功能

电子设备设置安全地线主要作用如下:

① 绝缘破坏时,起保护作用。

② 防止静电感应造成电击。

③ 防止雷击。

从前面交流电网配电系统可知,交流供电的设备如果机箱不接大地,一旦电源与设备机箱之间绝缘破坏,或变压器与磁芯之间绝缘击穿,如图8.2.6所示,设备机箱带有电网电压,操作人员接触机箱就会触电而造成人身事故。交流电网与机箱间只靠基本绝缘是不够的,通常在基本绝缘基础上增加附加绝缘,或采用双重绝缘。如果设备机箱接地,在基本绝缘失效时避免了危险电压。但应当注意,接地后,如果绝缘破坏,短路电流使得保险丝F断开,保证机箱不带电,因此,保险丝必须串联在火线中。

有些高压,高频大功率设备,内部高压、高频电路与机箱之间存在寄生阻抗,如图8.2.7所示。电路工作时,机箱上感应的电压U_c为

$$U_c = \frac{Z_2 U_2}{Z_1 + Z_2}$$

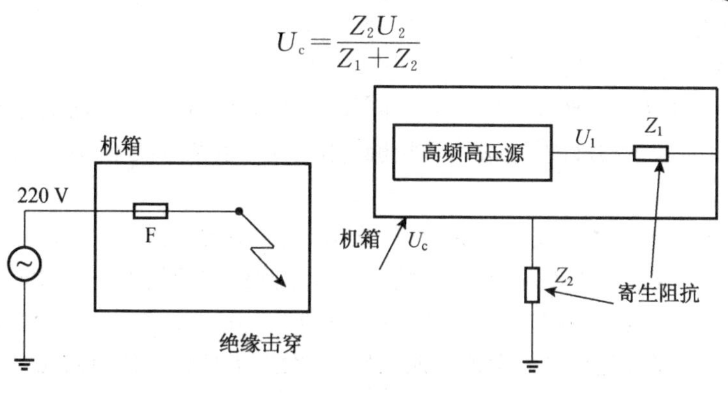

图 8.2.6　绝缘击穿机箱带电　　　　图 8.2.7　机箱感应带电

此电压可能超过安全电压，当操作或维护人员接触机箱时，就会触电。设备接地将 Z_2 短接，避免感应高电压。

一般电源系统都应当有避雷器避雷。如果设备机箱为悬浮不接地系统，当雷云接近设备上空时，可能在设备中感应产生大量电荷导致高压击穿元器件，或雷云放电时，这些电荷放电引起很大放电电流，导致设备故障或损坏。机箱接地后，感应电荷就流入大地而避免雷击。

4. 接地导体

通过螺柱或螺栓确保保护地连接到设备的机架或金属外壳。接地导体应符合如下要求：

① 接地导线直径不得小于 1.08 mm(AWG18)，导线外皮颜色为带黄条纹的绿色(和图 8.2.2(b)中 E 的导线相似)。

② 为安全接地，接地导体不应当采用焊接。接地导体应当用接地片螺钉连接，或等效与插头上固定接触片，接地电阻小于 0.1 Ω。

8.2.8　其他危险

1. 能量损伤

即使电压很低(例如 2 V)时，如果像工具、首饰将源短接，也能引起过热、熔化而伤人。

2. 着　火

一般是某些系统元件过载、工作不正常和故障引起的着火。但着火后不应当波及到邻近的元器件或设备。通常采用过流保护，塑料是火灾的主要原因，使用的塑料应当经过防火处理，具有阻燃特性，选择避免高温起火的零件、元件和耗材，限制使用耗材的数量，将耗材与引火源分离和屏蔽，使用外包和屏障限制设备内部着火区扩展，使用恰当的外壳材料减少着火从设备扩展的可能。

3. 热伤害

避免接触正在工作的功率元器件和可接触的高温表面(如散热器表面)，造成烫伤。如果元器件、绝缘长期处于高温环境，将引起元件提前老化而缩短寿命。一般将元器件功率降额使用。

4. 机械伤害

接触到锋利棱边或锐角、活动的零件,如风扇叶片,或结构不稳定翻倒造成机械伤人;结构材料强度不够破裂,造成人员接触危险电压,电源接线不可靠被拉出,造成触电等伤害。

其他不与电源有关的伤害还有辐射、化学,或危险的蒸汽等。使用者不需要识别危险,也不允许接触危险零件,通常用机箱或屏蔽达到保护使用者。而维护人员要接触到系统内所有零件,应能识别设备内危险零件和部位,并在工作时,保证避免因疏忽而与危险表面接触,或避免在操作设备其他零件时,发生工具将零件与高能量短接的可能。

8.3 电源安全考虑

8.3.1 元器件选择

设计电源时,要满足不同国家安全规范要求,一次电路中元器件必须选择已经取得以下认证机构安全证书的产品。

UL(美国)——保险丝和保险丝盒,EMI电容,变压器绝缘(系统)、继电器、光耦、各类开关和电压选择器,绝缘导线和电缆,交流输入插头和插座,端子,可变电阻器,绝缘带、布和绝缘管,风速控制电路的温度电阻NTC,印刷板材料。

CSA(加拿大)——保险丝和保险丝盒、EMI电容、光耦、继电器、各类开关和电压选择器、绝缘导线和电缆、绝缘膜、带、布和绝缘管。

VDE(德国)——保险丝和保险丝盒、EMI电容、光耦、继电器、开关和电压选择器。

其他认证机构还有SEMKO(瑞典)、NEMKO(挪威)和TUV等。如果使用没有认证的元器件,将无法通过产品认证。

8.3.2 变压器

如果由危险电压供电,必须将一次电路与二次电路隔离。在开关电源中可以使用工频变压器,但通常使用高频变压器。

1. 变压器结构

变压器材料必须是阻燃型的且符合UL94V-0、UL94V-1或UL94V-2标准;安装在电路板上,印刷电路板上变压器初级与次级出线端子之间必须满足间隙和爬电距离(见表8.2.2~表8.2.4),或通过绝缘距离要求(初级到地的基本绝缘和初级到次级的加强绝缘);一次电路必须和二次电路分离。变压器绝缘必须遵循UL初级与次级绝缘的绝缘体制:输入和输出线圈必须避免错位;线圈端子必须固牢;所有的元件在经受10 N的推力后仍应当保持所需的安全间距。

图8.3.1示出了电网输入典型变压器截面图。初级接到危险电压上,在初级与次级之间绝缘至少必须两层允许单个故障的双重绝缘或加强绝缘。任何导线瓷漆不算作

绝缘等级，那种称为“三重绝缘”导线应等效满足双重和加强绝缘要求。

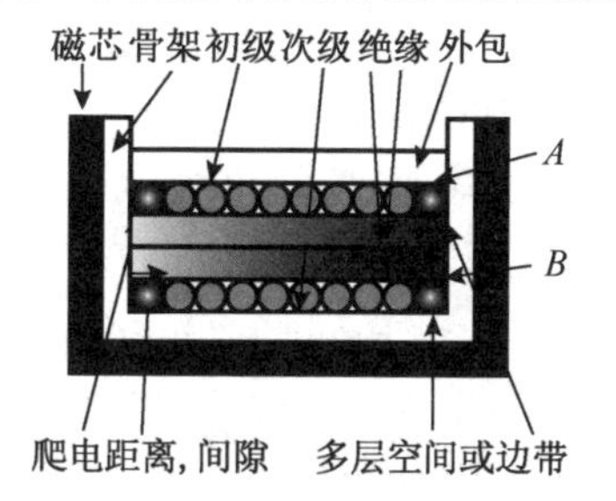

图 8.3.1 变压器结构截面图

变压器磁芯绝缘：如果在初级与铁氧体磁芯之间采用基本绝缘，次级与铁氧体磁芯间有附加绝缘，铁氧体磁芯就不作为金属，基本绝缘和附加绝缘可交换使用；如果在初级与铁氧体之间采用加强绝缘，次级和铁氧体磁芯之间没有绝缘，铁氧体磁芯算作次级；如果在次级与铁氧体磁芯间采用加强绝缘，而初级与铁氧体磁芯之间无绝缘，把铁氧体算作初级。当确定铁氧体在设备中的位置之后，围绕铁氧体磁芯的元件也需要满足恰当的安全绝缘要求。除非变压器作为用固态绝缘材料充满的整体结构来测试和认证，即使用绝缘胶带粘在一边，总是假定在层之间存在少量空气。在大多数变压器结构中，间隙和爬电距离是相同的，同是图 8.3.1 中距离 A 与 B 之和（通常不考虑绝缘带的厚度）。

2. 变压器绝缘允许最大温升（最高环境温度 40℃）

变压器线圈最大允许温升见表 8.3.1。变压器引线，以及其他导线或电缆必须符合各自的规范和标准。导线绝缘必须是 PVC、氯丁橡胶、TFE、PTFE 或聚酰亚胺。

变压器温升可以用两种方法测试：热电偶法和电阻法。热电偶法一般用于变压器设计过程中，用来测试线圈温度分布。电阻法一般用于生产现场。电阻法是利用线圈铜导线的电阻温度系数间接计算线圈的温度。根据 UL60950，线圈温升用下式计算：

$$\Delta T=\frac{R_2-R_1}{R_1}\times 234.5\times(T_{a2}-T_{a1})$$

式中：ΔT 为线圈温升（K）；R_1 为开始测试时线圈电阻（Ω）；R_2 为测试结束时线圈热态电阻（Ω）；T_{a1} 为测试开始时环境温度（℃）；T_{a2} 为测试结束时环境温度（℃）。

在开始测试时，线圈温度为环境温度。

在测量线圈热态电阻时，测试应在开关断开后立即进行，并以最短的时间进行。因为线圈一旦断电，线圈温度立即开始下降。可以在不同的时间点记录电阻值，作出温度时间曲线，反推测试开始时线圈温度。环境温度为 40℃ 时电阻法测量线圈最大允许温升如表 8.3.1 所列。

表 8.3.1 变压器和继电器线圈最大允许温升

绝缘等级	A(105℃)	E(120℃)	B(135℃)	F(155℃)	H(180℃)	N(200℃)	R(220℃)
允许温升/℃（EN60950 标准）	50	65	70	90	115		
允许温升/℃（UL1778 标准）	50		70	95	110	125	140

8.3.3 PCB 安全要求

(1) 在 PCB 上保险管的安规标志要齐全。

保险管附近应有 6 项完整的标志:保险管序号、熔断特性、额定电流值、防爆特性、额定电压和英文警告标志。如 F101 F3.15AH,250Vac,"Caution(警告): For Continued Protection Against Risk of Fire, Replace Only With Same Type and Rating of Fuse(防火,仅用相同类型和相同定额保险管更换)"如 PCB 上没有空间排布英文警告标志,可将中、英文警告标志放到产品使用说明书中说明。

PCB 上危险电压区域标注高压警示符,PCB 的危险电压区域与安全电压区域应用 1 mm 宽虚线标志,并印有高压危险标志和"DANGER! HIGH VOLTAGE"。高压警示符如图 8.3.2 所示。

图 8.3.2 高压警示标志

(2) 初、次级隔离带标志清楚。PCB 上初级与次级隔离带清晰,中间用虚线标志。

(3) 明确 PCB 安规标志。5 项 PCB 安规标志,分别是 UL 认证标志、UL 认证文件号、生产厂家、厂家型号和阻燃等级,要一应俱全。

(4) 加强绝缘隔离带电气间隙和爬电距离应满足要求。

PCB 上加强绝缘带爬电距离和间隙应满足工作电压要求,具体参数要求参见相关《信息技术设备 PCB 安规设计规范》。靠近隔离带的器件承受 10 N 推力情况下仍然满足上述爬电距离和间隙要求。

除了电容外壳到引脚可以认为是有效的基本绝缘外,其他器件的外壳均不认为是有效绝缘,有认证的绝缘导管、胶带认为是有效绝缘。

(5) 基本绝缘隔离带电气间隙和爬电距离应满足要求。一次器件外壳对接地外壳、一次器件外壳对接地螺钉和一次器件外壳对接地散热器应满足安规距离要求,具体距离尺寸通过查表 8.2.2~表 8.2.4 确定。

(6) 印制板上跨接危险和安全区域(初、次级)的电缆应满足加强绝缘的安规要求。

(7) 靠近变压器磁芯两侧的器件及靠近悬浮金属导体的器件应承受 10 N 推力仍满足加强绝缘要求。

(8) 多层 PCB 其导电通孔附近的距离(包括内层)应满足间隙和爬电距离的要求。

多层 PCB 其内层初级的铜箔之间应满足电气间隙和爬电距离要求,按照污染 1 级计算。多层 PCB 层间厚度如表 8.3.2 所列。一次与二次间的介质厚度要求大于或等于 0.4 mm,层间厚度指的是介质厚度(不包括铜箔厚度),其中 2—3、4—5、6—7、8—9、10—11 间用的是芯板,其他层间用的是半固化片。裸露的不同电压的焊接端子之间要保证最小 2 mm 的安规距离,焊接端子在插入焊接后可能发生倾斜和翘起而导致间隙缩小。

表 8.3.2　对称结构 PCB 层间介质厚度

类　型	层间介质厚度/mm										
	1－2	2－3	3－4	4－5	5－6	6－7	7－8	8－9	9－10	10－11	11－12
1.6/4层	0.36	0.71	0.36								
2.0/4层	0.36	1.13	0.36								
2.5/4层	0.40	1.53	0.40								
3.0/4层	0.40	1.93	0.40								
1.6/6层	0.24	0.33	0.21	0.33	0.24						
2.0/6层	0.24	0.46	0.21	0.46	0.24						
2.5/6层	0.24	0.71	0.36	0.71	0.24						
3.0/6层	0.24	0.93	0.40	0.93	0.24						
1.6/8层	0.14	0.24	0.14	0.24	0.14	0.24	0.14				
2.0/8层	0.24	0.24	0.24	0.24	0.24	0.24	0.24				
2.5/8层	0.40	0.24	0.36	0.24	0.36	0.24	0.40				
3.0/8层	0.40	0.41	0.36	0.41	0.36	0.41	0.40				
1.6/10层	0.14	0.14	0.14	0.14	0.14	0.14	0.14	0.14	0.14		
2.0/10层	0.24	0.14	0.24	0.14	0.14	0.14	0.24	0.14	0.24		
2.5/10层	0.24	0.24	0.24	0.24	0.21	0.24	0.24	0.24	0.24		
3.0/10层	0.24	0.33	0.24	0.33	0.36	0.33	0.24	0.33	0.24		
2.0/12层	0.14	0.14	0.14	0.14	0.14	0.14	0.14	0.14	0.14	0.14	0.14
2.5/12层	0.24	0.14	0.24	0.14	0.24	0.14	0.24	0.14	0.24	0.14	0.24
3.0/12层	0.24	0.24	0.24	0.24	0.24	0.24	0.24	0.24	0.24	0.24	0.24

8.3.4　安全对结构设计的要求

所有的安全工程师希望所有元件安全安装且没有锐边和棱角的结构；所有包含危险电压的地方及使用者可接近地方被保护起来，包括外壳的任何开口；检查外壳开口保证使用者不能接近危险电压、锐边、热元件、风扇叶片和任何其他可能引起损伤的部件；应用专门的指形试棒检查所有的开口。

一些便携式电源要进行跌落试验，保证外壳不损坏，同时内部元件安装不会松动或歪斜而导致间隙减少。

8.4　基本测试

在电源生产现场，通常要进行电气安全测试。基本电气试验有电气强度试验和接触电流试验。

8.4.1 电气强度(耐压)试验

电气强度耐压试验(electric withstand test)通常也称为耐压测试,或高压测试,就是在被试设备带电部件和外壳,一次和二次电路间加数倍于额定工作电压的高压,以验证被测设备的带电部件有无接地或绝缘击穿。测试时,被测部分承受非正常的电压应力的考验。如果因制造过程、元件或材料引发的任何部位绝缘失效,都会发生击穿现象;或者由于某种原因电气间隙变小,在正常工作电压下不会出现问题,但使用一定时间后,可能因灰尘和潮湿堆积在过小间隙中,而造成间隙击穿而引发触电危险,耐压试验可以预先发现这种隐患。

绝缘体在几倍于工作电压情况下不击穿,当然在正常工作情况下是安全的。同时,耐压试验可以检验导体间间隙过小和工艺缺陷,这是任何其他测试无法比拟的。

耐压测试分为工频耐压测试(一般用在生产现场)、交流耐压测试(热态和冷态)、直流耐压测试以及脉冲耐压测试(一般电气产品不做),通常交流耐压测试较多。

耐压测试包括施加电压的数值和是施加的时间。IEC 335—1(GB 4706.1)规定:交流250 V以下,绝缘承受1 min,频率为50 Hz/60 Hz正弦波电压;施加的电压值和位置可查阅GB 4706.1—1998 。希望能提供正常使用的SELV电路的基本绝缘为500 V,其他基本绝缘为1000 V,附加绝缘为2750 V,加强绝缘为3750 V。

试验开始时所加试验电压不超过规定电压的一半,然后逐渐加到规定值。试验时不应出现击穿,否则不通过。

UL60950要求相似,如果使用直流测试,则测试电压幅值为相应交流电压峰值。如果加强绝缘要求3750 V交流测试,则改用直流的测试电压应为5303 V。

对于1类设备:输入与安全接地之间施加最小测试电压2500 V,最小漏电流30 μA;输入与直流输出之间施加最小测试电压5000 V,最小漏电流60 μA,测试时间都是1 min。输入与输出之间泄漏电阻有9 MΩ,设定最小漏电流为300 μA。

对于2类设备:输入与直流输出之间施加最小测试电压5000 V,最小漏电流60 μA,测试时间也是1 min。输如与输出之间泄漏电阻有9 MΩ,设定最小漏电流为600 μA。

以上国内产品测试漏电流高于规定值,但不得超过10 mA。

8.4.2 接触(漏电流)电流测试

人体接触设备导电零件流过人体电流,不同类型的设备最大允许值分别为:1类设备的最大允许接触电流3.5 mA;2类设备的最大允许接触电流为0.25 mA。如表8.4.1所列,不同国家电磁兼容滤波器的共模滤波电容接地泄漏电流要求也不同。

表 8.4.1　泄漏电流的安全规范

国　家	安规名称	安全泄漏电流的极限值(对于一级绝缘的设备)
美国	UL478	5 mA,120 V/60 Hz
	UL1283	0.5～3.5 mA,120 V/60 Hz
加拿大	C22.2No.1	5 mA,120 V/60 Hz
瑞士	SEV1054 - 1	0.75 mA,250 V/50 Hz
	IEC 335 - 1	
德国	VDE0804	3.55 mA,250 V/50 Hz

8.5　安全认证

研制的产品,或改进的产品要投入市场必须进行安全认证。认证机构、电源类型和使用场合的不同,认证步骤可能也不同,一般可能包含以下步骤:

① 打开或拆封测试样机,做结构分析;
② 绝缘安排;
③ 间隙、爬电距离和户体绝缘尺寸;
④ 可接近性;
⑤ 保护接地;
⑥ 机械结构评估;
⑦ 通过分析和测试决定内部工作电压;
⑧ 在输入电压和负载变动极限情况下做最差工作情况测试;
⑨ 测试单一故障和过载,包括短路测试;
⑩ 在额定工作条件下的发热测试;
⑪ 潮湿测试;
⑫ 高压漏电流测试;
⑬ 着火测试;
⑭ 其他必要的任何附加测试。

认证是从厂家提供电源中应用的全部零件、材料的应用和文件开始,还要提交多台被测电源。对于小功率电源,通常提交没有外壳的 5 台和完整的 5 台电源,以及价值 6000～8000 美元定单。认证过程大约6～8周,如果认证包含产品设计缺陷,那就要更长时间。

第 9 章

开关电源 EMI 控制

除了热、磁和稳定性外，电源设计工程师最不易解决的事情是电磁兼容设计。电源研发过程实际上是排除干扰的过程。

讨论 EMI(Electromagnetic Interference，电磁干扰)的书很多，涉及范围很广，本章讨论开关电源碰到的实际问题，更多的是特定条件、一般规律和采取的实用措施。这里不要求充分理解这些内容，只要遵循这里谈到的实际规律，也许控制噪声并不是前途渺茫。

工程师碰到的干扰问题实际上分为两类：一类是在产品定型时要满足相关电磁兼容标准要求；另一类是在调试过程中自身电路之间干扰，造成电路工作异常，电气指标不能满足要求，甚至不能工作。解决这两类问题既相互关联，又有各自的特点。前者通常采取屏蔽和滤波解决，后者主要在电路结构和电源内部元器件、电路布局方面解决。

9.1 电磁兼容基本知识

9.1.1 名词术语

所谓噪声(noise)，就是所有无用的电磁信号总称，噪声不一定引起电路干扰问题。例如，需要直流电源，如果直接从交流电网整流和电容滤波取得，将在直流电压上叠加交流纹波。交流纹波在一定允许范围内，不会干扰电路正常工作。但同时电容滤波产生包含丰富的谐波电流传递到电网，就可能干扰电网上其他设备。如果输入采用功率因数校正，它的输出直流电压不仅有高频纹波，而且还有工频纹波；输入电流上叠加的高频开关纹波通过输入线传递到电网。这些纹波和谐波都是噪声。即使开关电源由电池供电，电池总存在内阻和线路分布阻抗，当开关电源工作时，开关电源端电压也存在高频开关纹波和尖刺。在开关电源内部，同样也存在各种噪声。当噪声达到相当数值时，破坏或干扰了电路正常工作，形成了电磁干扰。要想避免干扰，对不同噪声必须采取相应的措施，这就提高了电源产品的成本。工程师主要的任务既要满足产品一般电气规范，又要花很少的代价使得产品符合相关电磁兼容标准要求。

电源工程师面对干扰噪声存在两方面问题。一方面是开关电源产生的噪声传递到输入电网或发送到空间，噪声幅值是否超过电磁干扰的相关规范限值；另一方面在研制过程中要解决功率电路对控制电路的干扰问题，如果处理不好，则无法达到电源的基本电气性能。

EMI 是器件或系统发出的噪声，使其他器件或系统功能变差。

电磁兼容 EMC(Electromagnetic Compatibility)，是指设备(子系统、系统)在共同的电磁环境中能一起执行各自功能的共存状态，即设备不会由于受到处于同一电磁环境中其他设备的电磁发射而性能变坏，也不会使同一电磁环境中其他设备(分系统、系统)因受其电磁发射性能变差。开关电源可以是单独设备，也可以是某设备的一个子系统。通常它是干扰源。

敏感性(susceptibility)是对指定系统造成伤害的噪声电平的度量。

电磁伤害性 EMV (Electromagnetic Vulnerability)，这个词与敏感性意义相同。

电磁干扰是很低的能量现象，因为感受体受到可能极小的能量而使系统性能变差，因此建立了小能量的噪声规范限额。例如，美国 FCC 规范规定，1 MHz 测量电磁干扰(EMI)的能量仅 20 nW 就判定不合格，但这个能量往往是干扰源能量的千万分之一。如果在 1 MHz 的 1 个周期中，则接收相当于 20 nW 功率；如果触发 1 个 MOS 门电路需 5 nA，则峰值电压达到 4 V 就足以使得电路逻辑混乱。

9.1.2　电磁噪声的传播

图 9.1.1 为电磁噪声传播示意。噪声源发出 EMI 噪声，通过电源线、互连线或共阻传输到被噪声干扰的对象——感受器，或通过电磁波传输到感受器。噪声源与感受器之间的传输路径称为耦合通道。因此，电磁兼容的任务是：抑制噪声源，隔离或堵塞传播通道和降低设备的电磁干扰的敏感性。通常把噪声源、耦合通道和感受器称为电磁干扰三要素。

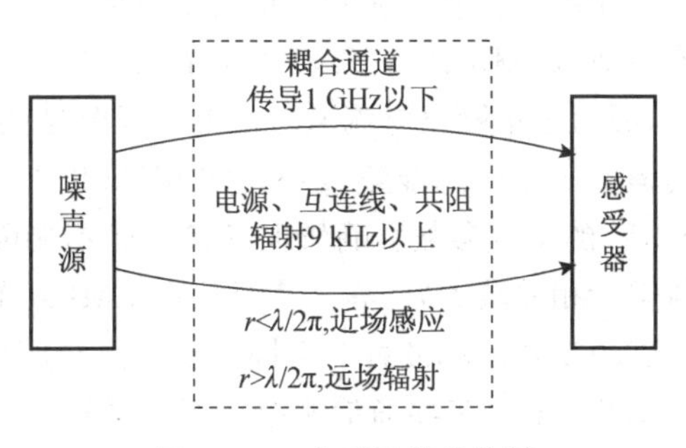

图 9.1.1　电磁噪声的传播

当噪声频率在 1 GHz 以下时，噪声可以通过导线(电源线、互连线或共阻)传播，通常把通过导体传播噪声的方式称为传导；当噪声频率大于 9 kHz 时，噪声可以通过空间电磁波传播，这种传播方式称为辐射。

从图 9.1.1 可以看到，辐射噪声源周围空间分为两个区域：距离大于 $\lambda/2\pi$ 的区域为远场辐射区，距离干扰源小于 $\lambda/2\pi$ 的区域为近场区或(感应场区)。这里 λ 是电磁波的波长(单位：m)，电磁传播速度与光速($c=3\times10^8$ m/s)相等，不同电磁波频率 f 的波长 λ 为

$$\lambda=3\times10^8/f \tag{9.1.1}$$

电磁波是通过天线发射的，天线长度应当等于波长，至少是 1/4 波长。对于 30 MHz，波长 $\lambda=10$ m，很小电源尺寸达到 $\lambda/2\pi=1.6$ m。从电磁发射来说，金属外壳尺寸小于 $\lambda/4$，频率也不可能低于 30 MHz。因此在开关电源内主要是近场干扰，辐射噪声传递主要方式是电容耦合和电感耦合。

近场干扰表现在干扰源与感受器之间有很高的 du/dt 和 di/dt，就可能通过它们导体之间分布电容 C(耦合电容)传递，高 du/dt 在感受器中形成高频干扰电流 i_n，公式

如下：

$$i_n = C\,du/dt \tag{9.1.2}$$

很高的 di/dt 通过导体之间的互感 M 在感受器中形成高频干扰电压 u_n，公式如下：

$$u_n = M di/dt \tag{9.1.3}$$

9.1.3 电磁兼容标准

不可能将噪声降低到零，这样成本会太高，而且也无必要。设备之间必须有一个都可以接受的规范(标准)：设备电磁发射不应当超过规定限额，同时设备经受规定限额以下的电磁干扰，而设备自身的电气性能满足要求，这就是电磁兼容标准。各国都有自己的电磁兼容标准。国际上有 CISPR(Comity International Special des Perturbations Radio-electrocutes，国际无线电专门委员会)、IEC、EN、VDE、FCC 和军用标准，国内也有相应的 EMC 标准。

噪声耦合效率随频率增高辐射增大，传导噪声将降低。传导噪声主要通过噪声电流传播，但测量的是 50 Ω 电阻上的电压降，多数标准认为传导噪声仅与输入电源线有关，因为这里噪声电流通过配电网很容易耦合到其他系统。电源线一般不足一个波长，其辐射到空间的能量较小。30 MHz 以上受 LISN(Line Impedance Stabilization Network)的寄生参数影响较大，LISN 已不能隔离电网的干扰，再用电源线噪声电压评价与实际相差较大，世界上广泛认可 EMI 规范传导干扰最高测试频率是 30 MHz。下限测试频率各国标准可能不同。在美国和加拿大，通常是 450 kHz，而许多国际规范下限是 150 kHz。某些通信规范需要测试到 10 kHz。国标 GB 9254 规定，传导干扰频段为 150 kHz～30 MHz。

对于辐射噪声规范，从 30 MHz 开始，上限达到几百 MHz 至 1 GHz 或更高。传导噪声用频谱分析仪和耦合设备就可以评估，辐射噪声需要在自由空间测试磁场或电场强度，使得测试很复杂。为此，辐射测量通常在电磁屏蔽室中进行，测试结果与测试条件和操作者经验有很大关系。

开关电源内噪声通过电源线传导和由系统本身以磁场或电场辐射传播。首先要考虑的是传导噪声干扰，往往辐射噪声首先传导到导线上，导线成为天线产生发射。有人说，开关电源如果成功抑制了传导噪声，也就解决 EMC 问题的 70%。即使导体中流过直流，也可能被寄生元件耦合到噪声，导致二次发射。

传导噪声规范根据设备使用类型分为两类：A 级指定为工业和商业应用，而 B 级指定其余的应用场合。B 级限制更加严格，典型的为家用电气设备。标准以噪声幅值与频率的关系给出，联邦通信委员会 FCC(Federal Communications Commission)和标准限值 VDE(Verband Deutcher Elektrotechniker)如图 9.1.2 所示。纵坐标单位为 u/dB，分贝值是实际测量电压与 1 μV 的比值。计算如下：

$$\text{dB}\mu\text{V} = 20\log(U/1\ \mu\text{V}) \tag{9.1.4}$$

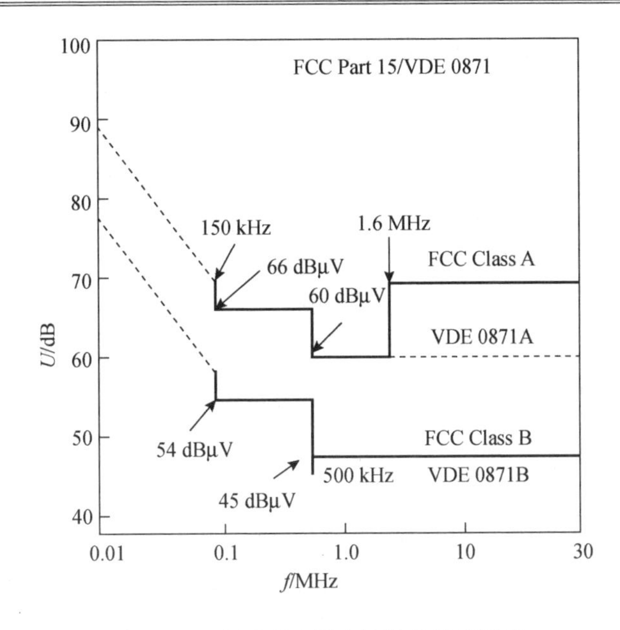

图 9.1.2　标准规定的电源传导发射极限

U 为测量的实际噪声准峰值，如果是测量辐射噪声，则天线检测场强单位是 dB・μV/m。

在电磁兼容测量中，如无特别说明，所有电压幅值都以准峰值 QP(Quasi-Peak)表示，反映的是测量信号能量的大小。由于准峰值检波器的充电时间要比放电时间快得多，因此信号的重复频率越高，得出的准峰值也就越高。准峰值的特点是，既可反映脉冲噪声的幅值，也可反映其重复频率的特征。因为对于同一宽带噪声，测量得到的准峰值低于峰值，并经常高于平均值。

噪声电流是电磁干扰的主要因素，军用标准直接测试噪声电流。民用设备标准则测试噪声电流在 50 Ω 下的压降，作为评判标准。在做传导噪声测量时，供电电源内阻抗以及噪声特性对测试结果影响很大。因此标准规定在供电电源与被测设备之间串联一个耦合设备——电网阻抗稳定网络(Line Impedance Stabilization Network，LISN)。它的作用是将电网输入的噪声隔离掉，并将电网输出阻抗(内阻抗)标准化，保证测试结果反映被测设备真实噪声特性。如前所述，实际测量值是噪声电流在 50 Ω 下的压降，通常，频谱仪探头自带 50 Ω 阻抗。

开关电源输入电压经电网整流和电容滤波，输入电流产生畸变，使得输入级功率因数很低(通常功率因数在 0.6～0.7)，同时造成电网谐波电流干扰。一般开关电源主要用于个人计算机、监视器及电视机，每相电流在 16 A 以下，因此适用 IEC 61000 — 3 - 2 定义的 D 类设备，其不同功率、不同谐波电流限值见表 9.1.1。为了满足标准要求，通常采用电感滤波、无源和有源功率因数校正技术来满足标准要求。

表 9.1.1 IEC 61000－3－2 D类谐波电流限值

谐波次 n	最大允许谐波电流有效值/(mA·W^{-1})	最大允许谐波电流有效值/A
3	3.4	2.30
5	1.9	1.14
7	1.0	0.77
9	0.5	0.40
11	0.35	0.33
13～39(仅奇次)	3.85/n	0.21(13次)15/n(15～39)

9.2 传 导

讨论电磁兼容问题时，经常碰到"地"的问题，实际上电路中的地就是电位参考点。在电路中经常遇到公共端COM(common)、设备地GND(ground)和大地E(earth)。公共端是输入与输出公共参考点，例如有源PFC与后继的变换器都以直流电压负线作为参考电位，直流负线就为公共端。如果辅助电源、检测等变压器初级边都以直流电压负线作为参考，那直流电压负线就为初级地(GND)。次级所有电位参考点为次级地。由第8章开关电源的安全考虑可知，交流供电以大地E(earth)为参考，设备内有可能超过安全电压的金属以及金属外壳都必须接大地E，设备地GND与大地E之间可能有电位差，但一般是相对静止电位。如果各接地点之间连线较长，接地点之间就会有接地阻抗，电路流过电流时，阻抗上有压降，并产生电位差。过大的接地阻抗还有可能引起共阻干扰。为避免共阻干扰，一般将设备中大片面积金属作为设备的参考地，提供很小的地阻抗通常称这样大参考面积"地"为地平面，例如PCB上大面积敷铜地。

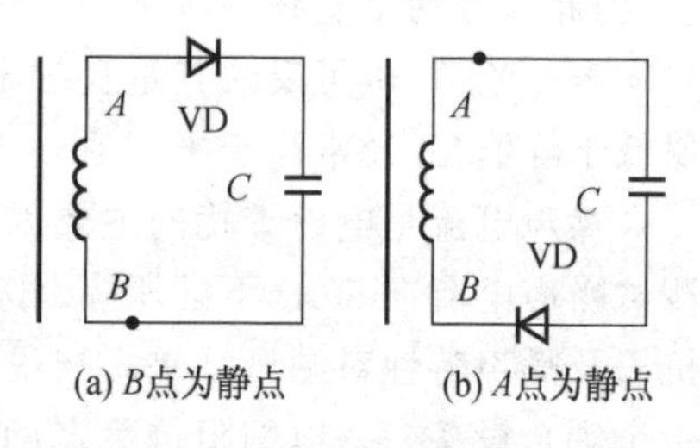

图 9.2.1 二极管接法与静点关系

开关电源中，对大地E电位相对静止，或波动缓慢的电路称为"静点"。例如，设备地GND，通常是直流电源负端。直流电压的正端也是另一个静点。静点往往因整流器连接位置不同而不同，如图9.2.1所示。

9.2.1 传导噪声分类

电网配电通常采用三相4线制或5线制，单相用电设备一般除火线和中线外，还有外壳接地线E保障用电安全。

图9.2.2所示是电网阻抗稳定网络LISN和共模/差模噪声测量，根据传导噪声在电源线上的流通路径，可以分为共模噪声CM(Common Mode)和差模噪声DM(Difference Mode)(也称常模噪声)两类。图9.2.2中虚线是流过火线和中线之间的差模噪声

电流，图中实线路径是共模噪声同时流过两根电源线（即火线和中线），并以大地 E 为回线的噪声，根据图中噪声电流流向，测量的火线上噪声为

$$\dot{U}_L = \dot{U}_{CM} + \dot{U}_{DM} \tag{9.2.1}$$

中线上噪声为

$$\dot{U}_N = \dot{U}_{CM} - \dot{U}_{DM} \tag{9.2.2}$$

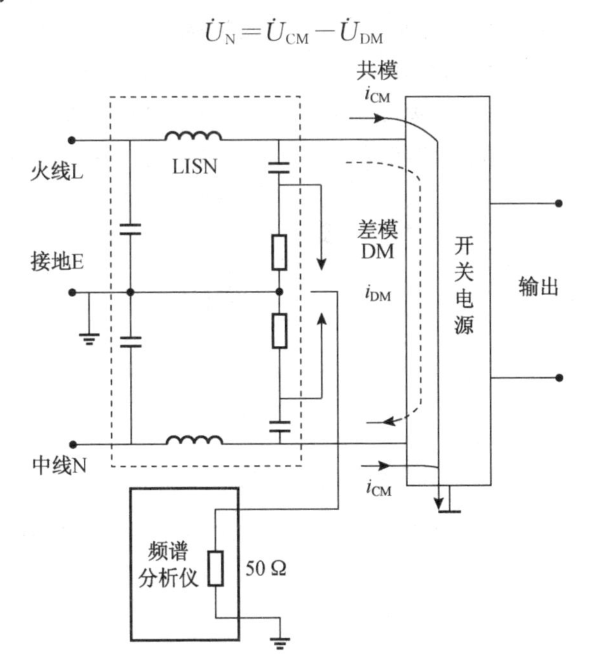

图 9.2.2　LISN 和共模/差模噪声测量

共模与差模电压的和、差是向量关系，一般很难将其分开。如果使用宽带电流互感器，则可以将共模电压和差模电压分开，将接到开关电源交流电源的火线和中线同时穿过检测环。因火线中差模电流与中线中差模电流相等且方向相反，在磁芯中磁场是抵消的，所以测量结果为两倍共模电流。同理，将火线或地线之一反方向穿过测量环，使得两线的共模电流磁场抵消，可以测得差模电流。但是，标准中的传导噪声限额没有区分是共模噪声还是差模噪声，一般认为在 10～150 kHz 超过限值主要是差模噪声，在 150 kHz以上主要是共模噪声。

9.2.2　噪声源

开关电源中功率器件开关工作，功率开关用很高的 d*u*/d*t* 将直流斩波成电压、电流脉冲波，这些脉冲波不仅包含开关频率基波分量，还包含基波倍频的谐波分量。同时开关上升和下降时间包含更高次谐波，这是主要噪声源。例如功率 MOSFET 开关时间为 40 ns，其基波频率为 25 MHz，虽然经过输入和输出滤波，但由于成本限制，滤波电感和电容量不可能无穷大，同时这些元件存在寄生参数，不可能完全滤除高频噪声，这些噪声可能通过输入和输出电源线传递到电网或负载，形成差模干扰。此外，一些元器件的寄生参数也会引起差模和共模噪声，例如，输出整流二极管关断时的反向恢复电流在

寄生电感中存储能量,在整流管截止时磁场能量与寄生电容振荡,产生严重的振铃尖峰,变压器的漏感在功率管关断时引起电压尖峰等都会引起差模和共模噪声。

功率管、二极管、电感和变压器等功率元器件为了散热,安装在散热器或冷板上,根据安规要求,散热器或冷板要安全接地。图 9.2.3 所示为功率开关瞬态电压通过寄生电容耦合到机架噪声示意图。可见,功率开关与散热器之间、初级线圈与磁芯之间、磁芯与地之间以及次级与地之间存在寄生电容,在漏极高 du/dt 时,从火线和中线到大地将产生共模电流。但是,这些共模噪声并不一定相互叠加增大,原因是不同元件的寄生电容产生的共模电流有可能相位相反,它们之间互成闭合回路,而不流到输入电源。

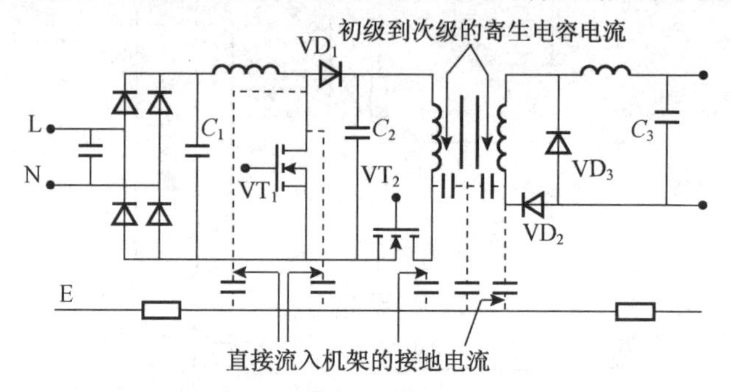

图 9.2.3 功率开关瞬态电压通过寄生电容耦合到机架的噪声

9.2.3 传导噪声的抑制

电磁干扰是一个多输入系统,与电源内部物理结构、电气参数关系很大,分析比较困难。通常遵照减少电磁干扰的规律,并参照减少传导噪声的措施,安排电路和设计滤波器。下面从以下几个方面介绍减少噪声源,即滤波、屏蔽和补偿。

1. 屏蔽和补偿

图 9.2.3 所示是功率开关瞬态电压通过寄生电容耦合到机架的噪声示意图。以一个带有功率因数校正 PFC 级的开关电源为例,说明差模和共模噪声发生和抑制。差模噪声主要是滤波元件不理想造成的,PFC 如果是电流连续工作模式,电感不是无穷大,输入电流波形上叠加 PFC 级开关电流纹波,这就是差模噪声,通常用 C_1 衰减对电网的干扰。功率级矩形脉冲电流由 PFC 输出电容 C_2 提供,由于 C_2 存在 R_{esr} 和 R_{esL},纹波电流以差模电流流过输入电网。此外,辅助电源屏蔽接地 GND,电流也是差模电流。

图 9.2.3 中用虚线画出了共模耦合通道。功率管 VT_1、VT_2、VD_1(散热器未画)与其散热器之间的寄生电容是共模噪声的主要来源。漏极的高 du/dt 通过寄生电容产生共模噪声电流。由式 $C=\dfrac{\varepsilon A}{d}=\dfrac{\varepsilon_0\varepsilon_r A}{d}=\dfrac{\varepsilon_r A}{36\pi d}=8.85\,\dfrac{\varepsilon_r A}{d}\times10^{-6}\,\mu\text{F}$ 可知,寄生电容量与功率器件金属外壳面积 A、外壳与散热器间垫片厚度及绝缘介质的介电常数 ε_r 有关。一般可采用较厚、导热好、介电常数较小的硅胶或氧化铍垫片降低电容量,也就减少了共模噪声。如图 9.2.4 所示,可以将两块绝缘垫片中间加金属屏蔽层,进一步降低寄生电容的影响。屏蔽层接到功率管初级公共地 GND,即直流输入电压源的负端,寄生电容

到屏蔽层电容电流成了差模电流。屏蔽层与地 E 之间为静止电位，这就将功率管与地 E 的 du/dt 隔离掉。在小功率场合，功率管用一层绝缘可以直接安装在 PCB 上，利用 PCB 铜皮散热，安装部分 PCB 铜皮就是公共地 GND，也就避免了共模噪声。

降低功率开关的开关时间也就降低 du/dt，从而降低共模电流。如果通过改变驱动来延缓功率开关开通与关断速率，则增加了功率管的开关损耗，这是不可取的，可在功率较小，效率不是很重要的情况下使用。通常可以采用缓冲电路降低功率管漏极的 du/dt。但是，缓冲电路也是有损耗的，限制开关时间的增长，可能只是干扰频率的变化，效果有限，同时成本要增加。

变压器初级与次级之间的寄生电容也可以屏蔽隔离，如图 9.2.5 所示。屏蔽应当接地 GND，也可以接到电源正。一般原则是，如果开通时间大于关断时间，屏蔽接正（静点）；反之接地 GND，但绝不应当接大地。如果接大地，那么变压器线圈寄生电容和散热器与功率管间电容一样，将产生共模干扰电流。如果初级与次级采用双屏蔽，即初级与次级间安排：初级－绝缘－屏蔽 1－绝缘－屏蔽 2－绝缘－次级，那么屏蔽 1 接初级 GND，屏蔽 2 接次级 GND。如果有 3 层屏蔽，即在屏蔽 1 和屏蔽 2 之间还有屏蔽 3，那么屏蔽 1 和 2 接法不变，屏蔽 3 接地 E。

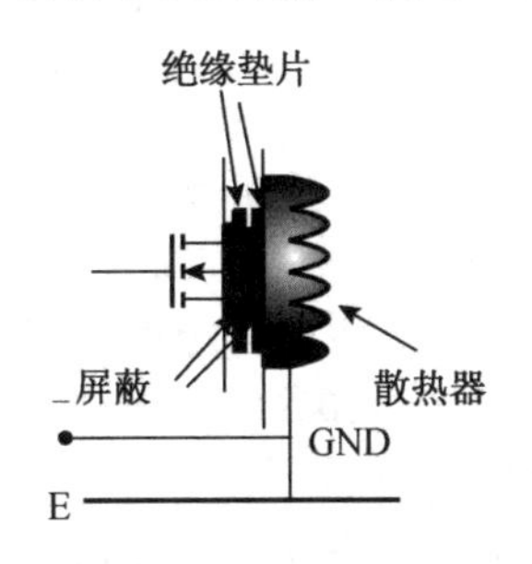

图 9.2.4　功率管屏蔽

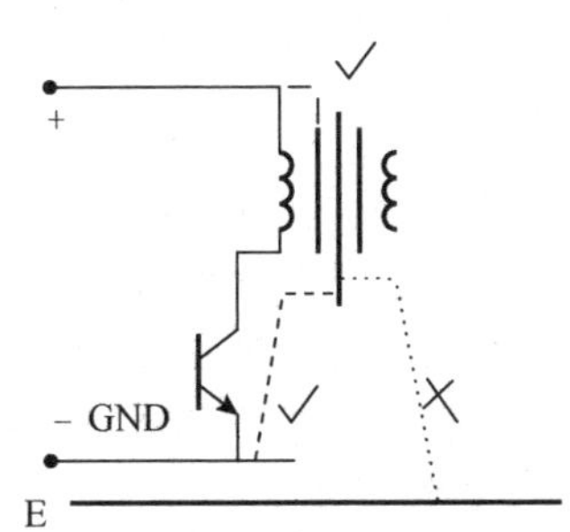

图 9.2.5　变压器屏蔽

Boost 电感与变压器的道理一样，应当安装在带有地平面 GND 的 PCB 上，变压器的屏蔽直接接在地平面上。地平面也作为磁芯和线圈对大地电容的屏蔽。

如果变压器或 Boost 电感考虑散热问题，一定要安装在接大地 E 的散热器或冷板上，它们与大地的寄生电容 C_s 将引起共模电流，由整流器分别经 L、N 和 E 流入电网。为了不流入电网，可以通过测量 Boost 电感接到功率管一端对地电容量 C，如果电感线圈有 n 匝，在 Boost 电感上绕 1 匝线圈，线圈的同名端如图 9.2.6 所示。线圈一端接到地 GND，另一端经电容 C_s 连接到大地(E)，选择电容 C_s 为 nC。当功率开关关断时，电感"·"端对地(E)电位升高(开通时相反)，产生对 C 充电电流为

$$i=C\mathrm{d}u/\mathrm{d}t \tag{9.2.3}$$

电流方向如图 9.2.6 中虚线所示。而 1 匝线圈感应电压 u_1 经电容 C_s 产生电流为

$$i_1=C_s\mathrm{d}u_1/\mathrm{d}t \tag{9.2.4}$$

电流方向如图 9.2.6 中实线 i_1 所示。因为 $C_s=nC$，$U=nU_1$，所以两个电流相等且方向相同，经电容 C_1 形成回路，不再流到输入电网，此法也适用于变压器。

在两线输入小功率反激变换器中，变压器初级与次级之间没有屏蔽层，功率管高

du/dt 通过变压器寄生电容和次级与大地之间电容产生共模干扰电流，如图 9.2.7 所示。通常在次级地与初级静点之间跨接一个电容 C_s，C_s 电容量远远大于初级与次级间寄生电容量。一般规则是如果开通 du/dt 大于关断时，跨接电容接到初级地(GND)，反之接到初级直流电源"+"端。也可以这样理解，当跨接 C_s 电容以后，根据电路工作原理，功率管漏极对地(E)电容 C_1 的 du/dt 电流与次级对地电容 C_2 的 du/dt 电流构成回路，不流入电网，降低了共模电流。

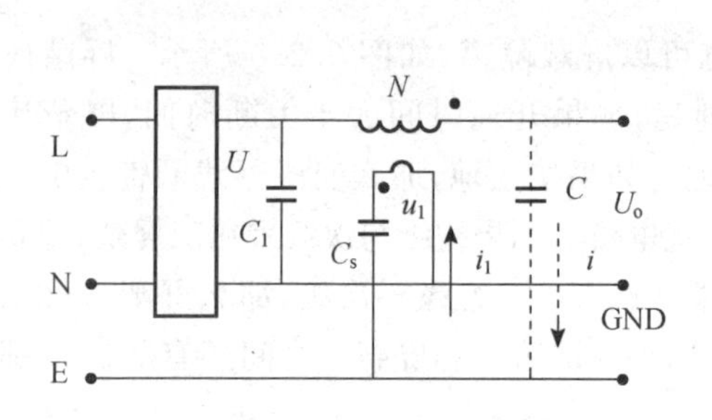

图 9.2.6　附加线圈消除电感的共模噪声

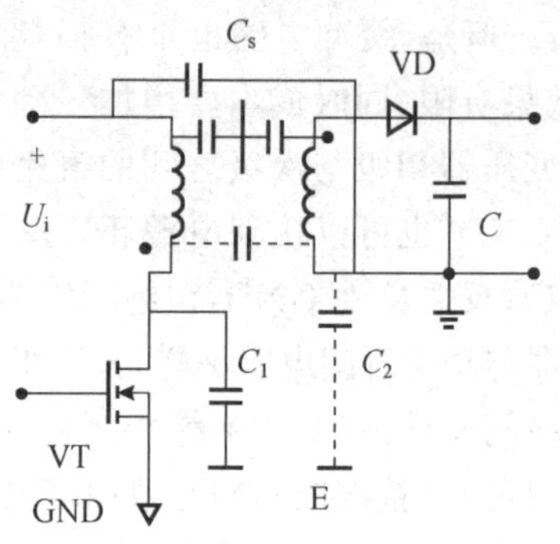

图 9.2.7　反激 C_s 电容

2. 滤　波

尽管采取了若干减少噪声的措施，但由于电源元器件不理想，体积、结构的困难以及成本限制，且电源内元器件之间耦合是不可避免的，因此还有可能噪声超出电磁兼容 EMC 的规范。此为开关电源的电磁兼容设计通常是参照相似电源的 EMC 滤波进行的，然后进行电磁兼容测试。当测试结果超过图 9.1.2 中的限值时，采用 LC 滤波达到规范要求是最主要的手段。

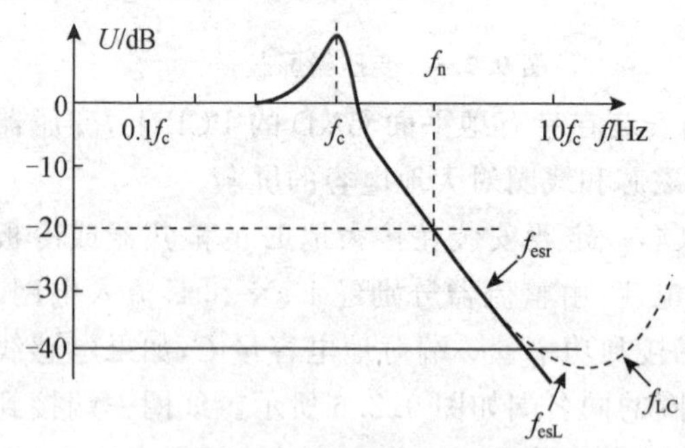

图 9.2.8　LC 滤波器的频率特性图

如果噪声是以噪声电压出现，从第 6 章开关电源的闭环设计中介绍的 LC 滤波器特性知道，理想的 LC 滤波器的谐振频率 f_c 随阻尼系数 $D(D=R/\omega L)$ 变化，在高于谐振频率段，增益幅度以 -40 dB/dec衰减，重画于图 9.2.8。如果测试结果在频率 f_n 超过限值 m dB，设计的滤波器应当在 f_n 衰减 m dB，还要考虑 2 dB 的余量，共需要衰减 m dB，假设 LC 滤波器是理想元件，即电感没有寄生电容 C 和线圈电阻，电容没有等效串联电阻 R_{esr} 和等效串联电感 L_{esL}，LC 的谐振频率 f_c 与 f_n 的关系为 $40\lg(f_n/f_c)=m'$，则

$$f_c=f_n/(10^{m'/40}) \tag{9.2.5}$$

电容取值限制在一定范围，于是根据 f_c 选择滤波器电感的参数。

如图 9.2.9 所示是一个典型的 EMC 滤波器，它是由共模电容 C_{y1}、C_{y2}(商业上称为

Y 电容)和一个共模电感组成 L_1 组成共模滤波器。共模电容 C_{y1}、C_{y2} 分别连接在火线 L 到大地 E 和中线 N 到大地 E 之间，而共模电感是绕在一个磁芯上的两个线圈，典型环形磁芯共模电感如图 9.2.10 所示。请注意接在电路中共模电感两个线圈的同名端，对电网输入电流 i_L 在磁芯中产生的磁通相反(图中虚线)，磁芯中合成磁势为零。对共模信号 i_{cm1} 和 i'_{cm1}，在火线和中线都是同名端输入，磁芯中磁通方向一致(如图 9.2.10 中实线所示)，两个线圈匝数相同，自感为 L_1 和 L_2 是相等的，互感为 M，共模电流流过时每个线圈端电压为

$$U_{cm}=j\omega L_1 i_{cm1}+j\omega M i'_{cm1}=j\omega(L_1+M)i_{cm1}$$

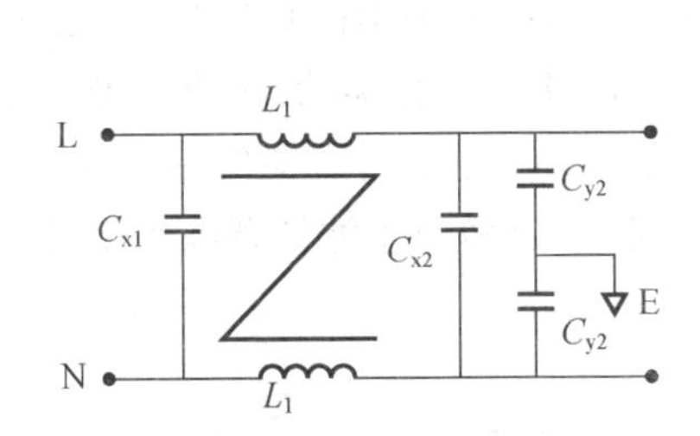

图 9.2.9　EMC 滤波电路

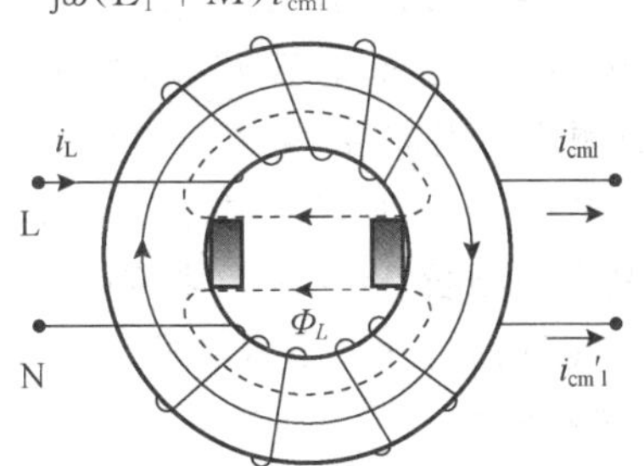

图 9.2.10　共模电感线圈安排

如果两个线圈匝数 n 相等且耦合良好，有 $L_1=L'_1=N^2A_L=M$，那么每个线圈等效电感为 $2L_1$。但是，为了扩展频带，减少输出与输入耦合，一般要求两个线圈分开绕，同时出线端分开距离越大越好，因此耦合系数一般较低，等效电感小于 $2L_1$。

同样，对于差模信号，电流方向与电网电流 i_L 方向一样，相当于互感线圈同名端串联，差模电感为共模电感的漏感，总等效电感为 $L_1+L'_1-2M$。在实际应用中，共模电感的漏感作为差模滤波电感，它与电容 C_{X1}、C_{X2}(商业上称为 X 电容)组成差模滤波。将差模电感和共模电感集成在一个电感中以减少 EMC 滤波器的体积。如图 9.2.10 中的灰色部分所示，在漏磁路径上增加导磁材料的方法，以减少漏磁通磁路磁阻，增加差模电感。这样减少了共模电感的互感，降低了共模电感的等效电感量，同时存在磁芯饱和的危险。已经有共模电感与差模电感集成元件，同时它们之间影响较小。

共模滤波电容量受到安全漏电流的限制：Ⅰ类设备为 3.5 mA，Ⅱ类设备为 0.25 mA，对于 50 Hz，220 V 电源最大电容分别为 50 nF 和 3.6 nF，通常Ⅱ类设备取电容在 1～4.7 nF 之间，典型值为 2.2 nF。如果已知电容，根据谐振频率 f_c，求得所需电感量为

$$L=1/[(2\pi f_c)^2C] \tag{9.2.6}$$

如在 $f_n=2$ MHz 希望衰减 20 dB，考虑余量在 2 MHz 时衰减为 22 dB，根据式(9.2.5)得到

$$f_c=\frac{f_n}{10^{22/40}}=\frac{2\times10^6}{3.548}\text{ Hz}=563.7\text{ kHz}$$

如果电容量为 2.2 nF，要求的电感量为

$$L=\frac{1}{(2\pi f_c)^2C}=\frac{1}{(2\pi\times563.7\times10^3)^2\times2.2\times10^{-9}}\text{ H}=36\ \mu\text{H}$$

按照以上方式设计滤波元件,往往达不到预期的结果,原因是LC滤波器电感和电容是不理想的。如果电感是理想元件,电容存在R_{esr}和L_{esL}。如图9.2.8所示,随着频率升高到f_{esr}时,容抗$(\omega C)^{-1}$等于R_{esr},LC滤波的幅频特性由-40 dB/dec转为-20 dB/dec。如果频率继续增加到f_{esL}时,ωL_{esL}等于R_{esr},LC滤波器变成L和L_{esL}分压器,幅频特性斜率由-20 dB转为零,如图9.2.8中虚线所示。

在更高频段,线圈电感的寄生电容严重影响幅频特性,在频率大于寄生电容与电感并联振荡频率f_{LC}时,寄生电容将电感短路,LC滤波成了CL_{esL}电路,滤波器成了高通滤波器,幅频特性以$+40$ dB/dec上升。这只是在精心绕制电感减小分布电容时可能出现的情况,如果分布电容较大,可能更低转折频率出现在幅频特性上,甚至没有0 dB/dec频段。因此要达到-100 dB/dec衰减量的LC滤波器是很难实现的,例如图9.2.8中$f_n > f_{esr}$时,如果按式(9.2.5)计算,实际LC达不到需要的衰减量(插入损耗),尤其在高频段,寄生参数影响越发明显。同时,想要做一个滤波器在整个传导干扰频段都有良好的特性是不现实的。

3. 实例分析

干扰噪声是电流信号,通常是在电网阻抗稳定网络(Line Impedance Stabilizing Network,LISN)连接到开关电源端的50 Ω电阻上测量的。因此考虑EMC滤波不是从电网到开关电源,而是从开关电源内干扰源发射到电网,如图9.2.11(a)所示从右向左传输。

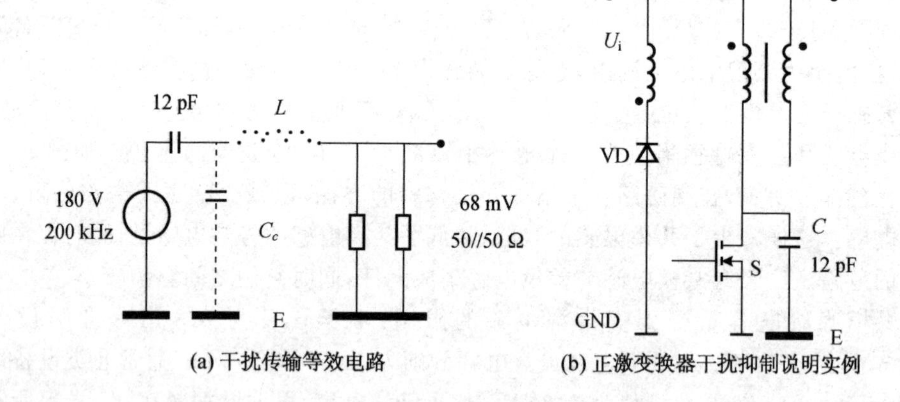

图9.2.11　共模噪声源和抑制

如图9.2.11(b)所示,以一个实际正激变换器为例,来说明抑制电流噪声的滤波器的设计方法。设输入交流电压115 V,经整流滤波给正激变换器供电。开关频率$f_s=$ 200 kHz,最大占空比假设为$D_{max}=0.5$,功率管采用TO-220封装,外壳与散热器之间的寄生电容约为10～30 pF,功率开关上升和下降时间均为0.1 μs,采用桥式整流电路,考虑输入电压的上限,则输入最高直流电压为200 V,复位线圈匝数等于初级线圈匝数,功率管漏极电压在0～400 V间摆动。如果寄生电容取值为$C=12$ pF,在功率管开关过程中产生的共模电流为

$$I_c = C\frac{dU}{dt} = \left(12\times10^{-12}\times\frac{400}{0.1\times10^{-6}}\right)\text{ A} = 4.8\times10^{-2}\text{ A}$$

如果按照德国抗干扰标准证书 VDE 0875 的要求，最低频率为 150 kHz，在规范范围200 kHz内，为便于计算，使用有效值估计噪声，在数量级上与准峰值是相当的。交流幅值 200 V 的矩形波有效值为 0.9×200 V=180 V，它是产生共模干扰电流主要来源。如果没有滤波器，等效电路如图 9.2.11(a)实线所示。因为寄生电容容抗很大，可以看做恒流源，恒流电流为

$$I_c = \omega CU = (2\pi\times2\times10^5\times12\times10^{-12}\times180)\text{ A} = 2.71\text{ mA}$$

如图 9.2.11(a)所示，电流分成两部分对称地在电网阻抗稳定网络 LISN 两个50 Ω并联的测量电阻上产生压降为(25×2.71) mV=67.5 mV≈68 mV，68 mV 似乎是一个很小的量，但超过了 VDE 的 A 类产品在 200 kHz 噪声限值 U_n=2.0 mV(实际上是准峰值)，B 类限值更低，为 0.5 mV。

这里没有考虑内部谐波电流相互形成环路的部分，为了满足标准要求，可以设计一个插入损耗为[20lg(68/2)]dB=30.6 dB 的共模滤波器。选用图 9.2.9 共模滤波器，安全要求泄漏电流不大于 0.5～3.5 mA，所以对 110 V 交流共模电容 $C_{y1}\,/\!/\,C_{y2}$<10 nF。选择两个 2.2 nF，并联后为 C_y=4.4 nF，频率为 200 kHz 时阻抗为 $Z_c=1/(2\pi fC)=[1/(2\pi\times2\times10^5\times4.4\times10^{-9})]\ \Omega=181\ \Omega$，在 25 Ω 电阻上的电压为 U_c=487.8 mV。要使得 25 Ω 电阻上的电压低于 U_n=2 mV，衰减 $20\lg(U_c/U_n)$=47.4 dB，考虑留有余量，选择衰减 50 dB，需要在电容 C_c 与 25 Ω 电阻间增加一个电感 L，如图 9.2.11(b)所示虚线，减少在 25 Ω 电阻上噪声电压，转折频率由式 $20\lg(U_c/U_n)=f_s/f_c$ 可求得 f_c=(200/50) kHz=4 kHz，因此电感量为 $L=R/(2\pi fC)=[25/(2\pi\times4\times10^3)]\text{ H}=995\ \mu\text{H}$。如果不希望在 200 kHz 振荡，那么电感的寄生电容应当小于

$$C < \frac{1}{(2\pi f)^2L} = \frac{1}{(2\pi\times200\times10^3)^2\times995\times10^{-6}}\text{ F} = 637\text{ pF}$$

计算出电感总匝数一分为二分开绕，因为两个线圈耦合不好，匝数增加 5%左右，漏感作为差模滤波电感。

这样的估算与实际差别较大，原因是漏极不仅与散热器寄生电容有关，还与变压器以及周围电路产生的共模电流有关，这些共模电流不一定相互叠加，也可能相减。此外，没有考虑电容的 R_{esr} 影响。实际上不能孤立解决功率管与散热器寄生电容引起的共模干扰问题，同时还要考电感、电容的寄生参数影响。

如图 9.2.12 所示是实际 EMI 滤波器电路，给出了实际共模和差模输入 EMC 滤波器。电源功率由火线 L 和中线 N 经整流滤波及 PFC 输送到变换器，电流从左向右传输，而开关电源干扰噪声是从右向左发射，通过电源内部回到交流输入 L、N 到电源连接接点。

整流器输入前从右至左 C_{d1} 和 L_{d1} 组成主差模滤波单元。C_{c1}(2 个)和 L_{c1}(2 个)组成对地的共模滤波单元，L_{c1} 两个线圈绕在一个磁芯上。第一个差模电感一般比较大，高频时寄生电容将电感短路，更高频率噪声仍然能传递到电网，利用与共模线圈漏感形

成一个第二更高频率差模滤波单元。此前的滤波主要针对开关频率的谐波设计 C_{d2} 的,开关频率的噪声电流还可能反射到输入端,如果开关频率比较高,例如150 kHz以上,在规范范围内(如德国抗干扰标准证书VDE－0875),当差模超过限制时,可在这里增加一个 L_n 和 C_n 形成一个开关频率陷波器,串联电阻 R_n 提供阻尼和扩展陷波带宽。C_{d3} 和 C_{c2}(2个)电容通常用来最后清理右端噪声,同时给噪声提供低阻抗,避免交流电网阻抗不确定性。最后,也就是电源输入端接电网阻抗稳定网络LISN来评估开关电源的噪声性能。如果差模噪声超限不是很严重,C_{d1} 和 L_{d1} 可以省略,只利用共模电感的漏感作为差模电感。一般漏感较小,因为不涉及到安全问题,可以选择较大的差模电容 C_{d3},差模电容通常在1 μF到数 μF之间。

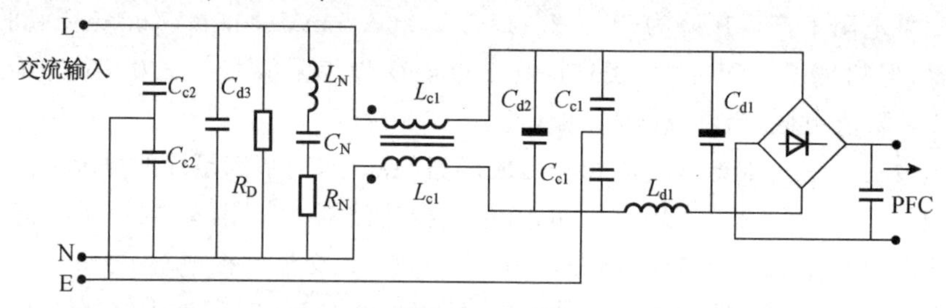

图 9.2.12 实际EMC滤波器

实际电路中还应当有阻尼网络、瞬态保护、保险丝和其他应用相关元件。瞬态保护可以使用放电管或压敏电阻VDR(Voltage Dependent Resistor),并联在差模电容(C_{d1} 或 C_{d2})两端,VDR有寄生电容,还可以提供额外的差模滤波。

在接通电源时,L_d 和 C_d 振荡,电容电压可能超过电源电压两倍而造成器件损坏。为此,在电路中L和N间并联一个RC串联网络来阻尼振荡。

4. 滤波元件

1) 电　容

选择 R_{esr} 和 L_{esL} 较小的滤波电容,对于共模电容可以采用金属化插针安全电容。R_{esr} 和 L_{esL} 与电容结构有关,不随容量下降线性上升,可以采用几个较小且相等容量的电容并联代替一个大容量电容,这样可以减小 R_{esr} 和 L_{esL} 影响。也有用一个大电容与一个小电容并联分别衰减低频和高频滤波,甚至再加一个中等电容并联,试图在整个频带获得噪声抑制作用,但这会带来风险。大电容在较低的频率 f_{esr},它的 L_{esL} 很可能与较小电容发生谐振,使得振荡频率的噪声幅值增大。并联电容越多,出现振荡的频率点越多,滤波器在多个频率点失效,一般不建议大小电容并联来扩展滤波器频带。

电容焊接在PCB上,引线尽可能短,现在有三端电容和四端电解电容。前者两根相连引线与一根引线分别为电容器两个电极,使用时两根相连的引线串联在滤波电路中,另一端接滤波器回线。后者4根引线两两相连,分别串联在滤波电路和回线中。多端电容虽然比普通两端电容具有较高截止频率,但只能安装在PCB上,价格较贵。同时输入与输出之间有高频耦合,三端电容最高截止频率在300 MHz以下。

穿心电容是一种三端电容,在电源中主要用在电源输入和输出滤波,外壳作为一个电极,用焊接或螺丝安装在金属屏蔽壳体上,另一个电极的两根屏蔽外引线输入和屏蔽体内输出线,电流线被电容器外壳包围而屏蔽,通常按该电极电流定额和需要的电容量选择穿心电容。由于外壳一般接到地平面,几乎完全隔离了输出与输入线之间的耦合,且接地电感很小,其滤波范围可在 GHz 以上,如果外壳接地良好,接地线则是多余的。所有 EMC 滤波器中电容应当通过安全认证,图 9.2.12 中的 C_{d1}、C_{d2} 和 C_{d3} 是 X 电容,即差模电容,跨接在 L 和 N/L 和 E 之间,它的失效不会引起人员触电,一般取值较大容量。额定电压与输入电压相当。输入线使用 X_1(见图 9.2.12 中 C_{d3}),共模电感后,通常使用 X_2(见图 9.2.12 中,C_{d1}、C_{d2}),也有使用 X_1,但价格比较贵。Y 型电容连接在相线与地线之间。为了不超过相关安全标准限定的地线允许泄漏值,这些电容的值大约在几 nF。Y 电容分为 Y_1 电容和 Y_2 电容,Y_1 属于双绝缘 Y 电容,用于跨接一二次侧。Y_2 则属于基本单绝缘 Y 电容,用于跨接一次侧对保护大地即 FG 线。Y 电容是共模滤波电容,用 Y_2 电容每组两个分别跨接在 L－E 和 N－E 之间(图 9.2.12 中 C_{c1} 和 C_{c2})。Y 电容如果失效可能引起人员触电,电容量受泄漏电流限制,取值较小。为增加耐压,有时用两个容量加倍 Y_2 电容串联使用,即使一个失效,也不至于短路漏电。Y_1 电容用在 AC 输入线与次级地,或初级地与次级地之间。跨接在初级 X 电容和 Y 电容承受电压定额分别如表 9.2.1 和表 9.2.2 所列。

表 9.2.1 X 电容安全要求

分　级	峰值脉冲电压要求	IEC 664 安装类别	应用场合	在老化试验前施加的峰值脉冲电压
X_1	≥2.5 kV,≤4.0 kV	Ⅲ	高压脉冲	C≤1.0 μF,U_p=4 kV
X_2	≤2.5 kV	Ⅱ	一般用途	C≤1.0 μF,U_p=2.5 kV

表 9.2.2 Y 电容安全要求(IEC 60384－14)

分　级	绝缘类型	峰值脉冲电压要求	额定电压范围	应用场合
Y_1	双重绝缘或加强绝缘	≥8 kV	≥250 V	Y 电容是指跨于 L－G/N－G 之间的电容器;Y 电容抑制共模干扰
Y_2	基本绝缘或附加绝缘	≥5 kV	≥150 V,≤250 V	
Y_3	基本绝缘或附加绝缘	耐高压	≥150 V,≤250 V	

2) 电　感

开关电源通常工作在 20 kHz 以上。电源中产生的噪声频率高于 20 kHz,通常在 100 kHz～50 MHz 范围。用作变压器最适合和低成本的材料是铁氧体,在噪声频带内具有最高阻抗。

铁氧体材料的电气特性不同于磁粉芯或绕带磁芯。表 9.2.3 是 3 种铁氧体磁芯材料及其电气特性。磁感应强度和初始磁导率都低于磁合金材料。J、W 和 H 材料适用于电磁干扰滤波器等,需要高的磁导率。

表 9.2.3 铁氧体材料及其特性

材料代码	磁感应强度	初始磁导率	应用场合	居里温度/℃
J	4 300	5 000	电磁干扰滤波器,宽带变压器	>140
W	4 300	10 000		>125
H	4 200	15 000		>120

铁氧体材料要在选择的频率具有最高阻抗,从铁氧体最通用的材料参数,像磁导率和损耗系数时,是不容易分辨的。图 9.2.13 示出了一个铁氧体环 J-42206-TC,绕10 匝线圈的阻抗 Z_s 与频率关系图。线圈电感在 1～10 MHz 达到它最高阻抗。线圈电感的串联感抗(X_s)、串联阻抗(R_s)以及一起构成总阻抗(Z_s)与材料磁导率和损耗函数关系,也用图表示。

在低频时串联电感感抗 X_s 等于总电抗(Z_s),而在高频时,总电抗等于串联电阻 R_s,构成总电抗。随着频率由低增高,串联阻抗加,并开始加到串联感抗中,产生总电抗(Z_s)。在频率大约 750 kHz 时,减少的串联感抗等于增加的阻抗。在此频率以上,主要是串联阻性电抗,而且总阻抗甚至就是阻抗。

图 9.2.14 示出用图 9.2.13 磁芯铁氧体材料的磁导率和损耗系数与频率的函数关系。在 750 kHz 以上磁导率衰减引起图 9.2.13 中感抗的下降。随频率增加,损耗系数基本上成了高频阻抗的来源。

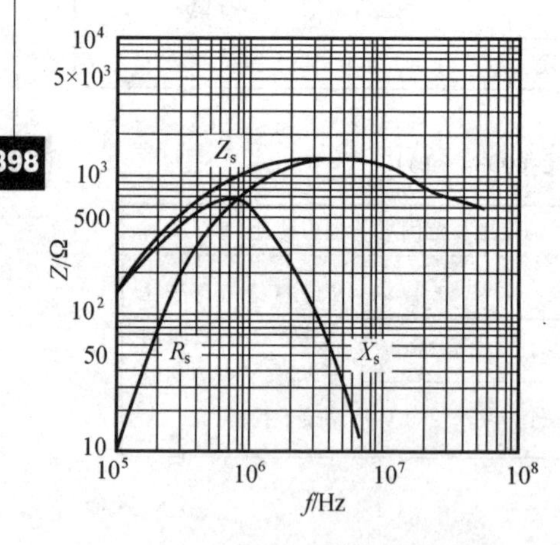

图 9.2.13 J 材料阻抗与频率的关系

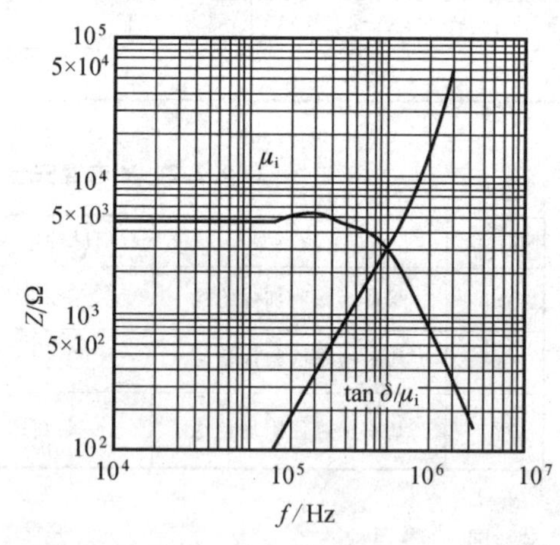

图 9.2.14 J 材料磁导率和损耗系数与频率的关系

图 9.2.13 中,在频率 1～20 MHz 之间,总阻抗具有最大值,这是最有用的滤波器材料。这主要是材料损耗,而材料磁导率影响很小。显然,在低频,要从磁导率和损耗系数确定共模电感滤波器的铁氧体材料的可用频率范围是不可能的。选用最适用的材料的最好方法是比较图 9.2.15 中三种材料的阻抗与频率关系曲线。

J 材料在 1～20 MHz 范围内具有平坦的最高总阻抗,它是广泛用于共模滤波电感的铁氧体材料。在 1 MHz 以下,W 材料总阻抗比 J 材料高 20%～50%,它通常用于对于 J 材料和低频噪声成为最多主要问题的地方。K 材料可以用于高于 2～5 MHz 的场合，因为在这个频率范围 K 材料比 J 材料总阻抗最多高出 100%左右。对规定频率高于 50 kHz 和低于 2 MHz 要求的滤波器，最好选用 J 材料或 W 材料。

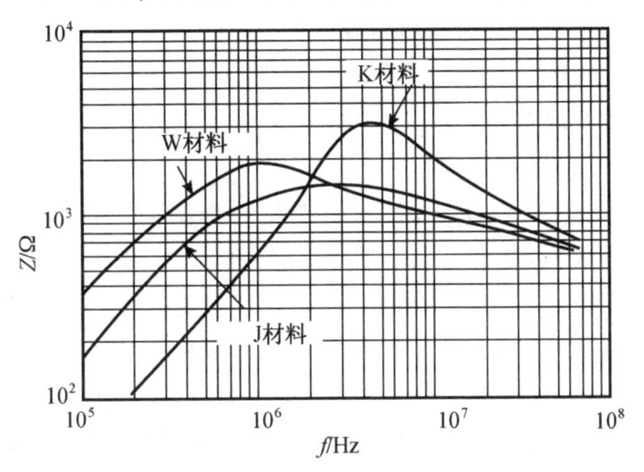

图 9.2.15　三种不同材料的阻抗频率特性

如上所述，共模电容受泄漏电流限制，滤波电感量一般较大。要使得线圈寄生电容小，必须匝数少，达到相同的电感量必须选择高磁导率材料。通常选择相对磁导率为 5000～10000。非晶态、微晶以及钴基非晶合金材料的磁导率在数万到数十万，相同的电感量匝数较少。铁氧体电阻率属半导体，而非晶、微晶电阻率属于导体范畴，线圈与磁芯间电容影响比铁氧体明显，高频段阻抗下降较快，同时价格较高。此外，因为 μ_r 值高，漏磁通大，容易引起饱和。

图 9.2.10 是环形磁芯，它比 E 型和 U 型磁芯成本低，同时散磁和漏磁通小，是 EMC 滤波器最经常使用的磁芯。但绕线需环形绕线机或人工绕制，生产加工成本高。两个线圈间分开一段距离对称绕在磁芯上，并用支架或环氧树脂固定在 PCB 上。

E 型或 U 型磁芯如果加上骨架，装夹零件要比环形磁芯贵些，但装配成产品成本低。为了减少寄生电容，骨架上在窗口宽度方向提供分段绕线有几个槽。因为磁路中有气隙，有效磁导率低于材料磁导率，同时 E 型磁芯漏感较大，当然共模滤波中也需要差模，但散磁通可能引起噪声的二次发射。

电感的寄生电容严重影响电感的阻抗频率特性，寄生电容与线圈结构有关。图 9.2.16 为一般线圈绕法(通常称为 C 绕法)的寄生电容示意图。图中画出了层间电容、输出与输入端部之间电容、线圈与磁芯之间的电容，但未画出的导线之间的电容。为减少线圈寄生电容和输入与输出之间耦合以及寄生电容，绕制线圈时应当注意尽量采用单层线圈，起端与末端分离距离越远越好，减少输入与输出端的耦合，选择宽窗口磁芯。相同的电

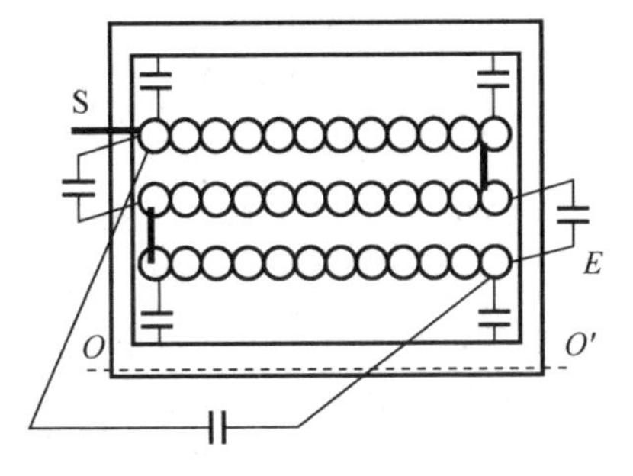

图 9.2.16　线圈绕法与分布电容

感量,高磁导率磁芯需要的匝数少,比较容易做成单层。

如果要求电感量大,体积又要求较小,导线直径在 0.3 mm 以上,边绕边重叠,不要绕到最后再回头,理想绕法如图 9.2.17(a)所示,称为阶梯绕法。比较常用绕法是每层绕到最后 1 匝返回到上 1 层起始位置绕第 2 层,如此下去,通常称这种绕法为 Z 绕法,适合于分槽线圈。当导线直径小于 0.3 mm 时,可以乱绕。

将一组线圈分成几段绕,绕满一个槽,再绕下一个,如图 9.2.17(b)所示。每个槽寄生电容互相串联,减小寄生电容。

图 9.2.17(c)为蜂房式绕法示意图,骨架是一个圆筒,为说明绕制方法,从 AA 处切开,线从左边的下沿向右上方绕到上沿第一个折点,转折向右下绕到下沿第二个折点,如此经第 3~6 个折点转向右上到右边 AA,也就是左边 AA,完成 1 匝,图中 1 号线。接着回到左边 AA 第二匝开始,图中 2 号线继续向右上绕,达到上沿转折向右下,这样第二匝压在第一匝上面,如第一匝一样,达到下沿,再转折绕向右上,这样一匝一匝绕下去,得到图 9.2.17(c)为 4 匝线圈,可以看到大部分线十字交叉,分布电容小。

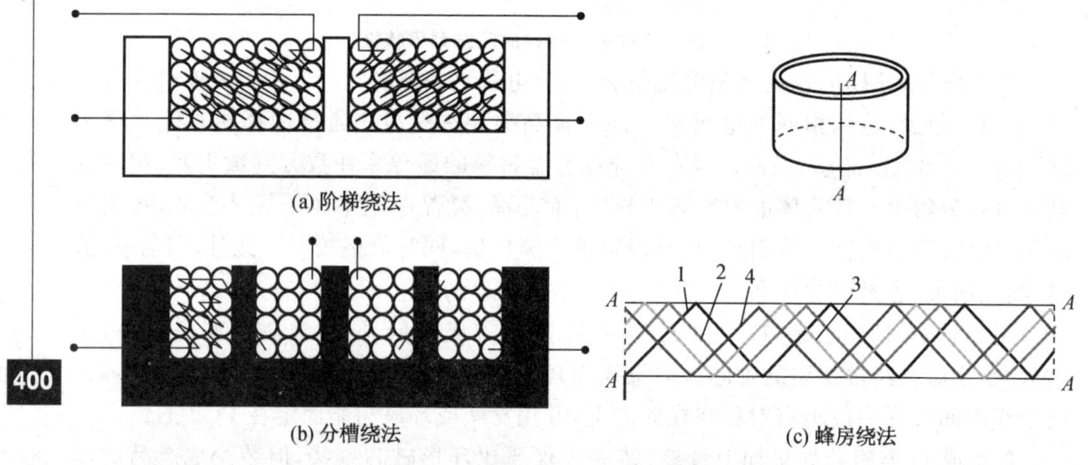

(a) 阶梯绕法

(b) 分槽绕法

(c) 蜂房绕法

图 9.2.17 减少寄生电容的线圈绕法

使用几个电感串联起来,每个电感的寄生电容也串联。但是,体积、成本增加,而且应当采用相同结构和电感量的电感串联,否则与电容并联一样,可能有多个振荡频率。在振荡频率点阻抗很低。

当干扰信号超出标准 40 dB 以上,结构和电路采取了减少干扰措施仍不能奏效时,可以采用 2 级甚至 3 级 LC 滤波器。

3) 滤波器结构和接线要求

EMC 滤波器布局对滤波特性影响很大,要达到设计效果,应当滤波器的右边噪声输入不能与左边输出电路接近或交叉,滤波元件按噪声路径顺序排列,避免滤波后的电路由于近场耦合而二次污染。

滤波电容的接线尽可能短,跨接在 L−N(DM)或 L−E、N−E 端,不能使用连线连接电容,避免增大 L_{esL}。

火线和中线到滤波器的接线长度最好为零,滤波器输出端口就是开关电源唯一交流电源输入端口。结构不能做到时，必须对电源线屏蔽，并在端口增加高频共模滤波电容。

需要时，应将 EMC 滤波器用金属盒屏蔽，并将屏蔽盒接地。

图 9.2.18 是一个市售 EMC 滤波器的屏蔽盒的内部布局图，值得注意的是输入与输出彻底分开，避免了二次污染。

如果外购滤波器，不能像普通元件或部件在开关电源内任意安装。同时信号端口应尽可能远离电源输入端口。滤波器的外壳都有一个接地端子，就是滤波器中共模电容的接地端子，它必须通过机箱金属外壳或机架，或大块金属接地平面接大地，才能起到共模滤波效果。如果已经将滤波器外直接安装在金属机壳或地平面上，接地线就不要连接，因为接地线的寄生电感会降低滤波效果。

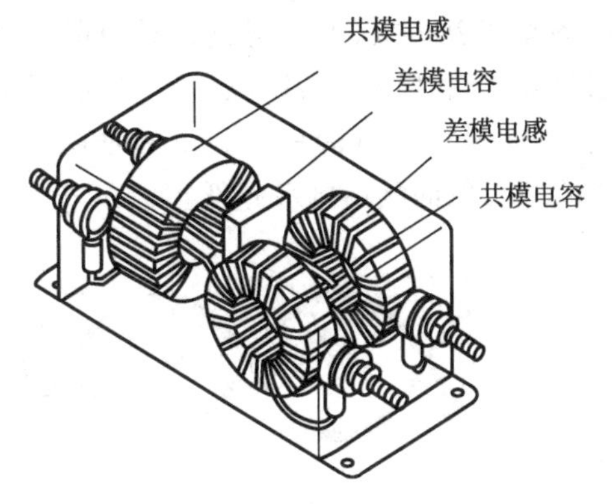

图 9.2.18　商业化 EMC 滤波器内部布局

9.3　辐　射

开关电源的功率电路、输入/输出电路和控制电路在一定条件下都有可能成为发射天线。如果干扰源外壳流过高频电流，此外壳也会成为辐射天线。一般开关电源外廓尺寸较小，远小于 $\lambda/2\pi$，即使有辐射也是从电源线发射出来的。实际上避免辐射与上面谈到的防止传导方法相同，如果没有噪声传导到天线上，也就没有辐射噪声。

由噪声源通过传导到暴露的导体，再发射到空间。如果将传导噪声控制在规范限制以下，同时，对噪声有效屏蔽，应当说辐射噪声也得到很大的衰减。但是，开关电源毕竟是功率设备，已经有高的 $\mathrm{d}u/\mathrm{d}t$ 和 $\mathrm{d}i/\mathrm{d}t$ 引起共模干扰噪声，变压器、电感器强变化磁场引起高频磁场干扰，如果处理不当，不仅不能达到 EMC 标准要求，即使电源正常工作都很困难。

屏蔽是防止辐射干扰的主要手段。针对不同性质的辐射噪声，采用不同的屏蔽手段，对于开关电源来说主要是近场干扰：高电压小电流主要是电场干扰；低电压大电流主要是磁场干扰。

辐射测试是十分复杂的，必须在电磁暗室中进行。同时与测试人员的经验有很大关系，这里仅介绍防护方法。

9.3.1　传输线

导体可以发射和接收噪声，如果进出外壳的（电源和信号）导线与回线成对引出和引入，并且两根导线靠得很近，当导线流过高频电流时，信号线与其回线产生的电磁场如图 9.3.1所示，在距离导线足够远的地方电磁场是抵消的。因此，两根导线靠得越近,对外界干扰越小。同时接收干扰也越小。

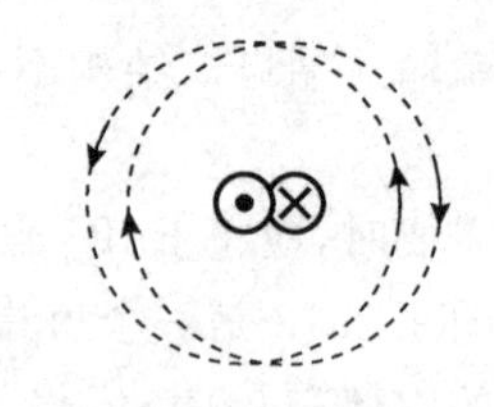
图 9.3.1　两根导线电流的磁场

进一步减少噪声可以将信号线与回线相互绞绕,制成双绞线。由图 9.3.2(a)可见,双绞线干扰电流产生的磁场 Φ 相互短接,不发射到远处;同时,外部干扰磁场 Φ 通过双绞线时,在相邻结点间产生的感应电势是相互抵消的,如图 9.3.2(b)所示。试验证明,绞绕的结点越多,接收或发射的噪声电平越低。

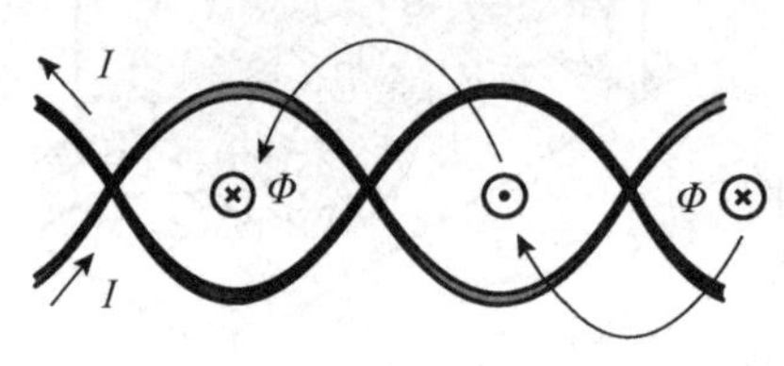

(a) 双绞线产生的磁场

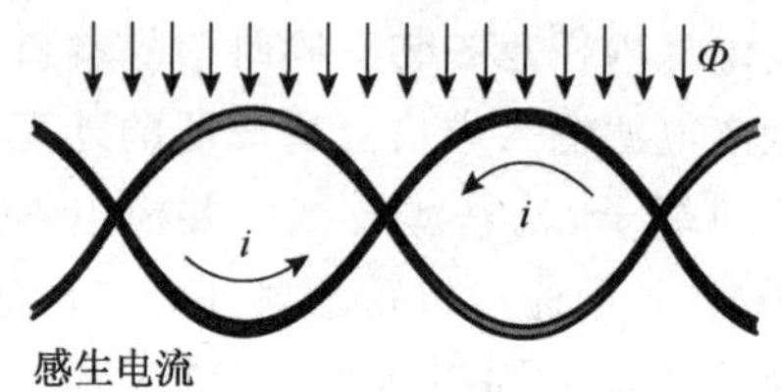

(b) 外部磁场在双绞线内产生的感生电流

图 9.3.2　双绞干扰特性

也可以用回线(接地)将信号线用金属包起来,这就是屏蔽线。当然要求屏蔽线高频阻抗低,否则也是天线。绝对不要用单信号导线到处连接,否则,即使导线本身不传输高频信号,或仅仅是直流,它在壳体内也有可能耦合到噪声,也就可能成为一个噪声源。

如果已经将系统严密封闭在盒子中来控制噪声辐射,这时只有信号和电源进出盒子的线可能是辐射源。如供电电源已采取了措施,要是再有辐射干扰,那就是信号线,可以将信号线滤波。

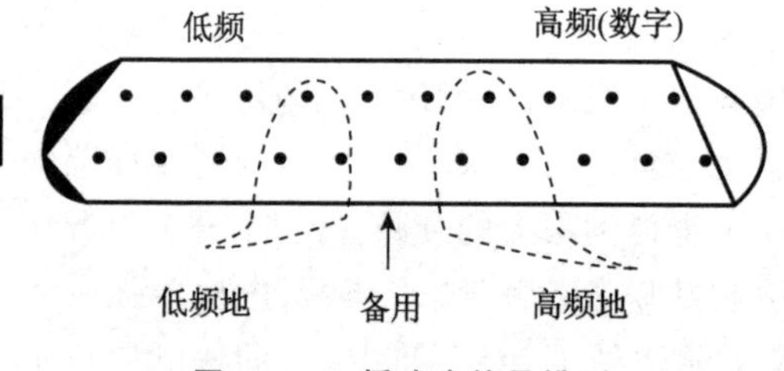

图 9.3.3　插头座信号排列

电源内部,信号之间连接线应当是双绞线,布线时尽量短和尽量接近静止地线,同时将功率线与信号线尽量远离,功率从输入到输出顺一个方向流,不要来回交叉,以避免近场耦合。输出插头的外壳在引出处应当接地良好,同时,输出插头的安排如图 9.3.3所示。插头低频信号线安排在一边,高频信号线安排在另一边,中部分别接低频和高频信号地线。电源配置与地线相同。一般地线粗,用插脚,或几个插脚并联,以减少接触电阻。

9.3.2　屏　蔽

如前所述,辐射 EMI 按噪声波长分为远场和近场。远场发射是通过电磁波传播的,而近场与其源有关,能量来自电场-传导表面高 $\mathrm{d}u/\mathrm{d}t$ 产生的电场干扰,来自磁场-导体的高 $\mathrm{d}i/\mathrm{d}t$ 产生的磁场干扰。

处理辐射噪声最方便的方法是用金属外壳将噪声源密封起来,并将外壳接地,这就是电磁屏蔽,要达到优良的屏蔽效果,必须保持屏蔽壳体导电连续性,即不能有缝隙、窗口和孔洞,连接部分导电体连接严密,阳极化表面应当进行导电处理。但是密封影响电源的散热，必须留有通风孔、电源出入线、调节孔、仪表指示开口等等。一般金属外壳上孔的尺寸应当小于要防止的噪声频率波长的 1/20。孔的尺寸达到 1/4 波长的频率，对此频率及其以上的频率就毫无屏蔽作用了，扁缝隙比相同尺寸的圆孔更容易通过噪声。壳体缝隙电磁泄漏严重时，缝隙处安放导电衬垫可防止电磁泄漏。大的开口和孔，单独加屏蔽罩，屏蔽罩与屏蔽壳体应有效连接。

当开关电压出现在像散热器或磁芯表面上时，使得它们成了电场发射源。在电源内可能发生的电场干扰如图 9.3.4 所示。电场通常用接地导电的壳体很容易屏蔽，发射源与屏蔽导电体形成寄生电容，高 du/dt 形成屏蔽电流，此电流几乎全部成了 CM 传导噪声能量，它可以被先前讨论的 CM 滤波器处理掉。如果用相对大地静止的地平面(GND)隔离，则屏蔽电流成为 DM 电流。

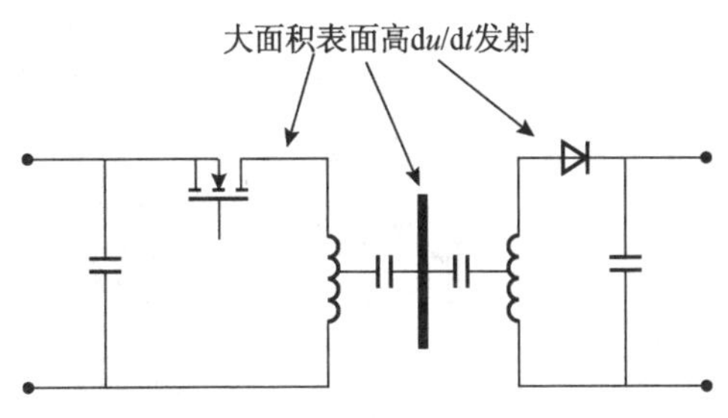

图 9.3.4　高 du/dt 通过大的表面发射电场

磁场 EMI 能量来自于电源中变压器或电感的杂散磁场，或来自于快速变化电流环路产生的磁场。磁性元件杂散磁场是磁场主要干扰源。变压器杂散磁场强度在各个方向是不同的，E 型磁芯变压器磁场如图 9.3.5(a)所示。线圈电流产生的磁场主要集中在磁芯中，但也在周围空间产生杂散磁场，对变压器来说，主要是散磁通。磁场中大部分横向穿过磁芯，其余散布在周围空间，磁场强度反比距离的 3 次方衰减。

如果变压器的线圈交错绕，由于线圈磁势下降，并出现两个相反的散磁场，使得空间磁场显著下降，如图 9.3.5(b)所示，磁场强度随距离的 4 次方衰减，大大衰减了能量辐射。从磁场分布可见，在 z 方向杂散磁场最强，其次是 x 方向，在 y 方向(垂直纸面)最弱(见图 9.3.5(a))。

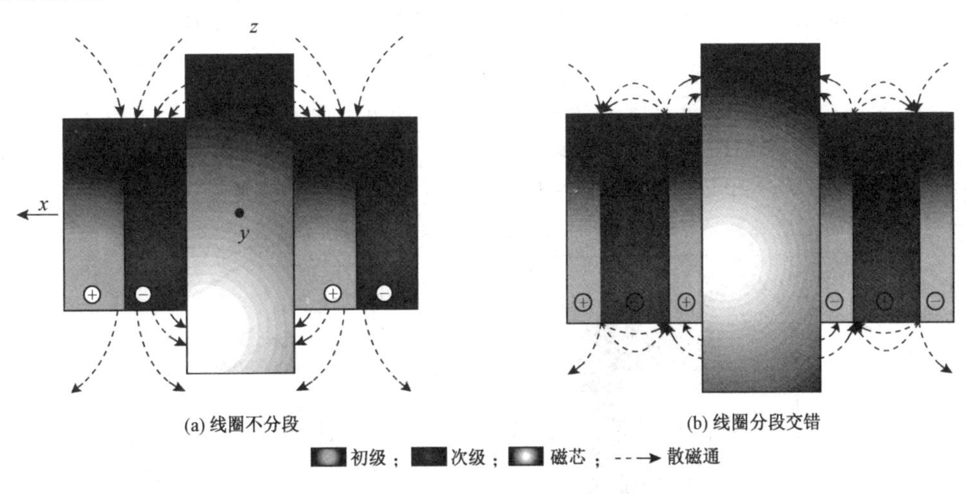

图 9.3.5　变压器的杂散磁场

如图 9.3.6 所示,如果是 E 型和 EI 型气隙磁芯电感,当气隙在中柱上,杂散磁场主要在 Z 方向。如果三个芯柱都有气隙,则在三个方向都有散磁通。如果是环形磁芯,线圈均匀分布在圆周上,散磁通最小。如果线圈集中绕在圆周的一侧,则散磁通要大得多。从防止磁场发射的观点看,罐型(GU 型,国外称 P 型)屏蔽散磁通最好,柱型电感线圈散磁通最大。不同磁芯、不同的线圈安放,散磁通相差很大。

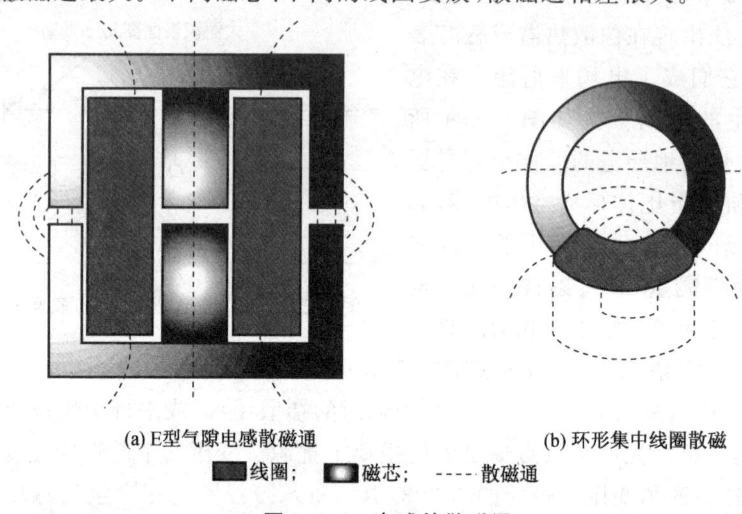

图 9.3.6　电感的散磁通

为了避免磁场干扰,易受干扰的部件应当远离变压器和电感。如果受到空间限制,应当安装在磁场最弱的方向,例如 E 型变压器的 y 方向。即使在这个方向还受到磁场干扰,就需要对变压器屏蔽。磁场没有绝缘,磁屏蔽只是把干扰磁场经过屏蔽体旁路掉,使得屏蔽体内元件不受外磁场干扰。如果将磁元件用磁材料包围起来,即将杂散磁场短路,引起磁元件参数变化,如漏感和损耗增加等。而且高磁导率材料是薄带料,很容易饱和,同时,在随着频率的增高,集肤深度迅速下降,屏蔽特性很快变差。

在工频场合,使用磁材料带沿着边柱包裹,既作为固定支架,又作为磁屏蔽 9.3.7(a)。高频变压器杂散磁场 Φ 主要在 z 方向,采用铜带电磁屏蔽,将变压器外周以 z 方向为轴线包裹,铜带必须可靠焊接,形成短路环,如图 9.3.7(b)所示。散射在空间的交变磁场在短路环中产生涡流 i,涡流产生相反磁场抵消散磁场的发射。

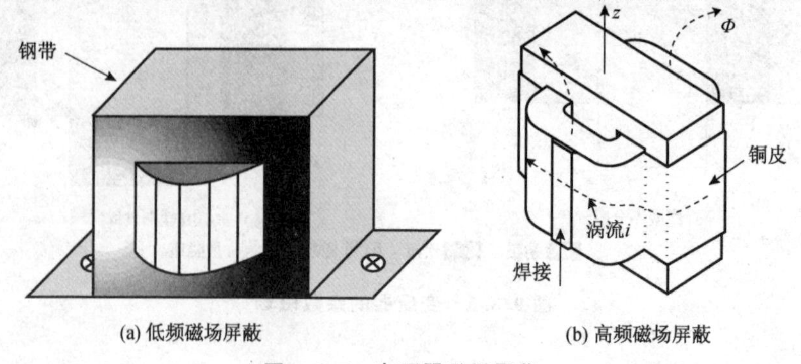

图 9.3.7　变压器磁场屏蔽

磁性元件不应当安装在铁磁材料的基板上，因为磁通总是通过磁阻最小的路径，铁磁基板磁阻比空气小得多，杂散磁场可以传递到更大范围，用导电良好的材料可以屏蔽高频电磁场的传播。

9.4　共阻干扰

常见的共阻干扰主要有地阻抗干扰和源阻抗干扰，理想的地线为零阻抗、零电位的实体。不仅是所有信号的参考点，而且电流流通时没有压降。但是，实际地和源都存在阻抗，当高频电流流过时产生高频压降，引起电路之间干扰。

9.4.1　接地阻抗干扰

实际上，理想地线是不存在的。地线有阻抗，如图 9.4.1 所示。电流流过接地阻抗时产生干扰噪声电压：

$$u_g = iR + L\mathrm{d}i/\mathrm{d}t$$

式中：R 为接地直流电阻，如果是 PCB 上铜皮，铜皮的接地电阻按式 $R=0.5l/d$ 计算。

图 9.4.1 中 L 是接地线电感。当频率升高，接地线的集肤效应使得接地电阻增加，压降进一步增加。接地压降造成电路间相互干扰，电源不仅不能满足 EMC 规范，而且能否正常工作都是个问题。

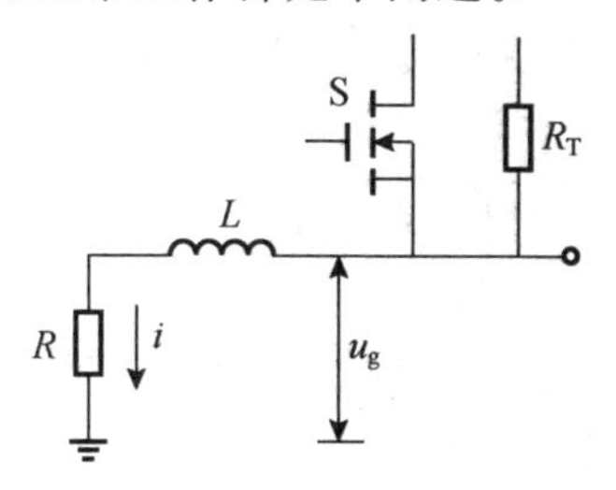

图 9.4.1　地阻抗干扰

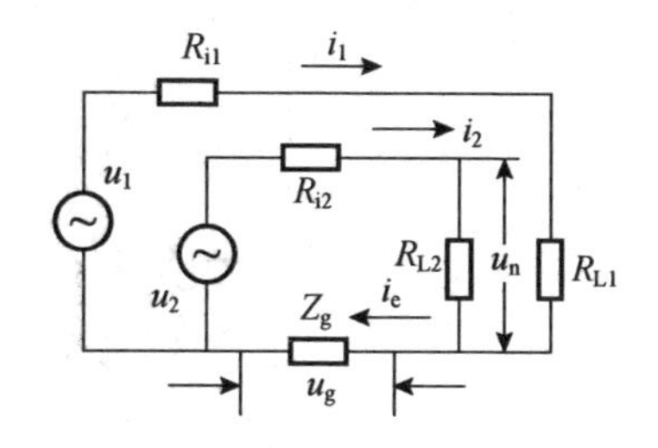

图 9.4.2　公共地阻抗引起的干扰

如图 9.4.2 所示是互为干扰源的电压 u_1 和 u_2，内阻为 R_{i1} 和 R_{i2}，负载分别为 R_{L1} 和 R_{L2}，公共地阻抗 Z_g，负载 R_{L2} 上的干扰电压用式

$$u_1 = i_1(R_{i1}+R_{i2})+(i_1+i_1)Z_g \quad \text{和} \quad u_g=(i_1+i_2)Z_g$$

求得。如果只考虑 u_1 对 u_2 的干扰，式中 i_2 的影响不予考虑，简化为 $u_1=i_1(R_{i1}+R_{L1}+Z_g)$，$u_g=i_1Z_g$。解得 $u_g=\dfrac{Z_g u_1}{(R_{i1}+R_{L1}+Z_g)}$，一般 $R_{i1}+R_{L1}\gg Z_g$，有

$$u_g \approx \frac{Z_g u_1}{(R_{i1}+R_{L1})} \tag{9.4.1}$$

在负载 R_{L2} 上引起的噪声电压为

$$u_n = \frac{R_{L2}}{R_{i2}+R_{L2}}u_g = \frac{Z_g R_{L2}}{(R_{i1}+R_{L1})(R_{i2}+R_{L2})}u_1 \tag{9.4.2}$$

可见，u_1 是通过地阻抗对 u_2 干扰的。功率管高频电流是脉冲波形，u_n 破坏了控制

芯片的正常工作。最严重的影响出现在电压和电流采样电路中,图 9.4.3 中输出电压采样电路(R_1 和 R_2),采样电压 u_s 与基准电压 U_{ref} 比较、放大输出误差电压 u_e 控制 PWM,保持输出电压的恒定。基准电压、误差放大器一般在同一个芯片(图中虚线框内)中,芯片以 F 点 GND 为参考点,输出端口为 C 和 D 点。不同的连接方式得到不同的结果。

① G 点与 B 点及 F 点相连接情况。对电压 U_{AB} 采样,电源输出端口电压为 $U_o=U_{ref}(1+R_1/R_2)-I_oR_n$,闭环未包含 R_n,输出电压随负载电流增加而下降,负载调整率变差。

② G 点连接到 D 点及 F 点连接到 B 点情况。这样在基准中串联了 $-I'_oR_n$,输出电压为

$$U'_o=(U_{ref}-I'_oR_n)(1+R_1/R_2)=U_o-I'_oR_n(1+R_1/R_2) \tag{9.4.3}$$

这里将 R_n 的影响比(1)影响扩大$(1+R_1/R_2)$倍,同时如果在 AB 左边没有输出电容,输出滤波电容 C_o 在图示位置,I'_o 包含了高频纹波电流,纹波电流压降也被放大了$(1+R_1/R_2)$倍。等效电路如图 9.4.4 所示,有可能引起振荡。因此一般将采样的接地点选在输出滤波电容接地点之后,如图中 D 点。

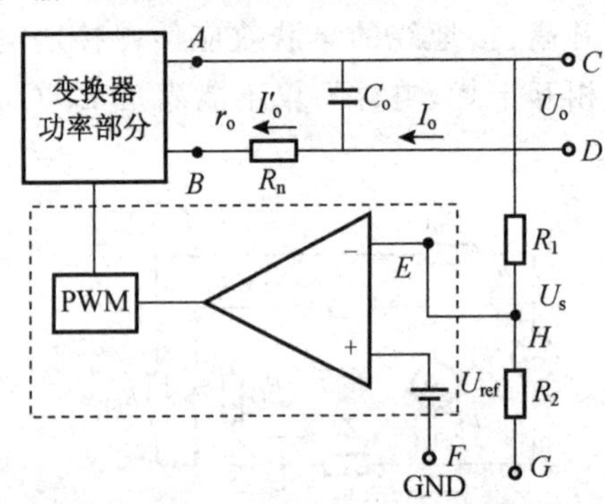

图 9.4.3 电压采样的接地干扰

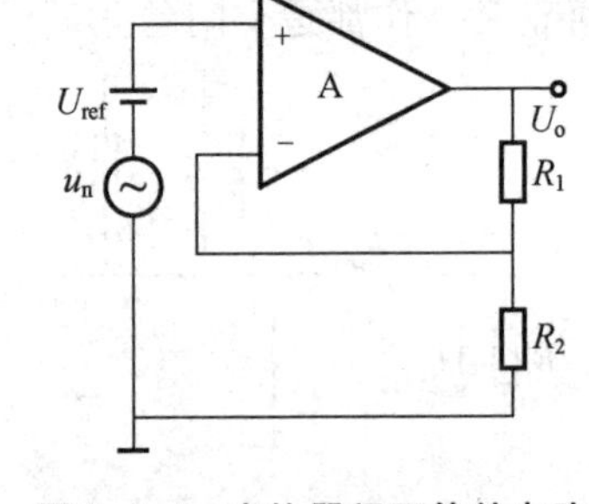

图 9.4.4 变换器闭环等效电路

③ 如果图 9.4.3 中 G 点接到 B 点,F 点接到 D 点,相当于在基准中串联了 $-I'_oR_n$,输出电压为

$$U'_o=(U_{ref}+I'_oR_n)\left(1+\frac{R_1}{R_2}\right)=U_o+I'_oR_n\left(1+\frac{R_1}{R_2}\right) \tag{9.4.4}$$

输出电压随负载增加上升,应当看到,纹波电流同相放大了$(1+R_1/R_2)$倍,输出纹波大大增加。往往引起闭环振荡。

④ 为了避免输出连线电阻压降影响,采样电阻直接从输出端子上采样。

为避免干扰,直接从输出端 C 点和 D 点引线连接到控制芯片边,再接入 R_1 和 R_2,采样电阻 R_1 和 R_2 尽量接近误差放大器和基准,由于采样电流很小,引线电阻压降可以忽略,并在采样电阻 R_1+R_2 两端并联一个数十 nF 电容,消除电路干扰,这不会提高闭环的阶数,因为输出电容比这个电容大得多。G 点和 D 点连接,F 点与 G 点连接,E 点与 H 点连接。则输出电压等于 $U_o=U_{ref}(1+R_1/R_2)$,电流采样同样存在地阻干扰问

题。为了减少地阻抗干扰，直接在采样电阻引出信号 I_+ 和 I_-，不能就近接地。

9.4.2　减少地阻抗的措施

① 减少接地阻抗。接地导体应当选择尽可能短的导线，导线截面积大、同时薄的铜带，因为粗导线圆周比细导线长，即磁通路径长，故自感小。同理采用扁导线要比相同截面圆导线自感小。薄带导线可以减少集肤效应的影响，同时减少寄生电感和高频电阻。高频电子设备中常常把金属底座或机架作为接地平面，在PCB中，常用大块铜皮作为接地平面。

② 必须将功率地(流过的电流幅值大于100 mA的地)、模拟地(AGND)和数字地(DGND)严格分开，绝对不容许混接；它们都接到静止地点。静止地点通常为输入直流电源的滤波电容的接地(GND)端。

③ 阻断地阻抗，即阻抗隔离的方法。采用变压器或光耦、光纤传输信号可以有效地进行信号隔离，输出与输入不共地，选择合适的接地点，消除地阻抗干扰。

④ 采用结构与共模电感相同的变压器。如地阻抗为 R_n，横向变压器电感量为 L，干扰噪声频率为 f_n，当满足 $f_n/f_c>5$ 时，$f_c=R_n/(2\pi L)$，就能很好地抑制地阻抗干扰，也可以采用同轴电缆传输信号。

9.4.3　接地环路干扰

电路中各种信号传输时，电源、信号互为回路。信号中包含高频电流，高频电流产生高频磁场，在交链的回路中产生感应电势。图9.4.5中 cd 为信号传输线，ab 为信号回线，也是电源馈线。电源正线与回线(地线)在电路1和2间构成一个环路 $aa'b'ba$，而信号与地也构成一个环路 $cdbac$ 另一个环路，电源 $aa'b'ba$ 之间的高频电流在 $cdbac$ 产生的感应电势为

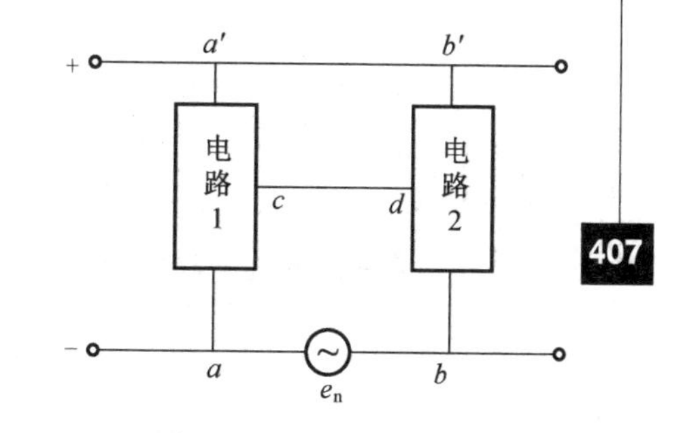

图9.4.5　地环路干扰

$$e_n=-M\mathrm{d}i/\mathrm{d}t=-A\mathrm{d}B/\mathrm{d}t \qquad (9.4.5)$$

式中：M 为两个环路之间的互感；A 为环路 $cdbac$ 包围的面积。此感应电势与电路1的信号一起传输到下级电路2。

环路发射(或接收)噪声强度与 iAf^2 成正比。i 为环路流过的电流，A 环路包围的面积，f 为电流频率，如图9.4.6所示，功率变压器次级高频电流连接到输出整流器，图(a)变压器到整流器连线包围很大面积，发射较强的交变磁场干扰；而图(b)包围面积很小，磁场干扰也小，最好将两根线布置在PCB上下层。应当在整个电源中遵守环路包围面积尽量小的原则。

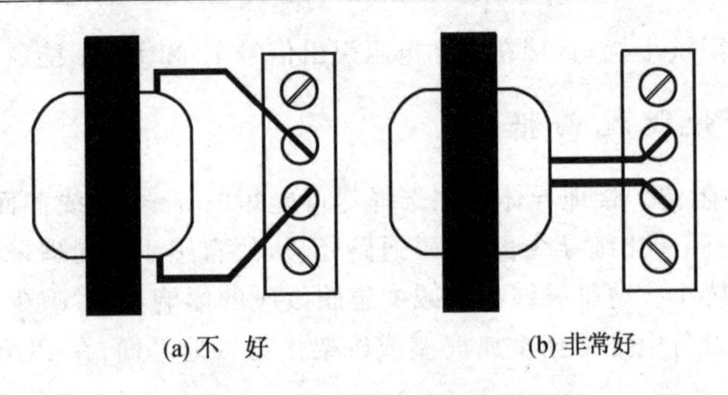

图 9.4.6　高 di/dt 环路包围面积大

9.4.4　减少源阻抗干扰

图 9.4.7 所示是 MOSFET 的驱动电压和电流波形，在电源中都有一个辅助电源，经 PCB 或连线给控制、驱动、显示和保护电路供电。一般线路比较长，传输线存在分布电感和电阻，这些电路工作时，特别是数字电路，向电源吸取脉冲电流，在电路阻抗上产生压降，甚至引起振荡，造成负载端电源电压 U_{cc} 上严重的干扰由此电源供电的逻辑电路可能引起错误翻转，或限制了脉冲电流的峰值和上升沿。

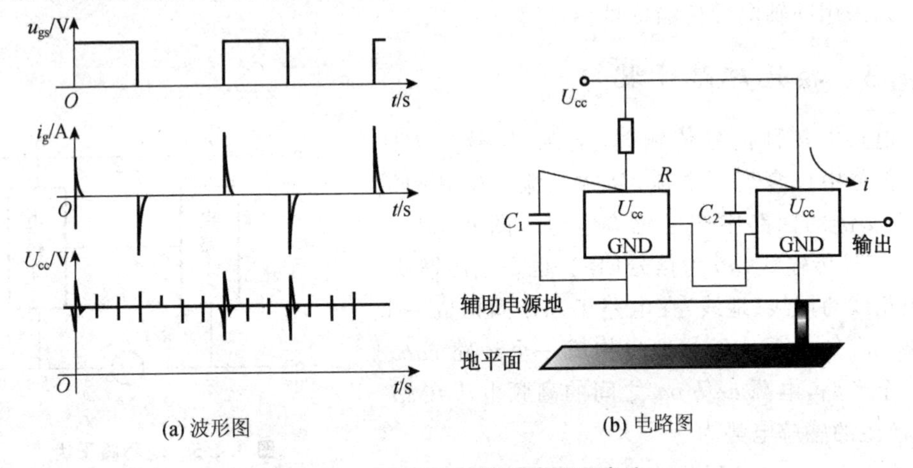

图 9.4.7　MOSFET 驱动电压和电流

如图 9.4.7(b)所示，在最接近负载端 U_{cc} 和地之间并接一个电容 C_1 和 C_2，滤除电源上叠加的噪声，并提供瞬间脉冲电流，把高频电流限制在很小范围内，电容量在数十 nF 到数 nF，这个电容常称为去耦电容。必要时，可以组成 RC 滤波，R 一般在数 Ω 到数十 Ω。例如，大脉冲电流期间 U_{cc} 允许跌落 3 V，脉冲宽度 $t_{on}=0.1\ \mu s$，脉冲电流 3 A，需要的电容为 $C=t_{on}\times I/\Delta U=(0.1\times 3/3)\ \mu F=0.1\ \mu F$。这里没有考虑电容的 R_{esr} 和 L_{esL}。如果大电流负载对辅助电源其他负载影响太大，大电流负载由辅助电源输出端与其他负载分别引出电源线。

9.5　印刷电路板布线规则

9.5.1　基本规则

前面已经介绍了减少噪声传播的措施，即屏蔽、滤波和防共阻干扰措施。这些在 PCB 布线时应当严格遵守，总结如下：

① 减少接地阻抗，采用接地平面。

② 尽量减少交变电流回路的面积，减少地回路干扰。应将所有功率元件布线尽可能靠近，不仅减少辐射到信号线的环路面积，而且也使得电路效率提高（减少电路板 PCB 线电阻）。

③ 功率地与信号地、数字地严格分开。

④ 较长信号传输线采用双绞线或 PCB 上下层配对线（见图 9.5.1(b)），绝对不要单线传送信号。

⑤ 信号线尽量接近地（GND）排列。

⑥ 变压器输出功率线（见图 9.4.6）包围面积尽可能小。如果将印刷电路作为连线，应当将输出线与回线布置在上下层，如图 9.5.1(a) 右侧所示，不要放在一层（左侧），因为邻近效应影响，再宽的铜皮，交流分量仅在相邻导体集肤深度宽度导电，交流电阻很大。

⑦ 功率电路引线尽可能短，不仅减少连接电阻，提高效率，而且减少电磁辐射。

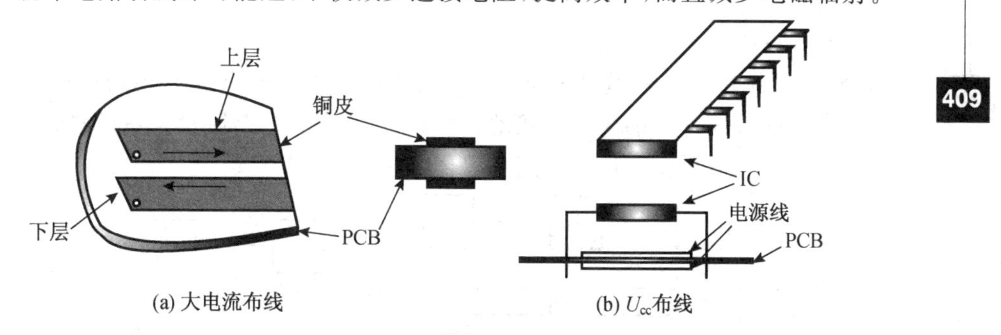

图 9.5.1　大电流线及电源线布局

易受磁场干扰电路尽量远离磁性元件，如果受到空间限制，避开磁性元件最大杂散磁场方向。当使用双面铜皮 PCB 时，电源馈线最好按照如图 9.5.1(b) 所示的布局布线。所有集成芯片的电源 U_{cc} 和地（GND）之间都应当加去耦电容。

9.5.2　几个具体问题

1. MOSFET 驱动电路

图 9.5.2 所示是 MOSFET 隔离驱动接地连接，由第 3 章可知，栅极只是在开通和关断时有短暂的脉冲电流，电流峰值可能高达 6 A，平均电流却不大。为了降低 MOS-

FET 开关损耗,瞬时提供高电流和很高的电流上升率,应尽量减少栅极驱动电路电阻和电感,栅极驱动到 MOSFET 连线尽可能短,这是设计最重要的规则。可能的话,应将驱动芯片的输出引脚正对着 MOSFET 栅极引脚,不要通过过穿孔连接。当不需要与 MOSFET 隔离时,直接由驱动芯片和电路驱动如图 9.4.7(b)所示。需要隔离时,由变压器驱动如图 9.5.2 所示。辅助电源地与功率地一起接到输入滤波电容的地端。芯片和驱动功率输出电源 U_{cc} 到地都接有去耦电容。驱动次级回路面积尽量小,MOS-FET 如有驱动地,直接接到次级地。

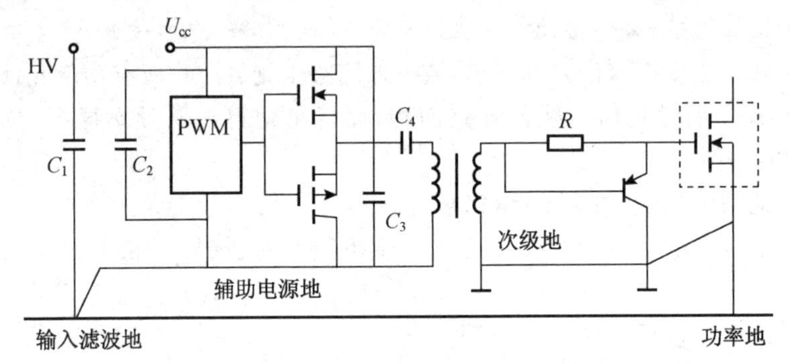

图 9.5.2　MOSFET 隔离驱动接地连接

2. 接　地

印刷电路板布局时,由于元器件空间限制,接地经常比较困难。多个辅助电源时,数字地、模拟地和功率地可以严格分开,接到一个电位静点上。通常在布局时有以下几种接地方式。

1) 单点接地

把整个系统中某一点作为接地点——基准点,所有的点都连接到该点,图 9.5.3(a)为单点串联接地,图(b)为并联接地。串联接地容易引起地电阻干扰,并联接地高频(>MHz 级以上)效果差。地线之间有耦合,地线多且成本高。

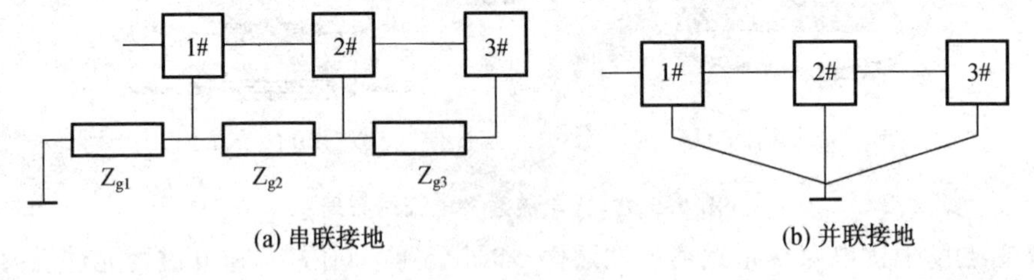

(a) 串联接地　　(b) 并联接地

图 9.5.3　单点接地

2) 多点接地

如图 9.5.4 所示,设备各接地点就近接到地平面上。多点接地优点:接地简单,引线最短。地为底板,接地母线,机架等,高频驻波现象显著减少。多点接地缺点:接地阻抗随频率增加而增加,阻抗增大。地线有时

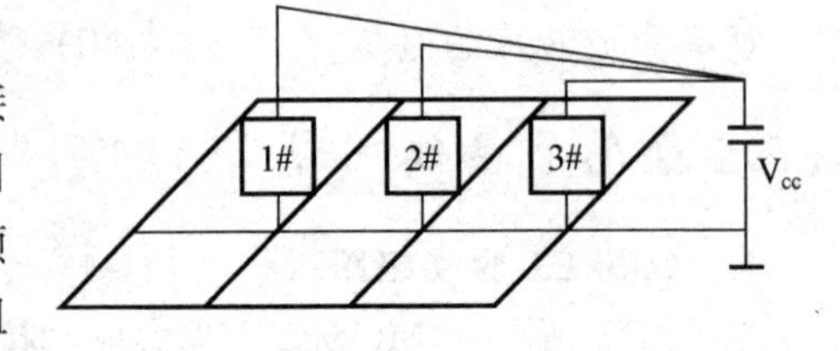

图 9.5.4　多点接地

成了天线，接地点多且维护困难。要求接地平面尽量用高电导率材料，超高频表面镀银。

3）混合接地

有时某些设备既有低频信号，又有高频信号，如多点接地时，地电流中包含各种噪声，有可能对低电平信号造成干扰，一般采用混合接地，将低频信号和高频信号分别处理，低频采用单点接地，而高频采用多点接地。

4）屏蔽线接地

低频单端接地，高频（大于 1 MHz）两端接地。

3. 电容的布线

利用电容对高频信号低阻抗和电压不能突变特性，在电路中用来滤波、缓冲、振荡和储能。为此希望电容本身的 R_{esr} 在要求的工作频率范围内尽可能低，同时应当尽量减少连线的分布电感。图 9.5.5 中(b)避免引线分布电感。图 9.5.5(c)中去耦电容直接跨接在 U_{cc} 和接地端之间(GND)；而图 9.5.5(d)中的关断缓冲电容尽可能近地接在场效应晶体管的 DS 端，但如果分布电感太大，失去了缓冲作用。

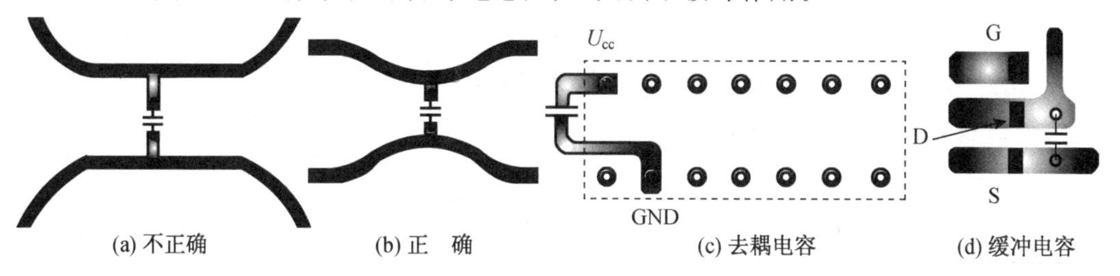

图 9.5.5　电容的布线

附录 A

导　线

A.1　变压器导线规格

1. 国产漆包线规格

表 A.1.1 中的导线截面积公式为

$$A_{Cu}=\pi d^2/4$$

式中：d 为裸导线直径。

1000 m 导线的电阻

$$R=\rho_{20^\circ C}\times 1000/A_{Cu}$$

式中：$\rho_{20℃}=1.724\times 10^{-8}\ \Omega\cdot m$，是温度为 20℃时铜的电阻率。

当温度为 T 时，铜的电阻率为

$$\rho=\rho_{20℃}[1+(T-20℃)/234.5]$$

表 A.1.1　国标 QQ－2 高强度漆包线规格(电阻的温度为 20℃)

标称直径/mm	外皮直径/mm	截面积/mm^2	电阻/($\Omega\cdot m^{-1}$)	标称直径/mm	外皮直径/mm	截面积/mm^2	电阻/($\Omega\cdot m^{-1}$)
0.06	0.09	0.00288	6.18	0.35	0.41	0.0965	0.182
0.07	0.10	0.0038	4.54	0.38	0.44	0.114	0.155
0.08	0.11	0.005	3.48	0.40	0.46	0.1257	0.133
0.09	0.12	0.0064	2.75	0.42	0.48	0.138	0.127
0.10	0.13	0.0079	2.23	0.45	0.51	0.159	0.11
0.11	0.14	0.0095	1.84	0.47	0.53	0.1735	0.101
0.12	0.15	0.0113	1.55	0.50	0.56	0.1963	0.089
0.13	0.16	0.0133	1.32	0.53	0.60	0.221	0.0793
0.14	0.17	0.0154	1.14	0.56	0.63	0.2463	0.071
0.15	0.19	0.0177	0.988	0.60	0.67	0.283	0.0618
0.16	0.20	0.0201	0.876	0.63	0.70	0.312	0.056
0.17	0.21	0.0227	0.77	0.67	0.75	0.353	0.0496
0.18	0.22	0.0256	0.686	0.69	0.77	0.374	0.047
0.19	0.23	0.0284	0.616	0.71	0.79	0.396	0.0441
0.20	0.24	0.0315	0.557	0.75	0.84	0.442	0.0396

续表 A.1.1

标称直径/mm	外皮直径/mm	截面积/mm^2	电阻/$(\Omega\cdot m^{-1})$	标称直径/mm	外皮直径/mm	截面积/mm^2	电阻/$(\Omega\cdot m^{-1})$
0.21	0.25	0.0347	0.506	0.77	0.86	0.446	0.0377
0.23	0.28	0.0415	0.423	0.80	0.89	0.503	0.0348
0.25	0.30	0.0492	0.356	0.83	0.92	0.541	0.0324
0.27	0.32	0.0573	0.306	0.85	0.94	0.5675	0.0308
0.28	0.33	0.0616	0.284	0.90	0.99	0.636	0.0275
0.29	0.34	0.066	0.265	0.93	1.02	0.679	0.0258
0.31	0.36	0.0755	0.232	0.95	1.04	0.709	0.0247
0.33	0.39	0.0855	0.205	1.00	1.11	0.785	0.0223
1.06	1.17	0.882	0.0198	1.60	1.72	2.01	0.0087
1.12	1.23	0.985	0.0178	1.70	1.82	2.27	0.0077
1.18	1.29	1.094	0.016	1.80	1.92	2.545	0.00687
1.25	1.36	1.227	0.0145	1.90	2.02	2.835	0.00617
1.30	1.41	1.327	0.0132	2.00	2.12	3.14	0.00557
1.35	1.46	1.431	0.0123	2.12	2.24	3.53	0.00495
1.40	1.51	1.539	0.0114	2.24	2.36	3.94	0.00444
1.45	1.56	1.651	0.0106	2.36	2.48	4.37	0.004
1.50	1.61	1.767	0.00989	2.50	2.62	4.91	0.00356
1.56	1.67	1.911	0.00918				

2. 英制导线规格

我国采用公制，在英美参考书中广泛采用英制度量单位，英制单位与公制单位之间需要换算。英制导线(AWG)计算公式如下：

导线直径 $d_x = 2.54\times10^{-AWG/10}/\pi$ (单位:cm)

带绝缘直径 $d'_x = d_x + 0.028\sqrt{d_x}$ (单位:cm)

导线截面积 $A_x = \pi d_x^2/4$ (单位:cm^2)

单位长度电阻 $R_x = r/A_x$ (单位:Ω/m)

电流密度

$$1\ 圆密尔 \rightarrow 7.85\times10^{-7}\ in^2$$

$$1\ 圆密尔 \rightarrow 5.07\times10^{-6}\ cm^2 = 5.07\times10^{-4}\ mm^2$$

$$500\ 圆密尔/A \rightarrow 3.944\ A/mm^2$$

$$1\ in = 1\ 000\ 密尔$$

英制导线规格如表 A.1.2 所列。

表 A.1.2　英制导线规格

AWG	铜直径/mm	铜截面积/mm^2	绝缘直径/mm	带绝缘面积/mm^2	电阻/($\Omega \cdot m^{-1}$)(20℃)	电阻/($\Omega \cdot m^{-1}$)(100℃)	电流/A (j=4.5 A/mm^2)
10	2.59	5.2620	2.73	5.8572	0.0033	0.0044	23.679
11	2.31	4.1729	2.44	4.7638	0.0041	0.0055	18.778
12	2.05	3.3092	2.18	3.7309	0.0052	0.0070	14.892
13	1.83	2.6243	1.95	2.9793	0.0066	0.0088	11.809
14	1.63	2.0811	1.74	2.3800	0.0083	0.0111	9.365
15	1.45	1.6504	1.56	1.9021	0.0104	0.0140	7.427
16	1.29	1.3088	1.39	1.5207	0.0132	0.0176	5.890
17	1.15	1.0379	1.24	1.2164	0.0166	0.0222	4.671
18	1.02	0.8231	1.11	0.9735	0.0209	0.0280	3.704
19	0.91	0.6527	1.00	0.7794	0.0264	0.0353	2.937
20	0.81	0.5176	0.89	0.6244	0.0333	0.0445	2.329
21	0.72	0.4105	0.80	0.5004	0.0420	0.0561	1.847
22	0.64	0.3255	0.71	0.4013	0.0530	0.0708	1.465
23	0.57	0.2582	0.64	0.3221	0.0668	0.0892	1.162
24	0.51	0.2047	0.57	0.2586	0.0842	0.1125	0.921
25	0.45	0.1624	0.51	0.2078	0.1062	0.1419	0.731
26	0.40	0.1287	0.46	0.1671	0.1339	0.1789	0.579
27	0.36	0.1021	0.41	0.1344	0.1689	0.2256	0.459
28	0.32	0.0810	0.37	0.1083	0.2129	0.2845	0.364
29	0.29	0.0624	0.33	0.0872	0.2685	0.3587	0.289
30	0.25	0.0509	0.30	0.0704	0.3385	0.4523	0.229
31	0.23	0.0404	0.27	0.0568	0.4269	0.5704	0.182
32	0.20	0.0320	0.24	0.0459	0.5384	0.7192	0.144
33	0.18	0.0254	0.22	0.0371	0.6789	0.9070	0.114
34	0.16	0.0201	0.20	0.0300	0.8560	1.1437	0.091
35	0.14	0.0160	0.18	0.0243	1.0795	1.4422	0.072
36	0.12	0.0127	0.16	0.0197	1.3612	1.8186	0.057
37	0.11	0.0100	0.14	0.0160	1.7165	2.2932	0.045
38	0.10	0.0080	0.13	0.0130	2.1644	2.8917	0.036
39	0.09	0.0063	0.12	0.0106	2.7293	3.6464	0.028
40	0.08	0.0050	0.10	0.0086	3.4427	4.5981	0.023
41	0.07	0.0040	0.09	0.0070	4.3399	5.7982	0.018

A.2 铜带规格

在大功率变压器或电感中经常采用纯铜(紫铜)带作为导线,铜带的国标是GB 2059 — 1989,成分符合GB 5231。

纯铜带供应状态有T2M和T2Y两种。厚度有0.05 mm、0.08 mm、0.1 mm、0.15 mm、0.20 mm、0.25 mm和0.30 mm等,厂家也可以根据用户要求的厚度供应。铜带厚度及其允许的偏差如表A.2.1所列。

表A.2.1 铜带厚度及其允许的偏差(GB 2059—1989)

厚度/mm	厚度允许偏差/mm			
	宽度≤200 mm		宽度200~300 mm	
	普通级	较高级	普通级	较高级
>0.09~0.20	±0.015	±0.010	±0.020	±0.015
>0.20~0.35	±0.020	±0.015	±0.025	±0.020
>0.35~0.45	±0.025	±0.020	±0.030	±0.025
>0.45~0.70	±0.030	±0.025	±0.035	±0.030
>0.70~1.10	±0.040	±0.030	±0.050	±0.040
>1.10~1.50	±0.045	±0.035	±0.055	±0.045
>1.50~2.00	±0.060	±0.050	±0.080	±0.060

附录B

磁　芯

B.1　概　述

B.1.1　磁性材料

磁芯材料中铁氧体材料应用最多，各公司都有系列产品。

1. Philips 公司的铁氧体材料

Philips 公司一些磁芯材料简明特性及使用场合如表 B.1.1 所列。

表 B.1.1　Philips 公司一些磁芯材料简明特性及使用场合

铁氧体材料	μ_i (25℃)	B_s/mT(100℃) 250 A/m	T_c/℃	ρ/Ω·m (25℃)	类　型	主要用途	磁芯形状
4C65	125	≈250	≥350	≈10^5	NiZn	通信滤波器，信号变压器，脉冲变压器，延迟线	RM，P，PT，PTS，EP，H，E，ER，O
3D3	750	≈260	≥200	≈2	MnZn		
3B7	2 300	≈300	≥170	≈1	MnZn		
3H3	2 000	≈250	≥160	≈2	MnZn		
3E1	3 800	≈200	≥125	≈1	MnZn		
3E4	4 700	≈210	≥125	≈1	MnZn		
3E5	10 000	≈210	≥125	≈0.5	MnZn		
3E6	12 000	≈210	≥130	≈0.1	MnZn		
3E7	15 000	≈210	≥130	≈0.1	MnZn		
3E25	6 000	≈180	≥125	≈0.5	MnZn		
3E27	6 000	≈250	≥150	≈0.5	MnZn		
3C15	1 800	≈350	≥190	≈1	MnZn	电源变压器，一般用途变压器	E，EC，ETD，EP，EFD，ER，U，UR，I，RM/I，P，P/I，PT，PTS，PQ，O
3C30	2 100	≈370	≥240	≈2	MnZn		
3C81	2 700	≈330	≥210	≈1	MnZn		
3C85	2 000	≈300	≥200	≈2	MnZn		
3C90	2 300	≈340	≥220	≈5	MnZn		
3C91	3 000	≈330	≥220	≈5	MnZn		
3C94	2 300	≈340	≥220	≈5	MnZn		
3C96	2 000	≈370	≥240	≈5	MnZn		
3F3	1 800	≈450	≥200	≈2	MnZn		
3F4	900	≈450	≥220	≈10	MnZn		
4F1	80	≈350	≥260	≈10^5	NiZn		

在开关电源中，功率部分变压器常用材料为3C90、3C96和3F3等，主要特性曲线如图B.1.1～图B.1.9所示。

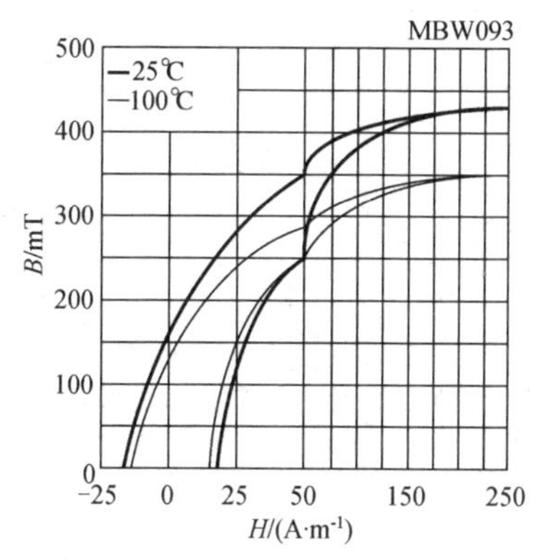

图 B.1.1 3C90磁化曲线

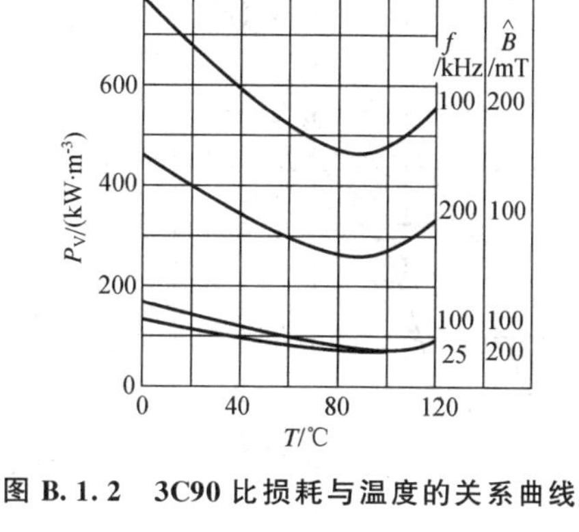

图 B.1.2 3C90比损耗与温度的关系曲线

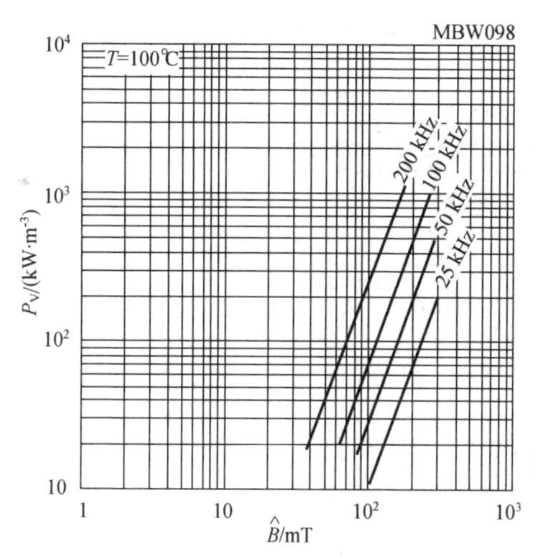

图 B.1.3 3C90比损耗与磁通密度的关系曲线

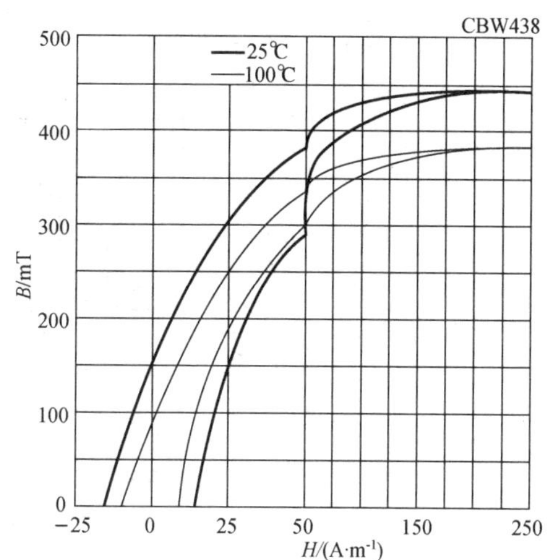

图 B.1.4 3C96磁化曲线

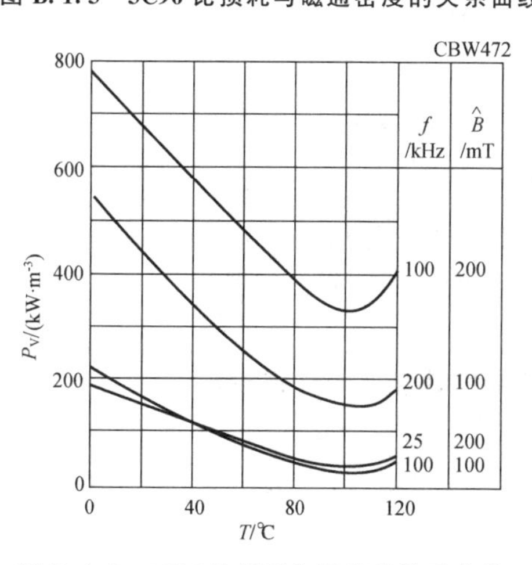

图 B.1.5 3C96比损耗与温度的关系曲线

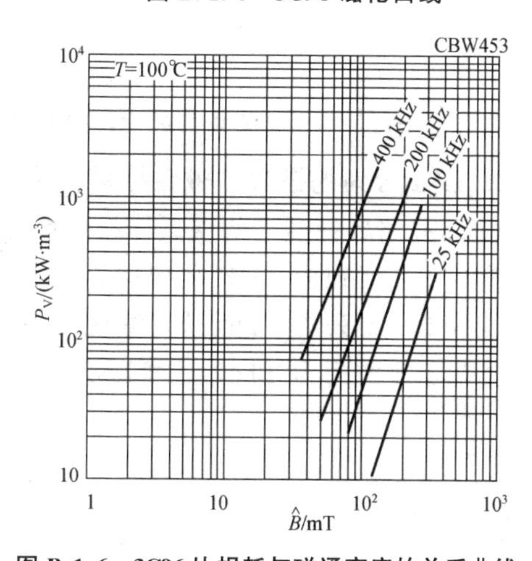

图 B.1.6 3C96比损耗与磁通密度的关系曲线

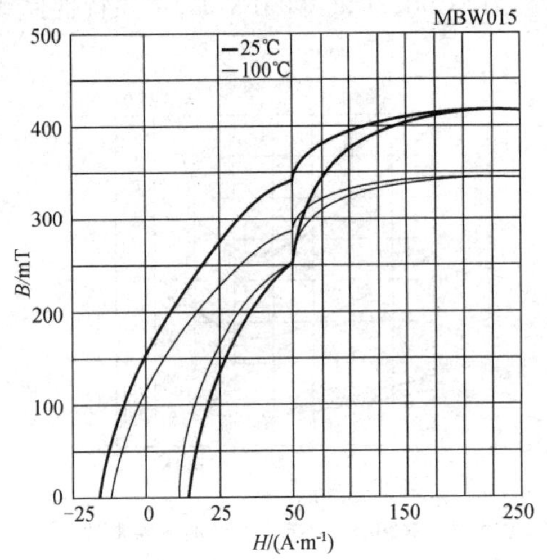

图 B.1.7　3F3 磁化曲线

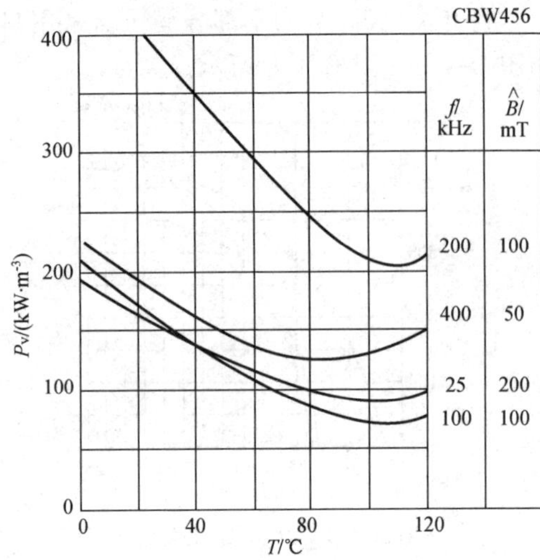

图 B.1.8　3F3 比损耗与温度的关系曲线

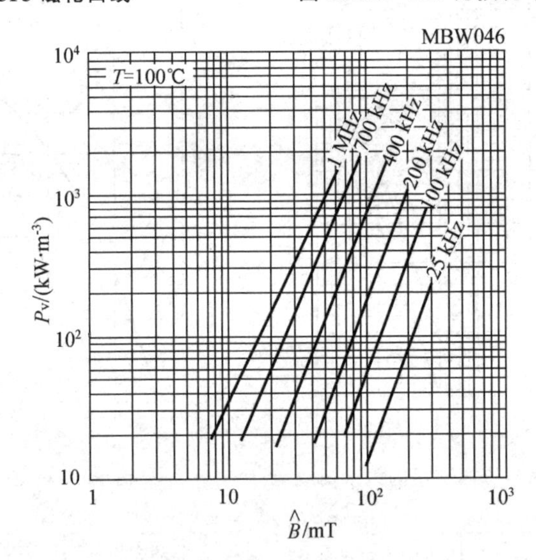

图 B.1.9　3F3 比损耗与磁通密度的关系曲线

2. TDK 公司的铁氧体磁性材料特性

TDK 公司各种型号的铁氧体材料特性如表 B.1.2～表 B.1.4 所列。

表 B.1.2 所列为 TDK 公司用于变压器和电感的铁氧体磁性材料。

表 B.1.3 所列为 TDK 公司高磁导率材料。

表 B.1.4 所列为 TDK 公司 EMC 共模电感器的铁氧体磁性材料。

表 B.1.2 TDK 公司用于变压器和电感的铁氧体磁性材料

材料特性	单 位			PC40	PC44	PC50
初始磁导率 μ_i				2300(±25%)	2400(±25%)	1400(±25%)
幅值磁导率 μ_a				≥3000	≥3000	
比铁芯损耗 P_v	kW/m^3	25 kHz 正弦波	25℃	120		
			60℃	80		
			100℃	70		
			120℃	85		
		100 kHz 正弦波	25℃	600	600	130②
			60℃	450	400	80②
			100℃	410	300	80②
			120℃	500	380	
饱和磁密 B_s	mT		25℃	510	510	470
			60℃	450	450	440
			100℃	390	390	380
			120℃	350	350	
剩磁感应 B_r	mT		25℃	95	110	140
			60℃	65	70	110
			100℃	55	60	98
			120℃	50	55	
矫顽力 H_c	A/m		25℃	14.3	13	36.5
			60℃	10.3	9	31
			100℃	8.8	6.5	27.2
			120℃	8	6	
居里温度① T_c	℃			>215	>215	>240
电阻率① ρ	Ωm			6.5	6.5	
密度① d	kg/m^3			4.8×10^3	4.8×10^3	4.8×10^3

注:①平均值。②500 kHz,50 mT。以上各值都是用环形铁芯在 25℃时测得的。

表 B.1.3　TDK 公司高磁导率材料

材料特性	单　位	H5A	H5B2	H5C2	H5C3	H5C4	HP5
初始磁导率 μ_i		3300(0～40%)	7500(±25%)	10000(±30%)	15000(±30%)	12000(±25%)(25℃) ≥9000(20℃)	5000(±20%)
比损耗因数 $\tan\delta/\mu_i$	10^{-6}	<2.5(10 kHz) <10(100 kHz)	<6.5(10 kHz)	<7(10 kHz)	<7(10 kHz)	<8(10 kHz)	<3.5(10 kHz)
初始磁导率的比温度系数 α_F −30～20℃ 0～20℃ 20～70℃	10^{-6}/℃	−0.5～2 −0.5～2	0～1.8 0～1.8	−0.5～1.5 −0.5～1.5	−0.5～1.5 −0.5～1.5	−4～1.5 −0.5～3	±12.5% ±12.5%
居里温度 T_c	℃	>130	>130	>120	>105	>110	>140
饱和磁通密度 B_s	mT	410					
剩磁通密度 B_r	mT	100	40	90	100	100	65
矫顽力 H_c	A/m	8	5.6	7.2	4.4	4.4	7.2
磁滞损耗常数 η_B(1～3 mT)	10^{-6}/(mT)	<0.8	<1	<1.4	<0.5	<1	<0.4
磁导率时间减落因数 D_F(1～10 min)	10^{-6}	<3	<3	<2	<2	<3	<3
电阻率①ρ	Ω·m	1	0.1	0.15	0.15	0.15	0.15
密度①d	kg/m³	4800	4900	4900	4950	4900	4800

注:①平均值。以上各值都是用环形磁芯在室温下测得的。

表 B.1.4　TDK 公司 EMC 共模电感器的铁氧体磁性材料

材料特性	单　位	HS52	HS72	HS10
初始磁导率 μ_i		5500(±25%)	7500(±25%) 在 500 kHz 时,不小于 2000	10000(±25%)
比损耗因数 $\tan\delta/\mu_i$	10^{-6}	10(100 kHz)	30(100 kHz)	30(100 kHz)
饱和磁通密度 B_s(H=1194 A/m)	mT	410	410	380
剩磁通密度 B_r	mT	70	80	120
矫顽力 H_c	A/m	6	6	5
居里温度 T_c	℃	>130	>130	>120
电阻率①ρ	Ω·m	1	0.2	0.2
密度①d	kg/m³	4900	4900	4900

注:①平均值。以上各值都是用环形铁芯在室温下测得的。

3. Siemens 公司的铁氧体磁性材料特性

Siemens 公司各种型号的铁氧体磁性材料及用途如表 B.1.5 所列。

表 B.1.5 Siemens 公司各种型号的铁氧体磁性材料及用途

应用领域	频率范围	材料型号	主要用途	铁芯形状
谐振电路和滤波器中的高 Q 值电感器	0.1 MHz	N48	电话中的滤波器	带气隙的 P 型和 RM 型铁芯,TT/TR
	0.2～1.6 MHz	M33		
	1.5～12 MHz	K1		
	6～30 MHz	K12	VHF 滤波器	
	100 MHz	U17		
线型天线	2 MHz	M13	平衡变压器	环形,双孔形
		K10		
宽波段变压器 ISDN/XDSL 变压器,EMI 共模电感	3 MHz	T46	ISDN 变压器 阻抗变换器	环形
		T42		RM,P,ER,环形
		T38		
		T37	EMI 共模电感	环形、DE 型
		T35		RM,P,环形,DE 型
		T65		P,环形,TT/PR,EP
	5 MHz	N30	EMI 共模电感	环形、双孔形
		N26	射频变压器	
	10 MHz	N33		
	250 MHz	K1		
		K12		
	400 MHz	U17		
传感器 ID 系统	1 MHz	N22	感应临近开关	P 型
	2 MHz	M33		
	100 MHz	PFC		
开关电源变压器,电感	1～100 kHz	N27	开关电源变压器	E, EC, ETD, U, RM,PM
		N41	电感	Pot,RM
	200 kHz	N53	快速二极管变压器	E,U,UR
		N62		E,U,UR,ETD,ER
		N67	高压变压器	
		N72	电子镇流器	E,ETD
	300 kHz	N82	快速二极管变压器	U,UR
	500 kHz	N87	正激和推挽变换器变压器	ETD,EFD,RM,TT/PR,ER,ELP
	0.3～1 MHz	N49	DC/DC 变换器变压器,特别是谐振变换器	EFD,ER,ELP,RM(低高度)
	0.5～1 MHz	N59		

Siemens公司常用于开关电源和UPS中常用型号的铁氧体磁性材料特性如表B.1.6所列,有关材料的磁化特性曲线可上公司网站查阅。

表 B.1.6 Siemens公司常用型号的铁氧体磁性材料特性

材料特性	单位		N27	N67	N87	N49	N30	T35	T38
初始磁导率 μ_i	—		2000 ±25%	2100 ±25%	2200 ±25%	1300 ±25%	4300 ±25%	6000 ±25%	10000 ±25%
饱和磁通密度 B_s (H=1200 A/m, f=10 kHz)	mT	25℃	500	480	480	460	380	390	380
		100℃	410	380	380	370	240	270	240
矫顽力 H_c (f=10 kHz)	A/m	25℃	23	20	16	55	12	12	9
		100℃	19	14	9	45	8	9	6
工作频率范围	kHz		25～150	25～300	25～500	300～1000			
磁滞损耗常数 η_B	10^{-6}/(mT)		<1.5	<1.4	<1.4		<1.1	<1.1	<1.4
居里温度 T_c	℃		>220	>220	>210	>240	>130	>130	>130
磁导率比温度系数 α_F (20～50℃)	10^{-6}/K		3	4	4		0.6	0.8	−0.4
密度 d	kg/m³		4750	4800	4800	4750	4800	4900	4900
比铁芯损耗 P_v 25 kHz,200 mT,100℃	mW/g		32	17					
	mW/cm³		155	80					
100 kHz,200 mT,100℃	mW/g		190	105	80				
	mW/cm³		920	525	385				
300 kHz,100 mT,100℃	mW/g			115	85	120			
	mW/cm³			560	410	600			
500 kHz,50 mT,100℃	mW/g					24			
	mW/cm³					120			
1 MHz,50 mT,100℃	mW/g					115			
	mW/cm³					560			
电阻率 ρ	Ω·m		3	6	8	26	0.5	0.2	0.1
铁芯形状	—		P,PM,ETD,EC,ER,E,U,Ring	RM,P,EP,ETD,ER,EFD,E,U,Ring	RM,TT,P,PM,ETD,EFD,E,ER,ELP	RM,Ring,EFD,ER,ELP	RM,P,EP,E,Ring双孔形	RM,P,EP,Ring	RM,P,EP,ER,E,Ring

B.1.2 铁氧体尺寸规格

铁氧体磁芯在通信和开关电源中应用十分广泛,磁芯外形结构多种多样。开关电源中主要应用的有E型、ETD型、EC型、RM型、PQ型、EFD型、EI型、EFD型、环形和 LP 型。在模块电源中，主要应用扁平磁芯和集成磁元件。例如，Ferroxube－Philips 的平面 E 型磁芯，适于表面贴装的 EP、EQ 和 ER 磁芯，以及集成电感元件 IIC(Integrated Inductance Component)等。IIC 已将元件和磁芯合成一体，通过外部 PCB 可自由组成电感和变压器。

各种磁芯结构往往是针对特定的应用设计的，有各自的优点和缺点，要根据应用场合，选择相应的磁芯结构。

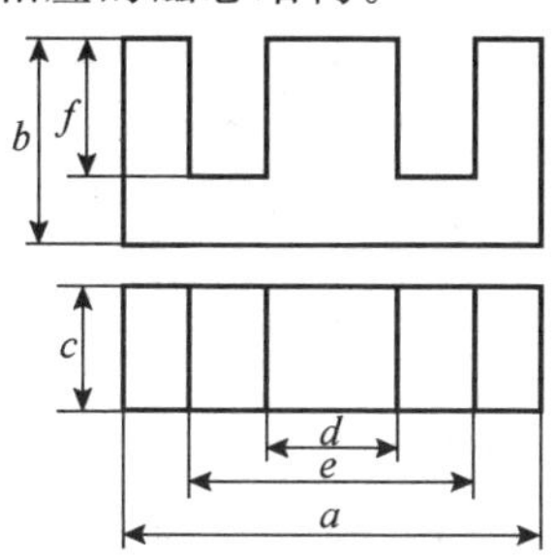

图 B.1.10 E 型磁芯尺寸

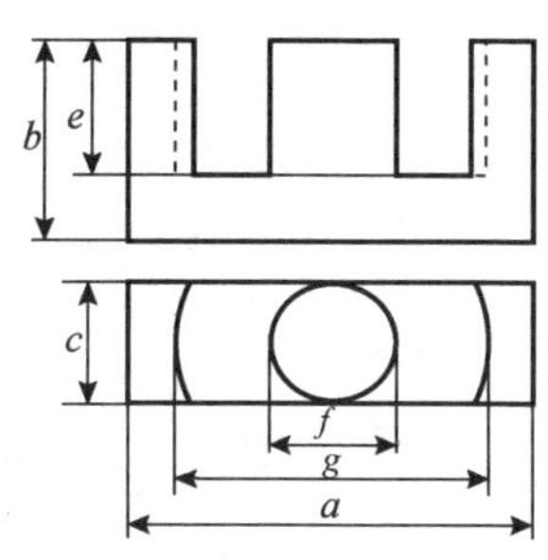

图 B.1.11 ETD 型磁芯尺寸

如图 B.1.10 所示的 E 型磁芯具有较大矩形截面积，其窗口宽，形状简单，容易制造，扩展功率容易，可作为大功率变压器磁芯。但矩形截面粗导线绕线困难且窗口利用差。标称尺寸如表 B.1.7 所列。

表 B.1.7 EE 磁芯规格表

零件型号	磁芯尺寸/mm						有效参数					
	a	b	c	d	e	f	A_e/mm^2	L_e/mm	V_e/mm^3	A_w/mm^2	$lA^{-1}/(mm^{-1})$	质量/g
E13	12.8	5.0	6.0	2.85	8.5	3.5	13.83	30.1	416	20.6	2.18	2.7
E16	16.1	7.3	5.0	4.0	11.7	5.2	19.6	35.4	615	41.5	1.805	3.68
E19	19.15	7.9	4.8	4.8	14.0	5.7	22.8	39.6	903	50.0	1.741	4.55
E20	20.5	11.0	7.0	5.0	14.0	7.0	39	47.1	1840	63.0	1.208	9.9
E22	22.0	10.4	5.5	4.0	16.5	7.8	24.6	53.9	1320	97.5	2.19	6.45
E25	25.5	10.0	6.3	6.7	18.7	6.6	44.5	47.9	2130	79.2	1.078	10.9
E33	33.3	13.8	13	9.7	23.5	9.5	111	67.7	7520	131	0.610	20
E42B	42.0	21.2	15.0	12.0	29.5	15.3	178	97.0	17300	260	0.5496	80
E42C	42.0	21.1	20.0	12.0	29.5	15.3	237	97.0	23000	267	0.409	116
E50	50.0	21.5	14.8	14.8	34.2	13.0	226	96.0	21700	252	0.425	116
E55	55.0	27.8	20.9	17.0	37.5	18.7	354	120	42500	383	0.344	216
E65	65.0	32.6	27.0	19.8	44.2	22.6	532	147	78200	551	0.275	380
E70	70.0	35.5	24.5	16.7	48.0	24.8	461	159	73200	776	0.344	370
E70B	70.0	33.2	30.5	21.5	48.0	22	665	150	99800	583	0.276	500
E80	80.0	38	20.0	19.9	59.8	28	391.7	184.1	72112	1117	0.94	380
E85A	85.0	43	26.5	26.8	55.0	29.0	714	188	134500	817	0.264	669
E85B	85.0	43	31.5	26.8	55.0	29.5	859	189	161000	817	0.220	802
E110	110	56.0	35.8	36.0	73.8	37.2	1280	144	312000	1406	0.191	1560
E128	130	63	40	40.5	88.9	43.5	1600	285.6	456960	2105	0.179	2200

如图 B.1.11 所示是 ETD 型磁芯，具有圆形中心柱截面，绕线匝长较矩形截面短，易于实现机械化。其宽而大的窗口，耦合好，处理相同功率情况下可得到最佳的尺寸和质量，但不能像矩形截面一样扩展功率。其标称尺寸如表 B.1.8 所列，与 EC 型磁芯具有相似的特点。

表 B.1.8　ETD 型规格的磁芯

零件型号	磁芯尺寸/mm						有效参数					
	a	b	c	e	f	g	A_e/mm^2	L_e/mm	V_e/mm^3	A_w/mm^2	$lA^{-1}/(mm^{-1})$	质量/g
ETD29	30.6	15.8	9.8	11.0	9.8	22.0	76.0	72	5470	134	0.947	28
ETD34	35.0	17.3	11.1	11.8	11.1	25.6	97.1	78.6	7640	171	0.810	40
ETD39	40.0	19.8	12.8	14.2	12.8	29.3	125	92.2	11500	234	0.737	60
ETD44	45.0	22.3	15.2	16.1	15.2	32.5	173	103	17800	278	0.589	94
ETD49	49.8	24.7	16.7	17.7	16.7	36.1	211	114	24000	343	0.534	124
ETD54	54.5	27.6	18.9	20.2	18.9	41.2	280	127	35500	450	0.454	184
ETD59	59.8	31.0	21.65	22.5	21.65	44.7	368	139	51500	518	0.378	260

图 B.1.12 是罐形磁芯，图 B.1.13 为环形磁芯，宽的窗口，散磁通少，线圈耦合好，散热也好，但绕线困难。

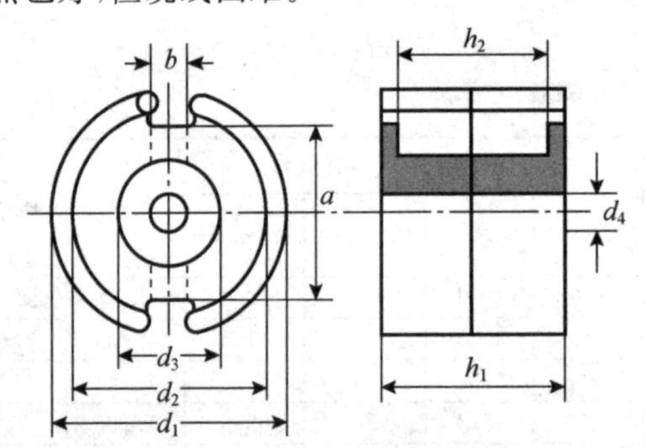

图 B.1.12　P 型(罐形)磁芯

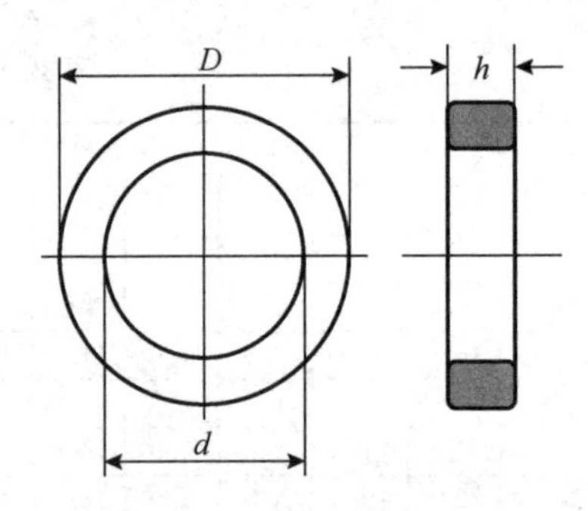

图 B.1.13　环形磁芯

图 B.1.14 所示为 RM 型磁芯(一对)，图 B.1.15 所示为 EFD 型扁平磁芯。其他尺寸和外形请参考相关厂家产品手册。

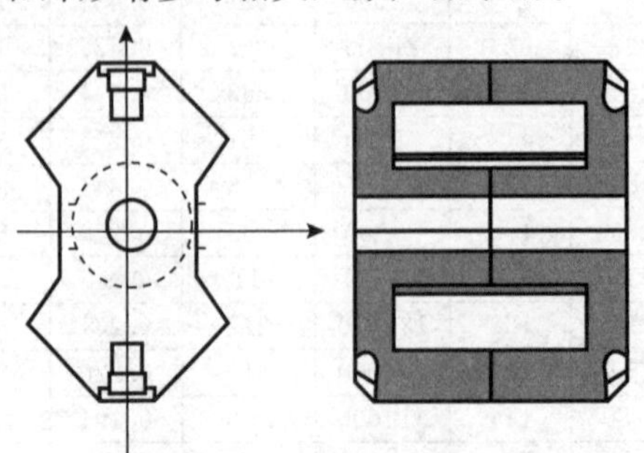

图 B.1.14　RM 型磁芯(一对)

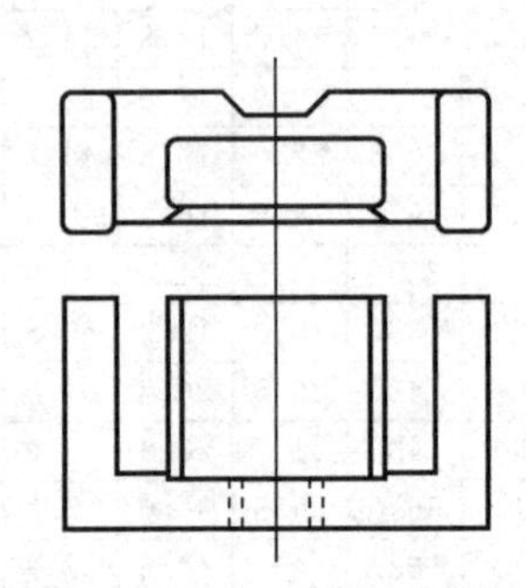

图 B.1.15　EFD 型磁芯(扁平)

B.2 中外磁芯对照

国内外磁芯生产厂家著名的有康达、金宁、Ferroxcube-Philips、Magnetics、TDK、TOSHIBA、TOKIN、Siemens、FUJI、COSMO 等。各厂家磁芯材料组成成分略有不同,性能参数也不同,各有侧重。主要性能对照如表 B.2.1 和表 B.2.2 所列。但在使用时,还应当参看厂家详细手册。

表 B.2.1 中外铁氧体磁芯材料对照表(1)

国 健	COSMO		Siemens		Philips		Thmoson		VOGT	
牌 号	牌 号	μ_i	牌 号	μ_i	牌 号	μ_i	牌 号	μ_i	牌 号	μ_i
AT1000					4A11	700	H10	700	FI292	850
AT1900	CF129	1900	N67	2300	3C85	2000	B2	1900	FI324	2300
AT2000	CF196	2000	N27	2000	3C80	2000	B3	2000	FI322	2000
AT2100	CF138	2100	N87	2000	3F3	1800	F1	2000		
AT3000	CF101	3000	N41	3000	3C81	2700	B1	3000	FI323	3000
AT4000										
AT5000	CF195	5000	N30	4300	3C11	4300	A6	4300	FI340	4300
AT7500	CF197	7500	T35	6000	3E25	6000	A4	6000	GI360	6000
AT10000			T38	10000	3E5	10000	A2	10000	FI410	10000

注:表中数据来自国健(CORE GAIN)发展有限公司产品手册。

表 B.2.2 中外铁氧体磁芯材料对照表(2)

国 健	TDK		FUJI		TOKIN		Magnetics		CONDA	
牌 号	牌 号	μ_i	牌 号	μ_i	牌 号	μ_i	牌 号	μ_i	牌 号	μ_i
AT1000	L8H	800	L58	800	700L	700				
AT1900	PC40	2300	6H20	2300	BH2	2300	G	2300	LP3	2300
AT2000	PC30	2500	6H10	2500			P	2700	LP2	2500
AT2100							R	2000	LP4	1400
AT3000	H5A	3300			3100B	3000	F	3000		
AT4000	H35	3500								
AT5000	H1B	5500	2H06	5500	5000H	5000	J	5000	HP1	5000
AT7500	H1D	7500	2H07	7500	7000H	7000			HP2	7000
AT10000	H5C2	10000	2H10	10000	12000H	12000	W	10000	HP3	10000

B.3 平面磁芯

平面 E 型铁芯呈低高度扁平状,其绕组可以用多层电路板或薄铜片做成,用其做成的变压器和输出滤波电感的工作频率一般为 100~1000 MHz,可以实现表面贴装(SMD),也可以和电源模块集成在一起,产品的外观、一致性都很好,适合大规模自动化生产,尤其适用于低压大电流的高频开关电源中,可以显著降低开关电源的体积、质量和安装高度,是开关电源的一个重要发展方向。平面E型铁芯的外形图如图B.3.1所示。

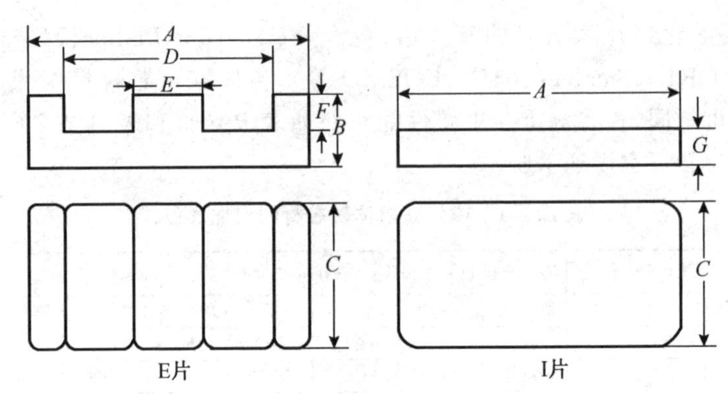

图B.3.1 平面E型铁芯的外形图

平面E型铁、EE型和EI型芯的参数如表B.3.1~表B.3.3所列。

表B.3.1 平面E型铁芯尺寸

铁芯型号	铁芯尺寸/mm						
	A	B	C	D	E	F	G
E14/3.5/5	14±0.3	3.5±0.1	5±0.1	11±0.25	3±0.05	2±0.1	1.5±0.05
E18/4/10	18±0.3	14±0.1	10±0.2	14±0.3	4±0.1	2±0.1	2±0.1
E22/6/16	21.8±0.3	5.7±0.1	15.8±0.3	16.8±0.4	5±0.1	3.2±0.1	2.5±0.05
E32/6/20	31.75±0.64	6.35±0.13	20.32±0.41	≥24.9	6.35±0.13	3.18±0.2	3.18±0.13
E38/8/25	38.1±0.76	8.26±0.13	25.4±0.51	≥30.23	7.6±0.2	4.45±0.1	3.81±0.13
E43/10/28	43.2±0.9	9.5±0.13	27.9±0.6	≥34.7	8.1±0.2	5.4±0.13	4.1±0.13
E58/11/38	58.4±1.23	10.5±0.13	38.1±0.8	≥50	8.1±0.2	6.5±0.13	4.1±0.13
E64/10/50	63.8±1.3	10.2±0.13	50.3±1	53.6±1.1	10.2±0.2	5.1±0.13	5.08±0.13

表B.3.2 平面EE型铁芯参数

铁芯型号	有效磁路长度 l_c/mm	铁芯有效截面积 A_c/mm^2	铁芯体积 V_e/mm^3	铁芯系数 $\sum(lA^{-1})/(\text{mm}^{-1})$	每片铁芯质量 m/g
E14/3.5/5	20.7	14.5	300	1.43	0.6
E18/4/10	24.3	39.5	960	0.616	2.4
E22/6/16	32.5	78.5	2550	0.414	6.5
E32/6/20	41.7	129	5380	0.323	13
E38/8/25	52.6	194	10200	0.323	25
E43/10/28	61.7	225	13900	0.276	35
E58/11/38	71.2	305	24600	0.268	62
E64/10/50	79.7	511	40700	0.156	100

表 B.3.3 平面 EI 型铁芯参数

铁芯型号	有效磁路长度 l_c/mm	铁芯有效截面积 A_c/mm²	铁芯体积 V_e/mm³	铁芯系数$\Sigma(lA^{-1})$/(mm⁻¹)	每片铁芯质量 m/g
E14/3.5/5	16.7	14.5	240	1.16	0.5
E18/4/10	20.3	39.5	800	0.514	1.7
E22/6/16	26.1	78.5	2040	0.332	4
E32/6/20	35.9	129	4560	0.278	10
E38/8/25	43.7	194	8460	0.226	18
E43/10/28	50.8	225	11500	0.226	24
E58/11/38	68.3	305	20800	0.224	44
E64/10/50	69.6	511	35500	0.136	78

平面 EE 型和 EI 型铁芯对应于各种铁芯材料的电感系数及有效磁导率如表 B.3.4所列。

表 B.3.4 平面 EE 型铁芯对应于各种铁芯材料的电感系数及有效磁导率

铁芯型号	电感系数 A_L 及有效磁导率 μ_e(磁路中没有气隙)					
	3C85		3F3		3F4	
	$A_L/(nH \cdot N^{-2})$	μ_e	$A_L/(nH \cdot N^{-2})$	μ_e	$A_L/(nH \cdot N^{-2})$	μ_e
EE 型						
E14/3.5/5			1100±25%	1250	650±25%	740
E18/4/10			2700±25%	1320	1550±25%	760
E22/6/16			4300±25%	1420	2400±25%	790
E32/6/20	6425±25%	165	5900±25%	1520	3200±25%	820
E38/8/25	7940±25%	172	7250±25%	1570	3880±25%	840
E43/10/28	8030±25%	171	7310±25%	1600	3870±25%	850
E58/11/38	8480±25%	180	7710±25%	1640	4030±25%	860
E64/10/50	14640±25%	182	13300±25%	1650	6960±25%	860
EI 型						
E14/3.5/5			1300±25%	1200	780±25%	720
E18/4/10			3100±25%	1270	1800±25%	740
E22/6/16			5000±25%	1320	2900±25%	770
E32/6/20	7350±25%	1610	6780±25%	1490	3700±25%	810
E38/8/25	9290±25%	1670	8500±25%	1520	4600±25%	830
E43/10/28	9250±25%	1710	8700±25%	1560	4660±25%	850
E58/11/38	9970±25%	1780	7710±25%	1620	4780±25%	850
E64/10/50	16540±25%	1790	15050±25%	1630	7920±25%	860

B.4 磁粉芯

由于磁粉芯是磁粉加非磁黏合剂构成,通常磁导率μ数值范围较小,随磁场强度的加大而下降。

B.4.1 磁粉芯的主要性能和规格

磁粉芯的主要性能比较如表B.4.1所列。

表B.4.1 几种磁粉芯主要性能比较

特 性	铁粉芯	铁硅铝	高磁通密度	坡莫合金磁粉芯
初始磁导率μ_i	10, 22, 33, 35, 55, 60,75	26,60,75,90,125	14,26,60,125, 147,160	14,26,60,125, 147,160,173, 200,550
一般外形	环形,E型,筒形	环形,E型	环形	环形
饱和磁通密度B_s	1~1.3 T	1~1.05 T	1.2~1.4 T	0.65~0.8 T
损耗 100 kHz 相对原点$\pm\Delta B$=0.05 T	1200 mW/cm^3(26)① 700 mW/cm^3(52)①	210 mW/cm^3	420 mW/cm^3	86 mW/cm^3 (μ_r=60), 112 mW/cm^3 (μ_r=125)
2 MHz 时初始磁导率	94%(52),80%(26),90%(2)①	99.5%(μ_r=26), 93%(μ_r=125)	98%(μ_r=14), 58%(μ_r=125)	99%(μ_r=14), 83%(μ_r=125), 27%(μ_r=550)
原点每边0.05 T时初始磁导率	165%(26)增加65%,104%(2)	μ_r=26 增加1%, μ_r=125 增加3.5%	108%(μ_r=125)	100.5%(μ_r=60) 增加0.5%
磁场强度为50 Oe和100 Oe时的初始磁导率②	58%和36%(52), 100%和99%(2)	74%和54%(μ_i=10),47%和20%(μ_i=125)	83%和60%(μ_i=10),61%和29%(μ_i=125)	84%和52% (μ_i=10) 50%和14% (μ_i=125)

注:①2号材料μ_i=10;40号材料μ_i=60;52号材料和26号材料μ_i=75。

②相同磁场强度,初始磁导率大的磁导率下降较多。

B.4.2 磁粉芯电感估算

磁粉芯电感近似为:

$$L=A_L\times N^2\times \text{直流系数}\times\text{交流系数}\times\text{频率系数}\times\text{温度系数}$$

对于大多数开关电源中的电感,通常不管频率系数和温度系数,假定两者为1。手册中直流系数是假定磁场强度下磁导率是初始磁导率的百分数。交流系数是在磁通密度摆幅下磁导率是初始磁导率的百分数。电感系数A_L是1匝的电感,如果匝数是1000匝,则电感量,应乘以10^{-6},N为匝数。线圈放在磁芯上位置不同实际电感有些差

别。大多数电感值规定在低磁通密度摆幅下测量，尽量减少电流对直流和交流系数的影响。

B.4.3　国内外磁粉芯规格

国外阿诺德(ARNOLD)公司的钼坡莫合金磁粉芯MPP(Molybdenum Permalloy Powder)电气参数和损耗系数如表B.4.2所列。表中给出了损耗系数。总的磁芯损耗由如下Legg方程决定，损耗分成三个分量：涡流、磁滞和剩余损耗。等效磁芯损耗Legg方程中三种损耗之和等效交流电阻为

$$R_{ac}=\mu L(aB_{max}f+cf+ef^2) \tag{B.4.1}$$

由等效交流电阻求得磁芯损耗为

$$P=3.98B_{max}^2Al[R_{ac}/(\mu_r L)]^{-9} \tag{B.4.2}$$

式中：μ为磁芯相对磁导率；L为电感量(H)；B_{max}为最大磁通密度(Gs)；f为频率(Hz)；a、c、e分别为磁滞、剩余和涡流损耗系数；A为磁芯截面积(cm^2)；l为磁芯平均磁路长度(cm)。

表B.4.2　钼坡莫合金磁粉芯MPP

磁导率	L<80%直流偏磁磁场/(A·cm^{-1})	适用频率/kHz	损耗系数			磁场强度为160 A/cm时的B/T
			$a\times10^6$	$c\times10^6$	$e\times10^9$	
14	253	50～200	11.4	143	7.1	0.13
26	140	30～75	6.9	96	7.7	0.23
60	56	10～50	3.2	50	10.0	0.43
125	28	<15	1.6	25	13.0	0.6
160	20	<15				
200	16	<15				
300	11	<15				
500	4	<15				

注：a—磁滞损耗系数；c—残余损耗系数；e—涡流损耗系数。

铁铝硅磁粉芯温度系数小，电阻率高，损耗小，其性能参数如表B.4.3所列。国产铁铝硅磁粉芯环尺寸如表B.4.4所列。

表 B.4.3　铁铝硅性能表

型　号	初始磁导率 μ_i	工作频率/kHz	磁导率的温度系数/ $K_\mu \times 10^{-6}$	损耗系数		
				$a\times10^{-3}$	$e\times10^{-9}$	$c\times10^{-3}$
LGT-Ⅰ-60	55～65	>10	−400	9	400	3
LGT-Ⅱ-55	50～60	>10	+150～−300	9	400	3
LGT-Ⅲ-32	30～34	>50	−250	5	100	3
LGT-Ⅳ-22	20～24	>100	−200	6	50	6
LGT-Ⅴ-22	20～24	>100	+50～−50	6	50	6

表 B.4.4　国产铁铝硅磁粉芯环尺寸

外径 D/mm	内径 d/mm	高度 h/mm	截面积 A_c/mm²	质量 m_c/g
24	13	5.2	25	8.3
		7	35	12
36	25	7.5	38	20.5
		9.7	50	26.5
44	28	7.2	50	32.7
		10.2	75	51.7
55	32	8.2	80	65
		11.7	120	93
61	40	9.7	100	90
		14	150	138
75	46	12	150	168
		16.5	220	242

B.5　矩形磁滞回线磁芯

B.5.1　非晶合金

东芝(TOSHIBA)公司钴基非晶合金材料用作磁放大器磁芯材料有两种型号：MS和MT。MT磁材料比MS材料损耗低30%。MS用到开关频率200 kHz左右；MT用到大于250 kHz。MS型磁放大器用磁芯尺寸和磁特性如表B.5.1所列。MT型磁放大器用磁芯尺寸和磁特性如表B.5.2所列。尺寸标注见图B.1.13。

表 B.5.1 MS 型磁放大器用磁芯尺寸和磁特性

型 号	尺寸/mm(±0.2 mm)			A_e/mm²	l_e/mm	$\varphi_c A_w$	φ_c/μWb	H_c/(A·m⁻¹)	α/%	绝缘层
	D	d	h							
MS7×4×3 W	9.1	3.3	4.8	3.38	18.8	24	3.71	最大 25	最小 94	黑树脂壳
MS8×7×4.5 W	9.5	5.8	6.6	1.69	23.6	39	1.86			
MS9×7×4.5 W	10.5	5.8	6.6	3.38	25.1	78	3.71			
MS10×6×4.5 W	11.5	4.8	6.6	6.75	25.1	105	7.43			
MS10×7×4.5 W	11.5	5.8	6.6	5.06	26.7	117	5.57			
MS12×8×4.5 W	13.8	6.8	6.6	6.75	31.4	216	7.43			
MS14×8×4.5 W	15.8	6.8	6.6	10.13	34.6	324	11.14			
MS15×10×4.5 W	16.8	8.8	6.6	8.44	39.3	458	9.26			
MS18×12×4.5 W	19.8	10.8	6.6	10.13	47.1	836	11.14			
MS21×14×4.5 W	22.8	12.8	6.6	11.81	55.0	1377	12.99			
MS12×8×3 W	13.7	6.4	4.8	4.50	31.4	127	4.95			红树脂壳
MS15×10×3 W	16.7	8.4	4.8	5.63	39.3	278	6.19			

表 B.5.2 MT 型磁放大器用磁芯尺寸和磁特性

型 号	尺寸/mm(±0.2 mm)			A_e/mm²	l_e/mm	$\varphi_c A_w$	φ_c/μWb	H_c/(A·m⁻¹)	α/%	绝缘层
	D	d	h							
MT7×4×3 W	9.1	3.3	4.8	3.38	18.8	21	3.34	最大 20	最小 94	黑树脂壳
MT8×7×4.5 W	9.5	5.8	6.6	1.69	23.6	33	1.58			
MT9×7×4.5 W	10.5	5.8	6.6	3.38	25.1	70	3.34			
MT10×6×4.5 W	11.5	4.8	6.6	6.75	25.1	98	6.91			
MT10×7×4.5 W	11.5	5.8	6.6	5.06	26.7	105	5.01			
MT12×8×4.5 W	13.8	6.8	6.6	6.75	31.4	201	6.91			
MT14×8×4.5 W	15.8	6.8	6.6	10.13	34.6	301	10.36			
MT15×10×4.5 W	16.8	8.8	6.6	8.44	39.3	426	8.63			
MT18×12×4.5 W	19.8	10.8	6.6	10.13	47.1	777	10.36			
MT21×14×4.5 W	22.8	12.8	6.6	11.81	55.0	1280	12.08			
MT12×8×3 W	13.7	6.4	4.8	4.50	31.4	118	4.60			红树脂壳
MT15×10×3 W	16.7	8.4	4.8	5.63	39.3	258	5.75			

表B.5.1和表B.5.2说明：

① D 为外径；d 为内径；h 为环高；A_e 为有效磁芯截面积；l_e 为平均磁路长度；$\varphi_c A_w$ 为处理功率参考值(μWb×mm²)，A_w 为骨架窗口面积；φ_c 为总磁通(公差为15%)；H_c 为矫顽磁力，100 kHz，80 A/m，环形磁芯测试值；$\alpha = B_r/B_s$，为矩形度。

② 绝缘层UL94V-0型，耐热130℃。

③ 工作温度为−40～+120℃。

Siemens子公司德国真空熔炼公司生产的磁放大器用磁芯Vitrovac 6025Z典型磁特性为：B_s=0.58 T；居里温度 T_c=240℃；120℃时，双向磁化 ΔB_s=0.8 T(最小)。损耗要比东芝MS大些。此外，Allied Signal公司的钴基非晶合金Metglas 2714A也是用于磁放大器的磁芯材料。其主要性能：密度为7.59 g/cm³；电阻率 ρ=400 μΩ·cm；

B_s=0.57 T;T_c=225℃;晶变温度 T_j=560℃;矩形度 α=0.95;当 B=0.1 T 时损耗为 0.18 W/kg(10 kHz);α=0.96,B=0.1 T时损耗为 4.5 W/kg(50 kHz)。

B.5.2 噪声抑制器件

噪声抑制器件分噪声抑制磁珠和尖峰抑制器。东芝公司噪声抑制磁珠规格和磁性能如表 B.5.3所列。尖峰抑制器磁芯如表 B.5.4 所列。东芝磁珠还有带引线(立式和卧式两种)的以及表面贴装磁珠,不再一一列举。

图 B.5.3 东芝噪声抑制磁珠规格和磁性能

型 号	尺 寸			总磁通 φ_c/μWb	电感系数 A_L/μH
	D	d	h		
AB3×2×3W	4(max)	1.5(min)	4.5(max)	0.9(min)	3.0(min)
AB3×2×4.5W	4(max)	1.5(min)	6.0(max)	1.3(min)	5.0(min)
AB3×2×6W	4(max)	1.5(min)	7.5(max)	1.8(min)	7.0(min)
AB4×2×4.5W	5(max)	1.5(min)	6.0(max)	2.7(min)	9.0(min)
AB4×2×6W	5(max)	1.5(min)	7.5(max)	3.6(min)	12.0(min)
AB4×2×8W	5(max)	1.5(min)	9.5(max)	4.8(min)	16.0(min)

表 B.5.4 尖峰抑制器磁芯

型 号	尺 寸			总磁通① φ_c/μWb	A_L②$/\mu$H	$\varphi_c A_w/(\mu\text{Wb}\cdot\text{mm}^2)$	A_e/mm^2
	D	d	h				
SA7×6×4.5	9.0(max)	4.4(min)	7.5(max)	1.82(min)	1.1(min)	28	1.69
SA8×6×4.5	10.0(max)	4.4(min)	7.5(max)	3.65(min)	2.0(min)	55	3.38
SA10×6×4.5	12.3(max)	4.4(min)	7.5(max)	7.29(min)	3.3(min)	111	6.75
SA14×6×4.5	16.3(max)	6.3(min)	7.5(max)	10.94(min)	3.0(min)	341	10.13

注:①50 kHz,80 A/m,测试值;②50 kHz,1 V,1 匝,测试值。

B.5.3 矩形磁滞回线铁氧体磁芯

1. 环形铁氧体磁芯

用作磁放大器磁芯的矩形磁滞回线铁氧体材料如 Ferroxcube-Philips 公司的 3R1。居里温度 230℃。其主要性能如表 B.5.5 所列。环的标准尺寸如图 B.5.1 所示。这种磁材料的环形磁芯有一个机械谐振频率。如果大幅度磁通偏摆频率与机械谐振频率相同,产生谐振时过高的机械应力超过环的极限应力将引起环破裂。环谐振频率近似按下式计算:

$$f_r = 3629/(D+d) \tag{B.5.1}$$

式中:D 和 d 分别为环的外径和内径(mm)。

3R1 材料环的规格有 TN9/6/3、TN10/6/6、TN13/7.5/5、TN14/9/5、TN17/11/11、TN23/14/7 和 TN36/23/15 等。

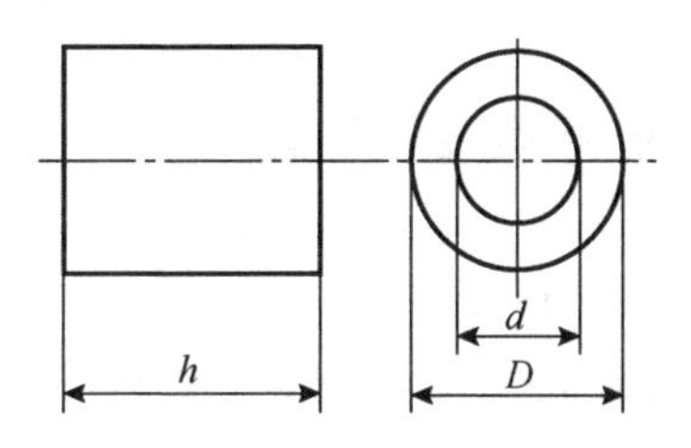

图 B.5.1 环形尺寸标注

表 B.5.5 3R1 主要磁性能

符 号	条 件	数 值	单 位
μ_i	25℃;0.1 T;≤10 kHz	800×(1±20%)	
B	10 kHz,250 A/m, 25℃ 100℃	≥360 ≥285	mT
B_r	从 1 kA/m, 25℃ 100℃	≥310 ≥220	mT
H_c	从 1 kA/m, 25℃ 100℃	≤52 ≤23	A/m
ρ	DC, 25℃	10^3	Ω·m

2. 片式铁氧体磁珠

磁珠和磁环是用铁氧体制成的吸收损耗型元件,其特性表现为:吸收高频信号并将吸收的能量转化为热能耗散掉,从而达到抑制高频干扰信号沿导线传输的目的,其等效阻抗中的电阻分量是频率的函数,随着频率变化。表 B.5.6 是某公司生产的 BGL1005 系列通用型片式铁氧体磁珠的电气参数。

表 B.5.6 BGL1005 系列通用型片式铁氧体磁珠的电气参数

型 号	阻抗/Ω(±25%)	测试频率/MHz	直流电阻最大值/Ω	额定电流最大值/mA
BGL1005A050H	5	100	0.05	500
BGL1005A070H	7	100	0.05	500
BGL1005A110H	11	100	0.05	500
BGL1005A190H	19	100	0.05	300
BGL1005A310H	31	100	0.25	300
BGL1005A600H	60	100	0.4	200
BGL1005A800H	80	100	0.4	200
BGL1005A12IH	120	100	0.5	150
BGL1005A18IH	150	100	0.6	150
BGL1005A30IH	300	100	0.8	100
BGL1005A50IH	500	100	1.2	100
BGL1005A60IH	600	100	1.5	100

B.6 各种磁性材料的性能比较

表 B.6.1 所列为各种磁性材料的性能比较。

表 B.6.1 各种磁性材料的性能比较

磁性材料	饱和磁通密度 B_s/T	矩形比 B_r/B_s	初始磁导率 μ_i	最大磁导率 μ_m	矫顽力 H_c/(A·m^{-1})	电阻率 ρ/(Ω·cm)	铁芯损耗 P_{Fe}/(mW·cm^{-3})	密度 d/(g·cm^{-3})	居里温度 T_c/℃
铁氧体	0.36	低	750～2300		15	100	120(25 kHz/0.2 T)	4.7	140
高铁氧体	0.38	低	5000～15000	>5×10^3	6	30	600(100 kHz/0.2 T)	4.9	130
功率铁氧体	0.51	低	1400～3000	>3×10^3	14	600	300(200 kHz/0.1 T) 150(500 kHz/0.05 T)	4.8	215
铁粉芯	1.4	低	10～100		300		140(1 kHz/0.2 T) 1500(10 kHz/0.2 T)	6.5	
FeSiAl粉芯	1.05	低	26～125				120(25 kHz/0.1 T) 50(100 kHz/0.025 T)	5.9	
HF粉芯	1.5	低	14～160				120(10 kHz/0.1 T) 125(100 kHz/0.025 T)	7.8	
MPP粉芯	0.75	低	14～550				100(25 kHz/0.1 T) 20(100 kHz/0.02 T)	8.7	460
硅钢	2.03	低、中	1000	4×10^4	30	47×10^{-6}	10(50 Hz/1.7 T) 150(1 kHz/1.0 T)	7.65	740
坡莫合金	1.6	低、中、极高	5×10^4	1.8×10^5	1.2	45×10^{-6}	270(10 kHz/0.5 T)	8.25	480
超坡莫合金	0.87	中、高	7×10^4	2×10^5	0.4	55×10^{-6}	150(10 kHz/0.5 T)	8.85	400
铁基非晶	1.59	低、中、高	3×10^4	2.5×10^5	3.2	130×10^{-6}	4(60Hz/1.0T) 67(1 kHz/1.0T) 24(5 kHz/0.2T) 60(10 kHz/0.2 T)	7.2	392
铁镍基非晶	0.8	中、高		4×10^5	1.2	138×10^{-6}	120(10 kHz/0.2T) 580(25 kHz/0.2 T)	7.8	360
钴基非晶	0.6	低、中、极高	10^5	4×10^5	1.2	142×10^{-6}	40(25 kHz/0.2T) 380(100 kHz/0.2T) 340(200 kHz/0.1 T)	7.6	300
铁基超微晶	1.23	低、中、高	3×10^6	4×10^6	0.64	120×10^{-6}	23(20 kHz/0.2T) 140(20 kHz/0.5T) 180(40 kHz/0.3T) 900(100 kHz/0.3 T)	7.25	570

各种磁性材料在磁性器件铁芯的应用如表 B.6.2 所列。

表 B.6.2 各种磁性材料在磁性器件铁芯中的应用

磁性器件	铁氧体	铁粉芯	FeSiAl	HF 粉芯	MPP 粉芯	坡莫合金	非晶合金	硅 钢
开关电源变压器	可用		可用	可用	可用	可用	可用	
脉冲变压器	可用		可用	可用		可用	可用	
输出滤波电感	可用	可用	可用	可用	可用	可用	可用	可用
PFC 电感	可用	可用	可用	可用	可用		可用	
可控饱和电感	可用					可用	可用	
自饱和电感	可用					可用	可用	
EMI 共模电感	可用					可用	可用	
EMI 差模电感	可用	可用	可用	可用	可用	可用	可用	
谐振电感	可用	可用	可用	可用	可用			
电流互感器	可用					可用	可用	可用
电压互感器	可用					可用	可用	可用
信号采样变压器	可用					可用	可用	可用

附录C

电　容

电容在开关电源中起着十分重要的角色,电容是储能元件,特性与介质密切相关,在电路中的作用、特性因工作频率、电容所处的位置不同而不同,因此提供一些电容器的素材供读者使用参考。

C.1　瓷介电容

1. 独石高频瓷介电容

主要用于电子设备,特别适用于谐振回路及其他要求低损耗和容量稳定的电路中,作槽路隔直旁路电容或温度补偿之用。

如表 C.1.1 所列是 CC4 型独石高频瓷介电容的主要型号及参数。

表 C.1.1　CC4 型独石高频瓷介电容的主要型号及参数

型号 \ 数值参数	标称容量范围/pF				
	O	D	I	Z	G
CC4 - 1	100　120　150 180　220	150　180 220　270	220　270 330　390	560　680　820 1000　1200	1000　1200 1500　2200　1800
CC4 - 2	270　330　390 470　560　680	330　390　470 560　680　820	470　560　680 820　1000　1200	1500　1800　2200 2700　3300	2700　3300　1800 4700　5600　6800 8200
CC4 - 3	820　1000 1200　1500	1000　1200 1500　1800	1500　1800 2200　2700	3900　4700 5600　6800	10000　12000 15000　18000
CC4 - 4	1800　2200 2700　3300	2200　2700　3300 3900　4700　5600	3300　3900　4700 5600　6800	8200　10000　12000 15000　18000　22000	22000　27000　7000 68000　33000　9000 56000　100000

注:电容的温度系数组别应符合 SJ - 614 - 73 第 4 条表 2 的规定,其中 O 组电容温度系数为 $0\pm100\times10^{-6}$/℃。

电容的容量允许偏差:D 和 I 组为Ⅰ、Ⅱ、Ⅲ三种级别,Z 和 G 组为Ⅱ、Ⅲ两种级别。

电容在正常气候条件下,损耗角正切值不大于 0.0015,绝缘电阻不小于 5000～10000 MΩ,正极限温度下损耗角正切值不大于 0.0022,潮热试验后损耗角正切值不大于 0.0030,绝缘电阻不小于 1000 MΩ。

2. 中高压瓷介电容

中高压瓷介质电容主要用于高压滤波器和直流脉冲电路中。其型及参数见表 C.1.2。

表 C.1.2 中高压瓷介质电容的主要型号及参数

型 号	额定直流工作电压				
	1 kV	2 kV	3 kV	4 kV	5 kV
	标称容量范围/pF				
CT81-08	100～1000	100～270,470			
CT81-10	680～2200	330～1000	100～270,470		
CT81-12	1500,3300	680～2200	330,390,560～1000		
CT81-16	1800～6800	1500～4700	470～2200		
CT81-20	3900～4700,10000	3300～3900,6800	1000～1500,3300		
CT81-3	1000,4700	470,680			
CT81-4	1500,2200 6800,10000	1000,1500 4700,6800	470,680,1000 3300,4700	1000,2200 3300	
CT81-5	3300,4700 15000,22000	2200,10000 15000	1500,6800, 10000	470,680,1000 4700,6800	680,3300 4700
CT81-6	6800	3300,4700 22000	2200,3300 15000	1500,2200 10000,15000	1000,1500 6800,10000

表 C.1.2 中电容在正常大气压下绝缘电阻大于 1000 MΩ，损耗角正切值小于 0.04，在恒定湿热后绝缘电阻大于 500 MΩ，损耗角正切小于 0.07。

C.2 有机薄膜介质电容

1. 涤纶电容

常用涤纶电容主要型号及参数如表 C.2.1 所列。其中 CL12 型无感式涤纶电容的特点是电感低，高绝缘，小型化，环氧包封，单向引线。CL23 型小型金属化涤纶电容的特点是具有良好的自愈性，体积小，质量轻。CL20 金属化涤纶电容的特点是具有良好的自愈性和防然性。三种电容均可用在家用电器、电子仪器等高频电路中。

表 C.2.1 涤纶电容的主要型号及参数

型 号	额定直流工作电压/V	标称容量/μF	绝缘电阻/MΩ	损耗角正切 $\tan\delta$
CL12	63	0.001,0.0022,0.0047,0.0068,0.01	≥40000	≤0.008(1 kHz)
	100	0.022, 0.033, 0.047, 0.068, 0.1,0.15,0.22,0.33,0.47		
CL20	160 250 400	0.01,0.015,0.022,0.033, 0.047,0.068,0.1,0.15,0.22, 0.33,0.47,0.68,1	C_R≤0.33 μF 时为 10000； C_R>0.33 μF 时为 3000	0.01(最大值)
CL23	100	0.1,0.15,0.22,0.33, 0.47,0.68,1,2,4,6	C_R≤0.33 μF 时为 3000； C_R>0.33 μF 时为 1000	0.01(最大值)

2. 聚苯乙烯电容

聚苯乙烯电容的主要型号及参数如表C.2.2所列。

表C.2.2　聚苯乙烯电容的主要型号及参数

型　号	额定直流工作电压/V	标称容量/μF	绝缘电阻/MΩ(正常气候条件)	损耗角正切 tan δ
CB14 精密聚苯乙烯电容	100 250 500 1600	40～160000 40～30000 20～15000 20～3000	U=100 V 时大于 20000，U≥250 V 时大于 200000	$(7\sim15)\times10^{-4}$
CBMJ 精密聚苯乙烯电容	60 160 250 500	0.1,0.15,0.22,0.33,0.47 0.68,0.82(μF) 1,1.5(2.2),2(μF) 0.01，0.015，0.022，0.033，0.047，0.068，0.082，0.1，0.15,0.22,0.33,0.47,0.01,0.015,0.022,0.033,0.047,0.068，0.082，0.1，0.15，0.22,0.33,0.47(μF)	标称容量：≤0.1 μF 时为 100000 MΩ；>0.1 μF 时为 50000 MΩ	$<20\times10^{-4}$
CBX 小型聚苯乙烯电容	63	3～30,33～91,100～300 330～910,1000～2000 2200～3300,3900～5100 5600～10000(μF)	≥500000 MΩ	$<20\times10^{-4}$

3. 聚丙烯电容

聚丙烯电容的主要型号及参数如表C.2.3所列。

表C.2.3　聚丙烯电容的主要型号及参数

型　号	额定电压/V	标称电容量/μF	绝缘电阻/MΩ(正常气候条件)	损耗角正切 tan δ
CBB10	63	0.1，0.15，0.22，0.33，0.47，0.56，0.68,1	≥10000	$\leq20\times10^{-4}$
CBB12	100 200 400 630 800 1000 1250 1600	0.001，0.0012，0.0018，0.0022，0.0027，0.0033，0.0039，0.0047，0.0056,0.0068,0.0082,0.01,0.012,0.015，0.018，0.022，0.027，0.033，0.039，0.047，0.056，0.068，0.082，0.1,0.12,0.15,0.18,0.22	≥50000(+20℃)	≤0.08%(1 kHz)

续表 C.2.3

型　号	额定电压/V	标称电容量/μF	绝缘电阻/MΩ（正常气候条件）	损耗角正切 tan δ
CL12	63 100 200	0.001,0.0012,0.0015,0.0018,0.0022,0.0027,0.0033,0.0039,0.0047,0.0056,0.0068,0.0082,0.01,0.012,0.015,0.018,0.022,0.027,0.033,0.039,0.047,0.056,0.068,0.082,0.1,0.12,0.15,0.18,0.22,0.27,0.33,0.39,0.47	≥40000(+20℃)	≤0.08%(1 kHz)

C.3　云母电容

CV1 型高压云母纸电容的主要参数如表 C.3.1 所列。

表 C.3.1　CV1 型高压云母纸电容的主要参数

额定直流工作电压/kV	标称容量/μF	额定直流工作电压/kV	标称容量/μF	额定直流工作电压/kV	标称容量/μF
2.5	1.0	10	0.1	40	0.047
	2.0		0.22		0.1
	4.0		0.47		0.22
	6.0		1.0		0.33
	0.47		2.0	50	0.047
4	1.0		0.047		0.1
	2.0		0.1		0.22
	4.0	16	0.22		0.022
	6.0		0.47	60	0.047
	0.22		1.0		0.1
	0.47		2.0		0.01
6.3	1.0		0.1		0.022
	2.0	20	0.22	80	0.033
	4.0		0.33		0.047
8	0.22		0.47		100
	0.47	30	1.0	100	0.022
	1.0		0.1		0.033 0.047
	2.0		0.22		
	0.1		0.33		
			0.47		

CV2型高压云母纸电容的主要参数如表C.3.2所列。

表C.3.2　CV2型高压云母纸电容的主要参数

额定直流工作电压/kV	标称容量/μF	额定直流工作电压/kV	标称容量/μF
2.5	2×0.22	4	2×0.47
	2×0.47	6.3	2×0.1
4	2×0.1		2×0.22
	2×0.22		

CV8型高压云母纸电容主要参数如表C.3.3所列。

CV11型高压云母纸电容主要参数如表C.3.4所列。

表C.3.3　CV8型高压云母纸电容主要参数

额定直流工作电压/kV	标称容量/μF	额定直流工作电压/kV	标称容量/μF
40	0.47	80	0.33
	1.0		0.22
50	0.47	100	0.1
	1.0		0.22
60	0.22	150	0.22
	0.33		0.022
	0.47		0.047
80	0.1		0.1

表C.3.4　CV11型高压云母纸电容主要参数

额定直流工作电压/kV	标称容量/μF	额定直流工作电压/kV	标称容量/μF
2	0.047	4	0.047
	0.1		0.1
	0.22		0.22
	0.47	6.3	0.047
	1.0		0.1
2.5	0.047	8	0.047
	0.1		0.1
	0.22	10	0.022
	0.47		0.047

C.4 钽电容

1. 固体钽电容

固体电解质钽电容均采用金属外壳全密封形式，其电性能稳定，可靠性高、寿命长，适用于各种军用及民用电子设备。其型号及参数如表 C.4.1 所列。

表 C.4.1 钽电容的主要型号及参数

型 号	标称容量/μF	额定直流工作电压/V	最大值				
			损耗角正切值 tan δ/%			漏电流/μA	
			−55℃	85℃	125℃	85℃	125℃
CA 型固体电解质钽电容	0.47～68 100～330 470	6.3～63 6.3～25 6.3	12 15 20	12 15 20	15 20 25	$10I_0$	$12.5I_0$
CAK 型固体电解质钽电容	≤1 11.5～330 470	6.3～63 6.3～250 6.3	3 4～8 10	3 4～8 10	3 4～8 10	$10I_0$	$12.5I_0$
CA411C 型固体电解质钽电容	≤10 10～330 470	6.3～40 6.3～40 6.3	8 10～12 15	8 10～12 15	10 12～15 20	$10I_0$	$12.5I_0$
CA70 型双极性固体电解质钽电容	≤47 ≥47	6.3～40 6.3～16	15 22	15 22	$10I_0$	$12.5I_0$	
CA42 型树脂全封固体电解质钽电容	0.1～6.8 10～68 100～330	4～50 4～25 4～16	6～8 10 12	6～8 10 12	6～8 10 12	$10I_0$	$12.5I_0$

注：表中 I_0 为室温漏电流，I_0<1.5 μA。

2. 片状钽电容

日本松下电子开发出 KE 系列新结构的小型大容量钽固体片状电解电容。KE 结构是将电容元件与阴极铆钉一起用树脂包封，留出钽线的一端作为阳极引线，然后再对阴极铆钉露出的引线进行表面处理，形成镍/焊料的金属涂敷层，作为外部端子。由于其阴极、阳极和电容元件全部包封在树脂内部，没有多余的无效区，因此它单位体积的电容量能增大 1 倍以上。

KE 系列钽片状电容，其尺寸为 2.0 mm×1.25 mm×1.25 mm。静电容量范围覆盖了过去 3216 级的容量范围，与 3216 级相比，体积缩小 40%，质量减少近一半，约 14 mg，装连占用面积减少 50%。

耐压 6.3 V，电容量 16 μA 的 KE 系列钽片状电容，一些主要技术指标，摘录如下：

① 焊接耐热性 260℃，(5±1)s 浸焊；

② 容量公差：±20%；

③ 损耗角正切 tan δ:最大值为 0.06(120 Hz);
④ 汇漏电流:0.5 μA 以下;
⑤ 高温负载特性:低于额定电压时,120℃,2 000 h;等于额定电压时,80℃,2 000 h;
⑥ 耐湿特性:90%~95%RH,40℃,500 h,无负载存放。

C.5 POSCAP 电容器

POSCAP(Polymer Organic Semiconductor Capacitance)一种以高分子聚合物为固态电解质的钽或铝电解电容器最适合用在高效率、低电压、大电流、降压式 DC/DC 变换器中作输出电容器。POSCAP 的阳极是烧结钽,仅少部分的阳极为铝箔,其介质分别为氧化钽(TaO_5)及氧化铝(Al_2O_3),而电解质(阴极)都是导电性能良好的固态高分子聚合物。由于采用了导电性能好的固态高分子聚合物作为电解质,具有体积小、容量大等效串联电阻极低及允许纹波电流大的特点,如图 C.5.1 所示是 POSCAP 的 R_{esr} 与阻抗的频率特性,其中实线是阻抗的频率特性曲线,虚线是 R_{esr} 的频率特性曲线,在 10~1000 kHz范围内,R_{esr} 的特性曲线十分平坦,并且 R_{esr}<5 mΩ,典型的 R_{esr} 温度特性及容量与温度的关系如表 C.5.1 所列。

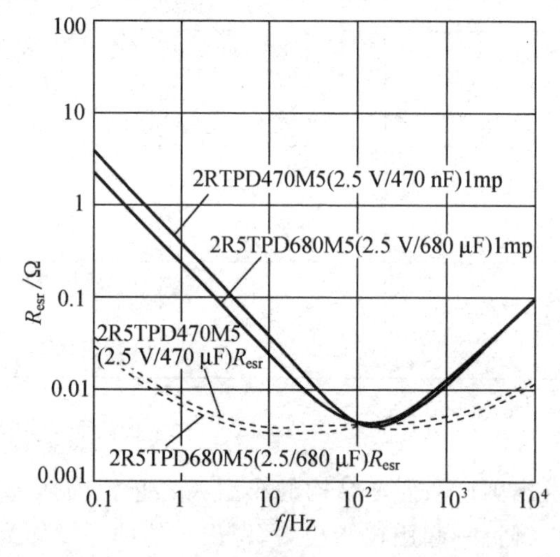

图 C.5.1 POSCAP 的 R_{esr} 与阻抗的频率特性

表 C.5.1 POSCAP 的 R_{esr} 温度特性及电容量与温度的关系

温度/℃	−55	−25	+105
R_{esr}的变化量	−6%	1%	12%
电容量的变化量	−8%	1%	12%

允许的纹波电流值与频率及温度有关,工作在不同频率范围及温度范围内时,要乘以频率补偿系数及温度补偿系数。频率补偿系数如表 C.5.2 所列,表 C.5.3 是

POSCAP各系列的主要参数。

表C.5.2 频率补偿系数

电容/μF	频率补偿系数			
	120 Hz～1 kHz	1～10 kHz	10～100 kHz	0.1～1 MHz
22～100	−6%	0.60	0.85	1
100～330	−8%	0.70	0.85	1
330～1000	0.30	0.75	0.90	1

表C.5.3 POSCAP各系列的主要参数

阳极材料	系列名称	特 点	额定电压范围/V	电容量范围/μF	最大 R_{esr}/mΩ	最大纹波电流/mA
烧结钽	TPB	标准型	2.5～10	47～1000	30～65	1500～3000
			2.5～10	33～150	45～70	1100～1300
	TPC	低剖面	2.5～10	47～1000	30～65	1500～3000
			2.5～12.5	10～100	70～80	1200～1900
	TPU	小尺寸	2.5～8.0	10～47	100～250	400～800
	TPE	低 R_{esr}	2.5～10	68～1000	9～25	2400～3900
			2.5～6.3	100～330	12～35	1400～3100
	TPD	低 R_{esr} 大容量	2.5～10	150～1000	5～15	3600～6100
	TPF	低 R_{esr} 大容量	2.5	330～680	6～7	4200～4500
	TPL	低 R_{esr} 及 L_{esL}	2.5	220～470	9～12	3400～3900
	TH	保证125℃	2.5～10 2.5～6.3	68～1000	10～25	1700～4400
	TA	高可靠性	TPB/C/D/E的改进型为TAB/C/D/E			
	TQC	高额定电压	16～25	5.6～6.8	45～100	800～1500
铝箔	APC	标准型	4～6.3	10～33	40～70	1900
	APD	低剖面	4～6.3	10～15	70	1900

参 考 文 献

[1] 赵修科.实用电源技术手册磁性元器件分册[M].沈阳:辽宁科学技术出版社,2002.

[2] 周洁敏,陶云刚.零电压谐振开关电源在机载设备中的应用[J].电力电子技术,1996(3).

[3] 周洁敏,鞠文耀,陶云刚.应用零电流谐振技术的半桥式开关电源[J].电力电子技术,1995(2).

[4] 黄子怡,周洁敏,等. 不对称半桥变换器并联运行的小信号分析[J].电力电子技术,2009,43(4).

[5] 黄子怡,周洁敏,等. 一种大功率可调光紫外灯电子镇流器的设计[J].电力电子技术,2009,43(2).

[6] 杨帆,周洁敏.PFC/PWM 复合控制芯片 ML4824 及其应用[J].电力电子技术,2009,43(2).

[7] 杨帆.单相两级有源功率因数校正变换器的研究[D].南京:南京航空航天大学,2009.

[8] 郑磊,周洁敏.基于 ST3525 的推挽变换器故障的分析[J] .电气技术,2009,2.

[9] Agrawal J P. Power Electronic Systems Theory and Design[M]. Prentice-Hall, Inc, 2001.

[10] 张占松,蔡宣三.开关电源的原理与设计[M].北京:电子工业出版社,1998.

[11] 北野进.测量故障应急指南[M].舒志田,译.上海:上海交通大学出版社,2005.

[12] 邢岩,蔡宣三.高频功率开关变换技术[M].北京:机械工业出版社,2005.

[13] 严仰光.双向直流变换器[M].南京:江苏科学技术出版社,2005.

[14] 吕仁清,蒋兴全.电磁兼容性结构设计[M].南京:东南大学出版社,1991.

[15] 阮新波.三电平直流变换器及其软开关技术[M].北京:科学出版社,2006.

[16] 周洁敏.飞机电气系统[M] .北京:科学出版社, 2010.

[17] 曾立.不对称半桥变换器软开关研究[D].武汉:华中科技大学,2006.

[18] 周志敏,周纪海,纪爱华. 开关电源实用技术——设计与应用[M].2 版.北京:人民邮电出版社,2007:19-86,105-160.

[19] 陆治国,余昌斌. 新型 LLC 谐振变换器的分析与设计[J].电气应用,2008,37(1).

[20] 张小华,张春喜. 基于 TOP Switch - II 的单片机开关电源设计[J].通信电源技术,2008,25(1).

[21] Ron Lenk.实用开关电源设计[M].王正仕,张军明,译.北京:人民邮电出版社,2006.

[22]杨玉岗.现代电力电子磁技术[M]. 北京:科学出版社,2003.

[23] 周志敏,周纪海,纪爱华.高频开关电源设计与应用实例[M].北京:人民邮电出版社,2008.

[24] 阮新波,严仰光.脉宽调制 DC/DC 全桥变换器的软开关技术[M].北京:科学出版社,1999.

[25] 陆鑫,周洁敏.SiC 二极管在全桥变换器中的应用[J].电源技术应用,2009,6.

[26] 毛兴武,祝大为.功率因数校正原理与控制 IC 及其应用设计[M].北京:中国电力出版社,2007:5-8.

[27] 曾小平.集成功率因数校正和不间断供电的开关电源的研究[D].广州:华南理工大学,2000.

[28] Mao Hong, Abu-Qahouq Jaber, Luo Shiguo, et al. Zero-Voltage-Switching Half-Bridge DC - DC Converter with Modified PWM Control Method[J]. IEEE Transactions on Power Electronics, 2004, 19(4):947-958.

[29] Earl Crandall Power. Supply Testing Handbook[M]. New York:International Thomson Publishing,1997.

[30] Dixon L H. Unitrode Magnetics Design Handbook—Magnetics Design for Switching Power Supplies.

[31] Mohan N, Undeland T M, Robbins W P. Power Electronics: Converters, Application, and Design[M]. 3rd ed. Hoboken: John Wiley & Sons, Inc. , 2003.

[32] Pressman A I,Billings K,Morey T. 开关电源设计[M]. 3 版. 王志强,肖文勋,虞龙,等译. 北京:电子工业出版社, 2010.

[33] Chen Weiyun. The Optimization of Asymmetric Half Bridge Converter[C]. APEC 2001 16th IEEE Annual Conference, 2001:703-707.

后　记

《开关电源理论及设计》在北京航空航天大学出版社的帮助和电源网的关心下经过编写组的集体努力即将与读者见面了，在本书的编写过程中收获了一些心得，体会如下：

（1）开关电源的应用场合非常广泛，涉及的知识面很宽，包括电学、磁学、自动控制理论、材料、机械设计、热设计、集成电路、带有微处理器的数字控制技术及建模与仿真等知识，为了把重要知识点编入书中，对这些知识点进行了梳理，感到难度和复杂程度很大。

（2）“开关电源理论及设计”不同于其他基础理论课程，由于取材来自于工程实践应用中遇到的问题，因此很难穷尽；获取的信息主要来源于作者多年来研制电源中的体会，以及博士和硕士学位论文中研究讨论的问题；对各种文献书籍中的资料进行消化吸收，寻找适合于工程技术人员需要掌握的内容，试图给读者“渔”，而不仅是“鱼”。

（3）书中编写附录的目的是为读者使用本书需要相关资料时方便查询，但也不能穷尽。

（4）考虑到读者可能是工程技术人员、研究生或高年级的本科生，因此在介绍内容时重点讲解组成结构、工作原理和一些应用结论。很多公式和结论直接引用，省去了理论推导过程。

（5）开关电源涉及的知识面非常广，篇幅又不宜过长，从系统的完整性去看本书，存在一些不足，有些问题的讨论不够深入，有些内容无法收集到最新的资料，没有紧跟领域发展，这些将在后面的工作中进一步完善。

新书出版后，将在教学实践和产品开发的应用中去检验、补充和完善，并进一步收集资料，如果还有再版的机会，作者会认真修订。

作　者

2019 年 3 月